U0336738

— 建大学术文丛 —

谭炳训学术文集

谭炳训 著

科学出版社

北京

图书在版编目（CIP）数据

谭炳训学术文集 / 谭炳训著 . —北京：科学出版社，2019.9
（建大学术文丛）
ISBN 978-7-03-062074-3

Ⅰ. ①谭… Ⅱ. ①谭… Ⅲ. ①建筑学－文集 Ⅳ. ①TU-53

中国版本图书馆 CIP 数据核字（2019）第 179703 号

责任编辑：吴书雷 / 责任校对：王晓茜
责任印制：肖　兴 / 封面设计：张　放

科 学 出 版 社 出版
北京东黄城根北街 16 号
邮政编码：100717
http://www.sciencep.com

中国科学院印刷厂 印刷
科学出版社发行　各地新华书店经销

*

2019 年 9 月第　一　版　　开本：889×1194　1/16
2019 年 9 月第一次印刷　　印张：23 1/4
字数：645 000

定价：300.00 元
（如有印装质量问题，我社负责调换）

谭炳训（1907—1959）

总 序

"所谓大学者，非谓有大楼之谓也，有大师之谓也。"学术大师是大学精神的传承者和捍卫者，而大学精神是一所高校办学数十年乃至上百年之积淀精华所在，是其最核心和最宝贵的无形财富。

薪火相传，学脉深厚。西安建筑科技大学办学历史最早可追溯至创办于1895年的天津北洋西学学堂，1956年在全国第三次高等院校院系调整时，由东北工学院建筑系、西北工学院土木系、青岛工学院土木系和苏南工业专科学校土木科、建筑科合并而成，时名西安建筑工程学院，曾先后更名为西安冶金学院、西安冶金建筑学院，至今已有六十余年的并校历史。学校积淀了我国高等教育史上最早的一批土木、建筑、市政类学科精华。在不同历史时期都涌现出在学术研究领域贡献卓著的学术大师，他们为营造"爱国奉献、严谨求实、迎难而上"的建大学术文化做出了杰出贡献，在具体的教学、科研过程中也创造了不少优秀的学术成果，撰写了大量具有重要影响力的学术论文和著作，这些都已载入史册，其中很多内容于今天看来仍具有很高的科学性和前瞻性，对后辈学人进行同领域研究实践具有很好的启迪和指导作用，丰硕的成果和论著更体现了学校老一辈学人的拳拳爱国之心与报国之志。

自2011年开始，学校对办学历史上知名教授的学术成果与研究著作陆续进行认真整理，将其中内容分类选辑作为学术文丛陆续付梓出版，这对于弘扬大学精神、发掘学术积淀、继承科学传统，激励学校师生在治学与研究的道路上承古开新具有十分重要的意义。

是为序。

党委书记　苏三庆

西安建筑科技大学

校　长　刘晓君

2018年5月

目　　录

文　　章

译　　著

主　　编

公　文

著作

初步国防工业建设计划大纲

本会会员谭炳训先生，系工程专门，现服务于青岛市公务局。本稿曾于本年五月间登载天津《大公报》，近因统计表上之数字，有精确之订正，特为转载本刊，藉^①资商榷。

一、导　言

日本帝国主义者的强占东北与炮轰淞沪，已经震动了世界巨变的警钟。全世界人类的视线都集中在太平洋西岸这一方兴未艾的伟烈斗争：公理与强权，弱小的民族与帝国主义，被压迫者与压迫者！

中华民族掌握着这次世界巨变的枢纽。中华民族的广续生存要以今日民族健儿的碧血头颅为代价去换来，今后人类历史演进的方向也是以中华民族这次斗争的成败为转移。

现在是全国总动员的时候，不仅到火线上去杀敌缴寇，并且要立刻开始长期抗斗的一切准备。

先进工业国家的总动员，除前方作战的将士外，后方则全国公私工业在政府的一种有计划地统一管理之下，制造军械弹药及被服、食物等一切军用品，源源接济前线上的战士。我国没有建立起现代工业来，自然谈不到工业动员，但是我们前方战士保持战斗力所必需的军火、给养、药品三项，除给养因我为农业国可以勉强自给外，军火、药品莫不仰给列强。沪、汉、晋虽有几个较大的兵工厂，但皆不能炼钢及制造火药原料。战事扩大后，敌军决不容他国军火之输入，且世界大战发动后，各国自顾不暇，更不能有军火出售。至于药品，我国化学工业根本没有，向是完全赖他国之供给，到了海上交通断绝时，就只有束手待毙了。

现在虽然已经不是高谈建设的时候，但是要争取民族的生存，必须先完成军备供给的独立，要完成军备供给的独立，则今日民族存亡所关的战斗开始时，初步国防工业建设就是决定最后胜负的根本力量。我们知道这一斗争是长期的，在斗争之初，或能暂时利用其他帝国主义者的军火来抵抗日本帝国主义，长期的依赖为交通上所不允许，已如上述，且就经济方面说，亦为太浪费，外人是以军火为商品而出售的，当然要抽取很高的利润，就是现政府曾一度想发行的十万万元的公债，全部买了军火。此十万万元的军火也是"死"的军火；如果以此十万万元建设起国防工业来，则无穷的价值十万万元的军火，可以长久的生产下去，这是"活"的军火。不过现在战争已经开始，目前所需的军火，自然要购自国外，同时也要集中全国人力、财力，期以三年至五年，完成初步国防工业建设，三五年后的一切军备，皆可独立自给，就是海口全被封锁，我们也可以为持久地抗战。

二、设计原则

初步国防工业建设之设计原则有四：

（1）利用本国原料，系统的根本上完成军火、战具、药品等军用品制造之完全独立自给。

（2）各国防工业间彼此的原料供给与预期的产额，皆须平衡并且互相适应。

（3）集全力于重工业及基本化学工业的建设，而重工业中除军械、机械之制造外，又着重于交通工具之制造。轻工业制品暂以手工生产为主。

---

① 编者按：藉，今当为"借"，为保持著作原貌，本书不做修改。特此说明。

（4）国防工业皆建立于安全腹地，划为中央国防区。此区与其他区间建铁路及公路，完成全国的初步国防交通网。

三、设　计　概　说

国防基本工业可分为三大类，一为燃料工业，二为金属工业，三为化学工业。燃料工业是供给其他工业及交通工具热能的根源；金属工业炼冶五金，制造枪炮、战具、机械及交通工具；化学工业制造火药与化学战用原料和药品。如果原料来源在某种便利的情况之下，这些基本工业，在制造经济上，有集中建立的必要。因各厂副产品可以彼此利用，尤以我国现在的情形，不能分设许多工业中心地，集中建设是事实上与国防上的必要。这些基本工业的生产品，由国防交通网输送到其他各国防区，各区则就军事上的安全与便利及燃料来源，设立数个小规模的兵工厂，专造枪炮弹及轻便枪炮，就近接济当地的卫国战士。重火器及机械战具由中央兵工厂制造。

设计国防工业的关键数字有二种，第一为假定某种工业制品的需求量，第二为按此需求量而建造起来的工厂需资若干。关于第一种数字是根据，（1）现在我国国内的消费量（2）日本国内之生产量与消费量（3）欧战时列强军事上消耗量，这三项的统计而假定。第二种数字搜求较难，因为许多重工业国内没有，并且无论国内或国外的工厂多半对于资本、产量、生产费等确实数字严守秘密，所以关于此项数字（1）主要的是采取的国内外工程学术团体的期刊，公私实业机关的报告及散见报章杂志上的论文；（2）一部分得自作者的私人通信（与各工科大学及服务工程界中的友人）；（3）苏联经济建设五年计划的估计也用为参考。（五年计划中的数字皆根据苏联国家设计委员会著的 *The Soviet Union Looks Ahead-The Five-year Plan for Economic Construction* 1930 年 9 月第三版）。货币的换算率是按美金 1 元等于国币 4.25 元，卢布 1 个等于美金 0.515 元或国币 2.19 元。

四、国防区之划分

划分全国为六国防区：

（1）中央区　以陕西、山西、河南、湖北、甘肃（兰州以东）及四川（成都、重庆以东）属之，国防基本工业皆建设于此区内。

（2）沿海区　以河北、山东、江苏、安徽、浙江、福建等省属之。此区为直接遭受敌人海陆空军攻击的区域，重要工业皆应内迁，并建筑一切必要的防御工程。

（3）东北区　以辽宁、吉林、黑龙江、热河及察哈尔之多伦属之。此为我民族与日本帝国主义为生死存亡决斗的区域。

（4）西北区　以察哈尔（多伦以西）、绥远、宁夏、甘肃（兰州以西）、青海、新疆、外蒙古属之。此区多与苏联疆土毗连，国防建设须和外交政策相呼应，外交政策非本文所论，此区虽在地理上及历史上可视为复兴中华民族的根据地，但能否如此，仍要以外交政策如何为转移。

（5）南区　以江西、湖南、广东、广西四省属之。在抗日战争中，此区可担负后方任务。

（6）西南区　以四川（成都、重庆以西）、贵州、云南、西康、西藏属之。这是抗日战争中后方比较感受威胁的一区。

以上国防区之划分，系就国防工业建设及国防交通上着想，至国防军政区及政治中心地不必强同于此，不过要有一种适应的配置。

五、中央国防区之工业建设

中央国防区包括陕西、山西、河南、湖北、四川（成都、重庆以东）、甘肃（兰州以东）。此区居全国之中心，敌人空中袭击，自最近海面至此区中部往返各一次约为二千公里①，据《海事杂志》载，战斗机最大续航力不过五六百里②，约为一千公里，所以这区内的工业不受空中威胁。但美国空军总指挥米秋氏近著中云，新式战机航程可达五千英里③，即八千公里，如此则西安一带也不能视为安全。但此区煤铁石油蕴藏之丰为全国冠，又有多数碱湖，可取为化学工业的原料，建设重工业的基本条件大都具备，所以国防工业建立于此区，在全国中最为适宜。此区应设各厂及建造费分述如后。

（一）燃料工业

在山西南部（或陕西）设新式煤矿厂，一处或二处，年产额共须有500万吨，投资5000万元。现计划之国防工业年约需煤300万吨，余为铁路及其他工业之用，不足由旧有各小矿补入。我国近年产煤每年约为2400万吨，抚顺800万吨，开滦约500万吨，国人新法开采之矿共计不过三四百万吨，余为土法小矿之出产。

在陕西延长一带鉴新式油井多处，并设一所或二所蒸馏（tracking）提炼厂。原油年产额须有55万吨。用蒸馏法炼油，在华氏七百度至九百度的温度，用高于一气压的压力，能自原油中提出50%的汽油，其余则为灯油、柴油及石蜡、油焦等副产物。这种生产成绩是美国提炼厂的收获，我国初立新式炼油厂，不能有此成绩。今假定原油中可提出30%的汽油，则年可得如表一所示。

表一

汽油	15万吨
灯油	10万吨
柴油	15万吨
机器滑油	6万吨
消耗（炼厂自用及炼时损失）	5万吨
石蜡、沥青油、油焦	4万吨

石油开掘及提炼约共需资本8500万元。此数即根据延长（计划中的油矿厂所在地）。官办油矿生产情形及其扩充计划中的估计。

1928年全国石油输入额（亦即全国消费量）如表二所示（石油输入海关按美加仑④统计，下列吨千位下数字从略）。

表二

油	7.5万吨
灯油	98.0万吨
柴油	22.0万吨
机械滑油	6.0万吨

现在假定的石油产量，汽油为现在消费量之二倍，因战时军事交通飞机、战车皆消耗汽油很多。机器滑油也不能少于现时的用量。灯油与柴油为副产品，原油及汽油之需要量固定后，此类油之生产额也不能有所增减。灯油缺乏可代以植物油，柴油之生产量较消费量仅少七万吨，我国潜水艇尚未建造，故最近期内柴油稍有不足，不致感到恐慌。

① 编者按：公里即千米。
② 编者按：1里=500米。
③ 编者按：1英里=1.61千米。
④ 编者按：1加仑=3.78升。

今将 1928 年世界两大石油国——美苏之生产量及日本之生产量列后,以做参考,如表三所示。

表三

美国	13,700 万吨
苏联	1160 万吨
日本	30 万吨

苏联五年计划中,到 1933 年 9 月所预期的石油生产额及消费之分配,如表四所示。

表四

生产	原油生产总量	2170 万吨
	提炼及消耗及炼厂自用	330 万吨
	(相减)得炼制油	1840 万吨
消费	动力机燃料(汽车飞机农车等所用)	610 万吨
	灯油滑油	480 万吨
	其他燃料油	750 万吨

欧战时法将福煦氏说过:"战时一滴石油与一滴血相同",石油工业是战斗力根源之一,与兵工厂的重要无二,所以必须以最大努力从速完成。

(二)炼钢与炼铜

我国铁本不甚富,而为日人攫去者又占了一大半。民国十七年全国新式铁矿生产力为 148 万余吨,计大冶(湖北)采 42 万吨、象鼻山(湖北)采 21 万吨、本溪湖(辽宁)采 12 万吨、鞍山(辽宁)采 54 万吨、当涂繁昌(安徽)采 20 万吨。以上各地所产,皆直接或间接供给日本炼铁制铜之用。土法小矿年产不过 50 万吨,炼铁不过 17 万吨。新式钢铁炼厂除日本在东北经营者外皆停工或停办,就是各厂齐开,年出钢也不过 10 万吨。

世界工业先进国最近二十年自 1930 年起向前推算产铁最高年度之生产额如表五所示。

表五

美	1920 年	68(百万吨)
法	1925 年	35(百万吨)
德	1915 年	29(百万吨)
英	1915 年	16(百万吨)

日本全国钢的消费量 1929 年为 260 万公吨(约等于 286 万吨),1930 年为 220 万公吨(约等于 242 万吨)。炼钢的原料(铁矿及铣铁)主要的由中国南部及东三省输入,其次由南洋一带输入。

我全国五大冶铁厂(汉阳、大冶、扬子、本溪湖、鞍山)日人有其二,五厂共有鼓风炉十四座,日厂占其半(本溪湖四座、鞍山三座),而我国之汉阳、大冶两厂又须将铁矿的大部,售与日人(因债务关系)。我们国防工业的中坚——铁钢工业,已断送在敌人之手,今后必须急起直追,集中全国力量,奠定此国防中心工业的基础。

我国 1928 年钢铁输入额亦即主要的消费如表六所示。

表六

类别	数量/吨	价格/海关两
建筑钢料	117,771	6,813,235
钢轨	114,788	7,232,129
钢板	52,618	3,679,861

续表

类别	数量/吨	价格/海关两
钢条	5,335	433,452
铣铁	22,477	753,418
其他	317,000	29,413,000
共计	630,000	48,325,000

今假定兵工厂国防工业及其他必需之消费，每年须生产钢80万吨，铣铁20万吨，矿厂、炼厂共需资本13,200万元。80万吨之钢仅当日本全国消费量的1/3，较我们现时消费多20万吨，因财力关系，暂以此为发展钢铁事业之初步目标。

铁矿可采自湖北或山西两省，就制铁的经济原则上讲，应将炼钢厂设于铁矿附近，（因冶铁矿砂23吨仅需焦1吨或煤1.7吨），但制焦与炼铁的副产品须就近供给于化学工厂为制造药品、染料等之原料，所以炼钢厂又最好能设在化学工厂附近。在中央国防区内，这两个条件很难兼备，化学工厂多半设于本区的西北部（见后），而煤铁矿又多半在本区的东部或南部。所以仅就钢铁事业的自身上打算，将炼钢厂设在山西的晋城一带。湖北、安徽的铁矿皆在沿江附近，在安全方面次于山西。不过山西的铁矿虽富，铁货则劣，据熟悉山西太原兵工厂的某君言，该厂曾试以当地铁矿炼钢，结果不佳，因为铁矿含硫太多，不易提出，制成之钢过脆，不适制造火器。选矿地及定厂址，须详细调查勘测之后，才可以决定。

铜为制造枪炮弹所必需。现在全国兵工厂每日用紫铜14,892公斤，约等于16.5吨，值银15,000两，如一年之工作日为三百日，每年需紫铜5000吨，都由国外输入，耗银450万两以上，危险实大。电气材料需铜也不少，故炼铜厂之设，也是国防重工业中的急务。1927年欧美日的产铜额如表七所示。

表七

美国	97万吨
欧洲	14万吨
日本	7万吨

计划的炼铜厂产量为五万吨电气铜（即纯铜），建造费3600万元，厂址设在湖北郧县或山西绛县一带。四川、云南铜矿虽富，因交通关系，将来始能采用。

（三）机械制造

关于机械之制造，共设四厂，建设费共需15,000万元，厂址皆设于炼铜厂附近。四厂如下：

机械制造厂，制造兵工厂所用机器、采矿机器、内燃机、农业机械及其他国防工业所用的机器，建造费6000万元。

汽车飞机制造厂，专造机械器具，如飞机、军用汽车、战车、坦克车，建造费5000万元。

汽车制造厂，制造铁路用一切机器及钢料，如机车、桥梁、号志等，附带制造蒸汽机及锅炉，建造费2000万元。现在各铁路工厂用为制造车辆的主力，皆迁于各路之安全地带。

电气机械材料制造厂，制造电机及其他电气机械、电气材料、有线无线电报电话机，建造费2000万元。

（四）化学工业

基本化学工业有二，一为制酸，二为制碱。硝酸与烧碱（即苛性苏达）皆为制造火药所必需的原料。

制碱厂，碱厂设西安、宁夏间，宁夏及河套一带之碱湖约二十处，多可为制碱的原料来源。由欧战前、欧战时各战斗国所消费的碱量，就可知道碱与战事的关系（表八）。

表八

国别	1913 年（战前）		1916～1917 年（战时）	
	消费总额	每人消费量	消费总额	每人消费量
美	868,000 吨	6.7 公斤	1,247,000 吨	12.5 公斤
德	462,000 吨	6.8 公斤	68,000 吨	10.0 公斤
英	280,000 吨	6.1 公斤	542,000 吨	11.2 公斤
法	270,000 吨	6.8 公斤	406,600 吨	10.0 公斤

德国产碱量于战后大减，一因军事用碱停止制造，二因国内秩序紊乱及割地失去数大碱厂，其战后生产额如表九所示。

表九

1918 年	270,000 吨
1919 年	175,000 吨
1920 年	230,000 吨
1922 年（恢复至战前生产准线）	480,000 吨

由上表八、表九，可知德国欧战时军事用碱年约在 20 万吨以上。

日本缺乏制碱原料，海盐、矿盐均少出产，本国制品不足本国消费，其全国生产量年为二万余吨，消费量年为十九万吨，不足之额，多半取给于英商卜内门公司，近年来也采购我国塘沽永利制碱公司的出品。

计划碱厂年产量定为 15 万吨，纯碱或苛性苏打 10 万吨，我国每年消费碱不及 10 万吨（民国十八年统计），建造费约 3000 万元。

制酸厂，硫酸为一切化学工业的基本原料，硝酸为制造火药所必需的原料。德国欧战时制造火药所耗之硝酸年为 20 万吨（此数系录自美人著《化学之制造》一书，未言及硝酸之浓度，欧战时德人因智利硝石不能输入，改取空气中之氧为制硝酸的原料，此法制成之硝酸，浓度在 66%～92%，不必再行精制，就可用以制造火药）。计划酸厂平时须年产硫酸（浓度在 66% 以上）20 万吨，战时每年须增产硝酸（浓度在 60% 以上）10 万吨，建造费约需 8800 万元。若山西太原一带之黄铁矿含硫在 35% 以上，酸厂可设山西，否则设于中央区外之湖南。

附设于二基本化学工厂的，有肥料、药品、酒精与糖、染料四厂，建造费共定为 1000 万元。另设人造橡皮（汽车胎、电气材料、机器零件等消费橡皮甚多）及制革两厂，建造费共定为 400 万元。

《工程周刊》第七期载有《战时 100 师军队兵器弹药之供给》一文，估定 100 师在战时之火药固定准备数额，须 282,170 公吨[①]硫酸及 89,260 公吨硝酸制造之，惟未言及酸之浓度，此"固定准备数额"系按每年兵一千粒子弹推算，非战时 100 师之每年弹药消费量，可作为规定酸量的一个参考。

化学工厂不但建造费难以确估，就是一厂建造起来，出品能否成功及产额能否达到预期之目的，在工业先进国内也是无把握的事情，所以上项估计是最粗疏的数字。

（五）水泥制造厂

国内各水泥制造厂，成绩甚佳，可惜都设在沿海沿江一带，不能供大战时军事工程（如炮垒、壕沟等）之需。可由政府代在内地调查原料，指定厂址，迁去一厂或二厂，为建筑国防工厂及军事工程之用，若另设厂制造，投资 1000 万元，可建一年出 150 万～200 万桶（每桶净重 375 磅）之水泥厂。

---

① 1 公吨≈1.1 吨。

（六）电力站

若以上计划中的工厂，多数可以建设于300公里半径的面积以内，则在此面积内煤矿附近，建一所至三所的电力站与各工厂连以高压输电线，输送电力，可得最经济的动力供给。因为既可省去运输重量大的煤炭，又可免各厂自设小动力厂的燃料、机械、人工各方面之种种浪费。

电力站之发电率定为30万瓦，建造费（包括高压输电网之用费）约需18,000万元。惟此款不必另计，因前计划之各厂建造费，动力设备费已估计在内，各厂动力设备费之和，必超出18,000万元。

苏联五年计划中之电力投资为工业总投资的24%（电力投资为四十万万卢布，工业投资为一百六十四万万卢布）。本计划中之电力投资约为工业投资的20%。

以上中央国防区国防工业六种，燃料、冶金、机械、化学、水泥、电力，共需建筑费89,500万元。

（七）中央兵工厂

中央兵工厂设于以上计划的炼钢厂与化学工厂的附近，以制造重火器及特殊战器为主要任务，内分五厂，建造费共为20,000万元。

炮厂　以制41公分（或16寸）口径32公里（或20里）射程的重炮为工作目标，以制造高射炮、野炮、山炮、机关炮为主要工作。

枪厂　以制轻重机关枪、高射机关枪为主要工作，自动步枪、步枪、马枪也都在制造之列。

弹药厂　以制造重炮弹、重炸弹、炮弹、机关炮弹为主要工作，也制机关枪及步枪弹。

化学战器厂　制造一切化学战用品（攻击用及防御用），如毒气、毒菌、烟幕、防毒器、防毒衣物等。

特殊军用品厂　制造望远镜、速测器、辨音器（侦察敌机用）、探照灯、军用信号、避弹衣等特殊军用品。

本区内旧存之巩县、太原、汉阳三兵工厂皆加扩充，以制造步枪、马枪、自动步枪及各种枪弹为主要工作，也制造轻炮与机关枪并修理各种战器。汉阳厂迁信阳，每厂扩充费各300万元，共为900万元。

六、其他五国防区之工业建设

其他五国防区在初步计划中，仅设规模较小之兵工厂或扩充旧兵工厂，专造步枪马枪、自动步枪、枪弹、炮弹、炸弹、手榴弹，也造机关枪、轻炮并修理各种战具。每厂平均建设费定为500万元，旧厂扩充费300万元。各区建设数目及厂址如下：

（1）东北区　多伦一厂，洮南或通辽一厂，大虎山或朝阳一厂。

（2）西北区　五原一厂，酒泉（肃州）一厂。

（3）沿海区　保定、济南（扩充旧厂）、浙江之江山（沪厂迁去并扩充）各一厂。

（4）南区　长沙（衡阳厂迁去并扩充）、韶州（广州石井厂迁去并扩充）、邕宁各一厂。在湖南岳州建一潜艇制造厂，艇中用笛塞尔燃机由中央区机械制造厂供给，厂中附制鱼雷及鱼雷放射管，建造费定为1500万元，同时建筑岳州要塞，辟洞庭湖为潜艇港，若湖水过浅时，可在岳州、武昌间辟一潜艇站。

（5）西南区　成都及昆明两旧厂原址扩充。

以上中央战具工厂一，各区新建兵工厂七、扩充旧厂九、潜艇制造厂一，共需资27,700万元。

七、国防交通建设

如果将国防工业譬之人体的心脏，国防交通则为人体的血管，二者是相依为命的。没有国防交通，国防工业没法建设，就是在万难之中建设起来，也不能发挥国防工业的威力。没有国防及其他轻重工业，则国防交通建设，不但是无的放矢，并且实质上成为殖民地性的建设，因为这种交通平时为帝国主义推销商品，吸收廉价原料，在战时运输帝国主义的军队，不到三天就可以占领我们三四百万方里的土地。

英国将庚款一部拨修粤汉铁路，筑路用的一切材料皆须购自英国，这具体地表现了开明的帝国主义对于次殖民地中国的统治政策，假他人之金钱（这笔款仍然以货价的形式回到英国），他人之劳力，以扩展其帝国主义的势力；经手筑路人，实质已当了英国洋行的买办。现在购买英料，既可解决英国的生产过剩与失业问题，将来该路的养路材料也必多向英国购买，始可配合使用，这样就预约下了一个长期的雇主。而英国最大的收获却是香港贸易的发达，铁路则是摧毁了穷乡僻壤的手工业，开辟了新的市场，可以吸取更多更赚的原料。

所以交通建设不同时与国防工业及其他轻重工业平衡的谐和的发展，则畸形突进的结果，由建设的变为破坏的，由民族的经济力量变成买办的榨取手段。

不仅是交通建设如是，在次殖民地的中国一切经济建设莫不皆然。综括言之，经济建设的基本原则，有以下三点：

（1）任何经济建设，其自身的经济价值不能决定此种建设的实质与意义。

（2）必须从这一经济建设对于社会大众的经济生活上所起的作用与所生的关系，是消极的还是积极的，是剥削的还是生产的，而断定其性质之何属。

（3）还要从这一经济建设与其他经济机构（在一个经济单位以内）的交互综错关系的"适应"，以及此交互综错关系对于国民经济所生的"终极影响"，来判断此种经济建设的实质与意义。

现计划中的国防交通建设是根据以上原则，以国防工业为对象，以日本为第一假想敌人而设计的。因财力关系所计划的皆最必要线，就是这些最必要线在初步建设中大半暂筑公路，在二期建设中再一律敷设铁轨。第二期应建其他路线，皆以虚线表之（参阅附图——《初步国防交通网图》），其中较短各线，亦可于第一期中由地方政府或人民自行修筑。

铁路建造费之估计，系根据铁道部所计划的京湘、京粤、同蒲（大同至蒲州）、陇海诸线之估价，并参考近年来北宁路修筑各支线的建造费之实额。各计划线之里程及建筑费（包括机车车辆总务等一切费用。按国有铁路主要线标准修筑，网轨每公尺重43公斤或每码重85磅），如表一〇所示。

表一〇

陇海路潼兰段	657 里	87,650,000 元
同蒲线	10 里	83,540,000 元
西安汉口线	300 里	30,000,000 元
西安成都线	450 里	58,500,000 元
粤汉路株韶段	270 里	65,000,000 元
多伦张家口线	150 里	19,500,000 元
多伦通辽线	350 里	28,000,000 元
包头五原宁夏线	344 里	34,410,000 元
宁夏兰州线	280 里	22,400,000 元
五原库伦哈克图线	660 里	52,800,000 元
共计	3971 里	490,800,000 元

我国铁路建筑费，十分之七用于订购外国材料，十分之一用于工人劳务费。今建此国防路线，可用征工制，省建筑费十分之一。其订购外国材料的建筑费十分之七，先以十分之四订购外贸，以应目前急需。其余货价为建筑费十分之三的材料可购自中央国防区炼钢厂及机车厂，购买此数量的本国出品至多

用原货价的三分之二，如此又可省建筑费十分之一。就以上总计：征工及购本国材料，共省建筑费十分之二，实需建筑费十分之八，计为 39,264 万元。

初步国防交通网中应造之公路及其里程与建造费如表一一所示。

表一一

多伦—呼伦线	620 里	4,340,000 元
多伦—承德—山海关线	300 里	2,100,000 元
酒泉（肃州）—迪化—塔城线	1300 里	9,100,000 元
开封—济南线	180 里	900,000 元
京粤线（经江西、延平）	1200 里	12,000,000 元
长沙—南昌—江西线	400 里	4,000,000 元
成都—昆明线	530 里	6,360,000 元
滇粤线	1300 里	15,600,000 元
共计	5830 里	54,400,000 元

以上建筑费系按碎石路征工修筑所需之数，须另加车辆购置费 500 万元，共计为 5940 万元。

国防交通与外交政策有密切的关系，国民政府将以前的外交政策已经丢弃，新的政策又始终没有建立，在国难严重的今日，仍然在无政策之中支节应付，国防交通的设计自然也没有外交政策为依据，所以只好本以三点为起草的根据：

（1）一切帝国主义国家皆是中华民族求独立自由的敌人，而日本帝国主义更是直接最危害中华民族生存的国家，认其为第一假想敌。所以初步国防交通建设注重东北、西北两区。

（2）以中央国防区为中心，联络其他五国防区为一个整体。

（3）以国防工业生产力所需要的交通线，为现在国家财力所能担负者，列为初步国防交通建设。

八、怎 样 集 资

以上国防工业、兵工厂及国防交通三项实需款 156,464 万元。按全国人口为 48,000 万（1928 年邮局调查）计，每人仅摊 326 元。若将 6000 万水灾难民及三分之一的未成年人除外，每人也不过摊 559 元。此数在产业先进国家筹措实不为难，在天灾外患交集的我国，以寻常方法，筹此巨款，的确不是一件容易的事。今将集资的三种办法，分别讨论于后：

1. 政府筹款

政府筹款的方法有二，一为增税，一为募捐，关税实际上仍未自主，田赋及其他捐税苛重已极，不能再增。至于募捐，过去数年中滥发公债一事内争，现在已经到了此路不通之时。全国岁入（1931 年度预算）为 89,334 万余元，如果每年撙能节出 12.5%，四年约可得 44,667 万元。则中央兵工厂各区兵工厂及潜艇制造所需之 27,700 万元可由政府担负。铁路建筑实需额之半（其余之半数利用外资详见下段）19,632 万元及公路建筑费 5940 万元，为建筑上的便利，也要由政府筹款兴修。政府担负之初步国防工业建设费共计为 53,272 万元。

2. 利用外资

利用帝国主义者的资本，建设我们的国防工业，去抵抗帝国主义，只是一种梦想，没有这样不智的帝国主义者。虽然孙中山先生在《实业计划》中有国际开发中国之议，要知孙先生是在欧战甫毕和平空气正浓的时候起草的《实业计划》，认为国际和平可以保持比较长的时期，暴力侵略不至于短期内实现的。孙先生虽然主张利用外资开发中国，可是谆谆训示："惟发展之权，操之在我则存，操之在人则亡"，这种遗训恐怕早为今日自命是孙先生信徒的人们所忘记了！现在日本帝国主义者已经开始劫掠，其他帝国主义者则在袖手旁观群思染指的时候，外国投资不过是备将来分赃时作"既得权"的口实。如果我们再利用外资，就是以慢性的经济共管代急性的政治分割，一样地陷中国于万劫不复之地。所以外人设计的主持的任何开发中国的整个计划（如 1931 年春所盛传的国际投资计划）皆应拒绝，而我们自己设计主持的计划，在技术方面与局部问题则可以延外国专家协助或请外人投资。就本计划言，兵工厂建筑费由政府担负，国防基本工业由人民集资（办法详后），国防交通中之铁路建设在不损主权条件下可允外资参加，外资投入数额定为铁路总建筑费的十分之四，即实需建筑费（亦即总建筑费的十分之八）之半数，计为 19,632 万元或美金 4620 万元。

3. 人民集资

国防工业的设计必须由政府或统一的国防建设机关去负责，以保持国防建设的整个性。但国防工业的投资与经营，若政府没有能力去举办时，无妨让予人民。在人民方面与其将救国捐款无保障的交给政府，不如集为救国基金，在统一机关指导之下，自为国防工业之建设。战时可以供给军用，平日营通常业务，供国内消费。这种办法与捐款不同，捐款人为维持个人生活，也不能都毁家纾难；至于此种救国基金，完全为救国投资，本银有保障，并且还可以分配利润，应募的人自然多。每人承募的额也必然大，由现在国内外同胞集款购飞机之踊跃，就可以推断由人民自行募集救国基金实为建设国防工业的主要资源。除政府担负之兵工厂建造费与铁路公路建筑费（53,272 万元）。及铁路建筑费之外人投资部分（19,632 万元）外，其余之 89,500 万元皆由人民以救国基金的形色投资，并可自由指定投入任何工业。这样就自然地组成了许多工业资团，向政府或其他统一的国防建设机关注册备案，在此机关指定的地址及时期内，将一定生产量的工厂建设起来，所有国防工业的出品，仅先用于国防建设，有余时再供给市场上的需求。各工厂全部设计由统一机关代办或自行草拟后经其审核，以不失全体国防工业统一性与整个性。

以上提出来的三种集资办法，是迁就目前事实的一种极妥协的办法，不是打破现状以求集资问题的根本解决。这种办法是建立在某些假定之上的，所以其实现的可能难以确定。

苏联在 1917 年大革命后，于 1923 年起实行第一次的五年计划（此计划自 1923～1924 年至 1927～1928 年止。因为是着重在帝俄时代产业状况的恢复，对外未作宣传，故不若第二次五年计划之为人注意），苏联政府已经可以投资 265 万万卢布，到 1926 年就恢复到革命前的产业准线。1928～1929 年至 1932～1933 年的第二次经济建设的五年计划，投资总额为 646 万万卢布，约合国币 1415 万万元，比我们这个 15 万万元的初步国防工业建设计划大 90 余倍！并且没有借分文的外债，外债经特许输入的也不到投资总额的百分之一。俄国革命后，外受封锁，内遭饥荒，环境的恶劣不下我国今日，革命后五年，就能够集资二百余万万卢布恢复产业，革命后十年，就能够集资六百余万万卢布扩展产业，我国今日完全由政府的力量筹 15 万万元的国防建设费，不是一件不可能的事，问题是在一个什么样的政府去筹，以及这一政府所行的是什么样的经济政策。这两个问题不但关联着现实的政治问题，并且还牵扯到中国政治前途的总路线，凡此皆出本文立论的范围，于此不谈。

九、赘　　言

本文是初步国防工业建设计划的大纲，不是计划的本体。国防工业建设的全部计划，有待于实地调查，与详确的计算。这一计划大纲的功用，不过供给全国大众以国防工业建设的常识，指出挽救民族危亡的一条有效的根本道路，促起全国同胞对国防建设的注意，集中全国人才完成国防建设计划的本体，最后以全民族的力量创造起保障中华民族独立自存的武器。

一个国防建设计划的实施，与一国的政治有密切的关系，本文于政治问题不愿有所论列，这并非作者回避实际问题，而高谈国防建设；不过认为实际的政治问题，与其空讲原则制度或只为消极的行动，不如积极地领导起民族大众来从事于民族生存的伟大斗争，因为惟有从民族生存所辟的斗争中，培植起民族大众的政治意识，以民族大众的政治意识为基础，才能建树真正的民权。这是作者自九一八事变以来所持的主张，其较详尽的理论，见于去年十、十一两月《社会与教育周刊》拙著：《民族危难中青年应走的两条路》及《工农大众之抗日战术》两文。经过这半年来事实上的证验，更足以坚定对此主张的自信。所以今日反对现政府的人，仅高唱空头的形式的宪政，得不到民众的拥护，这种主张，不过随时代的巨流席卷以去。而当权的人，如不能积极地领导起全国大众，争民族的生存，不能完成国防建设，从事于长期的决死抗斗，而仅注意到敷衍应付地消极工作，也是自取灭亡。

最后，作者要声明的，就是在资源调查统计缺乏，产业落后的我国，起草这样一个粗疏的计划大纲已经感到万分的困难，幸赖服务各地工程界的友人代为搜集材料，特别是作者母校（北洋大学）好友代为作了一些图书馆的工作，作者在此，对于帮助本文完全的诸位好友，仅致最诚挚的谢意。

廿一年四月二十五日脱稿

本文发表于《大公报》后，有许多认识、稍不认识的朋友赐函商榷或供给材料，今得重刊，本拟加以彻底修改，再供全国工程同志之参考；只以浮暑不适，一时不能执笔，除数字再加核算外，仍用原稿重刊。作者于此，实为憾然——尚望读者诸君赐原，并希指教。

作者誌——于七月三十日——

北平市沟渠建设设计纲要

一、序　　言

　　沟渠为市政建设之基干，为市民新陈代谢之脉络。道路借沟渠之排水，路基始得稳固，路面姑免冲毁，是以道路与沟渠，为市政上不可分离之建设，须相辅而行者也。惟道路与沟渠在设计上有截然不同之点在，即道路可就目前需要之程度以定其路面之宽度，他日交通增繁，可随时就路旁预置之空地拓展，昔日所修之路面仍可完全利用。沟渠则反是，若仅就目前建筑状况及一区域之水量而建造，则将来本区建筑增多或邻区安设沟渠须假道此区以排水时，则原设备管必难容纳，另改较大沟管，则昔日所埋设者，费工挖出，大半拆毁，不能再用，投资化为乌有，此城市政建设上之一种浪费。为市政工程上所应竭力避免者也。故沟渠创办之初，虽可就市民需要及财力所及，举办局部之小规模建设，但设计时必须高瞻远瞩，作统系全市之整个计划，以适应市内沟渠全部完成后之情况。如此则脱胎于整个计划中之局部建设，虽为局部小工程，亦可永为市产之一部，永为市民所利用，不致中途废弃，使建设投资变为一种无益之消耗也。

　　根据以上所论，虽在市财政尚未充裕之时，亦应先行草拟全市沟渠建设之整个计划，以为局部建设之所依据。惟全市沟渠整个计划，非有精确之测量，缜密之研究，难期完善。北平为已臻发育成长之城市，市民习惯及已成建设，均须顾及，而筹适应利用之策，故尤须有详确之调查及各项预备工作，方可着手设计。但设计所依据之基本原则，基本数字及基本公式，须先行讨论研究，经专家之审定后，以为拟定整个计划之所根据。此本设计纲要之所由起草也。

二、旧沟渠现状

　　北平市旧沟渠之建筑时期，已不可考，传称完成于明代，迄今已有数百年之历史。内城分五大干渠，由北南流，皆以前三门护城河为总汇。内城干渠之最大者为大明濠（即南北构沿）与御河（即沿东皇城根之河道）。现除御河北段外，均改为暗沟。什刹海汇集内城北部之水导入三海。西四南北大街与东四南北大街各有暗沟两道，惟出口淤塞。外城之水大部汇集于龙须沟，流入城南护城河，龙须沟西段现亦改成暗渠。据北平市内外城沟渠形势图而论，干支各沟，脉络贯通，似甚完密，实则沟线蜿蜒曲折，甚少与路线平行，且曩时市民筑房，浸无限制，最多数沟渠压置于市民房屋之下，难于寻觅。沟之构造均为砖砌，作长方形，上覆石板沟盖，无入孔，渗漏性甚大，小量之水泄入沟中，当不抵出口，即已渗尽，掏挖时须刨掘地面，揭起石盖，方可工作。现大部沟渠或淤塞不通，或供少数住户之倾泄污水，雨水则多由路面或边沟流入干渠。此项旧沟渠，昔时完全用以宣泄雨水，迨后生活提高，市民污水渐感有设法排除之必要，遂多自动安设污水管接通街沟，近年本市工务局为便利市民并资限制计，代为住房安装沟管，而旧沟管之为用遂成污水雨水合流矣。旧沟渠淤塞之病，由来已久，历年虽有沟工队专司掏挖，然人数既少，仅百余人，又无整个计划，此通彼塞，无济于事，盖积病已深，非仅靠掏挖之所能收效也。

三、沟　渠　系　统

　　沟渠之为用，可分为为二：①排除工厂及市民家屋（厨房、浴室、厕所）中之污水。②宣泄路面、房顶及宅院中之雨水。污水含有大量之污秽物及细菌，终年流泄，不稍间断，故须设管导引至市外远处，经过清理程序，再泄入江湖或海洋中。此种污水流量无多，且无陡增陡减之现象，故清理之工作虽繁，所需以导引之管径则小。雨水流量当数百倍于污水，设管道引，所需之管径极大，但污积较少，不必清理，即可泄入市内之河流池沼。污水与雨水之质与量，既有如上所述之不同，沟渠之系统遂有分流制与合流制之区别；分流制为一街之中分设雨水、污水两种沟渠，各成系统，不相混乱，适宜于旧城市已设雨水沟渠设备之区域，及雨水易于排出之处，无须设大规模之雨水沟渠系统以导引者。此法多数市街可单设污水管，雨水则藉明沟或短距离之暗渠以流泄至雨水干渠或径达消纳雨水之处。此种分流制度之优点，以污水流量较少，所需导引之管径亦小，用机器排除亦较简易，大雨时因与雨水分管而流，无雨水过多，倒灌室内之弊。故各国城市多采用之。合流制为雨水、污水同在一混合管内流出，适宜于新开市街，雨水不易排泄之区，污水、雨水需同时设管导引或同需机器抽送者。此法一街之中仅设一道混合管，开办既较同时安设雨管为省，而平时从维持费亦较分流制为低也。

北平市旧沟渠现况、污水与雨水混流、似为合流制，然此种现象之造成，实因本市人口增加，生活提高，新式浴室、厕所日多，无污水沟渠以消纳污水，于是泄入旧沟，而演成今日无沟不臭之现状，不可据以认为污水混流于雨水沟内为合理，而断定本市沟渠为合流制也。新式雨水沟渠不适于宣泄污水为尽人皆知之事实，而本市之旧式雨水沟渠，不适于污水之流泄，其理由更为显著，因沟底不平，坡度过小，污水入内，几不流动，与其名之沟渠，勿宁视作渗坑，附近井水，莫不被沟内渗下之污水所浊，因而病菌繁殖，侵害市民，此本市旧沟渠不适于合流制之最大理由也。

本市沟渠系统应采何制？旧沟之不能用以合流雨水、污水，已如上述，即本市将来建设新式沟渠，亦不能用合流制而应采分流制，其理由有五：①分流制之水管可用圆形管，合流制之水管则多用蛋形（下窄之椭圆）管，因圆管水满时流速大，水浅时流速小，故量少之污水流过时发生沉淀；蛋形管则无论流水之多寡，水深与水面宽度，常为一不变之比，流速无忽大忽小之弊，故流大量之雨水或少量之污水，皆不致发生沉淀。惟此种蛋形管，管身既高，且下端又窄，所需以埋设之必深，而本市地势平坦，不易得一适当之坡度，且土质松软，安设此种沟管，不特所费过巨，且工事进行亦綦困难，此本市不能用合流制而应采分流制之理由一也。②什刹海三海及内外城之护城河皆可用以宣泄雨水，而不能任污水流入，以臭化全市，此污水、雨水应分道宣泄而采用分流制之理由二也。③本市旧沟渠虽不适于运除污水，若加以改良疏浚，大部分尚可用以宣泄雨水，利用旧时建设，排除今日积潦，为最经济之市政计划，此本市沟渠应采分流制之理由三也。④市民生活程度渐高，卫生设备日增，现据自来水公司之报告，新装专用水管者，每月有百户之多，近年来全市水量消费亦日增，因而时感不敷供给。全市之积水池皆苦，宣泄不及，积水洋溢于外。前三门护城河中污水奔流而下，为量可惊。由以上三点而论，本市之污水排泄问题已日趋严重，自应另行筹设全市之新式污水沟渠，自成系统，与雨水沟不相混乱，专用以排除全市污积，此不仅现时市民之卫生状况因以改善，且可一劳永逸，树市政建设之百年大计，此本市沟渠应采分流制之理由四也。⑤污水量少，所需之沟管直径亦小，约自二百公厘（八寸）至六百公厘（二十四寸），故建设费所需较少，粗估第一期工程费约为一百四十万元（详见北平市污水沟渠初期建设计划），初期建设完成后，虽不能逐户安设专用之污水管，但利用新式积水池消纳多数住户污水之效力，则今日污浊横流，积水泼街之现象，当可免除。此就建设经济言，本市应采分流制之理由五也。

根据以上之讨论，本市之沟渠系统问题可得一合理之解决，即改良旧沟以宣泄雨水，建设新渠以排除污水，即所论分流制者是也。此不仅为理论上探讨之结论，亦本市实际情况所需要，且为此较经济之市政建设计划也。

四、旧沟渠之整理

欲整理本市之旧沟渠，须先明了旧沟渠弊端之所在。本市之旧沟渠，其弊有五：①全市排水均以环绕内外两城之护城河为总汇，而以二闸为泄出之尾闾。但二闸以上，多年未加疏浚，河身淤浅，且有峣沟底为高之处，以致水流不畅。大雨时泄水过缓，遂有路面积水，沟渠淤塞之病。②支渠断而过小，不足容纳路面及宅院排出之水。③沟渠坡度太小，多数均不及千分之一，直如一水平之槽沟，非雨水注满，水不流动，即或流动，速度不足，不能携泥沙以同流，易致沉淀，故沟常游淤塞。④本市柏油路不多，土路及石渣路面上之雨水，常挡多量之泥沙于冲积沟内。⑤污水藉旧沟流泄，不独有第三节所述之各种弊害，且沟中常存积污水，大雨时则洋溢于外。④⑤两项可藉道路之铺修，污水暗渠之建设，以免除之。①～③三项乃沟渠本身之已成事实，设局部支节挖浚，一年之后，又复淤塞，非一劳永逸之计，徒耗财力。为谋彻底改善，兹拟定整理之大纲如下：

（1）护城河之疏浚。护城河源始于玉泉山麓，至城西北之高粱桥以东，分为二道，环绕内外两城，终复汇流于二闸，成为通惠河之上流。二闸以下是否淤塞，尚待调查，但以二闸上下流高度之差观之，二闸上下流河之底差为 3.4 公尺，设上流挖深 2 公尺，相差尚有 1.4 公尺，即二闸以下不加导治，于上流之泄水，亦无妨碍。高粱桥以上，虽亦淤塞，但于本市沟渠之整理，关系尚小，兹不备论，故亟需疏浚者，为环绕内外两城及贯通内海之一段，而尤之前三门护城河为最要，以其为内外两城泄水之惟一干渠也。疏浚之次序应关酌缓急，分为五期进行。

第一期：前三门护城河（自西便门至二闸一段）；

第二期：西城护城河（自高粱桥至西便门一段）；

第三期：什刹海及三海水道；

第四期：外城护城河（自西便门环绕外城至东便门一段）；

第五期：东城北城护城河（自高粱桥至东便门一段）。

（2）旧沟渠之整理本市各街沟渠淤塞已久，位置在市民房屋之下者有之，淹没无从寻觅者亦有之，皆淤积过甚，非支节挖沟之所能济事。设一区之干沟挖通，支渠未治，大雨后各支渠淤积之污积泥沙，顺流而下，已挖沟者有重被堵塞之虞。反是若支渠疏通，干渠不治，则水流迟缓仍难免巨量之沉淀。故拟采分区分期疏浚办法，就全市地势高低之所趋及各干沟分布之情形。分为若干排泄区，每区之疏浚整理必须于一个时期内完成之。旧沟渠之断面过小坡度过平者，则设法缩短其泄水路程，以期于可能范围内充其量以利用之。其实不堪应用者，则另行筹设新式雨水暗渠，如此分期进行，市库不致担负过重，且可一劳永逸，不数年间，全市沟渠可望无淤塞或排泄不畅之弊矣。

按本市旧沟渠系统迄今尚无详确调查，工务局虽有一万七千五百分之一之沟渠形势图，及十八平份戒备特刊中之内外城暗沟一览表，但此项图表仅表示流水方向，沟渠宽深及长度。沟渠之位置及坡度则未详载，故可供参考之价值其微。且图中所示已疏浚之一部，有压估于市民房屋之下者（如灯市口等处），有仅有碱水池泄水之用，雨水则另藉明沟或路边以排泄者（如西安门大街等处）。故全市沟渠中究有若干尚可利用，若干须另设新沟，以及疏浚旧沟渠与另设新沟渠经济上之比较，均无由着手，整理工程之概算，亦无从估计。故详确之测量调查实为整理旧沟之基本工作，而须首先着手进行者也。

（3）雨水沟渠流量计划法。即整理旧沟渠用作根据者。雨水流量之计算应采用准理推算法（rational method），此法校用其他各种实验公式（Empirical Formulas）为宜，因后者系就欧美各城市之经验而定，各国各市之情况且各不同，本市强予采用，有削足适履之弊也，准备推算法之公式如下：

$$Q = c \cdot i \cdot A$$

Q 为每秒钟流量之立方尺数，c 为泄水系数（Coot.of Rain-off），i 为降雨率（Intensity of Rain-fall）每小时之数，A 为集水区域之英亩[①]数。其中之 c、i 可规定如下。

（1）降雨率（I 降雨率在本公式中须视雨量大小，降雨时间（Duration of Rainfall）之久暂，及降雨集水时间 Time of Concentration）之长短而定。本市降雨量无长久精确记载，北平研究院虽有自民国三年至二十一年之最大雨量表，但共记录中最大降雨率（民国三年）每小时仅 37.2 公厘，清华大学本年（民国二十二年）之雨量记录最大为每小时 44.5 公厘，清华所用者为新式之自动雨量计，北平研究院所用者为普通标准雨量计，由所用方法上比较，则前者所得结果自校后者为准确，本年（民国二十二年）本市雨

---

① 编者按：1 英亩=4046.86 平方米。

量不为过大，而清华之记录即达每小时 44.5 公厘，由此可证本研究院之每小时 37.2 公厘之记录，不足为信。清华大学亦仅有二年（民国二十年及二十二年）之雨量记录，亦难用为设计之标准。华北各城市之雨量记录可供参考者较少，青岛之雨量记录年限稍久，但仅有每小时之最大雨量测验表，降雨时间，亦无记载。青岛沟渠设计所有之最大降雨量为 62.6 公厘本市为大陆气候，全年降雨总量虽不甚大，每小时之雨量则不能断定其小于青岛（据翁丁二氏合籓之中国分省新图中之全年平均等雨量区域图，北平与青岛之全年平均雨量为 600～800 公厘），因夏季多骤雨故也。据此暂假定本市之最大雨量为每小时 65 公厘，似较为合理。再本市多旧式瓦屋，路面坡度以甚小，降雨集水时间（ t ）当稍长，设一切沟渠均按照假定之最大降雨量设计，殊不经清。然本市之降雨量及降雨时间既无记录载，上海市虽有五年十年之降雨率循环方程式，因与北平气候悬殊，不能采用，华北各地亦无可供参考者。兹就美国各城市之雨量统计加以比较，拟采用梅耶氏（Meyor）公式第三组之降雨量五年循环方程式：

$$i = \frac{J22}{t}$$

为本市设计之标准，而最大以每小时 65 公厘为限，即降雨集水时间在三十分钟（ t 等于三十分钟时，i 等于 65 公厘。）以上者用方程式，在三十分钟以下和假定之最大降雨率。

进水时间（inlet time）按十五分钟计算。

（2）泄水系数（ c ）与地质，地形，房屋之疏密，街道之构造，及地上之植物均有关系。此等系数有从平日实验而得者，有根据情况相近之城市已有之记载而定者，兹限于时日，采用第二法。本市繁盛区域，多为四合房（即四面建房，中留空地），房顶与房地全面积之比为 4：5，道路面积与房地面积之比约为 1：5（本市街宽至无规律，同为繁盛区，王府井大为西单牌楼宽二十余公尺，大栅栏鲜鱼口等处街宽不过八公尺，计算时须按照各街实况斟酌变更），道路假定为沥青路面，屋顶为普通中国瓦铺成，院地为砖砌或土地，准此情形，如表一所示。

表一 泄水系数表

降雨面积种类	道路	屋顶	院地	统计
面积百分数	20	64	16	100
泄水系数（ c ）	0.65	0.9	0.5	
RXC	17	57.6	8	2.6

住宅区域，道路多为石渣路或土路，院地较大，空间庭且种植草木，泄水自少，如表二所示。

表二 泄水系数表

降雨面积种类	道路	屋顶	院地	统计
面积百分数 /%	15	35	50	100
泄水系数（ c ）	0.5	0.9	0.2	
RXC	7.5	1.5	1	49

由表一、表二可定繁盛区泄水系数为 0.83，住宅区泄水系数为 0.49，此项数字系一假定之例，设计时须就市内各处实际情况酌为变更。

五、污水沟渠之建设

本市原无污水沟渠，设计时得因地势之且，作通盘之计划，而无所选就顾忌。惟污水沟渠之运用，有需于自来水之辅助，本市自来水设备，尚未普遍，市民大多数取用井水，取之不易，用之惟俭，恐污积难得充量之水以冲刷溶解，沟渠内难免有过量之沉淀。然此为初设时之现象，将来市政进展，自来水饮用普及，此弊自免。

（一）污水出口之选择

选择之标准，须地势低下，旁近湖泊或河流，须距市区稍远。本市地势，西北凸起，东南趋下，最大水流为护城河区集而东之通惠河，该河二闸附近，远在郊外，人烟不密，地势较低，以作污水出口，尚称合宜。惟河狭流细，恐不足冲淡、氧化巨量之污水，故须于总出口附近，设总清理厂，于污水泄出前清理之。

（二）污水排泄之划分

本市地势平坦，土质松软，设路面掘槽深，不独工劳费巨，滞碍交通，且恐损及雨旁房屋。冬季气候严寒，污水管敷设过浅，则有冻结之虞。故假定管顶距路面之深度最少以一公尺为限，最多以四公尺为限，干管坡度最小千分之一，支管坡度最小千分之三，备此划分污水排泄区如下：

第一区：内城东部，铁狮子胡同以南三海以东之区域，干管设南北小街，径达于二闸之总清理厂。

第二区：内城西部，即三海以西之区域，干管设西四北大街，南至宣武门附近设污水清理分厂以送水至总清理厂。

第三区：内城北部，即北皇城根街以北之区域，干管起于护国寺西端沿北皇城根街以至铁狮子胡同以东，择地设污水清理分厂以送水至第一区之污水干管。

第四区：外城全区，干管有二：一起于宣武门外大街，绕西河沿至正阳门大街以迁于天坛。一设于广安门大街，至西珠市口东端与由北来之干管会合于一处，即于天坛东北设污水清理厂以送水到二闸总厂。

（三）污水之清理

拟采以下二法：

第一步为筛选法。于各清理分厂以总清理厂内各设筛泸池一座，以除去固体物质及渣滓，池底每日清一次或两次，沉淀物取出后，积存于积粪池，以备售予农户，用作肥料。

第二步为沉淀法。于总清理厂设伊氏池（Imhoff Tank）污水经此池后，能变易其性质，使污积沉凝，微菌减少，泄出之水，色淡无臭，然后注入河中，即河水不甚充足，亦无大害。

（四）污水之最后处置

污水经清理后，虽污积大减，若河水量小，或冬季无水，污水泄入后，仍难免有停滞冻固之弊。兹就其可能采用者，拟定以下三种办法，但采用何法，须待群为测量调查后决定。

（1）污水经清理后，即于二闸下流，泄入河中。此法简易经济，惟河水须终年不断，并于冬季结冰时，须保有足量之沟流以资冲淡污水。

（2）沿河设污水导管直引通至通州之北运河中。此法须设长二十余公里之导管，所费稍巨。

（3）污水经清理后，导流至附近农地，以利灌溉，此法驱无用为有用，可让不毛之地，变为良田，法之至善。惟建设费过昂耳。

（五）流量计算法

污水流量须视市街之人口密度，每人每日最大用水量，及地下水渗透量而定。平市人口密度，据二十二年公安局之调查统计，人口最密之外一区，每公顷（Hectare）四〇七人，普通住宅区，如内一区，每公顷仅一五〇人。惟现值国难时期，百业衰微，将来市政发展，人口密度，当不比此，且市街两旁，迄今犹多平房，此等平房将来均有改造楼房之可能，人口密度亦必有大量之增加。我国城市之繁盛者，人口最多区域之密度多在每公顷六〇〇人上下，故假定商业繁盛区之人口最大密度为每公顷六〇〇人（约合每英亩二五〇人），普通住宅区每公顷三〇〇人（均每英亩一二〇人），每人每日用水量参照青岛市与上海市之统计，假定为七〇公升^①（约合一五英加伦），再每人每日用水时间，各随其习惯而不同，兹据欧际顿氏（Ogdon）之假定，每人每日用水时间为八小时，每公顷每日总流量之半于八小时流尽，准此可求得每公顷一秒钟最大之污水流量（Q）如下：

$$繁盛区 Q = \frac{600 \times 70}{2 \times 8 \times 3600} = 0.73 公升$$

$$住宅区 Q = \frac{300 \times 70}{2 \times 8 \times 3600} = 0.365 公升$$

地下水渗透量，须视所用水管材料之品质，接装方法，安设之良否，及地下水位之高低而定，普通每公里长管线之渗透量最少一一八〇〇公升，最多九四〇〇〇公升。本市地下水位甚高，水管拟用唐山产之缸管，渗透量假定为每公里管线二五〇〇〇公升将来再按各处实际情况，酌为损益。由上所述，可规定污水总流量之计算法如下：

任在何处，污水总流量等于该处以上流域公顷数与每公顷一秒钟流量相乘之积，再加该处以上管线之地下污水渗透总量。

污水管计算之标准，假定如下：

（1）库氏公式（Kuttor's Formula）中 N 为 0.015。

（2）全满时每秒钟最小流速为六公寸约二尺。

（3）干管坡度最小为 0.001，支管坡度最小为 0.003。

（4）计算污水管径以水流半满为度。

（5）街巷公用污水管径最小不得小于二百公厘。

① 编者按：1公升=0.001立方米。

污水沟渠初期建设计划

北平市沟渠之建设，宜采用分流制，即整理旧沟渠以利宣泄雨水，另设新沟渠以排除污水，于《沟渠设计纲要》第三节中，会反复阐述，原有沟渠可用为雨水道，不应兼事宣泄污水，故为沟渠之彻底整理计，除旧沟渠须逐渐有计划之疏浚外，污水沟渠之建设，亦应及时筹划（表一）。

全市污水沟渠之建设，非数日万元莫办，需款过多，非本市目前财力之所能及，且值此国难当前，公私交困之际，即使调有大规模之污水渠，因市民接用，亦须耗相当财力，恐难望使用之普及，且自来水之饮用，尚未普及，亦不必街街设管。兹拟具初步污水沟渠建设计划，即先于繁盛街市（如王府井大街、前门大街等）及稠密之住宅区域安设污水干管及支管，以使用水峻多之住户接用，而于各街内或路口另设新式之积水池，以备一般市民之倾倒积水，如斯费少效宏，可期全市污水之大半，得科学之排除方法，于本市之公共卫生，实大有所裨也。

初期建设之污水沟渠为全部污水沟渠之基干，虽经费务期其节省，但规模宜求雄伟，俾可笼罩全局，谋永恒之发展。故须由通盘整个之设计中分拟为分期实施之建设计划。兹拟具设计步骤如下所示：

（一）测量及制图

设计污水沟渠系统必备之图样有二：①全市地形图，比例五百分之一或千分之一。②各市街水平图，长度比例须与地形图一致，高度比例为百分之一。

（二）污水总出口之勘定

污水总出口以二闸（庆丰闸）为较宜，于设计纲要第五节第一段中曾加申述，但确定之前，须为如下之考查：

（1）该处河道水位及流量之测验。

（2）流往二闸各河水源之考查。

（3）上、下流人民利用河水情况，如饮用、渔业、灌溉等及约需水量，此项调查须上直水源，下抵通州。

（4）自二闸至通州地势之草测，以为设管引至通州北运河时估计之根据。

（5）二闸附近之土壤及农产调查。

（三）市区繁盛之调查

各街市及住宅区域房屋之疏密、人口之多寡，并推测其将来发展之程度，以定何处为繁盛区（工商业区），何处为疏散区（住宅区、名胜区）。

（四）沟管之设计

可就全市地形图，确定管线之位置，干渠支管分布之系统。同时按照市街水平图，确定管线之高度。至于管径之大小，可根据污水流量计算法与三项调查之结果及库氏公式图解（Diagram for the Solution of Kuttor's Formula）计算而得。

（五）唐山缸管产量与单价之调查及品质之检定。

（六）排泄区及清理总厂与各分厂厂址之勘定，及分氏池、节沟池、积渣干洒池、积粪池、积水池及机器房、工人宿舍等之设计。

（七）污水最后处置方法之确定，根据（二）项勘查之结果以定何种方法为最适宜。

（八）订立：

（1）市民自动安设沟管奖励章程。
（2）建设法水沟渠征费章程。
（3）污水沟渠施工及用料规则。

（九）制图及造具详细预算

以上九条，已概括污水沟渠设计之全部，盖全部设计定，初期建设方可择要施行。初期建设中拟完成之五部分如下：

（1）内外城污水干管及支管（图一）共长约九万公尺。

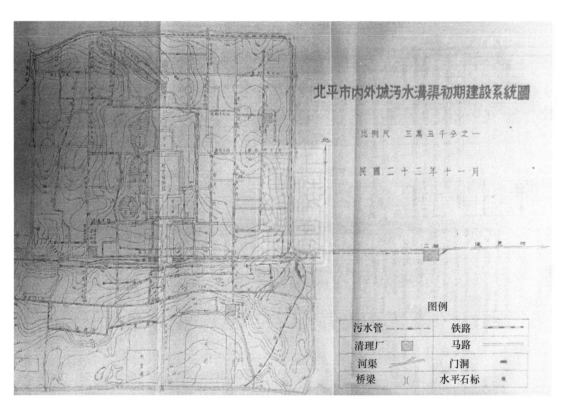

比例尺 三万五千分之一
民国二十二年十一月
图一 北平市内外城污水沟渠初期建设系统图

此项干管平均管径约为四百公厘，概用唐山产缸管，柏油与麻丝接口。清理分厂送水管承受压力之一段，用磷铁管，软铅与麻丝接口。入孔为圆形，底砌石槽，入孔盖用铸铁铸成，入孔底用1：2：4混凝土打成。

（2）总清理厂设于二闸附近，厂地而积需地约八公顷（约一百三十亩[①]），可容面积约占一百平方公尺[②]之伊氏池（Imhoff Tank）十座，于初期建设中暂设四座、筛泸池、积粪池、积渣晒干池各设一座，机器房一座，须能容五十马力电动抽水机六台。先设三台。修理厂、储藏库各一座，办公室一间，工人宿

---

① 编者按：1亩=666.67平方米。
② 编者按：1平方公尺=1平方米。

舍七八间。

（3）污水出口之设备，须俟污水最后处置之方法确定后，再行计划。

（4）清理分厂共三处。第一分厂，设内三区东四九条胡同与北小街交道口附近。第二分厂，设于宣武门东。第三分厂，设于天坛东北角附近。每厂设筛泸池、积粪池各一座，机器房一座，须能容二十马力动升水机四台，暂设二台。办公室一间，工人宿舍四五间。各清理分厂须预备空地，建小规模之材料厂。

（5）积水池。街市公共之积水池须采用缸式构造，中设铁算，俾臭气不得外扬，渣滓易于清除。池墙与池底用 1：3：6 混凝土打成，上加铁盖或建造小房，以保清洁。出水管径为二〇〇公厘，全市积水池约计须设四〇〇处。

表一　污水沟渠初期建设计划概算

名称	单位	数量	单价/元	共价/元	备考
管线	公尺	90,000	12	1,080,000	平均管径按 400 公厘计算，土工、接管工人孔等均括在内
总清理厂	处		180,000	80,000	包括购地费、全部构件及建筑用费
清理分厂	处		320,000	60,000	同上
积水池	处	400	200	80,000	
其他				70,000	污水最后处理之设备等用费
共计				1,370,000	

注：测量及设计用费，由工务局经常费中支付，未列入本概算内。

征求北平市沟渠计划意见报告书

本府技术室前拟定之《北平市沟渠建设设计纲要及污水沟渠初期建设计划》，为集思广益起见，曾分寄国内工程专家征求批评。现覆函皆已递到，特归纳诸家高见，分为问题七种，参以本府技术室意见，拟具报告如下：

一、沟渠制度问题

关于平市沟渠应采之制度，各家与本府之意见完全一致，即"改良旧沟以宣泄雨水，建设新渠以排除污水，即所谓分流制者也"。沟渠制度为沟渠根本问题，得各家一致之主张，本府自当引为沟渠建设之准绳也。

二、沟渠建设之程序

沟渠之制度定，沟渠建设之程序可随之而决，即先整理雨水沟渠，次建设污水沟渠是也。然沟渠设计之程序，不能同于沟渠建设之程序，虽建设可分先后，设计则须同时完成。盖街市上雨水、污水两种沟渠之配置，交错时不相冲突之高度，或某处因分设两管之特殊困难，须采局部之合流制者，必雨水、污水、沟渠同时设计，始可兼筹并顾，以谋所配合适应之道。至沟渠建设之施工，不但须分期进行，在分期之中，尚须分区工作，就工程进行上之使得及减轻经济上之困难言，实为沟渠建设所采之步骤也。

三、雨水沟渠设计之基本数字

《设计纲要》中所假定之雨水沟渠设计基本数字如下：
（1）降雨率：每小时六十五公厘（即 2.5 寸）。
（2）泄水系数：商业区 83%、住宅区 49%。
（3）降雨集水时间：三十分钟［由梅耶氏（Mayer）降雨率五年循环方程式求得］。
（4）进水时间：十五分钟。
北洋工学院院长李耕砚先生认为降雨率不必假定如此之大，本府当根据今后北平市之降雨率精确记录，酌为减低。清华大学教授陶葆楷先生认泄水系数所假定之数字稍嫌过高，本府《设计纲要》所列之二表，系举例性质，同为住宅区，其区内房屋疏密及道路情况，未必尽同，设计时当就各泄水区域，分别加以调查，列表备用，既可与实际情况相符合，亦可免管大浪费之弊也。

四、污水沟渠设计之基本数字

《北平市沟渠建设设计纲要》中所假定之污水沟渠设计基本数字如下：
（1）人口密度（每公顷人数）：商业区六百人、住宅区三百人。
（2）每人每日用水量：七公升或十五英加仑。
（3）地下水渗透量：每公里管线二五〇〇〇公升。

（4）库氏（Kuttor）公式中 N 为 0.015。

人口之密度，李先生仍认为太密。上海市工务局技正胡赞予先生亦同此意见，并发表具体之张如下：

按二十二年平市公安局人口密度调查统计，人口最密之外一区每公顷为 405 人，普通住宅区每公顷 150 人。此种情形，在最近若干年内，似不至有多大变动，即将来工商业发达，人口激增，亦宜限制建筑面积与高度，及关设新市区以调剂之，不宜听其自然发展，致蹈吾国南方城市及欧美若干旧市区人烟过于稠密之覆辙，使文化古都，成为空气恶浊、交通拥挤之场所，而失其向来幽雅之特色。鄙意平市商业区将来之人口密度仍宜以每公顷四百人为限，住宅区以增至每公顷 200 为限。

平市人口，就民元以来二十一年之统计观之，实有稳坚增长之总趋势。虽六年至十五年之九年间，人口总数之变动甚微，而十五年以后之人口激增，迄今赓续前进，势不稍衰。若根据二十一年之人口增加率，按等差级数法，推测二十五年以后之人口密度，则商业区每公顷可达 560 人，住宅区可达 210 人。若就最近七年来之增加率，按等差级数法推测二十五年后之人口密度，则商业区每公顷可达 750 人，住宅区可达 280 人。推算人口增加，以等差级数法所得之结果，最为保守。按二十一年之平均增加率，算得将来之人口密度，尚在五百与二百人之上，而开关新市区以减低人口密度之法，平市以城墙关系，较之他市稍感困难，似将来人口密度之假定，商业区不能小于五百。住宅区不能小于二百。惟平市商业区与住宅区不能明确划分，且渐有变迁转移之势。民元前后商业区皆集中于前门外一带，现则东城以王府井大街为中心，商业区发展甚速，西城以西单牌楼为中心之商业区亦有突飞之兴荣，故平市有趋于细胞发展之可能，人口增加之推测，亦以分区估算为较妥，所谓商业区及住宅区不过笼统而言，其间自应就各处特殊情形而斟酌损益也（图一）。

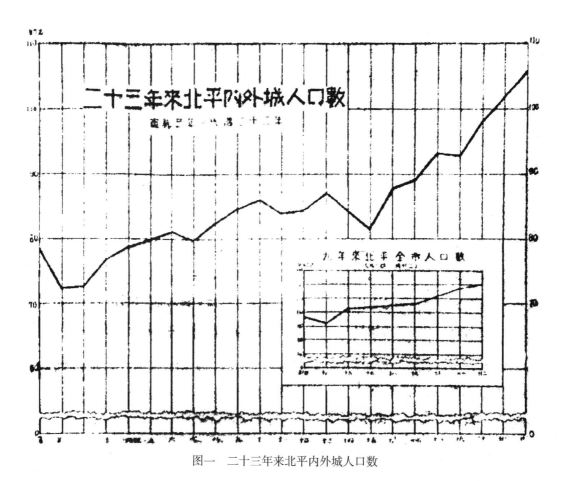

图一　二十三年来北平内外城人口数

至库氏公式中之 N，青岛市工务局副局长严仲絮先生，认为计算缸管中之流量，0.015 非所必要，当遵严先生之意见改用 0.013 计算。

五、沟渠建设之实际问题

（1）污水管之材料及形状　中央大学教授关富权先生以蛋形管之水力半径（Hydraulic Radius）较优于圆形管，不易发生沉淀，并蛋形管材料用混凝土，既可价廉，又免利权外溢。查蛋形管最适用于污雨水之合流之沟渠，早为工程界之定论。因雨水、污水之量虽相差至百数十倍，而流于蛋形管内，流速之变动则至微也。惟平市沟渠积采分流制已如上述，若分流污水之管，其每日之流量无大差异，且每日至少有一次之满流，即有沉淀，为每日之满流所冲刷，亦不致有拥塞之弊。混凝土蛋形管之用于合流沟渠者，有干管里面之下部贴以光滑之缸瓦，其用意一方在减少管内之阻力，一方在防止污水侵蚀洋灰，若污水沟渠而用于混凝土蛋形管，设不满贴缸瓦，似难免以上二弊，若贴用缸瓦，则所费不赀矣。现唐山开滦煤矿已不兼管缸管贸易。平、津所用者皆该地土窑所制，虽品质稍逊，倘大量订购，可使加工精制也。故购用缸管，并无利润流入外商之弊。再就经济方面言，缸管亦较混凝土管为省费。按青岛市沟渠工程之统计，四百公厘以下者用缸管为省，四百公厘以上者以用混凝土管为省。兹列青市工务局之统计表于下以明之：

管径（公厘）	管质	每公尺长工料价计（土工在外）（元）
一五〇	缸管	1.16
二〇〇	同	1.66
二五〇	同	2.02
三〇〇	同	3.72
三五〇	同	5.26
四〇〇	同	6.31
五〇〇	混凝土管	6
	（1：2：4）	
六〇〇	同	7
七〇〇	同	8
九〇〇	同	9.5

若在平市，混凝土所需之原料石子、砂子皆较青市昂至一倍左右，而唐山缸管较之青市所用之博山缸管，价尚稍廉。兹列比较表如下：

名称	单位	青岛价格（元）	北平价格（元）
石子	立方公尺	2.40	3.90
砂子	立方公尺	1.50	3.70
缸管	（半径四百公厘，一公尺长）	6.00	3.84

此系唐山交货最上等双釉缸管价格，北平交货另加运费每公尺约一元左右。

故就材料之经济而论，平市沟渠之宜用缸管，殆尤迫切于青岛市也。

（2）接管用之材料

下水道水管间结合之材料，普通用者有柏池麻丝及洋灰砂浆二种。用洋灰砂浆之优点在坚实省费，其缺点在换装支管困难，接头处无伸缩性，若基地下陷或压力不均，缸管有折裂之处。用柏油麻丝之优点在换装支管甚易，接头处有伸缩性，缸管不致折裂，其缺点在用费稍昂，略欠坚牢。严先生主张用洋灰砂浆接管，在街旁用户于建造沟渠时皆同时装接支管，则该处以洋灰砂浆接管，尚无不便，否则以柏油麻丝接管为较妥。至地基之坚实情形，亦为决定采用何种接管材料所廉考虑之因素也。

（3）水管埋设之深度

原计划假定管顶距路面之深度最小以一公尺为限。严先生以为0.6公尺即足以防冻，似无须埋设一公尺之深。查北平市冬季最寒，0.6公尺之深度是否足以护管，尚待考究，惟为防止车辆震裂水管计，0.6公尺之深度稍嫌不足。因通街虽有柏油或石碴路面，电车之震动则甚剧，而平市电车轨之下并无铁筋混凝土基础以抗御之。若水管敷设于步道或小巷中，铁轮大车于雨后互陷入路面0.3公尺上下，则所余之0.3公尺实不足以护管。故水管埋设之深度，除防冻外，尚应斟酌交通情形而规定之也。

（4）反吸虹管之采用

污水管横过护城河时，如该河水流横断面有限，不容污水管直穿时，严先生主张用反吸虹管，由河底穿过，查平市护城河流量多嫌不足，自以照严先生所言办理，最为妥善。

（5）消污池（Septic tank）之采用

关先生主张每胡同或数户合建一消污池，以减污水之量，改进污水之质，并减轻未安专用污水管住户之负担。用意实深，惟事实上则未能与理想之结果相合。公共消污池不能建于私人土地之内，必设于街衢，既置妨碍交通于不论，池之通风筒放出多量之亚摩尼亚气，行人掩鼻而过，与今日粪车满街情况无异，有失建设污水沟渠之意义，此其一。全市建造数百消污池，较之建一大规模之总清理厂，所费更巨，按天津英租界工部局建造铁筋混凝土消污池之统计，供给二十人用之池，造价约八十元，即平均每人需费四元。平市饮用自来水之人口约为十万，则建造消污池之所费，即有四十万元之多，且数百消污池之清除管理，亦非易举，此其二。消污池所减之污水量甚微，而其所剩之污渣，不能用作肥料，此其三。酸性污水，或天寒之时，池内霉腐作用，几全停止，此其四。有此四端，故消污池不能大规模采用于平市。原计划中有建造水池四百处一项，即便于不装置专用污水管之中下市民倾倒污水而设，故市民无论贫富，皆有使用污水沟渠之便利，市民之负担与享用，并无畸重畸轻之弊也。

六、清理分厂之地址问题

城内清理分厂之设立及其位址，完全为地形所决定。因污水藉地面天然之坡度，由高趋下，全市污水总清理厂既设于城外之二闸，则全市各处之污水欲其皆能借天然之坡度，进集于二闸，为平市地形所不容许，因城内有数处低洼之区，水流至此，若不以机器提高水位，污水即停滞该处，无术排除，此清理分厂之所以设及地址之所由决定也。陶先生以为宣武门内等处，人烟稠密，设清理厂，不免有臭味，不如设于天坛地广人稀之处。此为北平市地形所限，不能不分设于宣武门内，东四九条胡同及天坛东北角等过于低洼之处，实为无可奈何之事。如青岛市之污水清理总厂虽仅西镇一处，而清理分厂则有四处，其太平路之一厂；在市府之前，为交通要衢，亦风景佳地，而因地形关系，不设厂则水不能前进，故德管时代已辟地设厂矣。日本东京市复兴计划完成后，全市有污水清理分厂八处。各厂设备有沉沙池及和简室等。污水经筛滤后，再提高水位，送至清理总厂。其节口一排之钱瓶町唧筒场即在东京驿之北傍。此种污水清理分厂若设计周密管理得法，并无臭味外溢，因所清理者为新出之污水，不同于消污池所出之霉腐污水，且仅经过筛滤一种手续，即以抽水机送出。若清理滤油，运除污渣于夜间行之，附近居民当不致有不快之意也。严先生主张将东四九条之第一清理分厂移于朝阳门一带，因该处更为低下也，此论极是，惟朝阳门至东便门间无可供安设干沟之街道。本市现正测制二千五百分之一地形图，等高线之差为半公尺，此测竣，各污水清理分厂之地址，当再重行通整计划也。

七、污水之最后处理方法

污水之总清理厂设于东便门外之二闸，该处地价不昂，污水经清理后，即泄入通惠河，该河之水并不充作饮料。根据以上二种情形，并为节省财力计，故污水清理采用筛滤池及伊氏池 Imhoff Tank 之法，虽此法估用厂基稍多，然地价不昂，所费无多。清理效率虽不能十分圆满，然全厂构造简单，不藉机械之力以工作，且河水不作饮料，故亦无须再经他法以清洁之。采用伊氏池法，不仅建造费低，且管理易，经营费尤省也。至污水中之肥料，大部存留于筛滤池中，沉淀于伊氏池及泄入河中者为量无多。李先生□仿上海英租界办法，采用活动污泥法（Activated Sludge Process），以保全肥料，用意至善。惟活动污泥法清理污水手续皆藉机械之运转，设备费即昂，管理亦难，经营费尤大。其优点在清理效率高，污渣之肥料价值大，而厂基占地，在各种清理污水方法中为最小。上海租界地价昂，或亦采用此法之一原因也。上海英租界污水清理厂之成积，本府已派员调查，以供参考；并待选定现出污水地点数处，按时往取污水加以化验。如每月化验一次，则积一年以上之记录，于污水最后处理方法之取舍，定有所助也。

按伊氏 Imhoff 最近主张伊氏池与空气活动污泥法为连续之污水清理法，即污水先经伊氏池，再入吹风池，完成空气活动污泥手续后，始行排除。惟吹风池之污泥一部送至吹风池，一部则又送至伊氏池内，助该池内污泥之消化。其工作系统如附图（图二）所示。

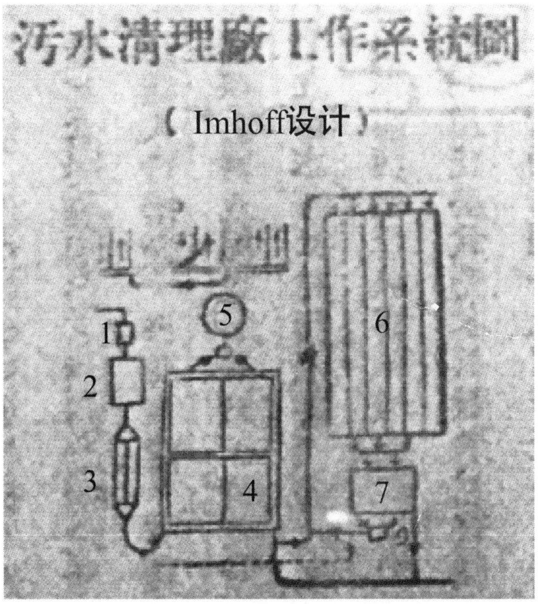

图中所示清理系统之特征，约有两点：

（1）伊氏池为初步之清理，吹风池为高度之清理，但视污水情形，吹风池可完全不用，仅经伊氏池，即行排除，以减消耗。

图二　污水清理厂工作系统图

1. 粗筛 Coarse rocks　2. 滤油池 Skimming tank　3. 沉砂池 Grit chambers　4. 伊氏池 Imhoff tanks　5. 污泥再消化池 Secondary sludge digestion tank　6. 吹风池 Aeration units　7. 最后沉淀池 Final sedimentation tanks

（2）吹风池内之污泥必经伊氏池，与该池内之污泥混合后，始得送至污泥晒床，故吹风池与伊氏池之污泥不能分别保存。

由以上二点而论，北平市污水清理总厂，暂先设伊氏池，二闸距□□□，通惠河水不用作饮料，仅伊氏池已可胜于清理污水之任；否则随时加建吹风池，以前之建设仍可充分利用，无□置之可处也。

此次□海内工程专家，不吝赐为北平市之沟渠计划，建一完善合理之基础，本府实深戚荷。今后在详密计划完成过程中，与诸位工程先进商标之问题正多，为百余万市民造福利，想诸君必乐为助也。

兹按覆书收到之先后，附录于后，以资观证，而便研究。

附录　征求北平市沟渠计划意见回函

李耕砚先生覆函
——天津国立北洋工学院院长

前奉大函，并北平市沟渠建设设计纲要及北平市污水沟渠初期计划纲要一册，嘱即详评见复等因，当即与厂院卫生工程徐世大先生，共同研究，对于原计划纲要，微有鄙见，兹约略述之：仅按原计划纲要所定各节，尚属妥善；惟每小时最大雨量，较青岛为高，似可不必。又估计人口，亦嫌太密。为污水沟之最小者，有一定限度。人口估计太密，尚属无碍；若总管及支管埋设既深，人口过密，不免靡费；且北平并非工商业重要高区，人口未必增加甚多；即或某一区域有增加之时，亦可安设支管，随时应付。

清理厂之估计似太低，但因未知其计划，无从详断。又查吾国人向以人粪溺为肥料，事不可忽视。如用 Imhoff Tank 池，即不能得肥料之用。上海所用促进污泥法（Activated Sludge Process），虽或用费秒增，而保全利益颇厚，似应加以调查，以定清理之法。

以上数端，鄙见如是，是否有当，尚祈早裁。

二十二年十二月十五日

严仲絮先生覆函
——青岛市工务局局长

顷奉大函,附北平市沟渠建设设计纲要及污水沟渠初期建设计划,拜读之下,具见规模宏远,擘划周详,无任钦佩,继以赞陋,及荷垂询,殊愧无以报命,惟念千处一得,或有辅于高深,谨将管见所,略陈如下:

(一)污水沟渠初步计划,采用分流制,并规定各清理厂地点,布置甚为妥善周密,惟第一清理分厂之东南一带,地势仍渐趋低下,若该处人品繁盛,市面发达,有宣泄污水之必要,似可于朝阳门附近,另择适当地点,移建第一清理分厂于该处,兼可吸收由朝阳门向西一带之污水。(二)污水管横过护城河或大沟,如该河沟内流水横断面有限不容污水管直穿,似宜用反吸虹管由河底穿过。(三)计算缸管流量应用库氏公式时,系数(N)可减为0.013,尚不嫌小也。(四)污水缸管接口用1:2洋灰浆,确属坚实省费,渗水亦少,较之用柏油与麻丝为优,以上各节,是否有当,敬乞卓裁,肃笺奉后,即希查验为何。

二十二年十二月六日

陶葆楷先生覆函
——清华大学卫生工程教授

接读来函,并北平市沟渠建设设计纲要及污水沟渠初期建设计划一册,藉悉贵府计划北平沟渠系统,有裨民生,自非浅解。承嘱批评讨论,谨就管见所及,逐条叙述如下:

整理北平市沟渠系统,大体采用分流制,即利用旧沟渠,以宣泄雨水,建筑新沟管,以排除污水,为极合理之办法,不过污水沟管之安设,需款甚巨,值此社会经济,异常窘困之时,即有污水沟渠,恐市民接用者,亦属少数,北平自来水之饮用,尚未普及,以内一区而谕,仅百分之二十,接用自来水,其余均恃井水,且粪污均须作为肥料,如建筑污水沟渠,导污水至附近农地,以供灌溉,究当如何应用,亦须先作相当之研究。故鄙意今日北平欲整顿沟渠制度,宜先从雨水着手,换言之,北平市宜暂时集中财力与人力,整理并完成全市之雨水沟渠制度。倘欲建筑污水沟渠管,亦当分区进行,为内一区需要较大,不妨先事安设,次则内二区、内三区,逐渐推广。计划干渠时,当头到将来之发展,自无待言。

整理旧沟渠,宜同时疏浚护城河,高亮桥以上,如暂时不加疏浚,则宜在该处设闸。目下平市旧沟渠淤塞者过多,故第一步在疏浚旧沟,其不能再用,或容量不足者,则须另设新沟。

设计新沟,用准理推算法最为合宜。惟该项计划中所算得之泄水系数,繁盛区为0.83,住宅区为0.49,似嫌稍高。平市柏油路面尚少,住宅中亦多空地,即使路改逐渐改善,但各胡同、马路之改为沥青面,恐为极坏之事。繁盛区域,如因降雨量用五年循环方程式,而加高其泄水系数,尚有特别理由,至住宅区域,用降雨率五年循环方程式。已称充裕,故泄水系数0.49,似可稍事减低,节省经费。

污水沟渠,宜分区进行,已如上述。通惠河流量,能否冲淡污水,使不致发生污秽现象,须先作试验,视通惠河水所含氧之成分而定。设河水之冲淡力不足,始设污水调治厂,盖设厂需费颇大,不可贸然决定也。计划书有污水治理分厂三处,查宣武门内等处人烟稠密,污水调治厂,不免稍有臭味,故地点宜慎重选择。天坛旁地广人稀,颇稍相宜,不过本市污水量暂时不致过多,设一清理总厂,已足应付,如此可省经费不少也。

唐山产缸管,如用口径稍大者,最好先做试验较为可靠。

敝校土木工程系,设有材料试验室及卫生工程试验室,将来贵府进行沟渠建设时,如需试验上之帮忙,自当效劳。

是项设计纲要,尚系初步研究,故鄙人所述,亦属普通的理谕。将来实际测量设计时,如须共同研究，亦所欢迎。

二十二年十二月十八日

胡赍予先生覆函
——上海市工务局技正

昨由赣至沪，接奉上年十一月三十日惠函，及附寄北平市沟渠建设设计纲要及污水沟渠初期建设计划一册，拜读之余，具仰，擘画精当，无任钦佩，尤以"沟渠系统，探用分流制，利用什刹海三海护城河及旧沟渠之一部分宣泄雨水，另设小径管专排污水"一点，鄙意以为确为经济合理之办法。至关于护城河之疏浚，旧沟渠之整理，污水沟渠之建设等计划，自属初步性质，须待详细测量调查后，始能制成具体图样预算为逐步实施张本，惟《沟渠建设设计纲要》第五章第五节内，假定将来商业繁盛区之人口最大密度，为每公顷六百人，普通住宅区每公顷三百人，揆睹现代城市设计，力趋人口分散之原则，及平市公安局人口密度调查统计，似嫌稍多。按二十二年平市公安局之调查统计，人口最密之外一区每公顷为四百零五人，普通住宅区每公顷一百五十人，此种情形在最近若干年内，似不至有多大变动，即将来工业发达，人口激增，亦宜限制建筑面积与高度，及辟设新市区以调剂之，不宜趋其自然发展，致蹈吾国南方城市及欧美若干旧市区人烟过于稠密之覆辙，使文化古都成为空气恶浊交通拥挤之场所，而失其向来幽雅之特色。鄙意平市商业区将来之人口密度仍宜以每公顷四百人为限，住宅区以增至每公顷二百人为限，一切市政施设与规章均以此为目标，则不仅建设沟渠之费用可以节省矣也。楩学识简陋，猥蒙垂询，用抒管见，拉离奉陈，当否仍祈，卓夺为幸。

二十三年一月三日

卢孝侯先生覆函
——中央大学工学院院长

前奉台函，敬悉贵市府为规划平市沟渠，卓树大计，猥蒙垂询叨扰，将所拟北平市沟渠建设设计纲要及污水沟渠初期建设计划两种，嘱为具列意见函复，等由；按查贵市府所发沟渠原计划，编辑详书，至堪钦佩，惟管见所及，尚有两点，兹附陈于下：

（一）圆形缸管是否较省，其省出之经费，是否足以抵价将来沉淀塞之损害（按蛋形洋灰管不易沉淀淤塞）又是否能尽量购用国货。开管子虽佳然非囤货。

（二）可否在各街口设钢混凝土霉烟箱，将污水先局部清理，节省管子费用，（可用较小口径管子）使用污水管者负担较大，不用污水管者减轻担负。

上述谨备参酌，自惭学术谫陋，无捕高深，尚祈见原为幸，惴复。

二十三年一月十八日

关富权先生建议书
——中央大学卫生工程教授

（1）蛋形管与圆形管之比较

在水力学理论上着想，蛋形管之水力半径（Hydraulic Radius）较优于圆形管；故水中固体物在蛋形管中不易沉淀，其沉在圆形管中，如满或半满时，虽亦不易沉淀，然实际不易适遇全满或半满之流量，故圆形管贯通之水力半径不如蛋形管之优，结果在同一圆周中，圆形管所载之流量易生沉淀。

至在费用上着想，蛋形管多用洋灰大砂子，就地用模型制造，为监视配料及制造合宜，不特可工精价廉，且因就地制造，可免碰坏伤损及车船运费。且如用八英寸至二十四英寸口径之大管，其资料必须极佳，如为永久起见，目下自推开洁双釉缸管为最佳。然利润流入外商，诸多不宜，至北平地势，难极平坦，然坡度并不致因圆形管或蛋形管有所增减，至在已铺马路处之掘地费用，多半费在伤毁路面，（此在土沥青路为尤甚）至污水管下多掘尺余，所增费用较之全体工价相差甚微。

（2）集用户数家合设一霉腐桶之利益

污水之设置，其经费无论出自募集公债或增加捐税，其结果皆使凡用自来水污水管者，与不用该项设备者，同负一样担负，此则未免使市民之担负，有畸重畸轻之作弊。今为使不用自来水之用户减轻担负，且为减轻碱水清理费用起见，可使数家或一胡同内之住户联合出资，照指定同样各建一钢筋混凝土霉腐桶（Rein. Conc Septic. Tank）。

使其污水先注入此桶，经过微菌作用，将一部分污水变成气体，经过照指定图样构成之管子溢出，结果再将余留液体，注入市设秽水支管此际已化成极稀之液体且臭气大减，如此有以下三利：

（甲）凡有污水管之住户担负较多（建筑霉腐桶用）而不设污水管之住户可以大减担负，因经霉腐桶流出之液体，不特体积大减，（多半已化成气体）且暂已由浓变稀，如此管子之口径可大减，换言之，即费用大减。

（乙）污水已经过局部清理，则最后之处理设备及经费可以大减，亦可使一般不用污水制度者减轻担负。

（丙）将来污水管用之年久必生渗漏，如已局部整理，过后即偶有渗漏亦不致大妨井水之清洁。

（3）污水管为防冻起见有

六公尺深之埋深即足，因污水管起微菌作用时，发生多量之热，故不易受冻，且污水结冰点，亦较普通净水为低。

二十二年一月二十日

香港市政考察记

序

民国二十五年冬，作者奉命赴港，考察山路交通与自来水工程，复以余力，兼及一般市政设施。居留半月，除教育、社会诸端，以时间所限，未能问津外，凡一切市政建设，皆加以考察或访问。返〔庐〕山之后，就闻见所及与搜集所得，编辑印证，成此考察记。

香港九龙本我领土，在英人统治下将百年矣。国人之赴欧美及日本考察市政者极火。香港已发达为百万人口之大市，其足为我市政上取法或借鉴之处必较海外都市为多，且此种割让地及租借地之政治及建设，直接施之于吾国人，树立于我国土，岂容漠然而视，不予以深切注意耶？故作者不计此考察记之疏陋，而刊之以供关心香港市政者之参考。

承港督郝德杰氏，布政司斯米司先生，工务司署署长韩德森先生及该署技术秘书、工程师诸君，警察总监金先生，卫生议会主席塔德先生及城门水塘总工程师郝尔先生，殷恳招待，并予以考察上之种种便利，一并志谢。

二十六年五月炳训序于庐山枯岭。

第一章　行政组织与财政状况

第一节　行政组织

香港为粤江口外之一小岛，昔仅为渔民栖息之所。鸦片战役后，割让于英，英乃辟为自由商港，设市于岛之北岸，名曰维多利亚市（City of Victoria）。道路修整，屋宇连云。自 1841 年至今九十五年，经之营之，日臻繁荣，欧美商轮咸来萃集，渐成世界一大商港。

英人治香港，设总督一人，其下设议政局（Executive Council）与定例局（Legislative Council）以辅之。议政局设议员九人：政府人员六，非政府人员三；定例局由十七人组织之：政府人员九、非政府人员八。无论政府或非政府人员，均由英政府殖民部所派之香港总督委任之。

军事官（Senior Military Officer）

行政官（The Colonial Secretary）

法官（The Attorney General）

华务官（The Secretary of Chinese Affairs）

财务官（The Colonial Treasurer）

工务司署署长（The Director of Public Works）

其非政府人员三人中，有华人一。

定例局政府人员九人中，六人由议政局之政府官兼任（见前表〔段〕），其余三人为警察总监（The Inspector General of Police）、船政司署长（The Harbour Master）、卫生司署长（The Director of Medical & Sanitary）：非政府人员八名中有华人三。

议政局〔除〕定例局之外，尚有若干协助政府之会议机关，如教育会（Board of Education）、港务咨询委员会（Harbour Advisory Committee）、劳工咨询会（Labour Advisory Board）等是其要者。其组织之分子，亦分政府人员与非政府人员两种。市政之设施，统分二十八部，各部之工作不同，组织亦异，举其要者如下：

布政使〔司〕署

华民政务司署

库务署

核数署

邮政局

海关监督署

船政司署

高等审判厅

卫生司署

教育司署

化学司署

工务司署

管理生死注册署

婚姻注册署

商标注册署

园林监督署

报穷官署

警察公署

法政使署

灭火局

田土局

牌照局

洁净局

域多利监房

香港裁判司署

天文台

（本章所述各机关，均用香港政府原译中文名称，以存其真）

第二节　财政状况

香港政府岁入，其说不一，据称有五六千万之巨。一切法定税收中，鸦片专卖，亦为一大进款！故香港每年除经常费与事业费之支出，尚可汇六十万镑与英国，此种传说虽在香港侨胞中甚为盛行，但与香港官方报告则相去甚远。

兹据香港政府公布之最近十年收支统计表加以检讨（单位：港币〔元〕）

年度	岁入	岁出	盈余	亏欠
1926	21,131,582	23,524,716	—	2,393,134
1927	21,344,536	20,845,065	499,471	—
1928	24,968,399	21,230,242	3,738,157	—
1929	23,554,475	21,983,257	1,517,218	—
1930	27,818,473	28,119,646	—	301,173
1931	33,146,724	31,160,774	1,985,950	—
1932	33,549,716	32,050,283	1,499,433	—
1933	32,099,278	31,122,715	976,563	—
1934	29,574,286	31,149,156	—	1,574,870

续表

年度	岁入	岁出	盈余	亏欠
1935	28,430,550	28,291,636	138,914	—
总额			10,409,706	4,269,177

就上表而论，从1926至1935年中香港政府之财政，七年有结余，三年有负债。七年结余共一千零四十余万元，三年负债共约四百二十七万：十年中之净余，为六百一十四万余元。

香港每年三千万元左右之收入，其主要财源为何，可由1937年之岁入预算表（单位：港币〔元〕）中窥其梗概。

收入项目	1937年预算	百分比（%）
关税	6,415,000	22.30
码头及港湾捐	635,000	2.21
牌照税及产业税等	13,188,600	45.86
讼费、公事费、屠宰费等	2,379,500	8.34
邮费	2,049,800	7.13
广九铁路	11,001,580	3.82
房地及其他公产租金	1,641,200	5.71
利息金	96,500	0.33
杂项收入	1,030,500	3.58
地产买价	206,000	0.72
总额	28,760,250	100

其中最大一项之收入，为牌照税及产业税，约占全年收入总额46%。其次则为关税，占全年总额22%。牌照税中，鸦片专卖，收入为25万元：在本项内除轮渡费四十万六千三百元，酒税37万元，两数较大外，应推此数。英人以鸦片战役〔争〕而得香港，故鸦片专卖在香港颇有历史意义也。

产业税内房地捐为5,608,000元，岁占牌照税及产业税13,188,600（为便于阅读，改为一千三百一十八万八千六百元，下同）之半（约43%）。此种高税率，在吾国任何大都市中，尚属鲜见！上海公共租界仅14%（有于1938年增至16%之议），牯岭房捐税率仅1%，土地税率只2%。税率既低，且原估之地价，多系三四十年以前所估者，而牯岭之少数土著，对于庐山管理局概照旧章征税，犹认为苛求。以视香港政府税率之高，当知彼辈对国家之负担为如何轻微矣。

税外之收入，有两项可值注意：

（1）广九铁路岁收1,100,150元，占岁入总额3.82%。广九铁路，由英租地九龙半岛边界经330华里而达广州，尽在吾国领土中，由中英公司借款而筑成。如粤汉路完成再与广九路接轨，则广九路之收入必将激增，而香港与九龙亦必随之而愈趋繁荣，故广九接轨实香港英人所极欲实现者也。

（2）地产卖价岁收206,000元，占岁入总额0.72%，上两项所占百分比，虽不为大，但将来皆有激增之可能。地产卖价中，80,000元出于香港，126,000元出于九龙。九龙乃香港对岸之半岛，背山面海，与香港势成犄角。初，英得香港，以一岛孤悬，难以为守，咸丰十年乃续租九龙，时面积仅四〔平〕方英里。迨法租广州湾，英人更开拓九龙北部租界，订期99年，举九龙全半岛与附近诸岛，均归租借，面积乃达四百平方英里之多！则其将来对于增加香港政府之收入，必有可观！

再从香港近十年之岁入统计表内，将香港十年来财政收入之进步状况，加以考察（单位：港币〔元〕）。

收入项目 年份	关税	码头及港湾捐	牌照及产业税等	诉讼费用	邮税	广九铁路	房地及其他公产租金	利息金	杂项收入	地产卖价	总额
1926	3,021,658	310,929	11,503,290	120,273	766,540	538,045	1,165,461	23,744	2,099,167	2,806,342	21,131,589
1927	3,415,817	379,868	12,512,173	1,390,690	890,947	713,247	1,146,792	328,087	423,095	143,083	21,344,548

续表

收入项目 年份	关税	码头及港湾捐	牌照及产业税等	诉讼费用	邮税	广九铁路	房地及其他公产租金	利息金	杂项收入	地产卖价	总额
1928	3,571,590	389,692	12,318,995	1,432,534	966,918	820,993	1,176,940	235,765	456,377	1,635,236	23,005,040
1929	3,771,808	401,145	11,773,627	1,519,199	1,003,665	890,744	1,263,584	382,838	611,694	1,936,171	23,554,475
1930	4,955,389	409,202	12,568,883	1,701,419	1,375,208	973,129	1,394,416	390,800	1,685,131	2,864,897	27,318,474
1931	6,206,721	813,922	15,790,940	2,139,819	2,035,939	1,095,099	1,432,058	224,460	231,958	3,177,808	33,148,724
1932	6,597,852	811,860	16,503,770	2,296,228	1,964,593	1,295,789	1,527,965	313,525	867,749	1,370,658	33,549,989
1933	5,833,467	679,385	16,664,799	2,210,464	1,883,655	1,630,611	1,512,270	306,326	405,440	972,861	32,099,278
1934	5,707,389	565,458	14,662,796	2,214,627	1,829,298	1,639,775	1,648,524	196,574	551,872	558,473	29,574,786
1935	5,173,837	485,607	13,781,703	2,076,322	1,759,660	1,411,675	1,646,596	248,540	1,601,653	244,957	28,430,550

　　从 1926 到 1935 年，十年中，香港收入总额由 21,131,589 元增到 28,430,550 元。虽然从 1933 到 1935 年，有递减之趋势，但就 1926 和 1935 年之岁入比较，十年中的增加率，亦有 30% 之多。

　　近三年来香港收入何以递减，并且是否仍将继续递减，原因虽甚复杂，不过细察表内各项递减数最显明者，以码头捐及港湾捐一项为最着。换言之，即香港政府收入递减之主因为停泊船只之减少，此为世界经济不景气中不可免之现象。查表内码头及港湾捐收入最高时期，为 1931 与 1932 两年，几两倍于 1926 者。1931 年是我国北伐完成后之第三年，内战结束，统一建设开始迈进，此或香港船只增多原因之一，所以世界经济不景气难关之打破与中国建设的步入常规，此两种互为因果之原因，为决定香港繁荣之主要力量。

　　香港岁入状况已如前述，其岁出情形如何？兹就 1937 年之岁出预算表，加以检讨（单位：港币〔元〕）。

支出项目	1937 年预算	百分比（%）
香港总督薪俸及办公费	196,780	0.61
布政使〔司〕署	347,553	1.03
华民政务司署	166,682	0.52
库务署	292,474	0.90
核数署	124,473	0.38
乡区公署	145,955	0.45
邮政局无线电	1,003,388	3.10
海关监督署	486,782	1.50
船政司署	1,136,235	3.52
航空事务	70,148	0.22
天文台	85,635	0.27
灭火局	311,797	1.96
高等审判厅	260,412	0.81
法政使署	78,065	0.24
皇家司法官署	63,000	0.20
报穷官署	25,745	0.08
田土厅	65,930	0.20
裁判司署	141,888	0.44
警察公署	3,288,226	10.37
域多利监房	1,018,559	3.16
卫生司署	2,140,665	6.63
洁净局	1,081,939	3.35

续表

支出项目	1937 年预算	百分比（%）
园林监督署	141, 189	0.44
教育司署	2, 138, 140	6.52
广九铁路	766, 300	2.38
防御事务	5, 580, 943	17.30
杂费	1, 632, 830	5.06
慈善事业	182, 927	0.56
公债	1, 371, 231	4.25
抚恤及养老金	2, 200, 000	6.80
工务司署	5, 713, 263	17.70
总额	32, 259, 160	100

工务司署在支出项目内占第一位，约当全年总支出 18%，其中经常行政费为 2, 584, 733 元，经常事业费为 1, 486, 500 元，临时事业费为 1, 642, 030 元，总计工务司署行政费、经常及临时事业费三项共为 5, 713, 263 元。军事防御费占第二位，为 558 万余元，约当全年总支出 17%，几全部用为驻港英印兵之军饷，其次以警察经费项最大，年支 328 万余元，约占全年总支出 10%。

岁出中最小之项为报穷官署之 25, 000 余元，仅为岁出总数万分之八。慈善事业年支十八万余元，不及岁出总数千分之六。两者合计尚不及审判厅经费二十六万元之数，但港政府官吏之抚恤及养老金年支二百二十余万。此不能责港政府对于社会救济事业之漠视，因救济之对象为华人，而抚恤及养老金多汇至英国，殖民地政治之特性固如斯也。

最近十年来香港岁出之分配，与上述 1937 年预算大致相去不远。岁出总额逐年增加，从 1926 到 1935 年，已由二千三百五十余万元，增加至二千八百二十余万元，十年中的增加率约为百分之二十，比较岁入增加率 30%，相差为百分之十。

由此可以得到以下三个结论：

（1）香港岁出中的两大项目，为军事防御与工务，足见英人对于香港的军备与物质建设，并加重视。

（2）十年以来香港的岁入增加率，比岁出增加率大 10%，是［以］香港对于英国，实为一获利之殖民地。

（3）香港政府之财政政策未脱殖民地性。

第二章　香港与九龙市区概况

第一节　香港市区概况

香港为一孤立之海岛。其中群峰秀起，最高者曰维多利亚，高出海面一千八百二十三英尺[①]。岛长东西仅十英里，宽窄不齐，约二英里至五英里，面积则三十二［平］方英里而已。鲤鱼门海峡，宽仅半英里，横贯其北，使港岛与九龙半岛分离而形成孤岛。

鲤鱼门海峡之西，曰维多利亚港，面积约十［平］方英里，群山环抱，形势天成，水深且广，有大船坞二：

（1）长七百八十七英尺，宽一百二十英尺。

（2）长七百英尺，宽八十六英尺。

据 1935 年调查，进出口船只，年达九万五千余艘，总吨数则达四千三百五十余万吨之多！

---

① 1 英尺 =30.48 厘米。

港湾南岸维多利亚山麓，人工填垫，长约四英里许，为岛上唯一之平地，完全划为商业区，即所谓维多利亚市者是也。因海滨山麓之间，地面窄狭，平地至宝贵，故住宅区建于山坡之间，下自维多利亚市，上至维多利亚峰巅，比屋连亮，层叠而起，绿林荫翳之间，鳞鳞朱瓦，资足点缀风景。

香港岛内，划分为两大区域，已如上述。因其工业不如商业之发达，仅有造船厂及制糖厂等比较著称，均散布于各区之间，无显著之独立地带，而商业区之沿岸，东为船坞，西为港埠（容纳轮渡及普通商轮），则形成两小区域焉。

吾人一生之幸福与健康，需系于衣食住三大问题，而居处尤关重要，故地带须僻静，风景须幽美，空气清新，方为优良之住宅区。试观香港住宅区，可谓无美不备，适合以上原则。唯此种住宅区域，只限于欧美人卜居耳。

介于商业区与住宅区之间者，有一极重要之区域，为香港最高威权之"督宪署"及其附属机关所在地，是为香港之行政区。是区位于维多利亚市正中，而居其高处，俯瞰维多利亚港湾，远瞩对岸之九龙市区：商业区列于前，住宅区拥于后，华屋巨厦，左右环抱，其形势，其地位，堪称为市区中心。

香港市区街道之配置，维多利亚市区之内，大部分为棋盘式，于迁就地形之处，间杂以不规则式。住宅区以登山电车为干线，由督宪署之右旁，向上直达山巅。其分布于各住宅之支路，尽依地势之等高线，筑成弯曲大道，形式极不规则。

督宪署附近一带，因其位于山坡，高下不齐，道路亦不规则，虽然其为全市交通之心核，则并不因而减色，盖汽车路横贯督宪署左右，可达商业区：登山电车处其右，直上而入住宅区，十分钟内乘电车可登山巅，十五分钟内可乘轮渡而达对岸之广九车站及码头。故旅客可以一小时半之短时间，或登山巅，或纵览全岛。以港岛形势之崎岖，而有如是便利之交通。此堪为庐山建设之所取法者也。

第二节　九龙市区概况

九龙是香港对岸一半岛，原为广东省之一部，于1860年（即咸丰十年）租于英人者为九龙山之南部，面积约仅四〔平〕方英里，名曰九龙：1898年租于英人者，系九龙山之北部，面积约三百六十余〔平〕方英里，名曰新九龙。前后两部，合半岛全部而有之，统称亦曰九龙。

英人经营九龙之历史尚浅，故全岛大半尚在开辟之中。而开辟部分则以半岛南部最为繁盛，可分四区述之，即港埠区、商业区、住宅区及工业区是也。

（1）港埠区——在半岛之西南角，沿岸有广大码头，宏敞仓库，为欧美过港船舶之集中地，对岸之香港码头不及也。最快之邮船由此四十二小时即达上海。广九铁路九龙车站亦在此区之内，位置稍偏东岸。自我粤汉路通车后，以此站为出发点，换乘火车六次，经北平及西伯利亚，八十日内可达欧陆之柏林等都市。

（2）商业区——与港埠区毗连，区内各业多集中于一处。最显著者如旅馆业，几尽分布于车站码头之间，取其便于旅客也。

（3）住宅区——在九龙占极大之面积。盖以香港岛上地价极昂，景物虽佳，可以建筑住宅之平地不多，故近年以来，一般趋势，均在九龙备地置房，盖非仅取其价廉，实则风景、气候等等，均不逊于港岛也。其尤著者，则为新辟之花园区。是区乃平山而成，池馆清幽，花木扶疏，起居其间，另有一番境界。

（4）工业区——处九龙旧城之东。工厂制造品如烟类、编制品类、银朱、纸、姜、船艇等。中西式大小工厂甚多，而吾国人组织之小规模制造厂尤伙！

九龙街道与公路之建设，近年来进步极速，故其交通亦称便利。汽车路环绕半岛全周，游客可以三小时半之时间，周游其全境。按九龙与港岛隔一海峡，其交通似应失联络，实则轮渡交错，形如穿梭，三五分钟便得一渡。载客者有之，载汽车者亦有之。香港有公共汽车八路，电车六路：九龙有公共汽车十七路，分布两处，站择遍布。两地交通，完全连成一气。故以九龙之大，而政治中心又偏居于港岛，其治理开辟，绝无不便之嫌。交通组织完密，有以致之也！

第三章 警 察

第一节 警察公署之组织概况

警察为内政之四肢，其办理之善否，直接或间接影响于一切行政之措施。故警察愈进步，政治愈易修明：此所以考察一市或一国之政治，须以警察办理成绩之良否为标准也。

1937年香港支出预算，警察费约占全年支出总额百分之十，除工务费及军事防御费外，以警察经费为最大，总计年用三百二十八万八千二百二十六元之多。香港政府当局办理警察之注重，可以见矣！

香港警察公署之内部组织如下简表：

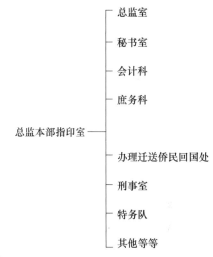

```
                        ┌─ 总监室
                        ├─ 秘书室
                        ├─ 会计科
                        ├─ 庶务科
总监本部指印室 ─────────┤
                        ├─ 办理迁送侨民回国处
                        ├─ 刑事室
                        ├─ 特务队
                        └─ 其他等等
```

总监本部以外，香港设区署四，九龙设区署四，新九龙设区署一。

每一区署除办公室外，均设有拘留室三五间，并有枪械室一小间。所有警士枪械，每日晨晚，签名领缴，严密周详，堪资取法。

区组织之外有侦缉队、水上警察、后备队、刑事支局、警察教练所等。

1935年香港警察总数为二千二百七十人，除官佐二百余人多为英人外，其余则英人占少数。兹就其国籍数目比较列表如下：

国别	数目	百分比
欧人	261	11.5%
印〔度〕人	776	34.0%
华人	1233	54.5%
总额	2270	100.0%

（水上警察全体二百五十五人，尽为华人。）

全部欧人不过占11.5%，而华人则占其54.5%，超过大半。华人中分广东及山东威海卫两处者。交通警三百余人中，几皆为威海卫人。询其为何向远如威海卫之处招募警士，则云，山东人身躯魁伟，为交通警，指挥车辆较易，且服务之忠实，亦有最优之纪录也。

第二节 警察之服勤及其待遇

一、服勤情形

香港有九十六万六千余人口，街市行人与车辆之拥挤，非言可喻。香港皇后路、德辅道一带交通之繁，唯上海南京路差可比拟。在此种情况之下，使有良好秩序，不发生意外事故，自非有健全之警力莫办！

以二千二百余警察，负责九十六万六千余市民之安宁与秩序，是每四百二十余市民，始有警察一人照料也。

警察出勤，分交通警及巡逻警。就人数而言，交通警约为巡逻警三分之一，即香港采用巡逻制为主要勤务也。交通警每日出勤二次，每次三小时。巡逻警每日出勤亦二次，每次则为四小时。欧人出勤则两次时间合并为十七小时。

香港之交通警，有益趋减少之势，因自动交通信号灯，已采用于德辅道与车打道交口（一座之价约需港币九千元），现已试用一年，成绩极佳。此种自动交通信号灯，与普通交通灯大致相同，唯红光变绿光，或绿光变红光之间，加一黄光，名之曰准备信号。正在通行之车辆行人，一见绿光变为黄光，须加速通过：另一方向之停候者，则见红光亦变为黄光，即开动马达，准备前进。再变为绿光时，即实行通过。其红变黄变绿之操纵，普通交通灯须由交通警转一开关，而自动交通灯则由来往之车辆自行操纵之。在距离交通灯五十公尺左右之路面上，设橡皮韧带一条，横阵路上，但高出路面甚微，汽车或人力车行经其上，韧带受压，即有电流通至交通灯，数秒钟后（其时间之长短可随意校对，以交叉各路之车辆往来密度而分别定之），灯光即由红而黄再变为绿。此绿光直至另一方向之车越过另一橡皮韧带时，始再变红。

将来此种自动交通信号灯推广全市后，交通警数目将更减矣。上海公共租界江西路近装自动交通灯一座，试用成绩如何，尚未见报告，唯其构造与香港者稍有不同，虽亦有黄色准备信号，橡皮韧带则取消，完全以固定时间变换灯光。

警察之外，有汽车警队。汽车警队分交通汽车警队及巡逻汽车警队。巡逻汽车警队有二，每队三人，一队居香港，一队居九龙。

此外有紧急队（Emergency Unit），每队四十人，欧人居其三，为队之统率，亦分两队，分居于香港、九龙。遇有临时紧急事件，如匪警或暴动等事发生，该队可于五分钟内出动。全队乘一简单钢甲汽车，除每人携有武器外，并有轻机枪一架，可于车前小窗射击。

香港警署平时训练义勇警多队，英、印、华人皆有，均为有职业而热心公益之人士，用为后备警，为非常时期中之用者。盖如遇国际战争发生，现役警皆编入军队参加战斗，原有警察职务则由义勇警队代之。

现在我国施行国民军训，以为非常时期之准备，自为国防上之要着。唯于已受军训之国民，选其智识较高者，再加以警察训练，编为义勇警队，在今日我地方警费支绌情况下，此项义勇警在平时可补助原有警力之不足，而在非常时期则其为用尤大矣。

二、警察待遇

警士待遇，印警最低饷每月港币十八元，华警则十七元，加饷每次为四元。警长最低饷四十元，副警长三十六元。

加饷按平日劳绩而定。除遇缺升补者外，勤奋者，年终加饷。有特别勋绩者，警察总监并给予奖章，以为鼓励。

外勤官员长警，均由署供给眷属宿舍。其警察分署之建筑多为三层楼，平地层为办公室，二楼为华、印长警及眷属宿舍，三楼为欧警及眷属宿舍。其建筑颇似上海之外国公寓。如此待遇，使员警可以安心服务，视署如家矣。

就义务方面言，警察在入所受训时，须填具至少服务五年之志愿书，中途离职处以罚金或二年之徒刑。

第三节　警察训练

香港警察教育可分警官教育与警士教育两项言之。

香港之高级警官，或从英国调任，或由警队升充。经英国调任者，在本国内已受高等警察教育，或已有相当服务经验：其在香港就地新募之警士及官佐等之基本教育，则有警察学堂教练之。

香港之警察学堂设于九龙，每月经费为三千六百元。教练人数不等，因实际需要数目而定，普通尝（常）约百余人。招募新员时，体格检验合格后，填具志愿书，然后入学受训。此种训练为每个警察必受之基本训练，有制定之专门课本，以为标准。凡警察条例、交通规则，以及香港政府法令等，均所必读（承该校教官赠中文课本一册，无可采用者，故不附录）。除讲授课本之外，有广东语，有本地常识问答，有体操，有军器教练。唯此类课程，欧人、印人、华人，受课之重量互有不同。大抵欧人偏重于军器及常识等训练，目的在于侦缉，故而每人须受指纹练习，至完全练谙而后止之规定，更有必须出席警厅审讯处四次，及高等审判厅二次之条例。华人、印人则不尽如是，而关于交通条例之讲授与训练特多。

由警察学堂毕业已服勤之员警，则每年分季演习。演习之种类与方法，因各种警队之需要与程度而异，有短枪射击，有格林奈炮法演习，有手枪演习，习射成绩分四等：

特等射中百分之七十五以上者。

一等射中百分之六十以上者。

二等射中百分之五十以上者。

不及格射中百分之五十以下者。

射击演习，就其成绩表内观之，成绩不及格者，不过百分之一。即此一点，亦足见其警察之精练！其所能致此者，尽不仅由于训练之功，实亦别有其重要原因。兹简举数端以为本章结束。

（1）服务期限。香港警察规定服务期限至少五年。此种限期对于警察训练，关系至巨。使非有此种限制，纵朝夕教练，新队未精，旧队已散，则教育空费，训练无功，就警队本身言，实等于虚耗！有此五年服务之限制，始克有精强之警队常存也。

（2）待遇优厚。香港印警最低月饷十八元，华警最低饷十七元，加饷每级四元，故勤慎服务四年后即可月得三十余元矣。较之欧警，每月数十元乃至数百元，虽相去甚远，但较国内警察，月仅七八元者，则优厚多矣。即以饷额最高之首都警察而言，警士月饷为十四元至十六元，家属宿舍，尚须自理。

（3）升级加薪。香港警察之升级，多采遇缺即行补升之办法，薪饷亦随升级而加。凡有劳绩，即不升补，亦有年功加饷之规定，盖预算中已将官佐长警应加新饷编入矣。此外尚有自请记名升级之办法，如警士欲升警长，则请求入教练所受补习教育若干星期，经考试及格，即升为记名警长，一遇警长出缺，立即升补，参观教练所时，见所内受补习教育之华印警若干人，一人或三五人一组，并不按时上课，仅由所中教官加以指导，自行补习。此种办法，实至为美善，既可提高长警务知识，又可使下级警察抱无穷之希望。且由此方法升拔之员警，其干练之能力，必可补警官学校新毕业学生之缺陷也。

（4）抚恤及养老金制度。抚恤及退职养老可使警察咸知勤奋，且不愿轻于弃职而去。故香港警察每年流动率，约为百分之十五，即离职及告休者每年二千人中仅三百人耳，此香港警察基础之所以牢固也。

唯从另一方面观察，香港警政之腐败，亦不容讳。作者曾与香港警察总监金君有两小时之谈话，彼亦坦然表示香港警察外表虽好，仍须努力改进也。水上警察在码头上之勒索上船旅客，尤为人所共晓之事。作者曾在九龙埠头送别友人，水上警察以检查旅客私运军火为名，将所有行李一概翻开，逐物检查，开船之时已届，仍不放行，后苦求再三，始得登船。水警为华人而欺侮同胞，良可慨叹！此种积习，方在努力革除中。近年来港警政当局之减雇本地警察，增募威海卫警，或根本铲除警察恶习之准备也。

第四章　公共卫生行政

第一节　洁净局

香港卫生行政，由卫生司署与洁净局两机关分别负责，卫生司署办理一切医药卫生行政。洁净局则负责市区之环境卫生行政。

洁净局，有局长一人，卫生稽查七十人，洗刷街道之工人九百人，清洁夫一百三十五人，驳船夫一百六十人，管理公共厕所等夫役一百五十余人。

工具设备，有载重汽车二十三辆、小拖船二、汽驳船一、重驳船九、轻驳船七、木驳船三。

洁净局实施卫生行政，悉按卫生法规办理。此项法规，另由一立法机关名市区卫生会议者起草，经香港总督批准公布施行，洁净局不得自行立法。

洁净局稽查员，由上午六时至下午六时之间，有自由出入各居户实行检查之权。遇有特别事故，则无论何时，均可入宅检查，唯须持有市区卫生会议议长签署之公文。

洁净局对于不能按期遵行命令之市民，得每日科以十元以下之罚金，如属故意顽抗法令，则处以二十五元以下之罚金，洁净局且得派人强制执行其法令，此种执行工作所需费用，悉由该户担任。

第二节　垃圾之处理

城市垃圾之处理，其善否关系全市公共卫生极巨。对于市容观瞻，亦有直接关系。

香港垃圾之收集，是用汽车向各户或街巷之垃圾箱内收集之，运送至附近之垃圾码头。垃圾码头备有驳船，由汽车倾入驳船，再运至择定之海滨某处，填垫海滨，使成陆地。

据1935年报告，香港装运垃圾数量年达十一万五千三百八十三吨，即每日运送三百一十六吨之多。

香港气候，四季常暖，十二月间，蚊蝇犹生。垃圾由汽车倾入驳船时，臭尘与蝇群，一齐飞扬，码头行人与附近停泊航船之水手，无不掩鼻。冬季如此，夏季情形如何，可以推知。尤难堪者，当大汽车由住户或街巷收集垃圾时，尘垢染目，恶臭扑鼻。作者在香港最繁盛之皇后大道上，曾见垃圾汽车一到，附近商铺住户纷纷将垃圾倾于汽车所停之马路步道上，闹市顿成垃圾场，然后由工人装入汽车运走。此种办法，不仅有碍行人卫生及观瞻，且妨害交通及秩序。较之数年前北平市采用垃圾待运站，闸门一开，垃圾汽车即装满，不仅卫生观瞻及交通皆无妨害，且用一二分钟之时间装满一车，较之随地零星装载可节省二十分钟。香港政府或墨守成规，尚未思及改善也。

青岛夏季欧美游客最多，其于运送垃圾及粪便，尝限于夜间为之，或划定区域路线，使行人不见。庐山于盛夏之时，亦尝限定时间，运除垃圾及粪便。

第三节　公共厕所

香港公共厕所，在街道旁或市场附近者，其大小便池多用混凝土筑成。小便池尝为浅沟式，置于一边墙脚，上配自来水管，随时冲刷。大便池有中西式样数种，均配有自来水柜，各池分隔，依墙列为一排，与小便池相对。其规模与天津英租界之公共厕所相类，唯较简陋耳。

每一厕所置夫役一人，自朝至夕，看守于此，专司擦刷地板便池，至少每日一次：门窗墙壁，则每月油饰粉刷一次，因粉刷极勤，尚属洁净。

第四节　屠宰场

香港屠宰场之建筑颇宏敞，其中自来水管及下水沟道之配置，尤为周密。场为公营，屠夫是雇用。

猪牛羊宰杀之前，必须领有许可证，许可证发自检验处，检验处将牲畜详加检查，证明无病后，然后发给之。

牛羊等宰杀之后，头尾皮肉内脏等，分类分部整理洗刷，屠夫各有定所，各司其责，分工合作，工作效率极好。

肉类洗刷清洁，即有汽车分送于各市场肉贩出售。据1935年报告，一年之内，宰杀牛六万一千五百六十六头、猪四十三万五千六百七十五头、羊一万七千七百八十八头，总计年达五十一万五千零二十九头之多。

香港杀牲仍以刀为之，上海公共租界所办之屠宰场，以电钳杀牲。香港屠场其他设备，亦皆不及上海。

第五节　洁净局之经费

据1937年香港预算表内所列洁净局常年经费为一百零八万一千九百三十九元，占香港政府岁出总额百分之三点四。以每年一百余万之巨额，办理市政卫生，其成绩似应有特殊可观之点，但就前述所见各节，亦不过尔尔。盖一百万元中，薪俸一项，占去百分之八十一，事业费仅得其百分之十九而已。

第五章 工 务

第一节 工务司署组织概况

工务司署为负责香港及九龙一切市政建设事业之总机关，督宪署附属机构中。此署组织最大，正副署长之下，设秘书处，有秘书主任一人，秘书及署员书记若干人，司文书人事等事务。另有技术秘书一人，协助署长处理一切技术事务。署务施行，因事务之不同分设十一股，每股设正副工程师及测绘监工等员，应事实之需要，而各异其组织，各分其责任。兹将各股名称职掌分述于下：

（1）总务股（Accountants and Stores Office）
管理收支事项，编制预计算及保管购买材料等事项。
（2）建筑股（Architectural Office）
官署及一切公共建筑物之修缮营造等事项。
（3）建筑取缔股（Buildings ordinance Office）
施行建筑法规，审核市民建筑及取缔一切不合法建筑物等事项。
（4）土地及测量股（Crown Land and Surveys Office）
保管公地，并负责一切土地测量等事项。
（5）下水道股（Drainage Office）
负责下水道保管改良维持扩充等事项。
（6）电气股（Electrical Office）
电报及电话等之电务管理事项。
（7）港湾扩充股（Portoevelo Pement Office）
司港湾之扩充改良及保养等事项。
（8）道路及运输股（Roads and Transports Office）
道路桥梁及其他一切关于运输设备等之建设维持及改良事项。
（9）评价及收地股（Valuations and Resumptions Office）
司评估及收买地产等事项，以施行城市计划。
（10）自来水工程股（Waterworks Construction Office）
司自来水新工程之一切设计及建造事项。
（11）自来水保管股（Waterworks Maintenance Office）
司自来水工程之保管维持及征收水费等事项。

以上十一股，合计职员七百九十六人之多。欧人占一百六十一员，其余六百三十五人，则大部为华人。香港市政建设之成绩，其原因固由于有充分的经济力量，而其组织与人才之健全与充实，亦为重要因素。

第二节 工务司署之经费

工务司署经费，其1937年岁出预算如下（单位：港币〔元〕）。

项目	数额	百分比（%）
经常行政费	2,584,733 元	45.2
经常事业费	1,486,500 元	26.1
临时事业费	1,642,030 元	28.7
共计	5,713,263 元	100.0

岁出预算中，行政费几占一半，临时事业费，即各年之新建设费，所占尚不及百分之三十，勿怪该署工程师皆有港政府现甚困窘，无力举办大工程之论也。

一、经常行政费之分配如下（单位：港币〔元〕）

项目	数额	百分比（%）
薪俸	2,272,491 元	88.0
办公费	235,422 元	9.1
购置费	76,820 元	2.9
共计	2,584,733 元	100.0

经常费中薪俸一项，占88%；办公费及购置费两项合计，仅占百分之十二，其职员待遇之优厚，于此可见。而在事业费不能增加情况之下，仍维持此巨额之行政费。已可见香港政府之困难及其行政效率矣。

二、经常事业费之分配如下（单位：港币〔元〕）

项目 ＼ 区域	香港	九龙	新九龙	总额	百分比（%）
建筑	240,000	56,000	42,000	338,000	22.7
道路	141,000	58,500	89,500	289,000	19.5
下水道	40,000	14,000	17,700	71,700	4.8
自来水	281,000	80,000	10,200	381,200	25.7
杂项	266,100	103,000	37,000	406,000	27.3
总额	968,100	322,000	196,400	1,486,500	100.0
百分比（%）	65.7	21.6	13.8	100.0	

以区域言，港岛占事业费65.2%；九龙半岛占34.8%，仅港岛之半数而已。

事业项目言，自来水一项最大（杂项不计），占总额25.7%；其次为建筑，占22.7%；下水道数目最小仅占总额4.8%，是其对于自来水之供给极为关切，而对于雨水及污水之排除，则未加以同等之注意。故香港清洁状况及污水排泄之设备，远不及德人经营之青岛，此于后文"下水道"节中述之。

三、临时事业费之分配如下表（单位：港币〔元〕）

项目 ＼ 区域	香港	九龙	新九龙	总额	百分比（%）
建筑	696,100	6,680	45,000	747,780	45.5
道路	91,600	30,000	281,500	403,100	24.5
下水道	25,000	31,000	48,000	104,000	6.3
自来水	48,000	38,000	19,000	105,500	6.4
筑港	34,000	1,000	31,500	66,500	4.1
杂项	146,750	18,300	50,100	215,150	13.2
总额	1,041,450	124,950	475,600	1,642,030	100.0
百分比（%）	63.5	7.5	29	100.0	

临时事业费在区域上之分配，其比例与事业费之分配略同，香港占63.5%，而九龙半岛则仅占36.5%，是其经营九龙半岛仍不及经营港岛之关切也。临时事业费中事业类别之分配，则以建筑一项为最大，占总额45.5%；其次为道路占总额24.5%；筑港项目最小，占4.1%。

四、工务司署行政事业全部经费分配表（单位：港币〔元〕）

项目	数目	百分比（%）
薪俸	2, 272, 491	39.8
行政及购置费	312, 242	5.5
建筑	1, 085, 780	19.1
道路	692, 100	12.1
下水道	175, 700	3.1
自来水	486, 700	8.5
筑港	66, 500	1.1
杂项	621, 750	10.8
总额	5, 713, 263	100.0

从工务司署全部经费分配表观之，薪俸一项仍占第一位，约为总额40%；其次为建筑，约占19%；再次则为道路及自来水；筑港与下水道工程费数目最小。

第三节　道路

一、路政概况

道路为城市交通之动脉，市政工程中，道路建设，居其首要。因一切建设事业之活动与进步，皆有赖于交通之便利迅速与安全也。

香港路政，由工务司署之道路及运输股负其全责。股有正副工程师四、学习工程师及测绘员若干人，监工员二、工头五，无工程队之组织，一切路工皆招商包做。碎石汽辗及沥青油等，则由司署供给，该署有大小路辗二十六架、碎石压榨机四架、碎石沥青搅拌机二架、采石气压机二架，皆极适用之优良工具也。

临时事业费中道路工程费，1937年预算约为港币四十余万元，几皆为扩张新路之用。盖港岛街道，虽已开拓完竣，九龙半岛则尚在初步建设时期也。

英治香港，历史虽九十余年，汽车路之建设，则仅有二十五年之历史。其路面设计，是基于车辆之载重。轻者十二吨，重者十五吨，最重至二十吨。

至1936年底正，香港及九龙筑成之各种路面，已有三百七十七英里（土路不计），兹将其种类及长度分列下表：

种类	沥青碎石路	炒油砂路	臭油碎石路	混凝土路	木砖路	卵石路
度长	293 英里	12 英里	13 英里	17 英里	3 英里	39 英里

二、路面之选择

路面种类之选择，尝视交通情况而定。车辆繁重之区，路面易于损坏，须选筑较坚固之路面，如木砖路、炒油砂路等，造价皆较昂贵，唯其经久耐用，采用之结果，尝不因其造价高而失其为经济之路面。盖经济与不经济，在选择之适当与不适当，不以其造价之高低为定也。

气候变化，与路面选择，关系至大，以雨量、湿度、温度三者影响于路基路面之膨胀伸缩及侵蚀极重。因气候之不同，一种路面，适用于甲地者，未必适用于乙地；适用于乙地者，又未必适用于丙地。故选择一种路面时，必须对于其地之气候深加考虑，使不致因干湿不均，热胀冷缩等变化而受损伤，方为经济适用之路面。

香港沥青油碎石路面最多。此种路面，其做法及质料亦不尽同，因适应车辆之繁简、气候之变化及路基干湿之不同，路面做法及沥青油之混合量，随时根据试验结果而变化。路基亦有钢筋混凝土基，有砌石基等之分。其所以如此者当不外以经济为原则。而求其适合于交通情况，与抵抗气候之变化而已。

香港本无笨重之大车及铁轮重车，故车辆之往来，对于路面之损害颇微，而气候终年温和，其影响于路面之损坏亦小。

据香港天文台报告，香港气温一月内最高与最低之差数为华氏四十七度：一年内最高与最低之差数为华氏六〔十〕五度，常年温度皆在冰点以上。庐山三天内之温度可以差至华氏四十度，一日之内忽而结冰忽而解冻。由此可知庐山道路之建造，难以完全取法香港也。

三、香港道路修筑法

香港筑路虽有多种，而最要者当推沥青油碎石路，其他各种多属试办性质，兹不备举。其沥青碎石路之修筑方法简述于下。

（一）程盘工程

照图示路线位里及水平高度掘挖或填平。

掘挖工作因所掘物质之不同，给价标准分为三类：

（1）土方：包括普通软土及小于四立方英尺之石块。

（2）石块：大于四立方英尺之石块，用铁杠杆可以移动者。

（3）石床：必须用爆炸铲除之石料。

填平工作因取土来源之不同，亦分二种：

（1）由掘挖工作运来之土方，按掘挖土方计价，不另给填土费，且须选用优良土质。

（2）由工程师临时指定取土地点，取土后，须将土坑整理平顺：填好之土打紧后须适合于图定尺寸。土方即按此计价，因缩而额外加高之土方，不另给价。

填土每一尺，即洒水压实，再填第二尺。

填垫堤岸时，须一面洒水，一面压实，路边坡度，须整理适当，洒水压紧，以便栽植草木。滚压工价等包括填土单价之内，不另给价。开山辟石之处，路边上坡，如需筑沟截水，沟深及底宽普通尝〔常〕为十二英寸，用混凝土补里，且筑成适合顺水坡度，以便流水。此种截水沟，除非地形不方便时，其距离开辟之路边，尝不得小于十英尺。

（二）路基工程

（1）钢筋混凝土基：混凝土厚七英寸，比例为 1:3:5 或 1:3:6 者为多，即一分洋灰，三分砂子，五分或六分石子是也。此种路基，每二十英尺距离，设横伸缩缝一，宽一英分至二英分，填以木屑，取其疏松不妨碍涨缩也。

（2）砌石基：原九英寸，人工插砌，宽部作底，尖端向上，铺筑稳实，隙孔插紧小石片，使大小石块，打成一片。

（三）路面工程

路基筑妥后，即可开始修筑路面。

香港道路之路面，几皆为沥青油所筑成。唯港府工程师以习惯关系，仍名之曰臭油（tar）路，故沥青与臭油两名词混而不清。其沥青油路面之做法，简分两种，述之于下：

（1）清水碎石路涂刷沥青油面。碎石选佳质花岗岩，榨碎后过二英寸径节，铺厚四英寸一层。用轻辗压，夜以细石粉一层，洒水再压。

碎石层滚压紧实后，扫去表面浮石粉。即行涂刷沥青油。沥青油须热至指定温度，用油刷涂抹，再筛以径大一英分至三英分之碎石，或洗净之卵石一层，加辗滚压，压实即妥。

（2）沥青油碎石及沥青油罩面（tarmacadam and tar tops）。坚实洁净之花岗岩碎石，过直径一英寸六分之筛，再用六英分筛去六英分以下之碎小石屑，烘热至华氏表一百三十度，再将热至三百度之沥青油混合物加入搅拌之。每吨碎石，和油七加伦。

沥青混合物之配合，因季而异，四月至十一月八个月间，其配合比例为两份三十至四十度之沥青油（30～40 asphaltum），一份臭油（tar）。十二月至三月四个月间，其配合比例为六十至七十度之沥青油（60～70 asphaltum）二份，臭油一份。

碎石沥青油在搅拌机内拌好，至少须两周后，待完全调和均匀，然后用以铺筑路面。铺筑时，每层不得过三英寸半。

沥青油罩面做法，系将坚固净花岗岩碎石，先过六英分筛，再用五号筛除去其碎屑，照前节所述同一方法，同一温度，加热搅拌之。唯所加沥青混合物，每吨碎石需十加伦。拌匀后，每吨约计可铺四十五方码，铺厚较实厚须高二英分。铺妥待一二小时再滚压，压至平坦坚实为止。

（四）其他路面

其他路面如碎石路沙土路等皆无特异之点，兹不赘述。混凝土路亦有少数，有上铺沥青油沙子或石屑数分厚者，有仅刷沥青油一遍，亦有油沙皆不加而只将水泥刷毛以免车辆之滑动者。至混凝土路之构造，及有无钢筋，因地制宜，固无一定不移之标准也。

四、道路测量设计之准则

香港工务司署道路股对于道路测量设计所用规程及标准图说，尚无编印成册之件可供参考，仅有片断之说明书及施工图样可以见赠。所可知者，香港道路除维多利亚市及九龙市区皆有计划之街市外，其他山路多为旧日道路逐渐改良而成，而此项道路目前仍在改良之中，如弯曲处路面加宽，外沿路面加高，以免乘客因离心力而外倾。此项改良，方在开始，但因旧日山路根本不适于今日之高速汽车，故改良虽在努力中，而地势所限，无法改良或改良工程过大之处，只好一仍其旧。其弯度之骤，视线之短，皆极易肇祸。所幸者，港岛之巅，非商业区，非政治区，而为少数豪贵英人之住宅区，及若干游客登临而已。且因登山电车，为最经济而迅便之交通工具，乘汽车上山者为数更鲜。作者驶车登山数次，登不及半，即不常遇有下山之车，故曲折如羊肠，宽不过五公尺之沥青油路，驶车其上，尚不觉其警〔惊〕险。因路之曲折，车速恒在每小时二十英里左右，限制于此种闹市行车速度下，肇祸之机会自然减少。故香港登山道路，纯为游览之用，并无担负大量运输之能力也。

第四节　登山电车（peak tram）

一、沿革

登山电车（peak tram）与道路有密切关联，故附叙于道路章后。

1881年有司米斯氏（A. Findlay Smith）草拟建造香港登山电车计划，呈报香港总督，两年之后始批准兴办。

司米斯氏对于其所拟之计划，未敢草率进行，于实施工程之前，遍游欧美考察各地登山电车路，如旧金山、斯加保罗（Scarborough）、列芝（Regi）、孟特利（Monterey）、鲁沙尼（Lucerne）、莱因（The Rhine）、维苏维额斯山（The Mount Ve-suvius）等处，莫不详加研究，然后始相信其所拟香港登山电车计划，确实可行。乃于1885年量〔重〕返香港，开始建造，1885年5月，全功告成，正式通车。

登山电车，其轨道车辆与普通城市电车并无不同，其特异之点，在发动机之装置。普通电车发动机装于车轮附近，由天线导电入车以转动之；登山电车之发动机则为固定者，设于山巅之机厂，此固定之发动机转动钢缆，缆即曳车沿轨上升。此登山电车之基本原理也。

初该路所用曳车之原动机为一蒸汽机，至1926年香港电气事业日渐发达，电力公司有极廉之电力可资利用，乃改为最新式之瓦尔德-李安那式（ward-Leonard System）之电动机厂。厂内有曳动机二，一为三百五十马力三线式之交流机，一为二百二十马力之直流机。有变压器二，电厂所供之电为六千五百弗〔伏〕，经变压器变为三千三百弗〔伏〕后，再用以转动电动机。总计一切改变装置，所费达港币五万余元，现在其全部资产约在百万左右。自底站至山巅每客票价三角，上下乘客甚多，故获利极丰。

二、机厂及车辆之构造与运用

机厂位于维多利亚山巅，较市区高出约一千三百余英尺，亦即最高之车站所在地。由机厂引出钢缆两条，直径一英寸一英分，长约五千英尺，缆端各系一车，每车乘客六十二。两车交互上下，循轨而行。由山下车站，达山顶车站，仅需时八分钟。轨为单轨，其装 t 与普通电车轨道相同，上下车相错之处，设有双轨，轨长四千九百英尺，有车站四。沿轨道之间，每若干距离，设导缆轮一，轮有托柄，栽植轨道之间。车行动时，钢缆托于轮上，车随缆行，轮承缆之上下而转动。如此一则使缆不至滑出轨外，二则减轻其落于地面之摩擦力也。

钢缆他端系于机厂内之两大铁轮，轮作鼓状，两端有突缘，缆卷于两缘之间，一鼓卷缆一条，两鼓作反对方向，即一向上卷一向下卷。鼓有齿轮，一阴一阳，阴阳轮齿扣锁，则两鼓动作一致，电动机开动，鼓状铁轮亦随之而转，钢缆即曳送下端所系之两车，一上一下，互相均衡。车站距离，亦两相匀称，甲到上站，乙到下站，甲抵顶站，则乙到底站。

鼓轮之制动器，即俗名之闸，系用压缩空气以操纵之（air brake controls）。司机面前，设有自动指示路程器。器面有两针，车开行时，指示上行车与下行车之移动位里。另置电铃与车厢通，司机闻铃开闸，则车行；闻铃关闸，则车止。开车停车之前，车内司机预先按铃，达于机室。故机室内之司机能操纵远隔五千英尺之电车上下自如也。

假如车辆、钢缆、铁轨等发生障碍，或机件遇有损坏，可随时修理，或取备用车备用缆代之。钢缆最大承重力为四十五吨，车辆及乘客等全重不过五六吨，是其安全率大至七倍以上，且每日必须检查一次，故自开办以来，从无出险之事发生也。

万一遇有非预料可及之意外发生，假定前项设备，皆行失效或无时间替换时，则车中司机可立鸣电钟报于机厂司机，停止驶行，至司机由车中以电话报明危险已除后，再行开车。万一情形极其危迫，电钟电话亦不及用，或钢缆电话线皆断之时，则车中司机仅须将平安门（Safety Bar）举起，则车底之机关立刻使车轮紧锁于钢轨之上。据长期试验结果，机闸一下，虽于三十度之斜坡上，车于八英尺半距离之内，即可完全停止。

三、庐山可否仿造登山电车

香港登山电车之便利迅速安全，为世人所称赞，庐山是否可以仿办？分就技术及经济两方面加以检讨。

（一）技术上之可能性

香港登山电车道，全程皆向上升，中间无深谷之阻碍，高度又仅千余英尺。庐山欲在枯岭附近寻一直线之路线而中间无深谷阻隔者既不易，且钢缆须长至万英尺左右，将使行车安全及维持上俱感困难。且此项电车所需之动力，在三百匹马力以上，山下既无大电厂，在山上发电，无论用水力或内燃机，此项大型机器，搬运上山，极非易易。其他如香港山坡多为土质，而庐山皆岩石，开山而得平坦路基。工程上之困难，实不一而足。姑假定所有技术上之困难，皆可设法一一克服，而建造费恐至少须在二百万元左右。此二百万元之投资是否可以自存，再就经济上加以检讨。

（二）经济上之估量

香港为一人口将近百万之海港，四季游人不绝。庐山为一人口约二万之避署地，仅夏季上下山游客稍多。香港登山电车有每日上下山各一次之乘客，庐山则多每年或每季上下山一次之乘客。香港有大电厂供给廉价之电力，庐山则须自设电厂发电，在乘客稀少需电较少之时，余电亦无销售。庐山每年客货运输费仅十六万元，收入尚不足付二百万元成本之利息。故香港登山电车在技术及经济方面而论，庐山皆无采用之可能也。

庐山现在以轿挑为唯一交通工具，实有即时改进之需要，就庐山人口地形技术经济迅便及安全各方面育之，唯一适合庐山之现代交通工具为电气吊车。在香港时与英工程师多人谈及，亦同此意见。盖电气吊车所需之电力仅五十匹马力，登三千余尺之高山，中途仅建立铁塔四个以承钢缆即足，可免开山辟路之艰巨工程，每车可载乘客十五人，每日运输量约六百人及货物行李数十吨，适合庐山近期内之运输情形：因无开山辟路之工事，可选最近枯岭之最捷路线，约仅需十二分钟即可由山底登至枯岭，时间之经济，为任何其他交通工具所不及；无论冰雪雨雾，皆可畅行无阻，非如汽车路，登山遇雾行车即肇巨祸；且现在最新式之电气吊车，其安全率已高五倍以上，构造原理及安全之情况与电梯毫无不同。北欧滑雪名山上装设此项吊车者以数十计，建造费所需不过四五十万元，为一有盈利之事业，故电气吊车实为一适合庐山之交通工具也。

第五节　香港九龙之自来水

一、概说

香港为一海岛，九龙为一半岛，淡水来源皆极缺乏。在 1860 年以前，凿井而饮，后以人口激增，井水既不清洁，又不敷用，于是先后在港岛及九龙创办自来水，供给市民。经历年之扩充经营，所费达港币数千万元，成为香港最巨伟之建设，而握香港百万居民生活之命脉焉。

香港与九龙之自来水厂，其工作系统皆完全相同。因两地皆无河流，故只能筑坝于谷口，截留谷内环山之雨水于谷底，而成为人造之水塘。水塘之水经过沙滤消毒等手续，借帮浦（Pump）〔按：即水泵〕或天然之地势送于净水池内，再由净水池分送市内居民饮用。

兹按自来水之工作系统，分"储水""净水"及"配水"三节述之于后。其本年（二十六年）二月完工之城门水塘工程，所费达九百万港币，且作者在港之时，尚未完工，得两次前往参观。〔其〕工程之伟大，设计之周详，殊有专述之价值，故另于下节述之。

二、储水

港、九储水，概用筑坝截留山谷中雨水使成水塘之一法。香港第一水塘，建于岛西之薄扶林，容水六千六百万加仑。因香港人口日增，需水日多，仅此一塘，供求之间，不克相应。于是在大潭山谷（tytam gap）中另建新塘四：

（1）大潭水塘（tytam）

（2）大潭隔水塘（tytam byewasn）

（3）大潭中水塘（tytam intermediate）

（4）大潭笃水塘（tytam tuk）

后又完成黄泥涌水塘（vang Neichong reservoir），复于鸭巴甸（aberden）一带筑上下两水塘，俗曰香港仔上水塘、香港仔下水塘。此塘完成之后，港岛全部面积，可供水源开发区域，殊已完全利用矣。然香港人口激增无已。港政府除在九龙半岛另辟水凉外，并筑沟截水，凡可为各水塘增加水量之山坡，皆筑截水渠（catch water）导水入各塘，以增水量。总计岛内截水渠全长十三万四千八百零三英尺。合水塘之容量，约达二十四万万加仑，积水总面积为六千零三十英亩。

九龙半岛有九龙塘（kowlcon reservoir）、九龙隔水塘（bye-washre servoir）、石梨背水塘（sneklipui reservoir）、城门接水塘（reception reservoir）及银禧水塘（jubilee reservoir）。此中以银禧水塘最大，原名城门谷水塘，1935 年，英前王乔治五世举行登极二十五年银禧纪念，始改为银禧水塘，所以示纪念也。

兹将香港九龙各水塘之积水面积及容量列表如下：

水塘	容量（百万加仑）	积水面积（英亩）
薄扶林	66.00	425
大潭	384.80	1175
大潭隔水塘	22.37	
大潭中水塘	195.90	420
大潭笃	1406.00	2403

水塘	容量（百万加伦）	积水面积（英亩）
黄泥涌	30.34	217
香港仔上水塘	173.23	1269
香港仔下水塘	106.89	121
九龙塘 九龙隔水塘 石梨背 城门接水塘	1335.00	687
银禧水塘	3000.00	3000
总计	6720.53	9717

三、净水

自来水水源来自江湖山溪，尝混泥污矿质等，非经净水手续，不合饮用。故净水场为自来水工程重要设备之一。

含净水工作，普通概分三种：沈〔沉〕淀、过滤、杀菌。香港水源，大部分取之山中雨水。汇于池塘，携带泥沙既少，汇聚池塘之后，一部分泥沙，即经沈〔沉〕淀，故无沈〔沉〕淀池之设备。其过滤池则有快滤池与慢滤池两种。

快滤池，在九龙城门接水池下，系城门水塘第一期工程之一部，完成于1929年。其地较低于城门接水塘，利用地心吸力引水至过滤池。池床有八，与机室毗连，均为最新式英国裴得森牌（Patterson's Patten）之自流快滤池（rapid gravity filter）。池底下层为碎石，上层为细沙，水从其中过滤，泥污杂质等物，或养〔氧〕化而分解，或附着于沙石。于是混浊之水，变为极清洁之水矣。

过滤池旁有加矾室一，内置机件工具，水由城门接水池流来，未入过滤池前，先经此室。由机件搅拌，加入明矾及石灰。此种矾及石灰之加入，为使原水中之浮游物质凝结，经过快滤池时，净水效率可以加大也。

此项加矾室之设备，可供每日制水一千万加伦之快滤池用。该处快滤池，每日可制水五百万加伦。城门水塘第二期工程，尚拟另设同式之第二快滤池，刻正在建筑中，因裴得森式快滤池水门及各操纵机关构造简单，运用灵活，而又坚固耐用也。过滤之水，引入净水池，然后送至用户。净水池为长方形，长四百三十二英尺，宽二百七十英尺，深约二十英尺左右。中有隔墙，分池为两部，互相替换，使用及洗刷，均极方便。池上筑钢筋混凝土盖，面积十一万平方英尺，以五百余钢筋混凝土柱撑于其下，上彼土及草皮厚一英尺，初见之不辨其下为一大水池也。

净水池之一边，另筑有小室，内装绿〔氯〕气杀菌机。水由快滤池至净水池时，经过此室，加入绿〔氯〕气，杀菌消毒。

慢滤池在城门隔水塘下，有池槽十。槽底构造，下为碎石层，厚三英尺；上为细沙层，厚三英寸。每日滤水量为三百七十五万加伦。

滤池底层之沙石，因水内杂质附着其上，经相当时间，即须洗刷。慢滤池之洗刷，须用人工将池底沙层掘出洗刷，洗刷干净后，重新铺整，然后放水。建设时需要之地亩既多，工作效力〔率〕又低。快滤池因池底有反水上流而冲刷污沙之装置，过滤时水由上经沙石层而下流。洗刷时则水由沙石层向上急冲，俨如水之沸，水沙混合，上下翻滚，使附着之泥污杂质等，脱离沙石层而随水经废水管流去。洗刷一次，需时五六分钟。此种快滤池装置时，需要地亩既少，效率亦大，惟建造费较慢滤池为大耳。

过滤池除上述九龙两处外，在香港薄扶林水厂尚有快滤池八，每日净水量为四百万加伦；慢滤池六，每日制水量二百万加伦。绿〔氯〕气杀菌之设备，无论香港九龙每池皆有。故香港自来水虽有时呈现不甚清洁之混浊情形，但其为可饮之消毒净水无可疑也。

四、配水

水性就下，人所尽知。配送自来水时，凡水源地较高者，莫不利用此就下之水性，设管引流，输于用户，此乃最经济之一法，即所谓利用地心吸力（by gravity）以引水者也。如水源处地过低，则不能不借重于升水机[即帮浦（按，即英文水泵之音译。）]焉。

香港自来水之配水方法，在九龙方面，因水源多在高山之上，由水塘流于净水池以至输送过海，完全利用重力。在香港岛内，则水源地位甚低，而用户又居地甚高，专恃重力配送，多不可能，故须设升水机厂，将低处水塘之水，用机器送至高处净水池，由净水池再借重力，而配送于用户。

升水机厂，香港有大小多处，机件大致相同。兹举最大之大潭水塘升水机厂，以见其设置之一般。

大潭升水机厂，在大潭水塘下滨海附近地方。内设蒸汽机三，每机每日燃煤约八吨，最新者装设年余，最旧者已用十八年。每机二百八十马力，有立式汽缸三，均系直接连于升水机之即筒。升水机亦为立式，汽机每分钟三十冲，每冲升水七十二加伦，总计该厂日可升水九百万加伦。输至市区高处之配水池后，即可利用重力配送于各用户矣。

按最新式之升水机，皆用电动机及离心力帮浦。香港所有升水机则皆用蒸汽，式样虽老，管理得法，效率尚好。其立式蒸汽升水机，较之德国制卧式蒸汽升水机，颇多改良。汽缸为三，活塞之上下冲动力，较两汽缸者，易于平衡，此其一；汽缸废气之冷凝铁柜铸入出水管内，利用升水机自升大量之水，冷凝废气，省去另建冷凝池及该池所耗之水，此其二。有此二利，在电力尚未普及之我国，购用此种升水机，极为合用也。香港自来水事业，随香港之发达，日有进展。其贮水、净水、配水诸工程，耗费巨款，成绩卓著，为吾国内各大都市中所罕靓。即若早半年，香港及九龙均不致有缺水之虞也。

第六节　城门水塘工程

一、工程概要

城门水塘为九龙城门谷自来水第二期工程之中心建设。塘在九龙新界大帽山东南坡，积水面积达三千英亩，容水量三十万加伦。筑挡水坝三道，积贮山水，使溪谷变为池塘。坝身构造不一，在潘爱坡路附近者，比较简单，坝中心部分，为钢筋混凝土堤心，其基部深入石床，所以防水下渗，不致受损伤也。堤心里壁满填黄土，外壁满填石块。唯所填石块，与混凝土堤心比接之处，留有隙缝，上宽下窄，填以黄沙，使得以自由胀缩，而不伤及堤心。黄土与石块，均筑成适当坡度。外表用花岗岩小方石铺砌，石料选用黑白两色，分行插砌，组成人字花纹，精致雅观。城门正坝之构造，与前稍异，坝身分里外两层，里层为重心式之混凝土坝，基部建于石床之上。近池水一边，并深入石床，使水不易由底部潜透；外层完全填满石块，其接近混凝土墙部分，亦有填沙伸缩缝。石坡外表之铺砌工作与前坝同。混凝土坝内并置有检验孔及十八英寸径之检视管，以便视察坝身是否有偏倚或倾斜之情形发生。

城门水塘之溢水设备有虹吸式及喇叭口式两种，均为特种之设计。普通之溢流备多为水门或滚水坝。此种复杂之装置，颇为少见，兹特分别说明于下。

（一）虹吸式滋水管

普通虹吸式管构造简易，物理试验室内尝[常]用橡皮管及玻璃杯以说明之。即将弯曲之橡皮管满灌以水，一端插入甲杯，他端插入乙杯。甲杯位置高于乙杯时，则甲杯之水流入乙杯；乙杯高于甲杯时，则乙杯之水流入甲杯。其原理为：

（1）弯曲橡皮管内，灌满水后，无大气压力，管之两端下垂；放开管口，管内之水，随时可以流出。

（2）甲乙杯两[两杯]，所受大气压力虽同，因其位置一高一低，水重之差，使水发生流动，而成虹吸作用。

城门水塘之虹吸式溢流管，即系利用此项原理筑成。唯该虹吸管系用钢筋混凝土建于坝之一端，设弯形管于坝身之内（实际即一滚水坝，坝上仍套一同形之混凝土罩），一端开于坝之里壁，在坝顶附近，以备接受高水位之塘水；他端则由坝底输于塘外，情况颇相吻合。唯如何使此巨大之弯管，去其内部大气压力，而代以水，则颇为一有兴趣之问题。

在混凝土虹吸管顶部，另置马蹄形铁管一，一端较他端稍装于坝身里壁，开口于塘中水面。

塘中水面，涨至与混凝土管弯顶部齐平时，塘中之水即开始向外滋流。此种溢流，其作用与滚水坝同，因管央尚布满大气压力也。比至塘中水面涨至与铁弯管口齐平时，铁管口为水面封锁，空气不能输入，同时混凝土弯管内水流不停，流速将管内原存空气吸尽，渐趋变为真空，压力顿减。塘中水面，仍受大气压力，内外压力失均，弯管之内，即时水满，而虹吸作用开始矣。

反之塘中水面降低至铁管管口时，空气代水而入，则虹吸作用立即消失。直至水面落至与虹吸管弯顶部齐平时，则水即完全停流。

此种虹吸式溢水管，系供平时水涨之溢流。其数有六，并列成排。管口之外有铁门，并有钢筋混凝土柱及横梁环列其外。所以阻浮草及波浪，以免影响于虹吸作用也。

（二）喇叭式溢流管

据该处原设计工程师云，此种喇叭式溢流管为现代自来水工程中特殊建筑之一。其构造为一石砌之喇叭形管，仰口向上，塘水涨至与喇叭口齐平或较高时，水即由喇叭口入，流送塘外，构造甚简。盖静水由管口流入管内时，每易形成喇叭式之漩涡，使水不能一直入管。今筑此喇叭形管，即所以利用此种水性，使水易于一直冲入管内而送至池外也。

此项喇叭形滋水管，管口较前述虹吸式溢水管管口为高。盖普通大水时，其溢流尝〔常〕利用虹吸管；暴风急雨，水量骤增时，则双管齐下，两种溢流管同时排浪洪水。

两溢水管附近，有总水门塔一，竚立水中，为引水出塘之总关键。塔为八角形，用石砌筑，内装直立输水总管一。沿管设水门四，上下分布匀称，随塘水之涨落，而定启用何一水门，盖可以尽量利用上部之清水，使池底之泥污，无由而入也。

二、城门水塘地点之观察

城门水塘，地质地形，虽不尽合于理想条件，尚可称为优良。塘底泥层甚厚，渗透力极微；集水面积内，无人居住，水源堪称清洁；地形相当优越，筑大坝一、小坝二，即可集水成塘。独惜其不在港岛，而在九龙，输水总管迁回弯转，复开凿隧道，设管渡海，工程极大，所费达二百余万元之多。然此犹属于自来水工程范围内之建设。他如因该塘地处荒僻，远离市区，交通不便，工人宿食无所，开工前开辟山道，建筑职工宿舍食堂及娱乐场所等，亦费去一百余万元。故城门水塘工程费，名曰九百余万元，实际水塘工程本身所用恐亦不过六七百万元而已。

枯岭地处庐山中部，水源尚不缺乏，唯欲择一理想之优良蓄水池地址，则亦殊非易易。汉口峡，及芦林蓄水池地形，筑坝适宜，距市区近而地位高，输水配水，亦均方便。惜积水面积，均嫌过小，收容之水量，能否长期保存，颇为疑问。而汉口峡谷中巨石粗砂特多，易使池底汗淀，于水塘寿命，关系臻重，尤需经慎重之研究与考虑。三叠泉、石门涧二处，积水面积大，而地形尤佳，易蓄大量之水。唯所处地位均低，必须设升水机，方可输水。且石门涧处长冲之下，水经市区，易被污浊，而三叠泉又远处市区之外，设管费尤属不赞。芦林交芦桥，拟筑人造湖之处，积水面积颇大，距市区亦不过远，唯所处地位亦低，且芦林区房产既多，又均在塘址上游，水质尤不易清洁也。

统观上述数处，各有优劣，取舍之间，尚费研究。唯欲繁荣枯岭，必须速谋解决自来水问题。则汉口峡及芦林蓄水池地址及建造方法之研究，实为刻不容缓之举也。

第七节　下水道

一、下水道与现代都市

现代都市之动脉为自来水，而静脉即为排泄雨水、污水之下水道。一般都市每患静脉停滞之病，旧城市尤甚，此恰如一般之习性，考究饮食，而不注意其排泄，则其疾病丛生，理之必然也。

吾国除少数城市外，自来水尚多未建设，更无论下水道矣。英人开辟之香港虽有下水道之建筑，而无一整个有计划之系统，皆局部了〔潦〕草从事，亦不足以取法也。

香港工务司署全部经费，1937年预算，自来水经临事业费共为四十八万六千七百余元，约占全年百分之九。下水道则共为十七万五千七百元，占全年百分之三。是下水道费仅占〔为〕自来水费三分之一，亦无怪其下水道工程师指其海滨之一小污水排泄机室曰，香港下水道之精华在此，别无可观者矣！

二、香港下水道

下水简分两种：一为雨水，一为污水（即家庭废水及工业余水等）。此种下水道宣泄，设管导引，有采用分流制者，有采用合流制者。分流制即污水、雨水分设水管，各成系统，互不相侵。合流制则污水、雨水混合于一管而排泄之。香港岛上尽为丘陵，其下水道似以采用分流制为宜，唯详考其现有之水道，则多不成任何系统，污水、雨水随处设管，输送入海。此种办法，处理雨水犹可，处理污水则颇欠适当。盖沿岸即为海港，船只停泊或往来者颇多，污物浮游水面，臭气熏人。欧美大都市污水之处置，无论晒干用作肥料，或输送于大海，使之消容〔融〕，均须先经极繁复之手续，设厂处理，使污物与水分分离，而分别消纳于不妨碍公共卫生或观瞻之处所。

青岛市区形势颇与香港相类。其于下水之处理，在德人经营时代，即有分流及合流两种系统之分，而于污水则设处理厂五处，将污水过滤后，污物卖与农户，作为肥田之用。滤后之污水，用升水机送至远海深水之下，既少浮游物，更无恶臭熏蒸。今香港对污水之处理，则大部直接输于海滨。唯于维多利亚区，因恐污水染及海水浴场，且以距离维多利〔亚〕港湾太近，乃置小室一间，设一马力半之电动升水机一座，将其污水内之粪污，由十二英寸干管，送至太古制糖厂附近之海滨，仍任其漂流。参观至该处时，恶臭扑鼻，令人欲呕。由香港与青岛下水道之比较，亦可见英人与德人治事方针之不同也。

香港排泄雨水之下水道，近年来尽力建造，似已全部完成。数年前香港疟病流行，考其原因，系因山谷沟壑之间，当有少量之雨水存留，疟蚊得以繁殖。于是港府当局发起一种"灭蚊运动"。所有谷壑之内，皆遍造排水之水泥明沟，其分布之状，如树叶之脉络，积水得以循沟消尽，蚊虫无处滋生，疟疾病因以大减。

枯岭自来水事业方在初步建设中，下水道则尚未兴办，间有数处明沟暗渠，亦仅属于一区域之临时宣泄而已，尚无系统之可言。此事于枯岭之发展关系纂重，不可不预谋筹划。以枯岭地形言，将来装设下水管，以采用分流制为适宜。长街至石门涧之溪为天然之宣泄水道，唯污水必须先加处理，滤除固体物，消灭臭味，然后始可泄于溪流。处理之方法及处理厂之地址、以枯岭人口变动之骤，及适用平地之少，非经常〔长〕期研究，不可冒〔贸〕然从事。以现时庐山管理局之经费言，实尚不足以言及下水道之建设也。

第六章　尾　言

作者旅游匆匆半月，港政府下之市政建设及各种设施，略得窥其梗概。其可供我取法者，已于以前各章中分别陈述意见。兹就香港政治及建设之全体，加以综合之观察，以为考察记之尾言。

香港在英人统治下已将百年，英人之政治向以法治见称，其在香港政治上表现之法治精神，亦殊令人钦羡。一切法典规章，无不编制俱备，卷帙浩繁，每部售价在二百余港币以上。此项典籍实为香港百年政治之结晶。港政府官吏守法奉公之精神，在公私生活上亦多表现。香港工务司署署长韩德森君服务港府二十余年，其他各司署长等重要官吏，皆不随港督同进退，而薪给之优（港督年俸及公费二十万港币）及加律退休养老金等规定，凡所以保障公务员之生活者，应有尽有，故官吏无不忠心服务。香港政治因以安定，一切庶政，皆上轨道，建设工作得循序前进，既无敷衍之习，亦无躁进之嫌。如城门水塘工程分四年完成，其他大建设计划，莫不经长期之设计研究，然后从容实施之。此我国今日努力复兴民族之经济建设所应取法者也。故蒋方震氏有言曰："故今日欲谈新建设，则内而中央，外而地方，皆当使一切公务人员有一定不移之秩序与保障，此为入手第一义。"（见本年三月二十一日《大公报》星期论文）从另一方面观之，香港政治之殖民地性，依然存在，而自由主义与保守主义亦莫不反映于香港之政治与社会上。香港山巅不准华人置产及居住，其间道路园林之整洁，与码头附近华人居住区之污秽，不能比拟！

　　香港最繁华之德辅世〔大〕道及皇太后大道，一至晚八时，人行道之水门汀上，即睡满劳工乞丐，以破席覆体，白亮之电炬，照其灰白之面上，俨如僵尸，步行其间，惨不忍睹！他如烟赌不禁，慈善及全部社会事业之经费年仅二十万元，为岁出总额千分之六，而军费岁支在五百万以上，为岁出六分之一，可知英人之治香港，其目的在以武力保护其经济利益，吾侨胞之福利安适，固非所计也。至港政府下骈枝机关之多，英籍与华籍公务员待遇之差异，中下级职员中亦尽量安插英人，以解决其本国之失业问题，致各机关律给一项支出，占经费百分之八以上，此皆殖民地政治之特征也。

　　香港所有公用事业，除自来水外，皆由私人投资办理，如电厂、电车、登山电车、公共汽车及渡轮等，莫不为私人经营，因之高定价格，获利极丰，穷苦居民所受剥削愈甚，而生活益苦矣！此皆港政府抱自由主义奖励私人资本之流弊也。

　　香港一切市政建设以自来水工程最为巨伟，而下水道最为简陋。自来水系可以获利之事业，而下水道则否，此与我国之办市政修路不修沟者，所犯之病同。香港工务司署每年以五百万元之经费，年仅出极简单之业务报告一册。他如各种事业之概况及统计，各项工程之设计标准图说，不仅无印刷品可供参考，即该署内部自用者，亦未厘定标准。此或为英人实事求是不讲虚文之表现欤？至施工方面，如沥青油路修筑法，多沿用极不合理之旧法，材料之浪费极大，而效率又甚低。英人之保守性，不仅在"督宪"称号及"香港督理军民事务公署"等之红色清式牌匾上见之，即技术上亦处处显示其墨守成规之习性。故就市政建设之全体论，英人经营之香港，与德人经营之青岛相比，因两国民族性之不同，所表现的创造力之形态，也完全两样。

　　香港之文官制度，使"一切公务员有一定不移之秩序与保障"，诚可取法，唯港政府所出代价太高，耗费公帑过巨。我应效其制度，而上下应由紧缩与俭约两方面推行之。至其施政之自由主义与保守性，皆应视为殷鉴，而勿蹈其覆辙。

民国二十六年三月

战时交通员工之精神训练

本书献给：

江西公路处军事工程队赣北各次战役殉职烈士之灵：

他们的英勇努力，加强了保卫江西的力量，增加了本处的光荣！

他们尽忠职守的精神，是《战时交通员工精神训练》的结晶，是《战时交通员工精神》的最高表现，他们的精神不死！

他们的壮烈牺牲，使他们的生命伟大——与民族的生命合一而永存！

讲演：谭炳训

记录：陈育丞　熊谓清等

编辑：江西公路处

发行：江西公路处

印刷：南昌合群印刷公司吉安厂

（合订第一版——二〇〇〇册）

序一（第一二卷分订版序）

　　民国廿七年二月，炳训来掌赣省路政；及夏，敌陷马挡，攻九江，而赣北大战作。公路军事工程，今日抢修，明日破坏，急如星火，军实伤兵，亦赖本处车辆为之运输。处内外一切兴革计划，人事调整，及员工训练，皆受军事影响而停顿。

　　至冬，敌我修水对峙，战事入于胶着状态。始得于二十八年一二月间，召集车务机务及工务各种会议，重谋处务各方面之澈底改进。不幸是年三月间，敌又陷南昌，继之临川至八都公路破坏，东南至西南之交通，须经宁都绕赣县而折返吉安，以达衡阳。行旅既感长途跋涉之苦，本处以汽车代火车，旅程又增长数倍，何能消纳昔日浙赣铁路所负荷之运输容量！故本处又终日忙于省际旅客之疏运，赣县宁都公路之抢护。

　　是年初夏，又逢数十年所未有之水害，鹰赣及泰兴各段桥梁冲毁者，不计其数。此简陋之军用公路，原已不胜繁重运输量之负担，又遭此天灾，诚何以堪！加之敌人封锁海口，汕头福州温州本处订购之车辆油料，或为敌劫，或为敌阻；诚所谓天灾人祸，交迫而来；使二十八年炎夏中之本处，日夜在酷热与艰辛之环境中挣扎！

　　幸赖我全处员工之坚强奋斗，军工军运皆能适应机宜，完成任务，受到领袖的传谕嘉奖；温州、宁波先后抢入汽油二十万加仑；泰兴银公路于七月间抢修告竣；鹰赣公路亦于十月间初步整理完工。环顾临省公路，亏累者亏累，停车者停车；而本处则二十八年上半年盈余三十五万元，创江西公路未有之"不亏"纪录；目前所存油料，尚足以维持交通至本年底而有余。

　　回忆两年之劳怨生活，直如一瞬！就本处言，虽可勉称无负政府付托及民众期望；就个人言，则心力交瘁，面事业无建树，对抗战无贡献，当自引以为憾！

　　惟两年来与我诸同仁所共勉者，有一根本精神，即以精神力量，克服物质上的困难：以"确实迅速"与"负责任守纪律"之军事化精神，增进战时交通效率，运服务社会尽忠国家之目的。此一指导原则，为本人向诸同仁所反复讲述："本处能以崭新的英勇姿态，完成其在抗战大时代中的艰巨任务，实发源于此军事化精神之训练，亦即本处所赖以应付两年来遭遇之种种事变者也。"

序　　一

　　兹以本处营连机务两科，将于一十九年划出，成为独立之全省运输机构，爰将二十七八两年之讲话，辑为《战时交通员工之精神训练》二卷，编印成册，分赠同仁，以为纪念。

　　炳训自序二十八年十一月

序　　二

　　本讲集一二两卷刊于民国二十八年底，兹复仿前例，将二十九年讲词十五篇辑为第三卷，又以一二两卷已无余存，故将二卷合版刊印，以省一二两卷单行本再版之费。

　　此三卷讲词，代表本处三年来之业务动态，除用为训练本处员工之教材外，亦可视作工作报告之补充资料及原则的说明，故与本处近刊之二七、二八、二九三年分类业务报告，及在编辑中之分类现行章则办法，皆为抗战时期本处业务上之重要文献也。

　　谭炳训三十年一月于赣州

　　编例

　　1. 本集所辑讲辞，均为讲者对江西公路处员工讲话之纪录。

2. 本集分为三卷，第一卷刊载二十七年份讲话纪录，第二卷刊载二十八年份讲话纪录，第三卷刊载二十九年份讲话纪录，其排列顺序，均为讲话日期为先后。

3. 原纪录人姓名，均分别注明于每篇之首，底稿大部，皆经讲者校阅。

4. 本集讲辞，曾在江西公路处出版之《公路周刊》及《江西公路》两种刊物上登载。

第　一　卷

（一）战时公路处之任务与今后之施政方针

陈育丞纪录

————二十七年二月五日，就职讲词————

本席奉令兼任本省公路处处长，今天就职伊始，先就本处今后任务及施政方针向大家一述：

我们自从发动全面抗战以来，已七阅月，土地失了好几省，人民将士死了数十万。我们可以看到沦陷区，国家主权丧失之后，马上受到敌人的摧残，任意的蹂躏。我们现在站在自由的国土上，拥有伟大的人力物力，人人都应该在这个时候激动爱国精神，来从事救国家救民族的工作。

历来汉族受异族侵略的性质，与此次不同。在历史上我们会亡于元，亡于清，但是亡我的异族文化都低于我们，等到他们吞并中国时，就完全抛弃他们原有的语言文字和文化，结果都被我们所同化。所以这种亡国不过是异族来做我们的皇帝而已！与国家存亡，民族生命无关。若此次抗战不胜而亡于日本则不然，日本盗窃了我们一部分文化的皮毛，又吸收了西洋现代的文明，用穷凶极恶的手段，来侵略我国，假使敌人占领我们的全国后，不但任意劫夺我生命财产，还要使小孩子都受亡国教育，变为日本人的奴隶。所以国家今后的命运，完全在我们这一辈人身上。假使我们不能努力，就马上会亡国，并且还要灭种，非但对不住我们五千年来开拓疆土文化的祖先，也对不住将来的子孙！

日本对我作战的牺牲，当然要比我们多几倍，他们是集中一切国内经济力量，而对我们来作战，假使我们坚强抵抗，总有一天使他们崩溃！即使日本完全占领我们二十二省，日本的消耗，也已达到了相当程度，那时各国为利害关系，亦必不能坐视日本整个的占领中国全部，所以敌人成功的一天，即必为灭亡的一天。假设我们不能奋斗到底，培植复兴力量；则日本之后，还有其他帝国主义来一个趁火打劫，以收渔人之利，也都可以灭亡我们。

再看我们的国内怎样，一般国民精神上物质上都还没有动员，所以这种争民族存亡的战争，只可说是我们的二百万军队和日本全国七千万人民的战争。这一半是由于人民的教育程度太低，一半是我们领导全国人民的公务员，自己没有动员起来，自己没有领导人民；甚至于还有少数抱着（混水摸鱼）的心理，他们缺乏了民族的自信力，随时想逃避，心理上先起了动摇。但是我们如果脱离了民族和国家，不但是消减国家力量，一定还会身败名裂，因为这种人畏难苟安，将来必至出卖祖国，就使逃过法网，也必受敌人将来的消灭，所以我们在国家存亡民族生死的严重场合，除牺牲个人来维护国家民族的利益而外，皆是绝路！这一点我们必须澈底认识。

公路是现代很重要的交通建设，所负使命，除掉平时发展地方经济推行政令，传播文化等效用外，在战时还能：①维持后方秩序，及物质的懋迁，安定人心。②接济前方粮秣军火。本人就职伊始，对于本处是否能担负这个任务，我现在还不能完全明了。但社会上一般人对本处的批评怎样呢？本处的收入不过二千元，而支出平均在四千元以上，我们的四百余辆汽车里，现在各处征用去的有二百辆，待修的一百六十辆，废车六十辆，所剩只有五六十辆可以行使。而在行车方面，混水摸鱼的也不少，类如虚报损坏，零件走漏，汽油浪费，私自带客种种情形，这都是社会上对我们不谅解的地方。为本处的将来计，我希望大家都要有"知耻近乎勇"的精神，澈底觉悟和改革。

本人任事有几个原则，第一就是要做人所不能做和不敢做的事，以前在北平主办旧都文物整理工程，和在庐山之整理交通工作，如筹建登山电车，设立庐山电厂，无论如何困难，总是认定目标向前迈进，不避艰苦，这是大家都听得到的，看得见的。第二是对上负责任。第三是对下公正严明。同时也希望大家做到下面几点：

一、从今日起改换脑筋，以"日日新，又日新"的精神，一洗以前的旧习惯。

二、我们要用战时精神来过战时生活，以求得战时效率。

三、要负责任，守纪律，服从命令，违叛命令就是叛国，阳奉阴违，或不能贯澈奉行的就是误国，叛国的和误国的都要受法纪的严厉制裁。

四、爱惜物力，福煦将军曾说过："在战时一滴汽油比一滴血，更为可贵"，想见汽油在战时的重要，汽车能发挥它前方和后方的任务，备件能使汽车继续不断发挥它的效用，所以这三种物质都应当特别珍惜，在这里我们提出三句口号：

（1）汽油是公路的血，也是国家的血。

（2）汽车是公路的命，也是国家的命。

（3）备件是汽车病院的救命仙丹。

至于大家对于本处有何改革整顿的意见，本席已有通令，希望大家以书面建议，事无巨细，当皆择善采纳。现在既不能治本，就是治标也来不及，只有先行救急，要从我们自己做起，一切要整齐严肃，合乎纪律化，革除不良习惯，这不过一举手之劳，这一点不能说是做不到，亦不能归咎于经费不足，亦不能怨外人征调车辆。

大家过去工作有相当劳绩的，不必怀失业之惶恐，在此复兴本处的大业开始之日，正是用人之际，无故离职，还要加以追究。所以希望大家安心服务，努力工作。

（二）最近十日之重要工作报告

二月十四日，纪念周

本席自到处接事以来，已经旬日，现在把这十天内的重要工作大致报告一下：

一、对处内外同人宣布以后的工作方针，及通令告诫内外应行注意事项，铲除积弊。

二、订定各机关征用本处车辆办法，因为本省党政军各界征用本处车辆，在前漫无规定，情形极紊乱，所以订这临时办法，大意是：① 如党政军各界需要车辆，需呈准省政府。② 如已呈准省政府，本处即遵照拨车，但须照章付车费。③ 不准出省界。对于已经为各机关征用的，现备在预都收回。各征用车辆机关所欠车费算起来有十多万，以伤兵管理处保安处为数最大，我们也预备请各机关于短期内偿还此项欠费。

三、旧车的修理，我们的待修车辆，有一百六十辆之多。这一百六十辆里面，有一半是容易修的，有一半是不易修理的，先把易修的数十辆修起应用，现在已经在检查，缺少的零件上外面去购买。

四、利用运料车工程车运送客货，现在我们行驶的车辆仅有四十余辆而各养路段的工程车也有四十余辆之多，我们应当利用这许多车辆来运送客货，现正规定工程料车调配及运用办法，一方面增加收入，一方面便利民运。

五、配件制造厂的整理本处配件制造厂的厂长，现请周行健君担任。在以前，制造厂修理外来车辆的决定权是操之于该厂，应得的修理费也由该厂直接收入，经详细查核的结果，该项修理外来的汽车，工人工作报告单，和厂方每月工作报告单，记载不相符合，甚至厂方每月工作报告，和呈处的修理外来汽车数字，也不符合。个中情形不言可喻，现在为铲除各项弊病计，已责成新厂长切实整顿，并集中全力修理旧车，对于外来汽车之修理暂行停止。

六、更订油料收发程度以前本处发出油料皆是事后稽核，并非事先审查，所以有改订办法的必要，现在因为时间关系，我们暂时采取一种临时方法。按照现在的情形，任何车辆，任何司机，可到任何加油站加油，只须在印就的领油条上，加盖司机名章。但现在的时局很严重，并且在本处车辆大部调出被其他各机关征用的时候，最容易发生弊端，所以现拟规定每一车须备一个手册，详列该车的历史，和所有的配件等之更换，司机需转移交，由各车务段发给各车领油证。

（三）养成绝对服从命令的习惯，及对事业必成的决心与勇气

陈育丞纪录

——三月六日，纪念周——

从本席就职到昨天整满一月，关于内部重要工作，上次纪念周，已大致报告过。前一星期本席会到各外段视察，第一次到景德镇，第二次到临川，第三次到吉安，经过第一第二第三第六各段，成绩以第三段为第一。车务养路均好，机务方面工人亦甚努力，第二段养路尚好，车务方面就吉安站而论秩序尚佳，惟吉安车场机工恶习惯甚深，司机不愿开车，可以故意将机器弄坏，机所修车无效率，亦欠确实，其次为第一段，最混乱是第六段。兹试举一事为例，亦可见其大概情形，该段黄金埠渡口有两只汽划子，有四只汽船，十个船夫，每天来往的汽车不过二十辆，人力足可应付，实在用不着汽船来拖，并且有一只是租用的，租的船每天要用六瓶油，照每瓶九元计算，只用油一项已是五十余元，再加每船每月租金约三百元，差不多每条船每月须开支两千元以上。后来到韩家渡，问该处汽船每日只用油二瓶，三曲滩亦有汽船，每日仅用油一至二瓶。至景德镇车场车站秩序精神皆有欠缺。第六段京黔干线加固桥梁工程只有李段长负责之一段将近完成，其他各段则进行迟缓，所以现在又令李段长另外再担任一段，以加紧工程之进行。惟概括而论，在过去大混乱时期中各段站固人任很低薄的待遇下，居然能够安心作事，于艰苦之中，维持此非常时期之全省交通，颇足嘉慰。如果处内同人能够领导起来，自然可以有良好成绩表现，这是处内同人所应负的责任。

最近机务方面发生几件事：

（1）在两星期以前，本席在南昌车场门口亲自看见有本处两辆汽车，开的飞快，在场门前越车。既是由飞机场开回来的空车，何必如此之匆忙，分明是司机故意寻开心，不但违犯交通规则，而且两辆车并排在马路上飞驶，遇有对面来车，自非闯祸不可，所以记下号码饬查明司机姓名以凭处分，但该场司机领班左懋修，居然将我的手谕签注送还，说该车系空军总指挥部借用，共借去四车而有五个司机，究竟那一司机开快车，查不出来，并且说开快车系奉到空军总指挥部的命令。这种搪塞的措辞，是故意违抗命令，实在是目无法纪。可见过去之管理，过于废弛，以致养成此种不服从命令之习惯，尚且振振有词，自以为是。所以将该领班立即开革，有人说他服务多年，还是留用的好，这种姑息的心理是错误的，并且危险的！旧人不服从命令，若不以雷霆万钧之力加以断然的惩处，对于新来的职工，更无法约束了。

（2）九江车场有一代理管理员，处内并无更调他的意思，近日忽有该场工人二三十人联名保举他实授管理员。此风断不可长，已予申诫，试问工人保举的管理员，此管理员还能不能管理工人？

（3）万载车场，因赣湘线行车已交江南汽车公司代办，沿线各站职工，另调他处服务，恐怕他们不明了真相，所以特派黄段长前往抚慰，并督促结束。万载尚存廿几辆车，能开的即速开回，损坏的速设法修理，但是该场管理员居然违抗命令，反代工人提出七项要求，如发给欠饷，已领材料仍请照发，所有司机统调南昌车场服务等等，竟不肯将车放回，以为要挟，试想一辆车每日营业收入六十元，十辆车就是六百元，为着工人要求，可以将公家车辆扣住，耽误营业，使公家受极大损失，真是不成话。

这几件事，不但是违抗命令，简直是危害交通，所以不能不严加制裁。

以后处内外职工，若不能养成绝对服从命令的习惯，则此后方交通一天也不能维持！一切指挥不动，调动不灵，江西公路生命就要被断送了！不明事理，自私自利，骄纵恣肆，违抗命令，这种误国害处的公务员，与卖国的汉奸，有何区别！还有两件事，也是关系机务方面的：

（1）前几天本席在花园饭店门前发现 2375 号汽车，乃是十天以前派往伤病管理处，且限令只开一次景德镇。但是开出之后。该车又回来修理一次，并且领了工具一套，添油四十加仑，又开回景德镇，不知什么时候回到南昌，停在花园饭店门口，若不由本席发现，就不知道此车到那里去了，当该车一次出场的时候，检查车的机会检查过，并不问是到何处去，加油同发工具的随便一发，门警也绝不过问，而车场中管调派车辆的对于车子的进出皆毫不知晓，试问大家均如此随便马糊，不负责任，车辆如何能管

理，本处如何能上轨道！

（2）韩家渡材料库，有京赣铁路局送给本处的许多材料，但是无人负责保管，有的竟抛弃在河里，也无人过问，本席在那边里问了四五个人，皆是相互推诿不负责任。同时看到有一辆大车停在那里，车身一切均甚完整，车门亦锁的很好，回来到南昌车场查询，据说是某日派往景德镇，被军队剥去三只轮胎，所以停在途中。我分明亲自看到该车是完全的，他们竟敢谎报，所以又严令切实查明，第二次回报又说已经装好了。不但不负责任并且交相欺骗，稍一疏忽，便要受蒙蔽。现在本处最急要的工作就是一方面要大家绝对服从命令，一方面要将有个人的职权责任，切实分清。整理财务方案，现在由建设厅提出省务会议，交财政厅核议现本省赋税之公路附捐已本令延长一年，或即以此项收入，只借一笔款项来整理本处亏欠，这是本处前途一个最大转机。至于本处事业，能否由此复兴，就全看我们同人，是不是能自己努力前进了。

现在本处所推动的，都是补救工作，但是在此一个月内，大小事项，统是由本席个人用脑筋去思索改进，同人中能够协力筹划的没有几人，如果大家皆同样的肯用脑筋，则三个月可以办好的事，只要一个月就可以成功。

关于人事问题，有一部分同人，认为自己服务很有劳绩，过去赏罚未臻适当，以致有功不获受赏，请求新处长明察。本席对此甚为明瞭，不过本处正在紧缩时期，所以有几位应加薪的，皆批自下年度开始时（即七月一日）增支，同时大家有劳绩的，在年度终了，都可以表现出来，已经饬总务科拟具考绩表，分发各科室段按月填报。

现在外面来的荐函很多，并且有的竟说贵处某一缺现时无人，可以着某人补充，这无疑于代理本处支配人事，希望各同人对于处内人事更动，勿轻事宣传。

现时本处正筹办一职工励进会，一半为俱乐部性质，一半为补习教育砥砺学行而设，因为未到省政府命令，嗣后职工凡是走漏汽车零件汽油等或毁坏车辆等情况，即以破坏交通论，按军律治罪，工人智识浅薄，难免不触犯法网，故设励进会以教导之，以免不教而诛，并订立若干信条，如不嫖不赌等，使之切实遵守。

最近交通部补助本省汴粤赣线赣境改善工程费十万元，又吉安界化垅段桥涵加固工程费二万四千元。关于吉界段工程，已派一位主任前往主持，因为地方情形不熟悉，调度亦未尽适妥，又加派一副主任，并由处内尽量协助该工程处加紧工作。现在部内又有电报来催，我们自承于一二月底可以完工，所答应的期限原是固定的，我们开工的日子原定二月廿六，实则到了本月才正式开工，则完工的期限当然要随之后延！以往之失信，半由于此。以后关于工程完工日期之估计要精确，更要估量透了我们的能力及一切可能的障碍。完工日期不定则已，一定之后，则无论有多大的困难，亦必须如期办竣，一切人力物力的缺乏，可以用精神的力量去克服。如果主持工程的人，自己精神上先畏缩不前，无必成的决心与勇气，则此工程的失败可以预卜。希望本处技术人员养成战必胜、攻必取的决心与勇气，使本处大小工程皆作到迅速确实的程度，一扫过去各方对我们的不良印象。

（四）精神动员与执行新的方案

陈育丞纪录
——三月廿三日，车机工联席会议开会词——

各位同仁：今天是本处车机工联席会议开会的第一天，因为各外段主管人员，均已到此，所以同时召集处内全体同仁来讲一次话。

此次会议主旨，系因各车务段养路段应当整顿的事项太多，从本席就职后，一切兴革计划，在南昌方面，已经实行了一部分，但尚未能推动到各段站。至于各项计划，对于各段站实行上，有无应行修正补充之点，必须召集大家来共同加以研究。

一国的行政制度，不外乎两种，一是法制，一是人制。中国政治，以往之所以不能清明，即由于凡事皆以人为单位，人存政举，人亡政废，这是没有法制基础之故。然有极好的制度，而无人能去实行，结果还是等于无有，也往往有人去政亡之叹。这是说，在中国现在的政治状况，及国民程度之下，施行人制，自然是开倒车，光去施行法制，也不够资格，所以在此过渡时期，必须法制与人制并行。此次联席会议，即是良性讨论的意见去规定制度，但是有了好制度与方法还要（人）去实行（人）能否在好的制度下，用好的方法，做出好的成绩来，就全看这个（人）的精神力量如何。精神为吾人特别之天赋，所以为万物之灵者在此。做人若不能应用天赋之精神，则不能成其为人。古人说："精诚所至，金石为开"，可见精神力量之大。在此国难严重存亡绝续之际，我们公务员再不能实行精神动员，仍然泄沓敷衍的混一天算一天，则无论任何尽善尽美之制度，亦难免救危亡。

武汉方面，最近会开抗敌运动大会，实行精神动员，该会一共三天，第一天定为新运日，第二天为抗敌日，第三天为建国日。精神动员的第一天为何要定作"新运"呢？即是因为我们要真正精神动员，只要实行新生活即可，新生活的基准，即"礼义廉耻"四字，在列国时管子曾说过："礼义廉耻，国之四维，四维不张，国乃灭亡！"所以实行新生活，便是恢复几千年以来的旧道德，使"四维皆张"。必如此才能精神动员，能精神动员，才能抗敌，能抗敌才能建国，然后才可以达到"国乃复兴"之目的。武汉抗敌运动会所定精神动员三天的名称，实在含有深意。

我们要实行精神动员，今天就全体同仁在此之机会，特将新生活准则之"礼义廉耻"，向大家阐述，自今日起要身体力行这四字，方能在新的制度下执行一切新的方案。

礼者礼也，就是合乎规矩，在自然界有定律，在社会则有秩序，国家则有网纪。不论对人对物对事都要合乎理，要恪守纪律，合理即是有礼；人若无礼，出乎规矩，离开纪律，即不能成其为人。

义者宜也，宜即人之正当行为，所以古人说："见义不为无勇也"，即是说见到应当做的事而不去做，或不应当做的事不能绝对不去做，这个人便是没有义气。

廉者明也，就是能够辨别是非，使取舍分明，知道如何是合理，如何是正当行为，辨别明白了，自然不作不合乎礼义之事，此之谓廉。"廉"即是人的操守。

耻者知也，简单解释可以说是一种内心的觉悟，人有羞恶之心，才能明礼义辨是非，古人有两句话："知耻近乎勇"与"明耻教战"，人能知耻才能有勇，有勇方可以教战。假如现时我们国内，多是不知国之耻和无勇杀敌之人，根本就不必谈抗战了。

此四字之连贯并举，因其有连环性，故不能拆开。因为义是礼的实行，能辨别礼义之所在谓之廉，廉明然后知耻。不但我国之"国维"如此，世界各国的立国大道都离不开这个道理。所以人人能实行这四个字，在国家一定是强盛，在个人方可谓之完人。或新生活运动，特提出礼义廉耻为个人衣食住行的准则，为国家立国的四维。

反观我们公路处的全体职工，是不是能实行这四个字，现在有许多事都离开了轨道，不守规章和命令，第一先悖了礼；不应当做的事也要去做，应尽的责任而不尽，更不合乎义；有许多地方都是交相蒙蔽，司机对于领班如此，领班对于主管人员也是如此，甚至工程车私带旅客，每月竟有许多分外的收入，取不义之财，这是无廉；最近本席几次出外视察，询问各段站情形，多是所答非所问，支吾搪塞，不知坦然承认过失，毫无羞耻之心，这是不知耻。

就以上之检讨，我们离开礼义廉耻，可以说近得很。希望大家要下一番功夫，一定要守纪律尽职责，辨是非明取舍，澈（彻）底觉悟，发出知耻的心来，如此方能精神动员，发出新的精神力量，执行新的方案，我们所规定出来的一切改革才能有成功的希望。所以今天特在车机工联席会议开幕之时，提出来请大家注意。

（五）今后本处业务应有之动向

钟瀛锡纪录
——三月二十五日，车机工联席会议闭会词——

此次车机工联席会议决议各案，关于车务者计有十案，机务者八案，公务者七案，一般方面者三案：此项案件，有只待实行者；有尚须研究详细办法，以备实施者；兹届闭会，特将本人对于业务方面之改进意见，分作车务，机务，公务以及一般事项、基本事项等五大类，为吾同人告：

甲、关于车务者

（1）提高车务段长职权以前车务段只管辖各车站车场，职权太小。遇有工务电务发生故障，如桥梁损坏，电话不通，即不能直接指挥工电员工修复，办事有失联系，效力不能发挥，车务段长职权应即提高，以车务段为一切推动之中心，凡所管路线范围以内，车务，机务，电务，警务统由车务段长管辖指挥，授予车务段有奖罚匠司及所属其他员工之权，如扣押及罚饷给奖等，但车务段权力越大，所负之责任即愈重，各段长嗣后务须努力奉公，克尽厥职，使业务蒸蒸日上，对于车场工作至少必须每日稽查两次，认真考核，各段长如此有权，尚仍办不好，则是段长能力不够，本人亦未便姑息。

（2）厉行行车通话最关重要，盖车辆由此站开出，必须使次站得知开出车辆号码时间及所载人数，俾可先行酌量售票，否则次站无所依据，必须俟车到方能售票，不免延误行车时间。本人所接到各同人的建议书亦多建议及此，嗣后各站无论开出快车班车，均须一律以电话知照本站。

（3）管理汽车行及修理行本省吉安赣县临川九江等较大县份，均有商人汽车行之设立。最近本处会拟定江西省管理汽车行暂行规程，规定须有二辆以上之汽车，方得申请登记开设汽车行，嗣后如有不合规定者，当照章加以取缔。惟近闻本处司机机匠有加入汽车行者，此应绝对禁止，如经查出，定予严惩。又近闻本处车场，有少数机匠，每于晚间工余出外代人修理汽车，夜间不得休息，次日工作，如何能有精神，此点尤应查禁。现饬科拟定管理修车行暂行规则，正在起草中，俟呈准施行后，对于修车行零件材料之来源，均须加以查考。

（4）注意社会经济及交通调查各线社会经济及交通之调查，最关重要，以前各段对此多忽略而不注意，现在亟应分别缓急，切实赶办，盖各地物产之多寡，运输之情形，以及工业商业地方人口社会风俗习惯，平日交通状况，均与公路发生密切关系，欲求发现货运，非先明了上述各点，无从着手。目前最重要者为经济及交通调查，其次为社会调查。本人最近会先后向数站长询问当地人口多少？物产状况如何，均瞠目不知所答，希望与会各车务段长，以后切实注意。

此外尚有数点，即：①朱山桥与三曲滩隔河设站，太不合理，亦不经济，应予裁并，惟究应裁撤何站，方较妥善，希望第一第二两车务段，会同研究，签报核办。②各快车站增加站夫，已饬科统筹办理，以解除各站之困难。③近来各站开驶快车班车，对于旅客行李，多听任其自由携入车内，不令购行李票，以至行李拥挤，占去座位，不免影响本处收入，抑且有碍旅客舒适。各车务段长嗣后务须切实纠正，照章发售行李票，将旅客行李，安置规定处所。

乙、关于工务者

1. 改组总工程师室

本处总工程师室，原来分股办法，系按办事手续而分。每一工程先经设计股设计后，交施工股施工，俟工程完竣，再交养路股保养。如此每一工程，一遇发生困难或障碍，施工股则推设计不良，设计股又推施工未照规定，彼此互相推诿，责任不明，实有未妥。现经仿照京沪平各大都市工程机务成例，采取以工程种类割分办法，将设计、施工、养路三股，改为文事、道路、桥梁三股，其电务股及测量队则仍照旧，以一事权，而明责任。

2. 养路排水问题

近来本人赴各线视察，发现不少路段路面不平，路拱已由凸而变凹，雨后积水不泄，推原其故，由于工程进行之时未注意排水，养路时更不注意培护路拱，以致雨后积水，损坏路面极速，嗣后各段应切实注意，务使雨后积水排泄通畅，以保路面路基之坚整。

3. 拟定养路须知

养路须知已饬室拟订，俟本人核阅后，即可颁行。以后各段养路，应即依照该项须知所指示，督同员工，切实进行。前次本人出发视察公路，见道班修补陷落不平之路面，多系用铁耙挖取两旁未陷落处之原有路面材料。以填补之，又不碾压坚实，以致新填之处，经过车辆行驶，仍现轮槽，而坑旁原有路面反因挖取材料而松动损坏，是修路而反毁路，此由于路面材料少，而监工又不知督饬工人运料添补所致，以后亦应切实纠正。

4. 拟订养路监工及道班考绩办法

此项办法正在拟订，其内容包括监工考绩、道班平常考绩、道班比赛考绩等项，一俟订定，即行公布施行。

5. 养路材料工人运输问题

养路材料，以前大半赖汽车运输，殊不经济，现已饬由用工程师室拟具图样，设法利用汽车旧轮，制造人力车，畜力车以替代之。又汽车接送工人，本人会亲见多次，不仅候车耽误时间，亦不经济，以后短距离应饬步行，以减消耗，距工地过远时，应移动宿舍。道班工人工作时间，亦须严行考核。

6. 号采桥料问题

本处各段号采桥料，以前会发生许多纠纷，原因虽然很多，但采号工人良莠不齐，监督不严，亦属事实。今后应切实注意下列两点：①按照需要材料号采，不得多号。②所采之树，除树身外，其余枝料，应归还原主，不得摘走。近来风闻有许多地方大树，人民因恐本处号采，多先行自动砍伐，或锯成小料，或作柴出售，是本处号树造桥而影响地方造林，如果各段能做到上述两点，使人民明了本处号树系供造桥梁，便利交通；且所采又有限度，则人民自必乐于协助，不致引起反响。

7. 桥头填土不平

本处桥梁损坏之多，固由于车辆频繁，木桥又不经久，而桥头填土不平，致汽车上桥，发生剧烈之撞击，亦损坏主要原因之一。即最近赣北方面完成之路，上桥处亦均有陡坡，实不合理，应分别加以改善。

此外尚有数点，即：①材料工人报销务须搏节确实。②工人务选年壮力强者。③此次养路方面提案，最关重要者，为防水与增加道班两事，后者如预算许可，本人当照办，惟首应注意者，即养路员工，行先发挥充分效率，否则纵使增加工人，亦何济于事，此点不可忽略。

丙、关于机务者

1. 严格管理匠司

司机机匠应施以科学管理，其私生活如赌博等，亦应加以管理严禁。盖赌则（1）工资所入，必不敷用，而舞弊盗油盗零件等事，因之发生；（2）晚间少睡，精神不足，行车时易于肇祸。各车场必须切实注意，不可疏忽。

2. 严格管理材料

查本处旧料间各处缴回之旧料，现经检查，可用者不少，此由于以前各车场制造厂检查人员办事之不负责，以及机匠修车或用旧料费力，不若换配新料之简易，目前材料缺乏，应即澈底清查利用，又闻以前匠司有将本处完好轮胎，零件，电瓶，水箱，私换外间坏件充数舞弊图利者，此种弊端，只须稍费心思，不难杜绝。试举一例以证明之，北平常发现盗卖各街路灯电灯泡者，后用药水于灯泡上加制，"官灯"字样，于是无人敢买，遂无人肯偷。本处制造零件，以前并无记号，以后应置备钢印编号打印，则私换之弊可绝。

3. 注意检查车辆稽核用油

车辆回场，应于当日检查，不可延至次日，同时检查人员，应填检查报告，负起责任，检查之时，应注意各部分机件及车身有无损坏，是否清洁，详细记入报告；如有损坏或不清洁之处，应即开夜工修理，并擦抹清洁，以保车辆寿命而免中途抛锚。关于机司领油，以前漫无限制，管油站亦任意加给，不予稽核，以致弊端百出，现一面制发临时领油证，限制领油，一面饬科另拟完善办法，准备实行。此外各车场与每一司机均拟发给手册，车辆用油抛锚，以及修理情形，均应详细计入册内，不得忽略，以便稽核，希望机务方面负责人对于此点，特别注意！

4. 车辆通行发给路线

以前各场车辆开出后，是否到达目的地，已否回场，以及究竟开往何处，无人过问，于是司机得利用机会，偷懒休息，或随意载客开往各地，管理上可谓松懈已极，嗣后应制发路签，载明开往地点，每过一站交验路签一次，并严格稽查，是否依期回场，如此则上述诸弊，自可杜绝。

5. 改善匠司待遇

关于改善匠司待遇本人日前会饬科拟具司机机匠工作工资与基本工资给办法，因必须如此，方可使工作之进行与机工本身发生利害关系，一切偷懒等弊病，自可免此次提案中亦有主张此项办法者，足见大家意见相同，亟应从速实行。本人以为机匠亦可按件计资，俟详加考虑后，再行酌定。

6. 遗失机件责成赔偿

以前车辆回场，机件有无遗失，无人过问，嗣后司机开车回场，应报请车场负检查责任人员，当面详加检查，如马达电瓶，水箱，轮胎，工具之类，有无遗失，如有遗失，应责令赔偿。机匠修车换配，亦必须明令缴还，对于机件之收发，均须特别注意。

7. 各车场材料匠工之调剂

各场材料，以后应照车辆牌号年份配备，庶车辆机件损坏，可以立即换配，不致有久停待料之虞。各场工匠，一应该按车辆多寡分配，本人会至武宁九江樟树吉安各车场视察，觉工匠之分配，太不合理，如武宁汽车九辆，有机匠练习机匠各三人；九江汽车五辆，有机匠五人，练习机匠一人；樟树汽车五辆，有机匠练习机匠各六人；吉安汽车二十四辆，有机匠练习机匠各十四人。此种支配，比例悬殊，必须加以纠正，重新调整。此外，尚有数点，即：①零件材料之运输，务须迅速，用料之稽核，必须严密，旧料间之旧料，必须严格检查修理利用。②日记应令寄宿寄膳，对于公用被褥应切实清查，倘有遗失，责成经管者赔偿，不敷应用时，即行补充，伙食应顾虑其经济能力，不可太高。③车上电瓶须加以封志，使不能移动。

丁、关于一般事项者

1. 处理文书务求简捷

本处为事业机关，一切业务之推进，异常繁重紧要，岂能多耗时间于文书方面。嗣后各段场站对于本处行文，可用签呈，采用条例款式，不必用正式呈文。其非重大事项，可用电话或通知电话接洽。关于例行表报，不必办文附送，以省手续，而增工作效率。

2.《公路周刊》应传观

本处周刊，已发行三期，第四期即将出版。以后关于本处一切兴革事项，概于周刊内发表。但本处限于经费，只能发行一千份，不能如从前三日刊之刊印数千份，故对于各段场站员工，不能每人发给一份，希望各段场主管人员，务使全体员工，人人传观，使得普遍阅读。

3. 命令传布应求迅速

本处以前发布命令，系令段转行各场站，殊嫌迟缓。现特饬科多印若干份，或经发各站，或寄段转发，并分别于文内叙明，应向员工宣读或传观或贴入布告牌，以期达到下层，使全体员工明了所有本处发布之命令，然后方能责以绝对遵守。各段场站主管人员，应对所属员工之执行命令，时时加以指导监督，以养成服从命令之习惯，而树立令出必行的威信。

4. 整洁卫生问题

本处各站对于整理清洁卫生诸端，多半忽略，以后务须切实注意。须知整理清洁卫生诸端，随时随地，皆有事要作，并不需要经费，只须多费一点心思和人力，即可做到。又本省接近战区，今年时疫必盛，本人已命本处在省员工赴省立医院注射霍乱伤寒预防针，外段员工，可向就地医院注射。

5. 规定月终考绩

月终考绩办法，现正饬科拟订，一俟订定，即行令发，嗣后即按照切实执行，希望各段场主管人员，预向员工宣布。

此外尚有数点，即：①外段人员非经核准不得擅自来省。②各主管人员，对于所属，应多说多看多走，盖多说则上下不致隔阂，多看多走则一切情形均能明了，此点很关重要，务须注意。③本处应用各项表格，均因纸张缺乏，加印不易，而各段场站又多不重视，或以之糊窗，或以之拭桌，嗣后务须爱惜节用，其已经用过者，可利用背面再用，以节公帑。④励进会正在筹备，将来成立后，要做到下列各项，关于福利方面，设立俱乐部，合作社；学识方面，设立研究组；品行方面不嫖不赌，或不于办公时吸卷烟等戒条。⑤近有命令，凡车务段场站及养路段外勤人员，均须强迫学习驾驶及修理汽车技术，处内人员，可自由加入，南昌由本处主持，外属由车务段主持，使本处职员皆能驾驶修理，方可以赴非常之事机，在抗战时期实属必要。

戊、关于基本事项者

1. 办事要有热忱勇气与方法

热忱，勇气，方法，为治事之要素，缺一不可。试举二例以为证明：①四川民生公司最初创办之时，仅有轮船一艘，资本有限，当时其他轮船公司，营业均甚发达，而民生公司殊少于之抗衡之希望，但因主办人之有热忱，有勇气，有方法，竟由一轮增至三十余轮，其他公司无法与争，川江航业，几为独占。②京沪铁路以前弊端百出，营业年年亏损，积重难返，整顿极非易事。但以后卒赖当时局之不避艰难，予以断然之处理，即极细微之事，亦从事改革，如茶房不准直接收钱等事，当时该路茶房竟不惜以炸弹铤而走险向局长恫吓，惟当局不为所屈，毅然进行，彼辈亦卒无所施其伎俩。一度整顿之后，京沪路遂由此每年均获盈余，如非由于有热忱，有勇气，有方法，何能致此。我辈做事正应以此为法。秉上述三项原则，戮力以赴，则事业前途，必灿烂光明，所谓精诚所至，金石为开也。

2. 办事须以身作则

本处事业之大，员工之多，非其他机关可比。一切事项，在上者，必须以身作则，具身先士卒之勇气与牺牲之精神，庶在下者方知敬畏，而任何事皆可办到。若徒舍己责人，必贻人口实，希望各车场主管人员，切实以身作则。

此外尚有数点，即：①全体员工应视本处为一学校，务使趋于学校化，为国家训练公路人才，并且每个人皆应抱教人及学习志愿。②本处内外上下一切机构，均行力求灵活，确立制度，使不肖分子，无从作弊。

以上所述各项，均关重要，故本人不惮费词，谆谆言之。须知值此抗战时期，公路所负使命至大，本人责无旁贷，自当逐渐整顿，戮力以赴，望各同仁一致策励，使本处成为全国公路机关之模范，如果我们全体员工人心不涣散，热忱不减退，勇气不消减，办事有方法，必可达此目的。愿与同仁共勉之！

（六）汽车之根本认识

吴锡栋纪录
——四月十八日，机工训练所——

各位学员和司机：

这次本人因公到香港去，所以直到各位受训已经半个多月的今天，才来对各位作初次的讲话。

此次各位人所受训，自然是希望做一个汽车的技工，抱着这种的目的来受训，自然也是经过相当的考虑，而有坚定的志向的。语云"有志者事竟成"，故在受训之初，即应当要抱着不屈不挠的志向，并且应该明白本处花费如许的物力，人力，召集你们来所受训的意旨，所以本人第一点要各位注意的是"立志"。

其次是对于汽车要有根本认识。各位受训毕业后，无论是驾驶或修理，总归都是管理汽车的人才，所以对于汽车不能不有一个根本的认识。

汽车不是中国人发明的，更不是中国人所制造的，这一个小巧而伟大的交通利器，也不是少数的外国人所能随便研究成功的；汽车里面有电动机，有发电机，有化油器，有汽缸，活塞及传力机构，还有许许多多的机件，可以说是机械学和电学等专门科学的结晶品。是千千万万的外国学者技师工匠，费了许许多多的脑筋，所研究出来的。别人已经研究成功了的机器，我们中国人使用了这许多年，到现在还不能自己制造，只知道拿大量的金钱，向外国去购买。简单地说，就是：①汽车是外国人研究的科学结晶。②外国人能够发明，能够制造，中国人只会花钱去买，造好了的现成车来坐。这是对汽车应有的第一点认识。

再说第二点的认识：汽车的数量，很可以代表一个国家的贫富强弱。世界上无论那一国是否富强，可以拿汽车的数量程度来确定。在以前维持交通的工具，最初是用人力车和马车，再进一步则用火车，直到最近数十年，才有汽车的发明。汽车之为交通工具，有路无轨可走，无孔不入，单位既小，行驶便利，公路易于修筑，通达于内地乡村，当然是比火车方便，在经济上可以把货物推广到各地去，在文化上可以开通各地方的风气，传播文化食粮，在政治上可收集权统制之功；在军事运输上效用之伟大，更不待言，这种关系国家盛衰及存亡的汽车，我们应当如何的特别重视。

对于汽车，能够有了上述二点的根本认识，以后才可以来做学习汽车的技工。各位受训的学员，还应该要注意下面二个基本条件。

（1）要努力技术的精进，驾驶的纯熟，不但要同欧美的司机一样，并且还要比他们更好，才可以使我们的国家，不会永远成为交通落后的国家。

（2）暂时我们固然是不能发明出更好的汽车，然而最低限度，也要能驾得稳，修得准，才慢慢的可以制造，可以发明。倘能够抱定了以上二点的决心去学习，那么研究的时候，一定也特别有兴趣，将来的造诣也一定很高。

此次本处之训练，有两种方案，一种是科学的训练，先使你们都有了科学的头脑，然后去管理科学的交通利器，因为中国人一向是过着不科学的生活，陈腐混乱的脑筋，如果不加以改革，是永远不配来管理外国人发明的新式交通工具的。再一种是精神的训练，各位知道我们江西的汽车技工，有很多不好的现象，有些品行不端的人，对于油类浪费，机件不肯用心爱护，公家的损失，不可想象。所以本处在造就新机工时，除了施以科学训练之外，还要加以精神的训练和生活之军事化管理。要你们大家养成整齐严肃与迅速确实的习惯，负责任守纪律的观念，及服务社会效忠国家的热诚。爱护汽车，比自己的妻室子女更用心，抱与汽车共存亡之心，这样才配管理这新发明的交通利器，才能使江西公路处的汽车管理，成为全国公路的模范。诸位将来也将成为全国公路的模范人才。

（七）自尊与人尊

吴锡栋纪录
——四月二十五日，机工训练所——

各位学员司机：

上星期纪念周，本人对各位讲述的，是对于汽车的根本认识，和服务应具的精神。今天所要讲的是"自尊"与"人尊"。

上次已经说过，司机机匠的责任，是如何的重大，司机机匠所负的使命，是如何的神圣，一般人所以蔑视司机和机匠，其原因还在司机机匠的本身，如果自己做出不应当做的事情，做出使人家蔑视的事情，当然要引起他人的轻视，使一般人都瞧不起。这不能够怨人，应该从个人的本身做起，所以这次要使你们知道"自尊"与"人尊"的道理。

要挽回一般人轻视司机机匠的心理，必定要自己先尊重自己；光是要人家重视我们，而本身依旧是照老样子"折烂污"，不肯自己尊重，那么人家只有一辈子的白眼相看；所以唯一的方法，只有先"尊重自己的人格"。"人格"就是做人的资格，不论当司机机匠也好，当主任科长也好，当处长也好，当主席当大总统也好，这不过各人的职务不同，各人所负的责任不同，总归都是一样的要做人，要明白做人是平等的，尊重做人的资格，都是一样的，所以人格无贫富贵贱，也是平等的。如果一个人有时候自己认为环境的关系，不妨来做一二件坏事，一有了这种的心理，马上可以变成禽兽，何况要做出更多的坏事来，这就是自己不尊重自己的人格，自己要使人家侮骂，自己要受人家轻视。

就本处举个例来说，南昌车场有两个练习机匠，叫做廖正华和麦国光，学艺尚未精，可是偷零件的本领，已很高明，每天都抽空偷一点回去，于是他们家里居然开起零件店来，事为本处查悉，就派人去买，花了十几块钱，买了两件出来，当时发现他家里零件很多，于是派警去把所有的脏物搜出，把他们二人送到警备司令部去，按偷盗军火律办。要知道现在买零件是如何的困难，以前都是由上海去办，现在上海沦陷，敌人严禁出口，认为零件是军用品，所以只有去香港购买，然香港地方很小，根本无法多买，本处费了许多的金钱，许多的人力，才买到一些急用的零件来。为了是维持后方的交通，而他们却丧心病狂，我们设法买来，他们却设法偷去，公路处教他们手艺，给他们工钱，他们不知上进不知尊重自己，他们情愿把做人的资格自己毁掉，作出非人的事情来，叫人家如何会瞧得起。

临川车场有一个工人叫沈会，卿每天偷一点汽油机油，藏在附近洗衣服的女工家里，等够了一瓶，就出卖。结果仍为本处查到，解交警备司令部去。本处近来都是按月发薪，以前欠的极力设法发清，并且说过工作努力者，还可以加饷。在现在汽油进口被敌人封锁的时候，购买困难，不但不知节省，而且故意偷卖，这样毫无良心的人，叫人家怎样去尊重，所以社会人士看不起司机机匠，甚至于看不起公路处，都是为了这少数无人格的人，做出不自尊的事情所连累的。所以这次训练你们，要根本扫除一切的恶习，要注意人格的重要，司机机匠的人格，和处长的人格是一样的，处长不偷油，不偷零件，司机机匠也不能偷油，偷零件。要社会人士尊重司机机匠，全在你们受训的学员身上，要爱人格，不要专爱金钱，人格是人的第二生命，比什么都要紧。生死事小，人格事大，我们最高领袖在西安事变后，对各将领训话时，早经昭示我们，能够明了这一层努力干去，现在是司机机匠，不久自然可以升到领班，升到管理员，升到主任、科长、处长，都不是没有可能，全看各位能不能自尊人格，努力上进。要明白无论什么样的人，只要努力向上，都是无可限量的。

这次调集受训的各场司机，两三天内就要去香港开新车回来。第一次五十辆，分二批进省。购买车辆的经过，很不容易，向外界借了四十万元，分二次定购百辆，在过去公路处欠外债款很多，薪饷也积压几个月，并且还裁了许多的员工，眼看是快要关门，所以这次设法借钱，来买这大批车辆，扩充营业增加收入，归还欠款发放欠薪，来复兴我们的江西公路处。我们像开店一样，将要关门的时候，能够借了本钱来再图恢复，是一件不容易的事。所以今后大家应如何努力，要使新买来的汽车，一年之内不用大修，不能和以前柴油车一样，四五个月就不能走！要知道开汽车并不是难事，其所以会出事，会闯祸的原因，不是车子不好，也不是技术不精，只是不肯小心！只要能够做到"小心谨慎"和"聚精会神"二点，就一定不致于发生意外；如果在开车的时候，一会儿想到家里，下午吃什么菜；一会儿又想到晚上到那里去玩，不能够"聚精会神""小心谨慎"，当然要闯祸。所以大家要体会本处这次购车的困难，上海既不能出口，香港又不能进大量汽车。经过多少时间筹划，打了多少的电报，才由美国买来，派你们从千里外运回江西，应当万分的珍重和爱护才是。

此次所买的车，是雪佛兰牌的，计三十辆客货两用车，廿辆货车，随车的工具都很齐全，去香港的司机，有三件事要严格遵守：

（1）向周厂长处签领工具，加意保管，要负遗失损坏责任。

（2）雪佛兰新车不能行驶太快，不比福特新车可以开快，每小时高速度也不能超过五十公里，广东的公路不十分好，要随时注意桥梁是否损坏。

（3）本处派有带队的人员，要绝对服从他的命令和指挥。要像军队出发一样，要严守纪律，什么时候吃饭，什么时候睡觉，要一体遵守，不得自由行动！严守纪律，不要叫敌人再骂我们是不守纪律的人民，中国是无组织的国家。

香港是中国割让给外国的，街上完全是英兵英警。此次你们先住在中英交界的地方，等一切手续办好，再带你们进入英界，参观外国人办的公共汽车，住一二天就开车回来。在香港最好是穿便服，买东西要请示过周厂长，因为带出来要纳税，否则海关查出就要没收，一切行动皆听周厂长的指挥，不要做出有失国家体面的事情。

（八）最近处务检讨及由港购车之经过

郑福盛纪录
——四月廿五日，纪念周——

近来鲁南台儿庄方面战事得到空前的胜利，全国上下对抗战最后胜利的信念，益为坚定，裨益抗战前途至为重大。

本省因江南方面近来战事之好转，宣城芜湖之敌时受威胁，且有倾覆之势，故后方人心较前安定，本省商运渐见活跃，而本处营业亦随之好转。现香港所定新车，不日即可抵省。前编赴前方之第一中队汽车及第二中队一部分亦将四处加入行驶。以后营业当可望恢复。回想本市各界及本处一部分职员，于去年时局紧张时的一种恐慌状态，真有今昔之感。我国此次抗战，为亘古未有之民族存亡战，欲争取最后胜利，打倒顽敌，非长期抵抗消耗敌人力量不能有成，故战事之延长，三年五年，皆不一定，中央会明示："胜勿骄败勿馁"之信条，昭告全国，我们自应遵守。希望本处同仁对于此次鲁南及江南抗战胜利之后，应坚定必胜信念，即以后再遭小挫折，亦不可再如从前之庸人自扰，必须养成大无畏精神，镇静为国服务，努力为国家民族争生存。

本处三四月份营业已稍有起色，以前因大部分车辆被征，营业收入几至全部停顿，后经陆续交涉收回车辆，营业收入亦只六七万元，四月份则可达十万元之数，所以有此收获者，是皆诸同仁发动精神力量之效果。

本处目前应付全省交通之车辆仅五十余辆，而营业收入已有十万元，若新车运到，则收入可希望能达廿万或卅万，如是方能表现诸同仁将来努力之成绩。至本处此后之兴衰，皆系于新车之能否尽善尽美之管理与急用，故希望诸位对国家交通工具应有爱护之精神，使之发挥最高效率。

本人此次赴港督饬购办新车之经过，特向各位一述，以见在战时补充交通工具之困难。先说经费之来源，省府建设厅本拟自购新车，预定经费四十万元，业经提交省务会议通过，并组织车辆运输队，以便自己运输。其所以不交本处办理者，厥为本处以往成绩欠佳，故府厅多不敢置信。自本人接事后，始将本案交处办理，惟在香港购车手续殊感麻烦，前会托人在港代购，据其报告现时香港缺乏现货，惟有自新加坡购买一九三七年雪佛兰车，且必须先将全数价款汇交而后提货。本人以为似此购货之例，殊属罕见，乃派周厂长赴港接洽，亦无甚结果。俟本人抵港后第二天即定好一九三八年式雪佛兰卡车五十辆，第三天即交货。此批车辆不但式样新颖，而每辆价目亦较前低廉十元美金，每辆只值美金七百六十元。至购买零件之困难，则更有甚于购办车辆。因港方对非英国货之输入极力阻止，且高筑关税壁垒，使外货绝迹，故美国之机器零件，存港者甚少。且在港购货之手续，不同于上海等处，凡出口之货物，先须报关，而验关更为繁琐。现为便利工作起见，仍留周厂长等在港专责办理，俾便指挥一切。是有钱购物，已非易事，而运输则更为困难。故希望本处诸同仁今后对各种公物，应力加爱惜，至将来战事范围若果扩大，则购买外物时，其运输路线须由缅甸，安南，云南，贵州等省绕道，方可运省，其手续自更繁难矣。

最近本处南昌车场有机匠二人，偷窃机件，串同在外出卖，事经本处派人化装顾客，向其购得盗出之机件，证据确凿，业已送交警备司令部究办。又查临川车场有一机匠沈会卿，与一洗衣妇串通盗窃汽油、机油亦经查觉，亦将依法治罪。似此情事，本人于各车场训话时，会一再谆导，尤不知悔悟，其咎由自取，自非军法治罪不为功。故希望各车场主管人员，此后对一般工人须切实劝导，认真管理。

本省各军事机关以前所征车辆，匪特多未发还，且仍陆续向本处征调，应付颇感困难。乃近查各军事机关所征车辆，间有为少数私人假军用车之名用以私带旅客，或私运货物等事，最近有某机关调用本处车二辆，经赣州私带旅客，已予扣留。又有利用军用车私带烟卷，由赣州到吉安，亦经本处截获。已分别函原机关严惩，以军事机关负责人员，而竟有此种举动，殊属不胜遗憾，希望本处诸同仁，以此为戒，勿以一二人之不肖，累及机关全体之声誉也。

（九）人生以服务为目的

吴锡栋纪录
——五月二日，机工训练所——

上次讲的"自尊和人尊"，就是说自己不尊重自己的人，人家一定也不会尊重他的。今天要讲的是"人生的目的"。任何一个人生存在世界上，总应各有一个目的，有些人以发财为目的，只要能够发财，就算达到了自己的目的，不论所做的事好也可，坏也可，做强盗做贼也可，只要能够达到发财的目的，就算了事。还有一种以吃饭为目的的人，只要有了饭吃，一切的正事可以不做，成了懒惰的废人，譬如说别国来欺侮他们，也不想去抵抗，亡了国也不管。上述的二种人，事实上只要给钱他用，给饭他吃，叫他们去当土匪，当汉奸，都不在乎，因为他们认为已经达到了他们的目的，各位要知道这种坏的目的，我们切切不要去效法他。

孙总理曾经说过"人生以服务为目的，不以夺取为目的"。今天所要讲的，和希望你们做到的，就是"人生以服务为目的"。何谓以服务为目的，就是说要为大众而服务，要为社会国家而服务，要养成忠于团体的心理，要养成为公牺牲的精神。从小的范围说起吧，在一个家庭中，不要仅仅只管到自己一个人，要看到父母，兄弟，妻子，儿女，要为整个的家庭而服务。在一个乡村，要为全乡村而服务。在一县，要为全县而服务。在一国，要为国家而服务。服务的范围愈广，价值也愈大，个人精神也最愉快。中国之能有五千多年的历史，巍然成为世界上最伟大的民族，而不致灭种亡国，也就是因为人民能够有公德心，肯来替乡里国家服务，才能使这文明古国长久存在。假如说人们都不肯去为家庭而服务，那么家是一定不能存在；不肯为一乡而服务，那么乡也一定不能存在；不肯为一县一省而服务，那么一县一省都一定不能存在；不肯为国家而服务，那么国也不成其为国，就是别人不来灭亡，自己也无法存在，所以国家的奋斗图存，全在人民有没有为公众服务及牺牲的精神。

关于为公众服务的古例，略讲几件比较通俗的：三千年前有个大禹，以治水闻名，那时洪水为灾，他因为他的父亲治水无功，不能救民，所以他治水九年，经过家门三次，都不进去看一看妻儿。他目的在治水，能够早一日治好，就可以多拯救若干万人民，这就是他为公服务的热诚，使他无片刻的工夫去看一看他的家人。

战国时候，郑国有一位公孙先生，为了国家不受人欺侮，他宁肯倾卖他的家财贡献国家，以救国难。如果公路处的员工，都能有了这种为公众而服务的精神，公路处一定会办得好，全中国的人民，都能有这种为公众而服务的精神，国家一定也会强盛。

公路处有少数人，太没有服务的精神，太不爱惜公家的车辆，或是粗心，或是故意，把它弄坏，更不知节省材料，并且设法偷卖，或则票款收入及通行费匿不缴处，这样下去，本处势非停办不可。假如公路处的东西，可以随便偷卖，推而广之，国家的地方，也可以卖，整个的国家，也就可以卖了。所以此次对于你们的训练，最基本的就是养成为公家而服务和牺牲的精神。

私有的东西，自己有权去处置它，坏了可以凭他去坏。公家的东西不比私人的，根本无权来处置，坏了公家的东西，比坏了私人的东西更要紧，一般自作聪明的人，不肯爱惜公物，于是司机机匠可以糟蹋汽车和零件，士兵也就不爱惜炮弹，这样下去，只有亡国。其实亡国对于他们是毫无利益的，这都是假聪明，并且不是聪明；真正聪明的人，爱惜公物的心理胜于爱惜私物。就以公路处来讲，大家都能这样，那么一定可以使路政走上正规，增加收入，从而可以增加职工的薪资，安定职工的生活，所以希望大家要有为公众而服务和牺牲的精神，都做一个真正的聪明人。

（十）最近业务计划实施情形

陈育丞纪录

——五月九日，纪念周——

本处最近所拟定之工务、车务及机务各方面之计划，即将逐步付诸实施，兹特提出一述。

工务方面，自成立中心养路区，由南昌附近各路线起，开始积极整顿，训练工人，增进工作效率。这种办法以次推及各段，俾在最短期间之内，公务方面，能造成划时代之进步。惟以前各养路段及工程处对拟制计划，编拟预算，造具报销，多不合规定，工程名称自办，实同包工。往往初则因循敷衍，继则草率交工，终于拖延报销时日，殊非良好现象。兹命拟定报销办法，业已通令施行，藉谋改善。

本省公路，自行营督修以来，进展神速，四五年间陆续完成六千公里。但因过去对公路网并无详密计划，除经委会规定之干线外，国道、县道及省道向不划分，修养整理，则一视同仁，不知轻重，是以造成今日无路不坏之现象。现本处拟着手此项调查日期，期使国道、省道、县道得以划分，则新路之发现，旧路之保养，均知所缓急。

本处原设有机务科，后因变更组织，并入营连科为机务股，现本处业务亟待推进，机务所关系重，故拟将该股扩充为机务科，成一完整之机务主管机构，以增进工作效率。科内暂设材料、修造、考工三股，所有人员完全由机务股及厂场调用，以不增加经费为原则。本案即将呈府，短期内可以实现。

过去各养路段长，兼任工程处主任，往往工程施工地点，并不在该段辖区，甚至相去极为窎远。此种办法既不合理，且事实上殊难兼顾，此后应加改革。再则变更各段组织，使车工合并，提高段长职权之办法，前经提出车工联席会议议决，由主管科室分拟办法呈核施行。现已由第四第五两段先行试办，由养路段长兼任车务段长，以一事权，用为改设区管制之初步试验。

　　本处总稽查室，过去不甚健全，为求加强内部机构及指挥统一起见，特将全处稽查员调归该室指挥，以后稽查范围扩大，对于车务机务均应严格考查。

　　本人视事时，即向诸位谈过，谓工作进度可暂定六个月，第一期三个月，系着手拟定实施方案，第二期三个月，则为方案之实施时期，故工作必较第一期艰难。惟事本无难易之分，前进，则难者亦易，不进，则易者亦难，希望诸同仁在工作时，须互相砥砺，努力迈进，则新事业必可期观厥成。最近自前方归来之汽车队员工，过去数月，可谓在枪林弹雨中为国效劳，此次载誉归来，自属举国同钦，故本处现已分别予以提升，以昭激励。

　　本处之驾驶组及修理组，自开始报名以来，参加者极形踊跃，现因车辆不敷分配，拟分组练习。至用油方面，因来源不易，亦拟有所节制，以事撙节以后拟装设木炭车练习车。则所费不多，同仁得以将技术练习纯熟。

（十一）本处汽车配件制造厂今后任务

吴兆麟、项之化纪录

——五月二十二日，汽车配件制造厂第一次厂务会议——

　　今天是制造厂第一次召集厂务会议，其目的在检讨过去的缺点，和计议今后的改进。在此意义重大的会议里，希望大家尽量的发表意见，用心去讨论提案，以冀达到今天召集本会议的目的。因此本人希望各位员工，先要明了本厂过去和现在的情况。以为讨论的参考。

　　当本人莅任之始，曾由制造厂把最近一年来逐月职工的薪水，和材料的消耗，以及出品之总价，造列一表，送呈本人核阅。据该表数字而观，虽然每月出品多者有一万余元，但与每月的薪资支出，及材料消耗，仍不能相抵，可以说是月月有亏损。考其原因，当然是管理的不严，及工作松懈，效率减低的原故。我时常见到，临川制造股的工人，可以请假自由来省，这样影响本厂工作，实非浅鲜。以此类推，可知其他，过去的情形如此，今后如不设法改进，将何以把整个的制造厂复兴起来呢？

　　我们要晓得，现在的环境确实到了最严重的关头，就如这次车人去香港订购汽车汽油及各种零件，价值是如何昂贵，运输是如何的困难。诸位大概也都知道了，从前的港币很低，而现在国币一百五十元，只值得港币一百元，如果战区将来日渐扩大，广州一旦被敌人封锁，再想购买什么东西，就非取道安南缅甸不可，那时候运输的困难，实在难以想象。因此，希望各位今后对于汽车及零件汽油等，均应特别的爱惜。本人曾经说过"汽车是公路的命"，"汽车是公路的血"，"零件是公路的救命仙丹"，我们爱惜它们，应当和爱惜我们的生命一样。所以在这种困难情况之下，尤希望全厂员工，努力去研究改良木炭车，并积极去推广。要知长期抗战之时，后方运输是何等重要，这种后方交通任务，我们能不能担负，完全要看我们公路处制造厂同仁，努力与否以为断。

　　现在抗战，并不能单靠军队，后方民众更需要个个努力，因为现在是我们四万万同胞的生死关头，大家都应该牺牲一切来帮助国家，尤其是我们公务员，比任何人的责任重大。我们的飞机和大炮不如敌人。所以死的人数比敌人多。现在我们也训练机械化部队了，如果能把各省公路处机件厂整理好了，将来随时可以变为兵工厂，凡是部队用的军械坏了，立即就可以由我们修好。过去我们未尝没有机械化部队，但都不能维持下去发挥效能，因为大炮坦克车等等，不是经久不坏的，坏了不能即予修复，当然不久就被敌人消灭完了！所以我们打不过敌人，也就是工作效率不如敌人，我们新的机械化部队，不久要出发东战场，我们制造厂也成为东战场后方的唯一的军事机械厂了，我们当积极把技术训练好效率提得高才行。

　　所以在这次厂务会议决定了改进的方案以后，望各股员工，共同努力，设法增进工作效率，及精确的改进各种修制方法，以谋全场之复兴，不致再有亏损，使厂务日益发展，并且担起本厂在抗战中的伟大使命，完成一个军事机械修理厂的任务。增强反攻敌人的力量，这是本人今天对各位同仁的希望。

（十二）抗战中公务员应有之牺牲精神

陈育丞纪录

——六月六日，纪念周——

本处这次所规定的夏季制服，为求职工服务上的振作，及适应一般同仁的经济环境，故对于材料式样，会几经详慎考虑，并两次提出处务会议讨论，事体虽小，所费心力甚大。本定六月一号起一律换穿制服，但后来因为承办商家，工作迟滞，到期不能交货，有的又因为尺寸不合，而需要修改，种种原因，一再拖延，所以就只好展至十号实行。不过过去各机关，对于职员制服，虽有明文规定，可是并不严格执行，所以一般公务员的服装，都是参差不齐的，不惟有碍观瞻，且有失规定制服的意义，希望本处诸同仁，应该力纠此弊，切实遵行，在当值之时，如不穿着制服，即以旷职论。

本人自香港回来的时候，曾在纪念周席上，对各位报告过，台儿庄的胜利，虽是我国抗战以来空前的收获，但应本着胜勿骄，败勿馁的训示，勿因一时胜利，便觉自满，少有挫折，立即失望。现在呢？时过境迁，台儿庄的胜利，已成为历史上的事迹，而徐州沦陷，最近敌人溯江西犯，有窥伺武汉企图。在后方的南昌，自然不免觉到威胁，但是本市日来之恐慌状态，实在未免过于庸人自扰，我们要晓得，徐州不是我敌大决战的地方，我们这次有计划兵出徐州，正是为了保全我们的实力，因为敌人所采的战略，是速战速决，所以自从台儿庄大败以后，便拼命的增援，期在徐州一战中，来击溃我们的主力，可是我们却偏要设法消耗他，使他的毒计粉碎，所以退出徐州，在军事上虽说是失利，可是在消耗战的意义上说，我们确实达到了任务。再就从整个战局来说，黄河的重要渡口，如风凌渡等，都给敌人占据了，而在黄河下游的济南，泰安亦相继失守，在江南方面，敌人已占领了芜湖，宣城，而且循津浦线北上，想给徐州取个大包围形式，这样，徐州当然没有死守的价值。我们退出徐州，军事上无疑的是失利，但我们只要能继续抵抗，便是我们胜利的先声。因为我们的战略，是长期战，消耗战，不这样那能争取最后的胜利。现在的问题，是退出徐州后，我们的第二道国防线在那里？这从一般的趋势来观察，敌人进攻的目标，自然是在武汉，而我们在武汉，也早在秣马厉兵了，武汉这一战场具有优越的条件，第一这一带的湖沼地，敌人重兵器不易活动。第二敌人愈入内地，则其兵力愈见分散，而战区亦随之扩大，这正是给我们游击队的一个大好袭击的机会，所以我们对这些有利的条件，应该尽量的利用，俾将来在两湖一战中，挽回我们过去的失利。

本处是一个负有维持交通责任的机关，与邮政，电报在战时负有同样重大的使命，所以希望诸同仁，处此非常时期，应该拿非常镇静的态度，来应付这种非常的环境。就以各人对国家的良心问题而论，各位既得国家俸禄，自然应该为国家负责任至最后五分钟。

前几天，政治讲习院举行开学典礼时，本处适逢其会，当时有位晏阳初先生，在讲演时，附带说了一个故事，这个故事的涵义很好，在现在的中国人，尤其在公务员，应当人人都要晓得。我现在特地传告给各位，他说："我在美国留学时，见到耶鲁大学立有反手被缚的一个青年人的铜像。不知他的来历，就问教授，才晓得这位青年在美国独立战争时，曾要求参战，未获准，这位爱国青年，深觉报国无路，引以为憾，于是决意改充间谍，专做刺探敌情报的工作，但不幸为英军所俘，结果这位爱国志士，是给判处死刑了。临刑时，英国监斩官见此青年很可爱，就生了同情心，便问他有无遗言，他虽在刀临颈下之时，仍能很镇定很沉默的说出这样一句话来，他说：'我非常的惭愧，因为我只有一条生命来供献给我的祖国'，听到这位抱定大无畏精神的美国青年之爱国遗言，真是令我们愧死，希望诸同仁在此时局紧张时，格外镇定，极力振作，以为人民表率，替国家多尽一份责任，勿先自惊忧轻信谣传，要效法此美国青年，我们公路交通，方能维持，后方秩序，才有办法。

美国所以能独立成功，就是因为美国青年，以他一条生命贡献国家，还觉得不够。我们中国能不能打倒倭寇，建设独立自由的国家，全看我们国民，尤其是公务员，能不能以生命贡献国家，如果在敌人尚在省外，大家便纷纷抱头鼠窜，自乱步骤，此非人来灭我，而为我之自亡。

（十三）抗战必胜的自信力

陈育丞纪录

——六月十三日，纪念周——

今天向各位报告，最近抗战情形。因为南浔路自本日停开，南昌九江两地，人心不免恐惶，这皆是不明抗战情势所致。我们须要知道，这是在战略上一种应有之动作，我们准备抗战在交通及工事上，均须有相当之配备，此次拆南浔路，即是这期抗战中之重要战略。

徐州不守，陇海路切断之后，开封、郑州，无死守必要。自信阳至武胜关，皆是平坦大道，敌人的坦克车可以通行无阻，在此种地形之下，不能与敌人决胜，现在只有退而保卫武汉。至于保卫武汉的配备，除江北防御设备外，不能不在江南有所准备。现时由合肥到信阳及平汉路皆置有重兵，惟恐敌人抄我们的后路，尤其是鄱阳湖，恐怕为利用，所以不能不早事预防。人民对于这一种措施，自然引起很大的误会，认为省会附近交通，都要破坏，一定是快兵临城下了，或者政府即要搬走，这真是管窥蠡测之谈。我们须要知道，敌人耳目最是灵通不过，我们有了预防工作，他们晓得了，或者不敢轻犯亦未可知，何况赣北配有重兵，民族复兴发源地的庐山，正是歼灭倭寇的战场。所以大家不要无谓的惊慌。

再从大处看，敌人在我国占领区域内状况，并他国内的情形，以及各国对他的态度，皆可以判断我们一定能得到最后胜利。

先就他占领区域来说，我们的游击队时时予以威胁，使敌人卧不安枕。他们造成的傀儡组织，又绝不能执行政权，真可谓劳而无获。占领地域愈广，分配兵力越多，同时他们的兵，在中国很久了，必然厌战。本处总务科刘科长最近不久方从北平到此，据说北平敌军因不顾向外开自缢身死的，时有所闻，这便是敌军厌战，不能长期侵略的一个很显明的证据。

再看他们国内，反战声浪日高，政府逮捕反战分子当有一二千人。非军用品工厂货物均不能倾销，经济恐惶一天天的加架。同时"左"倾思想，日益增多，都要恃时而动，日期长久了势非崩溃不可。中国是农业国，经济封锁并不要紧，即使敌人把我们海口完全封锁了，我们国内照常可以生活，日本是工业国，经济受到打击，便要根本动摇。最近英法的外长，及美国务卿皆发表很明显的宣言，一方面指斥日本的侵略行为，一方面表示以实力援助中国，予我们以物资接济。军火是不必说了，就以我们法币而论，假使没有英美帮忙，恐怕不能维持到现在。我们的准备金全存在英美两国，英美给我们信用借款作后盾，所以我们法币的信用比日钞高的多，如此长久抗战，日本经济必至崩溃。再就国际情势观察，现在世界上侵略国家，只有德义日三国，义是小国，地域太狭，原料缺乏，并无充足之战斗力。德是欧战前强国，但是在战后元气未复之时，复搜刮全国财力，以扩充军备，其数目竟达五百万万马克之巨，英国有一种《银行周报》，评论德国仿佛是赌博，孤注一掷，亟于将投资取回，自非积极侵略不可，不过他实际的战斗力，最多也只能支持五六个月。至于日本的兵力，同中国战自然是占优势，但是同英法美战争，程度还差的很远。将来侵略国家，早晚总要失败，我们要抱定必胜的自信心，不要希望别的国家帮助我们，天助自助者，古有明训。

英国思想家韦尔士在他作的预言内，曾经说到美国在某一个时期方能出兵援助中国。诸位或者未见过此书，兹就他的预言来分析一下。韦尔士本是一个历史学家，曾著有《世界史大纲》行世。他对于远东情形，极为明了，所以他的预言完全是根据历史来推测，他这预言脱稿之时，九一八事件刚发生不久，他便说1933年日本除满洲外又向内地侵略，这便是长城战役。又说1935年底北平成立第二傀儡国，这便是影射二十四年冬天在日人支配下的北方政局。又说1938年日本分三路进攻武汉。以往的事，可以说是与预言完全符合，现在敌人的情形，恐怕又要被他说中了。他在这一段里说的非常肯定，他说日本用二百万大军包围武汉半年，成一种粘着状况，僵持不下；半年之后，战场上发生瘟疫，敌人都病得狼狈不堪，中国军队却从战壕里跃出奋勇杀敌，敌人溃不成军，尸横遍野，一直退到南京。正在收容残余军队之时，杭州有一部分共产军进攻，敌人腹背受敌之时，美国的海军出动了，同敌人的海军在太平洋战了一个月，敌人不支退守日本海，这时他的国内发现社会革命，杀烧抢掠，纷乱至不可收拾，社会整个的崩溃。就他这预言来研究，可以看出他所根据而下判断之点，第一是敌人企图取到我们的心脏——武汉，他这种的企图，自非有一百万的兵力不敢轻于一试，所以断定他用二百万大军包围武汉。第二点日本人不能抵抗疫病，尤其是痢疾，武汉气候炎蒸，战事延长，日久必然发生此项传染病，所以断定敌人必因痢疫而溃退。第三点无论是那一国家同日本开战，必然等到日本实力在中国损耗将尽的时候，才来作下井投石的工作，以收渔人之利；所以断定日本人在中国失败之后美国才肯出兵。以上种种都是根据历史学问同经验所推测，并不像推背图一样，属于神话。他预言中国将得最后胜利，可见他对于中国有一种信心。外国人尚且如此，我们中国人更应当怎样来自信自己，尤其是公务员，必须有十二分的自信力，才能照常为国家负责任。要坚定这自信力，先要遵守团体行动，不准有个人行动。去年公路处之紊乱不堪，就是失掉团体效用，现在要免蹈过去失败之覆辙，保持整个团体的行动，第一要义就是服从命令，即使军事失利，只要我们团体能够不涣散，无论走到何处，仍旧可以为中华民国服务，希望大家先要认识这一点。

（十四）勉公路军事工程队

陈岳纪录
——十一月九日，吉安办事处——

现在将最近前方战事状况及本处工作情形，简单择要向诸位报告：

赣北战事敌我现在修江南北两岸对峙，公路方面在张公渡。但就整个战局来讲，江西仍居次要地位。前次最高军事当局，因为德安形势突出，与我不利，所以命令自动退出，另凭修江之屏障，消耗敌人实力。我赣北作战军队，以前共有五十个师，自本年六月起，抗战至今已五个月了，现在撤至后方休息补充，另调生力军接战，此后实力更厚，敌如进犯，必受重大打击。至敌人主力刻仍在湖北，正集中全力进扑岳阳，目的在攻取长沙。但我方已有充分准备，敌决难得逞。

本处自七月间成立公路军事工程队，担任全省军用路线桥涵的抢修加固，并协同驻军办理破坏公路工作。最近第一兵团总司令部，因军工队员工数月以来努力不懈，关于各重要公路桥梁，均能依照计划迅速完成，抢修及破坏工作，亦能适应机宜，对于本省抗战裨益实多，已电呈最高军事当局，并经军事委员会电令省政府查明嘉奖，本处昨已奉到嘉奖命令。过去因恐养路段贻误事机，所以按军事化组织编设军工队，使工作容易进行，员工亦一律武装，提高服务的精神。如今得到嘉奖，固然是在前方努力工作的结果，但同时切不可因受褒奖，致启骄矜之渐。本人前者时常往前方视察，大部分员工固皆工作努力，不避艰险；可是仍有小部分不恪遵命令，不能达到任务；或临事畏缩，往往所退下来的伤兵说某地失守，即信以为真，停止不前，结果那地方并没有失去，岂不贻误事功！以本人视察所得，不满意的地方仍然很多，所以以后不但要继续努力，并且还要更加切实更加英勇的努力。省政府前以军工队的人数不多，只能专管桥梁涵洞之抢修破坏，因令各县政府征用民工破坏路基，结果成绩不佳。虽然武宁县政府因上峰命令极为严厉，征到二千个工，然终不如军工队之能迅速完成任务，所谓"矮子队中显将军"，而我们自己却不能认为满意。以后军工队结束，仍以旧日养路人员继续担任工作，希望要保持已往得到的荣誉而有以自勉，同时并鉴于已往所有的错失而加以改进。

省政府现奉中央命令要施行严格的节约，各机关公务员皆发给生活费，办公费等也一律缩减。新的汽车将不准在市内行驶，必要时改充长途汽车之用。汽油归工商管理处管理，并已规定节约办法，市内按平日用油数量减少三分之一，若超出规定数量，须经主席批准，长途汽车用油也加以限制。现值国难严重，公务员为民众表率，不但生活费限制，即私人行动也须受严格的管理，赌博狎妓应一概戒绝，南昌各处警宪侦查检举非常严密，公务员之行为不检者，惩办已有数起，同人皆应注意自爱。

吉安办事处大家工作的精神，仍不十分紧张。今早本人到总工程师室视察，已经八点半钟，到的人数还很少，并且尚在吃饭，这种情形，足以影响整个工作效率。将来本处经费困难，必需再加紧缩时，那一部分无成绩，即先裁撤哪一部分，大家要想在国难严重时的江西公路处服务下去，应该先有非常的成绩表现出来，做到个人主管的事务不能停办的地步，否则自甘暴弃，则不能姑息下去，以免牵动整个的业务。

文山祠与吉安间的交通，上次本人来时创开交通车，后来开过一次随即停止。停的原因为大家不守秩序，不买票，随意勒使司机停车，办事处外路幅很窄，大车开进来很危险，所以只好停在路口；大家只图少走几步路，勒令司机开到门前，万一失事，岂不车毁人亡。况且大家在交通机关服务，是执行交通规则的公务员，自己先不守秩序，破坏规章，何能取缔外人？我们以四万万五千万人的国家，就因为无组织不守纪律，才被几千万人口的日本欺侮！以后倘再有人不照章购票，勒迫司机停车，查出一定严办。此次开行文吉间交通车规定买票办法，不过对内以示限制，对外也好说话，因为公路处的人可以不花钱有车坐，自必贻为口实，旁的机关也可以向本处要车，恐将无法应付，这就是避免对外解释的困难。尤其要紧的，倘若座位已满，不要学伤兵拦车强上的本领，硬塞进去，以免损坏轮胎。希望同人一方面要顾及大家的方便，一方面要了解本处的困难，共同遵守所定的几条办法，才能维持吉文间的交通。

（十五）谈"管理"与"小处注意"

萧长厦纪录

——十一月十五日——

本处谭处长本月十四日经赣县巡视赣宁线路面桥梁，是日午十二时三十分抵宁下榻宁都车场，翌晨分赴车务段养路段车站视察后，于八时召集在宁车机工全体人员十余人在第四养路段训话；九时二十分乘车返省。兹将训词节录如次：

本人视察公路到达宁都，特趁此机会召集在宁各位同仁前来见面，顺便向诸位讲话。现在我们的国家已到了最严重的阶段，敌人步步向我们进迫，抗战前途，愈趋紧张，过去战区在江浙毗连地带，距本省尚远，现在战区转移，快要迫近我们的南昌了，我们公务人员平时享受国家优俸，在这个国难严重时，应如何刻苦自励，来帮助国家保护我们的江西，尤其是我们交通人员，间接负有抗战的使命，对交通运输更应该努力表现成绩，方对得起国家。现在敌人因运输便捷，所以在吾国境内侵略，到处均不感给餐困难，菜蔬罐头都系来自本国，足见敌人的交通运输办得比我们好，自然于军事上收效甚大。至于我们呢！现在本省前方抗战将士近五十多师，其坚苦不拔之忠勇精神，是值得我们钦敬的，不过只就粮食一项而言，竟受着运输的影响不能充分供给，每日生活仅喝稀粥而已，相形之下，我们交通人员能不惭愧，所以我们应当振作精神，互相劝勉，各尽其职，协助军队，办理运输，争取最后的胜利。最近已由本处车队调集汽车五十辆，供应军实，只要我们服务交通人员，能够努力，前方粮食是不致缺乏的。

谈到本处事业方面，在过去的毛病，就是管理不得法，凡一个任何事业，假使没有适当的管理，必遭失败。本人以为要补救这种毛病的缺憾，非从管理着手，业务是不能振兴的。"管理"二字，管是照管，理是道理，"管理"二字就是照管的要合乎道理，嗣后希望各部分人员对于大大小小的事务，皆要做到照管的很合理，以扫除（不管）或（管而不合乎道理）的现象。

关于本处各路的工程方面，与湖南及其他各省比较起来，似觉相差悬殊。考其原因，亦无很大的错误，只系管理人员，对于小处地方不经心，怕烦劳，不依法切实去做，只求速成，不顺实际。所以铺好的路面，不到几个月又破烂不堪，要知道做事要从根基上做起，不能稍存敷衍心；例如铺路要必须依法将大石填于下层。小石填于上层，依次铺好，再滚压坚实，遇有小凹凸，当即挖补平坦，慢慢碾压，使其内确实稳固，才不致易于损坏，似此铺法，虽需时较长，而耐久性强，可免常修之患，且车辆材料又可节省，旅客亦感舒适，计算起来，获益良好。又各线桥梁，多半比路基为高，车辆经过一桥，即上下骤坡各一次，钢板最易损坏，在过去新建筑的时候，因桥路分作，桥成而路基来作够标准，不得不尔，今路基既无力提高，然损坏重修之桥梁，仍不降低与路基齐平，车辆行驶仍长此颠簸，此亦小处不经心不注意的结果，希望各工程人员务要实事求是，丝毫不苟。江口大桥建造得很好，惟柏油仅搽在板面上，未搽板底及板缝，失去涂柏油三真意义，此亦是小处不注意的缘故。

至于机务方面，现在各路行驶车辆，常常发现抛锚，经检查均系小毛病，考其原因，多半是领班及机匠不尽职，做事不澈底，不爱惜光阴物力，敷衍了事所致。每遇司机报告车辆发生故障，领班推机匠，机匠推练习机匠，结果弄到练习机匠前往马马虎虎修理，不久仍复如故。有一次本人在南昌车场见到一辆车子，因有一个轮胎抛锚，开回修理，修好驶往不及二十里，结果轮胎整个脱落，旁的并无损坏，仅因螺丝未上紧固，于此可见领班机匠不尽职责之一斑。今后希望领班机匠要有责任心，切实尽职去干，每遇回场车辆问过司机后，详加检查，不可敷衍塞责。

再谈到车务方面，凡车务人员，行负有发展营运之责任，对地方之经济商业出产推销情形，均应逐项详细调查清楚。关于第四段，刚才曾与洪段长说到要派车务人员赴筠门岭，将上项情形切实调查具报，以便设法调剂货运，增进营业收入。过去站务人员，均抱官僚化的态度，遇旅客咨询，不肯多说话，甚至不理。这种情形，非但影响营业，且自身亦必惹人背骂。须知我们机关是直接为民众务服务的，礼貌须注意，言语要和平，遇车辆缺乏时，应婉言解释，应付要有方法，方不愧为站务人员。现在本处的营业路线缩减，收入日趋短少，而各项材料价格，反较昔增加数倍，在此难关之下，我们更应尽量的设法充裕本处收入，遇回头空车应设法利用。本处感于油类来源价格太高，已在谋增汽车数十辆，预备分派各线驶用；现浙江亦因汽油价太高，改造橡皮人力车行驶公路，运货极为经济，车夫每天收入亦在一元左右。本处亦拟另行筹办水运及人力车兽力车运输，以期达到水陆整个交通便利之目的！

以上所说的话，希望大家切切实实努力去干，将来能使第四段作成全处的一个模范。

第 二 卷

（一）廿七年业务之检讨与廿八年之工作方针

陈岳纪录

——二十八年元旦，吉安办事处——

今天是民国二十八年元旦，在这国难严重时期，大家在此集会除团拜贺年以外，还有两件有重要意义的事，要纪念和检讨的。第一，在二十七年以前的今天，辛亥革命成功，民国临时政府在南京成立，所以今天是中华民国的开国纪念日。第二，因为一年之计在于春，二十八年元旦应该检讨过去一年的工作，确定本年本处业务的方针。

先就纪念南京临时政府成立来讲：辛亥革命推翻满清政府，民国肇造。翌年南京临时政府成立，各省遣派代表推举孙总理为临时大总统。但是为时不久，遭北洋军阀的反对，政府迁回北京，召开会议，推选总统。当时因为革命势力的脆弱，各省议员除两广外，皆被威胁利诱倾向军阀，所以袁世凯得以操纵自如，遂使总理经过三十年奋斗，艰难缔造而成的南京临时政府，如昙花一现，即被摧残。嗣后遂演成帝制复辟及军阀割据之风，至十六年之久。直到民国十七年北伐成功，才将国内封建势力铲除，完成统一。

总理推翻清朝，缔造民国，又在军阀割据情形之下继续革命，先后致力四十年，尚未成功，仍以继续努力勖同志，于此可见革命事业之艰巨。现在离民国十四年广州誓师北伐的时期，又十有余年，继承总理遗志的工作，仅将国内封建势力消除，不过完成革命事业的三分之一。自前年七月间日寇大举进犯，引起我国全面抗战，已进至与帝国主义者抗战的第二革命阶段；第三阶段则为建国，并且要在抗战中就开始作建国的工作，所以现在口号是一面抗战，一面建国。打倒日本帝国主义，建立现代国家，这才是革命事业的成功。

苏俄革命过程较我国为短，列宁领导革命也在总理以后，但是在很短的时期内，能够对内肃清革命的障碍，对外打退帝国主义的进攻，两个五年计划完成，现又在施行第三个五年计划，进步的速度是如何的惊人！回顾我国虽然有了几十年的革命历史，而革命事业才做到三分之一，现在被敌人任意侵凌，山河破碎，金瓯残缺；相形之下实贻我民族莫大之羞！今天在这国难严重的二十八年元旦，我们追念先烈的壮烈牺牲，在二十七年以前缔造了中华民国，奠定了民族复兴的基础，创业是怎样的艰难！我们国民都应该检讨一下，对于抗战建国应尽的责任是否尽到？须知抗战与建国的工作，每个国民应尽的责任，与前方将士浴血抗战一样的重大，尤其是我们公务员，应为民众的表率，应感觉到国家民族当前的危险，一致加倍努力，雪耻复仇，完成建国大业，方不愧对先烈创业的牺牲。

本人自去年二月五日接事，到现在不足一年，在这十一个月中间，本处同人率皆同心协力，克尽职责，虽尚未能达到预计的业务水平，可是都已有相当成绩表现。过去每月营业收入平均约十三万元，再加上记账收入三万元，共约十六万元左右，十一个月的总结算收支适合。但是车辆机件的折旧则未计算，赎车用款是省府拨给，也不计利息，才能勉强做到收支平衡；不过在这抗战期内，我们除办理民运的业务以外，尚担任军运工作，收入甚少而损失则大，所以就营业方面讲，也算薄有成绩。机务方面尚无显著的进步，但像以前那样杂乱无章的情形，已经改正，行驶车辆比例数也较前增加，希望再将技术方面加以改进，人事及材料管理，实施科学方法，一定更有进步。工务方面在几个月当中，军用公路加固新辟及破坏者有二千多公里的成绩。在前方服务的军工队，因能达到任务，曾受最高军事当局的嘉奖。养路方面就大体说，比较去年此时有进步，以前常因为路面失修，外界来电话指摘，近来像这种事情已经完全没有，可是进步的程度仍然不够。现在开始训练监工员，从根本上健全起工程下级干部来改善养路方法，以谋公路工程之合理，及效率之提高。综观以上各部分，十一个月来都有成绩表现，但是不要以此自满，因为距离我们的期望还差得很远。

本处车机工各部门最近规定二十八年度的中心工作，会计方面并拟改为营业会计，以便核计营业的真正损益，全部计划另外发表，现不详述。惟本处推行中心工作的目的，即中心工作设计的基本原则，要藉今天的机会加以阐明。所谓基本原则者，即提高各部分的服务精神，使本处成为一个真实的为社会服务为大众谋便利的交通机关。

（二）志向与恒心

袁绍唐记录

——二十八年元旦，监工训练班开学典礼——

今天是本处监工训练班行开学典礼的一天，关于本处创办监工训练班的意义，刚才袁兼主任已经说得很明白，本人不必再讲，现在本人所讲的，就是各位为什么要来受训，受训完成以后，又将向一个什么目标作去。换言之，就是要首先立定志向，和怎样完成此志向。

诸位为什么要来受训，自然是因为有受训的目的——就是志向，我想各位的志向，大概不外这两种：

（1）是从小处着想，专为个人方面打算的：大致不外乎在中学校毕业或肄业以后，因为经济和种种的关系，不能继续升学，或者因为生活问题，须急谋一条个人的出路，因此才来投考本处受训。

（2）是从大处着想，关于社会方面的：因为中国的教育程度，素来落后，每四万人之中，差不多只有廿个受了中等教育，机会如此的不易，培养一个中学生，也自然是有相当的困难，而一个人在中学毕业以后，既然受了国家的培养和教育，自然应当给社会服务，尽一份个人的天职和责任。因此才投考本处受训。

以上两种，就是各位投考本班的原动力。不过我想，如果专为个人方面着想，而来受训，就有相当危险，因为与本处创办训练班的意义大相违背，既然专为个人打算的，决不会尽力替公家忠实服务，将来会见异思迁，一定做不到一个良好的监工人员。如果是为国家社会着想的，即应当立定信念，决不半途而废，也不受外界的引诱，而放弃我们从事工程的志愿，尽我们所有的能力，贡献于交通事业，那么，个人方面，当然也不会发生失业的恐惶，我希望各位立定志向，是要从大处着想，从服务国家社会着想。

至于怎样完成志向呢？就是要有恒心，须知道事无大小，无恒心必一事无成。就工程而言，和普通一般的事业不同，更无投机取巧之可能。例如经商的人，也许有一个机会不劳而获的发一注横财。至于工程，是实实在在的建设成绩，（罗马之成为世界名都，不是一天造成功的），一个工程师的成功，是从一点一滴的血汗，和长期实际工作的经验而得来的，决不是空洞的，偶然的一种际遇。所以各位定了志向以后，还要有坚苦不拔的恒心。

这次本班的训练，特别注意精神训练，监工员的学识，不是短短的两个月的训练可以完成的。精神寓于生活，所以精神训练以生活军事化之训练为基本。军事化就是纪律化，就是生活和工作要简单，朴素，整齐，严肃，迅速，确实。把个人的生活习惯军事化的基础打好，才可以做得出好的成绩。本处原有的监工又一部分生活腐化。希望各位训练完成以后，去加以辅助和纠正。

大家都晓得过去每年暑期庐山都办有训练团，那里的训练就是生活军事化的训练，甚至于吃饭，穿衣，走路都要训练，以达到"迅速"，"确实"之目的。现为使本处养路及各种工务皆做到确实迅速的地步，所以本班特别注重诸位的生活军事化管理，希望诸位切实认真奉行，并于毕业后服务时，仍持续的拿军事生活，去创造工程成绩。

（三）欲提高服务精神首要打倒官架子

陈岳纪录

——一月十五日，本处吉安办事处——

今年元旦本人第一次谈话，已经说过本处今年定为服务年，现在二十八年已经过了半个月，应该由处内各部分积极做起，推行到各站。如果里边的服务精神不能提高，决不能引起外边的服务热忱；今天先把处内应做的事提出来讨论。

要提高服务精神，首先要打倒摆官架子，然后才能谈到服务。处内摆官架子的对象，是各附属机关，无论公事方面或对人方面，在不知不觉中，养成摆官架子的习惯，这种例子很多，现在姑且举出几件来讲：

营连科管理股官架子对外摆的十足，例如领司机执照，车子缴捐领牌照等等，本处一二百部车子，牌子不全，照更不全，试看车子前后悬挂号牌的有多少？本人的车子也要下条子去换捐牌，否则也是要成为漏捐的车，我们自己尚且如此，何能取缔别人。推其原因，总是管理股墨守定章，摆官架子，非要车子开到南昌去检验不发牌照，南昌的车固然可以就近去领，至于外面的车子统要开到南昌去检验，不知耗费多少人力物力，并且还须停止营业，这都是实际上办不到的，倘然明白这种困难，就不应当打官腔，到时候就应派员分头去各车场一面检验，一面发牌照，岂不直截了当。

发材料配支单，沿成一种打折扣的习惯，车场领十件者发五件，好像不如此不足表现审核人的工作，而车场明白了这种情形，在请领的时候预先就多写上几件来等你打折扣，风气如此，相沿成习。不过偶然有人不懂这种惯例，按照需要的实数请领，结果发下来不敷应用，贻误工作，到底是领材料人的责任，还是发材料人的责任，分不清楚！

前几天第五养路段有一个职员要从河口来南昌，因为汽车不能直达，请发火车旅费，而处里不准；须从河口搭汽车到南城转车至临川再换车经东乡到南昌，这样最少要四天，来往八天，如果乘火车从河口至南昌只要八小时，这是时间上不经济；还有费用方面，火车票价不过四五元，汽车票价要多四倍，他个人的八天薪水尚不在内，原来不准的目的，是为省钱，结果倒变成浪费，并且使养路段方面感觉处内办事不顾实际，有意掣肘！

还有无形的摆官架子，例如车场请装车身，或修理车辆，须将车子开来领了配制单，再到泰和制造厂去装修。这在原则上是对的，但是手续不对；因为要替车场打算，由场里开车到吉安，司机休息一天，由机务科打好配制单交给司机再开往泰和，共计至少要耽误三天，如果根据车子的号码，在底册查出登记的情形，填发配制单，车场接到单子，即送车到泰和去装修，可以省去两天的时间；或者在公事内说明配制单已制送泰和，车场即可直接派车去装修，同时科里将单子寄到泰和，手续也很简便。

以上几件或有意，或无意，或好意变为恶意，总结起来讲，原为管理周密节省费用而定的方法与手续，结果因为方法手续而忘了原来之目的，甚或与原来的方法与手续之目的相反。例如管理股忘了为旅客安全而管理交通发牌照的原来目的，竟变成为发牌照而发牌照，这都是摆架子的恶果，所以非打倒摆官架子不能谈到服务。不过有一件事须要摆官架子，就像国民政府外交部长对于外国大使来华履任，先派司长去迎接招待，约定日期须要大使拜会过后，再设席欢宴，外交部长的官架子，是代表国家的尊严，替我们四万万人民摆身份，是非摆不可的。大家要认清自己的工作任务，各段站是直接替民众服务，我们是替各段站服务，按阶级讲虽有高低之分，但就业务上讲，我们是为他们的工作而服务，即是间接替民众服务。希望以后大家遇事细心检讨，逐件改正，里边的工作提高，切切实实为各附属机关服务，则能推动外站为民众服务。

在新年元旦，本人曾讲过，服务要从近处做起，在应管的交通以外，对于本处附近的居民应该有一番贡献，因为倘然我们在此居住一两年，而附近村民丝毫未受到益处，也觉得惭愧，况且我国文盲太多，凡是受过教育的就有教导未受教育的同胞的义务，所以现在打算先开办一民众学校，日间办儿童教育，夜间办成人教育，同人中有过教学经验的，每天可以匀出一两个小时轮流担任教课。此外提倡民众教育，如办壁报宣传之类；并联合当地乡绅，组织卫生委员会，改良环境卫生，如扑灭蚊蝇防止疟痢之类，盼望大家踊跃的参加。再如同人等公余之暇，因为环境萧索，精神苦闷，现在添购有关交通方面的书籍多种，可供阅览；并有台球音乐等项，都在进行筹备中，也要大家踊跃的参加！

（四）推行积极的营运政策

徐拯民纪录

——二月五日，车务会议——

这次车务会议召开的日期，恰是本人去年就职的一天，在这一年中，以营业收入的数字来比较一下，去年二三月间，月入六七万元，嗣后渐增至十余万元，到现在已达二十万元，虽然是车务人员工作成绩的表现，实亦机工各方面共同努力的结果。但这种表现，并不能认为十分的满意，须知本处以往的收入，最多时到三十万元，要拿今日与战前比较，未免相形见绌了。

我们一年来的工作，多半沿用旧法，从事于消极的应付，此次会议的主要点，即是对于将来工作方面，均应从积极一方谋改进，如试行管理区制度，藉收车机工联系之效，即其一端。在这抗战建国时期，第一要有必成的信念，不可畏难退缩，怀疑观望。第二应有战时精神，如等待心理，甚至互相推诿等不良习惯，均应扫除净尽，遇事争取主动，不可居于被动的地位。第三应实施军事管理及科学管理，改革浪漫散乱的恶习。第四要充分运用脑力，即一件小事，亦宜细心处理，随时注意常识，因无常识，做事即不能合理。

此外关于工作方面，还有几点，要各同人切实注意的。

（1）二十八年为服务年，一月中旬，杨厅长在文山寺训话时，曾经说过，本人在元旦日亦曾讲过，可参看江西公路第二期的二十七年业务之检讨与二十八年之工作方针一文，"服务"二字的意义，概括言之，即是事事以利他心为出发点，不可自私自利，因为人类有利他心，才能够组织团结，使社会进步，而成立一个有组织的国家。

（2）本年拟就营运科添设一服务股、加办理公路沿线特产托购及贩卖事项，筹设招待所及其他便利人民的事业，均由该股计划推行。关于招待所，赣县已筹备设立，其他各站，亦拟逐渐设立小规模的招待所，以资试验，设备费用，由处垫付，或利用站房一二间，改为旅客宿舍，伙食由站代办，以便旅客膳宿。因各处旅馆，对于清洁卫生，不加注意者，实居多数，为替大众服务，及关怀旅客健康起见，对于设立招待所，实有积极进行的必要。

（3）实行社会经济调查，藉以明了人民生活状况，及其需要，俾有根据，而谋发展客货运输，关于经济调查方式，可参看江西公路处第二期《筠门岭与潮梅经济调查纪要》一文。

（4）关于奉行命令，在处内方面，须先使命令本身，简而易行，文字格式必求合理，令文纸张大小，须有一定标准，查阅方便。在外段站方面，奉到命令，应先视其性质若何，有须站夫亦要知道者，有仅站长知之即可者，有只须站长口头报告即可者，皆应先加以消化工作，然后切实奉行，如此命令才能够发生实际的效力，不致成为官样文章。每隔二三个月，应将文件整理一次，编目装订成册，在移交时，分别点交清楚，以便继任人员，易于查考，而资遵守。

（5）关于段长职权范围。本处业有规定，应切实负起责任，实地到各站去督导，使本处政令推行贯澈，处业务逐渐发展，不要把赋予的职权，轻易放弃，以致车务段成为各站的一个收发室，有时站场迟行呈处，则段长欲当收发，亦不可得了。

（6）站务人员，多以待遇较低，而轻视自己，因之工作消极，不事振作。这种观念，是根本错误的，须知自身负有管理交通的责任，多属活动性的工作，事务复杂，甚于机工，倘肯旁求博采，悉心研究，将来即可成为交通管理专家，关于"管理"二字的意义及其重要，可参阅《江西公路》第二期《"管理"之正确认识及其基本方法》一文。

（7）车务人员待遇问题，常酌予提高。但应以各人工作成绩之优劣，为提高待遇之条件，以昭激励。

（8）车务人员应一律穿着规定之制服，尤须注意清洁整齐，以肃观瞻。

（9）处内职员因公出差，均支有旅费。如在各段站用膳，须照付膳费。各段站亦无所用其客气，推却不受，代为支付以东道自居。因为能要我所应要之钱，才能不受不应得之钱，这一点务须认识清楚。

（10）加油站标准设备，现已拟定式样，正在制造。在未实行前，各站对原有设备，应严密检查，加以改良，防止汽油挥发，注意机油，不可混入尘土，这是最切要的任务，应由段长随时留意监督之。

（五）从立志有恒做到精神的贯注

孙恺安纪录

——三月四日，监工训练班毕业典礼——

今天是我们监工训练班举行毕业典礼的一天，时间很快，两个月的训练，已经期满了。本人因为工作繁忙，没有功夫时常来和大家讲话，今天趁着这个机会，和大家谈谈，并把本人的意见，供献给大家，以做到本处服务的工作方针。

记得本班开学的时候，本人曾向大家讲过，第一是要立志，第二是要有恒，因为有恒，方可以完成我们所立的志愿。大家在两个月的训练期中，对于学识训练，生活训练，军事训练，能够全始全终，这算是完成了初步的恒心；可是毕业后到本处工程上服务，还要继续的有恒，方可达到目的。在举行毕业典礼的今天，对于本人在开学典礼时向大家所讲的，立志，有恒，不但不要忘记，更要重新坚定这两个信念。

诸位在训练期中，课本上所得到的学识，不过是浅近的，入门的。希望各位到工务段里去，继续再加研究，能够逐渐学到高深的工程学识。诸位除了继续有恒以外，还要注重精神的训练，因为工程是物质的建设，如果要建设成功，必须我们要精神贯注到底。物质是死的，却要人用活的方法运用，假如一堆石子，铺在路上，是不能够百分之百的铺好，就要看作监工的人能不能够活动运用。

江西的公路，差不多有六千公里，然而百分之九十是未完全达到竣工程度；后来负养路工程责任的人，也没有做到百的养路工作。譬如说，桥坏了他们只把桥修好，可是桥头的土方，就让它去不填满，这就是精神不贯注的一种表现。有人说：江西公路不能百分之百地完成，这是民工困难的关系。然临川附近的公路，也是民工做的，能有百分之九十的完成，比较别处好得多。这个原因，就是过去的临川周专员，他办事的精神，要比别处澈底些。

精神重于物质，须知精神的力量最大，凡事都要使精神贯注到底，要从一颗砂，一块石子，一步一步着手，无论什么小事，都不能马虎一点。

还有两点要供献给大家，就是，一、要注意小的事，二、要注意工程以外的事。因为小事情和工程以外的事情，是课本里面没有的，教授们也不讲的。关于小的事情，就是工人的起居，饮食，卫生，都要注意。因为一个工程的进行，全靠工人来做，假如一个工人病了，就会影响到工作，所以对于工人的健康等问题，都要注意研究。工人的工作，更要从细小处考察。譬如说桥上用的钉，你发下去多少，工人用多少，用得是不是合法；上的螺丝，是不是上紧了，这一切都要注意到。因为一个巨大的工程，是从一块块石子、一个个钉子积成功的。至于工程以外的是什么呢？就是要时时刻刻注意研究学识，和世界时事，因为只知道监工，而不去研究学识，求进步，和明了世界时事，也只算是一个盲目的监工。

此外还有一件事告诉大家，就是大家刚毕业，初来服务，对于待遇和名义不必计较，不必看得很重。现在你们的工作和薪水，都是按照大家毕业考试的成绩而规定的，希望大家到工段去，努力工作，把成绩来换取更好的待遇和名义，这正是给大家一个竞争上进的机会，将来升工务助理员，工务员，再升工程师，都有可能，因为学工程的人，是拿真正的本领来换取地位的。

（六）以"动"和"实"为"处训""科训"

陈岳纪录

——三月六日，纪念周讲——

今年本处推动处内外各部分工作，曾经召集车务会议及工务会议，现在召集各车场主管人员开机务会议，检讨过去工作，研究改进方案。机务是营业的基础，本处业务之盈亏，成绩之优劣，在机务方面最容易表现；惟机务在改革进步上，所需要的人力物力都比车工困难，所以更要特别注意。今天是会议开幕的日子，先借着纪念周的机会，同各位谈谈今后机务的改进方法及做事的根本精神。

在江西城市或乡村随处可以看到"动"和"实"两个字的"省训"，我们如今拿来移作"处训"及"科训"，尤其是机务科应该用"动""实"两个字纠正已往的错误。"动"字有三种的不同，一是受人督促的"被动"，二是由自己发动的"自动"，三是督促人去动的"主动"。机务科过去的工作，大都是被动，很少自动，绝无所谓主动。有时候竟至本人督促办的，不是没有去办，就是办的没有结果！"实"字就是"切实"与"忠实"，要切实对事，忠实对人。

不过我们要想一切做到"实"的地步，有几种毛病先要革除。一是"浮"，浮就是敷衍塞责，做事不彻底；二是"夸"，夸就是虚伪夸张，不求实际；三是"自满"，自满就是浅尝辄止，不肯虚心；四是"自欺"，自欺就是强不知以为知，自欺欺人。

以上四种毛病，若不能根本革除，不但贻误公事，对于个人永远也不会有进步。要改正不动不实的毛病，与从两方面下手，一、学的方面求"知识"；二、做的方面求"经验"。现就机务方面来讲，要研究汽车的构造，修理，运用，管理等各种学科，以及有关技术上的知识，对于外国文字非先有深刻的研究不可。因为中国现尚不能制造汽车，关于汽车的知识，皆须求之外国；并且逐年进步，不断有新的发明，倘若外国文字的程度不够，所有新的图样学理等，就不能彻底了解，那末从前所学的既不能随着时代进步，一定落伍！再进一步讲，各种学科，都须加以分析及综合两种方法，使成为有系统的知识，不但不要囫囵吞枣，还须知一反三，才可以施行到实用方面去。此外还应虚怀若谷，不耻下问，例如，司机工匠里面有心得的也很多，不要以为他是机匠，就存着不屑领教的心理，如此博闻广记，学问与经验日进，才能造成机务的健全人才。

机务科以前最大的毛病是办事不彻底，例如前几天，本处因为机油仅敷一月之用，派人到宁波去采买，同时本人想起黑油是否够用，当时令机务科去查，至少要存够半年用的，并问应该买那一种黑油，结果查出本处所存黑油也仅足一月之需，倘使本人当时未想起来，迨至一月之后再行察觉岂不误事！再看到开来买油的单子是新雪佛兰车用的特种黑油（Hypoid Cear Lubricant）一个月需几百加仑。本人是研究土木工程的，关于机务方面所有的一点知识，都是看书报杂志及一年来在本处经验所得的，当时觉得所开的单子有些外行，于是向刘场长要来加油表，并用参考书研究，看出所开的号数不对，特种黑油是雪佛兰轿车的偏轮轴牙齿轮用的，加油表注的详详细细的，并且不知道雪佛兰车的后轴分速器牙齿轮分几种样式，可见做事不彻底。中国工程师的通病是自己不能下手实地去做，往往受制于工匠，所以仅知道学理，而不会实用，技术还是空的。从前王阳明先生的学说"知行合一"，就是说知道的就去做，做了的也必须知道其所以然。以后由处内外同时做起，各车场上自场长工程师，下至事务员都要到自己车房实地工作；处内也另设修理间，由机务科长领导所属职员实地练习，能做到"知行合一"，然后才能居于指导地位，推动整个的工作。

还有机务报表，不论有心无心，不要稍存虚伪，要做到忠实不欺，《公路周刊》第二期里面《二十七年下半年车辆行驶统计表》，数目就不忠实。本处新旧车子共有三百余辆，七月份行驶的车子178辆，修理的194辆；十二月份行驶的车子212辆，修理的132辆。以这两个月比较，行驶的车子212比178，增加34辆；修理的车子194比132，减少62辆，其实七月以后会购入新车50辆，此项新车，行驶未久，不需修理，如今十二月份行驶的车子只有212辆，表面上虽似增加，实际上已是减少了。并且因为报废了几十辆，所以待修的车子，在数字上似乎减少，其实亦相差无几，可见行车比例数并未增加。以后各种表报，希望根据事实编制，不要自欺欺人，同时自己切实认识真相，也可以给自己一种刺激。

至于这次召集机务会议，讨论要案，不外下列几种，即行车安全问题，煤汽车推行办法，材料领用稽核办法，一般机务改进事项。除开会讨论者外，尚有座谈会，预定题目有蔡工程师讲演煤气车，纪工程师讲科务整理，本人担任一九三九年新客货车的进步，汽车加润滑油的种类及重要。大家可以随意所讲，如果有心得的也可以加入演讲。

附带还有一件事，这次机务科长由本人兼任，刘科长调充本处专员，大家不要误会，以为对于刘科长的工作有所不满，过去刘科长办理科务，在规模方面颇具成绩，不过因为本人善于力行，所以现由本人担任科务，此后一切统由本人负起责任，努力推行，但一方面仍希望刘专员随时协助，贡献一切，以符分工之旨，而收完善之效。

（七）汽车用润滑油之常识

纪士宽纪录

——三月七日，吉安本处机务会议之会余讲词——

引擎之需要润滑油，犹如人之需要消化液和内分泌，藉以减少阻力，畅利工作。近年美国修理汽车之工厂，已少存在，唯于加油站设备，则甚发达。诚以汽车寿命，重在保养，不在修理，而保养之首要，即在按时加适当之润滑油于汽车之各部也。

甲、润滑油品质之鉴定

1. 纯净

纯净即不含杂质之意，杂质在润滑油中，有混合与化合两种。混合杂质属物理性的，虽于润滑不利，然可设法清滤之。化合物质属化学性的，在高温度中，有发生他种化合物的可能，或竟可侵蚀钢铁。故润滑油之优劣，与其所含杂质之多少有关。

2. 黏力

黏力必须与温度相对而言，温度愈高则黏力减小，温度愈低则黏力增大。润滑油在引擎中运用时，温度既高，所受之压力又大。设某种润滑油，因温度之增高，其黏力变动甚大者，则润滑之效率必低，即此种润滑油之品质不佳。反之，优等润滑油，其黏力受温度之影响甚小，无论在何种温度下，均能完成其润滑作用。在天气严寒时，不以油之凝结而难于发动引擎。在炎夏走长途或爬山之引擎高热度下，亦有充分之黏性，而能耐受机器内部之高压力。故近年来汽车用机油逐渐采用品高而价薄之上等滑油。

乙、润滑油之分类

润滑油之种类甚繁，今日所言仅就用于汽车上者分之。

（1）马打润滑油（Motor Oil），俗称机油或马打油。

（2）变速箱用油（Transmission Oil），俗称黑油。

（3）后轴用油（Rear or Back Axle Oil），俗称后轴黑油。

（4）黄油（Grease），俗称牛油。

以上四种，每种有厂别之不同，等级之不同，黏性之不同等区别，兹就在我国售油最多之两大油公司出品，分机油及黄油列为三表，附于篇末，以便参考。

丙、本处采用之润滑油

从前本处用油，多属盲购，或取决于采购人之感情，或取决于商家广告，或取决于工人习惯。既盲购于前，复乱用于后，损物费帑，实难臆计。本人来公路处后，为此经向各方探询及研读各牌车辆说明书，对于各种润滑油，始获粗识，故此后本处应用之润滑油，经过慎审之考虑已有决定：

1. 引擎润滑油

（1）牌别：（狮牌）马达油，（亚细亚公司出品之二等油）。

（2）黏度：冬天用薄质二十号者（S.A.E.20）夏天用中质三十号者（S.A.E.30）及四十号者（S.A.E.40）。

2. 变速箱用油

（1）牌别：金壳牌（Golden Shell）及壳牌牙齿（Shell Gear）油，亚细亚公司出品之上等油。

（2）黏度：金壳牌为六十号（S.A.E.60），壳牌牙齿油为一百六十号（S.A.E.160），视温度及车辆牌别，单用一种或混合两种用之。

3. 后轴用油

（1）牌别：壳牌牙齿油及壳牌偏齿轮（Shell hypoid）后轴黑油，前一种用于大车，天气过冷时亦可酌加金壳牌油混用之；后一种只能用于别克及司徒蓓克等小车，装有低大轴之偏齿轮后轴者（三八年以后小车多用此式后轴）。

（2）黏度：壳牌牙齿油为一百六十号（S.A.E.160），壳牌偏齿轮后轴黑油为九十号（S.A.E.90）。

4. 黄油

亦用亚细亚壳牌出品，计分：

（1）用于旋向盘者（Retinax for steering gear）

（2）用于水帮浦者（Water pamp grease）

（3）用于轮轴者（Wheel Bearing grease）

（4）用于十字关节者（Joint grease）

（5）普通用者（Common grease）

5. 杂油

用于汽车上之杂油，本处已购者有以下三种：

（1）浸透油（Penetrating Oil），用以起锈，卸螺丝及防止车身各部之震响。

（2）冲洗用油（Flushing Oil），用以冲洗引擎及轮轴。

（3）避震器油（Shockabsorber Oil），用于小轿车之前后铁板所装之避震器内者。

（八）一九三九年美国汽车之改进

纪士宽纪录

——三月八日，吉安本处机务会议会余讲词——

美国汽车的产量，在世界各国中，要算第一，每年约四百万辆，全国现有大小汽车三千万辆，平均每四人即有汽车一部。车辆的形式每年都有更变。不过以前多在外表，本年的变更则不仅限于外形，而且及于内部。所以美国人自称本年为"汽车制造革命年"。此次的演讲，仅就本人于杂志中及说明书中所读所知者，归纳起来，向诸位报告。不能十分详尽，但用两种用意。

第一种用意是希望本处同仁研究汽车。因为本人原读土木工程，当初长公路处时，对于汽车学识，仅解驾驶，其余未尝研究过。后来因为环境的需要，引起研究的乐趣，经过这一年来的涉猎，居然向诸位讲述汽车的问题，虽不能比之专家，足见有心研究学问，总是可以逐渐成就的。诸位大多是学机械工程的，根底既厚，若再虚心研究，进步必甚迅速！

第二种用意是希望同仁注意国外汽车制造之进步达人，勿故步自封而致落伍。我国公务员大多数犯一通病，即出了学校门，混了差事，就与书本"离婚"。所以原来的头等专家，做了几年官，便将专门的技能忘掉。不知科学，尤其是应用的科学，如汽车制造，其进步真是一日千里，陈旧的东西已不能应用；我们从事于汽车技术管理的人，如果不常看汽车的书报，见了新式汽车，真会莫名其妙。在实用技术书报缺少的我国，英文为补充新智识之唯一工具，尤望大家勿将英文丢掉。今日讲一九三九年汽车的新花样，就是要引起大家追求新智识的热诚和兴趣，而免为时代所淘汰！

一九三九年美国汽车之改进，可就车辆类别，分为三项来讲：

一、大车之特点

（1）C.O.E（Cab Over Engine）型之普遍制造。关于此型汽车，美国汽车工程学会（Society of Automobile Engineering）曾有文论之，并举出它的三大要点：

① 容量大，以轮距言，普通型一五七寸轮距之车身仅可容客二十五人。C.O.E 型一四四寸轮距之车

身可坐立四十余人。

② 司机视线明确。因 C.O.E. 型之司机座位较普通型者高而前，所以视线较佳。但因司机坐位太前，危险性亦较大。

③ 驾驶拐弯方便。以学理言，轮距愈短，则拐湾愈便。小轿车拐弯较大车虽便，即属此理。所以 C.O.E. 型的车辆，因其轮距短，有大车的容量，而有小车的灵便。

（2）车头附件之中心悬定。如灯，水箱，及翼子板等均另装于一中心橡皮座上，不受前轮颠簸的震动。

（3）柴油车之扩大制造。如福特（Ford）、通用（General Motor）、克雷斯来（Chrysler）等三大厂家本年均有柴油车出品，惟美国柴油车引擎，均用二种程循环式，较之四种程引擎，如孟阿恩朋驰等，以同样之气缸及转数，马力几可增大一倍。

（4）重载大车之改进。通用公司 G.M.C. 大卡车，旋向轮轴下之虫齿，加用小钢珠，使驾驶极为省力，有如小轿车。

（5）活塞形式之改进。四冲程引擎活塞，以前皆用平头式。去年通用公司之别克 (Buick) 小车已改用一侧高坡（Reflector）之活塞。今年之 G.M.C 牌大车亦已改用此式。因此式之优点，能使已进气缸之混合气体，发生混乱状态，每一可燃粒子，均有氧气伴着，因为爆发速而压力高，故马力亦增大。

（6）重载大车之轮胎有通风层，以免过热爆裂。

（7）后轴牙齿多一速度比率。正如普通汽车变速箱中，有四组速度比率。但后轴多一速度比率，虽变速箱之构造不变，可得八种不同之速度。所以在速度上，有加倍之省油方法。

二、小车之特点

（1）水箱进风洞形式之改变。根据气体力学的原理，将进孔向下移，使通气作用较旧式者为佳。因之风扇亦有直接装于引擎轴前，不假风扇皮带拖动者。

（2）排挡管制之改变。以前排挡杆，如一手杖，位于司机之侧。本年美国小客车，无论贵贱，大多改置于旋向盘下，形式甚为轻便。亦有用电气真空管制者。每次换排，轻按电钮即可。

（3）水力接合器（Hydraulic Couping）之应用，克雷斯来（Chrysler）车之 Imperial 式采此装置。即将克拉子等硬质传动，改为用流质之油液，主动曲轮之作用如帮浦，被动轮之作用如透平（Twbine）。以此管制速度，及增加起动之扭力。在平路上开停，皆不须换排，仍能得如愿之平滑起动及速率。换排仅在爬山时需要之。

（4）目动加速装置（Over Drive）之应用，此种装置由自由轮（Free Wheeling）进步而来。当车行速度增至每小时三十里时，自动加速装置即发生作用，自动跳入一新排挡，使引擎转数之比率减小，因之速度增大，与换排之情形相同。如遇必要减低速度时，只需猛吹风门一瞬，自动加速装置之作用立即停止，回至原来之排挡，仍可如旧式车辆之法管制之。此种装置，在良好之公路上，可节省燃料不少。

（5）气缸压缩率增大，以前在六比一附近，今年已增至七比一附近。所以马力亦增大。

（6）活塞令之改进。今年之贵价汽车，均改用（M.Alloy）合金质之活塞令，与飞机引擎上所用之活塞令之质料相同。

（7）前轮加装安定器（Stabilizer），当转弯时，左右两前轮架自动高低，虽于高速中转弯，亦无翻覆的危险。

（8）车身及引擎之重量减轻。

三、大小车共有之特点

（1）福特车已抛弃其以前之机械刹车，改用油刹车。

（2）福特厂多添一种小车，牌别定名为"某克利"。合前之"标准式福特"，"华丽式福特"，"林肯塞飞"，"林肯"等共有五种。此新车之引擎仍为 V 八式，惟马力增为九十五匹。福特卡车亦可装用此种引擎。

（3）克雷司来公司之出品，克雷司来，道济，顺风等牌车，今年皆装有安全速度表。在速度指示针上，有一假宝石。低速度在 25 里以下时，该针发绿色；速度增至 25 里 50 里之间时，发黄色；超过 50 里在危险速度时发红色。藉以警惕驾驭人员。

（4）克雷司来车至汽缸墙，加镀特种金属，汽门亦用特种钢制造，能行十六万公里而不坏。

（5）轴心在两不同平面上（hypoid）之盆齿（bevel gear）用于后轴分速器盆齿上，今年小轿车几全采用，小型蓬货车亦已采用。

（九）对于总工程师室工作之批评

陈岳纪录

——三月十三日，纪念周——

现在自本星期为始，以后各室科轮流在纪念周做工作报告。

报告的意义：一、可使本处同人明了各室科的工作；二、明了报告以后，了解各室科工作的实际情形，可以自由批评。这样使彼此了解得更澈底，才能革除以往各自为谋互相推诿的毛病，而达到全处工作之有机性化。过去因为不了解其他部分的工作，往往责人过严，以后各室科依次在纪念周报告工作，任何人都可以发表意见；希望大家存着客气尽量的加以批评。外国政治家在会议里面，常不顾一切公开力争；中国专讲人情，顾面子，不肯当众批评，恐怕开罪于人，但又最欢喜鬼鬼祟祟，背后议长论短，这是不以事业为前提，充分表现个人主义的劣根性，必须澈底革除。今天是轮着总工程师室报告，本人先就意见所及作一短评：

总工程师室自去年五六月间改组后，工作较前紧张，监督方法也较前周密，不过尚有许多积习未除，虽然本人同总工程师屡次讨论改革办法，总因积重难返，未能澈底廓清。现在举一重要的例子来讲：每一件工程，在事前无计划书，事后无验收报告，仅有预算概算，细心的还在上面加以注解，否则空无所有。决算就根据预算报出去，至于工程是否相符，因为不去验收，无从稽考。偶然有些工程是省府拨的款子，或是其他机关协款，也不过在汽车里作一次兜风式的验收，虚应故事而已。桥梁涵洞工程固然需要实地勘验，即如土方石方也非实地丈量不可，否则一差就有几万元的出入，像前任经办的宜丰铜鼓的包工帐，一年多还算不清。因为对于石方土方从来只说差几成，而不敢确定差多少方，就是未经实地丈量的缘故。

嗣后在工程未做之前须先拟具计划书，然后设计，绘图、编预算，在图表之外，还须附带说明书。倘若小的工程，计划书与说明书可以合而为一。此外在未施工以前，先做勘查报告，举凡沿线地势、河流、土壤、经济等状况，都应详细注明；即施工之后，应有施工报告，以便随时在需要上加以补充或修改；完工验收时，还要验收报告。照以上几种办法，每一条路完成以后，任何工程情况都有存案，可以随时稽考，了如指掌。现在总工程师室对于路上发生任何问题，因无案可稽，都须派员临时去查，结果不但时间上不经济，并且调查的也不切实，这是本人对于总工程师室工作批评，也就是希望改正的一点。

（十）培养服务的精神和习惯以求事业的改进

刘锡珍纪录

——三月十七日，南昌总车场——

总车场自去冬车运稍减以来，赖刘场长及各员工之努力，各方面都有进步，殊堪欣慰，但是进步是无止境的，学坏容易学好难。希望各位继续的努力，精益求精，奋勇迈进！

须知一个机关如同一个学校，但是学校里有毕业的期间，我们在这个机关的学校里，是没毕业期间的。现在的汽车事业，日新月异，如果墨守成法，不知求进，是不能立足在这廿世纪的今日；所以我们上自处长，下至场夫，都要抱定学习的态度，处处留意，随时学习，以期改进我们的交通事业，造福于国家社会。例如，1938 年雪佛兰车的灯光拉扭（Lighting Switch），在拉出第一位置时，是可充电，第二位置是小光，第三位置是大光。而去年五月间车刚到时，很少人知道第一位置的功用，因而电瓶不得充电，受了过大的损失，又例如车辆的轮胎，我们应该用气压表，测量各轮胎的气压是否适够而平均，但是很多的人，并不用气压表，随随便便把棍敲敲就敷衍了事，因此轮胎时常破坏，并且有时因此而损害到全车的生命和财产，这是表现：

（1）缺乏服务的精神。

（2）没有良好的习惯。

我们既然知道了我们的缺点所在，以后务须加以反省和警惕。

最近在车站上所看到的，也有几点令人不满：

第一，一部分的车辆，开行时后门不关，任它碰得乱响，非但不好听，并且有碍观瞻，容易将车门损坏。好比一个人的服装，本来是很整齐的，偏偏他的裤裆溜出外面，也就有损他的人格和观瞻了。我们的车辆上面，都有"公路"两字，如果后门不关好，宕在车后乱碰乱响，事体虽小，但是以影响到本处的名誉，所以各位务须处处留意，不要因事体小而不注意。

第二，加机油时，是否加足适当量数，各司机务必留意，如果机油不够，车辆便会因润滑不足而容易损坏。最近在站上，看见有一位司机向加油间加四分之一加仑的机油，问他四分之一够吗？他答道照惯例差不多了。他并不用现成的油尺去测量，及至我去替他抽出油尺一看，却与规定数目相差甚远，这样加油而不用油尺去测量的随意办法，应当严行改正。

第三，本处近来最不好的，便是翻车的事件，层见迭出，不但牺牲了无辜的生命和财产，并且是我们办交通事业的人，莫大的耻辱，推究所以翻车的原因。

（1）司机将车随便交与不认识的人驾驶，视人命财产，如同儿戏。

（2）机匠检修不确实。

（3）车辆交会时太不注意，不互相避让仍开快车。除上面几种原因外，其他的原因，当然很多，各位以后务须时时小心，不可存丝毫侥幸之心，使翻车事件不再发生。

最后还有几点，要和各位说的：

第一，提高各位员工待遇，本人自去年二月间视事以来，即感到这一点，所以首先清理欠薪，再进而谋营业的发达，设法提高各员工待遇。最近已将各员工之待遇，分别略为提高，六月底仍拟将各员工待遇提升。但各位须知，本处是营业性质的机关，各位的待遇，亦随收入之多寡为标准的，提高与减低，是靠大家努力的成绩为转移的，望大家以后加倍努力。

第二，木炭车的推行在此抗战时期，汽油之价格既昂，来源又复不易，况且利权外溢，损失不堪设想。本处已行驶之木炭汽车，成绩甚佳，且各匠司之奖金，每月得15～20元，公私均受其益，国家尤深利赖，本处以后当努力推行，希望各位都欢喜开欢喜修木炭车。

第三，俱乐部改名为励进会俱乐部之名称，不适于坚苦抗战之时期，已改名为励进会，将另由处发给经费充实设备，使各员工得到学识之补充，及工余之娱乐，以达到大家视本处如同家庭，如同学校的目的。

（十一）本处由南昌撤退经过

钟瀛锡纪录
——五月二十二日，纪念周——

自从三月二十五日本处在南昌同人最后撤退来吉后，已将两个月，在此两个月当中，本人因为在前方监督毁路，时常出差，没有机会来出席本处纪念周，和诸位谈话，今天本人在吉，特趁此向诸位作一报告。

此次（三月下旬）南昌撤退，当紧急时，本处调派大批车辆前往维持交通，装运各界人士及公私物件，向后方运输，均能不失机宜，达到任务，各界颇多好评。而本人与本处员工公物，直至二十五日夜间，距离敌人占据瓜山之前数小时，方始撤退。撤退之时，亦极有秩序，所有车辆以及一切器材，除军工队当时在安义奉新一带工作，因被敌人包围，冒死逃出，致有损失外，南昌方面，全部运出，可能毫无损失。关于这一点，不独外界多所奖赞，我们也可以稍稍自慰。

　　谈到此次撤退，本处之能有秩序，其原因不外下列两种：① 本处事先有准备，当去年九月间，修水战事激烈时，本处已将一部分重要公物及无留省必要人员加以疏散，移驻后方。至本年一月间前方战事稳定又正值旧历春节各界人士，大部分返回南昌之际，本处却就此业务稍暇来吉空车很多之时，将留省公物及人员撤吉。当时本处之撤退，并不是一种恐惧心理，因省府早有疏散之命令，本处不过在时间上运用得宜，所以从容不迫。此后南昌方面仅留少数管理行车及主办军工人员与极少数之材料。故三月二十五日撤退之际，极为简便迅速，而不发生困难与慌乱。外界不明底蕴者多以公路处车辆便利，自易于迁移，殊不知本处人员及物品之疏散，多系利用水运，何曾依赖车辆。② 本人至最后始撤退，一切撤退布置，均经本人亲自计划，主持，并督饬员工分别办理，故能有条不紊。当时本人并未奉令须最后撤退，如果本人轻信谣言，畏惧胆怯，尽可早日跑出危险地带，何必待敌人将占瓜山时始行撤退，若非为维持交通，与计划主持撤退，换言之，不外为责任心所驱策而已。

　　本人撤退之先，第一步系撤至广福墟，即在该处督饬军事工程队及民众加紧破坏公路。及广福圩以南公路将挖断时，方退至樟树，又在该方面督同军工队与民众破坏公路。至樟树至新淦一段实施动工破坏之后，仍在樟树计划督促约旬日之久，俟工程完竣，方始回处。这是三月廿五日本人由南昌撤退后，在前方主持督促破坏公路之经过。

　　在撤退之后，有三件事殊属遗憾：

　　（1）本处有一千五百听汽油，于三月二十七日，新由购地辗转运至温家圳，当饬临川车务段派员前往接运，而该段人员因忙于运送家眷，派员过迟，所派之员，又复经信谣言，中途多所逗留，及到达温家圳，则押运路警，这已先赴临川车务段报告，彼此来往相左，遂致找不到储油地点，废然而返，及押运路警到段报告，该段又不即时另行派员前往抢运，必俟原派之员找油不着回段报告，方令再往接运。辗转因循，则已耽误至四日之久，到温时汽油已为军队运去，于此可以充分表现临川车务段人员之自私、胆小、畏难、不负责、无常识、无头脑。当此非常时期，失去汽油，金钱损失，犹可数计，而采购困难，且需时甚久，问题实大，万一因此汽油中断，接济不上，贻误交通，谁负其责？

　　（2）最近本人由福州公毕回赣，赣东管理区袁主任报告本人，说明临川至南城避难旅客拥挤，纷纷要求包车输送，故于晚间开行临川至南城包车，当晚车辆仍驶回临川，并不妨碍次日班车快车。当以晚间加开包车，既系为救济难民，自无不可。岂知临川车务段之实在情形，则包车既不限于晚间，亦不限于临川至南城一段。任何地点，日夜皆可包车，致无力包车之难民，搭车困难，反无车可乘。以前我们对于包车已加禁止，因为本处车辆有限，旅客拥挤，包车只能便利少数之人，有碍大众交通，故不能不予禁止。在平时尚属如此，今当时局严重，难民众多之际，反任意发包车辆，如非蓄意舞弊，即系昏聩糊涂。且据报出面包车之人多属流氓。以低价包来，重价转包他人，从中渔利，此种行为，既为处令所不许，亦为法律所不容，更在严禁之列！且风闻车站少数人员，又与茶役流氓串通勾结，打伙求财，实堪痛恨，刻正在严密侦查中。又司机中途私载旅客，近亦已查获一二起，此种害群之马，均非严加惩办，不足以肃路政。

　　（3）南昌车场此次撤退，极有秩序，车辆机件工具材料，全部运出，一无损失，不过撤退之后，员工工具分配调拨则殊嫌迟缓，各匠司多于奉调后，不依期赴调，偷闲逍遥，任意延宕，此种以私废公之行为，实足表现各匠司之无事业心，无责任心，现已查明分别予以扣薪处分。

　　以上所述，如运油延误，包车舞弊，匠司奉调偷闲逍遥，这几种污点，都有严加制裁和纠正之必要，以后希望本处内外同人一致引以为戒，勿踏覆辙，公路前途，庶几有豸。

（十二）创办励进会之意义及其重要性

钟瀛锡纪录

——七月十七日，纪念周——

　　本处创办励进会，系因原有之俱乐部范围狭小，偏重于娱乐，而忽略于修进德业，砥砺学行诸端，不足以适应陶冶现代健全公务员之需要，本人有见及此，是以认为励进会之筹设，非常重要，而不容再缓。

在上年四五月间，本处即已计划创办励进会，嗣以战事转入赣境，时局紧张，本处忙于筹划战时交通，而同时本处重要文卷材料须着手迁至后方安全地点，事务纷繁，应付不暇，加之本处同人亦已有一部分迁至后方办公，人员不能集中，办理难收实效，所以暂告停顿。现在本处行将全部迁地办公，对于同人德业之进修，学术之研讨，体育之锻炼，身心之陶养，都需要励进会，以资砥砺切磋，并且一方面可以藉此增进同人之感情，一方面可以养成互助之美德，如此方可日起有功，收到宏效。

关于该会组织通则，业经油印分发，希望各位详加阅览。该会宗旨，在勉励职工修进德业，砥砺学行，共谋德智体三育之发展，以达到服务社会，尽忠国家之目的。凡本处职工皆为会员，会长由本人担任，会中分设五组，即总务组、服务组、学术组、体育组、游艺组。各组工作范围，详载通则，不再赘述，不过说到此处，还有几点，要和诸位说明的：

（1）本处既已设有服务部，何以励进会又设服务组。就表面上名称看起来，似嫌重复，实则各有其任务，二者并行不悖。盖服务部是补助本处办理关于业务上对旅客商民应办之事，就是因为营运科事务过繁，忙不过来，对于便利旅客商民事宜，无暇顾及，所以另设服务部，计划办理。至励进会服务组，是以会为单位，其服务范围，不限于本处业务上之事务，凡有利于国家及民众之事，皆须为之，其区别在于此。

（2）体育组之设，尤关重要。因为吾人办事之精神，纯以身体之强弱为转移，身体强健者，精神充足，习苦耐劳，能胜艰巨，埋头实干，而不知倦，于是职无不尽，事无不举。反之，身体羸弱者，精神萎靡，不能自振，遇事因循敷衍塞责，不求彻底，逾至职无不废，事无不败。今试举一例，以明此说之不谬，即如本处泰兴银线兴银段工程，路长仅四十五公里，工程处设了一个主任，两个副主任，又有工务员监工等多人，人员不为不多，经费随时拨给，亦不为不充，而修筑至数月之久，填土及开山部分并未照设计做足，在该段人员以为该路试行汽车，业已通过，即算修竣，不问原设计如何，其实此等部分，需工不多，只须稍稍改善，即可达到设计程度，乃必待本人亲自指示督导始行改正，其办事之麻木，不求彻底，于此可见，一言以蔽之，无非身体欠强，精神不足而已。所以要使精神充足，必先强健身体，必先注重体育。

（3）《通则》第七条原拟草案，规定总干事由会长派充，助理干事由总干事聘任。本人以励进会系团体组织，应采民主制，力避官僚化，所以改为总干事由会长聘任，干事及助理干事由会员互选充任。可是选举时，各位首先要注意选当其人，必须事先详审被选者，对于该组事务，是否惑有兴趣，有无能力，然后再加选举，方可使尽其才，而收相当效果。若徒凭感情作用，不问其人之兴趣才干，而任意选举，则选失其人，必致贻误败事，抑且失去选举之意义，所以希望各位特别慎重选举。

（4）励进会系规定由本处同人组织，权利由同人共享。可是每个会员，既享权利，也须尽一份义务，负一份责任，故凡本处员工最低限度，任何人皆须加入一组，帮助干事及助理干事办理一切事务，现定由诸位自由认定一组或二组，将来选举时，即以各组之报名者为候选人。至于励进会经费暂免诸位负担，由本处筹拨，而以违章汽车罚款补助之。

本处以前说过公路处要学校化，是说凡本处职工一切公私生活行为，都要有规律，一方面遵守时间，服从命令，努力工作，一方面随时随地，勤求学问，修进德业。换言之，就是无论道德学术方面，都要学校化，本人创办励进会之意义，也就在此，所以希望各位热心参加，努力协助，以达到服务社会，效忠国家之目的，本人愿与各位共勉之。

（十三）治事要有一贯的合作精神

陈岳纪录

——十月二日，纪念周——

本处业务情形，据上次会计室报告，本年营业状况很好，不过燃料问题也很严重，现在的营业收入平均每月三十万元，按以前的汽油开支不过占五分之一，即六万元；但自去年六月以后，汽油价格逐渐增高，一年之间增至一倍半，现在每月的汽车开支需十五万元，而各项材料价格亦无一不涨，故营业进款数字虽巨，实际仍是亏损。救济的办法，只有推行木炭车以代汽油，本席以前曾经屡次督催去办，但是进行的程度非常迟缓，原因总是车场场长对于所属司机机匠督促不严，而司机机匠等觉得使用煤气究竟没有汽油来得方便省事，抱着得过且过的心理，畏难苟安。这种情形，都是没有一贯的合作精神，任凭上面督催，总是一味的因循敷衍，不肯认真去办，所以煤气别开不上三天，又停下来了，将来恐怕非至江西到了真正感受到汽油恐慌，甚至于交通断绝的时候，不能觉悟。现在湖南因为汽油缺乏，煤气车接济不上，开不出车来，就是江西的前车之鉴！最近本处计划用一部一九三九年新式雪佛兰车装上木炭炉改为煤气车，使大家知道新车也需要改装煤气炉，并不是专以旧车来改造，并且定一日期开往赣县宁都，邀请新闻记者参加，俾可广为宣传，一面还希望各车场场长对于所属员工常作详细讲解，以期普遍的认识。

还有为保养机件加添润滑油的事，本席以前就特别注意及此，上年曾由宁波采购美国汽车标准用油共有二十几种，在以前普通用的只有三种，即黄油，黑油，机油。现在因为科学进步，上述的三种油不敷需要，发明轮、轴、邦浦等机件各有专用的油，美国现时修理汽车的工厂逐渐淘汰，只有加油站，按照各部分机件的需要，每半月，一月，半年或一年不等加油一次，以防损坏，倘若引擎用满期限，可以将车开工厂立时换过新的，用不着修理。本处前将各种用油列表并加以注释发给各车场照办，但是施行一年，结果大失所望，各车场并不按照标号加油，至于科里管油的人，有的对于这几十种油的用途根本自己还认识不清，有的虽然认识清楚，但是发出去又分配错误，往往车场里把专为小车子用的油加到大车里面去，在表面上看都是一样，其实效用不同，有的用错了，非徒无益，而又害之，本处花了钱，费了事，原图保养机件，结果因为使用错误，而使机件蒙受损害，可谓适得其反。在人家可以发明，而我们连用现成的东西都不能够，岂不惭愧，希望机务方面同人，以后要特别注意，凡是一件事要交到场里去办，自己先弄清楚，再交派下去，以免发生错误，致失去外场的信仰；场里面的同人奉到交办的事件，即须认真办理，达到任务，大家本着一贯的合作精神办事，则事无不举。

此外，还有最近各部分的所呈电报，多犯有冗长不清楚的毛病，以后应力求简洁明了，像"然而""倘若""于是"等等的语助词，一概删去，这样不但节省多少人力物力，并可增加办事的效率。又以后凡是遇到与旁的科股有关联的事件，一概要会签，以免一件事情，因为彼此不接头，以致办法两歧；或发生互相推诿，各不负责之弊。以前本人在庐山曾与外国人共事者两年，每核阅他们的报告或签呈，觉得他们的优点，第一在文字方面有组织，第二每句话都发生作用，没有虚文赘语。使审核的人，很容易得到事件的要点和承办人的意见。值得我们取法。嗣后各部分报告，或签呈一件事，在未动笔之前，要先运用脑筋分析一番，加以组织，然后再签办，自能发生效用。科员，股长，科长，秘书须有一贯的合作精神，股长核科员的签呈，要先周密的审核，是否将原案各项问题全部解决，倘有遗漏之处。应加以补充，然后再将各要点标出，提出长官的注意。科长应就自己的主管范围加以检讨，再看是否与其他室科发生关联，有无会章的必要，然后审查科员股长签注的是否妥当，倘或见到于审核上有困难的地方，再加以注释。秘书在每一件公事，都应该就全处各部门的职掌上整个的检讨一番，再定处理的办法。我国向来以文化著称世界，并且文字发明最早，进步最速，如今倘若连文字方面的工作都不能处理完善，岂不是一最可耻的事。希望诸位以后多加用心，多看有益的书报及报告文字，或中央颁布的法令条文等等，日积月累，在学识方面自有进益。

十年来之江西公路概况

一、概　　述

（一）沿革

本省修筑公路，肇始于民十四，其后因军事及经费困难之影响，中经两次停顿，故在民二十以前，仅为草创时期，所完成通车路线，亦只赣闽线南昌至临川，赣粤线南昌至新淦两段而已。至二十一年主席熊公来主赣政，无功，胥由交通不便，军队调度迟滞，军实补充困难，有以致之。乃决定交通政策，一面饬财厅筹集筑路巨款，一面改派曾任本省公路处长之胡嘉诏氏继任处长，根据原定以南昌为中心沟通浙、闽、皖、粤、湘、鄂公路之六大干线计划，拟定概算，惟以本省各县财政困难达于极点，而工程人才罗致不易，若各线同时并举，人力财力，均感不足，乃酌量缓急，确定分期进行计划，以为逐步实施之依据，一面计划县道网，派员分头测量，及将各军用路线积极兴修，至二十五年十月完成路线，有路面及无路面者，民工及军工修筑者，达六千余公里。社会得以安定赖公路之力为多，设非主席之尽筹硕划，决定交通政策，曷克臻此。是月胡处长他调，由萧庆云氏继任，仍继续督导民工兴修各省道县道，二十六年七月抗战军兴调派车辆，组织汽车队，开赴前方担任军事运输，本省交通遂陷于停滞状态，二十七年二月炳训奉命继任处长，鉴于战时交通关系之重大，乃于接事之后，积极整理车辆，使全省各线恢复通车，又购置新车八十辆补充行驶。未几而赣北战役发动，公路处随军工作，成立军事工程队，军事运输队，除赶办军运之外，破坏公路与加强桥梁工程，亦同时并进。至二十八年春南昌沦陷，复从事于赣中公路之破坏，与夫联络省际交通新路线之开辟，几罄全力以赴之；而公路业务，赖从业员工之维持得力，不惟未受战时影响，且复有蒸蒸日上之势。自二十九年以迄现在，敌人军事上虽失去进攻能力，而经济战转入主力决斗时期，东南大小港口悉遭封锁，器材油料，来源几断。国内物价指数，亦逐渐增高，车机工各方面，无日不在种种困难中奋斗，但无论敌人威胁力之如何巨大，而全省公路交通未尝一日或停，且储备之器材燃料，与日俱丰，工程技术逐渐达于标准，养路工作日求进步，全省车站之修建，三大修车厂之创立，一切管理制度与方法上之改进，皆能按照计划进行，未因受外来阻力而放弃预定之目标。故此数年中，实为本省交通全盛时期，亦为配合军事与经济战争最艰苦之时期，此本省公路沿革之大概情形也。

（二）内部组织

十年来本省公路，各期情形之不同，有如上述，而行政机构之组织，亦屡有变迁，在二十年底以前公路处内部，计设有秘书室及总务，工务，车务，财务四科，科之下设股主任，分股办事。至二十一年，限期完成之路线甚长，工程方面一切事务日形纷繁，原有机构不足以资应付，乃增设总工程师室，主持一切工程进行事宜，同时并设立购料委员会，办理材料之采购，同年六月改财务科为会计主任室。二十三年四月因本省衔接邻省之六大干线，先后完成通车，车辆增多，机务方面工作日形繁重，遂将车务科主管之机务事项划出，另设机务科，主持办理。二十五年十月复增设总稽查室。二十六年二月裁撤工务科，将养路事宜划归总工程师室主管，并改车务科为营运科，及裁撤机务科归并于营运科内，又改购料委员会为工料审核委员会。二十七年六月仍恢复购料委员会，同时将营运科主管之机务事项重行划出，恢复机务科主持管理。二十九年一月为办理职工储金，更增设信托部，并因交通管理事务日趋繁忙，为求管理严密计，将该项事务自营运科划出归总稽查室兼管，五月复设管理科以专责成，九月将营运科改称车务科。至各室科部会所属各股及各附属机关因事实之需要，历年来亦迭有变迁，现时组织机构如附表：

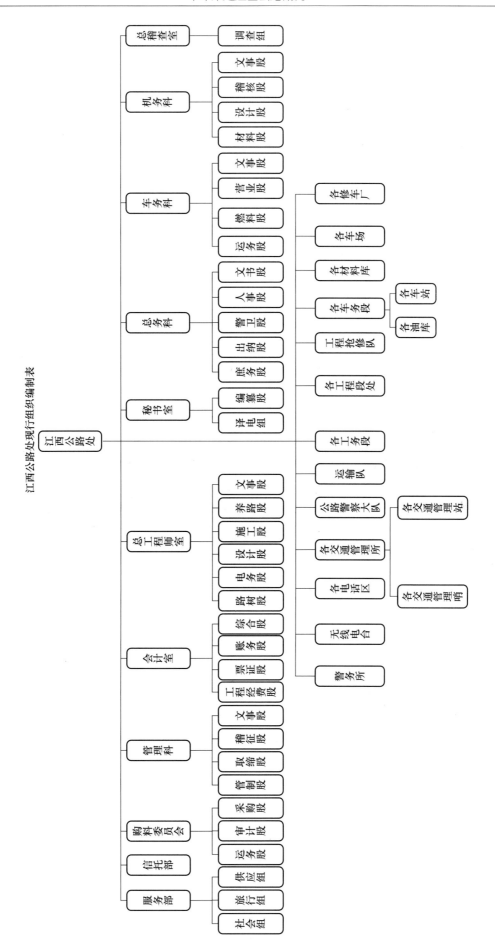

江西公路处现行组织编制表

（三）公路业务

本省公路业务，约可分为六项，即路线修养、行车营业、车机保养、交通管理、材料管理及一般事项是也。

1. 路线修养

本省公路分干线（即省道）、县道二种，均由本处总工程师室负责测量设计，督促修筑。干线则由本处主持兴修，分设工程段或处监督施工，并由路线经过各县分设筑路委员会协助办理。路基土方系规定征工修筑，所需桥涵水管以及石方经费，由路线经过各县，按其所经县境路线之长短与工程之大小，计算分摊，路面经费则归省库支出，此二十四年以前所规定之办法。二十四年以后经另行变更，所有各干线之全部经费概由省库筹集。县道归县政府主持修筑，由本处派员指导施工，修筑经费亦由县自筹，乡道亦与县道同，惟尚未修筑。养路则干线由本处设工务段分段负责。县道由县政府负责，其由省营之县道则与干线同。

2. 行车营业

干线定为省营，归本处行车营业，由车务科负营运上计划考核督促之责。各县车务段车站负实际营业之责，亦间有因事实上之需要，将干线一小段交由商办者，如赣粤线赣县至大庾一段是。县道则归县政府行车营业，由本处加以监督，亦有因县政府之财力不及，而由省营者，至省营路线之营业系以客运为主，货运则暂行开放，准许商人自由营业。

3. 车机保养

车机保养系包括车辆之检修，与配件之制造而言，凡计划考核督导之责，概由机务科负之，而实施之责则由修车厂与车场分负之，其权限之划分，为车辆之大修车身之装设，配件之制造，轮胎之修补，由修车厂办理。车辆之检查小修，司机之调派管理，由车场办理。

4. 交通管理

本省执行交通管理，悉依中央颁布法令办理，关于查验车辆与司机技工之取缔，以及号牌执照之验发，养路费之征收，汽车材料商行及修理厂行之管制，行车安全之设施，均由管理科负计划考核督促之责。各交通管理所、交通管理站负执行之责。

5. 材料管理

材料之管理，可分为采购、保管与收发两部分。凡本处应用材料，在二十一年十月之前，系随用随购，自设立购料委员会，遂由会依照预算之规定，秉承处长决定办理。二十三年三月江西省政府购料委员会成立，规定凡购用料材价格在千元以上者由会代办，二十六年十月省购委会结束，一切购料事项仍由本处办理，以迄现在，并未变更。关于采购方式，系由需用材料部门填具请购单，送交会计室审查登记，经处长核定发交购委会购办，俟购到后，由处派员验收，发主管部门交库保管。俟附属机构需用填具请购单请领时，由主管部门核发。

6. 一般事项

本处会计系采超然制，会计主任由省政府会计处荐请省政府委派，主办会计岁计事务，会计室工作人员，亦由省会计处委派。关于刊物之发行，电报之统制，机要文电之撰拟审核，由秘书室负责。文书之收发撰拟保管，人事之管理，警务之设施，现金之出纳，以及一切庶物事项，由总务科负责。案件之调查，业务之考核，由总稽查室负责。便利旅客业务之筹划设施，由服务部负责。职工储金之扣缴存储，由信托部负责。

二、工　　务

本省公路工程在民二十以前，尚未与国防军事及客货运输发生密切之关系，所修筑干支线以及县道合计仅三百四十一公里，至二十一年至二十四年之间乃适应军事需要，配合军工民工力量，加紧筑路，记二十一年修筑七百九十二公里，二十二年九百三十五公里，二十三年两千三百九十一公里，二十四年一千三百七十五公里，二十五至二十六年六百七十六公里，二十七至二十八年除适应抗战军事倾全力以从事于破坏及加强军事路线外，尚修筑军事路线七百五十二公里，二十九至卅年为彻底整理时期，加修路线二百二十五公里，总计历年（截止至三十年）修筑干支路线及县道七千四百八十七公里，除军事破坏路线三千八百三十七公里及因年久失修不能通车路线七百〇七公里外，现有通车路线二千九百四十三公里，兹将各项工程分述于后：

（一）重要工程

1. 兴修路线

自抗战军兴，本省公路，遂为闽、粤、湘、桂各省唯一交通联络路线，军工商运日趋频繁，为缩短运程联贯省际交通及完成赣南公路网起见，乃分别兴修各主要线路，计二十七年修筑泰和兴国段、铅山分水关段，二十八年修筑瑞金大菴坳段、泰和界化垅段，三十年修筑信丰安远会昌段，塘江上犹段，安福分宜段，除随修随破坏之路未计外，共修筑路线七百五十七公里，工程经费共计 1,957,365.59 元，平均每公里约合工程费 2,587 元。

2. 整理路线

本省修筑路线，在二十六年以前大部分为军工筑路，合于工程标准者甚少，现时担任繁重之运输，则路基之改善，路面之翻修，桥梁之整理，均为刻不容缓之举，故自二十七年以迄现在，全省路线，均已普遍加以整理，共计六千三百五十五公里（包括已破坏路线在内），整理工程费 2,260,967.72 元，平均每公里工程费用 356 元。

3. 修建桥涵

本省河流纵横，川渠交错，故桥梁特多，且农田灌溉，随处需用涵管，以资利导，是以本省桥梁、涵管数字极大，计历年修建桥梁 54,312 公尺，涵管 18,686 座，除因军事随同路线破坏者外，现有桥梁 21,744 公尺，涵管 6,054 座。

4. 渡口改建大桥

本省公路经过之巨大河流，除原建有知难行易各大桥外，余均因限于经费，用汽划或人力过渡，自抗战军兴，运输浩繁，车辆过渡往往贻误时间，每遇空袭危险异常，为免除行车困难及空袭危险起见，经将各重要渡口分别改建正式桥梁，二十八年九月建赣庾线之南康大桥，二十九年三月建上饶湖潭头及水南街两大桥。六月建瑞零线之澄江大桥及雩都大桥，三十年八月建赣县西河大桥，以上除赣县西河外，均为正式木桥，二十九年建鹰南段鱼塘大桥，十二月建赣县东河大桥，三十年六月建城光段硝石河大桥，以上均为半永久式正式大桥。总计四年来改建半永久式正式大桥三座，正式木桥五座，临时便桥四座，总延长 3,733.85 公尺，全部经费 1,163,107.22 元。犹以赣县东河桥工程最大，记四十六孔，全长 608 公尺，工程经费为 560,000 元。

5. 房屋建筑

（1）各重要车站建筑站房：新建者记泰和、遂川、兴国、马家州、水新、永阳、赣县、雩都、信丰、南康、银坑、南城、光泽、鹰潭、宁都、上田村等十六站。扩充者记有南丰、广昌、瑞金等三站，全部经费，为 261,020 元，均于二十九年三十两年内先后完工，赣县车站本年五月被敌机炸毁，现又重建完成。

（2）添建车厂车库，记有吉安、古南镇、固江、南城、赣县、太原村、泰和、雩都等八处，全部经费 117,499 元，惟固江车场完成之后，于二十八年七月被敌机炸毁。

（3）建造办公室：自南昌撤退后，本处无正式办公处所，经择定雩都县银坑为处址，为二十八年二十九两年分别建造办公室等房屋，全部经费 31,537,27 元。

6. 电讯工程

本省公路电讯设备，在二十一年以前，规模狭小无可记述，虽通车路线增多，电话线路亦随之逐渐增加，大部分侧重于赣东、赣北、赣中一带。南昌不守后，交通中心移于赣南，为事实上需要，新立电话线共 825 公里均于短期内完成，总是全省架设电话线为 5,129 公里，因军事破坏及撤收者 2,282 公里，现共存区间线 2,315 公里，中继线 532 公里，总计 2,847 公里。

（二）军事工程

自战事迫及赣北后，本省公路之抢修与破坏乃随军事而紧张，经省动员会议议决，由本处组织江西公路军事工程队，担任全省军用路线之抢修加强，及准备必要时之破坏，经积极准备于二十七年七月初成立，十月底各项军工均赶办完竣，计加路线一千一百余公里，加固桥涵五百余孔，修筑路线五百余公里，赶搭浮桥二十五座，破坏路线一千三百公里，为时仅四月，工作之紧张，时限之迫促，幸能如期完成，未致贻误，并奉最高领袖之传谕嘉奖，及第一兵团薛总司令颁给奖章。

二十八年春，赣北敌又蠢动，南昌告急，破坏公路工程形势又形紧张，为时一月将南昌以西以南各公路破坏完成，计二千二百余公里，其尚未达阻敌程度者，于二十九年继续加破完成，嗣本省战局稳定，军事工程队即于二十九年十月全部结束。

（三）车务

本省公路自通车营业以来之车务状况，因距离开办时期之久暂不同，及受军事影响，故变迁甚大，约可划为三个时期，即十年前（即民国二十年），抗战初期（民国二十六年），及抗战四年后之今日（民国三十年冬），兹将车务部分各时期业务之比较，分述于后：

1. 营业通车路线

民国二十年底本处营业通车路线总长计二百三十三公里，加以创办未久，一切仅粗具规模，其后干支各线路逐年进展，按时通车，迄抗战开始前一月，营业通车路线计三千六百四十八公里，嗣奉令先后破坏接近战线公路，一面另开新线，以联络省际交通，截止三十年底止，本处营业通车路线总长为一千七百二十九公里，比较抗战开始前缩短半数，但此千余公里之营业路线联系东南各省之交通，其事艰任重较之战前，奚只倍蓰。

2. 成本及票价

本处票价，历来均系按照成本订定。但就十年来之成本与票价而论，因受抗战军事与经济之影响，战前与战时显有重大之变动，考历年纪录，每车（二公吨车）每公里所需成本，二十年为二角六分，二十六年为三角一分二厘，三十年为六元四角三分二厘。而每人每公里之最高票价，二十年为三分五厘，二十六年为四分二厘，三十年为三角二分。若就上述数字加以观察，则知抗战开始之二十六年与二十年比较，六年间成本及票价俱增加二成；但抗战四年后之今日与二十六年比较，五年间成本高涨二十倍，而票价不过增加七倍许，此为本处五年来极力节省人力物力及提高工作效率之结果。

3. 客货运输数量

本处运输向以客运为主，货运仅系附带业务，自抗战军兴以来，车辆缺乏，货运更无法兼顾，客运人数统计则二十一年为六十九万余人，二十二年为九十三万余人，二十三年为一百六十六万余人，二十四年为二百一十二万余人，二十五年为二百六十七万余人，二十六年为一百三十三万余人，二十七年为四十五万余人，二十八年为七十七万余人，二十九年为六十三万余人，三十年为七十八万余人。上述十年来载客人数若以二十年之三十四万余人为基准而予以比较，则自二十一年起人数逐年增加，至二十五年达最高峰，当二十年之七倍余。但自二十六年战事爆发，车辆被征为军用后，客运数字逐渐减低，而自二十八年至三十年，则军事运输渐少，后方交通遂复常态，故客运人数，每年均约当二十年之二倍左右。次就抗战后四年来之载货吨数而论，二十七年为四百余公吨，二十八年至三十年均为一千六百余公吨，则客车带运货物之有一定限度可以概见，而二十七年吨数特少者，实因受军运影响。

4. 营业收支

本处既系公有营业机关，且运输业务又系专办客运，票价乃依据成本而定，以致营业收入往往不敷支出。收入情形：二十一年为七十九万余元，二十二年为一百二十六万余元，二十三年为二百九十八万余元，二十四年为三百零二万余元，二十五年为二百四十五万余元，二十六年为二百二十二万余元，二十七年为一百九十万余元，二十八年为三百三十万余元，二十九年为四百九十九万余元，三十年为八百八十四万余元。以与二十年之三十八万余元比较，则十年来之收入均较二十年时增加。至营业支出则二十一年为七十四万余元，二十二年为一百三十六万余元，二十三年为二百九十二万余元，二十四年为三百二十二万余元，二十五年为二百七十一万余元，二十六年为二百八十万余元，二十七年为一百九十七万余元，二十八年为二百八十四万余元，二十九年为五百一十三万余元，三十年为九百五十九万余元，十年来之支出均较二十年来为巨，再就各年份之收支加以比较，则除二十一、二十三、二十八，三年之外，其他各年营业收入，均不敷营业支出之用，其弥补之道。端赖营业外收入勉资挹注。

5. 车务管理之改进

本处车务，肇端于民国十七年底，南莲公路开始营业通车之时，至二十一年底始稍具规模。二十一年以后随营业之进展，车务工作日趋繁复，所有车务上一切章则及表报票证等大致完备。二十六年冬本省车辆调赴前方，交通停顿，而车务管理亦因之一落千丈，二十七，二十八两年，赣北逐渐沦入战区，本处不得不集中全部人力物力办理军运，并配合军事之转移以维持后方交通。迨二十九年，三十两年，战事稳定，本省运输路线，亦无甚变迁，因得乘办理军运之余，改进车务上之管理，兹举较重要数项如下：

（1）试行总票加油办法以资节约，抗战期间一滴汽油一滴血，亟须严密管理，经研讨结束，乃试行总票加油办法，凡属本处汽车，非有本处车站签发之行车总票，不准行驶及加油，自二十七年九月起实行以来，按月消耗汽油量渐趋节省。

（2）开行直达车便利行旅二十七年开行南昌赣县直达车，四百三十公里之长途一日直达。二十八年六月开行赣湘接运车，吉安至衡阳三百九十公里长途一日直达。二十九年七月开行鹰潭至界化陇直达车全程，六百六十公里二日半可达。浙赣湘三省交通赖以畅通，行旅称便。

（3）实行挂号售票办法以维秩序，车少客多应付最感困难，乃拟定挂号售票办法，自二十八年六月起实行，凡遇旅客拥挤时先行登记按其先后顺序乘车，秩序因得维持。

（4）利用空车搭载客货以资输运，为节省物力舒畅运输起见，特定利用空车搭载客货办法，自二十八年八月起实行，每日输运旅客平均约计百人，旅客既免途次阻滞之苦，车主亦得减少放空损失。

（5）旅客乘车实行对号入座整理车辆，改装横座位，俾便对号入座，使车上秩序井然，旅客舒适，自二十九年一月逐渐实行。

（6）整顿站房增加设备本处站房从前类多因陋就简，乃于二十九年择其重要者十八站（站名见前），先行改建或扩充，均有月台、待车室、公共食堂、阅览室、公共厕所等，合乎现代交通需要之设备，旅客既感便利，车站亦易于管理。

（7）训练员工，提高服务精神交通员工必须具有不畏烦难之责任心，应接旅客更须有殷勤恳切之态度，方能适现代服务精神，本处员工近五六百人，乘客每日至少在千人以上，偶有一二员工服务不周，即为管理上之缺陷，故本处近三年来不断训练员工，极力提倡服务，员工态度因之改善，服务精神亦较前提高甚多。

（四）机务

本处在民二十以前，仅有车八十二辆，保养既易，消耗亦低，故机务方面，无足记述，嗣后因路线之修筑，突飞猛进，车辆随之而日增，至战前已达五百二十六辆之多，第抗战军兴，车辆大部分调供军运，损毁至巨，迄二十七年初，车辆虽有三百四十部，但能行驶者仅五十部左右，四年来一面添购新车，一面提高修制效率，现有车辆除年份过久已报废者外，共计二百七十六辆。虽较战前数目减少，而因保修得力，交通运输未尝稍受影响。

汽车燃料未克自造自给以前，汽车运输愈扩张则消耗愈巨而漏卮愈大，为尽人皆知之事，惟交通乃一切事业之动脉，未便因噎废食，故研究机油代用品——如推行木炭车等，与夫汽车配件之自制，实乃刻不容缓之举，本处木炭车自二十四年初创，迄是年终而在路行驶者，共有二十二部，翌年增至一百二十部，为本处推行木炭车最盛时期。二十六年奉令将车辆编队调赴京苏一带参与作战，全部人力物力为之一空，木炭车之推行于焉中辍，旧有者亦毁弃无余。自二十七年沿海口岸封锁，汽油来源困难，乃重加整理，尽力推行，二十八年又有木炭车四十四部，本年已至七十五部，虽未及战前之数目，然按本年内本处行驶之车辆，除联运特快车仍用汽油或柴油外，其他咸赖木炭车维持，每月车辆总行程二十万公里，木炭车约在十万公里以上，于以见木炭车实际效率，较之汽油等车并无逊色，他若酒精樟油车之行驶，由赣县经过吉安至界化陇一线，暨由南丰至南城光泽一带，均已试验成功，惜民间不能大量生产，故不能赖以维持交通。

关于器材之供应，在二十一及二十二两年间，本处车辆无多，故器材随用随购，并不感觉困难，车辆随路线以增加，消耗既大，换下旧件亦多，为应事实之需要成立汽车配件制造厂，专司研究配制零件及修理旧件工作，当时每月产品总价计在一万五千元左右，其后配件制造厂收归省营之后，本处又成立固江车场——后改为雩都修车厂，复成立南丰、泰和两修车场，专司大修车辆配制工作，依目下产品之状况，修旧制新，月可达七万余元，修制能力之增加，可以想见。

关于车辆之管理保养，当民十七、十八两年仅有南昌、樟树两车场，自二十年以后至二十四年间，逐渐增至十八处，于是车辆之装置、行驶、检查、修理等，遂日臻完善。近年来因路线之缩短，车场方面亦随之而有变迁，除上述三大修车厂外，现时专司保养车行驶车辆之车场，为赣县、南城、宁都、河口、泰和五处。

自敌人封锁东南沿海口岸，交通器材之来源日艰，不得不厉行节约以打破此种困难，故机务方面所负使命亦日益重大，较之二十七年之前，其繁难实不啻倍蓰也。

（五）交通管理

本省公路交通管理，自民十七公路通车以来即同时举办，惟当时路线既短，车辆无多，故一切章则均凭本省单行法规办理。至二十四年五月间加入五省市交通管理委员会，除汽车管理方面，因该会尚无规定办法，仍照本省单行法规办理外，其余一切设施均照会定办法，并与邻省取得联络，办理尚称顺利，及抗战军兴，本省公路成为东南与西南交通之枢纽，军公商运，数十倍于往昔，交通既失常态，管理方法，亦不能不采取战时措施，如管制交通物资、充实运输力量、严密驾驶人考验、查验私带客货、取缔未完季捐及牌照不全车辆等项，均为办理交通管理之主要任务，以期适应战时之需要，此本处年来之所以积极推动交通管理也。

1. 组织及工作概况

本处交通管理工作，初由车务科设股办理后归总稽查室兼营，嗣为谋行旅之安全、保障，减少行车肇事计，非加强交通管理机构不可，乃于二十九年五月组设管理科，并于全省扼要路段，分设交通管理站，管理站之上，设交通管理所及分所，担负就近督导该管区内各站推进业务之责。交通管理制度，于是始称完备，其工作方面约分以下诸项：

（1）汽车肇事统计

自民国二十年至三十年十月止，统计汽车肇事案件九百二十四件，就中以二十二年至二十四年为最多，计二十二年为一百八十三次，二十三年为一百二十三次，二十四年为一百一十二次。自二十五年至二十九年因改善管理，力谋防止，是以顺次逐渐减少。本年则仅为二十六次，实历来最少之记录。

（2）汽车驾驶人及技工之管理

关于驾驶人及技工登记考验，办理极为慎重，领照后每年举行审验一次，自二十四年至三十年，共发各项执照五五七八枚，凡未领执照之技工，概予取缔。

（3）汽车登记及检验及核发牌照

自二十五年起，核发牌照，凡申请登记之车辆，检验合格者发给牌照，不合格者饬修理复验，如再不合，即予取缔，历年发出各种车辆牌照之数字，以二十九年换发统一牌照时之数字为最大，计一千二百六十二枚。

（4）征收养路费

本省公路征收养路费，开始于二十四年秋，原名互通捐，适二十八年奉行政院令改名通行费，二十九年后复奉令改名养路费，二十六年以前，每年收入约为一千余元，至二十七年增至三万四千余元，二十九年成立管理科，增为二百二十六万余元，本年因商车减少，收入仅为一百四十余万元，此项收入，根据原定办法须完全用于养路，惟以物价高涨，养路经费支出浩大，故不敷之数，仍由本处营业经费收入项下设法弥补，并请中央补助。

2. 管理商车协助军运

战时交通，首在交通工具之管制严密与运用灵活，自浙赣铁路中断，本省公路之运输，骤形繁重，而军运尤属重要。本处车辆无多，知非利用民间交通工具，不足以应战时需要，适将货运专营权，局部开放，鼓励商民设行营业，藉以充实战时运输力量，俾于紧急征调时可资供应，以往各军事机关调用车辆，向由本处在自用车辆内调派，至军运紧张不敷调遣之时，即非租用商车不足以资应付。故经计划组建输值军运商车队，输值应差。每一大队分三中队，每一中队分三分队，每一分队编车五辆。现已编成七大队，记有商车三百一十五辆。各商车经本处解释劝导并优给相当代价，均能踊跃应租，故军运得以畅通，如二十九年十月间，承运军政部交通司汽油一万大桶，经调全省车辆，于一月征之期限内完成任务，承军政部何部长电本省熊主席转令嘉奖。此非预有准备，则遇有此项紧急及大量军运势必至于贻误。至于限制汽车放空行驶，管制经受汽车公司商行及修理厂行，统制购售运输汽车材料，虽均办理未久，亦皆具有相当成效，抗战四年来全省军公商运，绝无紊乱情形，未始非交通管理之得力有以致之也。

三十年来中国之市政工程·北平之市政工程

一、概　　述

北平为我六百余年之国都，虽迭经政变，一切建设，未受重大摧毁，所有庄严之宫殿，巍峨依然，秀丽之苑圃，景物仍在，至于坛庙建筑，结构之奇，今尚可考，名山胜迹，风景之美，与昔无殊，凡此精妙造作，皆我四千年艺术结晶之遗品，西籍人士之来观光上国者，莫不交口称赞，誉为东方之罗马。鼎革以还，都市建设，日新月异，文物整理，未闻朝夕。故年来虽内忧外患频仍，而北平地位，仍能见重国际，虽曰创造之功，实亦维护之力。战后都市建设，国际均极重视，尤以我国建都问题，几为近来争论焦点，平市居于全国之关键地区，姑无论是否建为国都，均值得国人锐意经营，论不价值，约有三点：

一曰国防重镇。北平为控制东北之咽喉，人所尽知，北平复为控制西北之枢纽，则人鲜注及，论控制西北者，均注重西安，以完成陇新铁路为控制工具，实则控制西北，不若绥新铁路之重要。因陇新铁路为国防内线，绥新为边防外线，吾人欲固边防，当重外线，明成祖建都燕京，经略朔漠，恒以长城内外为角逐之场，将全国武力重心，置之边疆，胡人不敢内视。故以西安控制西北不若以北平控制西北，实边戍边，策全力以扼制外围之较为得计。似此则战后之北平，无论是否建为国都，其为国防重镇，实无疑议。

二曰文化中心。北平气候适宜接近名胜风景之区，多为学校所在地，适于读书，更宜研究。战前各级学府林立，计国立私立大学及专科学院，竟达数十校之多，二十四年统计，中等学校有六十九，职业及补习学校六十七，初等及民众学校凡二百九十一，文风之盛，为全国任何都市所不及。此外，尚有中央研究院、北平研究院、北平图书馆、历史博物馆、地质调查所、故宫博物院等，环境至优，谓之文化中心，谁曰不然。

三曰游览都市。平市规模宏伟，建筑庄严，景物秀丽，气候宜人，早已蜚声中外，公认为国际游览之名都，勿待词赘，一切游览之现代化设备，尚多缺欠，正待于将来之努力。

综上三点，战后之北平，实值得吾人一志经营，一切建设，固应配合国防，而文化精神之所寄，游览设备之所急，农工商业之所需，一切公共建设之所重，革故鼎新，经纬万端，时代要求，今昔迥异，尤宜远稽欧美宏规，近体战后国情，导之以现代化，督之以标准化，是则有待于工程硕彦，精思擘划，共竭全力以图之者矣。

著者昔日曾从事平市工务，检讨既往，实所以应来兹。爰将三十年来平市工务机构之沿革，各种工程之改进，以及旧都文物之整理等，择要简述，以就正于工程同好，尚望究其得失，有所见教。

二、北平市工务机构之沿革

平市在前清时代，一切修缮工程，多由内务府主持。清末庶政维新，成立京师警察厅，专事修筑马路、疏浚沟渠及修缮建筑等工程。鼎革后，初则率由旧章，嗣即成立土木工程处，职掌范围，虽有扩大，然见诸实施者，亦不过展修马路，整理沟渠修缮市内建筑而已。继见于东交民巷使馆界内之一切设施，整饬严肃，有条不紊，反观我首善之区，道路不治，里巷狭隘，大街市集，杂乱无章，相形之下，能不奋起。乃将土木工程处组织扩大，成立督办京都市政公所，设督办坐办各一人，督办由内务总长兼任，坐办初由土木司长兼任，嗣即另派专人负责。督坐办以下，设立四处，各设处长一人，三四两处，均主管工务。第三处置设计、测绘、考工三课，第四处置工务、材料、稽核课三课。此外，另设材料厂、工程队，直隶第四处。十五年北政府以国库不裕，度支维艰，相议减政，遂将原有四处裁并为行政工程两处，将第三处原有之考工课，改隶行政处，工程处则设设计、工务、稽核三课，原有之测绘课，改设测量队，直隶工程处，材料课合并于材料厂，工程队仍旧。十六年增设修理厂，专事修理压路汽碾及洒水运料汽车等事。

十七年夏北伐成功，取消督办京都市政公所，成立北平特别市政府。市府以下，分设工务、公安、教育、土地、财政、公用、社会、卫生等八局。工务局设置五科，第一科主管总务，第二科主管测绘、设计。第三科主管施工，第四科主管建筑审查，第五科主管取缔。材料厂改为库务股，修理厂改为车碾股，连同工程队，均隶属第三科。市府方面亦设技术专员，审核并指导各局技术工作。

二十年，改特别市政府为市政府，将土地、公用、教育、卫生四局取消，而将土地并入财政、公用、教育、卫生并入社会，市府秘书处，除设科股外，亦曾酌设技正一人，技士、技佐各若干人，办理技术行政事项，工力局则取消第五科，而以其职掌并入第四科，其余如库务、车碾两股及工程队则仍旧。

二十二年夏，市府秘书处正式设置技术室，复成立卫生处，旋又恢复卫生局下设四科，当时工务局亦设四科，职掌仍旧，兹将当时工务局组织表，附列如次。

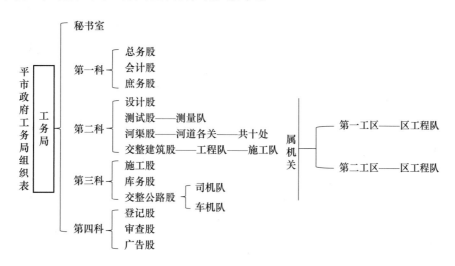

二十四年元月，成立旧都文物整理委员会，同时并成立北平市文物整理实施事务处，专事文物整理工程之设计与实施。实施处设正副处长各一人，处长由市长兼任，著者适于是时权理平市，兼任副处长，本文（四）所述旧都文物整理，皆系当时督导各级技术人员所作，至今思之，尤觉神往。

三、北平市政工程之改进

（一）综述

北平在民国初年京师警察厅管理市政工程时代，除东交民巷外，仅东西四牌楼南北大街东西长安街、前门大街、户部街、东直门大街等处，展修宽不足十公尺之石渣马路外，其他大小街道，或为土路，或为坑坎不平之石板道，所谓无风三尺土，有雨一街泥，非过言也。彼时犹以前三门瓮城门洞，过于曲狭，车辆出入，拥挤不堪。自督办京都市政公所成立后，竭力展修石渣马路，开关各城门洞，拆去旧有瓮城，以瓮城墙基地面，展修左右两条马路，出进分道，交通顿感便利。至于修筑沥青路，则以民国九年冬展修西长安街新华门前一段为开端，以后历年亦逐有增修。至测定内外城水平基点（依据大估口水平基点）规定建筑房基线，展宽街道路面，取缔商店住户建筑，注意于市容及安全两点，整理干支沟渠，疏浚前三门护城河，辟建各处公园，培植道旁林木，筹设各处菜市，开辟各处商场。诸端年年皆在进展之中，然而进步迟缓，所有举办各项工程，不免头痛医头，枝节零碎，究其症结所在，不外下列两大原因：

（1）市政督办由内务总员兼任，民国成立后政潮迭起，内务总长年易其人，每任督办到职，莫不改弦更张，重拟市政计划，未及执行，而新任又到，全盘推翻，以故设计者疲于奔命，建设成绩，仍难表现，总之市制不良。市政机构未能健全，实为致厉之阶。

（2）在督办京都市政公所时代，市之收入，极不充裕，即有整个计划，亦决难促其实现，而每任督办，因内务部经费支绌，恒藉市政收入，为挹注来源，致使较大工程，无法兴办，北伐成功以后，北平特别市政府成立，市长改为专任，五年之间，虽经两次改变，市长亦易其人，而市政工程，已较前大有进步，所有重要街道，多于此时展修为石渣路或沥青路面。迨至二十二年长城战役以后，在驻平政务整理委员会监督之下，市政建设，始获导入正轨，严督府局工作人员，殚精竭虑，革故鼎新，对于人力、财力，极谋充实，对于技术行政机构，力求改进，期以合理化的组织，科学化的管理，推动一切工程进行虽为期仅两年有余，而突飞猛进之成绩，超越过去任何时期。特将当时市政改进情形，简要叙述如下：

（二）道路工程之改进

当时对于平市道路之改进，曾注意下列八项：

1. 改善道路系统

平市原有道路系统，支干相属，极不整齐，惟缺乏对角孔道，于交通上不无缺憾，经缜密考虑，在未能彻底改善之前，先将汉花园猪市大街间之阻碍打通以期与文津街及景山前街连成一气，作为东西城北部之重要交通线。

2. 确定养路经费

因旧路之保养，较之修筑新路，尤为重要，比经规定石渣路面，每年补修二次。每五年至十年翻修一次。沥青路平均每年修补一次，每五年至十年泼油一次，约二十年翻修一次。

3. 绘制道路标准图

① 绘制车马道及步道标准图，计分道路宽度标准图，与各种道路构造标准图两种。② 规定路角弧半径之标准图。

4. 改善筑路时之交通规定

两种改善办法：① 宽阔及交通繁盛之道路分左右两半修筑。② 窄狭道路，应于修筑时，规定绕行路线。

5. 增购筑路工具

计增购压路汽碾六架、筑路机一架，修筑沥青路应用之活动油锅。喷油机及修补油路时应用之人力火碾数种。

6. 训练筑路工人

对于原有筑路工人，分批加以训练，灌输工程常识及最新筑路技术，避免墨守成法，而知所改进。

7. 改善四郊道路

除将原有石渣路加以整理，逐步分期添设旁沟，以利排水外，并提倡调用民夫，修筑乡道土路。

8. 改善各游览路线之交通

北平即成国际性之游览都市，所有直达各游览地点之道路，自应尽量改为高级路面，以利交通增壮观瞻。

基于上述八项将当时筑路成绩列表于后：

二十一年至二十四个年度内修筑各个道路统计表　　　　　　（单位：平方公尺）

项目		二十一年度	二十二年度	二十三年度	二十四年度
沥青路	展修	984.00	20,909.70	47,329.61	63,392.41
	改修	47,974.00	119,85.14		
	翻修		2,321.00		
	补修	20.00	7,998.13	6,003.90	2,525.73
	罩面	2,501.00	40,543.80		
混种沥土青路	展修		9,714.60	21,500.00	5,614.16
	改修		5,430.00	11,611.20	
	铺修		990.15		
石渣路	展修	9,271.40	15,640.85		
	翻修	58,244.45	82,228.20	33,148.03	56,656.84
	补修	64,269.20	440,115.15	112,746.77	150,396.95
	走压	325,311.26	86,036.90	130,694.00	135,837.47
	平整	90,088.24	7,743.00		
土路	修筑		413,970.46	340,996.40	165,085.00
	平整	233,192.05	83,386.10	153,549.80	305,939.06
砖路		1,138.53	2,907.84		
焦渣路		6,167.88	1,213.00	23,786.50	4,167.00
石板路		3,459.09	1,611.21	1,825.97	7,977.07

二十四年至二十五年修筑游览路线内各种道路统计表

项别	原有路面	全路长度（公尺）	改修沥青路面积（平方公尺）	改修石渣路面积（平方公尺）	路旁石板道（平方公尺）	过街石板道（平方公尺）	附带修缮工程			备注
							改修石白桥梁（座）	前项桥梁下添修涵洞（道）	添设水井（眼）	
（一）西直青龙路西直门至农事试验场段	土路	1,366.00	8,775.00							内有农事试验场门前广场添修沥青路面704平方公尺
（二）西直青龙路农事试验场至松泉寺故址设										此段尚未完成故不列数字
（三）西直青龙路松泉寺基址至颐和园涵虚牌楼段	石渣	5,998.80	8,071.79		6,522.55					
（四）永定门至大红门	土路	3,080.60		15,403.00					7	
（五）地安门内大街	石渣	458.10	6,685.08	1,603.35						此段因路幅较中间故修沥青路两旁仍为石渣路

续表

项别	原有路面	全路长度（公尺）	改修沥青路面积（平方公尺）	改修石渣路面积（平方公尺）	路旁石板道（平方公尺）	过街石板道（平方公尺）	改修石白桥梁（座）	前项桥梁下添修涵洞（道）	添设水井（眼）	备注
							附带修缮工程			
（六）南北长街	同	1,593.00	14,814.90		123.00					
（七）外交部街西段	同	345.00	1,897.50							
（八）景山东大街	同	538.00	6,536.70							
（九）景山西大街	同	558.50	4,412.15							
（十）景山北大街阜成路	石渣	475.30	5,970.90							
共计		14,413.30	77,164.02	17,006.35	6,522.55	123.00	1	11	11	

（三）沟渠工程之改进

当时对于沟渠之改进分治标、治本两个办法：

1. 治标办法

治标系应一时需要，以疏浚旧有沟渠为主，平市工务局成立有沟工队，专事掏挖明暗沟渠，同时并作改进全市沟渠之设计准备。至于掏挖各种沟渠之施工成绩，列表如下：

二十三年七月至二十四年六月修砌及掏挖各种沟渠工程统计表　（单位：公尺）

项目	暗沟 修砌	暗沟 掏挖	明沟 修砌	明沟 掏挖	支沟 修砌	支沟 掏挖	过街沟 修砌	过街沟 掏挖	缸管支沟 修砌	缸管支沟 掏挖
计	2,484.13	40,470.00	343.80	6,267.00	45.40	258.80	40.40	281.00	1,020.51	43.00
七月	109.93	2,845.00	97.80	1,030.00	—	86.00				40.00
八月	671.15	4,790.00		350.00	9.00		6.00	130.00	34.30	
九月	12.70	3,042.00		124.60					18.10	
十月	146.82	3,512.30		136.40	17.40		6.80		18.40	
十一月	280.30	4,261.00			19.00	149.00	27.60		238.45	
十二月	339.60	5,047.00				20.00			80.90	
一月	202.75	3,772.00	96.00							
二月	280.93	2,609.00	90.00	72.00				151.00	5.50	
三月	92.05	3,485.70	50.00	4,548.00					20.00	
四月	128.00	1,962.00				3.80			49.44	3.00
五月	12.90	1,100.00	10.00						312.60	
六月	207.00	4,044.00							235.92	

2. 治本办法应统筹全局，拟具整个计划

当时曾拟有《北平市沟渠建设设计纲要》，及《污水沟渠初期建设设计原则》，是采用分流制，即整理旧有沟渠，以宣泄雨水，另建新式沟渠以排泄污水，上述两文已发表于中国市政工程三十二年年刊中，兹不赘述。

（四）河道之整理

整理河道之治本办法，有两个步骤：① 勘测，② 根据勘测结果，拟具整理方案，然详细实施计划，当须再经精确测量与估算，自非短促时期所能办竣。治标办法惟有先将淤塞较甚之河道，择要挑挖。

1. 挑挖河身

二十三年度经将淤塞较甚之左安门外至广渠门外，及大通闸至二闸两段河身，挑挖完竣。

2. 河道之勘查

此项勘测与调查工作，系于二十三年春办竣。勘测与调查结果，对于"水道之统计""流量之分布"，整理之主要目的，获得精确之认识，可资为草拟整理计划之根据。

（1）水道之系统。平市以玉泉为水道总源，山麓共有八泉，计为"涵漪齐""进珠""第一泉""裂帛""试墨""静影含虚""永玉""宝珠"等，八泉之外尚有多处小泉，惟不如此八泉之头著。各泉出口以后，支干纷歧，湖泊在望，水闸之数，多至百余。至下游分支，约可分为八个系统：① 高水湖，② 新闸河，③ 养水湖黄金河，④ 昆明河，⑤ 长河，⑥ 城内水道，⑦ 护城河，⑧ 城东水道。

（2）流量之分布。玉泉水源之出水量与雨量之多寡，至有一是夏季雨水较多，出水量亦多，冬季之出水量较少。兹将玉泉水源之出水量与各方流布之数，及长春左岸八涵洞之泄水量，列表如下，其他从略。

玉泉水源流量分布表

玉泉水源之出水量		水出泉源后向各方流布之数量		长春桥左岸八涵洞之泄水量	
地点	流量（每分钟立方公尺）	地点	流量（每分钟立方公尺）	地点	流量（每分钟立方公尺）
涵漪齐水		水城关南口	0.5	第一洞	8.7
进珠泉	84.8	第一泉南闸	57.5	第二洞	19.4
第一泉		第一泉北闸	26.8	第三洞	11.6
裂帛湖	18.3	裂帛湖响闸	18.3	第四洞	4.4
试墨泉	1.7	试墨泉小闸	1.7	第五洞	32.1
静影含虚		五孔闸	9.8	第六洞	6.8
永玉泉	15.7	五孔闸北小闸	5.9	第七洞	现时堵塞
宝珠泉				第八洞	现时堵塞
共计	120.5	以上七处除五孔闸直接流入萧家河外，余均流入昆明湖，每分钟共约110.1立方公尺		73.0	

（3）整理之重要目的北平水道流量，患少不患多，玉泉以下，多系水田，地势倾斜，全赖各闸阻水，洪水若至，只须将下游闸板提起，一二日内，即可泄尽，绝不至溃决成灾，惟当天气久旱，水源减弱，流泄不畅，则各处均感缺水之苦，故整理水量之主要目的。惟在蓄水而已。

3. 整理计划

根据以上所述，整理平市水道，仅在通源畅流，筑闸坝以操纵水之分配，使水流之方向数量，悉听人意，均能保持相当之水位高度即可兹连其应施之工作如次：

（1）玉泉山疏浚各泉增添闸板。

（2）昆明湖添换闸板，疏浚出入口。

（3）金河加宽浚深。

（4）长河改建闸关，疏浚河身。

（5）护城河疏浚各河河身，添换闸板，修补河堤。

（6）城内水道修理铁棂闸，疏浚各水道，废去北海土坝，添修滚水坝。

（7）整理西苑六郎壮巴沟，带水渠。

（8）修理或改建沿河各闸。

（五）自来水工程之改进

1. 设备

北平自来水创办于光绪三十四年，初期集资二百七十万元，建筑孙河镇与东直门两水厂，系以平市东郊孙河之水为水源，供给平市之需，尚称足用。孙河水厂办理沉淀、过滤等清洁工作，继由四百公厘水管两道，送水至东直门水厂，东直门水厂设有高五十二公尺之水塔，增加送水压力，及水质化验室及杀菌设备。水经加消毒剂杀菌设备后，即藉升水机之力，由内外敷设之送水支管，送达城内，以供饮用。

2. 整理成果

（1）关于设备者。① 添筑每日出水量八百立方公尺之沉淀池。② 补充 0.2～0.4 公厘之细沙。③ 添设洗沙机及加矾机。④ 补充化验设备及添设微菌检验仪器。⑤ 东直门水厂添设温透勤氏自动记载水量表。⑥ 筹设孙河厂之备用电动抽水机及东直门水厂改装电机。⑦ 扩充八十公厘与一百公厘配水管。⑧ 增加消防水栓。⑨ 整理配水管，补设水门盖与卡子盖。

（2）关于技术者。① 充分利用孙河水厂吸水机房之抽水机，缩短沉淀放水时间，增加沉淀时间。② 充分利用过水圆池、沙滤池及清水间之设备，恢复其固有效能。③ 加矾及加消毒融液量，均按化验结果，以定增减。④ 设置孙河水之测量站。⑤ 随时调查统计意料中之水量消耗，并考察水量损失之原因。⑥ 补制各种设备图样及管线图。

（六）电灯厂工程之改进

1. 设备

北平电灯公司，系完全商办，额定资本六百万元，实收四百五十万元，截至民国二十二年，负债约六百万元，公债金约六十万元，总计资产约值一千一百四十四万余元。所设发电厂，分新旧二处。旧厂建于前清光绪三十一年，厂址在前门内顺城街，内设三百三十基罗瓦特，五千二百伏，五十周波；三相发电机一座，九百四十开维爱，五千二百伏，五十周波；三相透平发电机二座。锅炉房设拔柏葛锅炉六座，新厂建于民国九年，厂址在石景山永定河畔，内设发电机四部，计三百四十基罗瓦特，发电机一座，二千基罗瓦特，透平发电机一座，发电之程序，均为三相，五十周波，电压均为五千二百五十伏尔特。厂内设拔柏水管锅炉十二座，凝汽缸所用之循环水，是直接引用永定河水，稍加沉淀，即抽入凝汽缸内，雨季河水暴涨，往往将水渠凝塞，冬季河水冻冰，亦易发生障碍，以致难免发生停电之虞。

2. 改善事项

（1）改良石景山发电厂凝汽缸所用循环水之供给，以免发生停电情事。

（2）根据已定计划，及建设委员会所颁布之屋外供电线路装置规则，将全城路线，完全改善妥当，以增进市民享用电气之利益。

（3）改进发电设备，减少浪费之燃料，并低减电价。

（4）遵照电气取缔条例之规定，将应备之校验器具，购置齐全，使校验得以准确，并分期校验用户电表。

（5）推广电热、电力等用途，增进市民享用电气之利益。

（七）电车工程之改进

1. 设备

北平电车公司，是官商合办，资本四百万元，实收三百八十五万元，创办于民国十年，于十三年通车。发电厂设于通州西岸，内设发电机三座，计一千八百开开维爱透平发电机一座，九百开维爱透平机二座，发电之程序，均为三相，五十周波，电压为五千二百伏尔特，锅炉房内，安置拔柏葛水管锅炉三座。修理厂及存车厂设于崇文门外法华寺，存车厂约可容一百二十辆，现有车辆计机车六十四辆，拖车三十辆，修车厂设于存车厂北，厂内分机工、电工、木工、油漆、锻铸各部，机器尚称完善，普通车上零件及轴轮等，皆可自行修造。

全城车路共有六路：天桥至西直门为第一路双轨；天桥至北新桥为第二路双轨；西四至东四为第三路双轨；太平仓至北新桥为第四路单轨；崇内至宣内为第五路双轨，但西单往南一段为单轨；崇外至和平门为第六路单轨。全城车路线共长 28.9 公里，内单轨 12.4 公里，轨道总长 45.4 公里，所用铁轨，每公尺重 47.775 公斤。

2. 改进事项

（1）添购变流机，作为备份。

（2）沟通彰仪门、宣武门、阜城门、朝阳门等各城门与城内各处之交通，以增进市民出入城之便利。

（3）添置车辆。

（4）将轨道路基，完全添筑钢筋洋灰基础，减免从前损油路路面之弊。

（八）改进行道树之种植

1. 已往情形

平市重要干路之步道，多半狭隘，房基线退让无期，不能另划植树地带，而马路两旁又多为载重大车道，树根易为车轮震动，难期发育，又原有先农坛苗圃，规模太小，育苗无多，致每年种树，多购自苗商，苗本极不健全，自难期其成活。

2. 改进事项

① 扩充苗圃面积，使播种及移苗地段得适当分配。② 选定种树，由苗圃自行播种移植，并随时加工整理其树容。③ 规定植树苗之年龄。④ 规划植树地带，至少二公尺以上，带内每植一树，外种二公尺见方生活力特强之花草，藉以流通空气。⑤ 改进种植方法，于植树前挖一长二公尺半，宽深各一公尺之坑，坑内土壤，全部更换，其原有土质较佳者，亦宜捣碎过节，别去瓦砾，补充良土。掘移树苗务尽全力保护树根，并须随移随植。

（九）公园建筑设备之改进

1. 开辟情形

平市公园，以中山、北海、中南海及颐和园为最著。中山公园开辟最早，北海公园系十四年开放，中南海及颐和园是民国十七年划归市府开放。以上四园，均为平市名胜古迹，景物秀丽，开放后一切建设，日有进步，为便利游人计，更当力求完善。

2. 改善事项

① 北海公园，增植花木，添辟道路，安置沿海铁栏杆加修各岸码头。② 中南海公园，改善原建公共

游泳池，增建公共体育运动场，并筹设公共图书馆。③ 中山公园，增建长廊。④ 颐和园规定导游办法，印制园图，装设安全电灯，以便稽查，归并保管各库，一一储藏，改善陈列馆陈列办法，以便参观等，均卓著成绩。

（十）其他市政工程之改进

以上所述，不过择其重要者，简志八项，他如取缔公私建筑，规定筑路征费办法，实测城郊地形图，取缔市街广告，改良市内井水，筹设平市屠宰场，增建各城荣市，运除城内秽土，改良垃圾收集制度，改善运粪工具，改良公私厕所，增加洒水汽车，增设市营公共汽车，整理平市土地诸端，无不积极进行，皆有良好成绩表现。

四、旧都文物之整理

（一）缘起

北平自金元建都以来，已六百余载，其宫阙苑囿、坛庙祠宇、碑碣壁画、雕刻塑像，俱有历史文化上之价值，以故各国人士群相称赞，惟年久失修，渐有损坏，市府为保存文物，使北平成为世界文化都市，并引起国际注意起见，乃于二十三年冬，拟订北平文物整理计划，呈请行政院驻平政务整理委员会核示，旋由会呈奉行政院核定，旧都文物整理委员会遂于次年一月十一日成立。

（二）工程实施

整理文物工程由北平市政府设置北平文物整理实施事务处，负责执行，该处系于二十四年一月十六日成立，旋即开始进行整理工作，第一期工程，是自是年一月起，至二十五年十月底完成。兹将各项整理工程，择要叙述如次：

1. 整理天坛工程

天坛是圆丘、祈穀两坛之总名，缭垣两重，俱前方后圆。外垣有坛门二，中隔横墙，即两坛之界限，内垣各建四天门。在第一期整理者计有：

（1）圜丘坛。该坛是明嘉靖九年建，乾隆十四年重修，以坛上张幄次及陈设祭品处过狭，乃按照《光绪会典》所载制度，将三层坛面展宽，坛面墁砌及栏板柱子皆青色琉璃，亦照原制。改用艾叶青石，并将所有坛面墁地石块、栏板柱子、台阶、须弥座、棂星门、内外墙垣、甬道、地面等，一律添配新料修理完整，以壮观瞻。

（2）皇穹宇。皇穹宇在圜丘坛之北，明嘉靖九年建，为尊藏皇天上帝及配位神版之处。其制形圆，八柱旋转，上覆重苍，安金顶，左右庑各五间，周有围垣门三，南向因年久失修，经将所有房顶及下部须弥座、栏板、台阶、门窗、格扇、磨砖墙身、槛墙、殿内墁、石地面等，一律添配新料，修补完整，外檐全部油饰见新和玺做法，内檐找补整齐。

（3）祈年殿。该殿建于明永乐十八年，名大祀殿。乾隆十六年始更名祈年殿。光绪十五年八月，殿为雷火焚毁，瓦木无存，十六年议重建，二十二年竣工。距修缮之时，虽不过四十年，惟失于修理，瓦木石各活，均有损坏，油饰彩画，亦残缺不堪，经将大木、瓦顶、格扇、槛窗、抱厦、檐柱、槛墙、殿内墁石地面、琵琶栏杆、台阶、栏板柱子、须弥座、台面、墁地及院内地面等，一律添配新料，修理完整，外檐全部油饰见新和玺彩画，内檐找补完整，全柱及重檐金柱，油饰贴金。

（4）祈年门。建于明永乐十八年，嘉靖十九年改名大享门，乾隆十六年始改名祈年门。门是五楹，崇基石栏，式样庄严，工料精巧。因年久失修，经将瓦倾、天花、斗科、陛匾大门、墁地方砖、甬路、栏托、台阶、须弥座等，一律增添新料，修缮完整，内外檐全部油饰见新和玺做法。

（5）其他。各处祈年东西配殿及围墙，祈年门之南砖门及成贞门、皇乾殿、祈年殿东西砖门、祈年殿外墙垣及角门三座，天坛北坛门及西天门等处，均因年久失修，一律添配新料，修理完整，所有各处内外檐及上下架，亦照原有式样，油饰彩画见新。

2. 角楼及箭楼修缮工程

（1）内城角楼。北平内城四隅角楼，结构精巧，式样庄严，建于明永乐十五年，楼制三层，为曲尺形，封檐列脊，皆为绿色琉璃，四面砖垣，炮窗四层。西北角楼，毁于清光绪庚子年间，东北西南两隅角楼，亦因失修坍塌，均经拆去。惟东南隅楼，光绪庚子联军入城，复为炮火损坏，迄未补缮，以致倾圮日甚。经添配木料砖瓦，照原有制度，修理整齐，并将内外檐上架门窗，一律油饰彩画见新。

（2）西直门箭楼。西直门箭楼七楹，系重檐七檩，歇山式。因年久失修，虽大木残坏尚少，而檐角下垂、楼板、楞木、楼梯、栏杆、炮窗、雨榻板等，失去甚多，虎座坍塌，已有四间。均经分别添换材料，修缮完整，并油饰彩画见新。

（3）皇城角楼。皇城内有禁城，旧名紫禁城，凡四门，南曰午门，北曰神武门，东曰东华门，西曰西华门。城墙四隅，皆有角楼，建造精巧，系重檐歇山式。汉白石须弥座。年久失修，经将所有瓦顶、槛墙、台阶、角石等，一律修理完善，并油饰彩画见新。

3. 各处牌楼修缮工程

北平重要大街，均建有牌楼，惜皆木质不能耐久，东西单牌楼，因损坏过甚，于修筑电车路时，均已拆去，其余如正阳门外五牌楼、东西长安街牌楼、东西四牌楼、金鳌玉蝀牌楼、东交民巷及西交民巷牌楼、颐和园宫门外涵虚牌楼等共十六座。年久失修，柱子糟朽下陷，额枋亦多断折，均经全部拆卸，照原样次第修复。为保存永久计，所有各牌楼柱子及大小额枋，均改用钢筋洋灰筑成，并照原样油饰，金线大点金彩画。

4. 各门修缮工程

本期修缮者，计西安、地安及新华三门，该三门地当冲要，有关市容，乃将瓦顶、门窗、台阶、地面、墙身等损坏之处，一律修缮完整，油饰见新，以壮观瞻。

5. 颐和园界湖桥等修缮工程

该园自移交市府接管后，已将园内修缮一次，惟东西堤界湖桥、绣绮桥、玉带桥、半壁桥等处，间有损坏，于游人殊多不便，乃将各桥石质桥面、栏板柱子、抱鼓、地伏石、仰天石等一律修理完整。

6. 明长陵修缮工程

明陵在昌平县天寿山，诸陵中以长陵最为宏丽，正当天寿中峰，有祾恩门及大享殿，殿长二十丈[①]，宽十丈，凡九间，三十六楹，楹皆楠木，大几二人合抱，殿北即宝城山隧道上登，周约二里。中外人士，无不争往一游，惟年久失修，琉璃瓦件，散失大半，而全陵殿宇甚多，工程浩大，一一修复，实非易易。乃将明长陵先予修理完整，油饰彩画一新，其余诸陵，惟俟之将来。

以上所述第一期修缮工程，以视室内全部文物，不过十之二三，旋因敌寇侵略益急，局势日非，未能竟其全功，实深遗憾。现已胜利在望，收复可期，深望继起之士，克尽全力，完此未竟工程，以保存数百年来文化遗物，则幸甚矣。

----

① 编者按：一丈等于 3.33 米。

五、尾　　语

　　北平为国际之游览名都，亦国防之重镇，文化之中心。战后建设，自应向郊区发展，作有计划的疏散布置，使各项建设，均能切合各方面之实际需要，及新时代之各种要求，藉以增高国际地位，维持名都永久令誉。本文范围，在追述既往，新北平计划，虽不便赘述，然以其关系将来平市之发展，应集思广益，预加研究。兹提出重要各点，就教于国内工程硕彦，幸垂察焉。

　　北平既为国防重镇，将来新北平计划，国防工程应如何筹设，空防工程应如何建设，特种计划，胥赖特种技术专才，此不能不希望国内专家注意研究者一。平市历代建都，名贵艺术，壮丽建筑，钟会一地，盛极一时，值此新旧交替之际，既不宜违反时代，墨守成规，使一切新建筑，概行仿古，又不应东施效颦，尽仿西制，将来新北平市建筑，风格应如何改作？法式应如何规定？此不能不希望国内专家注意研究者二。北平既为游览都市，游览区域所需各项建设，游览旅客所需各种设备，均应力求完善，以壮观瞻而臻便利，此项国际游览建设计划，应如何设计？此不能不希望国内专家注意者三。北平四郊土地，多是人民私产，战后平市建设，既以向四郊发展为原则，所有一切公私建筑，使用土地面积必广，将来对于使用土地办法，应如何规定？以期公私两便，不碍计划执行，四郊发展之分区计划，田园农林地带之新理想如何配置而实现，此不能不希望国内专家注意研究者四。建设经费，为执行计划之根本，建设经费之来源，应预为筹划，如创设市政银行，吸收战后游资，举办土地抵押，发行建设公债，以及征收筑路费、沟渠费。暨土地增益税等，皆为财源之一例，将来究以采用何种方法，最为适当无弊，此不能不希望国内专家注意研究者五。上述各项，倘由中外专家，各尽所长，悉心研究，作一通盘计划，以为将来建设张本，则事半功倍，收效必宏。谨于编末，略志期望之忱，至于如何促其实现，惟有俟于将来负责之当局与执事之专家。

公共工程之范畴、任务及政策

一、序　论

美国 1929 年开始的经济恐慌，到 1933 年达到最高潮。罗斯福总统乃施行"新政"，以图挽救。颁布了许多新律，即所谓《复兴法案》，设立了国家复兴署及其他执行法案的机构。举办大规模的公共工程，以消灭失业，为恢复经济繁荣的重要政策之一，故设公共工程署（Public Work Administration）专司其事。公共工程署经办的长期而规模最大之事业是泰内西河工局（T.V.A.），包括林垦、治河、水电及化学工厂等项，投资在七万万美元以上，工程经过十年，至 1944 年始大部告竣。这是政府大规模兴办公共工程之滥觞。

美国国家资源设计局，1942 年 10 月发表的第七号专刊，论国际经济发展中之公共工程问题，为公共工程立界说如下：

（1）由政府或公众主持监督或协助的工程；

（2）长期建设性质的工程；

（3）用公款或受公款补助的工程；

（4）以增进大众福利为目的之工程。

同时说明"公共服务"（public service），如办理社会福利之社会事业，及"公营事业"（public enterprise），如政府经营之生产及运输等经济事业，皆不属于公共工程之范围。

依此界说，公共工程即公共建设事业，可以包括林垦、水利、交通、工业、市政等一切建设在内。在自由经济制度之英美，由政府举办的建设事业向来极少，所以包括的部门虽多，而事业的范围并不广。社会主义的苏联，国家一切建设，无不以公款公营。实行民生主义的我国，现时私营事业已渺乎其小，将来公共建设事业，必然以节制私人资本发达国家资本为准则，因此，不但上项界说的一、三两点失去作用，即第二点亦不足确定其为公共工程之要素。惟第四点"以增进大众福利为目的之工程"，才是国际间共通的公共工程之特质。

二、公共工程之范畴

我国之公共工程，固可适用"增进人民福利为目的"之一原则，惟仍嫌其笼统而欠确切。就实际生活之体验，其直接增进人民福利之公共工程，是以"住"的问题为核心的。《实业计划》第五计划第三部《居室工业》中曾说："居室为文明之因子，人类由是所得之快乐，较之衣食更多。改建一切居室，以合近世安适方便之生活方式，为本计划最大企业。"以居室为发轫点，集若干居室于一处，就需要通路，于是有道路工程；每一居室皆需要净水，排泄污水，于是有给水与沟渠工程；每一居室皆需要光与热，于是有电力、煤气等公用事业之工程；若干道路相连，就需要加以规划，于是有"市计划"；在市的内部，居民需要社会与文化生活，于是有公园、运动场、图书馆、娱乐场、商场、菜场等之公共建筑工程；市区之内与两市之间，居民要有来往货物需要交换，于是有车站、港埠、航空站等之交通工程。

以居室工业为核心，增进人民福利的工程，就是我国今后公共工程的范畴，再具体的规定，可以包括以下六个项目：

（1）市乡计划：市区与乡区之测量、调查、设计等。

（2）交通工程：街道、桥梁、车站、码头、飞机场等。

（3）卫生工程：给水、沟渠、浴室、屠宰场等。

（4）建筑工程：居室、官署、学校、医院、图书馆等。

（5）公用事业工程：电车、轮渡、电厂、煤气厂等。

（6）特种工程：公园、运动场、公墓、防卫工程等。

上述公共工程的六个项目，大体上皆可归纳在市政的范围之内，那么为何不称为"市政工程"，而名之曰"公共工程"？

按我国现行政制，十万人口以上聚居之地区，称之为市。地方政府是以"县"与"乡"为主，不过中间又加上一个"镇"，其实就是小市。这是我国地方行政制度尚待研究的问题。在工业先进国，地方政府是以"市"为主体，美国二千五百人以上的地方皆称为"市"，市人口占总人口的56%。英国的"市"没有法定人口的限制，人口在四百以上者就有市政设施，市人口占总人口的80%以上，在英伦南部，市与市密密的接连成一片。我国一般人则认为市是指大的都会，这种观念一时不易改正；且乡村人口占多数，乡村物质建设极为重要，点的市政工程，不能包括面的乡村建设，故以综合性之公共工程代市政工程。

由以上之检讨可知，我国公共工程之范畴应以市政工程为骨干，居室工业为重心，包含市乡计划、交通工程、卫生工程、建筑工程、公用事业工程与特种工程等六个主要部门。

1944年夏季出版之《美国政府年鉴》，在《联邦工务署》（Federal Works Agency）一节中（460页），对公共工程，立以下之界说：

"1941年兰亨法案中，公共工程，系指因战时工作之扩展，凡维持公共生活所需要之一切设备，依此规定，则包括学校、给水工程、沟渠污水垃圾及其他废物之积除设备、公共卫生设备、净水及制水工作、病院及其他养病处所、游憩娱乐及体育设备，街道及其他道路。"

此项界说与本文所定我国公共工程之范畴，实不谋而合。

三、公共工程之任务

公共工程不是工程学上的分类，而是一个社会政治与经济性的综合名称，包括许多工程部门，如建筑、园林布景、市计划、卫生、道路、机械及电气等。工程部门虽多，而实施的对象则只有一个，即人类社会有机体的市或乡。唯其如此，所以设计工作必须有高度的统一，才能作有计划地配合发展。至于工程之实施与经营之方式，则是另一问题，譬如车站可由铁路工程机关建造，但车站的地址，必须照市的整个发展计划来勘定。

所有科学与工程上的创造，大部分透过公共工程，再为公众所享用。就食来讲，包括食与饮，饮之重要超过食，饮水赖于给水工程；厨房浴室与厕所之排泄，赖于沟渠工程。就衣来讲，衣服不要每日做，可是须每天洗，洗衣的设备，当作居室或公用工程之一部分。就住来讲，居室工业就是公共工程的重心。就行来讲，市内来往多于长途旅行，市区交通是日常所需。就乐育来讲，全靠环境之物质建设，如公园、运动场、医疗育幼养老之院舍、图书馆、博物院与会堂、剧院等之建筑，皆为公共工程中之重要部门。

公共工程是建设人民日常生活的物质基础，能以改变日常生活的习惯与方式。日常生活的物质基础科学化，日常生活的习惯与方式才能现代化。居民的福利增进，生活的意义扩大，才能进而创造精神的文化生活。

在新的物质生活的基础上，人与人的关系，藉公共设备的联系，日益密切，生活集体化，人民逐渐社会化，自觉其为社会之一分子，从数千年家庭的小天地中解放出来。

公共工程的任务，是实现实业计划中之居室工业计划，解决民生主义中之民住问题，建设现代生活所需要之物质基础，提高人民物质生活与文化生活的水准，增强人民生活之集体习惯，使家庭本位之个人，变为社会本位的公民。

四、国际公共工程

战后英美两国的复员计划，为防止失业与经济恐慌，皆以提高人民生活为目标，以兴办公共工程为主要手段，转变战时经济为平时经济，而仍维持其繁荣。

要有繁荣的国家，必须有繁荣的世界，战后公共工程是由一个国家扩展到整个世界，就是美国所倡导的国际公共工程。以我国在战后世界中地位之重要，无疑地将为国际公共工程活动的理想处女地。

国际公共工程是国际经济合作之重要部分，就空间言，可以有下列三种形式：

（1）区域的（Regional），包括特殊地理区域内，毗连的若干国家。

（2）全洲的（Continental），包括一洲之全部或大部。

（3）洲际的（Inter-continental），包括二个以上的洲。

就组织言，亦有三种区分：

（1）国外的（Extra-national），一国在另一国家内投资或主办公共工程。

（2）国联的（Supra-national），二个以上的国家联合兴办一项公共工程。

（3）国际的（International），由永久性之国际机构主办之公共工程，其影响及于若干个国家者。

我国公共工程的范畴，就本文之所论，虽然比较狭小，但仍为国际公共工程之中心部分，仍然受到国际公共工程之发展及其所采之政策的影响。至于我国公共工程之任务，不尽同于英美，但是提高人民生活，增进人民幸福，则是共同的目标。

战后我国应积极参加国际公共工程的活动，事实上也不容我们退出国际公共工程的舞台。不过我们要争取主动，预先建立公共工程之基本政策，则周旋于国际经济建设的坫坛[①]之上，进退有据，免致临事张惶。

要建立公共工程政策，须先确定公共工程在战后建设中之地位。

五、公共工程在战后建设中之地位

战后我国之建设政策，时论以为应学苏联，缩衣节食，吃苦奋斗，先建设重工业为第一要义。至于提高人民生活程度的建设，则属次要，应列为第二步的工作。

所谓农业与工业、轻工业与重工业、民生建设与国防建设，都是相对性的名词，不仅难以截然划分，且其界限逐渐消除。农业的机械化与集体化，就是农业的工业化；轻工业是重工业的培养线，是相辅相成的；民生与国防更难截然划清，民生建设与国防建设，也不过是平时与战时之分，直接与间接之别。

咸同[②]之间，在"中学为体，西学为用"的口号下，我们想学洋人的"坚甲利兵"，不去理会坚甲利兵之母的科学与现代西洋文明，结果失败了。必须有近代科学文明与科学的物质生活，才能产生科学的武力。我们效法他人，要学成一整套，分为体与用，贪恋科学的物质生活享受，而忽略了根本的科学思想与科学精神，或者探讨科学原理原则，而不建立科学特质生活之基础，这种支离破碎的见解，"头痛医头"的办法，将陷建设于"非驴非马之四不像"，是不能发生国防或民生之功用的。

我们兴办一万工人的工厂，就必然落成一个至少五万人口的小市。现代工业技术需要高效率的熟练工人；要维持工人的高度效率，必须使之有充分的休息、适当的娱乐，即维持其物质与精神生活至某种水准。因此，须于建厂之始，同时建造工人住宅，装设电灯、自来水等一切现代公用设备，修治道路，开辟公园，设立学校、图书馆、医院及娱乐场等，以谋工人生活之安适，使其体力健强，精神充沛，工

---

① 坫坛，旧指"讲坛"或"理论界"，此处作"领域"之义。

② 编者按：咸同之间，指清朝咸丰、同治年间。

作效率因之增高，才能适应现代工业技术的要求，我们不能在第一五年建工厂，第二五年再造宿舍，第三五年才办市政。

美国西海岸造船业中心地之波特兰，于 1943 年为四万船工及眷属建筑居室，其计划包括公寓建筑七〇三座，复式住所十七栋，邮局一、小学五、育婴院六、救火站三、电影院一、警所一、冰房十、商场二、管理处六，这是多样完备的一套市政建设。

苏联 1928 年开始实施的第一五年计划，以建设国防重工业为任务，而用于市政及住宅之经费约达工业投资总额的 30%。

建立工业而不造职工住宅，不办工厂附近的市政，工人住在垃圾堆上的贫民窟，整年在传染病的死亡线上挣扎，工作效率当然谈不到。苏联建立重工业与建设工人新的生活之物质基础，同时并进，是聪明的政策，应为我人之所取法。

所以公共工程在战后初期建设中，无所谓先后或轻重缓急，而是如何配合工业建设，适应工业社会，使工业化得以最迅速、最切实的全面发展，并在发展过程中，使人力、物力的浪费与损害减至最低。

六、公共工程之经济政策

公共工程之任务，不仅在实现民生主义的"住"，并且要促成与充实"平均地权""节制资本"及"建设国家资本"等三大政策的彻底成功。

"平均地权"对农民不过要达到"耕者有其田"，对市民则不仅要平均"地"皮之权，还要平地上建筑物的"住"权，即实现"居者有其室"。所以在公共工程中心工作的居室建筑中，要实行两个政策，一个是以政府公营或人民共营居室的方法，消灭城市的房主阶级；一个是尽量提倡集体住宅，使"自扫门前雪"与"老死不相往来"的习性，由新环境而渐消除。

水电与市内交通等企业，是投资的理想园地，在先进资本主义国家中，这种事业也在全部企业中占重要地位。今后我国对此种公用企业，应以公营为原则，私人投资则应限制股权的集中（外资除外），使每一水电消费者、交通使用者，皆有加股的机会，以达市民共营公用企业之理想。

仿照美国的联邦住宅贷款银行与苏联、土耳其的"市政银行"之例，创设"工务银行"及居室建筑合作社之系统，为发展全国公共工程之金融基础，并促成公营共营及居者有其室等政策之实现。

一个国家最重要的资本就是土地，而农田与市地比较起来，市地的价值，高过农田千百倍。所以实行市地公有政策，在建设国家资本上，是收益最大而用力最少的一个方法。再加上地上建筑物与公用企业的公营或共营，所以公共工程的建设，对于创造国家资本，是有决定性之意义的。

七、公共工程之社会政策

公共工程之社会政策，就是公共工程如何配合社会政策，而促其实现，也就是社会政策实施中所需要的物质建设是什么。

转移农业人口为工业人口，这是工业化的重要课题。在战后建设的初期——十年以内，假定要转移五千万农民于工业中，则至少建设平均十万人口的新市一百个。

欧美工业先进国家农工业人口分配比例如下表：

国别	年份	都市人口百分比（%）	农村人口百分比（%）
美国	1940	56.5	农民：22.9 非农民：20.5
英国	1931	79.5	20.5
德国	1930	67.1	32.9

续表

国别	年份	都市人口百分比（%）	农村人口百分比（%）
法国	1931	49.1	50.9

　　我们天时地利及人和的条件，将来无疑的是一个农工业并重的国家，人口大概也是平均分配于农工业之中。依据这个假定，则工业化完成之日，都市人口至少在二万三千万以上（工业化期间新增之人口尚未计入）。公共工程就要为这些转移到工业中来的人口，预备居住、游憩及一切生活需要的物质设备。公共工程不但要配合这一人口转移的政策，并且要促成此一政策之完满实现。

　　集体生活所需要之建设，如公共会堂、食堂、公寓及运动场、公园、图书馆、博物院等，皆应随人口之转移，及时兴建。这些建设是现代生活所必需，尤为我们旧时代之所缺乏，所以要急起直追，创建基础，迎头赶上。我国数千年来的生活方式将人民禁锢在家庭的牢狱中，生产、教育、社交、娱乐、生老病死皆不出家的围墙，人人都想光宗耀祖，个个皆无国家观念，甚至各扫门前雪，不知有公共生活、公众福利与公共道德，使自私自利的习性，养成根深蒂固的社会基础。从家族的小天地中，将人民解放出来，要在教育经济各方面一齐下手，而集体生活所需要的物质建设，是打破旧生活习惯，培养新生活方式的基础工作。在公共生活中，团体的意识增强，社会本位的现代公民才能产生，公共工程的社会政策也才能实现。

八、公共工程与利用外资

　　公共工程中之公用事业工程、交通工程、卫生工程与居室建筑，其中大部可以在企业基础上建设起来，即投资之后，可以付息还本。公共工程多半是点的建设，兴工与管理比较容易，投资的安全性最大。公共工程与其他工矿交通事业关系政治、军事极为密切者不同。外人投资不致有影响国家主权的问题发生，所以公共工程是理想的国际合作事业，在各种可以利用外资的建设中，是彼此互利而流弊最少。战后应由中央政府指导地方政府与人民，大量招致外人投资，兴办各地之公共工程。

　　利用外资的方式有以下六种：

　　（1）完全外资。

　　（2）中外合资。

　　（3）外资特许制。

　　（4）中外合资特许制。

　　（5）外国厂商长期赊贷。

　　（6）政府借款。

　　这六种方式，要因地因时制宜，只要能利用外资，这六种方式皆可采用。如由我们为主观的选择，则以政府借款，经工务或市政银行，长期投资于公共工程为最善。其次为外国厂商之长期赊货，凡公共工程所需之外国器材，由外国厂商赊给，分期偿还或若干年后一次还清，期限至少十年或二十年。再次则为特许制度，公共工程多为专利之营业，特许制以不超过二十年为原则，期满无条件交还我国，即变为公营或共营之事业。对于必须借重国外特种技术之已有专利权者，以采用特许制度较便。至于中外合资或完全外资之两种方式，凡有独占性之公共工程，必须规定其营业年限及备价收回等条款。无论何种方式利用之外资，公共工程完成后之营业，尤其是收费标准，必须严守我国政府的政策与法令，自不待言。

九、公共工程之机构

　　我国古制，周设"匠师"，属于冬官，"督百工之属"，秦置"将作"，"掌营造宫室"，至汉则称为"将作大匠"，到隋朝正式设立"工部"，为"吏、户、礼、兵、刑、工"六部之一，"掌营造百工之政"，历唐宋元明，以迄于清末，始将工部改为农工商部。民国以来，由农商兴工矿，而农矿兴工商，再演为实业兴经济。其注意点，对工的方面是工业，而古之"营造百工"，更不是今之"公共工程"。抗战以后，内政部设"营建司"，这是我国恢复工政之始，惟营造范围稍窄，名称亦欠显明，以今日公共工程范畴之广，战后公共工程任务之巨，当非一司之力所能负荷，不过这是恢复与发扬工政的肇端而已。

英国是资本主义经济的始祖，不但工商业皆由私人经营，即公共事业亦多由私人兴办。惟此次大战以来，由政府筑防御工事，建空军基地，迁建工厂及住宅，修理敌人轰炸的建筑，所以不得不于 1940 年在内阁中设"工程与建筑部"（Ministry of Works & Buildings），于 1942 年改称为"工程与设计部"（Ministry of Works & Planning）兼司建设之设计工作。又于 1943 年增设"市乡计划部"（Ministry of Town & Country Planning）与"新建设部"（Ministry of Reconstruction），一司全国市乡之整个重新规划，有类于德国国土使用之设计机构：一司战后一切新建设之计划与实施。上举英内阁新设之三部，其职掌大体不出公共工程之范畴，英人重实际，喜牵就既成事实，所以分为三部，且在不同之时间成立，不过因环境之需要而制其宜。

美国在太平洋战事爆发之前，1939 年设"联邦工务署"（Federal Works Agency），署以下设"地方公共工程计划处"（Local Public Works Programming Office）、"公路局"（Public Road Administration）及"公共建筑局"（Public Building Administration）。联邦工务署及其附属之三局皆为行政或设计之机关，除地方公共事业计划处因战事暂停活动外，公路局则协助指导各州公路局，从事于战后公路修筑之计划；公共建筑局，则对联邦政府之各项公共建筑之因战争而中止者，研究其战后如何恢复。

联邦工务署之外，另有"全国居室署"（National Housing Agency）于 1942 年成立，以发展一般城市之居室建筑为职责，署内有城市研究组、技术组与调查统计等组，另有附属机关二，一为"联邦公共居室事务处"（Federal Public Housing Authority），司军需工人及平民住宅之建筑，一为"联邦居室管理局"（Federal Housing Administration），司人民兴建居室之资金协助。

苏联是一个崭新的国家，对公共工程的行政与建设有一套完整的机构。在全国最高的国家设计委员会中有"市政与住宅组"，司全苏联之市政与住宅的基本设计，各邦政府（即盟员共和国）皆设"市政经济人民委员部"，司各邦内之市政与住宅建设之推进。

其他新兴国家，如土耳其、墨西哥等国政府，亦皆有公共工程部之设。

我国战后公共工程机构之创制，虽不能模仿其他国家，但应认识公共工程在现代国家所占的重要地位，参考各国已有的成规，根据国情，迎头赶上，使我之后来者居于上。

现在中央设计局，在经济计划委员会下设有公共工程组，较苏联国家设计委员会之市政住宅组，更富于综合性，至于中央与地方之公共工程行政与业务机构，试拟创制原则如下：

（1）中央最高公共工程行政机构，在战后应于行政院之下设"工务部"，司全国各地方政府公共工程行政之设计指导与监督，并得设直辖工程处，办理全国性之公共工程。在我们轻视应用技术的祖先，尚且在中枢特置一部，以掌工政，"市乡计划"不过是公共工程六大部门之一，英国内阁尚为之特设一部，所以无论稽古或观今，我国皆应专设一部，以主工政。

（2）省设省工务局，隶建设厅。在初期省工务局以兼办行政与工程为原则，但亦得设直辖之工程处，按事实需要，使行政与工程划分办理。

（3）市设市工务局，隶市政府，兼办行政与工程。

（4）县设工务科，乡（镇）设工务股，保设工务干事，均兼办行政与工程。

（5）"工务"一名词是否恰当，尚待考虑，其他如"工程"或"建设"两名词亦可列为备用。"建设"一名词在我国用的太滥，且现行省制中建设厅之范围与职权更觉笼统，如再沿用，恐不能将公共工程的性质表现出来。

十、公共工程之行政

公共工程机构如何运用，工务行政所应采的方针及各级工务机关所负的任务，不可不于工政推行之初，加以根本的分析，厘定分工配合的原则。许多新政失败在任务不明、政策不定与机构运用之不灵活上。

工务部的主要任务，为工务行政的全盘设计与指导，技术标准的统一与提高，与特种器材的统筹与供应。工务行政之最重要者，如公务法规之颁布，技术员工与建筑厂商之登记管理，建筑材料标准化之推行与产销之管理，建设经费之统筹与工务银行之创立等。关于技术标准之统一与提高者，如街道分等、路面分级、给水沟渠按人口多寡分订标准设计，使地方施工机关之设计工作减至最少。技术标准统一与提高之后，则特种器材，如筑路机械、给水厂与污水厂之机械设备，皆可统筹制造，大量供应，并且各地各厂之器材机件皆可互换使用，调剂盈虚。

省市县之工务局科，对于工务行政不过是推行中央工务法令，其工作的重心在工程的实施。以我国幅员之广，各处天时地利、经济文化等条件差别之大，公共工程如行中央集权，必致包而不办，故必将全责全权交给地方政府，工务部的责任是指导协助地方政府。其有全国性的，非地方人力物力所能办者，或其他特殊情形之工程，始由中央直接主持。

公共工程之行政，在设计与技术上，要中央统筹，以收全国有计划发展及标准统一之功效，在工程实施与事业管理上，则应以授权地方为原则，放手让地方政府，按其人力物力之所及，尽量地去发展。

十一、尾　语

以上所论，从国际公共工程的理论说到我国公共工程的范畴，从公共工程的任务说到公共工程的基本政策，对于公共工程中若干重要问题，仍不过是描绘了一个轮廓，其他待研究的节目尚多，即前论之诸项。必须有更具体更详备的方案，始能供实施之参考。不过由上文中，对于公共工程在现代国家中的重要性，可以得到深刻的认识。对于公共工程在工业化建设中的地位，可以有一个真切的估量。我们要在建设开始之时，打下健全的基础，树立正确方针，才能迎头赶上欧美，建设起一个富强康乐的新中国来。

公共工程的理论与计划

序

《公共工程的理论与计划》，是一个集体的创作，经过数年的研究讨论、搜集资料、征询各有关部门专家的意见，然后开始编拟。又经过几次修改，再由本会作最后的审订，才以现在的形式呈献读者之前。

这个工作由本会的公共工程研究小组所主持的，这小组在一九四三年成立于重庆，参加这小组而共同研究的人很多，至于始终其事的，就是本书的四位作者。理论之部由谭炳训先生主撰，计划之部由段毓灵先生主编。

理论之部最初以《公共工程与战后建设》为题，发表于《工程》双月刊，以后又充实内容，以《公共工程的范畴任务与政策》作标题，发表于《经济建设》季刊及《市政工程》年刊。本书和历次所发表的论文，不过是全部资料研究的一个纲要和结论。

计划之部，段先生至少有一个整年的全部时间，用所搜集数据和编算表格的数字上。凡与本计划有关的经建部门，都访问到的。

本计划大纲不是一个孤立的空想的计划，是尽可能的配合全部经建计划，同时它本身在全国经建大计划中也可称为重要的一环。因为公共工程是全国性大规模建设的开路先锋，也是为人民大众作日常生活上的直接服务。本计划大纲对于人力、物力、财力互相照顾的紧凑，是设计时所特别注意的，这样就提高了它的实施性。

这个计划大纲的编撰，是对"计划经济"一个大胆的尝试。我们所重视的，不在它所具有的实施性，而在它的设计方法的严谨与科学性，这就是我们选做本会专刊的原因。

中国市政工程学会编审委员会志

一九五零年七月

理论之部——公共工程论

（一）公共工程的范畴

公共工程是提高人民生活，增进大众福利的工程。就广义上讲，它可以包括林垦、水利、交通、市政、卫生等建设事业。就狭义上讲，则只剩都市乡村中有关市政卫生的工程建设，因为其他项目的公共工程对于人民生活的影响是间接的，并且大多已经发展成为独立的事业单位。

现代国际建筑学会所发表的《市镇计划纲领》（注一）第七十八条载着："在建立各种都市功能的关系上，都市计划者应把握着'居住'这一功能在都市生活中的基本性而列为首要。"还有《实业计划》第五计划第三部《居室工业》中曾说："居室为文明之因子，人类由是所得之快乐，较之衣食更多。改建一切居室，以合近世安适方便之生活方式，为本计划最大企业。"

从一所居室出发，集合若干居室于一处，就需要通路相连，于是有道路工程；每一居室都需要净水，排泄污水，于是有给水（自来水）与沟渠工程；每一居室又需要光与热，于是有电力煤气等公用事业工程；若干道路的配置，若干居民社交以及文化上所需要的公共建筑（菜场、公园、学校、图书馆、娱乐场所等），都应加以规划，于是有"市（乡）计划"；市区之内与各市之间，居民有来往，货物要交换，于是有车站、港埠、仓库、航空站等的交通工程。

以居室为核心，所有提高人民生活，增进大众福利的工程，就是我国今后公共工程的范畴，也就是本计划所设计的对象。具体的规定，可分为以下六个项目：

（1）市乡计划：市区与乡村的测量、调查、规划等。
（2）交通工程：街道、桥梁、车站、码头、厂库、飞机场等。
（3）卫生工程：给水、沟渠、浴室、屠宰场、垃圾处理等。
（4）建筑工程：居室、公署、学校、会堂、医院、图书馆等。
（5）公用事业工程：发电厂、电车、轮渡、煤气厂等。
（6）游息工程：园林、运动场、公墓、文物建筑、古迹名胜的保管等。

（二）公共工程与市政工程

以上所说公共工程的六个项目，都可以容纳在市政工程范围之内，为什么不称为市政工程，而称为公共工程呢？因为今后我国的工业化建设，是要把农业社会变为工业社会，也就是把乡村建设提高为都市建设（工业先进国人口的分配，乡村人口都在百分之五十以下，都市人口有高至百分之八十的）。不过，我们要建设的新都市，不是现在已成的畸形城市，而是平衡发展的、一般居民都可获得安适与享受福利的新都市。农业的机械化与集体化，就是农业的工业化，也就是乡村的都市化；而近世所提倡的田园都市，就是都市的乡村化，所以都市乡村化与乡村都市化的结果是使市与乡的对立化除，界限消减，公共工程就可以为人民大众服务，这样的公共工程建设才有意义，所以我们不称为市政工程，而定名为市乡所共同需要的"公共工程"，原因就在于此。

"公共工程"不是工程学上的一种分类，不属于工程学内的某一个部门，而是各部门工程的一个综合体，包括建筑、都市计划、卫生工程、道路工程、机械与电气工程等。但公共工程实施的对象，则只有一个，就是人类社会有机体的市和乡。因为这两种特质，公共工程的设计工作必须有高度的统一，才能做有计划的配合发展，所以需要中央政府的统筹办理。

（三）公共工程与工业化建设

今后我国的建设事业，以工业建设为中心，首先要建设重工业，至于提高人民生活程度的建设，如公共工程，那是属于次要的，应列入第二步工作。

我们认为这种意见的出发点并没有错误，不过对于现代工业化建设的规模，计划经济的本质，尤其是苏联经济的经验，还没有得到深刻的体会。

兴办二千工人的一个工厂，就必然造成一个至少一万多居民的市镇。现代化工业技术需要高效率的熟练工人，要维持工人的高度效率，必须先维持他们的健康，使他们有安适的居室、充分的休息、适当的娱乐和文化生活。因此必须在开始建厂的时候，就要建造工人住宅，装设现代公用与卫生的设备，修治道路，开辟公园，设立学校图书馆、医院及娱乐场所等，以谋工人生活的安适，使他们体力强健、精神充满，工作才有效率，才能适应现代工业技术的要求。我们不能在第一个五年里建工厂，第二个五年里再造宿舍，第三个五年里才办市政。

苏联在一九二八年开始实施的第一五年计划，以建设国防重工业为目标，而用于市政及住宅的经费，约达工程投资总额的30%（注二）。

建立工厂而不造职工住宅，不办工厂附近的市政，工人住在垃圾堆上的贫民窟，整年在传染病的死亡线挣扎，那是资本主义社会所有的病态，而不是逐渐走向社会主义的新中国所应有的现象。苏联建设重工业与建设工人阶级新生活的物质基础，同时并进，是社会主义国家所必采的政策，这是值得我人所取法的。

所以公共工程在今后的工业化建设中，无所谓先后或轻重缓急，而是怎样配合工业建设，适应工业社会，使工业化得以最迅速、最直截的全面发展，迎头赶上；并且在发展工业过程中，使人力物力的浪费与损失减到最低的程度。

（四）苏联的公共工程

苏联的第一五年计划中，公共建筑投资有十九亿卢布，第二五年计划需六十四亿卢布。在第一五年计划中，住宅建筑的支出，由政府直营者约有三十亿卢布。苏联政府到一九四零年所建筑的住宅面积，已经超过八千万平方公尺。在若干大都市中，如高尔基斯大林格勒，政府建筑的住宅面积，超过全部住宅面积的一半以上（注三）。

苏联在战后的新五年计划（即第四次五年计划，自一九四六年起至一九五零年完成）中，国家设计委员会主席伏兹涅森斯基向苏联二届最高苏维埃第一次大会上的报告，有关住宅部分如下：

"五年计划规定复兴被占领城乡及区域中破坏了的住宅，并在苏联的一切区域从事新的房屋的建筑，在数目上能够保证城市和乡村劳动人民的住室条件的改善。

在五年之内，拟定房屋建筑的投资为四百二十三亿卢布，并保证在城市及工人区中有占地七千二百四十万平方公尺的国有房屋落成。恢复及进一步增加房屋的决定的条件，就是将一切建筑房屋的事业，转变到房屋主要设计零件结构等材料的工厂生产组织的工业的轨道，以及在城市与乡村把它们加以装配。

为达到这个目的，五年计划规定房屋建筑的工厂组织，同时于一九五零年打算这项营造达到四百二十万平方公尺。这些房屋建设在城市及工人区之中，同时适应着城市的计划，进行着房屋的集合及建筑的装饰。城市及乡村的复兴，应当由砖厂、石灰厂、水泥厂、玻璃厂、屋顶厂以及锯木厂等建设组织的复兴而开始"。（注四）

在《苏联经济复兴与发展的五年（一九四六～一九五零）计划法规》第三章"提高人民生活的物质与文化水平的计划"第四条中，关于住宅及公共工程的建设计划，规定如下：

"增加苏联国民经济中住宅建设的投资的比重到14.5%，而在第三次五年计划时期中只有10.5%。确定一九四六年至一九五零年住宅建设投资总额为四百二十三亿卢布，而第三次五年计划（个人住宅建设不计在内）只有一百五十五亿卢布。尽力改善住宅的质地。

批准五年期内的国家住宅的复兴与新建设计划的七千二百四十万平方公尺住宅面积，其中各部所占的有六千五百万平方公尺，地方苏维埃占七百四十万平方公尺。此外在五年期内，预定各城市及工人村落内居民藉助于国家的信用借款所经营的个人住宅的复兴与建设，占一千二百万平方公尺的住宅面积。

为了改善住宅条件，在工业中创造固定的劳动干部以及在企业中消减劳动力的流动性起见，用各种经济组织的力量发展庄园式的一家与两家住的房屋建设，以备在长期信用借款的条件下出售予工人、工程技术工作人员与职员。

责成各部与各经济组织在复兴的城市里建设他们的房舍与住宅区时，加造一切基本设备——自来水、排水管、道路铺设、栽树、灯光、浴室及洗衣房。

在曾遭敌人占领的各城市里，恢复自来水、阴沟、城市交通、公共电力站以及浴场。为了进一步提高居民公共的设备水平，扩充现有的公共企业，并发展新的公共建设，在五年期内，有十六个城市建设新的自来水，有十三个城市建设阴沟，有八个城市建设电车交通以及有二十个城市建设无轨电车交通。

为了城市的公共经济在五年内生产一千七百五十个电车车库与三千辆最新型的无轨电车；在五年期内增加城市公共汽车的数量到两万五千辆，旅客出租车一万五千辆；加铺城市与工人村落的街道与广场，扩充有完备遮盖的场地"。（注五）

从上所说，我们可以看出，所谓"公共设备""公共企业""公共建设"正是我们所说的"公共工程"。"自来水"（给水）、"阴沟"（沟渠）就是卫生工程。"住宅""浴场""完备遮盖的场地"就是建筑工程，"电车""灯光"就是公用事业工程，"铺设道路"就是交通工程，"……房屋建设……适应城市的计划"及"庄园式的一家与二家住的房屋建设"就是市乡计划，"扩充并增加疗养院、温泉治疗场、休憩场所的数量"（注六）就是游息工程。苏联的公共设备、公共企业及公共建设等都包括在我们所拟的公共工程的六个项目之内了。

（五）公共工程与集体生活

公共工程不是现代工业的附庸事业，而是现代科学发明和工业生产的一个主顾、一个目的地。因为人民日常生活的衣食住行都要依靠着公共工程的设备，而现代科学发明和工业制造，也是大部分要透过公共工程，才能为人民服务。

苏联把"公共工程"列在五年计划末一章的《提高人民生活的物质与文化水平的计划》内，是有特别意义的，就是重轻工业建设的目的在提高人民的生活水平，而提高生活的物质水平要透过公共工程。

就食来讲，包括饮与食，饮的重要超过食，饮水要靠给水工程，厨房浴室与厕所的排泄，全靠沟渠工程。就衣来讲，衣服不是每日做，可是要常常洗，洗衣的设备又是居室或公用工程的一部分。就住来讲，居室工业就是公共工程的重心。就行来讲，市内来往多于长途旅行，市区交通是人人每日所需。就游息娱乐来讲，如公园、运动场、图书馆、博物院、会堂、剧院以及医疗、育幼、养老的院舍等建筑，都属公共工程的重要部门。所以公共工程服务人民的直接性，是无可比拟的，是人人每天最亲切的生活伴侣，是时时刻刻要役使的忠实仆人。

公共工程是建设人民日常生活的物质基础，能够改变人民日常生活的习惯与方式。我国数千年来的封建势力，使人民禁锢在家庭的牢狱中，不知有团体生活与公共福利，养成了根深蒂固的"各扫门前雪"的习性。从家庭的小天地中，使人民解放出来，要在教育经济各方面一齐下手，而集体生活所需要的物质基础，是打破旧生活习惯，培养新生活方式的基础工作，在共同的集体生活中，才能发生集体的意识，才能养成社会主义的公民。所以为未来的社会主义铺下一条平坦大道的物质基础，就是公共工程的伟大任务。

（六）公共工程的机构

公共工程在目前新中国建设乃至将来的社会主义的建设中，既如此重要，而公共工程的综合性，又需要高度地统一设计，那么公共工程在国家机构中应该由哪一个部门来统筹和领导呢？

我国古制，在周朝设有"匠司"，部门属于冬官，职权是"督百工之属"；秦朝设置"将作"，"掌营造宫室"；到汉朝则改称为"将作大匠"；到隋朝乃正式设立"工部"，成为"吏、户、礼、兵、刑、工"六部之一，"掌营造百工之政"。此后，历唐宋元明各朝代，直到清末，始将"工部"改为"农工商部"。民国以来，再由农商与工矿，改为农矿与工商，再改为实业与经济。这样改革的注意点，对"工"的方面是"工业"，而不是古代的"营造百工"，更不是现代的"公共工程"了。

英国的公共事业，多由私人兴办，但从第二次世界大战以来，因为政府筑防御工事，建空军基地，迁建工厂及住宅，修理敌人轰炸的建筑，所以不得不于一九四〇年在内阁中设置工程与建筑部（Ministry of Works & Buildings），到一九四二年又改称为工程与设计部（Ministry of Works & Planning）兼司建设的设计工作。英国又于一九四三年增设市乡计划部（Ministry of Town & Country Planning）与新建设部（Ministry of Reconstruction），一司全国市乡的整个重新规划，有类于德国国土使用的设计机构；一司战后一切新建设的计划与实施。上述英国内阁新设的三部，它的职掌大体不出于公共工程的范畴、至于何以零零碎碎的分期分部来执行，一方面固然足以暴露资本主义国家捉襟见肘穷于应付的窘状，他方面也足以证明公共工程建设的急不容缓。今后的发展，是将与日俱增了。

苏联对公共工程的行政与建设，有一套完整的机构。在最高的国家设计委员会中设有"市政与住宅组"，专司全国市政与住宅的基本设计，各邦政府（即盟员共和国）都设置"市政经济人民委员部"，主管各邦的市政与住宅建设的行政与事业。到一九四九年六月，苏联又在其中央政府中新设"都市发展部"，据同年六月二日塔斯社的报道，"苏联最高苏维埃主席团颁布关于成立全苏联都市发展部的命令。此项命令指出：这个新部是因为都市蓬勃发展，有确保国家对都市计划和建设加以指导和必要以及在都市建设方面使用进步的技术而成立的。"

我国公共工程机构的创制，苏联的规模是最好的榜样，要在各级政府中建立公共工程的设计与实施单位，中央政府责在统筹与指导，地方政府则责在"因地制宜"和"因人制宜"地去推动实施工作。

（七）理想的实现

我们多年来所憧憬的公共工程建设的理想，在今后的新中国，具备了走向实施大路的条件。我们在欢欣之余，把我们近年所探讨的公共工程理论，撮其要旨，简述如上。将我们穷一年以上的时间所编拟的《公共工程第一五年建设计划大纲草案》，重加修订，列为本刊的下编，作为我们对于新中国建设事业的一点贡献，也算是从理想走向实现的一个倡导。

（注一）见《苏联五年计划》，苏联国家计划委员会编，谭炳训译，一九三三年出版。
（注二）见本会专刊第一种《市镇计划纲领》，谭炳训译，一九四九年中华书局出版。
（注三）见《苏联人民的生活水平》第三四页，勃拉津斯基与维根季耶夫合著，姚宏奎译，一九四九年中华书局出版（新时代小丛书第十一种）。
（注四）见《苏联新五年计划》第一部分，苏联驻华大使馆新闻处一九四六年编印。
（注五）同前，见第二部分第三章。
（注六）见《苏联人民的生活水平》第六二页。

文章

三民主义的物质建设（节选）

建设的先决问题与建设根本观念

现在都说是训政时期已经开始了，在训政时期，本党要以党建国。建国的基本工作就是物质建设。这种见解是很对的，在本党掌握到全国政权以后，若不努力于经济建设的工程，使政权与国家资本同驱于稳固开展的地位，使国民的经济生活，有了改进与革新，则一个革命的政党所已获得的政权，就要发生问题。但是我们中国国民党的建设，是革命的三民主义的建设，革命的三民主义的建设是以民主的社会为基础，也只有在民主的社会里，才能实现革命的三民主义建设。现在中国的政权我们虽然可以说是握到了，而中国的宗法社会与封建势力仍然在苟延残喘，作最后的挣扎向在萌芽的民主势力进攻。土豪劣绅仍然横行乡曲，贪官污吏依然借据要津，如果现在就利用外资，恐怕国家资本还未建设起来，而贪官污吏买办阶级的私人资本先建设牢稳。劳苦民众半点实惠受不到，徒增加他们的负担，为一般贪污土劣买办阶级造升官发财的机会，民国以来也不是没有建设事业，所以毫无成效，连几条较大的铁路，到现在也毁坏无余，节节斩断，不外内战频仍，军阀私斗；而军阀以及贪污土劣是不是宗法社会的特产品，又是不是宗法社会里必产品，不先推翻宗法社会，建设起民主的社会来，我们怎能防止军阀贪污土劣的产生。所以现在最迫切的第一件事还是下层的工作——建设民主的社会。

我们在往上层一看，更觉到现在绝不是建设时机，我们只看平汉路之移汉而改为汉平，汉平路每月收入津贴冯玉祥五十万元（报纸上如此说，确否待证）。阎锡山筑同浦与沧石两路，偏要津筑与正太铁路相同的窄轨。平津卫戍司令部管辖下的天津无线电报局与广播电台，拒绝中央建设委员会的接收。平奉路一截两断，更不必说了。如果在这种局面之下而施行大规模的建设计划，于民众于国家，而无所俾。所以现在最迫切的第二件事，还是在求真正的全国统一。

我们再向外一看，国际帝国主义正伺机而动，不平等条约列强都不愿意无代价的废除。胡汉民先生说，要打倒买办阶级必须废除了不平等条约。这是当然的，但在不平等条约尚未废除的现在，就大借外资，是不是要制止买办阶级，或为他们造机会，欲利用外资恐反为外资所利用，帝国主义不但打不倒，反增加他们在华的势力。所以现在最迫切的第三件事，还是在废除一切不平等条约。

在高谈建设的现在，如果不讲建设而还说破坏，就要指为"还是用共产党的办法"，或加以"左"或"激进"等各词。但是我们这种主张不是向左而是向右，不是激进而是缓进。我们实在看着这些高谈建设的先生们跑的不但太快了，并且躐等而进，又有以现在不主张建设的人们，是些不懂建设的黄口孺子，或不知物质建设是与国民经济的关系的无知捣乱分子。物质建设与国民经济的关系在本篇的开端就说明了。至于物质建设的设针实施、集资等事，就是这篇文章所要讨论的本体。不过在以上说的最迫切的三个先决问题，还未解决的时候，无论怎样完善宏远的建设计划，总要缓一点去实现。

现在有步骤、有计划具体的建设方案，要算孙科先生的《建设大纲草案》。这个草案是从原则、计划、预算、程序、集资五方面说的，我这篇文章是从衣、食、住、行四方面来说。建设原则我以为只有一个整个的三民主义及建国大纲，建设计划已见总理实业计划。目下建设问题的关键是在如何实施，实施的先决问题则在建设的程序预算与集资。孙科先生是铁造部部长，所以孙先生的计划只顾到"行"。对于"食"只说了一句笼统的"农业之发展"，"衣"与"住"没有提到。关于"衣""食""住"的物质建设，总理在《实业计划》中的第五计划中，有很缜密地计划了。总理在该计划的开端说："前四种计划既专论关键及根本工业之发达方法，今则讲述工业本部之须外力扶助发达。所谓工业本部者，乃以个人及家族生活所必需，且生活安适所由得。当关键工业既发达，其他多种工业，皆自然于全国在最短期内同时发生。"大概孙科先生或者因为总理这几句话，所以只顾到发展关键工业了，但是目前中国人对于衣食住行者需要是同时的，"衣""食""住"三问题的解决绝不容等"行"的问题解决以后再说，总理说话的意思是在说明关键工业与工业本部之密切关系，而不是指示建设的程序。况且"行"的问题在现在中国已经有了一点成绩，"衣""食""住"三问题则向来不但政府不管，就是人民自身也顾不到（豫、陕等省到现在还有穴居人民）。再就本党的三民主义的最终目的而论，我们是要以党的专政，以节制资本、平均地权为原则，有谋民衣食住行的安适与享乐，融和阶级进而泯除阶级民族的界限，以达到世界大同。只要党的性能保持，拿一个健全的革命政党，将衣食住行四大问题，以科学的方法、经济的原则，树立共同利益社会的模型，养成各党所能各取所需的心理，便人人由"个我"的人变为"群我"的人，使人人成了社会的人。这是我们着手革命的三民主义的建设应当聚精会神的计划的一个根本问题。我们同志们今后也要负起讨论研究进而促其实现的重大责任。

复次，如果全国的关键工业建设起来，再实行了保护关税政策，则工业本部——食粮、衣服、居室、行动、印刷，大概不是人民没有资本去办理大规模的生产，就是这几种工业勃然而与人民没资本去办大工业不必说了，就能自然发达，我们不实行节制资本的原则，则面粉大王、棉纱大王、房产大王、汽车大王等将应运而生，资本主义的流毒仍然不能避免于中国，社会革命也必然的在中国发生，我们实行节制资本的原则，固然可以消减资本家，但是大规模的生产机关很不容易发达，小的生产机关，不能充分应用分工合作的原理，生产率与生产品的品质都要减低，为实行节制资本并增进生产的效率，应用最新的科学原理建设最新的巨大的生产机关，以求我四万万同胞衣食住行的安适，政府必须将工业本部与关键工业同时发展，并在可能范围内尽量的由国家经营，生产品亦由国家分设，务使分设能以社会化，至国营事业之能否办好，只看以党治国的精神能不能贯彻，党的革命性我们能不能保持住。

总理常说我们建设新中国，千万不要再走欧美已经走过的冤路了。要拿欧美过去的经历，以最新的科学方法，从半截里赶上去，可以驾欧美而上之。所以我们现在着手物质建设，不但一切欧美工业发达的流弊全行免除，并且一切不需要工业演进的阶段，也要越过来，生产机关的构设、装置、生产方法，生产机关的管理，非由国家设置，不能直迫欧美，不能有最大的生产量与生产率，至于生产品的分设，若不由国家经营，非走向资本主义的死路不可。我们在一个裸体而纯洁的中国，千万不要再造下资本主义的恶因，在欧美产业先进的国家，私人资本主义已经形成，很难攻破。在我们现在大贫小贫的中国，要从资本的建设，有欧美的先例为我们的殷鉴，能使我们免去那一个悲惨的社会进化过程——私人资本主义时代，不能不说如我们的幸事，但是能不能如意地避免，要看我们现在建设的根基是建筑私人资本主义的出发点或是国家资本主义的出发点上，古人说过，凡做一件事情要"慎始"，实在是很有道理的。

总理在《民生主义》第二讲里有几段说到国营实业与民生的关系，对于国营实业的范围与中国的实业如何要国营，说得很透彻，特录在下面：

> "我们在中国要解决民生问题，想一劳永逸，单靠节制资本的办法，是不足的，现在外国所行的所得税，就是节制资本之一法，但是他们的民生问题，究竟解决了没有呢？中国不能和外国比，单行节制资本是不足的，因为外国富中国贫，外国生产过剩，中国生产不足，所以中国不单是节制私人资本，还要发达国家资本，我们的国家，现在四分五裂，要发达国家资本，究竟是从哪一条路走，现在似乎看不出料不到，不过这种四分五裂是暂时的局面，将来一定要统一的，统一之后，要解决民生问题，一定要发达资本振兴实业，振兴实业的方法很多，第一是交通事业，像铁路、运河，都要兴大规模的建筑；第二是矿产，中国矿产极其丰富，货藏于地，极其可惜，一定是要开辟的；第三是工业，中国的工业，非要赶快振兴不可，中国工人虽多，但是没有机器，不能和外国竞争，全国所用的货物，都是靠外国制造运输而来，所以利权总是外溢，我们要挽回这种利权，更要赶快用国家的力量来振兴工业，用机器来生产，令全国的工人都有工作，到全国的工人都有工做，都能够用机器生产，那便是一种很大的新财源，如果不用国家的力量来经营，任由中国私人或者外国商人来经营，将来的结果，也不过是私人的资本

发达，也要生出大富阶级的不平均。

　　我先才讲过，中国今日里单节制资本，仍恐不足以解决民生问题，必要加以制造国家资本方可解决之，何谓制造国家资本，就是发展国家实业是也。其计划已详于《建国方略》第二卷之《物资建设》，又名曰《实业计划》。此书已言制造国家资本之大要。前言商业时代之资本为金钱，工业时代的资本为机器，故当由国家经营，调备种种之生产机关，为国家所有。好像欧战时候，各国所行的战时政策，把大实业和工厂都收归国有一样。不过他们试行这种政策，不久便停止了，中国本来没有大资本家，如果由国家管理资本，发达资本，所得利益归人民大家所有，照这样的办法，和资本家不相冲突，是很容易做得的，……我们要拿外国已成的资本，来造就中国将来的共产世界，能够这样做去，才事半功倍，……如果交通矿业和实业三大实业，都是很发达，这三种收入，每年都是很大的。假若由国家经营，所得的利益归大家共享，那么全国人民便得资本的利，不致受资本的害。"

　　总理这几句话，都是我们建设的一些根本观念，如果不把这一个根本观念弄清楚，一切的建设事业就失丢了民生主义的立场，如果我们对外不废除了不平等条约，完成打倒帝国主义的第一步工作，即大借外资从事建设，则一切的建设事业，就失丢了民族主义的立场，如果我们对内不实现实际的统一，不铲除宗法社会建立起民主的社会来，则一切的建设事业，就失丢了民权主义的立场，我们不想建设革命的三民主义的建设则已，如果我们还是要实现革命的民主建设，我们必须先解决了建设革命的三民主义的建设的三个先决问题，再坚定了"走向国家资主义的大路进而达到大同世界"的一个根本观念。

　　　　　　　　　　　　　　　　　　　　　　　　　　　　　　十七，十一，廿六

苏联第一、第二五年计划之技术分析（续）

一、引　　言

如以上两章所述，第一五年建设计划的工作，表现了许多严重的缺点，建设方法的合理化、减低过高的成本与增加生产力等项在第一五年计划中很少进步，都成为第二五年计划所注意的主要新目标。标准化与合理化的一般纲领，已经建立起来，有时候，重工业人民委员部建设托拉斯中的合理化部。发起合理化的研究并将其完成；有时候，并做出大纲，训令属于重工业人民委员部管理的工程处，去作必要的考察。并且还考核各处已完的报告书。假若这些报告书通过了，托拉斯所提出的最后意见书，就请重工业人民委员部批示应实行之必要处置。

二、对于本地材料的研究

因为运输情况的恶劣，就发生了尽量开发与利用本地材料的主张。现在正在进行着大规模地质考察，去发现本地的石料石子，其他各种同类材料，制水泥的材料，似硅藻的土壤、石膏、石灰等；和植物的材料如芦苇、荚壳、树皮、稻草，与其他经过压力可以变成建筑材料的物品。本地作砖的黏土，以至无尽量的土壤，可用笨重旧式的水压机，压紧之后，用在房屋的建造上去。这些都是合理化纲领关于本地材料之利用的例证。

各种的工业研究团体，都从事于试验矿产及其他自然物质，如矽酸盐、火山灰末、黏土与草泥，并且在工厂附近的废物堆中及其副产品中，去搜寻能够作为建筑材料的物品，以减轻铁道运输的负担。因为一般的工业、农业与商业都要用铁道去运输。

三、建筑材料生产之准备

计划中生产品的标准化，是想极迅速地使得制造的进程能够采用最优良最新式的方法。混凝土的供给，是不令人满意的。新的计划预备在矿山或工场里，完成冲洗及过筛的工作。并且建筑一个地址适中的储藏库，以备建筑季节中材料分配与保存之用。

苏联地域广大，温度不一，使得建筑中隔热的问题，比美国更为严重。此问题之解决需要价廉而耐用的隔热材料还要尽量使用本地的出产。

用冷制的砖，如沙与石灰，石灰与硅藻土及其他混合物来代替火烧的砖，便是向这个方向努力。制砖用的黏土，在苏联出产得本来很丰富，但为避免笨重燃料之运输，所以才有此种新发展。

建筑用的木材工业，仍然在幼稚时代，成料而干燥的木材，尚无储存。梁与龙骨普通都是用手劈成的木板。常常在工作地用手锯成。现在正准备着木材大小的标准化，而且尽量利用电锯。

其他建筑材料的极端缺乏，影响到木材使用的相对增加。现在甚至于计划着用木料来做房基。因之，森林的储存与保护问题，就变得很重要，而且正在计划着设法防止水、菌类及火之毁坏森林。

水泥的生产非常缺乏，所以正在研究其他与水泥相近的材料。关于这方面的化学的与经济学的研究，已经得到了很有价值的结果。现正在努力于制造方法上，用较少的热量来生产水泥，以减少铁路燃料运输之负担。

石膏，从前在苏联实际上是没有的，但是最近已经生产得很多，并且在粉饰与不传热方面，有新的应用。石膏建筑的房屋，已经设计了。利用机械的压力把石膏压成不传热的纤维质的厚片，作房屋内部建筑之用也已经广泛地实行了。粉饰用的厚板，也计划出来了，不过由于纸张的缺乏，这一计划，无疑地是不会实现的。

泥水匠所用的材料的制造，也已经在大规模的研究之下。已经设计着空心砖之类的新材料，并且使它标准化，以代替那些大小、成分、重量、力量、空隙与价格皆不相同，令人不满意的杂乱建筑材料。新的建筑材料，主要地分成两种，一种是人力所能使用的，另外一种即为大型的，用机械才能把它们垒积起来。这些建筑材料，要和石膏面不传热纤维质的厚板联合起来用，以减低现在造墙的用费，可以省许多的材料，人工与时间，可以减少热的传导，而且由于大量钉条板与粉饰工作的节省，可以使得很多的熟练工人，去从事其他工作。

以震动与压榨的方法，制现成了的块料，用以造薄墙，也正在研究，使墙能有更多的支持力，重量与体积反可减小。

所有的金属生产，供给不敷需要。金属保存遂变为必要。对于建筑用的各种金属，如结合铁管所用的铅与锌都已加以深切的注意。并且想方法用特殊的混合物，来代替这些金属，只要可以用混凝土与木料的地方，就把铜管与铁管省去。现在并且预备利用通风管中的压缩空气来减少所需要的管径。

四、材料的标准化

水泥分成了许多等级，粗细、坚固、凝固的时间、颜色与其他特性，都各自不同。木材的大小，分成一千个标准（比美国所分的标准还要详细数倍），钢筋也有很多种大同的大小，最多的是圆形的。用钢丝焊成的网，却还没有。砖的大小虽然差不多是固定的，但是性质如吸水性、硬度、表皮、颜色与密度等，却也各自不同。烧土、灰渣、石灰，似硅藻石的土壤，与其他的砖类在一堵墙里面，可以随便地砌在一起。砖料真有好几百种不同的大小、成分、样式、空隙、重量与多孔性，而且是在好几百个不同的工厂里制造的。关于这些材料中的每一种，都规定了合理的简单标准，这样可以影响效率、质料、成本及其用途，并且可以使设计工作更为简单。

最后，材料生产的方法，也加以严密的考察，已经预备了一种合理的计划来代替，并且扩张现有的生产机关，此计划包括制造泥水匠用的砖石工厂、模制工厂、混凝土之集中搅拌厂、木材厂、钢铁结构厂、标准化建筑所需材料之制造与装配工厂，等等。

五、设计的合理化

由于材料缺乏情况之严重，于是促进了设计的合理化。强迫节省钢、水泥与其他标准的材料及使用代用的新材料是促进设计合理化发展的重要原因。

建筑用钢，尽量用钢筋混凝土来代替。而钢筋混凝土又仅尽用砖与木材来代替。普遍的用预铸的混凝土块，可以节省水泥，并可减轻建筑的重量，因为工厂制的混凝土。较工地制的混凝土，品质为高。钢筋混凝土的梁、龙骨、地板与基础等设计的合理化已经经过试验而发展，其中性轴以外极力部分不吃力的混凝土可以省去。此外，则在梁或地板的同一部分上，使用各种不同的混凝土，使之发生统一的作用。

材料大小标准化，与设计标准化密切联系，约可达材料经济利用之目的。这样逐渐可以根据一本标准的建筑材料手册，便可以设计，如美国现行的方法一样。

模范建筑之大规模建设，正是一个很好的机会去实行设计的标准化，使材料的重量减至最小，而材料之工业化生产增加到最大限度，此种情形在木料方面更为显著。

关于房屋内暖气，下水管与通风设备之设计与装置，已经从零件与机械设备两方面加以研究，以达现代化之目的。

基础之设计，要顾到冻裂与地震。木屋架的标准化，也在计划中，以节省人工与材料，并获得更大的支持力，建筑的速度。

木制地板与墙之建筑也已整个地加以分析，用工程的设计来代替人工的习惯方法。用较厚的副板（sub-floor）（因此可以节省许多龙骨）与坚实的隔火桥，可以节省许多的劳力、木材与铁活，同时却更坚实、更耐久，而且是一种防火的建筑。

地板所用的镶板，主张用大尺寸的，因为可以节省许多装设的时间，而且可以省一大部分的木材、钉子与人工。

俄国冬天的严寒，传热就成为一个日常的大问题。窗的设计完全根据保暖，计划中的窗户，是在一个窗框中用两块玻璃，并且留窄边，以容纳空气只要一副金属窗框来替代现用的两副，在建造时省人工与材料，很容易拂拭洁净，冬天可以用油灰（putty）涂上，春天可以打开，而且比较不容易传热。

六、利用动力之研究

第一五年建设计划中已经把动力的发展，及其在建筑工业上之应用，当作极重要的事，但成功仅限于一部分，因此，现正设法来改善这种严重的情况，用电力或汽力使手工器具机械化，已经加以考察，苏联建筑托拉斯的报告书与最后意见书已送至重工业人民委员部，以便在苏联从事制造动力工具。

建筑之连续工作，是经济与有效率的基点。不能充分利用高价的设备，季节的停止引起许多的损失。如工人的流动以及因工厂与建筑未完成而发生的资本凝滞等等。俄国冬天的严寒，每年必须停工数月之久。为经济着想不得不谋冬季工作方法的发展，以便建筑工程得长年进行。有几个托拉斯已经在这方面准备一切必要的步骤了。

动力在建筑业方面的引用，已经超过了工具的范围，而侵入艰险的人力工作范围内，如挖洞与运输大容积的材料等。适合各种工作情况的最经济的取土机与起重机，已经决定采用。这些机械的用法说明书也跟着要准备了。

苏联还计划着整组的较新工厂，有的已经开始建造。其中包括了搅拌混凝土、模制混凝土、钢铁铆焊、锯木材及其他各种之集中工厂。譬如列宁格勒的中央搅拌混凝土工厂，在马格尼托斯克建立了一个铁渣制砖工厂和一个以铁渣为原料的水泥厂。苏联材料工厂的容量可以确切地按固定的计划数字，与已知之建设分布情形去估算。所以这些工厂的经济与效率按年计算，不是任何其他国家同类工厂所能望其项背的。

一切设备、工具与机械的总检查正在进行中，而新工具的设计，多半根据美国的样式（据 1933 年 3 月的报告，已经采用了美国的样式）。所有机械的数量、状况与生产力都已有规定，需要的新设备也已经做好制造计划。

混凝土模板工作的标准化，是极重要的一门。现在这种杂乱无章的方法，既费人工又费材料。废物利用的程度也特别地低。有几个托拉斯与其他的机关，已经很努力地从事于这方面的工作了。

以上就是苏联建筑业普通合理化纲领主要部门的概要。1933 年 1 月全体会议所指示的成本与生产力之改进计划，就是建筑在这合理化纲领之上。材料生产设计与建造方法的各方面都包含在内，其中有些部门，因为太烦琐，不能在这里详细叙述了。

不但在量的方面，就是在质的方面，苏联也有一个宏伟计划，以提高国家的基础建设。此项运动与其顽强的对手官僚主义，正作殊死的斗争。

七、第一五年计划所完成的百分比

苏联的五年计划，到底真正完成了多少，是全世界所普遍讨论的问题。1933 年 1 月斯大林正式宣称，已完成了 93.7%。但是这个计划到底真正完成了多少，只能从苏联 1928 年和 1932 年的产业水平而求得。正确之估计必须比较事实上的增加与计划中的增加。譬如 1928 年苏联生产了 420 万吨的钢。计划中预定最后一年增加年产量 610 万吨，合计应为 1030 万吨。但是最后一年钢的实际生产量为 590 万吨，即增加 170 万吨，用 610 万去除实增量 170 万吨，即仅增 28%。普通完全错误的计算，是拿 590 万总生产量和 1030 万吨计划之总生产量来比，得到 57%。这样就忽略了一个非常重要的事实，即五年计划之前每年还生产 420 万吨的钢。假若用这个计算方法，即生产量毫无增加，也完成了计划的 42%，这自然是一个悖理的方法。

另外一种计算数字的错误方法，是拿计划初期的投资额和支出的实际费用作比较。计划初期的投资额是按固定货币合计的，支出的实际费用是按计划进行中暴跌后的货币合计的，于是就得到所谓某几种产业的超过计划，如钢铁工业，但事实上仅完成了计划中的一小部分。

在本文之分析中，所用的计算完成工作的方法，是拿铁道、工厂房屋、公路等实际建设与《建设纲领》由其他一切因素来作比较。

此种根本分析所得结论之证实，是拿各工业部门实际上生产之增加与计划规定之增加作一比较，而得到的。其他方面，如雇用的人力，按劳动生产力建筑材料生产总产量，及动力生产与利用量等，加以校正。

建筑与工业基本部门中，完成的百分数如下：

	百分数（%）		百分数（%）
钢	28	砖	40
机车	98	木材	28
运货车	7	铁道货车	108
曳重车	28	铁道建筑	38
汽车及载重汽车	13	房屋	44
水泥	37	电气事业	79

由建设计划中一切因素之全部分析，第一五年计划完成的加权平均数（weight average），约为 60%。

如前所述，整个第一五年计划，相当于美国最近十年平均的每年建设量而稍弱。第一五年计划所完成的，仅为 60%，而不是斯大林在 1933 年 1 月所宣布的 94%，所以整个第一五年计划实际的建设量，不过相当于美国半年的建设而已。

八、第二五年计划的规模

整个世界的想象，已经被带有魔力的苏联"五年计划""统制经济""集体化"等口号所征服了。由于经济的困厄，世界各处都热忱地看待苏联，都怀着一种希望心，以为她代表了一个出路。用卢布来表示的苏联计划中伟大的预算，根据官方汇兑率换算为其他国家的货币，的确使得观察者的心理动摇了。世界上一般的印象大概都以为第一五年计划已经成功了。在暴风雨中，已经卷去了这样多资本主义国家的经济结构，苏联经济却好像磐石般地屹立着。

第二五年计划官方的数字更给这种信心一个强有力的刺激。他们是异常的乐观。他们在这经济进展的胜利的气氛中呼吸着。但是我们却不要忘记了第一五年计划，与跟着来的许多五年计划，决不是机械进展与冷静可分析的工程成绩。它们是带有浓厚政治意味的文件，专从整个世界去消化它，并且给窒息于生活必需品异常缺乏中的民族，一种人工呼吸。

苏联政府的官方说明，并没有将此伟大经济戏剧中主要布景的效果加以适当的描绘，不过热忱的愚蠢的国外注释者，用美丽的辞藻来补充起来而已。苏联人民委员会主席，具有历史意义地宣布第二五年计划书说：

"好几千进步的企业已经建立起来，这使得整个的国民经济，进展到一个高的水平；并且这些企业是和资本主义最优良的技术，站在同一准线。工业发展的胜利，继之者就是农业改用机械技术的伟大成功，创造新劳动训练，与工人数量及质量的提高等等之成功，以及生产组织的完成，使我们可以在技术改造的过程中，极端提高劳动的生产。在劳动生产增加率方面说起来，苏联超过一切资本主义的国家，即就各国最繁荣时期而论，亦超过远甚。在此发展过程中，证实苏维埃组织有许多优点，可以完全肃清失业，能够实行每日七小时的工作制，与免除乡村穷困。"

这些都是很伟大的辞句，但是可惜离开事实太远。假若我们来研究苏联新计划的宏伟大纲，用工程分析的明亮光芒，穿透美丽辞句的烟雾，我们就好像在一个幻景之前一样。它真实的墙与靠壁。它的柱子与尖塔，都忽然显露出来了。这些尖塔并不如我们，所想象的那样高，柱子也不是那样长，那样坚固。在靠壁与墙间有很危险的裂隙，这些裂隙是很容易使那些墙倒塌的。

毫无隐饰的事实乃是苏联连吃的东西都不够。一年前还有好几百万人是死于饥饿。虽然在最大的城市中某一部分特殊人民，他们服装的改善，我们可以从戏园与音乐会里看得出来，但是大众却仍是披着他们可怜的破布。市区的住房，仍然拥挤得好像兔巢。生殖率的增加，日益进展的城市化运动与住房计划不能完成40%等原因，即在第二五年计划之末（1937年），情况也不会有进步。一般消费品，在西欧认为必需品的，在苏联则很难得到（虽然没有这些必需品，生活也可以维持）。此皆非正在兴盛的工业化国家，所应有的情况。而判断苏联计划经济的结束，却要以这种种的情况为最后的试金石。

缺乏熟练的工人、缺乏聚积的资本，再加上技术水平的低下，阻碍了工作之完成，可怕的死气沉沉的官僚主义，从活的企业中吸取其血液与生机，毁减了大量人类劳动的发动力与创造力。第一五年计划离它的目的还差得这样的远，而在第一五年计划认为终了，第二五年计划还没有开始之前，用了整个一年的功夫，以求"集中苏联优点"之完成，这样的话，是很像在欧洲大战时，高唱着"胜利"的口号似的。

据官方宣称，第二五年计划的规模，在投资方面，较第一五年计划大 $2\frac{2}{3}$ 倍。这是因为第二五年计划投资总数为1334亿（1933年宣布），而第一五年计划则仅469亿（各年宣布）。决定此种比较的意义，是一个被隐藏的事实，即两种卢布的价格标准是各不相同。

卢布继续不断地减低其价格，1927年以后，在建设中的购买力更大为跌落，1933年卢布的价格，仅当1927年的1/3。此点可从住房建筑计划中看得出来。第一五年计划中，6200万平方公尺的居住面积，须费50亿（各年之卢布）即每一平方公尺，须81卢布，第二五年计划中，为6400万平方公尺，须费134亿（1933年卢布），即每一平方公尺，须费210卢布。因为建筑业劳动生产力增加了23%，每一单位住房的建筑费用，当然要较低，即每一平方公尺，应费63卢布，但在第二五年计划中却用了210卢布，所以卢布的跌值。比较1927年的水平等于63被210除，即仅值30%。卢布贬价的此种估计，还可以从整个苏联经济计划的分析中得到。如我们所已经指出的，第一五年计划只完成了约60%。这一个计划所规定之资本额为469亿（各年卢布）。实际上支出了515亿贬价的卢布。所以，515亿贬价的卢布，相当于计划所定的卢布数60%，即相当于280亿（各年卢布）。就是说，1933年每个卢布只相当于1927年的0.28卢布。

在货币暴跌时"各年卢布"的价格已经得到估计之后，我们就可以来决定第二五年计划的规模了。用第二五年计划投资纲领中的1334亿（1933年卢布）乘以0.34（相当于1926～1927年卢布的平均价格），我们就得到460亿（1926～1927年卢布）。这个数目相当于第一五年计划期间400亿（各年卢布）。拿这个数字同第一五年计划的560亿和489亿比较起来，就可以看得出来，第二五年计划并不是比第一五年计划大 $2\frac{2}{3}$ 倍，反而变小了一点。

第二五年计划与第一五年计划的规模相似之结论，还可以从生产实量的数字得到证明。这些数字是计划所要达到之标的，为达到这个目的，我们选出最重要的生产部门，这些部门包括重机械、曳重车、机关车、运货车、摩托车与载重车、电力、煤、铁、石油、铁、铜、铅、木材、火车、海运与内河航运、铁道建筑、住房建筑及公路等。第二五年计划的增加与第一五年计划的增加做一个比较，每一种比较，可得一比数，并可算出加权平均数来。

　　这些比率的普通平均数为1.1，加权平均数还要稍微小一点。有些生产的增加，是由于，现存工厂效率的增加，并不是由于新的投资。苏联的领袖说明第一五年计划中，生产力增加的最高限度为41%。第二五年计划最后生产力的增加，应该有63%。考虑到生产力的增加（即31%），把平均数之比加以修正，我们就得到0.8的数字，与分析两个计划中的卢布价格，所得到的数字很相近似。这证明了第二五年计划在量的方面是比第一五年计划还要稍微小一点。

　　　　　　　　　　　　　　　　　　　　　　　　　　　　（完）（二十四年二月于北平）

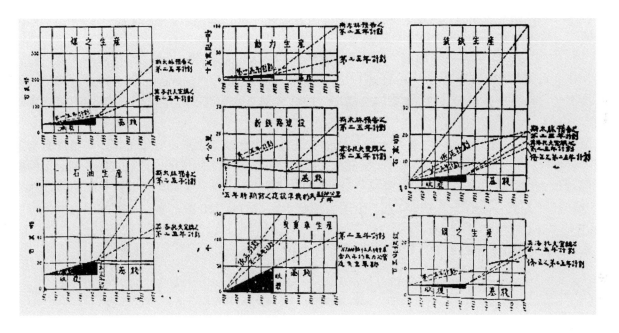

美国的《模范市宪章》

一、沿　　革

全美市政协会（National Municipal League）成立于 1894 年，为美国历史悠久成绩卓著的一个市政学术研究团体。五十余年来，除了发行定期刊物市政评论月刊以外，还印行了百余种的研究及教育宣传的书册，并接受各地政府的委托，研究或调查当地之特殊市政问题，提供解决的方案。

州及市的模范宪章，郡政府的示范组织，要算全美市政协会工作中最重要的一项。这种示范性的宪章，是"专家政治"的开端，也是学理与现实间的一个桥梁。尤其是缺少立法专门人才的小市，利用模范宪章，可以解除了大部分立法技术上的困难。

《模范市宪章》是 1900 年所创拟，原名《市政纲领》（A Municipar Program），于 1916 年修订时，改名为《模范市宪章与市高度自治》（A Model City Charter and Muuioipal Home Rule），1927 年第三次修订时，改名为《模范市宪章》，1933 年第四次修订，1941 年第五次修订，至 1947 年修订第五版已重印了三次。

第五版的修订工作是从 1937 年开始的，修订委员会人数有数十之多，分组工作，每组皆有全美的威权专家参加，其中包括大学教授、行政研究机关的主管和市政学术团体的代表。这些专门小组的修正案，经过讨论决定后，交到"程式及编纂委员会"中整理文字，划一程式。所以这一次的修订称之为"完全修订"。五版共计销行了 17000 部，全美采用此市宪章的有 700 市之多。可见此模范市宪所生的实效。

本文就是根据《模范市宪章》第五版第三次印本写的，该会的其他刊物也曾参考过。

二、内　　容

《模范市宪章》共分十二章，198 条。十二章的目次如下：

第一章　市自治体之组成、政府形式、政府权力
第二章　市议会
第三章　市经理
第四章　市预算
第五章　投资举债
第六章　财政局
第七章　人事局
第八章　都市计划、分区制、市民住宅、贫民窟之废除与区段之重划
第九章　提名与选举
第十章　创制与复决
第十一章　一般规定
第十二章　每届政府之交替

在《模范市宪章》本文之前有三章：一为序论，二为宪章提要，三为邦宪之规定。在宪章本文之后有五个附录：一为附录引言，二为公用事业，三为租税行政，四为法律局，五为市长选举。

宪章本文十二章，连同序论三及附录五，共 141 页，约六万言。

三、要 义

《模范市宪章》的要义有以下数点。

（1）《模范市宪章》是地方分权的市自治法典。就是所谓"Home Rule"，不是中央集权下的假自治，也不是中央半集权下的半自治，而是完全的高度的市民自治。虽然美国各州的州宪集权或分集的程度不一，可是这个模范市宪章是在州宪允许完全自治之假定下草拟的。除了不得违反州宪及联邦宪法外，市的高度自治，市民有完全自由的立法权、选举及罢免权、监察权（包括自行运用审计制度）、考铨市公务员及课征租税之权。全部的市行政权是完完整整的由民选的市政府来行使，州政府或联邦政府绝无在某一市政府内，来建立一套超然而独立之会计制度的事。考铨也是在市政府以内办结，绝不再送到州政府或联邦政府去审核或备案的。

（2）《模范市宪章》是一个民主的市自治法典。市民选举市议员用"比例代表制"（Proportional Representation），这个制度很是复杂，单讲这种选制就有若干专籍，简单地说，就是选民在选票中所有候选人的名字上标明一二三……愿标几人即标几人，这代表他所认定之首选的议员是谁，次选的议员是谁，再次的是谁。候选人必须得到一定的票数，方能当选。开票时就首选人、次选人的顺序，用轮回制，反复计票，最后的结果，就数学的理论说，是最代表全体选民意志的当选人名单。严格说，此制应称为"Preferential Voting"（志愿投票）。其他如十个选举人签署即可作议员候选人，每一候选人可以派代表到每一投票所及开票处去监视等等，都是尽量实现真民主的规定。

（3）《模范市宪章》是一个科学的市自治法典。此宪章力主采用"议会经理制"（Council-Manager Plan），由民选代表五人至九人组织市议会，来决定市政大计（专管政策），再由市议员互选市长（亦即议长）一人，来负一市首长之名，除参加各种典礼或公开集会外，不负任何行政上之责任。市议会另外任命一位对市议会负责的市经理，负市行政之全责（专管执行政策），这位市经理必须是对市政有经验的专家，他有委派市经理以下的行政人员之权。这种制度的好处是决策与执行分得清清楚楚，决策的人要民选的代表，执行的人要专家，并赋以市行政之全权，权责分明，效率当然提高，这是合乎科学原则的一个制度。此制之历史不过三十年，已风行全美了。另外，该宪章又附列了两个变通的制度，一为以议会任命之副市长（Assistant Mayer）代市经理，一为由市民普选而产生之责任市长制（Strong Mayer Spatem）。

（4）财为庶政之母，市政尤其如此。《模范市宪章》在第二章市议会、第三章市经理之后，紧接着第四、五、六等三章皆属财政范围，如第四章为预算，第五章为投资举债，第六章为财政局，可见其重视财政的程度。第八章都市计划有二十七条占十五页，与选举一章同为全宪章中最长的两章，也是宪章的重点所在。

四、适 用

美国的《模范市宪章》能适用于我国么？人地不同，当然不能。

我们的新宪法是集权与分权之争的妥协产品，虽然有了许多中央地方均权的形式，实质上地方自治的权很有限，尤其是市，《宪法》上不是"准用县之规定"，就是"另以法律定之"。宪法对市自治已无保障，而内政部拟的《直辖市自治通则草案》，与邱君起草经内政部审定的《市自治通则草案》，又将《宪法》所给有限之地方自治权，再加以限制，要派自治监理官来君临各市，所以在我国的高度市自治，不但向上看是行不通，就是向下看市民对选举的热情，也觉得很遥远。民主不是标语口号，不能一贴一喊就可得到，要以科学的方法，要用进步的选官，要靠长期的奋斗，才能成功。

我们虽然不能立刻学人的模范宪章，可是我们要知道有这样一个模范市宪章的存在，不要拿我们四不像的土产，大言不惭地说："不要讲以往内政部没有草成过如此完善的法案，就是我国其他任何法规，也难与比拟，所以大体上讲，确是一部空前成功的法案！"这种坐井观天的看法，那就是注定了不但现在落伍和无知，就是将来还是一样的落伍和无知。

《模范市宪章》序论中的首段："《模范市宪章》自 1900 年出版后，在历次修订年中，逐渐成为市立法人员的最实用之工具，并且还成了大学校内外的市政系学生之市政教本。"

自命为"我教学市政二十余年，深愧没有成功学者专家"的邱先生，如果一读这本美国市政学生所必读的市政教本——《模范市宪章》，再回头一看他自己那一份得意杰作，是否还是"如此完善"的"难与比拟"和"确是一部空前成功的法案"呢？我想邱君自己也必哑然失笑吧。

（三十七年二月三日，北平）

附注：《模范市宪章（Model City Charter）》定价美金一元，可向纽约百老汇路二九九号全美市政协会函购。（National Municipal League，299 Broadway，New York7，N.Y）

《实业计划》译文勘误

　　《实业计划》不但在中山先生著述中，为精心杰构之作，就中国物质建设的文献而言，也不愧为一部空前伟论。但是，一书有一书的时间性，这种时间性透过作者的智识与组织力，构成了一部书的特质。《实业计划》一书的特质，中山先生在序文中，已经很正确地指示出来：

　　"欧战甫完之夕，作者始从事于研究国际共同发展中国实业，而成此六种计划；盖欲利用战时宏大规模之机器及完全组织之人工。以助长中国实业之发达，而成我国民一突飞之进步"。

　　"此书为实业计划之大方针，为国家经济之大政策而已，至其实施之细密计划，必当再经一度专门名家之调查，科学实验之审定，乃可从事。"

　　归纳言之，中山先生自视其《实业计划》不过为"以国际共同开发中国实业"为前提的建设方针与经济政策。就是"国际共同发展中国实业"这一前提依然存在，也是需要"专门名家之调查"与"科学实验之审定"而后完成的"实施之细密计划"的。在今日国际情况下的中国，国际共同开发的时间性已经消逝，实业计划在实施时，不仅需要"细密的计划"，还必须加以根本的修正。此毫无损于实业计划本身的价值，更非轻蔑实业计划的著者中山先生，而是忠于中山遗教的精神，不拘泥于中山著述的形骸。

　　戴季陶氏在《新亚西亚月刊》二卷二期《实业计划与国防计划》一文中云："举凡国民经济的制度方案，在实业计划里完全具备，……民生主义的实施方案已经非常完满"，又云："实业计划实在包括具体的军事国防计划在内，举凡陆地海上各种军事国防的布置都可以在实业计划中找到"。

　　按《实业计划》原稿为英文（1922 年纽约 G. P. Putnam's Sons 出版），中文本为廖仲恺、朱执信、林云陔、马君武四位先生所译成。作者读过译本和原本以后，并未发现戴先生之所谓《举凡国民经济之制度方案》与《军事国防计划》。然而恰恰相反，作者倒觉得有根据实业计划（或修正过的实业计划），起草国民经济制度，民生主义实施方案及军事国防计划的绝对必要。戴先生那样的认为实业计划"举凡"皆包，将中山先生的遗教经典化了，不但不能使遗教发扬光大，却宣告了遗教研究的死刑！失去了尊崇遗教的初衷！

　　其实，不但实业计划的精神与实质要加以研究和补充，就是实业计划的形骸至今依然疮痍满目，需要修改订正的工作呢。原来《实业计划》译文中有不少的错误，至今尚未加校正，而这些错译中又有的是度量衡的名词，这种名词译错了，则失之毫厘，差以千里了。原本中的"Mile"一字，在第一计划中皆译为"咪"，而在第二、第三、第四诸计划中又译为"英里"。"咪"是一个新字，用以代表"咪突"（Meter），即今日所称之"公尺"者。一咪等于三点二八英尺，一英里等于五二八〇英尺，咪与英里相差千余倍，所以译文中京汉路长八百有余咪，京奉路长六百咪，就成了笑谈。

　　何以单单第一计划中的"Mile"译为"咪"，二三四诸计划又译为"英里"呢？原来第一计划为廖仲恺先生所译，第二、三、四诸计划为朱执信先生所译，各人自译其译，所以就各错其错（朱先生之错译见下文）。但是廖先生的错译也或者另有所本，"Mile"一字之音近于"米"，而外国度量衡如尺（英尺）、里（英里）之类，皆加口字旁，或者廖先生因此将 Mile 译为"米"而加口旁，就成为"咪"了。

　　发现了"英里"译为"咪"这一错误之后。于是就全书度量衡的名词，粗粗地校阅一遍。结果在第二计划中又发现"feet"（英尺）大半译为"尺"，到第三计划"feet"又多半译为"英尺"了。"fathom"初译为"六尺"，继译为"六英尺"，后又译为"寻"。在一人译的两个计划内，一个名词译地极不一致，在讲物质建设的实业计划中，诚然是不容忽视的，因为"尺"之外有"英尺""英里"来陪衬，自然使读者认为是中国的"尺"了。同时，其他名词及字句间译错的地方也在无意中发现了几处，皆随手稿标记于中文本内。作者所根据的中文本是商务印书馆经售新时代教育社印行的《建国方略》本（民国十六年五月第六版），当时以为这种版子不见得可靠，也或者出版较早未及校正。直至到民国二十年八月出版，专门注释实业计划的"最新物质建设精解"，该书不但未将这些错误加以改正，反而无所根据的将"咪"认作"启罗米突"（kilometer）（即一千米突或一千公尺，以前称为"粁"，今名之名"公里"）。一启罗米突等于 0.621 英里，拿英里解为启罗米突，就是将距离缩短了百分之四十。《实业计划》中之铁路里程系由地图上量下来的约数，并非实测所得，缩短百分之四十，也很难考据出错来。但是说到已成路线的里程，就牵强不过去了。

"京汉路……全长二千六百三十里，等于一千五百启罗米突而弱。总理谓长八百有余咪想系抄写之误。"（见最近《物质建设精解》上卷六十五页）。

廖仲恺先生的错译记到孙中山先生错抄的账上，未免太冤枉了中山先生。其实京汉路的里程，白先生才是"错抄"了，京汉路干线长 1214.493 公里，支线长 106.728 公里，共计长 1321.221 公里（根据《中国建设月刊》土木工程专号所刊载之数字），即 2293.8 华里，亦即 820 英里。所以孙先生云"长八百有余咪（咪应改为英里）"，一点也没有抄错，倒是白先生的"长二千六百三十里"，错长了三百十四里。

白眉初先生是我国的"地学专家"（见白先生原著徐序），是"师范大学地理教授"（见白先生大著本文第一页），白先生又在大著封面之里标明"党国得此一部书，贤于十万宣传队"，对于精心详注的"最新实业计划详解"，仍免不了牵强附会地去误解，于是使浅学的我起了校对《实业计划》译本的念头，后来又见到民国二十年五月中央执行委员会印赠给国民会议代表的《总理遗教》，其中《实业计划》部分依然满篇是"咪"。作者更感到《实业计划》译本校勘工作之迫要。荏苒年余，终以职业关系，业余时间有限，未得致力于此，深以为憾。在无充裕时间以完成此项工作之前，只好先将初次校勘所得，略加整理，列表如后，明知挂一漏万，但借此使专门负责研究与宣扬孙先生遗教的机关，如中央党部宣传委员会、中央研究所之总理物质建设计划委员会以及尚在酝酿中的中山文化教育馆等，早日将《实业计划》译本彻底校勘一遍，或重新以白话迻释，并将计划中之度量衡单位皆换算为现在全国通行的万国制单位，科学工程名词也要重行厘定，以便国人之研究，这样对于我国建设前途及遗教之流传，实大有所裨。而视遗教如经典之中山信徒，也可百尺竿头更进一步，切切实实地从研究遗教充实遗教方面将遗教发扬光大起来，那才不愧为一个忠于遗教的信徒，勿再抱残守缺的发些不着实际的空论来故步自封了。至于《实业计划》本身的批评，本文中虽有所论列，但语焉未详，异日当专篇论述，以供关心我国经济建设人士之参考。

附表

译文			原文			校正文	备注
页	行		页	行			译本原文页数皆据上文所举之本
9	7	少差七八十咪	14	12	About seventy or eighty miles less than	约短七八十哩（即英里）	
10	11	方咪	16	11	Square miles	方哩	在第一计划中除上举二处外，尚有十四个"咪"字，皆应改作"哩"，不再一一列举
11	13	以达多伦诺尔	17	19	to the Prairie oity of Dolon Nor	以达草原城市之多伦诺尔	
12	10	约四百咪	19	3	About four hundred and fifty miles	约四百五十哩	
22	13	三十六尺至四十二尺	32	13	Six to seven fathoms	三十六呎至四十二呎	Fathom 中译名为"寻"，等于六呎。第二计划之译文几全将 fathom 译为"六尺"，间有一二处译为"六英尺"。在第三计划中 fathom 又各译为"寻"，又间或译为"六尺"或"六英尺"，故二三两计划中之"尺"皆应改为"英尺"或"呎"，"寻"改为"六英尺"或"六呎"

续表

译文			原文			校正文	备注
页	行		页	行			译本原文页数皆据上文所举之本
24	7	如此国家但于发展计划中需用若干地,即随时取若干地,而其取之,则有永远不变之定价。	34	18	Thus the state only takes up as much land as it could use in the development scheme at a fixed price which remains permanent.	如此国家但视发展计划中需要若干地,即随时按一永远不变之固定价格征用之。	译文中"而其取之"一句或系手民排印之误,原句或为"而其所取之地"。
32	12	石坝	45	1	Jetty	防波堤	
33	12	至低潮水面下不及十尺	47	8	Ten feet or less below low-water level	至低潮水位下十呎或不及十呎	
52	3	水闸	71	20	dams	坝	
71	2	发生水电	95	21	Producing water power	产生水力	
72	1	电力	96	30	Water power	水力	
76	9	丰富之煤炭、铁矿、锑矿、钨矿	103	1	Rich coal, antimony, and wolfram deposits	丰富之煤、锑及钨铁矿	钨(Tungsten)为化学元素之一,以"W"为符号。钨铁为含钨及铁之一种矿石,其分子式为(FeMn)WO₄
100	1	新洋港南京线	131	10	The sinyangkang Hankow line	新洋港汉口线	
128	2	迪迎乌兰固穆线	171	17	The Tihwa or Urumochi-Ulan-kom line	迪化(亦名乌鲁木齐)乌兰阔穆线	Ulnkom 译为"乌兰固穆"或"乌兰阔穆"皆可,惟中山先生原著中附有《中国铁路全国》(译本无此图)一大幅,凡实业计划中所拟路线皆绘于上,地名中英文并列,乌兰阔穆即该图中之译名也
128	6	镇西库伦线	171	20	Chensi or Barkul-Urga line	镇西(亦名拔克尔)库伦线	
158	7	就中国之居室工业论,雇主乃有四万万人,未来五十年中至少需新居室者五千万。	213	7	In the case of our housing industry in China, there are four hundred million customers At least fifty million houses will be needed in the coming fifty years.	就中国之房屋事业论,雇主乃有四万万人,最近将来之五十年中,至少需要五千万所房屋。	
158	7	每年造屋一百万间。	213	20	A million houses a year	每年建造房屋一百万所。	
167	10	当以产出二万万吨	225	9	For producing two hundred million tons of coal a year	常以每年产煤二万万吨	

战后我国之都市建设

一

战后建国工作中，工业与农业之轻重先后和城市与乡村建设之轻重先后，都是时论所争的焦点，其实皆为不必争辩的问题，工业原料仰给予农业，而农业本身又渐趋于工业化，工农业之界限日泯，没有什么轻重先后之分，只有如何合理配合以促其加速发展这一问题。同样，代表工业的都市与代表农业的乡村，也是互相依赖，都市是经济文化的核心，近人所提倡的"田园市"与"星形市"是城市的乡村化，而乡村中公用设备完善，也可以有城市生活上的享受，所以城乡建设不可有轻重先后之分，而应该并行不悖，将来城乡的界限逐渐泯除，城乡建设即融为一个人民公共生活所需要的建设。

欧美工业发达的国家，城乡人口的分布，从城乡各半，到城占百分之八十、乡占百分之二十。我国欲迎头赶上欧美，完成国家的工业化及农业之自足自给，人口分布，也将达城乡各半的比例。

我国市组织法所定十万、二十万或百万人口以上为省辖市与院辖市，这是立法上的规定。英国村镇人口在四百以上者即有市的公共工程与卫生的设施。时人有以一千人口为小型市的基本数者，作者以为我国大体上可以"镇"（即北方之集店，西南之墟场）为举办市政的最小单位。我国千人以上之镇市数目约为五万左右，占全国总人口的百分之十四以上，所以从市政工程的观点看，目前我国已有半数人民的居住、饮食、行路、卫生与安适，需要市政工程师为之处理。

在战后随工业化而发生的新都市之建立与旧都市之改造，工作更繁巨，市政工程师的任务更艰伟，全国人口需要市公用设施之比例数也必更加增高，所以市政工程不是少数人享受的一种奢侈，而是大多数人民日常生活上的一种必需。不是粉刷门面的一种装饰，而是利用现代科学工程的成果，实际增进人类福利，代表人类文明的一种建设。

二

市政工程之范畴至广，从狭义讲，包括道路、沟渠、建筑给水及卫生工程等项；从广义讲，包括供给市光的电气工程、供给市热的煤气暖气工程、解决民食的冷藏仓储工程以及通讯运输等皆为市政上不可缺少之事业。而都市计划又为一市市政上之基本设计。

我们旧城市大都是污秽湫隘，实为文明古国之玷。惟有北平一市，有整个都市计划，宫殿、园林、城郭皆有完美的配置，有系统的宽广街道与排污雨水的沟渠，有点缀风景的引水工程，市民也无形中分区居住，堪称为代表中国文明的世界都市。新兴都市中，首都南京市建设计划与大上海市建设计划皆未得全部完成，租界的市政富有殖民地的风味，缺少根本远大计划，只顾到少数人的享受，置大多数穷苦市民康适于不顾。惟有一青岛市具备现代都市的条件，而非由国人所建设。至于抗战以后，大后方新兴的大小城市，除少数例外，最显著的特点有三，第一为疏散，这是空袭的教训，惟疏散无计划，未作星式的细胞发展，大半沿公路排列到十余公里以外，如此轰炸目标仍在，居民交往不便，且使干道交通拥塞，汽车肇事增多。第二为审美观念的缺乏，战时讲美是奢侈，但审美代表一国的文化程度，同等的材料人力，为何不求其配置之美。本来人民已经是彼此模仿，只能建造同式的简单房屋，又加上地方机关规定，一种不中不西的门面图案，强迫人民照样改造，使全城房屋成为一个样式，这种单调的卑丑，表现了民族的文化水准的低落。第三为工程常识的缺乏，例如街道上旧的石板道拆毁了，新修的碎石路无排水设备，雨后尽为泥塘，建设成为破坏。这三种特征所生的结果，是市民的损失、市政的浪费，只要稍开智慧，加以指导，这些缺点都是极容易避免的，虽然这是政府的责任，也是我们从事市政的工程师，未能尽其应匡助的义务，以普及市政工程的常识所致。

三

我国之市政建设，过去与现在，除少数外，无全盘与远大的计划，自然扩展的结果，不知造成了多少灾难与罪恶，摧毁了多少市民的性灵，浪费了多少宝贵的人力物力。租界畸形发展的市政，就是一个显著的例子。今后在伟大建国工作中，首先要对市政建设的观念，及其在整个建国工作中的地位，作正确之认识。市政建设成装饰品，是过去所走的歧途，它是实际为多数人民谋福利的民生建设，要与工业、农业及国防等建设相配合而并进，不仅建造能抵抗空袭的城市，减少轰炸的损害，还要使国防据点的城市要塞化，成为打击侵略者的堡垒，我们要充分运用"远见"与"计划"，以免蹈以往之覆辙，我们在胜利之前，就应及早准备一下各事。

第一为《都市计划法》之修正及附属规章之草拟。市组织法是市的政治基本法，市计划法是市的技术基本法，不但规定市政建设的规范，并且标明都市发展方向及都市发展理想，如都市人口的经济限度。都市发展的型式（集中、分散、卫星式、环形式、带形等）、各区带（园林、住宅、工商业、政治、交通等区带）、人口的密度、各区道路及建筑面积所占之比例，各级市（从都市到镇市）公用设备之标准，都市在国防上最低限度之设备，及其他市政建设上的基本原则，皆规定于市计划法内，以为以后市政发展的指针。二十八年内政部公布的《都市计划法》必须加以修正与充实，始能满足战后都市发展的要求。至于《建筑法规》《给水与沟渠法规》，其他公用事业之法规，皆要及早编定，以应战后建设之需。

第二项工作是市政工程常识之宣传。国人对市政工程常识的缺乏，尤以县城及镇市，无聘市政工程师之能力，我国亦无如许工程师可供小市镇之用，所以宣传的对象，应以县镇的市为主，文字以外，着重于各种简易的工程图案，最好将工程图案做成通俗的图画，使县政人员及乡镇长能够一看就懂，能够参照着因地制宜的摹仿。这种效果，费省效宏，快而普及，可以补救训练技术人员缓不济急之弊。其他各市政工程丛书之编纂，市政工程模型之展览，皆为普及市政公车常识的有效方法，也应积极倡办。

第三项工作为市财政制度与土地政策之确定。美国的市经理制，其机构形式，我国不必一定要摹仿，当经理制的精神——专家政治及权责合一，值得我们取法。市经理一定为市政专家，他负行政全责，也有行政全权，尤以市预算之"统一集权行政负责制"，可以使市经理制发挥最大的效能。一个现代化的市政府，其支出的大部为事业费而非行政费，市政事业费随人口增减及人民需要而随时变动，尤以战后要急剧工业化的我国，一市的人口在一年以内增加一倍两倍并非意外之事，在财政统收统支的系统下，一年前编的预算既不适用，而追加预算又缓不济急，市政上的设施，必不能追及需要，发展则更不可期。市财政制度关系市政与替者至巨，不可不早日参考欧美市制及我国战后情况，确立一种能促进市政发展的市财政制度，都市土地之增值，为政府建设之力所造成，土地收益为都市最大之财源，应归之政府，民生主义已明确言之，应根据平均地权的理想，制定都市土地政策实施纲领或土地法及其实行细则，早日公布，以杜战后市区土地投机之风，为市财政确立一个最基本的来源，同时可以免除将来整理都市土地的困难。

第四项工作为沦陷区及内地都市复兴计划之研究。此种研究应先确定战后国都之所在，继之国防工业据点城市、国际贸易港埠、国内交通核心城市、文化及风景游览城市等之选定，根据此基本分类，再为各都市之个别研究，以确定一个初步复兴与建设计划，否则战后百废待举之时，将无所措手足，全国都市恐仍不免于自由放任之发展，不能与整个建国工作结成一环。

四

中国市政工程学会经过半年的筹备，本月二十一日即在陪都成立。这是全国市政工程专家和工程师所组织的学术集团，希望其努力于工程学术探讨之外，对于我国战后都市建设许多实际问题，联络其他市政学术团体，拟制各项方案，贡献国家。前节所列的四项工作，不过是一个举例。

展望战后的建国事业，全国成千成万的市镇，有悠久的历史，具备天时地利的优越条件，居住着淳朴敦厚的人民。他们将为建设现代化国家的中坚分子，他们的日常生活——起居、饮食、健康与工作效率，全靠市镇的道路、沟渠、饮水、灯光和一切市政设备与市政管理的良好与否，我们中华民族给予国际人士第一个印象，也就是全国市政建设与市政管理的成绩，这是民族生活的代表、文明程度的尺度，应列为建国的基本重要工作之一，我们要配合其他建设事业，并肩前进，万勿落后，落后就是失策与灾难，盼中国市政工程师努力，祝中国市政工程学会成功！

建都之工程观

一、前　言

中国工程师学会十月在桂林举行的第十二届年会，关于战后建都问题，在市政卫生工程小组中，曾经就工程的观点，作热烈的讨论。建都的实际工作就是市政工程。因为我们是工程师，对于国都的选择，应从国防建设与市政工程方面，来加以研究，以为国都最后取舍的标准之一。

近来建都问题的讨论，可谓盛极一时，就地理历史以立论者有之，就国防、经济与交通以立论者有之，就气候与民族康健以立论者亦有之，观点不同，主张也就各异。

《大公报》最近刊载的两篇星期论文皆论建都之作。第一篇是傅孟真先生的《战后建都问题》，第二篇是沙学浚先生的《中国之中枢区域与首都》，都是主张建都北平。这两篇文章立论的精神是一致的，《战后建都问题》一文，除说明北平建都的理由外，同时将武汉、西安、南京等主张及历史说地理中心说，也一一加以评论。沙君的结论是"都南京是守成，都北平是进取"。这两篇文章都有归纳各方意见，导国论于一是的意义。如再由工程方面加以论列，研究建都的实际问题，这一场论战，似乎就可以告一个段落。

二、各种建都的主张

关于建都的论文及其主张，在报章杂志上所发表的，列如下表：

作者	文名	何时何处发表	主张
张其昀	论建都	卅年十二月《思想与时代》第五期	就地理观点及海陆兼顾主张建都南京
钱穆	战后新首都问题	三十一年十二月《思想与时代》第十七期	就历史的观点主张以西安为首都北平为陪都
丘良任	论建都	三十二年九月五日《公大报》	建都西安
张君俊	战后首都问题	九月七日《大公报》	以民族生物学之立场主张建都北方或即西安
陈尔寿	国都位置与地理中心	九月十六日《大公报》	建都武汉
龚德柏	武汉与西安孰宜于建都	九月廿日《大公报》	西安第一，北平次之
柯璜	定都之我见	九月廿四日《大公报》	建都西安
纪文达	战后国都问题比较	九月廿五日《大公报》	第一北平，第二南京，第三西安，第四重庆
《大公报》社评	战后国都宜在北方	九月二十五日	建都在北方，以北平为首选
黄□赞	胜利不容有折扣战后应建都北平	九月二十六日《大公报》	建都北平
胡秋原	长春建都论	九月二十六日《大公报》	飞□时代地理中心说已不适用，为防日本之再起，应建都长春以迎敌，因避敌为下策
宁墨公	论国都	三十二年十月四日《重庆扫荡报》	在襄阳南阳间山岳地带建造新都
荣贞固	战后首都位置的检讨	三十二年十月二十五日《大公报》	建都北平，北平对各方面皆可作攻势根据地
谷风	论建都	十月二十八至三十一日《东南日报》	主张不确定南京、武汉、汴洛一带
《现代农民》（月刊）	本刊的建都意见	十一月十日六卷十一期	建都北平
谷春帆	选都商兑	十一月十八日《大公报》	建都东北之松辽平原或即辽宁
傅孟真	战后建都问题	十一月廿九日《大公报》	北平为资源最富的北十省之中及国防之前卫不以安乐而以忧患建国则应建都北平
沙学浚	中国之中枢区域与首都	十二月十九日《大公报》	北平可兼顾东北与西北海与陆亚均衡南北之发展，建国之八项重要工作皆在北方

上表所列十八篇论文中，主张北平者七，主张东北或北平者二，主张西安者五，主张南京者一，主张武汉者一，主张未确定者二。武汉有南京之弊而无南京之利，建都东北为建都北平矫枉过正之议，皆可覆而不论，现仅就北平、南京、西安三城，比较其建都工程条件的优劣。

三、建都之工程观

一个城市，适否建为国都，就市政工程的观点而论，须具备十个条件：①交通；②地形；③气候；④旧市区之利用与新市区之关键；⑤近郊之风景名胜；⑥工程建设；⑦公用设备；⑧公共建筑及建筑材料之供应；⑨食料燃料与人力之供应；⑩代表国家能容与民众精神。现将北平、南京、西安三市，按照这十个条件，分别比较如下：

（一）交通

南京海陆交通皆极便利，惟其控制力仅及长江及珠江流域，此其缺陷。西安不通水运，在铁路交通上又处在"盲肠"位置。陇海路尚未筑至天水，必须天水至成都，天水经兰州至迪化，兰州经宁夏、包头三条铁路筑成后，西安才有内线交通，始够首都陆上交通应备的条件。北平有水运而无海运，北运河可通航至通州，通州距北平二十公里，通航亦无问题，传说敌人已完成疏浚工作，将来平津间通航数百吨之轮船，工程上无困难。铁路则北平原已四通八达，现除平包、平汉、北宁及津浦等四线外，敌人增筑数条线。第一线为北平经古北口至锦州之铁路，并有支线通至热河之赤峰。第二线为北平经门头沟、涿鹿至大同之线，此线可减少平包路青龙桥段运轮之拥塞。第三线为北平经通州至唐山之线。现时北平，计有三条铁路分经热河、唐山及天津通至东北，有两条伯路通至西北（从平绥路终点之包头，沿绥新公路至哈密为一千六百公里；从宝天铁路终点之天水，沿甘新公路至哈密为一千七百五十公里，所以到新疆最便捷的路，是由北平经绥远之一线）。一条经武汉而广州；一条至南京，再延伸至皖浙赣。全国铁路交通之便，当以北平为第一。其控制力可及东北、西北、东南及西南的大部。平津间公路最近已全部改为水泥路面。热、察、晋、冀、鲁、豫等省之公路网，亦已完成。就交通而论，陆运以北平为第一，距海在二百公里以内，且有运河之水运。南京海陆运皆备。西安则无水运，陆运恐战后十年以内，亦无法解决。至于就空运而论，北平位置，亦近理想。以北平为中心，画一两千公里半径的圆周，则香港、广州、昆明、昌都、玉树、哈密、赤哈、伯利、东京、台湾皆在此圆周以内或附近，即新式运轮机五小时航程之内。所以扩大眼光，就亚洲全局而论，北平的位置，更显得重要。

（二）地形

南京有起伏之地形，建花园、都市及筑下水道皆为理想之地，湖沼、大江及丘陵为南京之特点。西安与北平皆位于平原上，市区地形无起伏之可言，惟近郊皆有山岭，北平地属为河流冲积而成，地下水甚好，全市皆呈向东南方向之微坡，对于沟渠之建设，很多方便。

（三）气候

北平之气候，有海洋大陆气候之优点，而无其缺陷，夏季不必避暑，冬季亦不致妨碍户外活动，四季候象分明而严肃，□人有爽朗灵敏之观。全年雨量六百余公厘，干湿适度，日夜温度变化不剧，有裨于健康，对于花木、菜蔬、水果之生长，亦甚适宜。西安为纯大陆气候，春季干燥，夏季日中甚热，昼夜温度之变化较大。南京□热，夏季不□使人清醒深思，尚不及受有海风影响之上海，亦不及西安，更不及海陆气候兼备之北平。南京实处于海与陆，南与北之临界气候中，似南似北，非海非陆，这是南京的最大缺陷。

（四）旧市区之利用与新市区之关键

南京建都虽有十年，新市区除住宅区稍有建设外，政治区、商业区及水陆运输线站皆尚未着手，旧市区可利用之价值不大。至新市区之关键，南京城内城外，皆有发展余地，惟以湖沼及长江的关系，稍受限制。西安城内面积约十平方公里，现在人口约三十万，将来可容纳五六十万人。现在市区虽可利用，但去容纳首都之众太远，必另赐新市区，且其规模必大于原有之城区，西安南郊可供关键新市区之首选，东、西、北三郊亦可利用，但建一大于旧市之新市区。财力以外，"罗马不是一日造成的"，时间上也非数十年不为功。北平之内外城有六十平方公里，现有人口一百余万，将来可容纳至二百万，旧城区可全部利用。至于北平新市区之关键，四郊皆宜，北郊恢复元代之大城，可关为政治及驻军区，西郊可关为风景文化及住宅区，南郊可辟为商业区及陆空交通总站，东郊运至通州可关为工业区及水运站。在迁都北平之初，政府如欲集中办公，则东交民巷之使馆区可全部收用，另在西南郊跑马场一带，择地为各友邦建新馆舍。如此既可收中枢集中办公之效，复可将清朝遗下之国耻特别区，予以根本取消。

（五）近郊之风景名胜

都市近郊风景名胜，在调剂市民生活，陶冶市民情绪上，具极大价值。南京近郊除陵园为后起之秀，尚在经营中外，有燕子矶、采石矶、汤山及栖霞山诸胜，其清幽伟大与人工布置，皆不足称。西安近郊有翠华山、灞桥、骊山诸胜，华清池则离城稍远。其容纳游众之景及人工之布置亦有欠缺。北平近郊之风景名胜，近者有颐和园、玉泉山、清华园、香山、西山、汤山、温泉，稍远者有明陵、八达岭、长城。城内坛庙园林及池沼等风景名胜更不可胜数。共容纳量及人工布置皆达上线，从飞机上俯瞰，北平是一个林树苍翠、和谐而美丽的城市。

（六）工程建设

北平全市街道已配置的很匀称，只须修葺，不必大事拆改，主要街道已全筑成柏油路面及水泥人行道。全城点缀风景的引水工程与雨水沟渠，虽为旧式设计，但皆为有计划地系统建设，稍加改良，仍可为流通全城血脉之用。污水现时流入雨水沟渠，将来人口增加一倍后，再另建污水沟渠系。南京街道尚在关键中，有柏油路面者仅中山中华等数路。沟渠仅完成设计工作，尚未开工。西安街道的配置甚好，有系统的渔港工程则未着手。

（七）公用设备

南京之首都电厂规模甚大。自来水厂已开办而未完工。市区与下关有铁路而无交通上之价值。娱乐及市内游息场所甚少。西安电厂太小，现时供电已感不敷，自来水未办，而井水多带咸味。北平除电厂自来水厂具备外，电车路已贯通南北东西四个城区，自来水厂应加扩充，北平地层富于地下水，掘井皆得甘泉，旧日之井稍加改良，仍可利用。娱乐及游息场所菜场食店满布城区。

（八）公共建筑及建筑材料之供应

西安现时之公共建筑物存者不多，勉可敷省会之需，无容纳国都之可能。建筑材料除砖瓦可就地烧制外，木材须伐之于秦岭，运输困难，其质量适否建筑之用，尚待研究。石灰须取之于豫省。水泥、钢铁、玻璃皆须远道陆运。南京可以利用之公共建筑，除十六年建都后之省数房舍外，几一无所有。建筑材料之供应则甚为便利，砖瓦就地烧制，龙潭之水泥近在咫尺，湘赣之木材及钢铁、五金、玻璃皆可利用水道运输。北平之公共建筑，为全国财赋积近千年之所经营，可以容纳中枢全部官署而有余，此为北平建都最便利而独有之条件，北平公共建筑物的价值，等于全部国富或且过之，此非夸大之辞，仅颐和园一处即浪费了李鸿章氏建设北洋海军的全部经费，战后我国首要之建设为国防与工业选都北平后中，将建设新都及官署宿舍的经费，建设渤海海防与平津陆防，当有余裕。北平之建筑材料，有唐山之水泥、龙烟之钢铁、秦皇岛之玻璃、当地之砖瓦与琉璃瓦、美洲南洋及东北之木材，也可水运至通州或北平近郊。

（九）食料燃料与人力之供应

食料如粮食、菜蔬、肉类与水果等之供应，西安现在供给量不敷首都之需。南京附近之食物与燃料，产量丰，水道运输便。北平燃料产自近郊，粮食取自河北平原，菜蔬、肉类、水果之质与量俱佳。南京与北平皆可得淡水及咸水之水产食品。人力之供应分劳心者与劳力者两种，西安劳心者之供应须仰赖他处，劳力者也需要豫省供给。南京处东南从文荟萃之区，劳心者之供给自无问题，劳力者则靠江北。北平为旧日京华，现仍为文化中心，劳心者之供应自无问题，劳力者则冀鲁豫三省皆标准壮丁之产地，更是取之不尽了。

（十）代表国家仪容与民族精神

一国的首都，必须能代表国家的仪容与民族的精神。仪容与精神征象于国都者有二，一为历史上民族之遗迹，一为市容的气象。西安在民族遗迹上位第一位，皇帝的衣冠冢及周秦汉唐四朝帝王之陵墓，皆在西安附近，这是历史论者主张建都西安的最大理由。南京有明太祖陵及国父陵墓。北平则有明清两朝的宫殿，明成祖以及十三代皇帝陵寝亦在西北郊，国父的衣冠冢在近郊之西山。至于市容的气象，为街道建筑二者所形成，西安的街市很宏伟，南京的首都气象尚未建设起来，北平有长达十余万里的宽园通卫，各种楼阁牌坊坛庙的□街建筑，布满全城，北平所代表的仪容，是"伟大"、"壮观"、"肃穆"与"和平"，不但为国内之第一城，也是世界的名都。法人《明日之城市》著者戈必意（校对者注：柯布西耶）氏，就北平市之平面图论，即誉之□一，以此地图□巴黎□地□比较，则吾人须□取中国，因有必要□取其文明也。

四、结　　论

建都之实际工作为市政工程，以上十项标准，对于市政工程，有直接或间接之影响与关系，皆为国都所必须俱备之市政工程上的条件。南京、北平、西安三市，其符合于十种条件之程度，自以北平为第一，南京次之，西安又次之。

（三十二年十二月二十日渝）

论城市复员与建设

抗战以来，我国国土受敌人之轰炸破坏，以城市为最烈，敌人作困兽之斗，也是拿城市作据点。城市是国防的堡垒，经济的重心，遭受空前的破坏，在胜利之后，要立刻建立秩序，恢复繁荣；同时还要随建国之需要，改造旧市，建设新市，以供国防经济与文化上的需要。

战后城市的复员是建设的准备，在时间上是连续的，也是并行的，复员工作中，最重要的一点就是勿为一时权宜之计，便宜行事，为建设工作造下许多新的障碍，最好能将建设上的旧障碍，在复员工作中为之肃清。

谈城市的复员与建设，先要确立对城市的新观念。

第一，大至首都、省会，小至集镇、墟场，都可以包括在市的范围之内。日中而市，从数百千到数百万，集于一处，分工合作，以营共同生活，深沟高垒，以防异族侵袭，经济与军事的需要产生城市，今日的城市仍不外为经济的重心与军事的据点。

第二，重心与据点逐渐扩大，自由发展的结果，受到阻碍和损害，于是有城市计划之立法与实行，未雨绸缪，用远见来指导城市有计划之发展。重心与据点在逐渐扩大之外，还逐渐增多，于是点就渐成为面，计划也由点进而为面，所以城市计划之外，有所谓"区域计划"（Regional plan）。

第三，城市计划与区域计划，都是追随需要，至多不过与实际需要并行。更进一步的，澈底而宏远办法，是国土使用之全部设计，如德国有"国土使用计划局"之设，随工业区域、农业区域之分，规定工业与农业城市之发展计划，城市相联，就是全国的交通网计划。再就国防需要划定要塞区，全部国土为有计划之配置，为最合理之利用，不但为城市计划之最高理想，亦为国家建设之基础设计。

第四，小型市多属农业性质，大型市多为工商业性质。高度工业化的国家，人口的分布，城市所占有高至百分之八十者，我国战后工业化建设中，工业城市必如雨后春笋，滋生起来，人口也将由乡村涌到这些新兴城市来。苏联第一五年计划，工业投资一六四万万卢布，市政建设与建筑房屋的经费六一万万卢布，为工业投资的三分之一。第一五年计划是国防重工业计划，未顾及提高人民生活的建设，尚须拨庞大经费以建设城市，是城市建设在工业化中的重要性，不言而喻。

城市的复员工作，千头万绪，且每一个城市皆有其特殊问题，不是写复员方案，不必胪列工作项目，现仅就城市复员的基本问题，为未来建设应预置根础者，为原则上之论列。

（1）市政制度

修正之《市组织法》以十万以上人口为市，标准过于单纯。如用都市、城市与镇市（或集市）来代表大型、中型与小型之三种市，则都市、城市与镇市在《市组织法》与《市计划法》上都应分别有所规定，尤应注意此三型市横的联系与纵的发展，由区域计划进而为国土规划。市以下区保甲之组织也值得研究，或在新县制之外，另创市系统的机构，惟二者必须互相配合。市行政制度也要就市长制、委员制与经理制中采择其一。市自治应提前完成，市政事项几全部皆为自治工作，即在"官治"时期，中央政府亦不宜事事干预，以妨其发展，此为新市制中最基本的一点。

（2）土地问题

土地为市之生命，市政经费、土地收益占最主要部分。一个市政府对于全市土地必须有充分支配使用之权，合理的市计划才有实现的可能。平均地权的理想要先在城市实现，才能推及农村。新建城市一定要实行土地市有制，旧城市的土地不能仅用征收土地税的办法，必须用更直接有效的办法，以免除私有土地妨碍市政发展之弊。湖北省政府所拟大武汉市建设计划，对于土地政策有很革命的主张和办法，兹附录于左，以供参考。

附录 大武汉市之土地政策

在市地私有制度下，必然演出多种惨烈之社会问题，世界各名城，殆无例外，故市地市有，已成为不争之定论。现德苏两国，早已实行市地市有，其他国家亦在次第效法中。《中国国民党政纲》第十四条及《建国大纲》第十条，更强调市地市有政策。武汉为吾国四大市之一，趁此破坏重建之时，有计划的解决土地问题，而为全国树一楷模，理论实际皆无问题，而所应仔细考虑者，厥惟实现之步骤与方法耳。吾人不必效德国之一次举债，亦不可法苏联之无偿收归市有，根据实际情况与客观需要应先限制私人所有土地之面积及取缔土地投机买卖，然后进而以平均地权之方法，逐渐达到市地完全市有之目的，则理论实际，国法人情皆可兼顾。诚如是，则在市政政策与市政规划各方面，均可依照整个计划，顺利施行，凡因市地私有所发生之一切社会问题，均可拔本塞源，一扫而空矣。

（一）限制私人所有土地之最大限度

（1）清丈估价——市府于宣布限制私有土地后，即着手举办登记、测量、估价，限六月完成，在此期内，新市区内之土地，不得买卖与过户。

（2）若干亩以上之土地购归市有——新市区内之土地，每户最多不得超过若干市亩，在此基数以上者，由市府购归市有。

（3）购归市有土地之给价法——市府收购土地，除支付现金外，并得配搭土地债券及建筑材料，其详细办法另订之。

（二）土地投机之取缔

（1）土地买卖之限制——私人土地在若干亩以下者，仍允许买卖或转让，但必须以家长身份证为凭，登记过户，以防化名及未成年人名义所有土地，造成事实上之侵占兼并或转租渔利。

（2）银行投资土地之限制——任何公私银行，不得作土地投机买卖，对私人放款购买土地者，亦应以家长身份证为凭，限制其贷款数额。

（3）投机者之取缔——无论自然人或法人，均不得作土地之投机买卖；亦不得逃避税契过户而私相授受，其详细办法另订之。

（三）私有土地之征税

（1）估价后之征税——估价后之征税，以所有土地亩数之多寡，分为若干级，实行累进税法。

（2）涨价部分之归公——地价重新估定后，除原价部分征收累进税外，其涨价部分，完全收归市有。

（3）地税得以土地偿付——地主于土地涨价后无力履行义务时，得以土地为偿付之代替品。

（四）市有土地之管用与出租

（1）市有土地之管用——市府收购之土地，应由地政局或另组委员会保管之。其使用则根据市政会议之决定作各种物质建设计划上之用途，并先规定公家使用土地之办法。

（2）市有土地之出租——市有土地如供公用尚有剩余或不适宜于公用时，得转租与公法人或私法人使用；并应制订租用市地办法，将土地种类，用途及租用面积，期限等要项，一一载明，以防套租、转租等流弊之产生，其租金宜按年修订之。

（五）市有土地之控制与增加

（1）市有土地之控制——凡属市有土地，虽在财政极度困难情形下，不得变更其所有权，使市府能永远控制市有土地。

（2）市有土地之增加——私人出卖土地，市府有力购买时，即应尽量购买，又私有土地因涨价归公部分，地主无款缴纳时，得以土地作实物之缴纳。由此市地逐年增加以达到市地完全市有之最后目的。

（3）财政制度

我国战时中央主要税源之关税、盐税、统税皆呈不振，所以将许多地方税划入中央税收系统，此乃战时权宜之计，市的土地税、房屋捐营业税等皆为地方税。要市政府有能，必赋之以权，过去防止地方征收苛杂的消极限制政策，不适于战后建国时代。无论市自治完成或在官治时期，市财政在法令范围内，在收、支两方都要予以较大的权。战后几千百个市，分文的开支，都要法案，都要请示，都等公事，市政就无从谈起了。

（4）城市设计

在复员工作中，《都市计划法》，恐各市不能立即实施，在办理测量等准备工作中，可先从消极方面注意，如旧市改造区内暂时不准造永久建筑，拟扩展之区域，土地停止转移或改变用途。《都市计划法》现在中央镇密修订中，我们主张从大都市到小镇市都要适用此计划法，大小市皆需要作全市的整个规划。

城市测量为设计之根据，此次世界大战中，航空测量进步极大，战后之城市测量，可以于短期内，利用航测完成之。

（5）公营居室

在城市建设中，公有土地与公营居室为建设国家资本之两大武器。铲除地主吸吮城市膏血之后，还要打倒房东的剥削和建筑厂商的中饱，拯救穷苦市民于湫隘污秽的侵袭之中。全市主要房屋，用市营或市民公营（合作社）的方式来营造和管理。公营房屋是民生主义与实业计划之实行，要完成此艰巨事业，必须将建筑材料加以管制，并同时公营。复员时期就是公营居室的积极准备时期。

（6）建筑风格

战后我国公私建筑要树立崭新的现代化中国的风格。宫殿式的旧建筑不合现代化需要，尤不合于新建筑材料之配用；而无条件地摹仿欧美，也不合于中国的。至于晚近租界及各地流行的半中半西和不中不西的建筑，是最恶劣的作风，这些"非驴非马"的建筑，代表文明的低落。切盼新中国的建筑师艺术家，来创造现代化的中国的伟大建筑风格，来纪念民族抗战建国的大时代。

（7）人才训练

城市复员需要行政及技术人员甚多，在建设时期需要的数量，从都市到镇市，恐为任何部门之冠。高级市政人员应由各大学及专科学校添设市政系及市政工程系，或设独立的市政学院。中级及初级人员可由各省市训练。训练之外，还要注重市政的宣传，因为市政是自治工作的主要项目，市政常识要普及到每一个市民，使全体市民要求市政的进步，市政才能健全地向上发展。

以上所举的七个问题，在城市复员时期，皆作妥善之解决，才能造下市政发展与国家建设之基础。而解决这七个问题的枢纽，在中央政府要有一个市政的专管部门，来主持城市复员与建设的大计。内政部虽有营建司之设，仅市政法规已占去其整个业务。各省的建设厅又多忙于"省建设"，很少注意到市和镇。因此，中国市政工程学会与卫生工程学会曾有向政府建议设立"公共工程部"，以主持战后市政建设及一切公共工程之酝酿，作者认为这是当务之急，否则建国的基本要政，将完全落空。兹将两学会在工程学会年会中之提案原文录后，以为本文之结束。

我民族历史辉煌，建设都市最早，过去东西邻邦以我国为"天朝""上国"者，率皆由于仰慕我国都市建设之雄伟。徒以近百年来，西洋机械文明代兴，我国承逊清专制之弊，追踪不及，遂至国势衰弱，备受侵凌，尤以城市建设方面，相形见绌。然北平一城，自明朝建都以后，锐意经营，规模宏伟，至今犹能雄视全球，此亦足征我国在民族复兴之际，建设都市之伟大力量，虽历五百年而不衰。世界历史学家，固有称我民族为"建设都市之种族"者，建设能力，蕴藏于我民族血液之中，固不以一时历史上之寒运，而有所损毁，亦可概见矣。方今抗战胜利在望，不平等条约取消。最近十一中全会，政治及经济建设决议案中，对于"复兴城市""建筑民居"以及"发展工业"等项已订定纲领，则我国今后之城市建设，头绪万千，自不待言，亟应远缀我国过去之"冬官""工部"，近仿各国之组织成例，添设"公共工程"部，统筹兼顾，一方面可表示中央对于地方建设之积极控制性，一方面可集中运用此类建设专才，以发扬我民族复兴之大业。抑犹有进者，我国今后之经济建设，基于三民主义之原则，应循计划经济之途径，至少对于国营工业以及国防上之种种建筑物，不应听其各自为政，必须有通盘计划，使其标准化，并形成各种合理布置与排列，以实现其最高价值，庶国防与民生之合一理想，由城市建设而实现。如英国为最注重实际之国家，战后新添两部，一为飞机生产部，一即为公共工程部，后者之主要任务，即在统筹并积极办理英国战事期间之公共建筑与城市修建等项工作，大战后将为英国城市复兴之主管部云。至我国之"公共工程"部，似应以城市建设之统筹及监督，为其主要任务，可包括下列各种业务；（一）城市规划；（二）民居工程；（三）卫生工程；（四）公用事业；（五）公共建筑（包括国营工厂之厂房建筑）。

青岛之市政工程

一、绪　言

青岛原系一窵僻渔村，于清光绪二十三年德入借口曹州教案，占据其地，翌年立约，租为军港，订期九十九年，德人得此，北可窥平津，南可耽长江流域，乃设总督治之；竭力经营，辟湾内为商港、军港两部，建炮垒，浚船坞，开市场，筑胶济铁路以达济南，纯系侵略设施，俨然成为彼之远东海军根据地。欧战爆发，日人乘机占领，几经交涉，旋以太平洋会议结果，始由我国于民国十一年冬收回，至民十八市政府成立，从事扩展市政建设。

二、都市计划设施

青岛为我国大港之一，每年海外轮艘来往，达 3,640,968 吨，而帆船之进出，渔舶之停留，则在万艘以上，且风景优美，气候适宜，游人往来如织，其发展不可限量。在"德管"时代，即有市政计划之拟定，惟仅限于市区，范围狭小，后经支节发展，无论形式与实际，局部与整个，均欠联贯。日人占领后，虽经略事扩张，仍无具体计划，致演成畸形发展。吾国接收后，详察情形，预占全盛时代之发展，经缜密研究，拟定《大青岛市政计划》，将市区扩展，东北至李村沧口，南至麦岛，面积扩充为 5,090 公顷，其计划原则如次：

（1）实用与美观并重：发扬青岛特殊之优点，而使计划切合经济原则。

（2）新旧区域联成一气：将德日管理此建设之市区，用最经济之计划与办法，使与新市区联成一气。

（3）适合将来之扩充：此项计划完成时，如人口超出预限，则必须再作扩充，此计划内亦预为将来扩充之准备，民二十四后，此项《大青岛市政计划》遂纲举目张，依项实施，旋以抗战军兴而停顿，未能全部完成，殊可惋惜。此计划不特集纳近代都市计划之新理论，且能切合实际应用之原则，在我国市政工程上，树立崭新之旗帜，虽未能全部完成，然亦足供将来重建沦陷区都市及目前建设后方各都市之参考（详细计划另附刊参考）。

三、市政工程概况

（一）道路

在"德日管理"时代，其系统以内及李村二处为中心，用不规则之棋盘式、放射式综合而成，纵横干线，网形支路，多用欧洲标准施工，依次敷设。接收时计有土路 100,368 公尺，沙石路 233,574 公尺，柏油路 27,411 公尺，弹石路 1,802 公尺，混凝土人行道 4,353 公尺，车轨石 46,931 公尺，至民廿一止，添筑乡市区道路 186,606 公尺，按设车轨石 8,179 公尺，道路长度总计为 549,761 公尺，自拟定大青岛市政计划以后，道路系统方式，渐有变更，除在中心区域，因土地宝贵，仍采用旧棋式外，较远部分，如仲家洼、小村庄、吴家村一带，则采用蛛网式，更远处如浮山所、沧口等处，大部采用细胞式，各路方式虽有不同，但其间仍能作密切之联络。

（二）自来水

青岛傍山临海，地质多为花岗石，水源缺乏，饮料困难，且胶东为苦旱之区，雨量每年只有500毫米左右，故自来水之供应为青岛市政工程之先决问题；"德管"时代，先在距市区约四公里之海泊河成立水厂。凿井取水以供市民之用，旋因市区扩充，人口增加，继在距市区十一公里之李村河成立水厂。日人占据后，复在距市区约二十二公里之白沙河成立水厂，吾国接收即将此三水厂再加扩充，共计有集合井五个、砖井九个、管井四十四个、洋灰井五个，由各水厂经总送水管送至贮水山之总蓄水池，再经配水管接至专用水管以供市民应用，计送水管之总长度约为 37.50 公里，口径为 400 公厘，安置配水管约 170 公里，每日总出水量约 17,000 立方公尺。民二十后，市区繁盛，人口骤形增加至二十三万余人，加以工厂企业之突飞猛进，虽经将各水源地积极扩充，分别增设升水机，藉增水量，然小规模之扩充，实不足以应付大宗消水之增加，顾不得不作扩充计划。其计划经拟定两种：① 月子口筑堰蓄水计划：查月子口在白沙河之上游，盆地广大，可供筑堰蓄水，计划完成后，每日可给水二万吨，预算六百六十余万元，因工款数字庞大，致未施行。② 修建黄埠水厂计划：该计划是在白沙河界河交叉口之黄埠村附近，开凿大井二十余个，集合井一个，建筑水厂设置升水机设备，按设 700 公厘之钢质送水管 17 公里，并在四方北岭修建容量一万吨总蓄水池一处，每日出水亦可达二万吨左右，预算二百万元，于二十五年秋季开工，至二十六年秋已完成百分之七十，旋因"七七事变"，抗战开始，乃全部破坏，殊可惜也。

（三）下水道

青岛下水道工程，于国内诸省市素称完备，盖因地理优越，计划周详，故设备较臻完善，市内下水系统，计分雨水管、污水管、混合管三种，至民二十一止，计完成雨水管 90,591 公尺，污水管 80,976 公尺，混合管 23,356 公尺，雨水明沟 13,179 公尺，总长 208,102 公尺。至雨水管之设置，系依照地面自然倾斜度自高而低，因雨水不过略杂沙砾泥土，于卫生方面毫无妨碍，均可依地势而随处导入海内，关于污水道之布置。须先考虑环境，确定污水处理方法，然后始能计划其系统，青岛三面环海，污水最后处置方法是利用大量之海水冲淡而消灭之。全市污水道系统计分为四个排泄区，于每个区域最低处设置清理厂，第一厂在云南路，第二厂在乐陵路，第三厂在太平路东，第四厂在汇泉路北。每个区域内将污水集合一处，导入积沙池，去其秽物渣滓，再经铁笼子流入沉淀池，经沉淀后，污水已无杂质，最后用抽水机分别由污水管经总污水管送至青岛西南角深海急流处之团岛，放入深海之内，该处离市内海水浴场、栈桥码头一带，相距甚远，于卫生观瞻上均无妨碍。《大青岛市政计划》实施后，市区扩大，污水排泄区域，亦应予以扩充，故将原有第一、第二、第三等三区划为第一排水区，污水仍由团岛入海，增设湛山附近为第二区，以麦岛沿海为排泄出口处，在四方东镇等处增设第三区，该区系青岛全盛时期最繁荣区域，故污水量最巨，至污水道系统及清理设备，更经缜密考虑，其排泄出口处，确定在湖岛沿海，并将李村一带乡区划为第四排泄区，盖接近农村，地区辽阔，污水汇集一处后，即可利用灌溉农田，惟该项计划尚有待研究。

（四）港埠

青岛为我国中部大港，黄河流域物资吐纳于此，实系国家经济命脉所紧，将来胶济铁路向西北延长后，则该海港之业务必更趋频繁，德人占领后，洞悉其地位之重要，竭力经营，在港内筑弧形大港，修建码头，以备羁留巨轮装卸货物，另辟小港以为帆船停泊避风之用，历经数年之建设，港埠设备颇具规模。日人占领后，毫无兴革。我国接收时，大港有码头四座，第一码头长 766 公尺，有羁船区六个，同时可靠一千吨至八千吨轮船六艘；第二码头长 1,120 公尺，有羁船区八个，南岸及西头同时可羁一千五百吨至七千吨轮船四艘，北岸则同时可靠航行欧美一万吨轮船二艘，及一千五百吨至二千吨轮船二艘；第三码头长 186 公尺，有羁船区一个，专为危险货物装卸之用；第四码头长 1,175 公尺，共有羁船区七个，同时可靠留三千吨至八千吨轮船七艘，专为装卸煤盐之船位，在码头界内分别建有堆栈二十六栋，以供储存货物之用。至于海上设备，如灯台、道灯、立标、浮标、雾警号及羁船浮标等共计设有五十余座。民十八后，青岛逐渐繁荣，船舶往来吨位骤增，码头设备不敷应用，经择定在第二码头与第三码头之间，增筑第五码头，长 1,200 公尺，水深 9.5 公尺，可停留一万吨巨轮八艘，预算为三百九十万元，于民二十一年兴工，二十六年竣工；同时并以原有第一码头只北面岸壁，可以泊船，其南面未经兴筑之岸壁，亦赶办完成，以增船位，抗战爆发时尚未竣工。关于码头工程之施工，原有四处，系用铁金混凝土板桩建筑，第一码头南岸增建部分则用钢板桩修筑，新建之第五码头，系用混凝土方块潜水砌垒，工程均属伟大。大青岛市政计划实施后，拟在四方附近增建工业港，以适应将来繁荣时之需要。

（五）废物处理

都市中每日产生之废物，数量至巨，苟不施行合理之处理，实有碍卫生及观瞻，青岛市为保持整洁计，对废物处理颇为注意，其方法如次：① 灰烬及建筑剩留废物之处理：灰烬是由工厂气炉及住宅火炉内所产生，建筑剩留废物是指碎砖瓦片、沙土、石灰渣等剩弃之废料，以上二项，则运往指定地点，填筑洼地。② 垃圾之处理：垃圾是由清除街道、住房、院地所得之灰土杂物，及一切废弃之破布、字纸罐盒等物，先经混合焚化，使完全变成不再腐化或变形及不碍卫生之固体，运填洼地。③ 厨渣之处理：厨房内剩留废物，大都为有机体，易于腐烂，有碍卫生，且含有水分，不易焚化，惟大部混入污水流出，致常使污水管阻塞，一部分则并入垃圾，致焚化困难，故此项废物之处理，尚有待改进。④ 污渣之处理：污水清理厂将污水用抽水机抽送后，剩留之粪秽污渣，使入粪化池，经相当期间之发酵作用，去除恶臭，使变成无危险性之固定性渣滓，再用妥善之运输方法送出岛外，曝干后充作肥料。⑤ 集中屠宰：屠宰牲畜，最易染污都市，青岛市为避免上述弊端，特设有屠宰场，置有机械设备，集中屠宰，其所遗留之污水污物，均施以严密之处理，《大青岛市政计划》则拟将该厂移至市外，以保市内清洁。关于废物收集，以性质分灰烬、垃圾及厨渣，分两箱盛放。在住宅区、商业区之房屋，单座沿街者，则于沿街墙之内部设废物箱，开孔于墙外，以便收集时在户外工作，如是毗联式之商店，则置垃圾箱于人行道地下，箱盖置一活门，以便倾倒及收集之用，工厂内之废物则须向指定地点倾倒。其运送办法，春夏则每日早晨收集一次，秋冬隔日一次，运输工具则用汽车或马车，严密盖置，以免臭气外溢。

四、行政组织及沿革

青岛在"德日管理"时代，其行政设施，部门随增随减，详情缺乏查考，故不赘述。吾国接收后，即成立胶澳商埠督办公署，附设港政、农林、工务、卫生、警察、观象台等机构，专司有关市政事项，当时对市政建设未能积极推行，只办理清理、保管等工作，自国民政府底定南京后，民十八改青岛为特别市，市政府直隶于行政院，市府下分设工务、公用、港务、公安、财政、教育、社会等局及农林事务所、观象台等机构，始分别推行市政建设；民十九改为青岛市，仍属行政院，将公用局并入工务局，此时组织渐臻健全，乃大量罗致市政建设人才，筹置经费，从事广施大青岛市政计划，由维持守旧之阶段，跃进革新扩展之时代，并为谋乡区之发展，改良乡村农民之生活；于民二十一后，先后成立李村、九水、沧口、阴岛、薛家岛等乡区建设办事处，关于乡村建设事宜编成方案分别实施，如发展交通，则由政府拨款，人民输力，不及一年，完成十五万九千余公尺之道路，且更致力于禾稼、畜牧、农林、果树之改良，以期增加生产充裕民生，其他如扩充教育、讲求卫生、改良风俗，亦有相当成绩。

五、结 论

青岛市之特性，以工商与居住、游览并重。"德人管理"时代，建设虽具规模，然多着重港务及炮垒等军事工程，纯以掠夺为对象，对切合特性之市政整个计划，未遑顾及。日人占领后，更盲目设施，演成畸形发展。吾国接管后，成立市政府，始根据该市之特性，详察事情，预估将来拟定《大青岛市政计划》之具体方案，以作建设准绳。际兹抗战胜利期近之时，百废待举，市政事业必须随工业同时发展，而青岛市政建设，攸关国家经济命脉，更应从速作复员之计划也。

战前北平市政之领导作风

——给关心北平市政的朋友的第一封信

一

去年本市参议会的第一次大会，毛参议员向公用局长提出口头质询："城里到香山的交通现在完全停顿了，从前袁良当市长的时候，从香山进城，商办汽车之外，还有市办的公共汽车，交通非常便利，现在我们十七区的人民要进城什么交通工具都没有了。"

前年本市的临参会驻会委员中，有一位余老先生向我建议："现在的路政不及战前，袁良时候修了多少的路，那年公务局长是谁？大概还在北平，为何不去领教领教他那时候怎么办的呢。"

在公众集会中，这样怀念战前北平市政的黄金时代，在私人谈话中，表示同样的观感的，更不胜其数。

民国二十二年到二十四年，这三年的北平市政，确有突飞猛进的成绩，当时驻华的英国公使蓝浦辛氏，称为北平市的第二个乾隆时代。有许多施政，如小本借贷之创办，起了全国性的领导作用，各地皆派人来考察和仿效。

胜利之后，北平市民热望着北平市政的第二个黄金时代，一年二年过去了，大家的希望变成失望，于是就有了各种不同的议论，于是就更向往战前那一个市政的黄金时代。

这两个时期的北平市政，我皆参加了，并且都是负着建设的实际责任，就是没有朋友的垂询，这两个时期所体验到的，我也有向大家报告的义务，这就是写这封公开信的动机。

二

追论战前的北平市政，要分成两大类来说，第一类是客观的，就是当时的政治经济环境；第二类是主观的，就是领导之作风。

第一类的客观形势，今昔虽然不大相同，仍须扼要加以说明，不是用来作比较，而是使我们认识第二类，主观条件的不变性及重要性。在好环境中没有适当的领导，不会产生好的政绩，可是在坏环境中，如果有卓越的领导，也可以产生当时环境所不计可的好政绩来。

三

战前北平的客观环境可分则政治经济的情势、行政制度和人事情形三方面来说。

当时北平是在城下之盟的《塘沽协定》签字后，大风暴前夕的危急状态中，不仅敌军陈兵长城，还驻在平津沿线，东交民巷日本使馆的武官室，指挥着全城的间谍，无孔不入地活动，便衣队可以在永定门外沿铁道开铁甲车进城扰乱秩序。现在我们虽然在国际形势上夹在两大壁垒之间，可是比起二十二年，我们压在独一的壁垒之下，只手无援的情势来，真是好多了。但是当时的经济情形比现在好，交通畅达，物价正常，物质充盈，人力丰沛，与目前则有天渊之别。

行政的集携制在那时还建立完成，地方首长的行政权是统一的，没有超然会计，没有事前审计，也没有独立的人事制度，考铨也未认真执行，因此，行政首长可以充分发挥其才智，表现为市政的成绩。至于人事关系也简单的多，行政首长应付人事比较容易。

四

客观形势如上所述，当时主观的领导，有些什么特殊作风呢？有的，不是"真知力行"。

以实事求是的科学精神以致"真知"，根据"真知"来订政策定办法而"力行"之，贯澈始终地去"力行"，不畏强御地去"力行"，这就是战前北平市政的作风。

以当时北平的环境，配合"真知力行"的作风，才有北平市政的那一个黄金时代。这个黄金时代不是偶然侥幸产生的，是主观、客观条件配合起来才产生的。

五

举几个例，先作"真知"作风的具体说明：

当时垃圾问题，严重不下今日，顺城街积秽与城墙齐高。负全市公共卫生之责的是公共局的清洁股，到二十三年才成立卫生局，将公安局的清秽工作归入卫生局第三科主管。卫生局第一任局长是协和医院派到美国第一批学"公共卫生"的专家，原任内一区卫生事务所所长，以一个所长，与当局素昧生平，未经过任何"荐主"，就派充局长，在北平市政上是展荒之举。主管环境卫生的第三科全部是清华习卫生工程的学生，可以利用清华的试验室和教授的指导，将北平的垃圾问题作了一个科学研究。根据这种研究，订出清秽计划。全市的秽土问题，不到半年就根本解决了，市民惊为奇迹，因为无不在神不知鬼不觉中解决的。

市府秘书处当时虽只八十余人，可是成立了一个很健全的技术室，包括各种工程及农林等部门的专门人才。这些专家不是看公事办等因奉此的，是草拟市政根本大计和积极协助各局推动业务的。就印刷成册的计划，就有《河道整理计划》《游览区建设计划》等多种。这些计划都是大处着眼、小处下手的好榜样，直到今日，仍不失为本市建设金科玉律。至于电车、电灯及自来水的改善，也由这个小小的技术室负责督导，其效果远在一个专管局之上。

由这两个例，可以见到唯有"真知"，才懂得用科学方法从根本上解决问题，决定政策，设计施政方案。也唯有"真知"，才能任用专家，相信专家，采纳专家的意见，实行专家的主张。

六

关于"力行"，也可以举几个例：

当时市政上几项设施，为地方一部分人士所反对的，有拆除前门五牌楼和西单牌楼的若干铺房，取缔摊贩、整帽市容，中学男女生分校和禁舞。商会反对，一部分士绅和文化人反对，舆论也反对。于是若干候补市长就利用机会，扩大这种反对空气，以达到夺官之目的。许多人劝告当局，看风转舵，变更计划，以免去官。但是当局不为所动，并且表示令出必行，如朝令夕改，那是乱命。在官可不做，政策不能不贯澈的精神下，五牌楼和西单的铺房由工警联合强制拆了，市容焕然一新，创办市立第二女中，市立中学实行了男女分校，舞场皆封闭了。现在看来，五牌楼和西单拐角拆的房子太少了，交通仍嫌拥塞，整饬市容乃是蒋主席胜利后历次莅平指示的要政，中学男女分校，教育部订为全国应遵行的通则，禁舞更是现时全国雷厉风行的政策。

那时市政焕然一新的气象，是由整顿警察而造其基。市当局认为维持公安是警察的消极责任，推行政令才是警察最重要的积极任务。除了选任精干的分局长外，每月在市府举行一次大会报，市府各局的科长及警察分局长共约十五人皆出席。这种大汇报实际上是"大会审"，市长是主审官，各局局长是陪审官。每次从下午二时审起，直到下午六七点才能审完。每一局每一科的工作要报告，每一科要警察协助推行政令的结果更要报告，每一警察分局协助各局推行政令的成效为报告的主体，所以那一条街有违章建筑，任意倾倒垃圾或便溺，破坏风化或市容，主管科报告出来以后，当地的警察分局长要负责答复、协助、取缔的情形的。这种大会报对市政的推动功效大极了，纵的自上而下级层间的精神贯注一气了，横的各部门间的工作皆联系起来了，这是集体化的"力行"。可是这种会报要有过人的精力和过人的精明才能主持。五小时的会报中，主席至少要说两小时半以上的话。这需要过人的精力对每一部门的工作报告，立刻予以中肯的批判和切实的指示，这需要过人精明。所以当时有几位陪审官都有些吃不消。

由以上二例，可知"力行"与蛮干不同，蛮干是出于一时冲动："力行"与"刚愎自用"不同，"刚愎自用"是根据个人好恶与主观的成见，"力行"是由"真知"而来的，真知是科学的、客观的，有"真知"而后才有"确信"，有"确信"才能百折不回地去"力行"，不畏强御地去"力行"，贯澈始终以底于成。

所以当时流行的"蛮干"与"刚愎自用"批评，不多久就云消雾散了。

七

"真知力行"的领导作风，为事业成功而牺牲做官的精神，为大多数市民福利不惜得罪少数特殊人物的气魄，为北平市政百年大计不怕市民一时不谅解的远大眼光，在第一年受到各方面的责难与攻击，第二年才逐渐为市民所认识，第三年才受到全体市民衷心地热诚拥护，反对派之市商会自动送了一块"镇定市应"的匾，舆论也全部改观了。在二十四年十月，市当局在日本帝国主义与汉奸群双重压迫之下去职之时，天津《大公报》特写了一篇《袁良为国罢官》的社论，说北平在此惊涛骇浪、狂风暴雨的当期中，市当局不但以大无畏的精神镇定了人心，使四民不惊，而且在短短的两年中表现了空前的建设成绩，现在为国策的遂行而去官，虽去犹荣。

全体市民皆为袁氏之去而惋惜，一位眼科医生愤然的说，本来打算大兴土木改造他的诊所，以与蒸蒸日上的市政相配合的，也因换市长而停工了。这种去思经过八年的抗战，不但未灭，反而成了在敌伪压迫下维系民心的最大精神力量。当三十四年双十节我初回北平时，见到的故都父老亲友，没有一个不问我袁先生的消息，问我北平能不能再出现一次市政的黄金时代。在公共集会中如参议会也以战前袁任时期的成就，作质诲现当局的准绳与论据了。

历史是最真实而公正的，敷衍于一时易，座之于永久难，袁氏的政绩，久而弥彰，所以有人说袁氏当时个人在做官上失败，而事实则永久成功。

八

客观的环境与主观的领导，是造成战前北平市政黄金时代的两大因素。到底客观的条件是主要因素呢？还是主观的条件是主要因素呢？

主观的领导好比一棵树的根，客观的环境好比树根四周的土，不论土壤的好坏，臭椿树不会结海棠果，海棠树也不能开丁香花。土壤之好坏，所能影响的，只是开花、结果、繁茂的程度，而不能变更这棵树开什么花结什么果。所以主观的领导作风是市政的根基，是决定市政成果的主要因素，客观的环境所供给的营养是否良好，可能影响市政成果之丰硕，但是不能变更市政成果的本质。再举一个例以证明。

同时期的山东省府，其环境优于北平，韩复榘主政有八年之久，党政军权集于一身，任事之专而久，皆非北平短期市政的可比。卢沟桥事变后，敌军陈兵鲁遑，《大公报》记者到济南观光，一出火车站，就见到大马路上的标准钟，尘封停着摆，他访问了各机关各社团，每一处皆与标准钟一样的停着摆，他才了然这个标准钟象征着全山东的政治，政治停摆，人心涣散，山东大势已去了。果然敌人沿津浦线长驱南下时，韩氏弃甲曳兵而逃。他这八年在山东有什么遗爱留在民间，胜利后我两次回鲁访问，不但没有去思可寻，竟无一件可提的政绩，只有两件怪事在流传，一为彭公案式的审案子的笑话，一为黄亭早操的特征。因为除此之外，他的无知，便他不能看见国计民生的大政。

从以上两个例子，可以证实主观的领导，如果是"无知"的、盲目的、不科学的、不现代化的。纵能在已成的好基础上或在理想的环境中，也是一无所成的。

九

北平市政的黄金时代，是在"真知力行"的领导作风下产生的，在目前的环境中，我们不能作大规模的建设，我们应努力培植北平市政过去这一优良的传统，使之生根，使之发扬广大，成为今后全市市民一致拥护的政治作风再与北平的伟大庄严的气象配合起来，成为代表北平的一种精神。无论是民选的公仆，或是派用的官吏，来到北平，皆要接受这种精神，继承这种传统，这就是北平市政前途光明成功的永久保障，也就是爱护北平如此深切的诸位朋友所要努力的目标。

至于在目前的大环境中，一个市和少数人虽然无力挽转大势，但是也应在人力、物力和一切环境所许可的情况下，尽其在我，不过如以战前的绝对数目字，来较量现时的政绩，不但是不公允的，并且是不伦不类的。去年我写过一篇论《北平建设的根本问题》的文章，比较战前与去年北平工务方面人力、物力、财力之差异，自十倍至数十倍不等，工务如此，其他部门，多丰如斯。这封信，不谈两个完全不同的客观形势下的物质建设，而专论主观的领导作风，其原因就是在此。

十

在春雨连绵的石头城下，为整理故都文物的经费，待命在明故宫遗址的一角楼上。想起胜利以来多少朋友的垂诲，余老先生之见教，我无时不向十年前的我领教，无时不去体验这十几年北平市政兴替，多少时要写而未写的谈北平市政的信，才得机缘来奋笔直书。草完了这封信，自己看过一遍。觉得意犹未尽，但是篇幅已经够长了，先就此结束，以就教于关心北平市政的好友，希望最近能再写第二封信，向诸位请益。

（三十七年三月二十日）

北平市建设的根本问题

一

为市民谋福利的市政业务，有教育、卫生和工务等部门。工务和市民的关系最密切，所以津沪前租界的市政机构名之曰工部局。如果要对北平的工务建设，有全盘的认识和系统的了解，必须先估计工务的基本力量。市政建设的基本力量是财力、物力和人力，执行工务的工程师，是实事求是、是脚踏实地的苦干者，拿一份钱做一份事，用一个人发挥一个人的力量，如能了解此根本问题，不仅对于过去的工作可窥全貌，就是将来的建设方针，也有了决定的依据。现在先将北平工务建设的财力、人力和物力加以检讨：

（一）财力

北平市最严重的问题即为财政，平均每月收入有百分之八十须赖中央补助，其症结所在，乃受"财政无政策，糊涂过日子"之亏，税源既未畅开，捐税尤欠整理，致有这种现象。例如，房捐一项，在战前年收约二百万元，已足敷警察全部经费之用。但今年只收十一亿（平市人口现有一百七十余万，平均每人负担房捐六百元，照十二月份物价指数算，只合战前国币六厘），而警察局本年八月份全部经费支出，即四十四亿七千万元。两两相较，简直不成比例，工务建设费如何能不大受影响？工务局每月从市库拨发的全部工程事业费仅为六千万元，而每月压路机和运料车所用的煤和汽油两项费用，按今年六月份价格已需五千万元，在本年下半年度煤价、油价继涨，每月工程事业费已不敷此两项之用，其他更无所出。今年向中央请求的工程补助费原为三十六亿元，到五月份实发十六万元，当时约合战前五万元，仅等于战前一个月工务事业费的数目。在中央之补助此数，也不为少，因为中央的收入多数是直接间接取诸各省的农民，城区市民负担较轻，实在不应再向农村横征暴敛，来补助负担轻的都市。

（二）物力

本市建设的物力，从筑路所需车碾和材料的配备，可以明了一斑。三十四年接收时，压路机仅残存九部，余多散失，两年来陆续搜寻，至最近始增至二十部，与战前本局机数相等，但因财力限制，现收复使用者仅有十二部。运料汽车现有七辆，筑路机有一部，筑路所必需的石碴，以门头沟将军岭所产纯石灰石最优，南口矽 ① 质石灰石次之。近年来，因为治安及交通关系，不得已改用香山的石碴，虽然经常可采，但系缺少黏性的砂岩，且多已风化，修油路所用的沥青，去年完全用日人所遗的劣质油，所修之路不耐久。今年方设法购到四百多吨的美国沥青。

（三）人力

工务局的职员人数，行政院核定了一百六十六人，市府预算数为一百三十三人，现在实有数一百二十八人，较战前一百二十六人多二人。但市府各局职员总数则自战前之八百人增为一千四百四十人。筑路和挖沟的工人，现在实有四百人，较战前实有数七百人计少三百人，但警察则自战前之八千人增至一万三千人。

由上所述，北平工务之财力为战前之 1/12，物力为战前之百分之六十，人力亦为战前之百分之六十，不但谈不到大规模的建设，就是维持现状，也实在不易。

---

① 矽，硅的旧称。

二

三十六年度所完成的工程，可分为①十六亿中央协款工程；②其他工程；③改善交通设施，分别说明如次。

（一）十六亿中央协款工程

十六亿中央协款工程包括补修全市沥青油路用十一亿，修筑新式暗沟和疏浚旧有明沟用五亿，如果拿补油路的十一亿来修筑一条新路，都不够用。如东珠市口修筑沥青路，战前估计需四万元，现在至少需二十亿。去年冬季大雪，多数沥青路均龟裂损坏，行见全部崩毁，不能不补修。且八年沦陷，道路失去保养，凋零的故都，其现代化的面目仅赖此沥青路的外衣，现在花十余亿的修补费，可省下将来数百亿的翻修费。现在全市八十二万余平方公尺油路中，已修补了二十七万平方公尺，约占全市油路面积的三分之一，计长四十余公里或八十市里。现在全市油路百分之九十七是完好的，这个比例数在全国各大都市中算是最高的。

本年修筑的新式暗沟，有崇文门内暗沟工程和永内暗沟工程两处。永内天桥附近的暗沟是南城秽水的总汇，蜿蜒曲折泄入龙须沟。龙须沟系旧式明沟，两岸贫民聚居，极不卫生，民国三年、十五年和二十三年，都曾动意改修暗沟，均未实现。现在建设了一道最新式的大水泥管，将南城秽水，直接排出永定门，路线最短。这是北平第一次修建的新式大沟，工程浩大，所用的水泥管，系利用接收日人大同制管厂的旧料并与善救分署合作，拨助工赈面粉。至于崇内大街，原有暗沟一道，大部压在民房底下，早已淤塞，东单一带的秽水，无法排泄，现在也改修新式水泥管暗沟以解决东城一带秽水排泄问题。为了配合该二条暗沟，还疏浚了明沟四条。

（二）其他工程

除了中央十六亿的协款工程外，还做了其他重要工程数项：（甲）在西单的报子街至复兴门做了一条水泥灌浆试验路，系利用去年的余款做的，完工已经半年，最近检查成绩尚好。（乙）北京大学协助筑路费一亿二千万元，修筑了景山东街、操场大院、东黄城根和东厂胡同四段路，此后由西四至东四的干线皆是良好的高级路面。（丙）太平仓北面的平安里，是北城的东西干道的西端，去年费了很大力气才打通，电车路赖以完成环城路线，对于一般交通也便利许多。该段打通后必须铺筑沥青路面，需款二亿余元，除由电车公司出款一亿余外，其余向银行借款，工程已提前完成，现在由西四北大街至东四北大街的十条口全是沥青路或混凝土路。（丁）工赈工程，本局办理市府与善救平津分署合作修筑全市重要胡同，预定修筑胡同土路一五三条，内城占六成外城四成，与内外城面积比例大致相等。施工办法：①用人力手碾修筑，已完成八十五条；②用筑路机及汽碾修筑已完成三十三条，共计已完一一八条，其余明春继续修理。（戊）翻修外城西珠市口、西柳树井和虎坊桥三条旧沥青路，系南城东西干路，原有油路损坏得很厉害，已于十月间修好，因为坏的程度过大，差不多等于新修。

（三）改善交通设施

在今年所做的各种改善交通设施中，最重要的是东西长安街三座门一带的交通设施，根据交通统计，该处发生的车祸最多，现在已完成了六项措施：①东西长安街三座门改为四行通路。②加辟路南的慢车道。③装设红绿交通灯。④废除府前街路中心之树林，改筑油路。⑤添设各种标志牌。⑥建造南河沿南口安全岛。以上各项设施，均于本年六月次第完成，统计结果，半年以来，车祸已与三座门绝缘。

三

本市的市政建设工作，另有两件大事值得大家注意即：①都市计划准备工作；②城防工事。

（一）都市计划准备工作

本市都市计划委员会，已于本年五月成立，拟有预算，向中央请款，尚未核定。乃由工务局先行搜集关系本市都市计划设计的资料，汇编成册，第一集业已出版，正继续搜集地质、公用、社会等资料，编印第二册。都市计划何以必须经过详细的调查研究，始能设计，许多人不免有所误会。都市计划是科学和艺术的综合体，用以指导都市的发展，使与市民生活及社会需要相配合。城市自由发展的结果，不免发生矛盾和障碍。故必须预为之谋，厘定都市发展的百年大计，北平都市计划的重点有若干问题，第一是市界问题，省市界址是都市计划先决问题，如西郊新市区，一半在省，一半在市，地产纠纷，迄未解决，最好由省市民意机关来协商省市合理的界址。第二是新铁路新总车站的问题，车站站址是都市计划的中心问题，现在由平津区铁路局主持测量工作，并会同本局及关系方面调查研究中，距实施的时期尚早，希望各方多多贡献意见。

（二）城防工事

关于本市城防工事，已由本市警备司令部等机关组织了一个城防工事修建委员会，修缮城墙掩体，建筑近郊碉堡等工事，并拟将护城河挖为深壕，前日军侵占北平后，第一件事是修筑四郊警备道路。复员后，在接收的许多图件中，独缺少此项警备道路的详图，乃由工务局派出两个调查队，查明有三环警备道路网，稍加整理即可全部利用，防守部队之机动性，有此交通网，就可以提高，也就是增强了防卫力量，使北平成为金城汤池，则敌人不能来侵犯，也不敢来侵犯。

四

就上述本年所办的工程而论，诚然微末不足道，再看现有的财力、物力、人力，瞻望明年的工务，恐怕还不一定能赶得上今年。即以现在的物价论，十一亿元的沥青路修补工程，就值百亿，所以在全国经济情形未改善前，市政建设实在谈不到。不过现存建设的养护，责无旁贷，必须办理，养护工作所需之最低限度的财力、物力和人力，无论财政如何艰窘，必须妥备，否则坐视其损耗以至于破坏，我们就是国家的罪人。

在财政整理未收成效以前，建设的基本问题——财力、物力、人力——未解决以前，不但市政建设谈不到，现存建设的养护也成问题，所以说"财为庶政之母"，在市政尤为显然，这是北平市建设的根本问题。

三个《市自治通则》之比较研究

一

"我们感觉，一个现代化都市在民主政治的发达史上，有特别重要性。都市的人口众多，教育进步，智识水平高，交通工具便利。舆论监督机关也特别发达，所以都市应该最适宜于民主政治的试验与推行。"

这是"市民治促进会"成立宣言中。所论都市在实行民主政治中的重要性。

都市实行民治的第一步基本工作，是由市民以民主方式制定本市适用的市自治法或市宪章。除了"不违宪"这一个限制以外，各市有充分的立法自由权，去自行选择其市政府的形式与市行政的方针，自行选举行使政权的市议员和行使治权的市长及其他行政首长。

在市政专家稀少的我国，由各市新起炉灶地去自行立法，不如先根据《宪法》"中央地方均权"之原则，拟定一个各市可以共同适用的《市自治通则》，作为样本，以便各市参照着再自行起草专用的市自治法，这是都市实施民主政治的基本工作之基本。

二

因为对宪法的解释之不同，对政治的观点之不同，现在已经有三个不同的《市自治通则草案》了。

第一个名《直辖市自治通则草案》。计五章二十七条，为内政部所拟，本年七月由内政部与《省县自治通则草案》合印成册，现称之为甲案。

第二个名《市自治通则草案》，计八章八十三条，是某君所拟，经内政部审查修订后，由内政部与《省县自治通则》及甲案合印成册，现称之为乙案。

第三个亦名《市自治通则草案》，计二十三条，是胡适之、梅贻琦、张伯苓三先生与平津学术界所领导的"市民治促进会"所拟，本年八月单印成册，现称之为丙案。

就起草的时间而言，甲案最早，乙案次之，丙案又次之。故乙案有采用甲案之处。丙案亦有参考甲、乙两案之点。

现将三案作初一步地比较研究，先从立法的基本精神上比较，再从通则的内容及技术上比较。

三

就立法的基本精神言，三案皆是以地方均权为原则的，不过有程度的不同。甲案是内政部起草的，所以不能不有所保留。乙案沿用甲案的一部分，但也互有异同。丙案则最富于均权精神。

甲案第十二条规定"计政适用国家法律之规定"，并于该条之说明中指定计政的范围是"公库法会计法预算法与审计法等法律之规定"。乙、丙两案对计政无规定，并且在市议会的职权中订明"议定市预算，审核市决算"。市既有自治立法之大权，当然可以自立预算，自定计政，自派会计人员。何况会计是行政范围内的一个部门，审计虽独立于行政之外，也应由市民或市议会推选审计员，这是欧美的成规。

甲、乙两案皆有自治监督机关之规定，甲案且指明为内政部，并规定中央政府各部门对直辖市所为之监督必经由内政部。丙案对此则根本不予规定，直辖市系直辖于行政院，直辖市之旧名即为院辖市，行政院是当然的监督机关，不必另有规定。至于中央各部门应否对直辖市有直接来往，这是中央行政的方式问题，不必在《市自治通则》内有所规定，如果必须集中一个部门来监督直辖市，那就更非行政院莫属了。

由以上两例，可以看出三案立法之基本精神——地方均权的程度——是大有不同了。

四

就内容来讲，三案主要的差别，约有以下八点：

（1）甲案仅包括直辖市；乙案包括直辖、省辖与县辖三种市；丙案则包括直辖与省辖两种市。见于宪法者仅"直辖市"与"市"。设县辖一级之市，在胜利之前中央设计局及中国市政工程学会就提出这个意见来，不过三级市同时收容在一个通则内，在立法的技术上有困难，二千个县所辖之市，其社会经济的情形差别很大，是否应由各省自拟本省之县辖市自治通则，是值得考虑的。

（2）直辖市设市的两个标准，在第一标准人口限判上，三案相同——五十万，第二个标准，甲乙两案大同小异，丙案则有独创之见，即"在政治经济文化上有全国重要性者"。有全国性才是直辖市最基本的特质。至于国防军事应包含在政治之内，历史应包括在文化之内，所以不必并列于设市条件之内。

（3）关于市议会的择举，甲案采省议会之规定，但省议会之规定（每县选议员一人）并不适用于市。乙案所规定过于繁密，如职业团体选举之议员不得过十分之二，妇女不得过十分之一等，职业选举尚可限其比例，妇女选举在地方政治上无此必要，且实行上极为困难，再则妇女参加地方政治之兴趣较浓，应任其自由发展，不可加以限制。丙案对市议员的选举规定了两种办法，一为完全由市公民选举（即区域制）；一为由市公民及职业文化等单位选举，文化单位指的是大学及其他学术机关或团体，这是采的英国现制，如牛津剑桥等大学皆自行推选市议员参加当地之市议会，最近香港三十名市议员中，亦规定一名由香港大学推选。此制在我国极有采行之必要，因为文盲太多，一般选民智识水平太低，最高学府的人数虽少，但所应占的比重则极大，故不可使之参加区域选举，而湮没其应常发生的重要性。

（4）关于市议员的人数。乙、丙两案相近，最多不超过三十人，五十万以上之市，每增十万人，加选议员一人。丙案对直辖、省辖两种市皆为同样之规定，乙案则按三级分别规定。任期皆是二年，连选得连任。

（5）关于市行政组织，甲案仅采用民选市长制一种，在市议会与市政府间又设参事会，由市长聘任，这是欧洲大陆的制度。乙案内有"市长制"、"市长市经理制"、"市长市参事会制"及"市委员制"等四种。丙案则列有六种：

1）市长由市公民选举之，对市民负行政全责。

2）市长由市议会选举之，对市议会负行政全责。

3）市长由市公民选举之，对外代表本市；副市长由市议会推选之，负实际行政之责。

4）市长由市议会选举之，亦即为市议会之主席，另由市议会选聘副市长（或市经理）一人，负行政之责。

5）市长由市议会选举之，亦即为市议会之主席。市议员分若干委员会监督各项行政。市政府秘书长（或总务长）、各部门首长均由市议会就具有专门经验学识人员中选聘之。

6）其他型式之市政府，得因地制宜，各于其市自治法中规定之。

要注意的是第2与第6两种，市长由市议会选举是美国市政之新趋势，为甲、乙两案所无，而第六种更开放了无限的田野，让各市自由垦荒。

（6）监察与考试两种，在市自治施行后，中央地方应各划领域，分别行使，即中央监察考试机关只管中央机关及其公务员，如此解释，并不违宪。丙案就是完全根据此原则而立法的，故市议会对市行政人员有弹劾权，市得设市考铨委员会。乙案对此二者之规定不明确，甲案则仍保留着现时的成规。

（7）关于市财政，甲案用"市财政制度适用国家法律之规定"一句，是不自主的，而"应以公有公营事业收入为主，征税收入为辅"，更是望梅止渴的办法。乙案也采用了此条，并另列举了市税七种。丙案则先为原则的规定："市自治财政以独立自给由市自筹为原则"，继举列为"凡属于地方性之税捐，例如土地税营业税，市有财产市营事业之收入与盈余及其他依法应征之市税，应全部归市"。

（8）三案其他的特点，述之如下：

1）甲案第八条及乙案第十五条规定市地市有，这是中国市政应采的基本经济政策。

2）甲案第十八条"市政府及各局科事务人员（总务、人事、会计、统计、审计、人员等）不得超过事业人员30%"。乙案第七十六条"市政府行政费之支出，以不超过预算总额30%为原则。"这两条的精神一致，真是痛矫时弊之良策，尤以甲案限制人员，且明指事务人员的种类，办法更为确实，因仅限经费，总易于偷天换日。

3）丙案第十四条对市议员规定了两种限制，在我国极为必要："市议员直接经营之工商业，不得与市政府发生契约关系"，"市议员不得以个人名义，推荐或担保本市市政府及其附属机关之职员"。

4）丙案第十五条对于副市长及市经理之选聘，规定不限于本市居民，但必须以其行政经验及专门学识为标准。此系美国实行市经理制多年来所得之教训：认为市经理应专心处理事务，不可卷入地方政治的漩涡中，且为避免利用权势，为第三者图利，以选用非本市居民为市经理较宜，因新来之人可以超然客观的态度，免去一切俗务的牵制，而专心任事。在我国家族重要的社会，行政首长更不应限用本地人，在前清规定地方官要回避本籍，确有其至理。

五

三个《市自治通则》经初步之研究后，可以作以下之结论：

甲案系当局所拟，不能不迁就事实，因而欠缺理想。对于市的政治制度规定的太单纯，没有变通选举的余地。全文只二十七条，倘不失为一个简明的通则。

乙案想从经济观点为政治的立法。这种尝试很可钦佩，不过这是费力不讨好的事，不如单独拟一个《市经济建设纲领》，来得自由而妥帖。全案有八十三条之多，一切都规定的很结实，不像自治通则，而好似一个很繁细的市自治法了。

丙案仅二十三条，最为简明。富于弹性，充分发挥均权的精神。且能综合一切，将欧美最新的市政制度与理想，皆包含在内了。虽不敢说是一个最理想《市自治通则》，但是称为空前的有理想的《市自治通则》，可以当之无愧。

译　著

苏联五年计划

译　序

本书为《苏联经济建设五年计划》的纲领，以最扼要的数字说明五年计划的设计原理与计划概略。计划的本体自然不是一本几百页的小册子所能包容。

原著及英译者为苏联国家设计委员会，也就是五年计划设计的主管机关，所以本书在一切关于苏联五年计划的著述中，可视为标准著作。

1928～1929 至 1932～1933 这一五年计划，原定于 1933 年 9 月 30 日完成，由于苏联全国上下一致的坚苦努力，提前到 1932 年底就可以实现。因此本书不仅是一本理想的计划，也可以看作苏联全国已经奋斗出来的成绩。

有计划的经济建设之设计，在苏联已当作一种专门的科学去研究。这种科学是建立在普通经济学所未有的新原理和新定律之上。这些原理与定律虽尚未至具体说明与公式表出的时候，已能显示出：人类从"被动的受经济生活所支配"到"意识的去建立人类之科学的经济生活"，端赖此新兴科学之完成与应用。

中国要想迎头赶上世界，必须运用此新兴科学，将国民经济根据着适应的基本指导原则，建立在一个紧密的经济计划之上，沿着最捷便、经济而强固的路线，向意识着的目标迈进。此新兴科学——有计划地经济建设之设计，为我建国所必需的基本工具，而苏联 1928～1929 至 1932～1933 这一五年经济建设计划，注重于基本工业的创立，更为我国经济建设所应取法。译者对此新科学很感兴趣，所以就个人研究之余，译成此书，以贡献于国人之有志于此者，用为参考。

承朋友们的鼓励，得竟移译全功，译者谨于此致诚挚的谢忱。王君志宏代为誊写译稿的大部，尤为译者所铭感！

译者
一九三二年十月，青岛

译　例

1. 本书译自苏联国家设计委员会所编之《苏联的前途，经济建设五年计划》（ *The Soviet Union Looks Ahead, the Five-year Plan for Economic Construction* ）第三版（1930 年 10 月）。

2. 原书全文及附录四则皆完整译出，无删节之处。图表十三辐译绘其六，因其余七幅多为显示五年计划中经济发展在苏联国土上之分布者，小幅地图上之地名及每地傍附绘之小统计图，若译成汉字，作图非易，制版尤难，印出亦不可辨识；且此项统计数字已详本文中，故从略。

3. 书中原有之注，注后附（原注）二字为记。凡费解及专门之术语，译者另加浅显的注释，注后附（译注）二字，以别于书内原有之注。

4. 自然科学与工业工程名词之汉译，皆根据《百科名汇》（商务出版）。社会科学名词之汉译，皆根据《新术语辞典》（南强出版）。亦有由译者参考各科典籍自译，或函询各科专家而商译者。

5. 凡新奇名词及地名之初见者，皆将原文以〔　〕号附于译文之后。

6. 苏联之地名，凡有标准汉译者，悉采用之。其无标准汉译者，则由译者音译。为便读者随时查阅地名原字，特按汉译名第一字之笔画，编『苏联地名中英文对照表』，列为附录 V。

7. "Gross" 译为 "总"，"Total" 译为 "共"，"Net" 译为 "净"。但 "Total" 不与 "Gross" 同见时，因修辞关系，"Total" 亦有时译为 "总额"，如 "Total Production" 译作 "生产总额" 是。

8. 凡原书中斜体字在译文中皆于字下加注意点。

9. 原书本文内统计表之数字，皆由译者详为核算后，始着手翻译。如原书中之 "Billion" 有误为 "Million"，"13,241" 有误为 "13.241"，"K. W. H." 有误为 "K. W." 等排校错误，均由译者从上下文中精确校核后，加以改正。

译者志

原序（第一版）

《苏联五年经济建设计划》经过苏联设计主管机关联席会议的讨论，苏联政府才批准此计划为 1928～1929 至 1932～1933[①] 其间的经济发展纲领；然后由国家设计委员会常务委员会将此计划公布出来。国家设计委员会认为在介绍本计划时，必须指出在计划起草的讨论中，所得的几个极综括的结论。

第一，就要指出本计划完成之后，参与审定的各设计机关，对于本计划之一致同意。关于各方面经济发展之步骤、投资之数额与分配、资本建设纲领之特质和一般的社会与经济问题等等所有包括在本计划中的主要政策，大体上皆遇到一致的赞许。这种意见的统一，是因为本计划已经将中央当局的总纲领很成功的包容在内了。这总纲领就是：农业经济经过工业化和社会主义的改造，使之发展国家的生产力，而自然的加强国民经济中之社会主义的成分。

第二，"动力发展是经济计划和经济建设的基础"这一观念毫无疑问的胜利，正像一根赤色线索[②] 穿过本计划的研究时期。本计划之动力基础，已经从经济前线的战士和社会大众送来了深切的感应和无条件的认可。这就可以证实本计划是电气化计划（列宁所称之党之第二纲领）的合理的继承者[③]。

第三，在讨论中特别重要的一点，就是一致赞同五年期中区域的分工。这是第一次写出来的五年经济计划，能够大规模的分区去观察全国，并且透彻的分析各区与各区之间的经济发展问题。苏联各部分经济生活性质的庞杂，沙皇时代压迫下的各民族与各落后区域经济生活提高之繁难，都是人所共知的事实。所有的各联邦共和国与各经济区域的代表在共同讨论中完全同意于此点，这证示了经济建设的社会主义计划是遵循着苏维埃政府的民族政策而写出来的，并且以苏维埃联邦整体与各构成共和国（Constituent Republics）及各区域的利益之合理结合为基本原则而写出来的。

应当特别提及的，就大体上说，五年经济计划受到科学团体和科学家最大兴致地欢迎。一个社会主义的计划必须是并且能够是一个科学的计划。科学家与考察团的大规模工作是国民经济的社会主义计划设计之所根据。同时，以无限制的机会供给这些科学团体和科学家，使他们可以自由的应用所有的有效果的、进步的和革命的理想于科学各重要部门。

最后，也是极重要的，就是五年计划在目前经济状况下的地位及其所生之关系的估量，已经在设计前线上有了一致的意见。虽然有些人怀疑现在是否有采用一个五年计划的可能，但是本计划已经是顾虑到某种程度的经济困难，并且定然要在这种困难情况之下去实施。反对本计划的人，已经不辞劳苦地宣传：本计划中艰巨惊人的范围与一般的发展及生产不调和，并且和目前的经济困难情况也不适应。无论怎样的宣传，他们可以想一想 1920 年，因为电气化计划与那时国家经济情势的抵触，所引起来的同样喧

---

① 指苏维埃经济年度，即每年之十月一日至次年之九月三十日。（原注）

② 列宁在 1917 年著《国家与革命》一书第四章第二节中有云："……这个基本观念正像赤色线索似的穿过了卡尔·马克思的一切著作……"。（译注）

③ 列宁曾写过这样一个公式："革命 + 电气化 = 共产主义"。（译注）

器。其实目前反映着苏联经济发展现阶段中过渡性质上的困难，唯一的克服方法就是坚决的厉行这伟大工作的现计划，和整个阵线之社会主义的前进！

（附记：本章为《苏联五年计划》之原序）

原序（第二版）

五年计划之实现

凯维伦（E.Kviring）撰

（国家设计委员会副主席）

在熟悉苏联经济状况者的心目中，多半不至于怀疑这一国家最近将来的经济发展率，将远超过五年计划所预定的步调，也不至于怀疑五年计划的初稿约将于四年期内完全实现。所以在本书第二版的序言中，一论五年计划有意义的重大修正，必为一饶有兴致的事。为什么国民经济最要部门的纲领要大加修改？这是因为看到 1928～1929 年的成就和 1929～1930 年可以预期的收获。[①]

拟定一个精确的苏维埃经济发展计划实在不是一件简单的事体。所有长期的初步计划，其实现的可能性无不估量得过低，第五次苏维埃大会批准的五年计划也不能成为例外。

特别在国有事业中是这样的情形。五年计划中的农业集团化，其目的为聚融数百万农民私田成为巨大农场，亦不能逃此公律。

苏联经济之生长增进始自世界大战与国内战争甫毕、新经济政策已在施行的时候。有些人将复兴时期第一年苏维埃经济之成就归功于私有资本之复活与俄皇时代遗留下的工业之重开。到 1926 升至战前的经济准线，恢复时期已告终结，可是苏维埃经济依然继续着突飞猛进！在 1927～1928 大规模国营工业在实质数量（physical volume）上较之上年增进 18%[②]（私有资本多半限于小规模的企业，所以对于国家的工业生命不关重要）。这样的进展在任何国家也要认为是最显著的工业成绩，却仍不能应苏联之需要，因此，五年计划时期第一年[③]生产之增加就规定为 21.4%。这种计划定要批评为奢望过高，但是我们有充分的论据足以确切地证实这并不是一种奢望，事实上还超过这"夸大"的计划，1928～1929 国营工业生产之实质数量有 24% 的增加，超出原计划 2% 以上。

根据第二年度头几个月的成绩，这一年[④]的成就还要更为惊人。此年生产之增加在五年计划中估计为 21%～22%，但是在关键数字（逐年计划内的）里已经以 32% 的收获为目标的了。

没有其他的近代国家曾经有过类似的产业扩张。根据总统失业会议委员会报告书（Report of the Committee of the President's Conference on Unemployment）[⑤]中的数字，美国 1922 至 1927 之原料生产[⑥]平均每年增加 2.5%，工厂生产增加 4%，货物运转有 4% 的吨-哩增加（a Tonmile increase of 4 percent）[⑦]。

纽约《泰晤士报》莫斯科通讯员杜蓝特君（Mr. W Per Duranty）在他的电讯中写道："每一个经济学

---

① 在附录Ⅳ中有一表，将 1928～1929 经济年度内国民经济各部门的翔实结果，与五年计划所拟定者作一比较；并且也将 1929～1930 年度之原拟及修改过的纲领示出。（原注）

② 即上年生产实额与今年生产实额之比为 100：（100–18）。（译注）

③ 即 1928～1929 年。（译注）

④ 因此文作于 1930 年 5 月，正在五年计划实施后之第二年，即 1929～1930 年。（译注）

⑤ Recent Economic changes in the United States, 635 页（原注）。此会议由美国总统召集，故名。（译注）

⑥ 包括菜蔬、动物、森林、矿山等出产。（原注）

⑦ "吨里"即货重吨数乘运经里程，吨里增加即以 1 吨-哩（1 吨货运 1 哩）为基本单位而计算其增加率也。（译注）

者皆知道一个大国家的生产仅仅增加到 10%，就有些不容易的意义。生产增加到 32% 的企图自然是发了疯狂。"

我们可不自以为是疯狂，并且我们坚强的自信、本年将证实我们对此计划的整个切合实际与完全的实现。这一年（1929～1930）的头六个月较之上年同期显示 20% 的增进。

1929～1930 苏维埃大规模工业生产实质数量共计将要倍于 1913，那是战前生产量最高的一年，也是近代产业中的一个新纪录。标准统计局（Standard Statistics Company）记载的美国工业生产指数，在 1913 之数为 81.2%，在 1929 为 128.3%，若以 1913 之数字为 100，则美国 1929 的工业生产指数为 158.0[①]，所有的征兆皆显示着 1930 美国工业生产实质数量将低弱于 1929，所以往好处看，美国工业生产以 1913 为起点，仅有 58% 的增加；而在同时期间苏联则有 100% 的增加[②]。

在此我们必须回忆以下的事实，苏维埃工业在世界大战与国内战争期间的重大牺牲是谁都知道的，工业生产总额在 1921 仅抵战前数字的 25%，到 1927 才到 104%，自那时起苏联始能增加其工业生产到战前总额的 200%。[③]

上述计划中在工业生产的增长上要有 32% 的增加是不是符合于实际？这种非常增进所凭藉的是什么？首先，我们就想到，在设计我们的经济生活时，所得的伟大经验，和我们对于富源、经济的可能性、原料的积蓄以及我们的生产力，都有透彻的智识这一事实。这种经验就是了解这巨伟纲领的基础。

我要提及狄尼普罗斯辍（Dnieprostory）[④] 水电计划咨询工程师库柏尔上校（Colon I Coo-Par）的谈话。我们的工程师每次问他。为什么建议某种的工作方法时，他的回答始终是"因为这是美国的经验，这是美国建筑工程中所习用的。"这种理由在库柏尔上校虽然持之甚坚，却不适于我们的工作师。同样的理由，我们可以说近年来我们所得设计的经验，充分的证明在 1929～1930 我们计划中 32% 的工业生产增加是根据于实际。

或者有人还要问，为什么必须超过五年计划所估计者多至 10%？什么是那些新的因素，我们在 1929 年春天还没有察觉，却能够我们认识到设计生产的这种额外增加为合理？第一，基本的原因可以就不断工作周[⑤] 在工业中之实行而寻见。此制度之实行，人工增加不了许多，这在苏联又不愁缺乏，就立刻增加了工业生产力。

只这一种方法就使 1929～1930 的工业生产额外增加了 6%。加之，我们今年的工厂建造上预备着大加扩充，五年计划所想不到的更新式的工厂不久就可开始工作。就是这两个因素，证明了我们能比五年计划所估计的再提高 10%。

在 1928～1929 年国营工业投资总额为 16.8 万万卢布。1929～1930 上项投资总额将达 36.6 万万卢布，较上年增加了一倍还多，比五年计划此年度原来数字超出 13.3 万万卢布。这 36.6 万万卢布主要的将来自苏维埃工业的贮积，为数约为 30 万万卢布。如此国民经济中之其他部门对于工业建设纲领不过只帮助几万万卢布。除去尚未配置于各产业部门之保留部分外，投资之分配如下：

重工业	754 百万卢布
轻工业	449 百万卢布

就主要的产业而言，其分配如下：

---

① 若 81.2% 相当于 100，则 128.3% 相当于 158.0（因 $128.3 \times \dfrac{100}{81.2} = 158.0$）。（译注）

② 100% 的增加即增加一倍。（译注）

③ 战前总额的 200%，即较战前总额增加了 100%。（译注）

④ 即《苏俄视察记》第四节所述之"欧洲第一大水电厂"，该书译名为《愚爱泼罗斯脱劳爱》。（译注）

⑤ 即 Uninterrupted Working Week，劳动者每隔四天休息一天，各人之休息日不同，是轮流着休息的，因此各厂整周不停，详见胡愈之君著《莫斯科印像记》38 页"五日休息制"一节。（译注）

燃料工业（煤、油、泥煤）	557 百万卢布
金属工业	999 百万卢布
建筑材料	275 百万卢布
木材工业	□百万卢布
化学工业	291 百万卢布
纺织工业	192 百万卢布
其他建设事业	30 百万卢布

从实现五年计划的观点上看，35 万万卢布以上的工业投资有什么意义？我已经说过，五年计划第一年资本投入额为 17 万万卢布，这样在五年计划中头两年资本投入总额超过 50 万万卢布，我们并未预期在全五年中国营工业的投资要超出于 135 万万卢布，可是第二年投资总额达到 35 万万卢布之数，就证示了 1930～1931（即五年时期之第三年）国营工业投资不能少过 50～60 万万卢布，所以这是显然的，我们在五年计划头三年中的投资总额约为 100 万万卢布。为凑足五年计划投资总额 135 万万卢布的规定，第四年的投资仅剩了 35 万万卢布。由头二年的成绩就很清楚的见到五年计划所拟定的建设容量将在四年中完成。

我们可将今年与以前数年投资数量作一比较，1923～1928 这五年期内国营工业投资总额是 35 万万卢布，1929～1930 这一年的投资额就恰等于以前五年的投资总额。根据这些数字，两年前种种的怀疑和批评，如认为修筑狄尼普罗斯辍水电厂简直是吹大气，一概都烟消雾散了。现在就无人惊讶几普罗迈日（国立金属工厂设计院）（Gipromez, Stata in titute for Planning metal works）在狄尼普罗斯辍区域工业发展计划中所要建立的巨大工厂，将需用多过狄尼普罗斯辍水电厂所能供给的电力。因此，几普罗迈日已经又筹划出扩充动力厂的纲领以补此不足。

我不列举所有计划中的工厂，只在此说出几个数字来。按照建设纲领（我在此只举超过 15 百万卢布的工厂），建立每厂价在 15～20 百万卢布的工厂 27 个，共价 520 百万卢布；每厂价在 30～50 百万卢布者 13 个，共价 500 百万卢布；每厂价在 50 百万卢布以上者 23 个，共价 25 万万卢布，即平均每厂价约为 1 万万卢布。

在建设这些工业巨人以及国民经济中其他部门的巨额投资，我们遇到一个最严重的问题，就是组织我们的建设活动于一种新的基础之上，使之能符合于世界技术的最新进步。此事引起各部门的专家需要问题。其次就来了建筑事业机械化问题，这首先必须输入大量的建筑机械，并且同时还要发展我们自己的机械建筑工业，建筑计划的迅速发展与实行都依赖着这些。

我们很明了工作的困难，并且也觉到我们自己的力量是不够的。所以我们求助于很多的外国专家与外国建造公司以期于最短的可能时间去组织起我们的建筑工业来。计划中的工厂能否迅速建造、决定工业生产率之能否增加，今举曳重车（tractor）之生产为例。

斯大林格勒（Stalingrad）曳重车制造厂在五年计划中是预期于 1932 完成，在五年计划之末年方能开始出车。第二个曳重车制造厂在柴来比斯克（Cheliabinsk）是计划着在 1930 起始建造，在五年时期之末年完成。外国专家之延聘和订购大宗的美国建造材料，就加速了斯大林格勒制造厂的建造，在 1932 始能完成的，1930 年就可开始工作了，并且将在这年的夏末出车。

斯大林格勒曳重车制造厂建造加速的成功，引起了其他曳重车制造厂的加速建造问题。政府决定立刻再开始建造两个曳重车制造厂，一个在柴来比斯克，年有 40,000 部五十马力曳重车的生产量。一个在乌克兰（Ukraine）年有 50,000 部三十马力曳重车的生产量。这两厂都限于二年内完成。在第一年的建造纲领上，每厂预算为五千万卢布。这两厂在五年时期之末，制车共计为 700,000 部十马力[1] 曳重车，原计划中仅预计到 180,000 部。最近几年内还要输入几万部曳重车。我们自己每年将制造 400,000 部，原计

---

① 700,000×10 马力 =（50,000×30 马力 +40,000×50 马力）×2 年。（译注）

中仅 100，000 部。

曳重车制造这样非常增长，对于农业发展，尤其是对于农业集团化的进行上，将有惊人的影响。国内曳重车产源发达，油的生产量也要跟着增加，由 26，000，000 吨升高到 40，000，000 吨。这样的超出于原计划数字是有重大意义的。

五年计划中所有工业最要部门的估计都超过了。所以我们有充分的理由可以确定五年计划四年就可完成。

在这种发展方法上，我们主要的缺点是生产费过高。因此，我们来年的计划中之目的，在组织我们建设纲领中的财政和生产方面，使价在几千万卢布的大工厂于两年内完成，只有价在万万卢布的最大工厂可以三年完成，最多也不能过四年。

现在我们再谈农业问题。据某电讯社的报告，《国家周刊》^①的主笔维拉得（Oswald Garr-ion Villard）说："苏维埃政府在农民问题中要碰最硬的钉子"。这确是对的，但是这样的钉子也可以碰去。我们的农业落后于工业，并且要坦然承认在现状下尚不能步国营工业的后尘，只是因为农业在目前仍限于小农作制。我们眼前就有 26，000，000 份农田，这些土地不能作为迅速生长的基础，如工业中所经验者，所以形成了农业发展中所必须克服的重大困难。

农业必须要普遍的机械化了，这是苏联实在的需要，如其他一切近代国家一样。人人都知道美国农业的迅速机械化在过去十年中已经有了长足的进展。在整个产业电气化之下，大规模农业生产的主要因素是曳重车与合用机（combine）^②；在私有经济制度下，这种生产方法的结果，小农产主渐为大企业所吸收；在苏联则可加强社会主义的建设——发展集团农场^③曳重车公用站（tractor service station）和大规模的国营农场。集团农场为构成社会主义之农业改造的要素，其目的在固结贫农的土地，使之渐渐地成为一个巨大的生产单位。这是增进贫农物质生活的最良方法。

但是农民群众是不是愿意加入集团农场呢？关于这一问题，必须认清苏维埃农民与美国农民之异点。在苏联小农占优势，1929 年耕地总面积 117，000，000 公顷（hectare）^④为 25，000，000 户农民所有。由此就可看出每户农民所有田地的面积是怎样的小。只有百分之五的农民是克拉克斯（Kulaks）（富农）。除了到集团农场这条道外，苏维埃中小农民大众简直没有一个出路，可使其摆脱了低级的经济生活。唯有经过以大规模生产为基础的集团化，才能使农民大众脱离贫困，他们在这种贫困中还要被人责为独立生产者呢。

在过去两年中农业集团化已经有了很大的发展，根据上年集团农场运动的成功，我们计划着今年有 8，000，000 农户加入集团农场，这个数目包括全体农户的三分之一。这计划也将要无疑的超出很多。

1929 集团农场的耕种面积是 4，300，000 公顷，到 1930 年增加至 4 倍以上，约当耕种总面五分之二。还要加上三百多万公顷的国营农场^⑤和数百万公顷的曳重车公用站。今年我们期望有百分之五十的贸易食粮是来自社会主义化的部分；此数比之以前最富农民的食粮生产还多百分之十。所以来年农业中社会主义化的部分，将成为决定一切的要素。

集团农场之迅速生长远超过于五年计划，计划根据着最保守的数字，到 1932～1933（五年计划时期之末年）约计着集团化百分之十五的农田，其耕种面积当于 21，000，000 公顷。这数字在五年时期的第二年就远远的超越了。现在苏联农村改造之猛进，使我们相信再有二年的工夫大部分的苏维埃农民都要集团化了。

农民问题是社会主义建设中最艰难的问题，但是我们自信就是这样的问题也能够解决。大规模的集

---

① *Nation* 为美国出版的一种时论周刊，类上海之《密勒氏评论报》及《中国评论周报》。在美国为比较公正和进步的刊物。（译注）

② "合用机"为最成功之农业机，因收刈、装载、辗压等均由此机一手完成，故名曰"合用"。

③ 英文为"Collective"，俄文为"Kolkhoz"，有译为"集产农场"或"合作农场"者。（译注）

④ 1 公顷＝100 公亩＝10000 平方公尺＝2.47 英亩＝16.28 华亩。（译注）

⑤ 英文为"State farm"，俄文为"Sovkhov"，有译为"苏维埃农场"者。（译注）

团农场，结合成千的小面积的个人土地于单一管理之下，以及大规模国营农场的组织，都是解决农业社会主义建设的方策。我们将遇到工作中最大困难的所在，但是生死的关头已经渡过了。农民群众——约有次贫与中农的百分之九十，已经感觉到他们唯一的出路就是使用最新农业机械的大规模集团农场。

集团化的迅速发展遇到富农（克拉克斯）的反对，但是国营农场与集团农场惊人的生长，足以偿付富农低减生产的损失。苏联食粮供给的基本问题已经完全解决了。

集团农场与苏维埃国营农场之迅速发展，将排除了我们今后数年内所有的困难，并且结果将有空前的农业扩展。根据这些收获，我们可以确认不仅我们农业集团化的计划将要超过，就是农业生产的计划也要超越，这样，国家的食粮情况将有显著地进步了。

在此再论我们国民经济中的其他部门需时太多。我仅提一提这一事实：在运输、贸易总额和在文化的前线，正如其他的活动一样，我们在大踏步的前进，并且是跑到五年计划的前头去了。所以我们对于此计划的实现不怀一丝疑念。

在本文的结束，我愿再提及维拉德君关于五年计划的言论，他说："他们完成了一部巨伟的计划，以恢复和发展国家的产业。如果他们有可批评之点，那就是因为他们走的太快了，因为他们的建设跑到他们的需要前面。"我以为历史不会批评我们在计划的实现中前进得太猛，宁可说是跟不上实际；如果历史批评我们，不会是因为我们的建设跑到我们的需要前面，倒是适得其反，却因为我们的建设不足以使从事于建造社会主义社会的人民，满足了他们的前进着的需求。

1930 年 5 月

［附记：本章为苏联国家设计委员会副主席凯维伦（E.Kviring）所撰］

第一章 绪 论

苏联的经济发展五年计划为苏维埃社会主义共和联邦国家设计委员会所起草。遵照着政府颁布的一般训示，以追获以下几个的总目标：国家工业化政策之实现、农业之社会主义的改造和国家经济制度中社会主义成分之逐渐扩展与加强。

指定给国家设计委员会和全体设计主管机关的工作，是将那些政治的经济训示、演绎成具体之技术的与经济的规划和计算，并且将这些训令演化为最近五年时期之经济发展纲领。

就生产量的增长、投资和效率增进上看，今次的五年计划比以前任何计划的范围大得多。这是因为一方面由前几年经济复兴时期所得的经验，使我们发现了许多以前忽略了的潜伏能力；他方面在这五年时期之设计工作的性质与方法上都有了些变更。为遵照政府使计划的起草有更公开的性质之训令，和在计划的最重要方面易于获得熟练科学上指教起见，召集了多次的科学家与熟练专家特别会议，讨论以下的各种问题：冶金与机械制造、农业的改造、运输事业的改组、化学工业、木材蒸馏（wood distillation）、纺织工业、小商业、合作事业的发展、熟练职工的训练和地方事业。

根据这些会议，并且也参照着许多政府机关大规模的考察，特别得力于最高国民经济议会（Supreme Council of National Economy）和运输人民委员部（People's Commissariat of Transp-ortaton）的精密调查，这才能够草起一个十分具体的新建设计划。在这一计划中，指定了建设工作的特殊目标和时间限度，勘定建设事业的地址，并且还规定了国民经济各主要部门之改造与合理化的纲领。所有计划里的估计，无论是量的扩涨率或效率的增进率，都根据着上述的这些纲领。在方法论（methodologioal）的立场上讲，这手续的优点可以废去了推测方法，以前所有用推测方法草拟出来的计划都是忽略了经济发展的潜伏能力。

同时，国家设计委员会召集国内诸重要经济区域的代表，举行了多次特别会议。因地方人民的直接参加，于是每区域实际蕴藏着的富源与能力，都由各方面加以考虑，不仅就整个国家对某区域的目的上着想，并且也注意到这区域的特殊性质及其需要。这些会议的成绩，使第一次的，就各区域的情况、表现五年计划的主要成分成为可能；并且各区域间生产力之重行分配问题以及政府调令予以个别注意的落后区域发展之特殊问题，也都能够得到一个概括的观察。

最后，五年计划这一工作使我们能够更广博地研究复杂综错的问题，如国家的收入、社会化的方法、机械能力、生产与消费的均衡等问题。

五年计划之英文译本仅载此计划之最高限的稿本（maximum variant），亦即苏联的苏维埃大会所采用的稿本。原计划的起草有两副稿本，即基本的（basic）与最高限的，代表经济各部门纲领的较低与较高两个限度。因为苏维埃政府采用了最高限的计划为五年时期之标的，所以英译本中就将最低限的计划略去了。

低限计划在五年时期国民经济中之投资总额为 574 万万卢布，现采用之计划则为 616 万万卢布。这时期之工业生产的增加，低限计划为 108%，高限计划则为 136%。农业生产之增加，低限为 44%，高限为 55%。

在附录（Ⅰ）中对于苏联经济设计的体系有简略的叙述。本书中所用之几个名词与度量衡单位的解释见附录Ⅲ。

第二章　苏联经济状况概论

发展苏联生产力之五年计划所拟定的伟大工作，就是经过迅速的工业化与国民经济中社会主义成分稳固的加强，以达到并超越先进资本主义国家在最近历史时期的经济准线，因而保障了社会主义经济制度的胜利。当然的，苏联经济发展的范围与速率，必须不拿沙皇俄罗斯时代可怜的经济状况作比较，而以现世界最先进国家所获得的经济与文化上的进步为标准去度量。欲达此目标，必须获得一种经济发展率高于现代资本主义国家所已达到的，再以苏联巨大天然富源，有组织有计划的国民经济制度之利益，和最近技术上的成就为助。

但是在介绍五年计划时，仍然有这种必要：将经济发展前期作一极概括的分析，并且将战前的与今日的苏联生产力之准线作一笼统的比较。虽然这些比较所能表示的有限（特别可疑的就是 1913 年估计的精确），但是它们也可以清楚地呈现出来，过去恢复时期中苏联的成就和经济制度中那些弱点，那是要使社会主义的经济发展成功的前进，所必须补救的。

欧战与内战对于国家生产力险恶影响的记忆，依然活跃在眼前。也不必回想俄罗斯资产阶级与封建反动联合势力及其西欧的同盟者惨败之后，内战终结之时，国内经济生活破产的情形。工业生产降至战前的 20%，农业生产到战前的 54%。矿产燃料与金属矿石的出产几乎完全停顿。工人数目降至战前的 60%，工资实值尚不及战前 35%。运输系统差不多全供军用，各区域间的经济关系完全断绝。市场消减，货币制度也完全覆没。1921 年是恐怖的荒年，使国家紊乱的经济组织又遭受一次致命的打击。

最热忱的乐观者也未预料在 1930 年以前国民经济可以恢复到战前的准线。但是，内战中获得最后胜利的工农群众之惊人努力，一种正确的经济政策和无产阶级铁的意志，确定了恢复时期能在最短期内完成。到 1927～1928 年已经越过战前的经济准线，并且已经在基本改造的路上开始前进。国家生产力升降可于下表中见之。这些数字活现出恢复时期的伟大工作。

沿此最概括的经济发展数字所指示者，就可以在下表中示明即 1913 年以来经济构造所发生的大变动，并且同时可以指出一些弱点，这些弱点是保障社会主义建设继续生长所必须补救的。

研究上表，发现五个基本的事实，于整个的国民经济发展有决定的重要性。

第一，动力产源与机械制造有惊人的扩展。1927～1928 年煤的产额为 1913 年之 122.5%。煤油为 124.7%，泥煤 –437.3%，电力 –259.6%，内燃机 –403.4%，农作机 –186.6%。这很清楚的看出这一事实：巨大建设工作在恢复之进行中已经开始了。

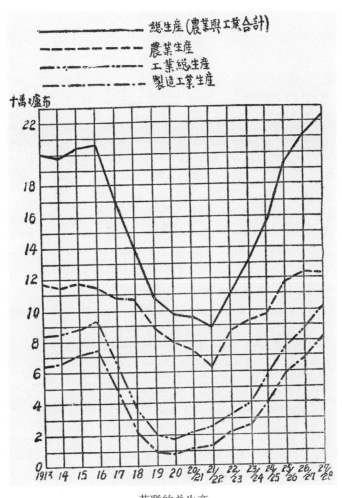

苏联的总生产

（按战前价格，以十万万卢布为单位）

苏联国民经济中之总生产
（以十万万卢布为单位，按战前价格核算）

年度	所有的制造				与1913年之比（百分数）		
	工业	制造工业	农业	总生产	工业	农业	总计
1913	8.42	6.39	11.61	20.04	100.0	100.0	100.0
1914	8.43	6.43	11.36	19.79	100.0	97.8	98.8
1915	8.66	7.06	11.75	20.41	102.7	101.2	101.8
1916	9.22	7.42	11.50	20.72	109.5	99.0	103.4
1917	6.38	4.78	10.72	17.10	75.7	92.3	85.3
1918	3.66	2.16	10.62	14.28	43.4	91.5	71.3
1919	1.95	0.95	8.86	18.81	23.1	76.3	53.9
1920	1.72	0.82	8.00	9.72	20.4	68.9	48.5
1920～1921	2.08	1.08	7.42	9.50	24.7	63.9	47.4
1921～1922	2.54	1.44	6.31	8.85	30.1	54.4	44.2
1922～1923	3.33	2.13	8.54	11.87	39.5	73.6	59.2
1923～1924	4.05	2.59	9.23	13.33	48.0	79.9	66.5
1924～1925	5.65	3.96	9.75	15.40	67.0	84.0	76.8
1925～1926	7.58	5.72	11.76	19.34	89.9	101.3	96.5
1926～1927	8.76	6.72	12.37	21.13	103.9	106.5	105.4
1927～1928	10.08	8.14	12.26	22.34	119.6	105.6	111.5

经济构造之变动（1913 至 1927～1928 年）

	单位	数量		
		1913	1927～1928	1927～1928 与 1913 年之百分比
I 电力				
出产	十万万瓩 - 时（kW·h）[①]	1.945	5.050	256.6
属于中央电站者	百万瓩 - 时	690	1.870	271.0
II 燃料				
煤	百万吨	28.9	35.4	112.5
石油	百万吨	9.3	11.6	124.7
泥煤	百万吨	1.6	6.9	431.3
III 机械制造				
内燃机	1,000 马力	26.5	106.9	403.4
农作机	百万卢布（按定价计算）	67	125	186.6
IV 冶金				
铁矿石	百万吨	9.2	5.7	62.0
铣铁	百万吨	4.2	3.3	78.6
V 化学工业				
碱	千吨	154	205	133.1
过磷酸盐 Superphosphates	千吨	55	150	272.7
VI 普通消费项目				
棉织品	百万公尺	2.250	2.472	121.9
毛织品	百万公尺	0.95	0.97	102.1
车糖（Granulatedsugar）	千吨	1.290	1.340	103.9
VII 农产品				
壳类	百万吨	81.6	73.1	89.6
棉花（未轧的）	千吨	744	718	96.5
亚麻丝	千吨	454	248	54.6
甜菜（Svgarbeet）	百万吨	10.9	10.1	92.7

　　第二件事实要注意的，对于工业的再进步成为一种严重的障碍者，就是恢复制铁工业仅到战前准线的失败，并且远落后于机械制造的发达与国民经济之一般需要。在 1927～1928 年铁矿石生产为 1913 年之 62%，锰矿石 -56.6%，铣铁 -78.6%，钢锭（Steelingot）-95.2%，多形钢（rolled shapes）[②]-91.4%。这是经济发展全规划内的中心问题之一，须加以深刻的注意。五年计划将以最大的精力与财力去补救这种缺陷，以后就可在本书中见到。

　　还有一组重要问题是关于消费用制造品之生产。有许多最重要的生产品，1927～1928 年所生产者已经超过 1913 年，其百分比棉织品为 127.9%、毛织品为 102.1%、车糖（granulated sugar）为 103.9%、食盐为 116.3%、胶皮鞋为 132.1%。虽然是生产增长比人口增加的速率为大，仍然不足以满足近年来迅速增长的需要，结果是消费品感到缺乏。对于这类问题，必须加以适当的注意，以减少这种缺乏，并且大量的增加制造品的消费。

　　① "瓩 - 时"（Kilowatt-hour）即一"瓩"的电"工率"在一小时内所生的电"能"。"工率"的意义为 $\frac{工作}{时间}$，英制"工率"单位为"马力"，法制"工率"单位为"瓦"或"瓦"之千倍"瓩"。在电气方面"工率"皆以"瓩"为单位。"瓩一时"普通多称之曰"电度"，即城市用电户所装电表上之计算消费电量之单位。每度电能的价格自 0.03 元至 0.15 元不等。又：发电机之发电率皆以"瓩"表之，故电厂之大小亦以"瓩"表示。（译注）

　　② 多形钢即指三角钢、工形钢、沟形（口）钢等。因此种钢系用辗压机轮将高热之钢辗压而成，故名之曰"rolling steel"。（译注）

第四点就是关于工业上用的农产品，近来虽然有显著的扩展，仍不足工业生产发展的需要。工业用农产品的耕种总面积 1927～1928 年为 1913 年之 132.7%。每公顷的出产很少，主要产品的总量仍在战前准线之下。工业化之迅速进展，人口的膨胀需要，农业改造之所需，以及减低国内对于这类原料仰给于外国之重要性，都指示着必须努力促进这部分农业的扩展。

最后，应当特别着重的一点，就是谷类生产的不足，如果情形延长下去，对于居民的向上的要求和迅速工业化，将成为一威胁的因素。谷类耕种面积 1927～1928 年为 1913 年之 94.8%，过去数年的谷类生产总额，是停滞在 1903 至 1913 年这十年平均数的 90% 与 96% 之间。这里很清楚地表现出改造方案中的另一关键，要与金属工业加以同样的努力。此问题之合理的解决，一方面须将耕作方法逐渐改良（晚秋耕耘，农场输回耕种法，牲畜与机械的增多，等等），他方面需将农业中社会化部分加强起来。

运输事业的情形，较之 1913 年进步得很多，1927～1928 年苏联铁路里程总长，在同地域中比 1913 年增加了 30.5%。铁路客货运输总额也较之 1913 年增加了 14.4%。在恢复时期中，工人数目又涨至战前的准线，工业中工资实值增加到比 1913 年高 30%，每一工人的平均生产量也增加了 15%。无产阶级在经济组织中的地位已经是十分稳固了。

必须注意的，就是这些成绩的获得，不仅是在厉行每日八小时工作制之下，并且还在 1928～1929 年每日七小时工作制的初步采用中。

恢复时期之初，币制改革的成功及其稳固，使经济制度能以建立于一个健全的基础之上，使预算与信用制度得以组织起来，使国家收入的大部，经过政府预算的媒介，能拨充为经济与文化发展的资金。1927～1928 年联合（联邦与地方）预算吸收了国家收入的 27.5%。在以后某章中将指明，即在恢复时期尚未完成之时，就能够谈到国家整个经济组织的筹款之单一计划了。

生产量与工人生产力的增长反映于 1927～1928 年国家的收入，增加到战前的 107.1%。以 1927～1928 年为末年的五年时期，国家收入是以 10% 的速率前进，这样速率，不仅是战前俄罗斯经济史中无此先例，就是在其他望尘莫及的更先进国家中也是见不到的。

以上所论，说明了恢复时期国家生产力提高，和五年计划时期以前苏联经济状况与战前俄罗斯相比较之主要数字。国家经济力的恢复在比较的短期内完成，没有外国的帮助，完全依靠着自己国内的富源。并且这种成功是沿着国家工业化与巩固国民经济中社会化部分的路线，由下列数字就可以很清楚的看出来。

	1924～1925（百分数）	1927～1928（百分数）
（1）净出产中之工业净出产	25.9	31.6
（2）基本资本总额中之工业基本资本	13.5	14.0
（3）国家收入总额中之社会化部分的净生产	30.8	52.7
（4）基本资本总额中之社会化部分的基本资本	50.2	52.7
（5）贸易总额中之社会化部分	72.6	86.1

五年经济计划恰在苏联经济发展到了一个断然转变的时机草成。大规模的极困难改造问题一定要遇到。这国家在经济史上正揭开崭新的一页，正在发展的险峻新途中开始前进。过去五年时期的经验告诉我们，苏联有一切潜能与一切的条件，为最近将来社会化经济无穷发展之所必需者。现在这一计划的目的就是绘出以后五年发展的纲领。

第三章　五年发展纲领

一、总纲

五年计划设计的目的，在使苏联从一个农业本位国家，变为一个工业占优势的国家之过程中，发生显著惊人的进步。欲达此目的，必须尽量应用现代技术，必须将设计国民经济所用的原理与方法，再加扩展和坚强起来。此计划的中枢就是这一发展总纲领。

投资之数量与分配，国家基本资本构造上的终极变动，工业与农业、都市与乡村、社会化经济与私有经济等之比较重要性、由于投资政策所起的变化，以及建设进行上应用的技术方法，以上四者，就是讨论国民经济计划时所必须首先考虑的。现在可以将包括这些问题的纲领之基本大纲，相当精确地呈献出来，并且于最要的建设计划加以具体的叙述。

计划中五年时期发展纲领惊人的范围，和实现这计划所必须克服的大困难，可与下列最近过去五年时期与五年计划时期之投资比较表中看出。

两个五年时期的投资比较表
1923～1924 至 1927～1928 和 1928～1929 至 1932～1933
（以十万万卢布为单位，按各年价格计）

	1923～1924 至 1927～1928	1928～1929 至 1932～1933
投资总额	26.4	64.6
包括：（1）工业（包括工业房屋建筑）	4.4	16.4
（2）电气事业（工业电力站在外）	0.8	3.1
（3）运输（包括经常预算中之主要修理）	2.7	10.0
（4）农业	15.0	23.2
（5）都市房屋建筑（工业房屋在外）	3.6	3.9
（6）其他		

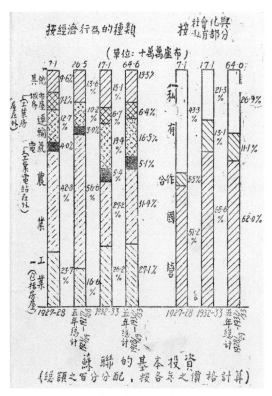

苏联的基本投资
（总额之百分比，按各年之价格计算）

最近过去五年时期所遇到的问题主要的是战前准线的恢复。在国民经济新发展中仅仅作了一个端绪。虽然是财源的限制，这一时期的发展问题终究是比较的简单，尤其是在新发展的事业，无论是事业数目，或每种新建设的规模，皆无显著的成绩。现在计划的五年时期将展开新建设的开始气象，这是新建设中最困难的一步。全时期内都充满了孕育在大规模之上的新发展纲领之特征，并且包括着旧事业改造的艰巨工作，在许多地方这种改造直等于完全重行建筑和重新装置。到此时期之末，约有工业生产总额的 35% 可以期望着产自新建设的生产事业，并不包括此时期改造过的旧工厂的生产。

过去两年的经验告诉我们，恢复时期中的扩展可能性，估计得过低。但是，同样的经验也使我们发现了许多关于组织与技术的困难，以前没有鉴定到这些困难的真价值，在五年投资计划的实施中一定还要遇到这些困难的。

投资纲领的实施，必然使全国基本资本在流动与构造上发生多种变化。这些变化将完全反映出，根据工业化与社会化政策而规划的生产力之增长。

国民经济主要部门中基本资本分配上所受的影响可由下列数字中看出。

五年时期始末之基本资本差异表
（以十万万卢布为单位，按 1925～1926 年价格计算）

	1928 年 10 月 1 日	1933 年 10 月 1 日	1933 年与 1928 年百分比
基本资本总额	70.15	127.78	182
工业（包括房屋）	9.81	29.12	297

续表

	1928 年 10 月 1 日	1933 年 10 月 1 日	1933 年与 1928 年百分比
电气事业（工厂电动力站在外）	1.01	5.31	125
运输	11.65	22.01	189
农业	28.74	38.89	135
城市房屋（工业建筑在外）	11.97	15.25	127
其他	6.97	17.20	247

上表很清楚地显示出来，工业与电力发展投资的增长远超出其他任何重要经济事项的投入率。

于是工业资本的相对重要性在总资本的分配上有显著地增加，如下例数字所示。

国家资本分配表（按国民经济中主要项目而分）

	1928 年 10 月 1 日（百分数）	1933 年 10 月 1 日（百分数）
工业（包括工业建筑）	14.0	22.9
电气事业	1.4	4.3
运输	16.6	17.2
农业	41.0	30.4
房屋（工业建筑在外）	17.2	11.9
其他	9.8	13.3
共计	100.0	100.0

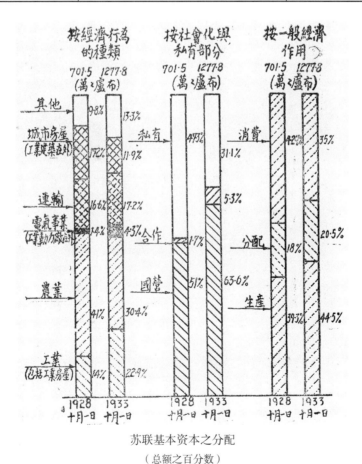

苏联基本资本之分配

（总额之百分数）

这种新投资的趋向，因为增加了生产投资的相对重要性，以一般经济作用为准则的基本资本之分配也将发生变化，如下表所示：

国家资本分配表（按一般经济作用而分）

	1928 年 10 月 1 日（百分数）	1933 年 10 月 1 日（百分数）
生产	39.3	44.5
分配	18.0	20.5
消费	2.7	35.0
共计	100.0	100.0

最后，发展纲领与资本流动，将使国民经济中社会化部分，达到一种十分强固的地位。社会化与私有经济中基本资本之相对重要性，将要发生的变化如下。

国家资本之社会化部分与私有部分分配表

	1928 年 10 月 1 日（百分数）	1933 年 10 月 1 日（百分数）
国营企业	51.0	63.6
合作企业	1.7	5.3
私有企业	47.3	31.1
共计	100.0	100.0

在简括指示的五年时期发展纲领特质的数字中，也需引用那些能表示，升至苏联国民经济技术准线这一变化的数字。就现在说，这方面还没有整个的具体的完成。但是可以约计指出，决定技术准线的几个极显著的要素，就是，"五年时期在动力方面所生的变化：所产生的动力之类别，其在种种范畴内的消费，以及机力与人工之比。"这些指示器一样的要素应加以详切的注意，所别因为苏联正是在这一点上，落后于先进的工业国家，同时，需要最大努力以追过那些国家所达到之准线的，也就在此。

在动力方面所受于一般发展纲领的根本变化，就是机械动力的重要性，在所有动力的总消费上有了巨大的增加，而电动力重要性在所有机械动力中又有更为显著的增进。

关于此事的基本数字见下表及动力生产与消费表。

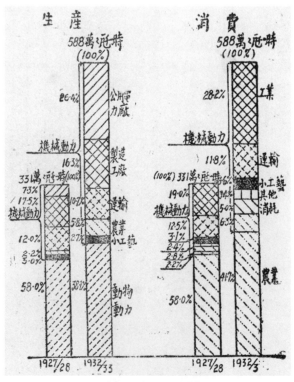

苏联之动力生产与消费表

（按总额之百分数分配）

动力生产表

	1927～1928	1932～1933	1932～1933 与 1927～1928 之百分比
动力生产总量，包括动物所生之动力（十万万瓩 - 时）	33.1	58.8	177.6
动物所生动力（十万万瓩 - 时）	19.2	22.4	116.7
机械动力，包括电动力（十万万瓩 - 时）	13.9	36.4	261.9
其中电动力生产额计为（十万万瓩 - 时）	5.1	22.0	431.4
上项内所包括之公用电厂电动力生产量（工业电站在外）（十万万瓩 - 时）	2.4	15.5	645.8
机械动力与总动力之百分比	42.0	61.9	147.4
电动力与机械动力之百分比	15.4	37.4	242.8
公用电厂所产电动力与所有机械动力之百分比	7.3	26.4	361.6

就技术方面说，五年计划的特质最关紧要的一点，就是转变于大小规模企业联合动力，化学与冶金生产，这样转变立刻容纳了最进步的技术成就，也立刻表现出有组织有计划的经济之利益。狄尼普尔（Dnieper）河的动力联合厂、顿尼次（Donetz）流域的焦煤、矿石与化学联合工厂，乌拉耳（Urals）也有与顿尼次相类似的一个企业，波布雷可夫（Bobrikov），中央工业区域及其他各地之电化学联合厂，等等建设事业，不过在从事苏联国民经济的发展中，技术进步新辟途径上的几个最重要的标志。

以上所述，是就五年发展纲领的全体，作几种极概括的观察。由这种观察所看到的发展宏观，显然与苏维埃经济政策的总方针相符合。但是这些工作的实际上权衡，只有纲领具体地连用在国民经济各主要部门时，再加分析，才可认识清楚。

二、电力发展

苏联在 1928～1929 之初全国所有电站的容量合计为 1.7 百万千瓦（Kilo Watt），内有 520,000 千瓦代表中央各区电站。在 1927～1928 经济年度中电力出产量达 51 万万千瓦时，内有 19 万万千瓦时为中央的各区电站所生产。在五年计划下国家经济之增长（特别是电力在工业消费上尖锐的增加），五年期末的电能需要，至少要到每年 220 万万千瓦时，其中有 140 万万千瓦时应为中央的各区电站所供给。照此计划，电能总产量需增加三四倍，各区电站应负解决这一问题的责任，其容量自然也要随着由 1927～1928 年之 520,000 千瓦增加至五年时期末年之 3,100,000 千瓦。谕及中央的电力发展纲领，就是指着纯粹限于一地域以外的电力事业，这包括着四十二个大工厂。其中有三十二个已在建造中或在扩充中，其余的十个将在五年计划时期内开始。电力输送线总长（20,000 弗打（Volt）[①] 及更高者）将由 3,000 公里增加至 13,000 公里。完成这种扩充所需要的投资总额，估计为 31 万万卢布，此外还要加上 10 万万卢布，是用作单个工业中之电力设备的。这样，电力发展投资将达工业投资总额的 24%，如果工业按照现代需要而供给动力，这种比例只可认为是最小限度。

这一艰巨的电力发展纲领是保障工业化在计划的速率下前进，不能再减的最低需要；于此再加以区域化的叙述。区域动力厂的位置，就现在国内主要工业区域赖达地（顿尼次（Donetz）流域与考司尼次（Kusnetz）供给矿物燃料而看，对于利用当地燃料蕴藏这一个问题，实至为重要。

在中央工业区五年计划规定了电力厂容量自 280,000 增加至 1,000 000 千瓦。这种增加的三分之一将由利用莫斯科区域的煤而获得，其余的三分之二则待于开发本区内的泥煤。此区域发展纲领的特著计划，包括：（a）建立中央汽动力厂于莫斯科，容量为 80,000 千瓦；（b）扩充卞希拉（Kash-ira）动力厂，从 12,000 至 133,000 千瓦的容量；（c）再扩展卞希拉厂至 250,000 千瓦的容量或在波布雷克夫（Bobrikov）建设 150,000 千瓦的新电站；（d）扩充刹球勒（Shatura）厂自 92,000 至 136,000 千瓦；（e）扩充莫斯

---

① "弗打"为电压单位，一弗打等于一个"卫斯吞正则电池"（weston normal cell）所生的电力之 1.0188 分之一。（译注）

科省电气部之市用动力厂自 100,000 至 200,000 千瓦；（f）完成 90,000 千瓦以那乌 - 乌甚克（Ivanovo-voznesensk）站；（g）扩充拍拉克内（Balakhna）厂至 108,000 千瓦，等等。此外的工作，或者先从建设莫斯科第二汽车动力厂，再度扩充波布雷克夫厂或建厂以利用特威尔（Tver）之泥煤，及再度扩充尼尼 - 纳葛罗（Nizhui-Norgorod）区域的动力站着手。

虽然莫斯科区域产煤的利用问题，已经相当圆满的解决了，但是中央工业区的煤与泥煤的蕴藏尚未考察完全。再者，紧要而尚未解决的问题就是低减泥煤的生产费。这种工作在过去几年已经很紧张地进行着，并且也有了一些成就。虽然中央工业区的动力发展纲领完全以利用当地燃料为原则，但是此区之依赖于顿尼次流域的燃料并不终止；反之，如以后所示，这种依赖到五年时期之末还要有些增加。

列宁格勒区域现在有的动力厂，容量总计约为 200,000 千瓦。在五年时期中，按照计划动力厂容量要增加到 430,000 千瓦。其中克雷森 - 奥克特汲（Krasny-Oktiabr）应由 20,000 增加至 110,000 千瓦，雷他克（Electrotok）（管理市内公用动力厂的公司）市内工厂应由 84,000 增加至 140,000 千瓦，并且 80,000 千瓦容量的色威尔河（Svir River）厂与 40,000 千瓦的中央汽动力厂也应开始工作。此外，在列宁格勒开始建设第二个汽动力厂，容量是 150,000 千瓦，在色威尔上流建立一厂或者在马拉亚维希拉（Malaya Vishera）一带建立一个区域的利用泥煤动力厂，容量是 150,000 千瓦。在五年时期中，列宁格勒将依然是动力与燃料供给困难中心地之一，其依赖于顿尼次的燃料还要增加。

乌克兰，就其全区域言，将为五年计划中最伟大的电动力发展的场所。现在乌克兰所有的区域动力厂的容量总计起来只有 20,000 千瓦。至五年时期之末，这区域内公用电厂的容量将达 636,000 千瓦，其中包括狄尼普尔厂的 330,000 千瓦（其最高容量为 600,000 千瓦）。

动力供给最感犯难的区域，不只在乌克兰，就是在全苏联，也要数到顿尼次流域了。现在连工业电厂所生的动力也算在内，一共才有 190,000 千瓦。这仅够现在生产状况的需要。在五年期内至少要增加到 380,000 千瓦，其中包括扩充色特罗夫克（Shterovka）厂由 20,000 增加到 150,000 至 230,000 千瓦。这样还是不能解决顿尼次流域的动力供给问题。所以要在完成狄尼普尔河动力厂之后，用输电线连接于顿尼次流域，并且建筑一个 100,000 至 150,000 千瓦容量的区域工厂［在咀也瓦（Zvyevo）或在托司可夫（Toshkovo）］是十分重要的事。

于以上的这些规划并行的，乌克兰将完成喀克夫（Kharkov）厂（66,000）与克夫（Kiov）厂（44,000 千瓦）。

乌拉尔（Ural）区域现在的动力容量至为低微。五年计划所加于此区域的生产，改造与一般发展方面的惊人工作，乌克兰将成为另一个动力供给问题很难解决的地方。在五年计划期中，将建立柴来比司克（Cheliabinsk）动力厂（90,000 千瓦），并且扩充克司拉夫（Kiselov）厂至 66,000 千瓦。迈尼塔格司克（Magnitogorsk）（矿石山）铁厂将有一高容量的动力厂，用为中央动力站，则感不足。上述纲领之完成，仍然不能解决中央乌拉尔区域（Gentral Ural Begion）动力供给不足问题。所以，纲领上规定着在赛丁司克（Saldinsk）起始建立泥煤动力厂，该处泥煤沉淀物品质的优良已由试掘中证实；或者在尼尼 - 泰即尔（Nizhui-Tagil）区域建厂以利用鼓风烛① 出来的煤气。新厂的容量将为 50,000 千瓦。此外，再进一步的考察克司拉夫与柴来比司克厂再扩充的可能性，和在凯马（Kama）与排乔勒（Pechoro）两河交点处建立 150,000 千瓦容量的水力电站。

北高加索，该地现在尚无区域动力站，其在五年时期中动力发展的扩大纲领，将获得约在 200,000 千瓦的容量。这纲领包括在以下各地建立动力厂，沙克塔（Shakhta）（66,000 千瓦）、乃司塔（Nesvetaev）（44,000 千瓦）、柏克森（Baksan）（25,000 千瓦）、及色尔 - 顿（Gisel-Don）（22,000 千瓦）、克电那达（Krasnodar）（22,000 千瓦）。这样巨伟的动力发展，施于一个农业色彩很浓的区域，将培植该

---

① 鼓风炉（blast furnace）为以高压之热空气融化矿沙成为铣铁之具。烛为一直立高筒，燃料与矿沙混合后由上端加入，热空气由下端用压力扇入，熔化之铁汁与熔滓由下端一口流出，铁汁冷却后即成为块状之铣铁。烛之本体为铜制之筒，内面砌耐火砖，径约 20 尺，高约 100 尺。（译注）

地工业大量增长的根基。

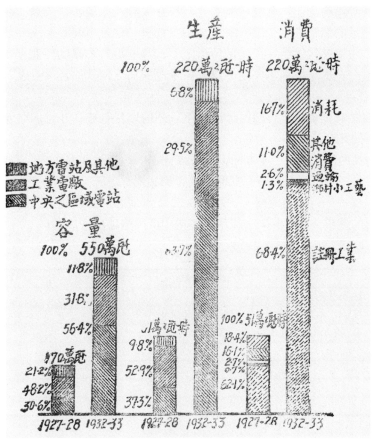

苏联之电动力

在倭尔加（Volga）区域，纲领上规定着在斯他林格勒建立一个区域动力厂（66,000 千瓦），并且扩充撒陶夫（Saratov）厂（自 11,000 至 20,000 千瓦）。动力容量这样的增加，将仍不足用。但是这一区域的充足的动力供给问题关联着燃料供给，而燃料供给问题又只有倭尔加 - 顿（Volga-Don）运河计划实现以后才可以解决，因为此运河能使倭尔加区域吸取顿尼次流域东部无烟煤带的燃料蕴藏。这种计划不能在五年时期内完满的成功。但是五年计划中有一次试用计划（tentative project），在中倭尔加（Middle Volga）区域建立一个新的区域厂，容量为 75,000 千瓦，燃料大概可以用当地的页岩矿。

西比利亚（Siberia），由考司尼次（Kusntez）厂可得新动力容量 44,000 千瓦，从凯米罗屋（Kemerovo）区域厂可得 44,000 千瓦。这两厂在将来都要扩充。

中亚细亚（Central Asia）各共和国的动力容量增加到总数最少为 50,000 千瓦，这种增加来自许多比较小的动力厂，多半与灌溉工程相衔接。

在外高加索（Transcaucasna）动力容量总数将增加一倍，提高到 200,000 千瓦。这纲领包括以下的几个计划：伦（Rion）厂（自 21,000 千瓦扩充至 42,000 千瓦），喀拉 - 荫克尔（Kara-Sakhai）（30,000 千瓦），早勒（Dzora）（20,000 千瓦），堪及尔（Kanagir）（15,000 千瓦），扩充爱尼弗（Aznoft）厂、阿则本仁（Azerbaijau）煤油托辣斯自 85,000 至 123,000 千瓦。此外，在五年时期的后期，计划着开始建立三个区域厂于乔尔加（Georgia）与阿则本仁，其容量共为 90,000 千瓦。

以上所述，为电气发展纲领中的总纲、区域的视察与特殊规划，这是促进国家工业化与巩固机械动力设备最主要的因素之一。关于设计、调查、厂址的选定与寻求有训练和可靠的人才等等问题，须认为很难保障电气发展纲领之易于成功，特别因为实现的时期过于短促，这样使得工作更为艰难，更为可怖，必须以惊人的努力集中于此，一天的时光也不能轻易放过。

三、燃料

电气发展问题与一般燃料工业，有密切关系，与煤业更有特殊的密切关系。使国家的经济发展符合于五年计划，稳固和充足的燃料供给，没有缺乏，不生危机，就是当前要解决的最重要最困难的问题之一。此问题之解决，必须使燃料供给，在任何情形之下，都不阻碍苏联的工业进步，不只是就整个五年计划时期而论，更必须——也是特别主要的一点——考虑到在任何某一特殊年度，燃料供给会有例外的重大困难的。

只利用苏联国内的燃料蕴藏，建立国民经济五年计划的燃料基础，并且同时还预备积蓄下充足的燃料贮存，必须适应以下的几个条件：

（a）每单位燃料出品的消耗，在工业方面至少要减低 30%，在运输方面减低 13%。

（b）一种广大的燃料——特别是煤——发展纲领必须实现了。

（c）当地的燃料（煤——特别是泥煤——堆积沉淀于本地的）必须使之以应国民经济中的需要。与整个的国民经济所计划的进步，保持着同一步调，燃料生产的增加估计如下：

每年生产额

		1927~1928	1932~1933	1932~1933 与 1927~1928 之百分比
1	木料（百万立方公尺）	50.5	59.8	118.4
2	泥煤（百万吨）	6.9	16.0	231.9
3	煤，总生产量（百万吨）	35.4	75.0	211.9
	（a）顿尼次流域	27.3	52.5	192.3
	（b）其他流域	8.1	22.5	277.8
4	生油（未炼制者），总生产额（百万吨）	11.6	21.7	187.1
	所有燃料总计（以标准燃料百万吨为单位）	57.5	104.8	182.3

＊只就工业需要而计，都市人民与政府办公室所用者在外。

这种"总计"是由各种燃料的标准燃料当量相加而得。一公斤的标准燃料相当于 7,000 卡路里（Calorie）[①]。

1927~1928 与 1932~1933 年各种燃料在工业中的消费量，及其在工业总消费量中之相对重要性如下：

		1927~1928 工业消费量	工业消费总量之百分数，以标准燃料当量计	1932~1933 工业消费量	工业总消费总量之百分数，以标准燃料当量计
1	木料（百万立方公尺）	50.34	17.6	58.5	11.4
2	泥煤（百万吨）	5.53	4.8	14.4	7.1
3	煤之总量（百万吨）	34.43	59.4	68.6	65.3
	顿尼次流域之煤	26.88	48.4	48.4	49.2
	其他各地之煤	7.55	11.0	20.2	16.1
4	油燃料（百万吨）	6.86	18.2	10.8	16.2
	总计（标准燃料百万吨）	53.83	100.0	95.4	100.0

由上可知，在燃料总消费中之相对重要性，木料与油降低，泥煤稍涨，煤则大量的增加。虽然各地煤产都大为膨胀，顿尼次燃料之相对重要性的增加实堪注意。换言之，在五年时期全期内，中央工业区与列宁格勒区以及乌拉尔区，其依赖于远方之煤日增，即前两地依赖于顿尼次流域，乌拉尔依赖于考司尼次流域。

各地应出产的煤量，五年时期之末与上年（即五年时期之前一年 1927~1928——译者）相较，如下表：

———————————

① "卡路里"为热量单位，即一公分（gram）之水在百度寒暑表上增高度之热量。（译注）

	1927~1928		1932~1933	
	生产百万吨	与总生产之百分比	生产百万吨	与总生产之百分比
1. 顿尼次流域	27.26	77.0	52.5	70.1
2. 考司尼次流域	2.46	7.0	6.0	8.0
3. 乌拉尔	2.00	5.6	6.1	8.1
4. 莫斯科区	1.18	3.3	4.2	5.6
5. 东部西比利亚	1.91	5.4	4.0	5.3
6. 中亚细亚	0.23	0.7	1.0	1.3
7. 高加索	0.11	0.3	0.6	0.8
8. 所有其他各地	0.25	0.7	0.6	0.8
总计	35.40	100.0	75.0	100.0

这些得自各地之生产总额，决定计划中煤业投资的分配。五年全期煤业投资总额为 1,250 百万卢布，其中四分之三用于顿尼次流域。

在顿尼次流域碰到最艰巨的工作，增加煤的出产从 1927~1928 年之 27 百万吨至 1932~1933 年之 52.5 百万吨这就是说增加其生产量到 55 百万吨一年[①]。现在正开掘的矿，连同 17 个已经开始建设的新矿，将于五年时期之末约有总生产量 41 百万吨。大矿发展估计着要用三又二分之一至□年，中等的矿要用 2 至 3 年，大的旧矿之改造与扩充要用一又二分之一至三年。从这里就可以看到，为获得在计划时期内所必需的燃料供给，为完成再一五年时期所需要的准备工作，以下诸事必须实现。

（a）已经开始的十三个新大矿和已经开始改造的四个矿，必须加速步调，一气完成。

（b）大约有四十个旧大矿是必须根本改造和扩充的。

（c）于 1929~1930 年，开始建设一组新的大矿，每年建 10~12 座，总产量一年为 6.5 百万吨，这样在五年时期之末，大概将有 50 个新的大矿在建造与装置的各阶段中。

（d）所有新矿的完成机械化必须实行，并且改造的矿也要大部分的机械化了，使五年时期之末顿尼次流域的煤产有 70% 至 75% 上是用机械开采。

（e）顿尼次流域充足的自来水问题必须解决。

（f）同样，这区域的电气需要必须满足。

（g）房屋建造的大计划必须实现，包括 240 至 260 百万卢布的投资。

（h）试验探掘必须在紧张的步调下进行。

实现顿尼次流域煤矿发展纲领将需要 800 至 850 百万卢布。此纲领可怖的范围与必须克服的惊人的困难，皆不可低估了。实在说来，这纲领缺少可靠之探掘观测的根据，到现在还很难对于要开的一组新矿确立详细的计划，并且顿尼次流域的技术人才尚不足以使纲领能在限定的时期内完成，而这种期限，如果使国家的燃料供给按照需要量增长，又不能发展，这纲领是按照五年计划发展国家工业所必需的极小限度。

在苏联一般经济发展的立场上，乌拉尔区与考司尼次区就燃料生产方面必须看作一个单位。分配与这两区的煤生产额，乌拉尔区从 1927~1928 年之 2 百万吨增加至 1932~1933 年之 6.1 百万吨，考司尼次流域从 2.5 百万吨增加至 6.0 百万吨。虽然这生产计划在绝对数量上不很显著，但它所需要的发展纲领，较之指定给顿尼次流域煤矿者，在比例上并不易于——其实还更难些——成功。在乌拉尔大概有 20 个矿要开始建造，包括 8 个大矿，并且要在五年时期内完成。在考司尼次流域 6 个矿必须要另行装置，8 个新的大矿要开工，其中有两个容量较两地各矿为大（容量至每矿每年百万吨）。需要的投资在乌拉尔为 100

---

① 每年之平均增加 =(52.5-27.26)/5=5.0 百万吨一年（27.26 百万吨一数见各地煤产量表中）。因为 1932~1933 仍在按此速率增加，并预定此年之生产量为 52.5 百万吨，所以 1932~1933 年之初，(5.0/2) 生产率为（52.5+5.0/2）百万吨，即 55 百万吨也。（译注）

百万卢布，在考司尼次流域为 75 百万卢布。

实现乌拉尔区与考司尼次流域煤矿发展纲领的困难，是起于这两区域对于这样大规模的发展工程没有普通技术上的准备，也因为以前所做的试验探掘十分不够。这新建设工程的设计工作在技术方面尚逊于顿尼次流域。就是这样的纲领，无论如何是显然不够用，特别是就考司尼次流域无数的煤藏而论。准此理由，重新研究更有效地开发这些煤藏和使其为国民经济之用这一问题，是绝对的必要。

莫斯科区的煤产额要由 1927～1928 年之 1.2 百万吨增加至 1932～1933 年之 4.2 百万吨。这必须开四个到六个的新矿，每矿年产量为 350,000 至 650,000 吨，这与区内现存的大部分尚用半原始方法开探的小矿，是根本不同了。在五年期内的投资估计的为 45 百万卢布。这一区域的纲领，与考司尼次流域情形相同，也不能认为足用，必须再考察其扩充的可能性。

其余的煤区，包括远东、柴米克夫（Cheremhov）、中亚细亚、他其利（Tkvarchsli）等，也都指定了比较大的生产工作，一共包括投资约为 600 百万卢布。

石油业发展纲领所根据的因素，比燃料供给之必要条件还为复杂，石油在燃料供给上只居次要的地位。计划上规定石油年产量自 1927～1928 年之 11.6 百万吨增加到 1932～1933 年之 21.7 百万吨。但是计划的石油生产增长率较之其他主要油生产国，则计划中最后的收获必然不足消用。所以石油生产在扩张的新可能必须寻求，如在新地方做更广遍的试验探掘和新建设工作的再加紧张。

与油产量扩张同样重要的，石油发展纲领另一目标为炼油厂的容量加大了一倍以上，自 1927～1928 年之 8.7 百万吨增至 1932～1933 年之 19.1 百万吨。此外，燃料油之蒸馏制法[①] 在五年时期也将普遍的引用，计划着到 1932～1933 年有 55 个蒸馏厂建立起来。最后，计划上规定在完成现在兴筑的输油管线之外，再修两条管线。如果恩伯（Emba）试掘工作结果很好，不等五年时期完了即在色马勒（Samara）建造一所炼油厂，并且或者以管线连起恩伯与色马勒来（约有 600 公里）。

石油业发展纲领的实现，石油生产与提炼之增长率及其间之关系，将促进苏维埃工业这一极重要部门合理化更远的真实进步。

石油业之五年计划

			1927～1928	1932～1933	1932～1933 与 1927～1928 之百分比
1		生油之生产（百万吨）			
		（a）石油	11.3	20.8	184.1
		（b）天然煤气	0.3	0.9	300.0
		总计	11.6	21.7	187.1
2		提炼工作（百万吨）			
		（a）生石油	8.7	19.1	219.5
		（b）燃料油	1.7	8.4	494.1
3		油业的消费与提炼的消耗（百万吨）	1.8	3.3	183.3
4		商业出品（按主要生产部门而分）（百万吨）			
		（a）马达燃料（汽车、飞机、曳重车及其他马达）	1.8	6.1	338.9
		（b）非燃料的提炼品（发光用油及润滑料等）	2.7	4.8	177.8
		（c）燃料油	5.4	7.5	138.9
		商业出品总计（百万吨）	9.9	18.4	185.9
		商业出品价值（百万卢布）	275.0	645.3	234.7
		每吨之平均成本	27.8	35.1	126.3

----

① 蒸馏（cracking）法之炼油，系利用热力与压力，分裂石油中水碳分子（Hydrocarbon Molecules）的分子构造，使之由繁变简，于是汽油得以提出。石油提炼汽油，普通所用温度在华氏 700 度至 900 度间，所用压力大于空气压力，约可自石油中提出 50% 的汽油，余为灯油、柴油、石腊、油焦等副产物。（译注）

上表还要加一点注解，此表指明生油、特别是燃料油（以蒸馏方法）的提炼，在计划中的增进，将超过生油生产的增长，这样就减少了以油为燃料的相对重要性[①]。

五年时期投入石油业之资本定为 14 万万卢布。关于这一生产与发展纲领进行中的特别困难，只要看到、按计划规定的生油生产达到每年 45 百万吨，就要探自试掘尚未完成的油田中，就可知道。油业中试掘计划以极大努力与速率实现出来，实为需要。

以前述及之泥煤生产将增加到近于二倍中。就增加当地燃料的相对重要性而论，尚不能认为足用。但是泥煤生产纲领的再度扩张，必须解决了扩展泥煤生产品的市场问题（制煤砖，蒸馏等等）。

泥煤业五年计划约需 195 百万卢布的投资。

燃料生产发展的范围，使最大的注意必须集中于建设前线这一部分。就以上所指关于电气燃料生产的发展及一般的燃料与动力经济中之变化——考量其密切的相互依赖和在工业、运输、市政事业以及农业中的动力问题——一个不能逃避的问题屹然呈现。有关于动力问题的组织必须大加强固，并且它的工作要调于单一动力中心之内，有效用的中央动力局之建立，实至为迫要。

四、金属工业与机械制造

上述动力与燃料计划成功，则苏联金属工业与机械制造的加速发展，五年计划最重要最艰巨工作之一，就肃清了到成功之路的一切阻碍。

一个国家工业进步的程度，首以金属与机械工业的情况为度量，并不是一个偶然的事实。同样，在苏联经济发展的计划里，对于金属问题加以最大的注意，也是当然。在现计划中的五年时期，金属与机械制造将成为建设纲领最重要的关键，并且最大的财力与最艰苦的努力必须集中于此。

在五年内所有的工业投资 164 万万卢布中，40 万万卢布将用之于金属与机械工业，这在任何单一工业（电气事业也包括在内）中都算是最大的投资，这一投资纲领是根据国内铁的需要之初估，这初估是以 1928～1929 年的 4 百万吨为准，而定 1932～1933 年为 9.8 百万吨。这些估计虽然是有条件的并且在实际发展中还要加以修正，但是在实用上仍可认为十分可靠。全五年时期所需要的铣铁定为 32.7 百万吨，多形铜——31.5 百万吨，铁轨——3.2 百万吨，棒铁——14.1 百万吨，铁板——4.2 百万吨，房顶用铁——3.1 百万吨。使铣铁需要有 10% 的满足，其他种类的铁有 80% 至 95% 的满足，必须在 1932～1933 年有最低的年产额一千万吨，将当于 1927～1928 年产额之三倍。

钢铁工业的发展纲领是根据以上的考虑起草的。实现这纲领，必须一方面要大规模的改造现存的金属工厂（在两主要金属生产中心：乌克兰与乌拉尔），他方面还要建立许多新厂，在旧的金属生产中心，也在新的地方如刻耳赤半岛与考司尼次流域。

德国战后的经验，已经指明钢厂的生产力可以大量的增加，如果在炼钢的预备阶段中，矿石的集中、焦煤选择之适合，鲣而观之，装炉更完善的准备加以更透彻的注意。这种经验已为各业先进国家所采取。现存金属工厂应用这些方法（其价值已经证实）与适当的改造将能增加出产额至 74 百万吨，其中包括乌克兰自 2.4 百万吨（1927～1928 年）至少增加到 5.6 百万吨（1932～1933 年），乌拉尔自 0.7 百万吨增加至 1.4 百万吨，等等。现存的金属工厂这样的增加产额，必须在五年时期中建立 12 至 15 座鼓风炉于乌克兰，每座每年容量为 180,000 至 200,000 吨（改建之炉在外），并且改造各厂以适应炉容量之扩张。结果，南部的鼓风炉每座平均年产额将由今年（1928～1929 年）85,000 吨增加到 1932～1933 年的 125,000 吨。在乌拉尔这问题包括建造三座的鼓风炉于现存各厂，其平均每年容量 180,000 吨，大炉的装矿上煤等工作皆将完全机械化了。这一种样式在乌拉尔从来没有见过。

现存的金属工厂之改造（包括矿沙探取必要的扩张与焦煤生产组织，这也是五年时期最复杂问题之一）所需投资约为十万万卢布，其中的四分之三将用之于南部，四分之一用于乌拉尔。

[①]　燃料油提炼后可作他用，故燃料油提炼的多，则油之用作燃料者少。（译注）

计划中特别困难的一点，就是现存工厂之改造必须在钢铁最缺乏的时期内完成，所以工厂停工太久是不可能的。因此，改造计划是很小心谨慎的设计并且在一种有组织的系统指导之下进行。这是不用说的，必须做一切准备，使供给品与入口的器具可以充足地不断发出，以及获取外国专家技术上的帮助。五年金属生产之整个纲领皆以这种改造工作为关键，所以必须在最密切的合作（与一切有关系的）和极严厉的管理之下去实行。

计划五年时期国家的金属供给既然将求之于现存工厂的改造，现在已经开始在一种惊人的规模上建设的新厂，将供给五年时期末年（尤其是再一五年时期的全期中）额外的金属需要，现计划的五年时期。一组新而大的金属工厂，一半要开始工作，一半在准备开始工作，只这些新工厂，就能使国家工业化决胜负的阵线，得以按照需要的速度前进。这就是计划中之所以规定建设新金属工厂的投资额几与旧工厂改造的投资额相等（将达十万万卢布）。

五年时期的末年，新金属工厂出产总额为 2.6 百万吨的铣铁。这不仅产自两个老的金属生产区（乌克兰与乌拉尔），也来自刻耳赤区与考司尼次流域。新设计划采为标准模式者，就是每年产量为 650,000 吨的大厂，并预置以后再扩充的设备，如果厂址与原料都便于发展，则能扩张到上列产量的两倍，至于新厂的分布，在计划中以接连原料生产处与动力供给地为原则，虽然也允许成立那样扩大的工业组织如乌拉尔与考司尼次区，刻耳赤 - 他其利（Tkvaroheli）与则泡罗日 - 克雷渥（Zaporozhie-krivoy）劳葛（Rog）。

下述铁工业中几个特殊的新建设计划可以说一定是在五年时期实行的：

（a）刻耳赤组，总量为 750,000 吨，值约为 150 百万卢布。

（b）乌克兰组，包括克雷渥 - 劳葛厂，产量 650,000 吨，则泡罗日厂，产量与前厂同，狄尼普罗皮辍司克（Dniepropetrovsk）之电铜厂，与马卢波尔（Mariupol）。这一组的总值约为 350 百万卢布。此外，要考虑的问题，这两种办法何者相宜：在顿尼次流域建设一金属工厂或加倍其他乌克兰厂（克雷渥 - 劳葛或则泡罗日）中之一厂的产量，这也要用 100 至 150 百万卢布。

（c）乌拉尔组，包括迈尼塔格司克金属工厂，年产量为 650,000 吨，阿剌培司克（Alapayev-Sk）厂、剌陶司提（Zlatoust）特别钢厂与拜剌夏夫（Baloshov）厂，以上四厂，总值约为 210 百万卢布；塔夫丁司克（Tavdinsk）厂年产 50,000 吨的铣铁，柴来比司克合金铜（Ferrosteel）厂、赛丁司克（Saldinsk）与内德丁司克（Nadejdinsk）之铁页厂，以及许多较小工厂，总值约为 70 百万卢布。此外，凯马（Kama）与凯门克（Kamenka）厂产量为每厂 50,000 吨。

（d）西比利亚组，包括考司尼次（泰尔波（Telbes））厂，年产量为 350,000 吨，值约为 130 百万卢布；在皮辍司克（Petrovak）之远东厂年产量为 30,000 吨，值至低为 12 百万卢布。

（e）最后，以下的计划正在考虑中：① 在中央工业区之李派克（Lipetzk）厂，产量为 650,000 吨，值约为 180 百万卢布；② 在中央黑土区（Central Black Soil Region）之考皮司克（Khopersk）厂，产量为 650,000 吨，值约为 180 百万卢布；③ 在高加索有一个值约 100 百万卢布的冶金厂，还有锰铁（输出的）生产的组织，利用伦（Rion）与待海屯（Daghertan）动力厂的电力。在原料与动力更方便的其他区域内，扩大其中的几个新金属工厂的产量，以代替以上的计划，是十分可能的。

金属工业中这些新发展计划是机械制造艰巨纲领的基础。新炼焦厂与鼓风炉之建筑，也造下了化学工业加速生长的基础，而化学工业回头来又成了农业改造与国防力增加的前锋。金属工业就是这样成了国家工业生命所关的一部门，并且也是最困难的一部门——特别因为现存的情况需要发展计划在最短的可能时间内完成（不能多于四五个建筑季）。现在，上举的金属工厂队中，仅迈尼塔司克、考司尼次与克雷渥 - 劳葛等厂的详密计划起草了。早期完成设计、说明书、测量等工作的艰苦努力，对于这门工业的成功甚关重要。

钢铁工业投资的目的，自然不仅在获得大量的出品，还要使出产物的品质有显著的改进和生产费的降低。五年时期之末乌拉尔厂铣铁平均生产费估计在 46.7 卢布一吨，在时期之初为 50.9 卢布，在乌克兰厂为 38.2 卢布（时期之末）与 49.9 卢布（时期之初）。

非铁工业的困难也不为小。五年时期中计划的非铁金属生产增长如下表所示（包括特许企业）：

	1927～1928（以千公吨为单位）	1932～1933（以千公吨为单位）
铜	28.3	85.0
锌	3.25	77.0
铝	3.02	38.5
铝		5.0

这一生产纲领的实现，不过是与一般的改造工作的进行保持平衡的最低需要，所必须实行的大范围复杂发展工作，大约全时期中要有 450 百万卢布的投资。

苏联机械制造工业已经有了显著的进步，并且已经高出于战前俄罗斯所居的不重要地位。但是所有以往的成就，不过是解决工业中艰巨问题大路上微弱的开始，而这种工业中的艰巨问题的大部分将在五年计划时期内解决。国民经济中各部门工人生产力提高到更高的准线，全赖机械制造工业投资的发达。这是五年计划中，在钢铁与非铁金属工业投资以外，还要准备十万万卢布为机械制造工业投资的原因。

在这一纲领内的各种计划，多半为方便的机械动力已存情形所决定，也为这些情形而起的问题所决定。根据最保守的数字，苏联工业中将近一半的锅炉材料（约为 800,000 平方公尺的受热面积）现在已经告发和腐坏了。还有工业用马达约有全数之半（约为 700,000 马力）也是陈旧和部分的用坏了。此外，由国家一般工业进步而发生的机械设备之新要求必须加上。这些情形指示了建立锅炉制造工业到一种新的技术准线的迫要。列宁格勒的金工厂，莫斯科的彼路司辍（Paro-Story）厂，与专门制造锅炉的塔感刺（Taganrog）厂，将在五年期末生产锅炉总数的 70%（自 1927～1928 年之 114,000 平方公尺的受热面积增至 1932～1933 年之 300,000 平方公尺）。第色尔内燃机之制造主要的集中于咯劳那（Kolomna）"罗斯克第色尔"（Russky Diesel）在列宁格勒，及苏毛丸（Sormovo）厂；约有第色尔机总产额的 70%（在五年时期内自 65,000 马力增至 202,000 马力）将由以上诸厂制出的轮机（Torbine）[①]制造大半集中于列宁格勒金属工厂，五年时期内的出品将由 60,000 千瓦的容量升至 650,000 千瓦。水力轮机也包括在莫斯科机械托辣斯诸厂之一的生产程序中。

在这一组中也可以多少的包括机器工具生产的增长。这将大半得之于扩大现在的生产中心列宁格勒之司维德劳夫（Sverdloy）厂、莫斯科之无产克雷森（Krasny Proletary）、尼尼纳葛罗的命革威葛特（Drigatel Revolutsii）和克雷马特（Krasmatov）厂。和改组一些较小的工厂，以及在乌克兰、中央工业区或者乌拉尔区建立新厂。在五年时期内苏联机器工具生产的发展，仅新厂就需要 25,000,000 卢布的投资。

决定机械制造纲领的另一重要因素，就是苏联主要矿区（南部、乌拉尔与西比利亚）的高度专门设备之需要。为满足这些需求，纲领中规定克雷马特机器厂完全改建，需款约为 45,000,000 卢布，完成威拉司克（SverdlovsK）（在乌拉尔区）的重机械制造厂，需款约为 40,000,000 卢布。这些计划的完成，可使全国重机械制造的基本中心地有一适当的配置，长距连输的弊病可以免除，矿业的改组（为获得经济发展，一般计划中所需的煤、铁矿石、非铁金属等的生产增加，矿业改组实为重要）也将有了把握。

在五年时期机械制造纲领中再一个重要因素，就是连输与再一次的发展问题。在以下的几页中的纲领，将详细地叙述关于连输系统的建立及其对于金属工业中、机车车辆自动联轴节（Antomatic coupling）等的需要。按照这一纲领，改造现存的机车工厂，在五年内就要有 100,000,000 卢布的投资。主要改造工程将为琉幹司克（Lugansk）厂，投资约为 40,000,000 卢布，到 1932～1933 年规定着增加产额到 350 辆高动力的机车。只有到五年时期之末，才能提高到另一机车工厂（苏毛丸或咯克夫）的大规模改造问题，这必须延期直到对于这一问题的再度研究完了的时候。车辆制造的发展主要的将由现在开工的已存

---

① 轮机为发展动机之一种，利用蒸汽之压力使轮机动转者为蒸汽轮机，利用高处之下落之衡动力或反动力使轮机动转者为水力轮机。

工厂之改组中实现。但是尼普罗夫司克厂的车厂制造部也要加上，这一部要完成的改建，在乌拉尔尼尼 - 泰即尔还设立一新车辆制造厂。后两厂将为重货车制造的主要中心地。车辆制造厂的投资总额估计为 160,000,000 卢布。铁路车辆上筹划着采用自动联轴节，必须建设一厂或二厂，用款约为 30,000,000 至 50,000,000 卢布。厂址多半在乌克兰与乌拉尔区。

关于运输方面的机械制造纲领之一部分，是造船纲领（航海与河行的船皆在内），其投资额规定为 82,000,000 卢布。

对于发展汽车生产问题需加以特别注意。计划中规定在尼尼 - 纳葛罗立一汽车工厂，用款 140,000,000 卢布，每年出车 100,000 部。此举对于解决这一极重要的经济与文化问题是一生死关键。

至于供给建筑事业所用各种材料与器具的那一金属工业部门，特别是建筑机器的生产，苏联方在萌芽时代，在中央工业区建立一厂，筹划制造这样的机器，需款约为 12,000,000 卢布。

生产纺织机器与化学器具等物的制造厂，虽然用款不多，可是极为重要，因为这都是纺织化学等工业部门的拓荒者。

最后，一种惊人的工作就是农业机械的生产。这一项直接与农业改造问题相联系，而农业问题之解决又是整个经济计划成功的先决条件。农业机械制造纲领计划着在五年时期之末，每年的出品指额为 610,000,000 卢布（在 1927~1928 年为 153,000,000 卢布）。为达此目的，需完成罗司特夫（Rostov）厂（用 46,000,000 卢布）、大规模的改造乌克兰厂（用 58,600,000 卢布），在俄罗斯共和国（Russian Republic）本部改建许多工厂（用 30,300,000 卢布），以及在奥母司克（Omsk）建立一个农业机械厂。投入于农业机械生产的资本总额为 180,000,000 卢布。

这一门中最繁重的工作就是曳重车（Tractor）生产的发展。其中包括斯大林格勒曳重车厂的建立（雷款 77,000,000 卢布，每年可出车 10,000 部），扩大列宁格勒之皮提劳夫（Putilov）厂的曳重车部（增加其年产量至 20,000 部），与咯克夫机车厂之曳重车部（增加其年产量至 3,000 部）。此外，还决定于 1929~1930 年在乌拉尔另设一个大曳重车厂，其产量与列宁格勒厂同。

以上所述为机械制造工业发展纲领的一般纲要与主要目的，所包括的自然只是这一巨伟复杂而多面的纲领之重要部分。一般趋势将限制机器的种类于最少的几种模式，以后再渐渐解决随时发生的新机械制造问题，如此可使经验积累，并且于每次进步之前获得其上进的痕迹。但是国家工业化的需要强迫着不断的成立几组新的机械工厂，在五年时期中许多这样的工厂仅能有初步的发展。

机械制造工业的扩展差不多分布于所有的主要工业区域；资本分配于改造和新设各厂，都显然的适应于国家生产力合理发展的需要。

竭力申述金属与机械工业发展纲领的重要性已不必须，这是经济建设整个计划所系的枢纽。但是重视这部分建设工作惊人的困难与可怖的责任却是十分要紧，这部分建设工作就其所需要的投资额而论实属首要者，不仅加重国家资源与有组织的人才之负担，并且还需要欧美先进国技术上的多种帮助。

五、化学工业

在五年时期内要完成的事业之一，就是在苏联创立一种新工业——化学工业。这门工业差不多对于所有的其他部门的工业、农业的改造，森林事业的合理化以及国家的一般文化发展，都有重大的关系。无论是废物的利用、原料使用效率的增加（应用化学方法）、动力消费方法的建立[①]，或动力厂废物之吸收，化学工业皆与其他许多工业有密切的交互错综关系，实为整个的国家经济组织发展的重要因素之一。

化学工业发展的范围为五年期应达到的目标所决定。磷酸盐肥料（按标准过磷酸盐当量计算）必须由 1927~1928 年的 150,000 吨增加到 1932~1933 年的 3,400,000 吨。刻耳赤铜厂工作进展之后，托马斯溶滓（Thomas slag）的出产将渐渐增加，至五年时期之末产量可达 85,000 吨（按 14% 的标准过磷酸

---

① 化学工厂消耗巨量电力以从事于分解、化合、制造等工作，故动力最大的消费方法为供给化学工业消用。（译注）

盐的当量计算）。地面上的燐块石（Phosphorito）现在产额为每年 65,000 吨，将增加到 1,200,000 吨；氮肥料（以硫酸亚当量计算）将由 5,000 增至 800,000 吨。钾盐类的生产——苏联从未有过的新工业——计划着在五年时期之末可以有 1,500,000 吨的总产额。化学肥料在 1932～1933 年的总产额必须达到 7,200,000 吨。

如果预防总经济计划最要部门、农业以及其他等等之失败，化学生产纲领必须整个的实现。而次纲领之实现，全赖广大发展工作之完成，这种发展工作在化学工业方面有 14 万万卢布的投资，现在投入此工业的总资本额始达千万万卢布。

看到化学工业为"动力消费者"与"动力产废弃产品利用者"之重大性，就使化学工业的发展与前述的动力发展计划发生了密切的关系。因此，化学工厂的建立将集中于以下区域：（a）顿尼次流域；（b）狄尼普罗司辍动力厂附近一带地方；（c）有煤与泥煤富源的中央工业区；（d）乌拉尔，能利用其燃煤，制焦，与熔炼非铁金属所出的副产物；（e）西北区（North West Region），有泥煤堆积，木材工业与水电发源地；还有（f）考尼次流域，中亚细亚与外高加索的一部分。

乌克兰，或者再特殊地说，乌克兰的矿区（顿尼次流域、狄尼普螺丝辍及克雷威—劳葛一带）于五年时期必须在化学工业发展上有最大的收获，使之变为化学工业一个有威权的中心地。计划上规定着人造阿摩尼亚（Synthetie ammonia）厂的建设与开工（有些厂须与焦煤业联合），还规定着装置是固定氮气变为矿物肥料的设备。现在建造中的卤厂将大加扩充，年产量将增至 300,000 吨的卤粉。另外再建设一个 200,000 吨产量的新卤厂。在狄尼普罗司辍区建设一个大化学工厂已经规定在纲领上了。乌克兰化学工业投资总额估计约为 350,000,000 卢布。

在中央工业区建立一个大肥料厂，约需款 50,000,000 卢布，年产 250,000 吨的硫酸，和 400,000 吨的酸性磷酸盐。这一厂的工作与连用，全恃依葛雷夫磷酸盐矿与波布雷可夫动力联合（Po-Wer combine）。指定给中央工业区的特别工作不是基本化学品的生产，而是精致的化学产物，如染料、药品、橡皮产品、稀有元素等等。莫斯科附近建立一大化学企业可以解决人造丝的生产问题。最后，在亚路司来夫（Yaroslavi）地方燃烧泥煤的电站，可资以供大橡皮工厂之用，此橡皮厂是专供汽车外胎与内胎之不断增长的需要的。在这一区域的化学工业投资总额约为 240,000,000 卢布。

西北区也可以说是专指的列宁格勒，是一个用人口的燐块石生产过磷酸盐最合适的地方。因此，特在这里建立一新厂，可以出产过磷酸盐 200,000 吨，这厂到后来将用国内原料，即莫尔满司克铁路（Mormansk Railroad）区克实司克（Khibinsk）矿新发现的富于"酸性磷盐"的矿层。此外，列宁格勒的人造丝厂已经开始建造，因此，其他各种化学品（苛性苏达、酸性硫化炭等）的制造也必须组织起来。在西北区的投资总额约为 80,000,000 卢布。

乌拉尔区在化学发展中也分担很重要的工作。这区的原料来源很好（黄铁矿、磷酸盐、钾等等），燃料蕴藏也很充足，并且有利用（非铁金属熔炼，制焦与燃煤时的）副产品之最大可能性。在化学方面以及在冶金与机械制造方面，乌拉尔区要准备工业发展的推动力，不仅是推动附近诸区，还要顾及西部西比利亚与中亚细亚。

乌拉尔的第一大化学联合将建筑在波雷尼考夫区域，用克日尔（Kizel）煤矿为动力的来源。这一企业（总值为 60,000,000 卢布）在五年时期之末产量约为 260,000,000 吨的卤粉（在 1927～1928 年苏联总产额为 208,000 吨）和 350,000 吨的酸性磷酸盐（多于 1927～1928 年全国的总产额）。乌拉尔区第二个肥料厂将设于赛丁司克，利用这区域的炼焦煤气，波戈马拉夫（Bogomolov）炼铜厂的副产物——硫酸，与威他克（Viatka）磷酸盐矿。此厂年产量约达 150,000 公吨的硫酸与 350,000 吨的磷酸盐（按标准过磷酸盐的当量计算），总值约为 25,000,000 卢布，乌拉尔区第三个肥料厂，利用迈尼塔格司克厂炼焦的副产物，可出产 40,000 吨的阿摩尼亚，以之制成高级氮肥料，用于中亚细亚的棉田。这一事业用款 25,000,000 卢布。从沙利克司克（Salikamask）制造钾产品，也要组织一个相似并且多少大一点的化学工厂。一个或两个矿（苏联的第一个）可以在五年时期内完成，每年出产钾盐总量为 1.5 百万吨。同时计划着在这区内建立三四个木材蒸馏厂，每厂的出产［醋酸、一烷醇（Methylaleohol）等出产］皆多于现在全国的总产额。换言之，也是在此地树立一种崭新工业的基础。

乌拉尔化学工业投资总额约为 250,000,000 卢布。

在西比利亚与远东，五年时期内并不从事于化学工业的实际发展，不过对于当地发展化学工业的种种机会作一详尽的考察，为再一五年时期化学工业发展纲领的根据。该地发展机会之多，由初步勘查的结果就可知道。特别是 1928 年许多盐湖的发现；其中自己沉淀的盐很多。但是这种盐在这一五年时期所用甚少（约为 60,000 吨）。同时，因为考司尼次流域焦煤生产的发展，就有设立大工厂出产化学品的可能，并且无穷的大森林，至少也可以使西比利亚木材蒸馏工业有了初步的发展。五年中西比利亚化学工业投资约估为 70,000,000 卢布。

在中亚西亚，关于富源探勘的情况同于西比利亚。这一区内化学发展问题最重要的方面，就是卡雷 - 八葛司（Kara-Bugas）计划，但是也只能生产有限的硫酸盐——到五年时期之末每年约产 70,000 吨。此外，中亚细亚还要建立一个出产矿物肥料的大工厂，利用其尔其克（Chirchik）的电力。也有利用阿尔调比司克（Aktubiask）一带重要磷酸盐矿的可能。在这一时期内，中亚细亚化学工业投资总额约为 70,000,000 卢布。

全国和各区域的化学发展纲领，只要作一极疏浅的研究，我们可以无疑的知道，建设前线上一种崭新和极难的部分，就在这里。在这样有限的时间内能完成这种艰巨的事业，可以造成从事于这种工作的熟练劳动集团之真正胜利，并且在国家经济建造的大路上将有惊人的进步。

六、建筑材料之生产

过去几年的经验已经表现出建筑材料的生产，在制度与组织方面，是苏维埃工业中低效率工业之一。结果是工作的延缓，并且有时还要完全解散各种发展计划的工作。所以五年发展纲领最严重的事业之一，就是作建筑材料生产的一切准备，是整个建设计划可以毫无阻碍的进步，并且提高材料的品质，保证必要存货之蓄积。建筑材料工业发展的路线是：① 合并建设计划中较重要的各地之大工厂；② 尽量利用一切机会，使小规模的生产可以供给当地建设活动之需要。

建筑材料的生产组织与发展，在五年计划中规定的投资总额约为 860,000,000 卢布。这仅指最高国民经济议会节制下的工业所需要的生产量而言。

这种投资的结果，基本建筑材料生产的增加如下：

	1927～1928	1932～1933	1932～1933 与 1927～1928 之百分比
水泥（百万桶）①	11.9	40.0	336.1
礴（十万万单位）②	1.8	9.3	516.7
石棉（千吨）	26	150	576.9
锯木厂生产品（百万平方公尺）	11.6	42.5	366.4

上列建筑材料的增加，与五年计划中国民经济各主要部门投资的准度作一比较，就可以见到五年时期之末，将获得稳定充足的材料供给。无论如何五年时期的第一年（尤其是 1929～1930 年）建筑材料将感缺乏。因此，发展纲领的成功，必须在今年完结以前额外筹款，更重要者，必须再有另外的组织上的努力加于这门工业。

我们必须重视的，就是建设总纲的成功与失败（特别是关于价格的低减），多半依赖于大规模工业之连用与建筑材料的生产（简单化、标准化等）及建筑业的程度如何。苏联对于此事仍甚落后的事实，必须坦然承认。所以此项事业的迅速进展是整个发展纲领成功的最重要的先决条件。

---

① 每桶水泥净重 375 磅（或 170 公斤）于 4 立方英尺。（译注）

② 每单位即每块。（译注）

七、森林与木材工业

这一方面的事业所规定的是木材制造工业（纤维素（Cellulose）、纸、木材蒸馏、人造丝等之制造）与木材输出的纲领上面。

苏联森林地理上分布的很不适当，准备开发所需要的森林面积这一问题就十分复杂了。此问题的解决密切联系于移民与连输组织的发展。

虽然苏联森林总面积有 877.3 百万公顷（仅有纯粹的地方重要性者除外），到 1928 年 10 月 1 日所开发者仅有 157.5 公顷，即总面积之 17.7%。到 1932～1933 年再开发 35.6 百万公顷，即现在开发的森林面积之 22%。已开发面积内木材生产在 1927～1928 年计为 142.5 百万立方公尺，内有 60.7 百万立方公尺的木料（或总额之 42.6% 还要再行加工变至 1932～1933 年木料生产可达 258.1 百万立方公尺的总产量，其中有 48.4%（124.8 百万立方公尺）将再加工。这样，随森林开发面积扩展之进行，此面积之利用有增进（森林发展的紧张）并且也增加原料木材的生产，此为纤维素、纸与木材蒸馏等工业发达的结果。

森林事业投资之数量与分配见于以下之工作纲领中：

（a）经过森林组织与经济考察准备开探的森林面积；

（b）荒山森林之再造，湿地之排水，幼林之保护，使森林的生产力增加；

（c）建筑森林道路及木筏出口已发展木料连输；

（d）沙田与山谷造林以开拓森里与农田，庶尼丛林避雪地带等之建筑等。1927～1928 年森林投资总额为 12.8 百万卢布，在五年时期内之投资估计约为 247,000,000 卢布。

诸扩成共和国森林发展的五年纲领如下表所示：

森林发展之五年纲领

单位	苏联总计	构成共和国				
		俄罗斯	乌克兰	白俄罗斯	外高加索	中亚细亚
(1) 木材生产量						
1927～1928（百万立方公尺）	142.5	127.7	4.0	8.4	2.0	0.4
1932～1933（百万立方公尺）	258.1	239.2	5.5	9.0	3.5	0.9
增加（百分数）	81.1	87.3	37.5	7.1	75.0	125.0
(2) 开发中的森林面积（国有）						
1927～1928（百万公顷）	157.5	146.7	2.6	2.7	1.9	3.6
1932～1933（百万公顷）	193.1	180.0	2.6	3.2	2.8	4.5
增加（百分数）	22.6	22.7	2.6	18.5	47.4	25.0
(3) 森林业投资						
1927～1928（百万卢布）	12.8	8.4	2.5	2.8	0.3	0.3
1928～1929 至 1932（包括 1932～1933 年）	246.9	174.2	38.3	16.5	10.0	7.9

上列规程之实现将造成木料工业正常发展的基础，与建筑、纤维素和造纸工业、木材蒸馏及木材输出等项之需要相符合。木材总生产在五年计划时期增加 275%，锯木工厂中建筑用木材的出品增加 267%。发展的主要中心为东北区（锯木厂每年出产 6.6 百万立方公尺，五年增加 343%）、乌拉尔（出产 2.0 百万立方公尺，增加 431%）、倭尔加下流（Lower Volga）（出产 7.4 百万立方公尺，增加 746%）及远东（出产 2.1 百万立方公尺，增加 700%）。

在东北区、乌拉尔与远东，锯木工业与纤维素、造纸以及木材蒸馏等的生产事业相联合（木材蒸馏在乌拉尔特别是这种情形）。这种联合保障了这几区域投资的最大收益。在乌拉尔下流，锯木与木器制造工业相联合，并且特别计划着利用锯木厂废料（约计有 2.5 百万公尺），按照美国最近发明的方法，制造将与建筑用板（buidding slab）。在其他林业发达的区域（如白俄罗斯共和国）发展的方向是扩充木器制造工业，特别是建筑木料附属零件之生产。四个主要林业区（东北、乌拉尔、倭尔加与远东）内新锯木厂之建造需款 176,000,000 卢布，为林业投资总额的 47%（总额为 375,000,000 卢布）。

纲领中规定输出木材之生产在数量上将远超出于苏联现在的木料输出，在 1932～1933 年主要木材输出区域将为凯勒里（Karelia）、东北与远东。乌拉尔（多半在此区之东部）将供给上等木料的输出。西伯利亚的木材输出希望能由卡雷海（Kara Sea）这条路连输而发展。外高加索诸共和国与白俄罗斯将出口特种的硬木与木制品。

八、工业发展纲领概况

工业最重要部门发展纲领的大要，已见以上诸节。在此再讨论其他的许多工业已不可能，虽然这些工业是十分重要，但是不需巨量的资本建设，也不必如上述诸工业要经过彻底改造。轻工业多半是这种情形。虽然这些工业的基本投资现在已经很大，在五年时期大约还要增加上 29 万万卢布（包括纺织工业投资 11 万万卢布，食物及其附属工业投资 7 万万卢布）。这些投资是用以渐渐消除食物恐慌的。

在最高国民经济议会管理下的国营工业之基本资本投入总额约为 135 万万卢布（包括设备与装置）。加上不在最高国民经济议会管理下的工业投资与房屋建筑的投资，五年时期工业投资将达 104 万万卢布。按照国家工业化的总政策，A 组的工业（即制造生产者用的货品的工业）可得 98 万万卢布的投资，B 组（即制造消费者用货品的工业）可得 29 万万卢布。A 组投资内还要加上约为 6.1 万万卢布，供研究、地质测探、设计局等之支用。

在国营工业中所表现的投资及其所代表的发展纲领，其意义不仅在扩展工业的生产量和增加国家总生产中的工业产额，并且还要有工业效率上的猛进。

以后可以更详确地见到，这种投资的结果，最高国民经济议会管理下的工业，在 1932～1933 年的生产较之 1927～1928 年增加了 180%，并且约有工业总生产的 35% 将出自新建立的工厂，改造或改装的旧厂所生产者并不在内。如果非国营的工业也算在内，1932～1933 年的工业出产高出于 1927～1928 年 136%。

全国净生产总额中的工业部分，即国家收入中工业所占的部分，将由五年时期始之 32% 增加至五年时期之末 34%。这种变动，如果从农业急速发展也同时进行这一点上看来，就特别具有重大意义了。

工业生产费在五年中降低 35% 以前也曾提到过，建设费将降低 50%，总建设指数的低落希望能到 28%。

工业动力设备在五年时期中将有急剧的增加。工业机械动力的消费在 1927～1928 年每人每小时为 1.24 千瓦时，在 1932～1933 年将为 2.61 千瓦时，增加两倍有余。在提高苏联工业至现今资本主义国家准线的进行中，很明显的，建立国家工业的五年纲领将有惊人的成绩；并且在社会主义经济之伟大竞赛中，奠定了更急速进步的基础。

九、农业之改造问题与发展工作大纲

苏联中央执行委员会关于增加谷类生产的法令已经很清楚地指出苏联农业进步之路线。由工业的帮助，供给农业以专门的设备，增进穷农与中农群众的地位，大规模地加速发展国营农业与集团农业的组织以及合作团体，提高全体农民的文化准线——这都是当前的重大问题，这些问题不过是要达到的总目标之各方面，总目标就是根据机械技术与土地之科学耕种原理，从事于农业生产力及农村组织沿社会主义路线之迅速发展。农业之发展纲领已经根据这一总目标起草出来。

在农业中五年时期的投资规定为 230 万万卢布包括各个农民的家计（房屋、畜牲、工具等）的私人投资。总投资中约有 100 万万卢布将受国家的直接管理与节制（管理的程度有深浅的不同）。约有 58 万万卢布[①]是国家在农业中的直接投资，资本来自政府的预算信用让予（credit grants）。

在这总投资的限度以内，农业发展的纲领如下所述。

这一纲领的特点，也是决定它的全般性质的，就是在一种空前的大规模之上建立起农业社会化的部

---

① 此处所列之数字皆按固定价格计算。若按价格之低减而核计，集资之实额为 51 万万卢布。（原注）

分。因为这一目的，在苏联经济的总组织及社会关系中占极重要的地位，指定于纲领这一部分（即社会化部分）的工作，几乎是五年时期能够获得的最大限度。纲领中规定着社会化部分耕种面积的扩展从 1927～1928 年之 2.3 百万公顷至 1933 年之 26 百万公顷，其中 5 百万公顷为国营农场，21 百万公顷为集团农场。投入农业中的资本总和 58 万万卢布，约有 20 万万卢布（按固定价格计算）使用在国营农场和集团农场中的。结果，社会化部分全体，在这时期之末（1932 年的收成），将供给总生产额的一个 19.8%，贸易食粮的一个 43%。

最后，如同给这一方面大规模发展的一个标志：在这时期之末，集团农场约有 20,000,000 人口，或约有 6,000,000 农户，这就是说在集团农场组织以外的农户差不多是保守着常态，而农民全体则稳健地迅速增加。农业的发展计划也可以解决国家现在遇到的这一尖锐问题——怎样减少近二年来农业生产的不平衡与局部恐慌。惟有沿农村之社会主义的改造一路线励进，才能够有真正的机会去克服小农制之低生产力并获得无穷尽的农业进步。

从耕作改组的观点言，农业前线上社会化部分特别值得注意的，就是它完全根据着机械技术，矿质肥料之普遍应用和曳重车之探购，总而言之，是根据着科学方法与科学进步。仅仅指出在五年时期之末，将有 17,000 辆曳重车用在社会化部分（属于曳重车公用站的约有 30,000 辆），国营与集团农场将有价值 853,000,000 卢布的农业机械，矿质肥料用于耕种面积的大部，选择种子用于耕种面积的 60%。这一改造纲领的结果，期望着社会化部分的食粮出产增加，将比农业全体出产的增加，约快一倍。

这种事业是创始的，缺少外国可供参考的任何真实经验（就大规模的农场实验上说，还仅有此农业的集团组织），国家文化准线过低这种属于社会性质的特殊困难，以及计划的工作范围之大，以上种种，皆为实现社会化部分的发展纲领，所必须以最大的努力与最慎审的监督去克服的。

非常的困难是在组织农作于一种集团的基础之上，并且还要想出怎样形式的一种集团组织，可以保障投资最高效率的使用。我们必须坦然地承认这种事实，关于这部分的事情仍然没有走上轨道，集团农场之基本的技术原理还没有完全形成。集团农作的组织形式之指导原则，必须以机械及曳重车使用站为中心，供四周各农村的使用，并且最后将此站变为动力供给与更广义的农业助力的中心。这一原则已经部分的应用于乌克兰，结果很圆满。在动力基础与农业之技术的与社会的改造上开了一个新纪元。惟有经过这种性质的发展，迅速与平衡地扩展农民劳动的机械来源方有可能，而解决农业进步的中心问题也依赖于此。惟有在这种情形之下，才能获得真正集团化（包括广大的穷农与中农群众）的充实技术原理。

发展纲领中具有最大野心的部分是关于农业领土的组织，即土地编制、开垦、灌溉等事。

土地编制纲领的一般范围可于下列数字中见之：

		必须编制的土地总面积（百万公顷）	五年中之土地编制（总面积之百分数）	五年时期之末必须完成的（总面积之百分数）
1	私人农田之土地编制	14.9	37.5	806
2	远距离农田之减少	6.9	17.2	60.5
3	长幅农田之减少	13.8	54.8	75.0
	其中属于集团农场者	3.5	13.8	16.1
4	轮回耕种	11.0	56.5	56.5
5	国营农场	1.4	100.0	100.0
6	为特殊目的拨归城市，政府机关或企业之土地	3.5	"	"

在五年中土地编制的总值估计为 524,000,000 卢布（固定价格）或 490,000,000 卢布（变动价格）。但是土地编制问题的烦难，或者还不如建立这问题关于新原则之上和寻求这问题的新路线、以适合农业生产社会化与机械化的巨伟事业，所需要完成的工作之为规模庞大。在五年时期，必须从过去无系统的土地编制（那是单独的农村之产物）转变到符合总计划中大规模耕种的土地编制。在探用农业机械化的

区域，土地编制必须环绕着机械与曳重车公用站，如前所述者。土地编制计划自然也要密切地与这路建筑和汽车运输发展新纲领联络起来，这是农业中普遍的探用曳重车与机械农具所必须随同发展的。

在五年时期开凿的土地将在 2,000,000 公顷之上，还不包括有关棉花生长的中亚细亚与外高加索的大灌溉计划。约有开垦工作的 80% 包括排水工作，以增加牲畜繁殖最盛区域的饲料耕种面积。约有400,000 公顷包括在灌溉纲领中，大半是沿着土西铁路干燥区域的泛滥灌溉（flood irr-igation）。最后，倭尔加 30,000 公顷面积的试验灌溉区将为该区灌溉工作的开端，狄尼普尔下流区大灌溉计划的初步考察堪将继此办理。

五年时期土地开垦的估值约为 530,000,000 卢布（固定价格，其中有 347,000,000 由国家支付。扣去价格的低减，这计划的总预算约为 490,000,000 卢布，其中由国家支出者约为 320,000,000 卢布。

有关棉花生长的灌溉工作之一般范围，可由下列数字中看到：

	五年时期之增加（千公顷）			五年时期之灌溉用费（百万卢布）	
	灌溉的	改良的	种棉花的	私有投资不在内	包括私有投资
中亚细亚与克则克（Kazak）自治社会主义苏维埃共和国	1.191	1.037	64	303	343
上区中之大规模计划	655	508	247	241	261
外高加索社会主义联邦苏维埃共和国	473	430	122	127	136
上区中之大规模计划	311	270	77	95	99
总计	1.664	1.467	760	430	479
属于大规模计划者	996	778	324	336	360

五年计划以必须增加本国棉产额至 1.91 百万公吨为根据，这样就差不多可以完全使苏联不依赖于入口的棉花，将购棉的款购外国的工业设备。这事业的綦大重要性、灌溉工作的范围及其迫要、投资之数量、现时这部门的科学与技术组织无充分的经验等原因，对此项农业必须加以严重与持续的注意。有关棉花生长的灌溉整个计划，在五年全时期中管理机关必须慎审的考量，如对狄尼普罗司辍，金属工业发展，等计划一样。

不必重加申述，在这些农业土地问题中，计划内耕种面积增加 12-1 百万公顷的工作是特别的重要。农业机械化纲领的意义，是大家扩展倭尔加区及国境东部的耕种面积。

同时，农业中另一新因素，即应用化学方法，使荒地与不毛之地方，森林能够耕种，于是扩充消费农业区（现在购买其他区食粮之区域）的耕种面积这一问题，找到一种解决方法。这个自然要与森林计划有一种适当的合作。

农业与农民经济改造最重要的武器之一就是五年机械供给计划，这计划中规定了国内农业机械数量、从价值约 10 万万卢布（五年时期之初）增加至 24 万万卢布或 30 万万卢布（包括曳重车）。因为在这时期之中，随社会化部分之发展，农业机械采用率将大增，所以农业机械设备的实量不只是增加三倍，而将更大量的增加。在农业改造计划中，一方面扩展机械的使用，另一方面实行集团与合作方法，两者互相为用，密切的联系起来，为农业技术的与社会的改造之一般方法的两种运用。农业机械化是农民生活社会主义的改组之工具，使用这种工具是很艰巨的一种事业。

最后，重要的生力军将参加农业改造的战场上来的，为苏联新兴的化学工业。现时在使用矿质肥料上，苏联列居最落后的国家之中，仅生产很少量的矿质肥料。五年时期之末，农业每年将得 7,000,000 吨的矿质肥料，就这方面言，苏联在农业领袖国家中将占一很重要的地位了。矿质肥料加于种植棉花、甜菜与亚麻的全部田地上，加于 6% 的谷类耕种总面积上，在社会化部分中有 25% 的谷类耕种面积使用这种肥料。使用肥料增加农业生产，在扩展现在中央区域荒田的耕种面积中，成效更为显著。

农业改造中有特别意义的就是农业工业化的一组企业，这种企业是从事于变裂农业出产品的。在五年中投入这组企业的资本约为 15 万万卢布，包括：裂糖工业约 350,000,000 卢布，磨面厂 200,000,000

卢布，牛乳与肉类业 50,000,000 卢布，家禽饲养与蛋产业 125,000,000 卢布，亚麻大麻与 kenaf[①] 工业 75,000,000 卢布，果物生长与蔬菜园圃 60,000,000 卢布，制造农业生产品的工业其出产在五年期内，共计将由 12 万万卢布约增至 35 万万卢布。这一部门之中关于组织的重要问题也要发生，此问题之解决，到后来就可以见到这些工业发展中集团与合作组合之增进着的重要性。

在所有这些农业建设方法上，纯粹精良种子之适当选择与充足供给的重要是很显然的。国营农场于此将占主要地位，希望能成为大规模生长高等种子的园地，并且能够主持农民经济中种子来源之系统改良事宜。

以上为农业发展纲领中特著的几点，它自然不能消减苏联中央执行委员会在增加食粮生产法令附说中所详细讨论的改良农作、极简单而有效的方法之重要性。很明显的，这一计划中宏伟事业的实现，完全或者至少也是一部分将成为泡影，如果不同时提高广大穷农与中农的生产准线和增加其兴致并促进其努力。惟有这些巨伟计划和农民大众的艰苦努力合并起来，才能达到计划所预期之目的：增加耕种总面积将近 23%，每亩出产在计划时期后四年中增加 25%，农业出产的总量与贸易食粮也有增加，等等。

关于农业，自然也有特殊的区域问题，在以上的大纲并没有提及。就一般而言，社会化部分之建立和谷类耕作之发展所取的方策，将大增东部诸区的相对重要性，倭尔加区也多少地有点增加；乌克兰与北高加索就整个的国家农业生产上说，将稍显低落，虽然其生产在绝对数量是有点增加。到五年时期之末，乌克兰与北高加索将不供给中央诸区的食粮，而成为出口食粮的主要产地。至于中央诸区，将由倭尔加区及更东的诸区（位于距黑海港口很远的地方）供给。

农业发展纲领所影响到生产与每亩出产的增加率，就证实了为获得这些进步而计划的方策之彻底与有效。

一〇、运输之改造与新发展纲领

计划中规定的生产增进与新区域之附带发展，自然迫切的需要一般的运输，特别是铁路运输。五年计划之实现将视此项需要之满足与否。

在商业上及改造与新发展纲领上，特别重要的就是铁路运输，所以铁路问题在讨论这一部分计划时要首先述及。

铁路运输之重要性反映于五年时期各种运输事业的投资分配上。五年时期运输投资总额 100 万万卢布，有 67 万万卢布以上是投入铁路，其中 60% 用于已成铁路之改良，40% 用于新铁路之建筑，所以已成铁路之改良构成运输全部发展纲领的最主要部分。

铁路改造之首要工作就是将现在使用的货运机车的大部分换为新 "E" 类的大曳力（80 吨）机车[②] 须购新机车 3000 辆，此外，还计划着采用更高曳力（100 吨）的机车 35 辆，为以后采用此种机车的一个试验。

改造工作中的第二点就是增加货运车辆 160,000 单位（以雨轴车或相当于雨轴车者为一单位）。同时大容量的货车在这时期中从运货车辆总额的 5% 增加到 20%，计添车 60,000 部，敞车和平车在数量上也有增加。

改造的纲领中第三项工作为自动联轴节（automatic coupling）[③] 之采用。此问题详细考量的结果，决定了在五年时期仅从事于准备工作（选择自动挽钩之式样，定货，修正车辆，在装有区截号志路线（Block route）[④] 上为挽钩之试验，如顿尼次至克雷渥，劳葛或迈尼那亚（Magnitnaya），至考司尼次流域各线）以

---

① 此字意义为何为英字典中所无，故将原字录出。

② "E" 类机车即指机车按古柏氏 E 载重（Cooper's E Loading）而区分者。

③ 自动联轴节或自动挽钩，用之则车辆之接合或脱开皆不需人力。

④ 区截号志为铁路上用以保障行车安全之标记，分人力与自动两种，我国所用皆人力者，自动区截号志最为安全，此处多半指装有自动区截号志之路线。

便于在下一五年时期内新挽钩可以完全换上。

第四项为自动轮掣（automatic brake）[1]在五年时期中货车上一律采用。

如上述试验中之引伸部分，从斯大林格勒至提哈莱喀亚（Tikhoretzkaya）计划着以油机车代汽机车，因为这一段缺水。

最后，铁路的电气化在此时期中，先在以下各地的近郊段路线上实现：莫斯科、外高加索路的穿过色尔母斯克（Saramsk）处、矿尼瓦德（Mineralniye vody）支线、乌拉尔之克司拉夫（Kise-lov）支线以及李满 - 喀克夫（Liman-Kharhov）线。在铁路电气化成为苏联运输发展的实用纲领之前，还需要艰巨的努力。五年时期铁路改造计划，初视之或认为十分平庸，但其实现将在铁路发展上有很大的进步。从运轮费平均低减 20% 一点上，就很可以证明。因此，改造已成铁路的投资纲领必须要整个的实现。

分析五年时期预期的货运流动，就可以料到两条主要的商业动脉上的运输，在五年时期之末，不是接近于该路线运输容量的限度，就是要超过了。此处所指的两路，一为连接顿尼次流域至莫斯科及列宁格勒者，一为去西伯利亚之线。这两条线构成了国家的巨大运输问题。集中货物流动与锐减巨量货物的运费问题将很严重的出现。从一般经济改造，特别是从运轮发展的观点上看，此问题之惟一正当解决，就是集中货运于改组过的或新建筑的大干线[2]上。但此问题不能在这一五年中解决，不过从两方面渐渐的接近到这个问题：散布式的货运[3]方法将仍然采用或更加扩展，同时也进行着改换上述二线于大干线上的准备工作。

以 100,000,000 卢布的歘扩充联合车站、增长路轨、添设自动号志等，并建筑几条新线，顿尼次流域莫斯科间及顿尼次流区列宁格勒间的货运，在这一五年时期用散布运输方法就可以不生问题。但是这样运费就很难低减了。这种解决只为一时计。因为变此二路成为大干线的计划（喀尔司克（Kursk）铁路之电气化，莫斯科—乌梁尼司（Voronezh）顿尼次流域大干线之完成）尚未草起最后的完稿。但是此计划规定拨款约 70,000,000 卢布完成初步考察，并且在五年时期之末开始实际工作，在下一五年时期中就可以完全实现了。

至于西伯利亚干线及自西伯利亚至莫斯科与列宁格勒之线，在五年时期之末预计就要超过已成线之运输量。详细研究此问题，可以了然建造西伯利亚大干线是有非常的、其实是迫切的、经济重要意义。五年计划包括一套计划可以逐渐解决这个问题。在头三年，完成新喀尔干—斯维德劳夫司克线，并重修已成段：新考—山准司克（Sinarskoye-Shadrinsk）。新路的坡度较平[4]，在西伯利亚干线上喀尔干那司不克（Novosibirsk）段也降低坡度。同上原因，乌拉尔以西，克然（Kazan）铁路的司维德劳夫斯克—赛冒旦（She mordon）段也准备着敷设第二道轨，并且从赛冒旦至尼尼—纳葛维修—新路，在倭尔加河架变轨桥。这些投资的总额在五年期中约为 220,000,000 卢布。

与铁路改造纲领并行的有新路建筑计划。现在苏联铁路里程为 77,000 公里，较 1913 年同领土内的里程增加了 30%。此外，尚有 3,600 公里在建筑中。在五年时期中，计划着建筑 22,600 公里的铁路，并且要有 17,000 公里通车。所以全国通车铁路线总长将增至 94,000 公里。

新路建筑纲领最重要的几点可以概括述之如下：

（a）新路之主要为运输木材一部分为拓殖者，总里程约为 2,800 公里，包括中央工业区至排乔勒（Pechoro）区之线，此线之中段自阿 - 夏尔克（Ust-Sysolsk）至喀拉司（Kotlas）将于五年期中完成；运木材出口的主要干线刹喀（Soraka）- 喀拉司线的首段；西伯利亚之延西（Yenisei）路，和许多的在欧俄、乌拉尔、高加索与远东的次要运木铁路。

---

①　自动轮掣，即我国铁路所称之"手风闸"，系用高压空气使用闸压轮以停车之机件。

②　大干线（Super-trunk line），系数主要干线连接而成，轨数当在双数以上。

③　散布氏货运（Scattered fright movement）即系各路各自为政之运送法，一俟各主要干线经改造接合成大干线后，则所有货运可集中于一线，即所谓集中货运（Concentration of frieght traffic）者是也。后者可以增高运送速及运输量。

④　铁路之坡度如太大，则上下行车速度皆不能过高，因之运输量亦小；如坡度改平，则运输量及运速皆增高。

（b）农业与拓殖新路之里程约为 6,300 公里，其中最要者为土西（Turkestan-Siberian）干线，在五年期中完成；克则克共和国之鲍瓦 - 阿林克与欧司克 - 特实克（Borovoye-Akmolinsk and Orsk-Aktubinsk）；农业线之链（辍克 - 欧司克、欧伦堡 - 乌拉尔与撒陶夫 - 米罗屋）（Troitzk-Orsk、Orenburg-Urals and Saratov-Millerovo）以上诸线形成了连接乌拉尔南部、倭尔加区和早夫海（Azov Sea）港各区间之干线网；乌拉尔区西部之主要干线，有几段（坡木 - 乌发与乌发 - 欧伦堡）（Perm-Ufa and Ufa-Orenberg）在工业重要性之外，还有很大的农业上的功用，以及乌克兰中亚细亚许多的农业线。

（c）矿业与制造工业新路约有里程 1,700 公里，此种新路主要为顿尼次流域、乌拉尔之新煤田，外高加索、中亚细亚、远东及非铁金属矿与化学原料产地等处而设。

（d）新线之分运已成线的载余货物及连接已成诸路者约有 2,600 公里的路程。

（e）其他新线，3,100 公里。

这是铁路改造与新建筑纲领中的主要各点。虽然适应苏联需要的运输发展只有五年时期完结以后，以更高度发展的基本工业为基础，才有进行的可能，现在的纲领，也无疑地构成了一种惊人的重大事业。

五年时期铁路运输的首要地位，并不能遮蔽了他种运输发展的艰巨问题。五年计划中规定发展航路的投资约为 180,000,000 卢布，河艇建造投资约为 150,000,000 卢布。如此就能以加强苏维埃的航运，增加河中运输并集中此种事业于国营造船机关。

同时，在五年时期中间开始建筑倭尔加—顿运河，需款 75,000,000 卢布，在再一五年时期之半方能完工。这运河造成后，在苏联总水路运输系统中占极重要的地位。海港投资为 170,000,000 卢布，海船建造投资 135,000,000 卢布。

在五年时期，为农业改造及其生产力增长最要因素的，就是新式公路的发展。这是国家经济发展最弱，也是组织最残缺的一部分。五年计划中规定了公路建设费为 11 万万卢布，运输人民委员会预算中拨 7 万万，地方预算中拨 4 万万。同时，此计划很注意到组织此种事业所需要的原则，即怎样宣示证明，使各经济组织与人民都了然于自动发起活动所增加的利益。

最后，计划着于五年时期投入商业航空发展的资本超出 100,000,000 卢布，苏联商业航空仍在幼稚时代。

虽然运输发展计划的规模小于国营工业，在财政管理组织与技术诸方面皆需要极大的努力。这纲领代表此期之最低需要。必须牢记着就是此计划实现之后，全国的运输仍感不能流畅。此计划在货运的增长上，运费及动力消耗之减低上均有显著的进步。关于运输中动力的消费，可由下列运输中之能源（energy resources）数字中见之：

	1927~1928	1932~1933	1932~1933 与 1927~1928 之百分比
每年工人所占有原动机容量（瓦）	6.0	8.8	146.7
每［人一小时］之动力消费量（瓦时）[①]	2.05	3.11	151.7

（以上注释多为前北洋大学铁道工程学教授尤敬清先生的指教，特此附言致谢。——译者——）

一、房屋建筑纲领

城市的房屋居住面积[②] 现在约有 160 百万平方公尺，价值约在 130 万万卢布以上，为国家基本资本总额的 18.7%。在五年建设纲领之下，房屋面积将增至 213 百万平方公尺，其中之社会化部分总计有 114 百万平方公尺（现在仅有 76 百万平方公尺）。城市房屋的总值也将于五年时期之末增至 185 万万卢布（按 1925~1926 年价格计算）。城市房屋建筑（包括工业、电气化与运输房屋）的总投资在五年中将达 59 万万卢布（按各年之时价计算）

---

① 铁路之坡度如太大，则上下行车速度皆不能过高，因之运输量亦小；如坡度改平，则运输量及运速皆增高。

② 居住面积为 "floor space" 之译，较少于建筑面积。（译注）

此建设纲领之目的，为增加工业居民的平均住屋面积从每人 5.6 平方公尺至每人 7.3 平方公尺。就城市人口全体而言，每人的住室面积将由 5.7 平方公尺增加至 6.3 平方公尺，其中私有部分无变动，社会化部分由每人 5.9 平方公尺增加到 7 平方公尺。

当建筑纲领的进行中，在总计划的限度以内，大规模发展重要工业中心的房屋建筑的可能必须加以考虑，这些工业中邪地并不依赖于大的市政经济（如顿尼次流域、乌拉尔及以那乌乌甚克（Ivanovo-Voznesensk）区的一部分）。总之，房屋建筑纲领，如其他各发展纲领一样，其实施必须根据各区的情况。必须根据各区的特殊需要，并且必须注意到工业进步的迫切问题。

房屋建筑自然也有它自己的组织与合理化的严重问题，这些问题是发生于居室设备必须适应于新社会的情况和采用欧美技术的最良方法。此计划是逐渐实现的，可以使省费而合理的居室根据各地的需要，逐渐蜕化进展出许多样式。城市房屋建筑投资将近 60 万万卢布之多，所以绝对地要拨出一笔充足的款来设立一所特别研究院，使科学组织的要素投入于房屋建筑之中。

与房屋建筑纲领同时并举的有许多市政建设计划，其投资总额在五年时期为 22 万万卢布。其他计划影响于城市生活，因城市生活的变动所需要的种种设施，如公共食堂、俱乐部等等都包括于市政建设之内。

最后，在五年时期中，对于乡村房屋至低限也要开始建筑；这种工作是根据于国内各区的几种居室标准样式的设计，经过技术咨询机关的指导，并且还要准备充足稳固的建筑材料供给。

一二、五年发展纲领成功的条件

以上所述的不过是五年时期发展纲领中的特著之点。其规模之巨伟与构成要素间关系复杂是十分显然的。此即国家最近将来时期的技术与经济计划之基本设计，其各部分之交互错综关系也一目了然。这是一个使国家生产组织急剧改造与大量增加其机械及电力来源，以实现工业化与社会化的计划。有许多在规模上方法上根据于最近技术进步的大计划要完全实现。可以指出的，如狄尼普尔河动力厂及其附近之复杂工业、色威尔河水电计划、波布雷可夫中央电力厂、士西铁路、西比利亚大干线、倭尔加 - 顿运河，许多大冶金厂，包括迈尼塔格司克、克雷渥 - 劳葛、则泡罗日、阿刺培、泰尔波及其他之钢厂，宏伟化学企业与曳重车制造厂，巨大汽车厂，空前的大国营农场之发展。同时，此计划赐予了苏联技术与组织方法一种惊人试验的机会。唯有在实现发展纲领所有的先决条件都彻底的研究，并在实际可能限度内实践了之后，这一种试验才能够在顺利情况下通过。

发展纲领成功的先决条件之中，首要指出的即设计工作的充分准备与适当的组织。五年时期的标语为最高质量与省费而迅速的建设计划的成立。为采用现代技术最高收获于苏联，各种设计机关必须特别注意和利用每一机会去熟悉欧美进步国家最近的技术成绩。

苏联进行大规模资本建设的空前试验，资本筹自现时的储金，助以严格节约的统治，并且为伟大历史上的成就牺牲目前的许多需要品。所以对于资本建设必须加以极端的注意，对于每一个具体的计划必须细心审查。与国内设计工作的适宜组织并行的，这有很重要的一件事，即实行聘用大批外国专家帮助所有的重要建设工作，但是必须将工程顾问怎样的组织起来，使各专家的工作能以训练出苏联的青年技术人员来。

还须郑重说明的，除非国内整个建筑事业根本改组了，五年时期发展纲领不能够圆满的成功。建筑事业必须工业化，必须发展为一种有力的建筑工业，如果我国技术专门学识仍然在前几年那样幼稚的情况之下，这一时期内要做的巨伟事业就不能在期限内完全成功。建筑事业的合理化，利用先进工业国家的经验，为整个计划成功的最先决条件。

综括以上之讨论，五年发展纲领是建筑于对外经济关系之更重要的扩展上，特别关系重要的是工业设备的大量入口。例如，仅金属工业机械入口总值约为 800,000,000 卢布，这些输入之中不只包括单部的机器，还有机械设备的总和或工厂整体的一部分。化学工业、电气发展方面，以及农业的一部分皆有同上的需要。所以，最后的努力必须向增加输出、国外汇兑的积聚，获得较现时为多的国外长期赊欠等方面发展。

　　为五年时期所计划的发展纲领，无疑是一个有宏伟成就的计划，特别是就短促的时间限度上而论；它庞然地涌现出来，如同改造工作的一个真实战线一样。只有伟大建设的热忱与建设方面之铁的训练能以达此非常艰巨的目的。

第四章　熟练劳动队问题

　　为根本变动苏联生产情形与性质，根据现代技术最近、最高成绩的普遍应用而设计的伟大发展纲领，自然要发生很严重的一个问题——新技术人员，国家社会的与科学的改造劳动者的新世代。这样说并不言过其实，以前苏联进行的长期计划，主要的缺点就是没有注意到技术人员问题，也没有在实现计划基本条件中给以适当的位置。

一、工业中之熟练技术人员

　　第一个问题就是关于工程师与技术员的[①]。苏联国营工业现在雇用的工程师人数与五年时期必须增添的人数，见下表（以千为单位）：

	1927～1928 年雇用工程师人数	1932～1933 年所需人数	1932～1933 与 1927～1928 之百分比	在 1927～1928 年所雇用的，可在 1932～1933 年服务者	必须增添的人数
1. 生产事业本部中	13.1	32.3	246.6	10.6	21.7
2. 行政与设计机关中	7.1	9.2	129.6	5.7	3.5
总计	20.2	41.2	205.4	16.3	25.2

　　已成高级工学院就现在说，在五年时期内可以供给 20,000 工程师。前所估计的数目不仅服务于工业中，也有在运输人民委员部，商业与运输的建筑事业，假期与专门学校的教职等方面。从此可以见到在现在情况之下，五年时期缺乏的工程师要超过 5,000 人。由这种情形看来，再从他国对于造就工程人才的极端注意而喻，增加苏联高级工业学校之工程师毕业人数，实至为迫要。现在要注意的，工科大学中每年的毕业生仅有全体学生的 8%，种种的原因使修业期过度延长了。毕业人数必须增加到 12%，课程、训练与工作组织必须与经济发展伟大纲领相适应，"为这种经济发展纲领而服务"必须成为所有高级学院的目标。更有进步者必须对于减少训练期限，而变动训练技术专门人才制度之可能性问题加以考察。现代高等工业教育趋于广大的普及，当一方面注意到这种趋势，他方面并不妨碍对于某几特殊部门的工程师（该部门中最感缺乏）之紧张训练。用变更课程的方法，工业教育，特别的是那些最高程度的，可以帮助着补足实用工程师的缺乏。

　　至于技术员的训练，问题很为复杂，因为旧统治所遗于苏联的中级工业学校制度有很多的缺点。所以对于克服训练工业熟练劳动者的大困难，必须加以特殊的努力。现在全国约有 20,000 技术员，此数必须在五年时期之末增至 60,000。已成立的学校每年仅能供给 6,000。所以大规模的建起工人的工业夜校制度或其他相等的训练所实为需要，尤其是就增加次等技术员上而论。如此，工头与监工的新部队，就在工业中最进步、最聪敏的工人中募集起来。欲达此目的，工人夜校的现制度（听讲者总数为 10,000人，每年毕业生仅 1,500）很显然的是不适用，也不足用。每日七小时工作制之采用，熟练工人的高级训练与鼓励就很有可能了。

　　1927～1928 年在国民最高经济议会管辖下的工业中，工人总数为 2,103,000，其中 41.3% 属于熟练的劳动者。58.7% 属于非熟练的劳动者。有人相信五年计划所规定的工业技术改造之性质，不需要对于

---

　　① 在苏联，工程是指高级工业学校的毕业生，技术员指次级工业学校的毕业生。（原注）

熟练工人在工人总数中之相对重要性再有什么增加。这种意见在这样无条件的形式下说出实不正确。但是置此观点于不顾，有一件事情没有讨论到的，就是为使工人能以适应他们自己于生产新设备和新制度（这次投资于国民最高经济议会管辖下的工业 130 万万卢布的结果），而提高熟练工人全体的技术准线与文化准线之需要。其实，现实已经很严重地觉到，新设备的效率与工人低技术训练间的矛盾渐渐增加。因此，纲领中规定了最少要有 1.3 百万工人受到基本训练及二次训练。

下表中表示五年计划所估计的，各种苏维埃工业学校在供给工业熟练劳动者所分担的责任。

肄业生与毕业生的人数 （单位：千）

		1927~1928	1928~1929	1929~1930	1930~1931	1931~1932	1932~1933	五年中毕业生总数
艺徒之厂内训练	肄业生	89.3	105.9	169.2	186.9	205.2	224.8	……
	毕业生		27.0	33.4	40.0	53.1	62.8	216.3
中央劳动院	肄业生		11.6	17.0	24.7	27.4	33.6	……
	毕业生		11.5	16.9	24.7	26.9	12.5	112.5
假期学校	肄业生	31.0	33.8	36.4	38.9	41.3	45.1	……
	毕业生		5.6	5.6	8.6	10.7	15.9	44.6
工人连续教授班	肄业生	41.5	70.0	528.2	675.8	728.2	812.0	……
	毕业生		68.2	211.4	269.0	289.7	329.1	1167.4

五年中毕业于职业学校的熟练工人总数将达到 1,540,800 人。五年时期之末，国民最高经济会议管辖下的工人，将有 2,836,000 人。其中有 55% 是熟练工人。熟练工人之训练与再训练，五年期中用款 10 万万卢布。在此金钱不算什么，成功的希望就握在这一极重要方面的新组织中。

二、建筑事业中之熟练技术人员

在熟练工人问题的讨论中，对于此问题最落后的一方面——建筑，必须占一特要的地位。关于建筑工作之合理化与用费之低减，在五年中应努力的，不仅在建筑机械与机械工作方法之采用，还有参加建筑工作的人类劳动力。按照现在的估计，五年时期建筑方面所需的工人约为 450,000。建筑工人之特殊性质及其工作之季候关系，使新熟练工人的训练特别困难，尤其是旧工人程度的提高。希望中央劳动院在五年中能够训练出 95,000 人，工人连续教授学校训练出 112,000 人，艺徒特别建筑班（stroyuch）训练出 17,000 人。这方面的用费约计为 55,000,000 卢布。

三、运输技术人员

运输发展纲领之异于其他类似的经济发展纲领者，在铁路的改组工作占 85%，所有的雇员差不多没有变动。这一事实及运输事业中熟练工人的配置比较简单，得以相当精确地估计熟练人员之未来需要。

按照 1928 年的估计，铁路职员中的工程师总计为 9,000 人，其中仅 3,300 人是真正的工程师，其余的人为技术员或未毕业者，按照运输当局的估计，铁路工程师总数在五年中要增至 6,400 人。在五年期末航运上估计着所需要的工程师约为 1,000 人，地方运输方面也需要 100 名工程师，或者还多于此数。除去莫斯科、列宁格勒的两个运输学院毕业的工程师之外，普通高等工业学校，还要供给运输方面 3,500 名工程师。

现在铁路上服务的技术员约有 10,000 人，其中 40% 属于第一等的。按照改造计划，在这一时期从技术员总数需增加至 22,000 人，等级的分配不变。现有的工业学校不能满足上项需要，必须加添工人学校，特别训练学校，或类似的机关。

最后关于运输中熟练工人的训练五年时期之末所需总数估计约为 500,000 人，290,000 人在列车上服务，养路工作中 150,000 人，号志与交通工作中 50,000 人，其余各项工作中约 10,000 人。熟练与非熟练工人人数之比并没有什么大的变动，不过现在规定的训练方式要少许有些更改。训练的再加合理化，增加艺徒学校人数和扩大成年工人班的组织，皆是训练工作进行中的目标。

四、农业技术人员

农业技术人员问题要加以最严重的注意。五年计划的目的在大规模在应用机械技术使整个农业有惊人的进步，尤其是农业社会化部分的发展。当然这也包括农民大众在农业进步大路上有空前的进步。所以对于熟练组织者的大队去指导农民技术方面的活动，这一问题必须解决。

在 1927～1928 年，国内有 5,000 助农站，约有 9,500 名各种程度的农学家。农学家的数目在时期之末增至 23,000 人。这对于现存的高级农业学校是一个很严重的责任。然此项人数必须完全造就出来，如果可能，或者还要加多，但是无论如何不能减少。还要切实注意的是，过度于大规模耕作与机械方法的普遍采用，不仅需要农学家，还要有大批的高级工程师。此外，因为机械化的进行，农学家自身也要有更高的造就。所以高级农业学校就遇到根本变更农业方法课程问题。

工程师之外，在农业中还需要 350,000 名熟练劳动者的队伍，200,000 名为曳重车司机，50,000 名为机器匠。为机械之利用与工作效率之增加，对于这些人员的基本训练要十分注意。

最后，就是农民大众的农业教育这个问题。如果不在穷农中农大众中募集起活跃的劳动先锋大队，将他们养成农业合理化的原动力与大众中的农业知识散布者，否则农业改造将没有成功的希望，农学家与工程师的努力，也是徒劳无功。集团农场约包括 20,000,000 人，或 6,000,000 农户。所以，至少要募集 6,000,000 名农民以增加他们自己的技能，并且至低限度也要给予初级的农业教育。此问题必须彻底的研究。必须获得适当的组织方式与充足的组织人才，才能解决这个问题。

以上所提为训练人员的训练所关联的许多复杂问题中，几个极迫要的问题，国内一般文化没有进步，普及教育与铲除文盲运动没有实行，以迅速改进大众文化与技术设备为目的之真正公民运动没有发达，这些问题显然是无法解决。分类函授制度，"技术大众"[①]组织的活动再加发展，这种工作的充足的财政与技术的准备——皆为技术人员问题完满解决所不可少的先决条件，自然也是整个发展纲领成功的先决条件。

这种教育运动，很显然的也需要苏联与世界先进国家科学与技术的首领发生切密的关系。五年纲领尽量的运用国外的技术人才，为咨询、专门视察、演讲及巡回演讲而服务，或担任苏联的永久工作。同时，系统地遣送苏维埃苏工程师、技术员、农学家、熟练工人以及较进步的农民到国外去，熟习工业农业领袖国家的经验，也是派人越多越好，实行越速越佳。在输出、输入与国外汇兑计划中已将上项每年有增无减的开支列入，以符合现计划所规定的一切。

但是，分析技术人员问题，发现其他更深刻的问题。环绕于要实现的巨大发展纲领的诸条件，必须于最短期间，将大批最强健、天资最高的工人农民，提高到经济建设的领袖地位。在西欧尤其是在美国，关于个别职业习性之所近的测验，用为"升级"（promotion from the rank）的标准，到现在已经积累下很多的经验。苏联必须采用这种新的科学以解决经济改造中的几个大问题。

第五章　生产量与国民劳动生产力之增长

以上所讨论的发展纲领与全国增加的生产能力，将为设计生产量与劳动生产率增加的基础，这一纲领内的最要因素已经论过一点了。

这里发生的第一个问题为工业生产进行的速率。五年计划规定工业生产（国民最高经济议会管理下的工业）每年增加 21%～25%。工业生产每年在这种速率增加的惊人重要性，及其在生产力增长与人民生活程度改进所证实的意义，皆不言而喻。在改造时期的第一期，也是最困难的一期，许多最大工程或工厂或没有动工或尚未开厂制造，工业生产有这样的增长，将为苏联有组织有计划的经济所具有的伟大

---

① 大众工业智识促进会（Society for the Promotion of Technical Knowledge Amon the Masses）之简称。（原注）

潜能之一种光荣标志。

　　在五年计划下，整个工业的生产实量（按 1925～1926 年价格）1932～1933 年较之 1927～1928 年将增加 133.0%；注册工业 [①] 将增加 163.3%；国民最高经济协会管理下的工业（国营大工业）将增加 179.0%。在后一项工业中，A 组工业生产（生产者用货物的生产）总量有 229.0% 的增加，B 组工业生产（消费者用货物的生产）有 144.6% 的增加。制造生产者用货物工业的生产总额的增加率，较之所有的工业的平均生产增加率高出很多，自然也高于制造消费者用货物的工业。这种情况是工业化加速进行的结果，主要的为金属工业（1932～1933 年之出产较 1927～1928 年增大 2.5 至 3 倍）、燃料工业（出产增大 2.5 倍）、基本化学工业（出产增大 6 倍）、建筑材料（3.5 倍）等部分的扩展所决定。B 组工业（生产消费者用货物）在五年期内差不多也增加 2½ 倍。以上所述之生产增加的结果，货物缺乏最初可以缓和，最终就可以完全免除，这是五年计划最重要目的之一。

　　小规模工业出产将增加 10.0%。这不仅是得之于小工业雇用工人人数之增加，也因为劳动生产力有了进步。五年计划规定小工厂在一种合作的基础上改组，并且供给这些合作社许多电动机、机械工具，总之大工厂在改造进行中弃去的一切设备。电气化的发展使小工业至少一部分能以使用电力。不与大工业的迈进发生任何纠纷，上种规定将有大小工业合并的结果，在将临的时期中，为许多种类的手艺工人与手工劳动者展开很多的机会，仅举出计划中规定小工业中增加新工人 900, 000 就可以证明。这很明显在减少失业人数上有重大意义，失业问题在苏维埃生命五年时期中仍然不敢乐观。

　　几种主要工业所应付的生产任务在讨论发展总纲领时已经指出。到五年时期之末，电力每年生产将达 220 万万瓩 – 时；煤产 75 百万吨；油产 22 百万吨；铣铁 10 百万吨；化学肥料 7 百万吨。这些五年计划中几个特著的目标。它们决定计划的性质的大部分，计划中其他要素多半附属在这几个特著目标中的现实中。在追求以上目的之途中，必然遇到重大困难。那是一些堡垒，非实行攻击不能突破的。生产纲领的健全与坚实，首先可以清楚地看到为建设工作的进步所决定，建设工作的进展积累起以上的每一种数字。

　　前曾言及，轻工业出产在五年中增加 2.4 倍，以渐渐地减轻到完全免除了货品缺乏的恐慌。欲达此目的，五年中对轻工业发展的投资需有三十万万卢布。但是，在五年时期的全期中与现在一样，普遍消费货品之生产增长将主要的依赖于国内原材料供给的情形与输入此种原料的可能。所计划的轻工业发展有以下数字为实现的先决条件：国内棉花生产每年增加至 1, 907, 000 吨，羊毛 2, 200, 000 吨，甜菜 20, 000, 000 吨等。这是五年计划，对于轻工业纲领的实现，为什么要特别着重于获得原料之计划供给量的必要。原料供给量充足，在五年时期之末，进口原料将大见减少；自然国内消费货品的生产也将不受世界市场上原料的涨落所影响。同时，可以腾出大宗外汇，用于工业化的直接需要上。

　　以上所言为关于工业生产实际数量的几个目标。同时在质量上，也必须在工业发展中有稳固的增进。但是还不止此，国营工业出产实增数量的获得，仅在雇佣工人人数上增加了 33%，每人的平均生产增加了 10%，其实质工资增加达 70.5%，因有工业改造的帮助。就出产言，燃料消费率平均将减 30%。每单位出产所消费的农业原料减 18%，工业原料减 28%。这些因素，与所有其他的技术改良，将使工业生产费有 35% 的低减。

　　这不仅在工业方面，也是五年计划全体的一个决定其他一切的重要原因。在计划时期的头一年，生产费减低已经成为经济计划及所有经济活动的中心问题。低减生产费的努力也成为工业专门人员和一般苏维埃大众的注意中心，生产费低减解释为"工业的核心问题，此问题的解决联系所有的其他问题。"五年计划自然也将此问题放在改造与合理化努力的首要地位。在私人工业中，并且在特殊阶段中，因为有在加速度步调下增加生产能力需要，就多半与生产法低减发生了冲突。但是工业改造的一般趋势，必须将生产量大增与生产费大减并肩齐进。非此则与先进国家的经济竞争则无胜利的希望；保障计划中的投

---

　　① 注册工业的解释见附录三。（原注）

资流动率也不可能；工业也难以完成其领导农业根本改造的使命。

现在规定的五年时期苏维埃工作之极端困难，不仅在发展方面，也在经营问题中。在改时苏联不能缩减生产或关闭工厂。此计划特著的一点，也就是构成最大困难的，即大规模工业改造与新建设进行中，还要同时维持生产的最高准线，如果使工业逐渐发展为国家稳健经济生长中的要素，并且不受生产恐慌的威胁，上述的情况是不可避免的。

关于农业生产，五年计划所规定的工作在规模上并不为小，且其实现的环境更为困难。小规模耕作的盛行及其依附于不能节制的自然条件，和五年时期之初许多不顺利的情形，使五年中农业生产的估计有了假定的性质。这是所以特别在这一方面集中各种方法与设备以增加生产的原因。

农业生产纲领规定耕种各种植物的土地面积总增加在 1932 年春约为 22.8%；在 1933 年春约为 26.4%，谷类耕种面积将增 15.2%，工业农植物耕种面积约增 64.4%，因为谷类面积仍较战前为小，并看到人口增加率之高与工业发展速，耕种面积这样的扩展必须认为是最低限度，在任何情形下皆不能减少。关于食物供给，国家在五年时期之始所遭受的困难，是耕种面积大加拓展最充足的理由。如前所述，谷类耕种面积增加部分约为 15 百万公顷，多半位于委尔加区及国境东部，主要的是在大规模耕作的地方。为此种拓展的最大帮助的，就是农业的机械化，尤其是曳重车的采用。

其次之农业生产增加的重要因素，将为更高收获量之努力。在这时期的后四年中，五年计划规定每亩谷类出产增加 25%，棉花增加 34%，亚麻增加 57%。

农业生产的预期增加，为耕作面积的扩展及更高收获量两要素所决定，此二者皆必须利用到最大限度。关于这种生产增加的主要数字如下表：

农业生产
（以十万万卢布为单位，按 1926~1927 年价格计算）

	1927~1928	1932~1933	1932~1933 与 1927~1928 之百分比
农业总出产	14.5	22.6	155.9
（a）植物种植总额	9.2	14.5	157.6
其中谷类	3.7	5.6	151.4
工业用农产品	0.91	1.85	203.2
（b）动物出产	4.8	7.1	147.9
其中，原料	0.65	0.80	123.1
食料	4.12	6.36	154.4

在农业出产，尤其是在谷类出产中，这样的增长率不仅可以解决国内食物供给问题与积存下谷物贮藏，并且在这时期的第三年起可以恢复苏联相当大量的谷物输出，总生产从 1927~1928 年的 73.7 百万公吨增至 1932~1933 年约 10 百万公吨。按谷物平衡的估计，预期着在五年期中可以积存 4.9 百万吨，其中约有 2.3 百万吨在 1930~1931 年就存下了。算人贮粮之增加，食物消费种子与动物饲料增加的速率，在此时期之末年输出额约有 8 百万吨。

计划中所预期之工业用农产品生产品生产的增长，由耕种面积全部使用化学肥料这一点上就可见到，收获量要增加，耕种面积也要增加，这一类农产品在此时期最重要的收成可从下表中见之（以百万公吨为单位）：

	1927~1928	1932~1933	1932~1933 与 1927~1928 之百分比
油种子	3.40	6.72	197.6
棉花（未轧者）	72	1.91	265.3
亚麻，纤维	29	62	213.9
甜菜	10.10	19.55	193.6

此纲领之实现可以完全保证获得轻工业中所计划的生产增长，并且大减外国原料的供给。

动物生产的出品，按照计划差不多要增加 50%，这是假定动物饲养区的牲畜在数量上大增，在质量上也有改进。在农业改造中这是很重要的一点。按这种计划发展下去，则畜牧事业在此新路线上，助以工业化的进步，到后来可以使革命以前所特具的农业构造发生根本变动。

在以前的讨论中，我们曾重复申述农业社会化部分之惊人的增长，那是农业发展纲领中最重要的一点，下表将五年时期中私有与社会化部分之相对重要性的最主要变动示出。

社会化部分

	年度	私有部分（百分数）	总计（百分数）	国营农场（百分数）	合作与集团农场（百分数）
（1）耕种面积（共计）	1927~1928	98.0	2.0	1.1	0.9
	1932~1933	81.9	18.1	3.5	14.6
其中谷类面积	1927~1928	98.0	2.0	1.1	0.9
	1932~1933	83.6	16.4	3.3	13.1
（2）谷类生产总计	1927~1928	97.9	2.1	1.1	1.0
	1932~1933	80.2	19.8	4.5	15.3
（3）谷类生产之贸易部分	1927~1928	92.5	7.5	3.7	3.8
	1932~1933	57.4	42.6	17.3	25.3
（4）农业生产总计	1927~1928	98.2	1.8	1.2	0.6
	1932~1933	85.3	14.7	3.2	11.5
（5）农业生产总计之贸易部分	1927~1928	95.6	4.4	3.6	0.8
	1932~1933	74.7	25.3	8.6	16.7

此表用不着解释。在生产量和方法改良上，社会化部分所负的任务十分重大，因为在五年计划时期中农业迅速社会化的进行就要开始。这一种惊人的历史变革之命运，大半要视此时期中社会化部分的成功而断。

但是私有部分仍将维持其农业生产支持者的地位，在五年时期之末，就是社会化纲领全实现了，仍然有总出产中贸易部分之 75% 为私有部分所供给。食物供给、农业输出、工业原料等问题皆赖于有田的穷农、中农群众的力量去解决。所以五年计划以最大的努力增进私有农场的生产。

这样说来，第一个问题要考虑的就是农业生产品的价格政策。因为五年计划中工业价格大减，农民日用物品零售价格的低减约有 23%，计划中规定农业价格一般准线的低减在 1932~1933 年较之 1927~1928 年仅有 5.4%；谷类价格 −5.2%；工业用农产品 −9.6%，动物生产 −7.6%。

鼓励私有农场增加生产的其他方法将经过农业税的媒介。关于这点计划中的规定符合于政府 1928~1929 年制定的法规，从那时起征税政策就实行了。从农业税中预期的收入如下（以百万卢布为单位）：

1927~1928	349
1928~1929	400
1929~1930	375
1930~1931	405
1931~1932	435
1932~1933	600
五年（1928~1929 至 1932~1933 年）总计	2,215

此种征税政策，特别在此期第一年，能以刺激全体中农大众去增加亩数，应用更良的耕作方法，总之使其向增加生产方面努力。此为整个经济计划最主要点之一。

还有一个要素可以获得同一结果的，即在农民中扩展合作制度的进行。到五年时期之末有全体农户的 85% 将包容在合作组织之中。农业合作社在五年计划中如同一个有力的组织者和生产促进者，并且是农业进步到国家工业纲领所需求的准线之最要因素。谷类收获订立合同的方法，在此时期中有长足的进展，将逐年增加其重要性，在鼓励个别农民增加生产上占重要地位。

最后，好像是另一个经济武器，计划中规定关于国家收入之分配和农业居民与非农民居民生活程度之比较增进的总政策，必须加紧实行。按照这些规条，这两部分人民的生活要差不多同速率的增进。其意义即城市与乡村生活程度差异的增加将终止了。这种差异的完全泯除是社会主义重大目标之一，只有在更远的将来方能够达到。虽然五年时期中这方面的趋势（那是施行价格、征税等政策的结果）可使其成为鼓励农民增加生产的有利因素。

在以上所述的经济作用之外，计划中规定农业生产的增进要经过耕作之极端机械化、化学之应用与广义之农业工业化。实现以上方策的规模在农业发展纲领中已详加讨论。同样的目的可以由农业教育制度中促进，在《熟练技术人员问题》一章中也大略说过了。

在计划时期第一年见到的农业生产的障碍，使整个计划的成功必须加以严重的考虑。但是，国营工业为农业而服务的坚决步骤（如农业机械生产的纲领、曳重车的供给、肥料的生产等等）、农业社会化部分的建立、鼓励个别农民生产的各种经济方策以及农业熟练工人训练的纲领，这一切保证可以突破农民中少数剥削者的阻力，保障穷农中农在农业改进的大路上有建立强固基础的希望。

运输生产纲领中规定货运增加85%。以前已经详述过运输方面的改造与新建设，上项规定可以完全实现。五年计划在运输方面的特点，为管理方面的大加扩展，可是技术人员并没有增加。这可以说主要的因为铁路改造纲领十分彻底。运费的减低规定超出20%。

以上所论，为五年计划中生产量与国民劳动生产力增长的主要事实。这些生产工作与其密切关联的一般发展计划，是一样的困难和责任重大。现时生产必须维持于一种高而永涨的准线上。并且如果五年发展纲领是国家技术与组织人才的一个巨大试验，则现时生产方面的纲领对于全体劳动大众也正是一个同样惊人的试验。

第六章 劳动问题

五年计划时期要遇到的最迫急问题之一就是国家劳动力及其利用。苏联人口自然增长率的进行在任何其他西方国家都没有见过。每年的人口自然增加率，法国每1,000人为1.3，德国7.9，英国–6.4，意国–10.3。在苏联每1,600人则为23.0。苏联人口在150,000,000以上，每年的人口增加至少也有3.5百万；而西欧诸国人口共计为370,000,000，每年仅增2.5百万人。在五年中苏联人口增加总计约为18,000,000，劳动年龄的人口增加超出9,000,000。同时，工业化进行的结果，城市急剧发展，其速率也超过外国或战前的俄罗斯。德、英和美三国城市人口增加率在1900～1905年间从未超出3.3%，仅美国在1900至1910年期间能达此增加率。但苏联城市人口增加率1926年为5.5%，1927年为5.0%。

城市人口之相对迅速增长，无疑的是根于这一事实：他国的产业合理化，使工人人数相对也有时绝对地减少，在苏联的经济改造中，因为生产扩张和劳动时间缩短，所以劳动人数反而增加。这一惊人的重要因素很清楚地在此时期内显露出来。虽然在生产合理化进行中可望有很大的成就，工人人数仍将稳健地增加，唯增加率较之以前则将大减。同时城市人口迅速增加也受农村人口过剩的影响，农村人口过剩是革命以前时期中所遗传下来的现象。苏维埃政府的经济政策（振兴农业、发展集团方法的耕作、增进穷农大众的生活程度，等等）渐渐地可以泯除农村人口过盛的情形。但是，这种情形在此五年时期中仍然为一个不可争辩的事实存在着。从乡村迁移到城市的人口在五年中估计约有2.5～3百万。将这一批人民收编为社会上有用的劳动部队，是苏维埃经济组织的任务。

在五年计划工作中曾企图估计这一五年中劳动的流动。虽然这种估计受到限制，在剩余劳动力的变动上仍有下判断的可能，"增加国家生产力方策的总和，必须计划到何种程度，才可以缓和失业问题"就可以解答了。根据此种估计，失业人数从1927～1928年的1.4百万降至1932～1933年的0.4百万，这40万几乎可认为经济生活常态中在技术方面所不能免除的通常失业人数，其中尚包括由劳动的调换而失业等类的原因。

五年时期之末，城市中少年与青年的经济地位在计划中也显示相当满意的情形。城市少年（16 至 18 岁）估计到那时有 1.3 百万，其中 0.9 百万上学，0.4 百万从事生产（现时这种年龄从事劳动的有 0.5 百万）城市中青年（18～24 岁）将有 4.6 百万，其中约有 0.4 百万在学校中，其余的在生产事业内。

失业方面的顺利趋势只不能减少对失业问题的协助。反之，计划中却规定着这宗费用的再度增加。

一、工人劳动者的数目

计划中所估计的五年内工人劳动者总数的增加如下（以千为单位）：

	1927～1928	1932～1933	1932～1933 与 1927～1928 年之百分比
受雇人数总计	11, 350	15, 764	138.9
受雇人数总计（将农业、林业工人除外）	9, 226	12, 897	139.8

由上表而论，工业劳动者总数在五年中将增加 38.9%，而非农业的无产阶级增加的更快为 39.8%。

与前一五年时期相比较，那时工人劳动者总数每年增加 11%～12%，这些估计就显得太少。因为必须注意的，经济恢复各年中雇用劳动的增加主要的是旧存基本资本的利用渐渐增加之结果，基本资本的扩展比较的不甚显著。另一方面呢，在现计划的五年时期中，生产增长主要的为旧厂根本改造和新企业的建设，而使生产用量惊人扩张所致。从恢复时期过渡到新发展时期，每单位基本资本受雇用的劳动者，其增加将不可避免的在一种较慢的速率下进行。但是，可以注意的，建筑方面工人数目的增加，在五年中超过 200%。

运输方面工人的额外需要多在新建筑的铁路上。

研究逐年的工人人数的变动，则发现 1929～1930 年增加率高于其上年，以后诸年又渐渐地低落。五年时期全期工人人数平均年增 6%，如果将此增加率与战前劳动力与总人口增加率比较，其意义就不言而喻了。仅在俄国资本主义初期，无产阶级的发展超过见计划所估计的，就是在战前产业茂盛时期（萧条时期不计）工人年增加也不到 3% 或 4%。

在 1927～1928 年，苏联工人劳动者人数为 11.4 百万或劳动年龄人口总额（82.4 百万）的 13.8%。五年时期之末其比例将增至 17%。换言之，无产阶级的相对重要性在五年中几增 25%[①]。如此，随技术与组织的进步，雇用的劳动绝对和相对数量上皆将增加。因农业情况也将激涨至战前准线之上，工银劳动者在绝对和相对数量上这样的高涨必然使失业减轻，如前所述者。

在苏联总人口中无产阶级之如此激增其重大意义不必费辞。社会主义工业化与合理化的进行必须与日增之无产阶级统治的重要性密切联系起来。

二、劳动生产力与工资

五年计划中经济发展的特点是动力情况的根本改造与机械助人劳动的渐增。如前所述。1932～1933 年工业中机械与电能的消费将达每人 - 时[②]2.6 千瓦 / 时，1927～1928 年仅为 1.24 千瓦 - 时，换言之，即增大到两倍，运输方面在此期内从 2.05 瓦 - 时增至 3.11 千瓦 - 时，即增加了 51.7%。农业中每人利用之动物及机械力之客量将增 20.7%。农业中社会化部分的增加更大，国营农场 184%（自 475～1, 350 千瓦），集团农场 124%（自 175～890 千瓦）；私有部分增加仅有 13%。

主要的赖于动力利用的增加这一因素，工业劳动力增加 110%，建筑 60%，运输 75%。农业生产力的增长，直到现在还不能够确估。机械动力利用的增加不过是劳动生产力增高的诸因素之一。在此时期内还有另一因素，其功用与前者相等，即劳动紧张度的增加。此两种因素任何一种的单独功效以数字来表示，自然都不可能。在这两种因素共同影响下的主要工业之生产力增加如下。

---

①　17%-13.8%=3.2%　3.2%/13.8%=23.2%，故云近于 25%。（译注）

②　"人 - 时"即一人每小时之意。（译注）

工业中之生产力增加

		五年中之增加百分数
A组工业（生产者用货物）	（1）燃料	100
	（2）金属矿业	100
	（3）金属制造业	130
	（4）电气用具	136
	（5）建筑材料	110
	（6）木材与木工	103
	（7）化学	84
B组工业（消费者用货物）	（1）纺织	97
	（2）制针业	170
	（3）制革与制鞋	96
	（4）陶瓷	68
	（5）化学	120
	（6）食物及附属工业	104
	（7）盐	35
	（8）纸	128
所有工业的平均增加为110%		

随工业无产阶级势力的膨胀，发生保证实质工资[①]，增长这一极重要问题，实质工资提高与以下诸问题有密切的综错关系：增加国民所得中无产阶级所得部分，以各种可能方法鼓励劳动生产力的增加，市场应付工资增高的能力，以及积蓄资本于国民经济社会化部分之中。

就工资与劳动生产力的关系而论，改造时期追求之目的，尤其是此期之开始阶段，为劳动生产力之增长率高于工资之增加率，但是，如果在增加了的生产力从劳动紧张度的相对重要性渐渐加大，两种速率的差异必须减少；如果生产力方面的收获显然是技术改良的结果，则这种差异也必要增大。同时，在工资最低的工业中苏维埃提高工资的一般政策自然是要维持。

计划规定全部工业内货币工资的增加五年中为47%。这种增加也多少可以反映出支薪雇员（技术人员）相对重要性的提高，他们的薪金反映于所有雇员中平均数。

"新经济政策"的第一年，当时恢复工业进行的情形，是轻工业方面的工资较重工业方面的工资增加的为快。这是因为轻工业生产品销路大及在其总生产费中工资的相对重量比较的小。在另一面，重工业（尤其是煤与金属工业）内的工资增加就很困难，因为这些工业必须加紧发展，及其工资在其中生产费中所占的相对重要性很大。改善这种情形和按工人资格规定各工业用的工资率，为五年计划厘定工业个别部门工资之目的。按照初步估计，各工业之相对工资准线如下：

工人的类别	1913	1927~1928	1932~1933	1932~1933 与 1927~1928 年平均工资之百分比
	平均工资的百分数			
（1）五金工人	140.0	120.4	125.8	153.8
（2）矿工	132.0	92.1	100.3	159.9
（3）木工	88.0	94.0	87.7	137.0
（4）纸工	72.0	92.4	87.6	139.3
（5）印刷工人	128.0	135.0	119.0	129.5
（6）纺织工人	68.0	83.4	81.2	143.4

---

① "实际工资"（real wage）为"名义工资"（nominal wage）之对。名义工资为货币如一元五角是，又称为"绝对工资"。实质工资为工人以其工资所能购得生活质料之分量，又称为"相对工资"。若物价下落，工人之名义工资虽没有变动，但他的实质工资却已增加了。反之若物价腾贵，工人之名义工资虽未减少，实质工资却已减少了。（译注）

续表

工人的类别	1913	1927~1928	1932~1933	1932~1933 与 1927~1928 年平均工资之百分比
	平均工资的百分数			
（7）制革工人	100.0	129.3	110.3	125.3
（8）食物工人	80.0	118.5	102.8	127.4
（9）化学工人	80.0	100.7	92.5	135.0
所有工业共计	100.0	100.0	100.0	146.9

算入预期的生活费之低减和工人及其家属所得于各种社会保险的补助，工业工人实质工资到 1932~1933 年较之 1927~1928 年将增加 70.5% 较之 1913 年将增加 108.9%。

工资最重要的变动是在五金工人与矿工（主要的是煤矿）方面。

要完全适合各工业的劳动情形，以上估计必须彻底重算和修正。尤其是矿工工资必须再行增加。本计划绝不想恢复战前各工业中工资的关系，因为那时的情形就任何方面讲，皆不能作苏联的规范。

运输与交通方面货币工资的增加计划中定为 30%。如果将运输工人各级相对人数的变动算在内，则上项增加实际上差不多与工业工人工资的增加相等，计划也就是这样设计的。铁路工人工资比所有运输工人的平均工资增加的为快。

建筑工人约将增加 30%，因为必须使建筑工资与工业工资数目相近。

最后，社会与文化方面的工人报酬规定的增加率最高，即教育工人约为 72%。公共卫生服务的工人约为 47%。就是此等增加，比不能在五年时期内报酬的绝对数量上使其与工业工人立于平衡的状态。至 1932~1933 年，此等工人所得约为工业工人平均所得的 90%，在 1927 年为 75%。

在普通行政机关中工人的报酬将增加 35%，对于苏维埃雇员大众地位的改进加以特别注意。

这些变动就是说，各级工人合拢起来其工资的平均增加为 38%，算入工资的社会化部分[①] 则为 48%。如果预期的生活费之低减为 14%，则实质（个人的）工资的增加约为 66%[②]。

工资的社会化部分方才提过。五年计划时期实质工资的变动，认为必须将工资的一部分社会化了，主要的用为增进工人儿童的教育，即有组织地增加工人文化需要的预算。如果计划时期后四年中仅有很少的一部分工资增加额社会化了，或者能以募集 10 万万卢布以上的基金，这样一笔大款无疑就能够有补于无产阶级儿童的教育问题——此事于劳动大众有深切的关系与最大的兴致。

三、劳动时间的长度

为遵守苏联中央执行委员会历史的宣言上之所指示，本计划规定全国所有的工业机关一律采用七小时工作制。平均通常劳动时间在五年中将从 1927~1928 年之 7.7 小时减至 1932~1933 年之 6.86 小时。与革命前的情形相比较，工业中平均劳动时间现在已经缩短了 2.18 小时，到 1932~1933 年将缩短 3.03 小时。

扣除星期六及假期前一日缩短的劳动时间，每周工作时间将从 1927~1928 年之 44.6 小时减至五年期末至 40.2 小时。劳动时间这样的缩减，与增加无产阶级人数和提高工资的规条，皆苏联经济计划总原理之几点具体表现。战后他国工业合理化进行中，工人减少了，工资低落了；而苏联实行的社会主义的合理化，即在最困难的初期中，工人数目加多了，实际工资提高了，工作时间也实在的缩短了。如果苏联劳动的增长按计划前进，到五年时期之末，工作时间的再行缩短实为十分可能的事，即渐渐的采用六小时工作制。

---

① 工资之提供工人享受之社会事业用者，如社会保险、工人子弟教育等。（译注）

② 个人实质工资即非社会化部分的工资。

个人实质工资的增加 = 原工资因生活费低减而增加之数 + 增加之工资（个人的）+ 增加之工资因生活费低落而实质上再增加之数。=100%×14%+38%+38%×14%=67.32%，故云增加 66%。（译注）

四、社会保险与劳动保护

在五年计划规定之下，社会保险的补助也要大加扩展。苏联异于其他国家，使社会保险费全部为雇人机关所担负，这样就等于直接增加工资。

社会保险预算将由 1927～1928 年之 99 百万卢布增至 1932～1933 年之 1950 卢布，增加了 100% 以上。这种增加，一方面因为工人人数及工资皆有增长，他方面则因为社会保险的补助有了扩张和改进。

在社会保险方面设计的方策最要者为老年保险条款，到 1932～1933 年各等雇用工人中皆将施行。此于减少劳动平均年龄上有很大的帮助。

社会保险预算在容量与分配上所估计的变动可从下表中见之（以百万卢布为单位）：

	1927～1928	1932～1933	1932～1933 与 1927～1928 年之百分比	在总额中所占之百分数	
				1927～1928	1932～1933
临时残废补助	239.7	452.1	189	24.8	23.2
特别补助（生育，死亡等）	69.3	92.2	132	7.2	4.7
永久残病补助	203.8	527.4	259	21.0	27.1
老年补助	—	56.6	—	—	2.9
失业补助	112.7	217.0	193	11.6	11.1
疗养院	35.8	60.6	169	3.7	3.1
医药补助	240.6	419.7	174	24.8	21.5
其他用费及公积金	66.8	124.7	187	6.9	6.4
共计	909.2	1950.3	201	100.0	100.0

大规模国营工业工人之卫生与安全保护费五年时期中约达 320 百万卢布。在此直接准备之外，关于减少工业工人的危险和保证其康健在工业一般改造中也有所努力；以较大动力的器械和机械力代人力，采用新机械和一切附件，扩大工人住宅，一切工厂设备妥善地装置，等等。

第七章　供给与需要之平衡、消费及价格政策

五年经济计划，无论就任何方面看，皆以政府这一总方针为出发点：即在最近将来缓和，到五年时期结束之前完全解除，货物缺乏的恐慌。欲达此目的，首要工作为奋勇扩展工业生产，如以前各章所讨论者。但是，要确实保障此目的之达到，必须考虑经济政策所有的因素（如价格、人民货币所得的增长率、税收、公债等）与市场平衡的关系。人人都知道关于这类问题的计算是极端复杂并且还受很多的限制。所以以下所举的数字必须大半要看作计划之发展趋势的一种说明。

按照五年计划的估计，1927～1928 年工人家庭农产品购买费为总支出的 43%，至 1932～1933 年降至 30%；制造品的消费自 34.2% 降至 32.5%。与此低减同时并行的，有以下各项支出之相对重要性之增加，如公共事业方面（包括住宅）支出的增加（自 8.7% 增至 9.5%），社会与文化的各种需要（自 5.3% 增至 8.2%），其余各项支出将由支出总额的 3.8% 增至 4.8%。储蓄将从城市居民总预算的 5.0% 增至 6.0%，包括公债投资、储蓄存款、合作社股份和现款。

至于农民的货币支出（不包括农民间之买卖），购买制造品所用，将由 1927～1928 年总额之 68.6% 增至五年期末之 71.0%，社会与文化需要之支出从 1.2% 增至 3.0%；赋税在 1932～1933 年抽取农民总预算的 7.4%，1927～1928 年则为 9.4%；储蓄由 4.4% 增至 7.8%。

比较这些城市与乡村的预算，首先要牢记以上所列举的相对增加，为购买制造品所支出的绝对款数，在绝对数字上，此项支出城市居民（更确切的说即城市之受雇用的工人）五年中将从每人 128 卢布增至 1932～1933 年之每人 172 卢布，乡村居民将从每人 35 卢布增至 64 卢布。还要注意的乡村居民购买之制造品中包括生产工具。农民购买此项货物（生产工具）的支出五年中增加 128%，而普通消费品的支出仅

增41%。要彻底了解计划中所预期的城市与乡村居民预算分配的变动，以上所举诸点必须加以深切的注意。

根据以上这些初步估计，又特别考虑此类计算之不精确性，制造品需要的变动，可以约估如下（以百万卢布为单位）：

	1927~1928	1928~1929	1929~1930	1930~1931	1931~1932	1932~1933
制造品之需要（包括贮藏之增加按消费者所付价格计算）所付价格	20.590	23.197	26.139	28.988	32.106	38.970
平衡（需要多：−；供给多：＋）	−135	−210	−175	+75	+228	+647

按照计划的估计，供给与需要的平衡运动到五年期末货物缺乏可告终止。在此时期的后三年，制造品在市场上的情形已大有进步，1929~1930年则将仍然感到紧张。但是，这种笼统的总计所显示的顺利情况不能深信而不疑，除非将这一类单个商品之最重要行情加以彻底分析。在初步计算已经指示主要的个别市场的趋势与整个的工业的情形相符合时，再行二次分析与计算，然后才下最后的结论。五年计划这一方面的工作的延续，必须根据此原理。供给与需要平衡问题要在每一单个市场内解决，也就是为保障这种平衡，所以这方面的工作必须计划。

假定工业生产纲领已经实现了，全体人口最重要制造品消费的增长将如下表：

每人每年消费

	单位	1927~1928	1932~1933
棉织品	公尺	15.2	21.3
毛织品	公尺	0.48	1.17
皮制靴鞋	双	0.40	0.74
橡皮鞋	双	0.22	0.39
糖	公斤	7.7	13.9
肥皂	公斤	0.94	2.60

这几种最主要货品的每人消费量，纲领中的规定在五年中几乎增加了一倍。

此期内制造品供给来源的分布，有以下的变动（以总供给量之百分数计算）：

	1928~1929	1932~1933
注册工业	70.5	75.9
小规模工业	16.7	12.7
入口	3.4	4.6
其他	9.4	6.8
共计	100.0	100.0

在制造品总供给中大规模工业的重要性增加，小工业减少，是集中生产与大工业组织发达的直接反映。由另一方面说，这就是国民经济设计制度的自然结果。入口制造品相对重要性的增加，主要的是因为输入农业器械（曳重车及其他）。

制造品在所谓"有组织的"与"公开的"市场之相对重要性，所估计的变化可由下列数字说明（以总需要之百分数计）：

	1927~1928	1932~1933
有组织的市场	49.1	52.1
公开的市场	50.9	47.9

农民对制造品总需要中之工具部分从 1927~1928 年之 22.2% 增至 1932~1933 年之 33.4%。

最后，在此必须提到存货问题。按计划的估计，所有的存货（在生产者和分配机关两方的）将从 1927~1928 年货物全额的 20% 增加到 1932~1933 年的 23%；在分配机关里的存货将从 11% 增至 15%。

以上所述为免除五年时期制造品缺乏的几个因素。市场平衡问题的错综复杂是不用说的。一方面供给全国生产者用货物，一方面供给食料以及其他有关的全部问题也皆包括在内。尤其是食物供给问题要特别重视，此问题在五年时期之始曾经感到十分尖锐，其原因有的属于一般的经济性质，也有属于特殊的经济性质的。

自十月革命以来，人民食物标准大为提高，在工业化进行中城市发达的很快，而农业发展就相对得慢了，所以 1927~1928 和 1928~1929 两年的食物供给就有些困难。这种情形，因为主要出产贸易谷类的区域（乌克兰与北高加索）1928 年灾荒的冬收，更加尖锐化了。这些困难的克服，食物供给中障碍之免除，与城市和乡村食物标准（质量及种类）再度提高的促现——这都是在五年时期第一年所要完成的几件最重大最艰巨的工作。达此目的之方法已经在讨论农业改造，农业生产增加和农民经济社会主义的改造一章中说了一个梗概了。不过在此很可以见到以下绝不容忽视的几个要点：市场因素、城市与乡村交换之合理的组织、鼓励农民努力生产的方法，尤其是在谷类消费至少依赖他区供给一部分的地方之合的组织。合作组织必须在各类食料市场上皆有坚固的地位。

五年中每人的食物消费的增长估计如下：

	单位	1927~1928	1932~1933
谷类，城市人民	公斤	179	179
谷类，乡村人民	公斤	221	234
肉类，城市人民	公斤	491	627
肉类，城市人民	公斤	22.6	26.4
蛋，城市人民	个	90.7	155.0
蛋，乡村人民	个	49.6	72.0
乳产品，城市人民	公斤	218.0	339.0
乳产品，乡村人民	公斤	183.0	228.0

根据合作普遍发展原理的市场组织，为五年发展计划中最要问题之一。添置各种设备，充分的用专门方法经营农产品，以便出售，此种事业的投资为 2 万卢布（按各年之价格计算）。纲领内规定：冷藏器吊谷机及面包房之建造，农产原料之初步制造及水果菜蔬肉类之消毒保藏的设备、仓库的建筑，等等。

市场平衡问题的一个重要因素，也为五年计划社会的与经济的目标者，即价格政策。在以前的讨论中已经重复说过，计划中设计的价格政策是先用缩减工业价格的方法使价格一般靓准线系统的减低。工业价格缩减可以渐渐的使城市与乡村间的交换趋于平均，逐渐接近于先进工业国家的工业价格准线。

五年中价格情况最主要的变动可以以下列数字说明：

		与 1927~1928 年相比较 1932~1933 年之变动（增加：+）（低减：−）
（1）农菜价格（生产者的）指数	（a）一般	−5.4
	（b）谷类	+4.8
	（c）工业用农产品	−7.6
	（d）动物生产品	−7.6
（2）零售价格指数	（a）一般	−22.2
	（b）农业的	−20.6
	（c）工业的	−22.9
（3）生活费指数	（a）一般	−14.1
	（b）市场供给诸项	−180

第八章　财政纲领

说到苏联近两年来的财政问题，就可以看到有为预算与信用报不能包括的趋势。包含财政制度中所有的要素和国家一切财源之集资总计划已经讨论过这一点。1928～1929 年的统计计划中在此方向已有显著的进步，五年计划更完全地将这种理想包容在内。且不管许多明显的限制，在此方面的成就可以对国家财政构造及其在五年期内之基本问题，获得一个概念。

实现五年计划必需之款总计约为 860 万万卢布，流动资本尚不在内。按照支出的一般类别，基本分配如下表（以百万卢布为单位）：

		数量				总额之百分数		
		1927～1928	1932～1933	1928～1929 至 1932～1933 之总额	1932～1933 与 1927～1928 之 百分比	1927～1928	1932～1933	1927～1928 至 1932～1933 五年 时期
1	经济组	5,422	14.881	54.629	274.5	57.3	64.5	63.5
	（a）工业	1.903	4.468	17.830	234,0	20.2	19.4	20.7
	（b）农业	698	1.873	6.746	268.3	7.4	8.1	78
	（c）电气发展	276	837	2960	303-3	2.9	3.6	3.4
	（d）运输	861	2,790	9,471	324.0	9.1	12.1	11.0
2	社会公益与文化事业组	2.400	5884	21.396	245.2	25.4	25.5	24.9
	其中之公共教育	1.029	2995	10.385	291.1	10.9	13.0	12.1
3	普通行政与国防	1.642	2.308	9.980	140.6	17.3	10.0	11.6
	总计	9,464	23.073	86.005	243.8	100.0	100.0	100.0

为达到集资总计划所规定的目标，每年运用的国民所得（national income）总额的百分数如下：

	百分数
1927～1928	38
1928～1929	42
1929～1930	43
1930～1931	45
1931～1932	49
1932～1933	53

换一句话讲，即五年时期之末国民所得总额的一半以上将移为总计划的资源，这就很可以见出这计划规模之大。此种事实的真意义，在计划中最要项目的支出数字中更为显著。将社会与文化事业及普通行政费的开支除外，国民所得每年用于国民经济中的部分如下：

	百分数
1927～1928	22
1928～1929	25
1929～1930	27
1930～1931	28
1931～1932	31
1932～1933	34

至五年时期之末，三分之一的国民所得将经过普通财政制度，用为国民经济及基本改造的资源。有许多的人认为这样筹款的范围有点过度。但是将五年时期的新建设、生产与集资纲领加以彻底的分析，

就知道国民所得这样的重新分配，为解决最迫急的经济问题所不能避免的，并且同时也是在经济机关能力以内的。

　　计划中所有集资来源的分配如下表所示。

集资来源
（以百万卢布为单位）

	数量				总额之百分数		
	1927～1928	1932～1933	五年总计1927～1928 至1932～1933	1932～1933 与 1927～1928 之 百分比	1927～1928	1932～1933	五年时期1927～1928 至1932～1933
（1）政府预算（联邦与地方）	5,293	11,674	44,639	220.6	55.9	50.6	52.0
其中之联邦预算	3,514	7,547	29,639	214.8	37.1	32.7	34.5
（2）银行系统	861	1,822	6,628	211.6	9.1	7.9	7.7
（3）社会保险	1,039	2,524	9,180	242.9	11.0	10.9	10.7
（4）经济组织的资源	1,680	5,201	18,961	309,6	17.8	22.5	22.0
（5）私人资源	591	1,852	6,527	313.4	6.2	8.1	7.6
共计	9,464	23,073	86,005	243.8	100.0	100.0	100.0

　　此计划可注意之点为：预算来源的相对重要性见减，同时经济组织本身基金的重要性日增。这是五年中价格政策的直接结果，此政策能使工业积聚大宗款项，代表价格与生产费间的差异。价格政策将使价格与个别生产品的费用有这样的关系而由价格机构中获得大宗储蓄，可从以下诸点中见之：快步调的生产费低减政策，五年时期的第一年货物缺乏仍然很普遍，大发展设计必须保证时期开始时投资迅速流动。还要注意的，虽然在全五年中工业价格有一种通常的低减，此政策仍然可以实施。

　　五年计划起草的时候，曾经提议过一个更剧烈的价格低减政策。那样，财源就必然是直接税与债款，即政府预算与银行系统。此政策还有另一理由，直接税与信用借款，就社会的原则而言，是一个较普通价格机构更完善的工具。

　　此政策虽然饶有兴味，但是并不能用作财政纲领的基础。因为五年时期之初经济情况不佳，也因为一般的经济发展计划，尤其是投资计划，所规定的进行速度甚快。使普通价格准线剧烈低落的财政政策，即在五年之后期，也只有在国际安定这一条件下，始能实现。在现在的环境中，五年时期的财政纲领采取各种筹款方法，包括从价格机构得来的积聚。在这种环境中自然将需要一种与以前时期不同的方法去处理工业与政府间的关系，在那时期价格的低落不但完全吸收了生产费的低减，且有时超过了。

　　从前表中可以见到，就筹款而言，政府预算虽然在相对重要性上稍减，仍将为国家的主要财政武器，并且更巩固其国民所得再分配者的地位。国民所得每年为联合预算（联邦与地方）总额所吸收的部分，前一五年时期与现计划时期者如下：

	百分数
1923～1924	16
1924～1925	17
1925～1926	16
1926～1927	21
1927～1928	24
1928～1929	26
1929～1930	28
1930～1931	29
1931～1932	30
1932～1933	32

　　在集资中特别重要的将为经济组织本身的财源，在五年中供给 190 万万卢布，社会保险基金可筹 90 万万卢布及政府公债可募 60 万万卢布。因此，对于经济组织及社会保险之管理等必须建立更严密的新方法，五年中从这几项中所筹的款与政府预算收入相埒，所以经济组织的财政计划之起草与实施必须十分注意和严密的监督，如加于政府预算者一样。

　　五年纲领中关于纸币的发行决定保证柴倭次（Chervonetz）购买力有 20% 的增加。发行总额也自然要定为 12.5 万万卢布。在五年中关于此事各方面都加以慎审的注意，并且在此保留一宗额外款项。

　　短期信用借款扩张总计约达 30 万万卢布，并且同时国家银行的财源也将大增，因政府预算中拨给 5 万万卢布为解决旧账和直接巩固银行地位的专款。

　　五年计划中财政政策更完整的认识，可从下列表示各项政府预算收入的分布之变动数字中得之（以十万万卢布为单位）：

		1927~1928	1932~1933	五年总计 1928~1929 至 1932~1933	1927~1928 与 1927~1932 之百分比	总额之百分数 1927~1928 至 1932~1933
A. 税收岁入	3.3	6.7	26.3	203.0	67.9	64.5
直接税	1.5	3.6	12.6	240.0	28.4	34.4
间接税	1.7	2.9	12.9	170.6	36.9	28.0
B. 税收以外之岁入	0.8	2.0	7.3	250.0	17.1	9.2
C. 公债岁入	0.7	1.7	6.0	242.9	15.0	16.5
共计（运输与邮电人民委员部岁入除外）	4.8	10.4	39.6	216.7	100.0	100.0

　　由上表可知税收以外之岁入较税收岁入之增加率高。但税收（包括间接税，以及工商业税，这些差不多是普通消费税）仍将大量增加，成为最要岁入。

　　国家预算岁入方面这种构造，尤其是直接税所负的重大任务及计划中的价格政策，必然发生这一问题：从无产阶级国家的阶级政策观点上而论，整个的财政制度到何种程度才算适用，并且到何种程度，才是集资发展工业的正确方法。要回答此问题，首先要了解在苏联经济发展情形之下，没有劳动大众参与政府的筹款活动，是不能够产生任何财政制度的。计划中的财政制度，虽然现在于形式上尚不完整，已经可以拿直接税（农业税与所得税）这一十分坚利的武器，去保障预算岁入部分之严格的阶级特质。但是财政制度中的阶级政策，只有就其整个的制度，就是也包括预算中之岁出部分，才能评定其全盘价值。在集团农场的发展、合作社之扩充、农业机械之供给、土地粗糠、城市房屋建筑、文化事业等项的财政上，国家总政策要经过预算中的支出部分才能够实现。就整个而言，财政纲领五年时期中将尽其在阶级政策上的任务，和其他的政府建立之经济规程一样。

　　研究财政纲领和总发展与投资纲领（以前诸章所述者）的关系，就可见到此计划是用以促进国家迅速产业化工作的。下列数字所示预算（中央与地方联合的）中每年流入国民经济集资中的百分数（预算中支出总额的），可以为证：

	百分数
1923~1924	21.9
1924~1925	27.9
1925~1926	28.4
1926~1927	28.1
1927~1928	41.1
1928~1929	46.1
1929~1930	48.7
1930~1931	50.0
1931~1932	51.5
1932~1933	51.0

五年期末中央与地方联合预算中一半以上的财源将用之于经济发展，虽然文化需要方面的支出也要同时大量增加，如以后所述者。

根据此整个财政纲领之一般叙述，就可以研究财政计划与国民经济各部门的关系。

工业初步财政计划可以总括于下表（包括流动资本，以十万万卢布为单位）。

		五年总计 1928~1929 至 1932~1933	总额之百分数
1. 需要资金总额		21.18	100.0
2. 资源	（a）政府预算	7.67	36.2
	（b）短期信用借款	1.30	6.1
	（c）工业资源	9.85	46.5
	（d）其他来源	2.36	11.2
共计		21.18	100.0

在此首要注意的，即工业机关自身积聚下的资金所占的重要地位，这种积聚为以前述及的生产费与价格之差异所聚成。在上述积聚下的数量外，还有同一来源的 24 万万卢布将拨于政府预算，将来再为工业预算所收回，以保障工业蓄金之更加集中。以前曾言，工业与国家预算的财政关系，在现时期中异于前一五年时期所通行者。虽然在五年计划之下，预算中仍有 4 万万卢布的净存，记入国民最高经济议会管理下的工业项下。惟有在这些条件之下，工业发展工作才能按照计划的规模与速度实现出来。

农业财政计划可以在很简单的形式呈现如下（包括流动资本，以十万万卢布为单位）：

		五年总计 1928~1929 至 1932~1933	总额之百分数
1. 需要资金总额		7.88	100.0
2. 资源	（a）政府预算	3.70	47.0
	（b）农业信用制度（还本与新财源）	2.28	28.9
	（c）其他来源	1.90	24.1
共计		7.88	100.0

有一事实于此应特别申明，即财政计划之影响于农业，大半将赖于预期的公债偿还，计为 0.7 万万卢布。因为农业信用制度的组织极其脆弱及公债偿还现时的经验也不充分（关于农民蓄金的信用制度之缺点更不待言），最大的注意必须加于农业财政的这一方面。

电气发展的财政计划主要的依赖于预算的专款，可从下列估计中见之（包括流动资本，以十万万卢布为单位）：

		五年总计 1928~1929 至 1932~1933	总额之百分数
1. 需要资金总额		3.10	100.0
2. 资源	（a）政府预算	1.56	50.3
	（b）本身资源	0.54	17.4
	（c）其他来源	1.00	32.3
共计		3.10	100.0

运输财政纲领以维持全部铁路运费于其现时准线，运输成本减 20% 为基础。换言之，即使运费与成本有一种差异，正如工业中生产费与价格间所存在者。运输事业这种集资方法，一方面为所需要的资本，另一方面为运费比较低，这两种事实所决定。运输财政计划大纲如下（包括流动资本，以十万万卢布为单位）：

		五年总计 1928~1929 至 1932~1933	总额之百分数
1. 需要资金总额		9.90	100.0
2. 资源	（a）运输资源	5.41	54.2

		五年总计 1928~1929 至 1932~1933	总额之百分数
2.资源	（b）政府预算	4.08	40.8
	（c）其他来源	0.05	5.0
共计		9.99	100.0

由此可见，预算中所许之运输新发展与基本改造实甚巨大，这是所期望的，因为五年计划规定的发展工作比较上范围很广。

房屋建筑在社会化部分中者其集资方法主要的如下表（包括流动资本，以十万万卢布为单位）：

		五年总计 1928~1929 至 1932~1933	总额之百分数
1.需要资金总额		4.03	100.0
2.资源	（a）经济机关资源	1.44	35.7
	（b）社会保险基金	0.76	18.9
	（c）其他来源	1.83	45.4
共计		4.03	100.0

最后，社会公益与文化事业（教育、公共卫生、事业与社会保险）大半由两种来源中筹出，政府预算与社会保险基金。主要数字如下（包括流动资本，以十万万卢布为单位）。

		五年总计 1928~1929 至 1932~1933	总额之百分数
1.需要资金总额		21.55	100.0
2.资源	（a）政府预算	10.88	50.5
	（b）社会保险基金	8.45	39.2
	（c）其他来源	2.22	10.3
共计		21.55	100.0

以上所述不过是五年时期财政纲领的基本大纲。但此概论已可以示明五年经济计划是要用上一五年时期所建立的财政方法去实现的。不同之点，仅在前时期财政制度中各要素不能互起作用，而今后将坚强的结合于单一财政计划之中。即在计划工作实现中，也不能免除对于财政制度为一总修正的必要，修正之目的在使其更完满的适应于社会主义经济制度建立的条件与需要。

论及五年时期的财政估计，须将"有条件的"与"依附于计划的其他方面"这两点牢记在心中。当计划中一切实施的详细节目补入工作进行及逐年经济计划完成之时，此财政纲领经过再度研究将加以补充，尤其是关于文化工作纲领之完全实现问题。

必须郑重申述，财政纲领的主要困难并不在建立整个五年的总平衡，而在筹款以达到时期初年之建设与生产目标，而此目标之实现，又为五年计划成功（在经济发展的范围与速度上）的条件。所以最灵敏的财政手腕多半要用以应付头几年的问题，那是些最困难还要负重大责任的问题。

五年计划重大目的之一，即在经济发展中积聚下准备金。前章曾言及燃料、食粮、商品存货等之贮藏问题如何解决。计划中规定所有各种类的物品，不但免除现时的缺乏，并且贮藏量大为增加。在整个财政计划中尤其是在纸币发行纲领中，有此同样的政策，这两种计划的起草皆十分小心。在此，五年计划时期之第一年自然仍为最困难之第一年。

第九章　社　会　纲　领

计划的实现，将加强国家经济制度中社会主义的成分到什么样的程度。苏联的每一个经济计划，尤其是五年时期国民经济的总计划，必须供给此问题的明确答案。

在以前诸章中已经很清楚地宣示：整个五年计划的最高理想为苏联的工业化，因为工业的发展是社会主义成分增长的唯一坚固基础。发展纲领的性质、投资的分布及其影响于基本资本的构造、生产增加预计的速率、农业社会化部分发展的范围、国民所得的分配，所有这些要素皆直接坚实地隶属于计划的中心思想，这一中心思想指出借工业化、经乡村生活之社会主义的改组以及由经济生活各方面各程序之系统社会化，而走向国家生产力紧张增长的道路。

五年计划中社会化进步最普通的指针可以综括述之如下：

社会化（国营与合作）部分所摊之份（以总额之百分数计）

（百分数）		1927～1928	1932～1933
（1）雇佣人数		79.9	83.9
（2）基本资本		52.7	68.9
（3）投资		57.7	83.7
（4）	总生产（工业的与农业的）	45.9	66.5
	（a）农业的	1.8	14.7
	（b）工业的	79.5	92.4
（5）零售贸易		75.0	91.1
（6）国民所得		52.7	66.3

随国营工业的扩展，大建筑纲领与生产激增（大半在社会化部分），城市将有迅速的发达。城市人口在1927～1928年为总人口的18.4%，至1932～1933年将超过20%。社会主义发展的前进无疑的要发生一极重要问题，即关于城市性质的变异。但是将此问题搁置不问，城市人口在数字上的相对增加，即代表无产阶级在人口总额中相对重要性的增高，此事之本身在国家社会主义成分的力量增长中将为一个有意义的征兆和一个重要的因素。

在总生产量中社会化部分的生产量将有显著的增加。1924～1925年农业工业总生产中出于社会部分者为29.8%，到1927～1928年涨至46%，到五年期末希望能达66.5%。农业社会化部分生产的增加尤具有重大意义，按照计划自1927～1928之1.8%增加至1932～1933近于15%。

就国家整个经济制度根本改造的立场上而论，投资的分配及其对于基本资本构造的终极影响，实有决定一切的重要性。投资流入于社会化方面的部分，自1927～1928之57.7%升至1932～1933近于84%。自然，社会化部分的基本资金也由基本资本总额的52.7%增至69%。在社会化部分本部内，投入工业的基本资本部分有显著的增加。

农业社会化部分的发展在整个五年的社会纲领中最为深刻。现时五年计划与过去草拟的相似的总计划之主要区别就在这里。农业社会化部分（国营与合作农场）的耕种面积到1933年春将增至26百万公顷，即全国耕种总面积的18%。五年时期之末（1923年的收成）谷类出产总额的19.8%与贸易部分的43%产自国营或集团农场。到那时约将二千万的农民加入社会化部分，其意义即私有部分农民人口的增加实际上将告终止。总而言之，以上所述者合拢起来将贯注于农业生产与农民生活这一构造内一种全新的原理。以机械技术与科学方法应用为基础，农业社会化部分将成为整个农业之社会主义的改组的主力。现在这一五年时期要担任在这一条路上建立最重要标识之一的巨伟工作。

在国民经济中加强社会主义成分的重要因素是合作的组织，它已经成为分配与生产两方面社会化的主要动力之一。五年计划规定所有需要合作形式组织的经济部门中，再度加强合作事业及其各部分，以实行社会化小规模的生产事业。下表为说明合作事业进行的主要数字。

		1927～1928	1932～1933
A. 合作生产之扩张	（1）谷类总生产中合作农场所占的百分数	1.0	15.5
	（2）所有小工业总生产中小工业合作社所占的百分数	19.4	53.8
B. 合作商业之扩张	零售商业全部中合作零售商业所占的百分数	60.2	78.9

续表

				1927～1928	1932～1933
C.合作社社员之扩张	（1）		隶属于农业合作社的农户（以千户为单位）	9.500	23.580
			百分数	37.5	85.0
	（2）消费合作社社员	（a）	城市（以百万为单位）	8.7	16.5
			成年人口的百分数	45.3	70.7
		（b）	乡村（以百万为单位）	13.9	31.8
			成年人口之百分数	19.1	40.0
	（3）		小工艺生产合作社社员（以百万为单位）	0.9	3.7
			从事小工艺总人数中之百分数	21.0	56.0

这是很明显，所有这些巩固国民经济社会化成分的方法与道路，无论关于生产或投资、基本资本的流动、农业社会化部分的发展以及合作事业等等，只有在社会化部分效率按计划剧增这一条件之下，才能用作社会化的工具。这是所以这些目标，如工业生产费 35% 的低减、运输成本 20% 的低减、工业建设费 50% 的低减、国营农场出产较私人农场者增加一倍等，不仅在经济方面的成就十分重要，并且也是解决五年时期社会问题强有力的工具。

国民所得的构造与变动是经济计划的整个性质，尤其是社会的性质之指针。在五年时期中国民所得从 1927～1928 之 247 万万卢布增至 1932～1933 之 433 万万卢布（按 1932～1933 年度之价格计算）或 497 万万卢布（按固定价格计算），即增加 75% 或 103%。这就是说，国民所得总额增加年率高于 10%，每人的增加多于 7%，较革命前俄罗斯国民所得增加率高出三倍，并且远超越于所有其他先进国家的记录。每人所得最高增加记录仅见于美国 1880 至 1890 年这一时期，共计增加了 58%，即每年增加率约为 4.5%[①]。欧战前二十五年中，在先进资本主义国家每人所得实际上没有增加（美国每年 1.2%，德国约 0.2%，英国无增加），但苏联在 1924～1925 至 1927～1928 时期中，每人所得增加 31%，即每年约增 10%[②]。按此速率增加，每人所得在 1928～1929 将达战前的 116%，五年时期之末至低限度也达 1913 年所得之 170%。在实际与理论的观点上，五年时期国民所得这样增加的重要意义，皆不言而喻。社会主义经济制度所开拓的生产力发展之广漠疆域，不是另一制度统治下的国家所能梦见的。

按生产的主要分类，国民所得分配上的变动可由下表中见之（总额之百分数）。

	按各年之价格计（百分数）		按 1926～1927 之价格计（百分数）	
	1927～1928	1932～1933	1927～1928	1932～1933
农业	45.8	38.7	441	33.6
工业、总计（包括国产税）	31.6	34.2	32.7	38.2
其中大规模工业（包手国产税）	6.6	30.5	27.7	34.2
建筑	6.4	9.5	6.8	11.8
其他方面	16.2	17.6	16.4	16.4
共计	100.0	100.0	100.0	100.0

工业化的进行很清楚地反映在国民所得这种变动之上。建筑摊得之份将与工业之份同时同等地增加。国民所得中农业摊得之份，其固定价格数字低于按各年时价估计之数字，而在工业中的情形则与此恰恰相反。此为价格政策的反映，因价格政策之目的在保持农业价格近于一种平衡的准线而减低工业生产品的价格。也因为农业出产的本身，在分配方面比生产力方面较为重要。

国民所得按生产类别的分配能以反映出工业的进展，则其分配于私有与社会化部分之多寡也可以反映出社会化进步的迅速。在 1924～1925 社会化部分仅构成国民所得的 31%，在 1927～1928 增至近于 35%，到五年期末希望能超过 66%。换言之，就是到那时全国三分之二的净生产将出于社会化部分。

---

① 4.5%，以 58% 被 11 年除，应为 5.3%。（译注）

② 10%，以 31% 被 4 年除，应为 7.8%。（译注）

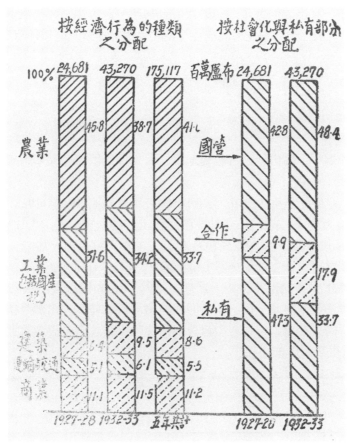

苏联国民所得之分配

（净生产，按各年价格计，共计之百分数）

国民所得（净生产）每人摊得之份将自 1927～1928 之 163 卢布增至 1932～1933 之 256 卢布，五年中增加了 57%。个人所得总计在五年中约可增加 76%。

最后，极有兴趣与意义的是城市与乡村人民每人的货币与实质所得，在计划中所预期的各自变动。这些变动可由以下列数字说明。

五年中每人之增加

	货币所得（百分数）	实质所得（百分数）
非农业人民	47	71
其中之雇佣工人	52	77
农业人民	37	67
集团农场之农民	50	83
私人企业之农民	33	62
农业无产阶级	47	79

农民所得的增加在此或者多少低估了一点，这是因为所用的估计农民所得的方法是借用的另一种职业的。所以，假定城市与乡村人民生活标准的实质增进率相等，城市与乡村无产阶级所得，较之全体人民所得，有更迅速地增加，可以认为十分可靠。换言之，此计划之实现，城市与乡村生活标准的差异之加大将告终止；就根于这一事实，将顺利的开始此种差异地逐渐泯除工作，这是社会主义最要目标之一。此外，这种发展在解决计划时期第一年促进农业生产速增这一迫要问题上，实极关重大。

以上所言，为五年社会纲领要元素的一个概说。这些元素的每一种以及社会纲领的全部，将使苏联经济制度中的社会主义成分有稳固的进步。如果发展总纲领配称为一个伟大事业的计划，则社会纲领就是全国经济发展整个阵线上的一个完全而彻底的社会主义之攻势计划。五年计划的真实力量就在这里。

第十章　国　际　贸　易 [①]

一、输出

在国际贸易五年总计划中，输出计划占首要地位，因为供给国家购买所需要的外货之资源的，就是输出品。

按计划的规定，出口货在五年中几将增加 165%，其总额自 1927～1928 年之 774 百万卢布增至 1932～1933 年之 2, 047 百万卢布。战前在今日苏联同领土内的输出贸易，与 1932～1933 年的输出贸易比较，将有 22% 的增加（按战前价格 1932～1933 年为 1, 600 百万卢布，1909～1913 年诸年平均输出为 1, 307 百万卢布）。按各年之时价计。五年全期出口价值总计将达 70 万万卢布。

所以能设计输出贸易扩张在此迅速步调下进行，是因为计划中规定了在生产制度中有深刻的变革，此种变革也决定了出口贸易的本质及分配。五年时期输出的构造将反映出整个国民经济所起的变化。最主要的经济方法——苏联的工业化，也将在出口计划中反映出来。由下表中农业输出与工业输出在输出总额中所占的百分数，就可以看出来。

	1909～1913（百分数）	1932～1933（百分数）
农业输出	80.8	50.5
工业输出	19.2	49.5

苏维埃输出贸易基本成分的分配之异于战前的主要点，正是苏联全盘经济构造之根本不同于旧俄帝国的地方。

工业输出相对重要性这样的增加是不是表示农业输出发展政策的放弃，或至少是这种发展的停滞？但是没有这样顾虑的必要。正如苏联的一般工业化并不延缓农业的发展，反而有助于在新技术的与新社会基础上、以工业为领导、准备从事其更迅速的进步和改造；所以输出的工业化将与同时的农业输出增长合并于一种新的形式之下：即"精制的"与加工的农产品。这种作用的数字说明如下：1928～1929 至 1932～1933 这五年时期中工业出口增加 159%（自 1927～1928 之 392 百万卢布，增至 1932～1933 之 1, 014 百万卢布），而农业出口在同时期中则增 170%（自 382 增至 1, 033 百万卢布）。这就是说，农业出口比现时在绝对数量上有激增之外，在输出总额中也将占一个较重要的地位。

此点能用谷类输出发展的情形说明。实在讲来，如果将谷类除外，农业与工业出口相对重要性的变动将完全两样，可由下表中见之（按输出总额的百分数计）。

	包括谷类		谷类除外	
	1927～1928	1932～1933	1927～1928	1932～1933
农业输出	49.4	50.5	45.4	36.9
工业输出	50.6	49.5	54.6	63.1

最近两年中谷类在苏维埃输出中的消减，在农业总输出中的相对重要性上，较之仅受于工业输出增长的影响，其结果有更大的激落。这种情形至五年期末定可补救，并且还可以使所有农业输出（包括谷类）的相对重要性多少有点增加，同时输出总额中工业生产品（谷类除外）部分将继续着增长。

与最近几年来流行的情况相反，至 1932～1933 年苏联将成为一个强大谷类输出者。此完全相符于五

---

① 　本章为 1929 年五月 Vorqosy Torgovly（贸易问题）中关于国外贸易五年计划的许多论文的一个摘要。（原注）

年计划规定于农业（尤其是谷类耕种）发展之目的，也吻合于计划中社会的与经济的策略。谷类出产的增加与耕种面积的扩张，可以保证谷类输出能够增加，而同时能应付国内市场需要的增大，和集积下必要数量的存粮。肥料牲畜与曳重车供给的增加将为谷类增加的最要因素之一。

合此种种因素，国营与集团农场的发展，对于输出贸易上的影响，尤为重要。社会化部分的扩张可增加农业出产中贸易部分的相对数量，其结果不仅获得社会化部分供给的出口额外谷类，并且将建立输出纲领实现的坚固和更可靠的基础，和更有效地管理输出谷类的品级与检验。欲达此目的，自然要在组织国营农场时对于地理的条件加以考虑，使出产国内市场谷类与输出谷类的区域有一种适当的配置。

虽然谷类输出五年中绝对与相对数量上皆将增加，及其在输出总额中较现时所占之分也将随着加大，但是比之于战前诸年仍然相去甚远，1932～1933 年始达总输出之 24.7%，1909 至 1913 诸年平均为 53.2%。谷类输出之不振，受精耕制（intensive farming）之产品与工业农产品的影响很大。

五年期末苏维埃输出，按商品普通类别的分配如下表所示。

输出的分配

		1927～1928 百万卢布	1932～1933 百万卢布	总额之百分数	1932～1933 与 1927～1928 之百分比
农业输出	主要农产品	95.3	543.5	26.6	570.3
	动物与家禽产品	135.2	319.5	15.6	236.3
	渔猎产品	132.2	130.0	6.3	98.3
	其他农产品	19.6	40.0	2.0	204.1
	农业输出共计	382.3	1,033.0	50.5	270.2
工业输出	林、矿产物	230.5	678.4	33.1	294.3
	食品及其附属工业产品	48.7	99.6	4.9	204.5
	其他工业产品	112.4	236.5	11.5	210.4
	工业输出共计	391.6	1,014.5	49.5	269.1
	农业工业输出总计	773.9	2,047.5	100.0	264.6

对于所谓"次要输出品"（secondary exports）的发展，即五年中苏联输出标准的显著扩展，必须另加申述。许多工业的与农业的行为以前与输出贸易很少发生关系，在此五年期中将渐渐成为苏维埃输出之源。

为保障出口贸易正常与稳固发展，和筹办出口货物所必需的专门设备，所以巨额的资本投入于吊谷机、仓库、农产品初步制造厂、冷藏器、拣选厂等等的建设。西伯利亚与远东制作输出品的工业也拨给大宗的款项。

国外贸易的投资问题是密切地关联于输出产源的区域分布。投资必须与输出生产品的地理分布相和谐，而此点又必须联系于出口货物质量上的改良。最好将这些元素与几种基本商品的关系加以研究，就可了然。

先就谷类生产而言，主要输出区域将为乌克兰、克里米亚（Crimea）及北高加索，因为这几处靠近黑海港国内市场上的谷类主要由苏联东部诸区供给。

木材输出来源诸区必须有地理上最适宜的位置，如辖合于白海（White Sea）港附近的森林、凯勒里、列宁格勒区、外高加索等区。

石油生产，最近主要目标之一为紧张地从事于新区域之试掘工作，以备五年期末可有新油田开采。同时，石油工业已经在考虑主要生产区间职务的分配问题，就是说，指定安巴（Emba）区供给国内消费，格鲁尼（Grozny）与亚塞尔拜然（Azerbaijan）两区出产主要的用以输出。此问题之解决对于输出贸易有很大的价值，不过到现在仅开其端绪。

锰，乔调雷（Chiaturi）的出产最好用为输出的主源，因为该处所产矿石品质很高，并且有位置适宜的港口。尼喀埠（Nikopol）区所产多在国内市场销售，仅其剩余部分穿过陆地边疆而出口。

同理，许多其他商品包括所谓"次要"出口货，按输出的需要为适当的区域分布，为五年时期工作成功的必要条件之一。

另一同等的问题，即某些工业机关在出口货物生产上的专门化。这种专门化自然密切地关联于区域的分布，可以改良货物的品质并且获得高度标准化与商标的划一，此点于苏维埃生产品在国外出售上十分重要。就输出贸易所要达到的巨量和其性质上所要起的大变化，以及现在可以预料的最重要商品在世界市场的一般情况而言，输出贸易受种种当然的限制，在五年期中，实为一最巨伟和错综的工作。

分析五年计划中输出贸易纲领，引起输出组织再行改进的问题。解决此问题的种种方法已经草出，其中较重要者可以述之于后。第一，各种采集组织①必须在一种更有效的原理上活动，其中各区域与各项任务的分配必须合理。同时必须将这些组织与代理机关巩固起来。还必须进行组织，现在没有并且能够设立的，任何商品的单一出售所。在国外的各苏维埃商务代表团间活动范围与特殊工作之适当分配，必须实行，并且它们要与商务人民委员部的设计工作有更密切的接触，使计划能达到完全适用的境地。与外国公司的商业关系，尤其是与合作组织的关系，也要加强。

总而言之，政府采行的五年经济计划，对于输出纲领的实行有充分的保证，并且造成集积大宗存货所需要的环境。在此情况之下，满足国民经济需要的输入计划，其必需的基础也准备下了。

二、输入

满足国家的输入需要问题已经成为苏联近几年来最重要问题之一。全国的工业化，即经济行为各方面之紧张努力，引起满足工业中迅速增进的需要这一重要工作。

苏维埃输入贸易现时的构造，其性质不但异于战前，并且不同于苏维埃统治下的改造初期。其最显著之点为奢侈品输入的完全消除，消费输入品的强烈紧缩，与生产输入品的一致增加。在 1927～1928 年输入总额 945 百万卢布中，生产者用货物占 796 百万卢布，即输入总额之 84.3%。工业用的生产品输入为 718 百万卢布，或输入总额之 76.0%。

在 1923～1928 的五年期中，苏联的输入共计 3,571 百万卢布，其中 2,846 百万卢布或总额之 79.7% 为生产者用货物的输入，如下表中所示。

五年中之输入
1923～1924 至 1927～1928

	百万卢布	总额之百分数
1. 设备	641.6	18.0
2. 原料	1,451.4	40.6
3. 半制品	546.8	15.3
4. 农业需要品的输入	189.3	5.3
5. 燃料	17.1	0.5
生产者用货物共计	2,846.2	79.7
消费者用货物共计	685.1	19.2
其他输入	40.1	1.1
输入总额	3,571.3	100.0

虽然在刚刚过去的五年期中，消费者用货物的输入中包括 1924～1925 年荒年的外国面粉，生产者用货物在此期输入总额中仍占 79.7%，1909～1913 年的仅为 63.5%。尤以工业设备的输入量为大，其在输入总额中所占的地位比战前时期重要多了。

输入总额虽然束缚在固定的限度以内，国民经济基本部门所需要的入口货已能设法供给，并且入口货在许多工业中已占了重要地位，颇有助于这些工业的发展。最重要商品总消费额中输入品所占之百分数如下：棉花在 40% 以上，细羊毛在 0%（编者：原文如此）以上，铜约为 50%，锌约为 90%，铝与镍

---

① 生产或从国内生产者购买生产品的组织。（原注）

为 100%。现在需要的曳重车大部分是输入的。1927～1928 年工业中主要建设所需之设备全部有 27% 是输入的。这些数字表示现时入口货在整个工业方面和在几个主要单独工业中之重要地位。

五年计划规定之输出激增可使 1932～1933 年之输入纲领扩展到 1,705 百万卢布,超出于 1927～1928 年者达 80%。这种增长率较战前的记录也高出很多（1900 至 1913 五年中为 50.6%）。

生产者用货物仍将为输入总额中最大部分,并且这种情形差不多实际上没有变化。仅在五年期末输入情况较为缓和时有增加消费者用货物输入的可能,不只在绝对数量上,在输入总额中的相对数量上也有增加。

五年时期中工业、农业机械的输入,在生产者用货物组内有稳固的增加,而原料与半制品输入的相对重要性相当的减少,因为国内来源的供给将渐渐地扩展。

五年输入计划

	1927～1928		1932～1933		1932～1933 与 1927～1928 之百分比	五年总计	
	百万卢布	总额之百分数	百万卢布	总额之百分数		百万卢布	总额之百分数
1. 工业与运输之设备	256	27.1	525	30.8	205.1	1,784	28.8
2. 原料	384	40.7	523	30.8	136.2	2,047	33.1
3. 半制品	117	12.4	60	3.5	51.3	370	6.0
4. 农业需要品	39	4.1	165	9.6	423.1	622	10.1
生产者用货物共计	796	84.3	1,273	74.7	159.9	4,323	78.0
1. 普通消费品	120	12.7	250	14.6	203.3	814	13.2
2. 医药及卫生用品	10.5	1.1	12	0.7	114.3	45	0.7
3. 文化用品	12.5	1.3	20	1.2	160.1	66	1.1
消费者用货物共计	143	15.1	282	16.5	197.2	925	15.0
其他输入	6	0.6	150	8.8	……	432	7.0
输入总计	945	100.0	1,705	100.0	180.0	6,180	100.0

减轻依赖于入口货的趋势最好在半制品组输入的变动上观察。过去的数年虽在工业扩展中已经能够减少此项货品的输入,五年计划规定着再行减少。许多半制品,如棉纱、纸等,至五年期末将不见于输入表中,此为国内生产发展的结果。化学及其他工业建立起来,入口的颜料、化学品、鞣制品（如皮革等）,以及许多其他半制品将在五年期中锐减。

农业的一般发展与改造,尤其是用为工业原料的农产品生产的扩张,能按计划的速率进行,自然就可以保证入口原料也将减少的假定,虽然这种减少不能到半制品输入消减之程度。

在国内原料来源扩展中,希望在非铁金属中有重大的收获,如下表所示。

在苏联非铁金属的消费中,国内与输入产品各占之分
（消费总额之百分数）

	铜		锌		铅		铝		镍	
	1927～1928	1932～1933	1927～1928	1932～1933	1927～1928	1932～1933	1927～1928	1932～1933	1927～1928	1932～1933
1. 国内供给量	50.1	59.0	9.8	79.5	5.9	38.9	……	46.7	……	55.6
2. 输入品	49.9	41.0	90.2	20.5	94.1	61.1	100.0	53.3	100.0	44.4
3. 消费总额	100.0	100.0	100.0	100.0	100.0	100.0	100.0	100.0	100.0	100.0

金属工业发展的结果,将使输入品在非铁金属消费总额中的相对重要性减低。1932～1933 年练铜厂的出品比 1927～1928 年多至三倍以上,铅的生产也将增加十倍,锌的增加则超过二十倍,其他金属也有增加。

至于农产原料,五年计划很注意棉花种植的发展。现时棉花在输入的原料中为最要品,并且现时纺织工业的出品不够人民之所需要。棉花种植在迅速步调下紧张着提倡,是为保障苏维埃棉织工业在国内原料的基础上发展。计划中关于此项的规定是根据着国家设计委员会农业组的估计：棉花生产1932~1933 年为 1927~1928 年之两倍半。国内棉花生产这样增长的结果，五年期末入口棉花，仅占工业消费总额的 10%，1927~1928 年时占 42.5%。棉业这种发展与巨额的灌溉投资纲领有关系。

兽皮输入的情形就与上不同了。总供给量中输入部分在五年中不仅不减，并且还要多少地增加一点。兽皮国内供给量计划中规定之增长，将难完满的应扩展着的制革工业之需要，所以至五年期末入口兽皮的需要仍大。

就五年中毛织工业将有突飞猛进的扩展而论（1932~1933 年毛织物出产为 1927~1928 年之 280%），入口羊毛的相对重要性很难希望有大的削减。五年时期中计划的细毛羊饲养的发展，仍不能补足细羊毛的缺乏；这项发展只能在五年以后才能收到实效，因此 1928~1929 年至 1932~1933 年仍有大宗的羊毛入口。

五年时期原料入口所以要竭力节约，就输入贸易大规模的供给工业运输的设备，使其与发展工作的进展同其步趋，这一艰巨问题而论，尤为绝对的必需。五年中工业设备输入总额约达 1,800 百万卢布。

与工业需要品输入激增并行的，农业方面需要的入口货，五年计划也规定着有大量的增加。农业的扩张与改造（包括收获量的增加，国营与集团农场之大规模组织农产原料生产的发展），需要惊人的努力以保证农业机械、曳重车等之充足供给。曳重车及附件国内生产预期的激增将仍不足以供五年时期之需要。

曳重车制造计划中规定 1932~1933 年出 50,000 部，五年期中共出 85,200 部。就是曳重车供给的最低限的纲领实现了，曳重车至少也要有很多的输入。最低限的纲领：全国在 1932~1933 年末使用的曳重车将达 160,000 部，现时仅有 88,000 部。曳重车及附件在五年中的输入值将达几万万卢布。

虽然国内肥料生产在五年期中激增，肥料仍然要继续输入。

农业需要品入口总值在五年中将超过 600 百万卢布。这一数字很可指示，为农业改造与进步一个因素的输入品，所担的重要分量。计划的输入量代表实现五年农业发展纲领的最低限。这些输入品被利用的效率，全恃运转曳重车（输入的）技术原理之及时准备，各区所需肥料的种类之彻底研究，及输入品之适当分配等等。国内肥料工业的加速发展，可使肥料输入至五年期末渐减，但达此目的有一必要条件：以一切努力促肥料生产计划在规定的时期限度内完全实现。

消费者用货物的增长，主要的受东方诸国入口货的影响，这种增长可以为苏维埃对这些国家的输出激增所提高。从东方输入的消费者用货物至五年期末希望着可达现时输入额的一倍半以上。希望的入口激增之货为：茶（现时的消费量较战前多少低一点）、咖啡、可可、橘子、柠檬，等等，因为要增进生活的一般标准。

到五年期末国家入口货的需要较现时更近于终结之时，计划中也预期着有一种优势的贸易差额（即出超），这种差额对于保证国外贸易的不断发展与准备驻外国际商务活动环境的改良，实甚重要。1928~1929 至 1932~1933 五年间之出超共计约达 800 百万卢布。

以上所述，是为这一五年设计的输入发展纲要。其显著之点为其与世界市场关系的扩展，并有苏维埃经济基本部分依赖于世界市场的逐渐减除，在消费者用入口商品供给方面的一般增进，及国外汇兑准备金贮存的增加。

这些结果仅至五年期末可以得到。现时入口贸易紧张的情况及由输入可能的狭隘限度所生的困难，在最近的数年中，将渐为输出增加所减除。为应国民经济基本部门重要的需要，在下几年中，对于增加输出，扩展国内能于短期内供给输入代用品的生产部门，及节约入口货物的消费，皆将加以各种的努力。

按计划输入的大量机械之有效利用，将大部分赖输入贸易之更完善的设计。工业必须担负起，按照建设纲领与入口机械之技术说明书，在指定的时间内，起草出入口机械之交货与利用计划的任发。

五年输入贸易计划再进一步的精详研究，将论及此时期内，在国外偿付的入口货价六十余万万卢布[①]，最合理与效率最高的运用，所需要之条件。在此不能详述。

---

① 见"五年输入计划"表中之"五年总计"项下：6,180 百万卢布，即 61.8 万万卢布。（译注）

附 录 一

苏联的国家设计之体系

苏联的国家设计系统包括国民经济中所有的领域，虽然所有的领域并未社会化到同样的程度，所谓社会化的领域，就是在国营经济团体或合作组织管辖指导下的领域。例如，铁路与水上交通、大制造工业、电气化组织与国外贸易，完全归国家机关管理支配。其他经济部门如农业与国内贸易，有一部分归国家或合作社经营，其余部分仍为私有。但是，一般的趋势，都透过苏联的经济政策，走向社会化的康庄大路。

根据需要与可用富源的初步估计，设计苏联国民经济社会化部分，其指导原则是用以获取经济与文化发展最高度的合理意志，和用以获取这部分国民经济收益之适当利用的合理意志。

至于计划仍在私人支配下的国民经济其他部门，现在只能根据着过去经济发展的经验，将来可能的趋势，以及社会化部分对于私人经济的或然作用，而估量其前途。换言之，设计私有经济部门要顾到资本主义经济中所有的因素，还要顾到社会化部分对之所起的变动和影响。

所得于设计工作的结果是什么？高度工业化的国家中任何一个大公司都可以回答这个问题，只要这大公司显著地支配了某种出产的生产与分配，无论出产钢铁、铜，或是煤油，或是其他的一切。这样的一个大公司能够预计市场需要，能使其生产迎合这些需要，并且能得到大规模生产的最大利益。生产的集中与通盘设计，使营业费减低，并且可以添置大工厂的设备；这些又可以使生产品更廉，生产方法更迅速更简单。在分配方面，凝聚与集中的结果，使货品的流通更迅速、更紧张，并且用费更少，销售与广告的开支也减低了。

在资本主义经济中，无论一个单独的公司怎样计划它的经济动作到一种模范的状态，因为固结于无数单独计划中间的敌意，所有企业都脱离不开市场之基本势力的控制；这种矛盾的元素在苏维埃经济社会化部分中已经不存在了。苏维埃经济制度不是为造成某部分人民的富裕而设计的，而是一种国家的经济制度，其目的在持续不断地发展和富庶整个国家，同时还保持经济各部门发展的适当比例。所以，就"能否在一个合理的计划下动作起来"这一点上看，单个苏维埃经济组织与个别私人的资本主义事业相比较，苏维埃经济组织实有最大的可能性，并收得最显著的利益；因为它是在一个合理的计划下运行的，这种合理的计划与所有的其他苏维埃经济计划都相适应，并不站在竞争的基础之上运行，竞争而变为个别企业的敌对，则所贵于统盘计划的真精神就丧夫了。

苏维埃经济的社会化，苏维埃经济的集中，生产与贸易在单一的系统下设计，和经济活动范围内财政管理的集中——这些就是苏联用以造成生产与分配，经济到最高可能度的工具。欲获得此种经济的最高度有待于国营托拉斯，联合（combination）[①]和企业联合会（syndicates）之创立，大企业之建设，并且要经过指导在一个总计划下的集中管理和按照经济区域分配各工业的系统政策，以适应每区域所蕴藏的原料与燃料。

因为苏联有一个统一的、调合的、有计划的经济，因为苏联政府有转移资源从这一经济部门到另一部门的能力，任何一部分的崩溃都预防住了。这说明了这一事实：履行对外的商业关系上之义务没有过失败的例子。

设计集中于一个政府机关——国家设计委员会，才使苏联有计划的经济行政得以实现。苏联经济组织中现在采用的计划有长度不同的时期，包括国民经济整体的总计划是分五年与一年两种不同的时期而设计的。

五年计划概述整个国民经济的进程和经济活动范围（如生产、分配、财政等）的进程。它将这一时期经济与文化发展的各方面都考虑到了，并且决定生产分配与财政的容量与性质，以最经济的方法获取

[①] 康板内申即联合企业之意，几个生产关系极密切的工厂，如煤矿、铁矿与机械制造厂之联合生产，种棉、纺织染料厂之联合生产。此种联合生产法，其经济上的价值，显然远胜于单个工厂之盲目孤立的生产。（译注）

发展的最高速率为目的。它也努力于得到经济活动各方面中间最和谐的均衡，消除那些或者要扰害此均衡的原动力。

关于全国整个国民经济的逐年计划大致上是以同样的方式与同样的目标而规划的，只是更富有具体与特殊的性质。很琐细的单个计划在几种经济事项上是按年并且按季起草的，个别企业则按月规划。

这些计划是根据着苏联国家设计委员会总纲领而制就。特殊的数字材料，属于某几种经济范围与个别企业的，则就地采集编制。某几省、区域、自治与构成共和国，以及与之发生经济作用的各级政府，以及个别的企业的本身，都来担任这项工作。然后所有这样搜得的数字材料，都由国家设计委员会汇集起来，融合成经济行政之单一的总计划。再经过更高当局的批准，每年或五年的国民经济计划就有了法律上的效力，而成为全国经济活动的指导法则了。

在各级政府（有关于苏联经济活动各范围的机构，如最高国民经济议会、贸易人民委员部、农业人民委员部等）与几个构成共和国的指导与监督之下，又有国营托拉斯与企业联合会，地方经济的行政机关，以及代表人民大众的市民组织，这三者的活跃参加，计划的实施就很顺利了。曾经一度濒于崩溃破灭的苏联经济，还能够走上紧张而健全的经济发展的康衢，这完全是苏联劳动群众在革命后经济复兴进行中的赤诚热血、真切的兴致与惊人的努力所造成的。这也指示了将来国家建设工作要顺利地完成，必须有劳动群众的拥护，并且必须让劳动群众参加以下三事：工会、工厂会议、俱乐部等组织，国家当前艰巨问题之讨论和管理与监督团体中劳动者之直接代表。

一定有人要问苏维埃计划在实际的发展上证实到什么程度？任何一个经济计划也自然不能期望百分之百的完全实现，绝对的真确，并且在任何方面都没有脱出正轨，何况五年计划要经过这样久的时期，包括苏联这样大国家的全部经济生活，还关系着形形色色经济要素的复杂交互作用呢。计划的目的不在以最琐细的估计，绝对精确地指示经济发展的详密进程，只在决定计划时期内经济努力的基本指导路线和一般范围。

国家设计委员会起草的 1926～1927 年至 1930～1931 年这一时期的苏联国民经济五年计划中对于工业、农业生产总量全额的估计如下（根据欧战前的价格）[①]。

1926～1927	188 万万卢布
1927～1928	202 万万卢布
1928～1929	216 万万卢布
1929～1930	229 万万卢布
1930～1931	243 万万卢布

因为以非常的努力去促进经济发展，这些估计在头二年就超越出了很多。在 1926～1927 年工业、农业的总生产共计为 211 万万卢布，超出估计 23 万万卢布。在 1927～1928 年总出产达 323 万万卢布，超出估计 21 万万卢布（以上均依欧战前价格计算）。再往后的几年，经济发展的潜能预示着将更多地超出于前计划的估计。现在的一个五年计划，备 1928～1929 年至 1932～1933 年这一时期用的，已经尽完善精确之能事，将苏联沿工业化路线及社会主义发展的，经济进步中之日见增进的可能性，都考虑到了。

至于这一新时期中建设工作、生产事实与商业的资源，现在计划中差不多全以运用国内累积下的财源为基础。特许外资投入的部分（在发展和生产计划中的投资）共合起来也是很微屑的，不过仅占全五年新基本投资总额的百分之一。关于对外贸易，输入与输出差不多完全相抵，对外贷款只占很小的一部分。在这计划里，五年时期统计起来，出超很大（七十万万卢布的输出对六十万万卢布的输入）。

苏联今年来的国民经济，没有外资的帮助，已经很快的复兴发展起来了。并且在将来，这种紧张的进行，仍然能继续着如五年计划所拟定的，快步前进。但是，如果有外资流入苏联，无论是借款的形式或是苏维埃企业中投资的形式，其结果将使经济发展率较之五年计划所拟定者更为迅速。对外贸易额，

---

① 见苏联国家设计委员会 1927 年出版之（Perspective for the Development of National Economy of the U.S.S.B. for 1926～1927 年至 1930～1931 年）中 2、3 两表。（原注）

特别是输入方面，也跟着有相当的增加，高出于前述估计数字之上。

　　苏联无穷的天然富源，现在施行的合理经济政策和工业化的持续努力，这包括着许多大规模的建设计划，所有以上这些合拢起来，使苏联在今日差不多成了世界上工业用具最有希望的市场，也成为国外投资最广大的用武之地。在1927～1928年苏联的工业与运输用具输入额达256百万卢布，五年计划时期总计起来此项输入估计着要超出1800百万卢布。加之，农业机械与农具的输入约计将达600百万卢布。如果苏联输入的扩展有大宗的长期国外贷款的协助，上项各类输入可达更高的数字。

　　工农业的复兴与新发展计划的逐渐实现，将证明苏联输入的来源，在各国中，美国占最重要的地位。其理由如下：苏联的工业生产是集中于大企业并且根据着标准大量生产的原理，所以美国机械用具最为适用，因为美国机械的建造与设计，在样式与容量上都以适于大厂与标准生产为准则。再则美国机械在技术方面处处都高于欧洲的出品。美国是各种进步的农业机械的最大生产者，所以在苏维埃农业社会化方面美国也将占一重要地位。

　　苏联经济发展既然包括着工农业技术方面的改造，则生产工具输入的大量增加是很显然的指示出来。原料输入（棉花、非铁金属树胶等）仍然要继续不断。

　　在机械输入之外，美国技术的势力将在其他方面穿入苏维埃的国民经济，如与美国大公司订立技术协助合同，使美国技术训练与经验施于苏维埃工业；聘用美国专家来苏联工作与派遣特别苏维埃委员会及个别专家到美国就地学习生产方法；陈列送到苏联来的美国机械；并且最后，根据特许，在苏联建立美国企业。

　　附记：本章为苏联国家设计委员会内担任五年计划英译的诸君所撰（原注）。

附　录　二

第　一　表

五年计划下苏联经济发展的基本指数

	1927～1928	1932～1933	五年共计	1932～1933与1927～1928之百分比
I.人口（百万）：				
（1）总计（在四月一日）	151.3	169.2	……	111.8
包括：				
城市	27.9	34.2	……	122.6
乡村	123.4	135.0	……	109.4
（2）劳动年龄的人口（16至59岁）	82.4	91.5	……	111.0
包括：				
城市	17.7	21.9	……	123.7
乡村	64.7	69.6	……	107.6
（3）雇佣工人数（每年之平均数，包括农业林业中者）	11.35	15.76	……	138.9
其中：				
A.（a）在城市社会中	7.0	9.7	……	138.6
（b）在乡村社会中	4.3	6.0	……	139.5
B.（a）在工业中	3.5	4.6	……	131.4
（b）在建设业中	0.6	1.9	……	316.7
（c）在运输事业中	1.3	1.5	……	115.4
（d）在社会公益与文化机关中	1.1	1.6	……	145.5
II.各年终之资本化（十万万卢布）：				
（1）基本资本：				
按1926～1927价格	69.8	126.9	……	182.0

（2）流动资本：

（a）按 1926～1927 价格……………………………………………………	15.0	34.5	……	230.0
（b）按各年价格…………………………………………………………	15.2	28.9	……	190.0

Ⅲ. 投资（十万万卢布）：

共计：

（a）按 1926～1927 价格…………………………………………………	8.2	27.7	92.7	338.0
（b）按各年价格…………………………………………………………	8.0	19.6	74.2	245.0

包括：

（1）基本资本：

（a）按 1926～1927 价格…………………………………………………	7.3	23.4	77.7	321.0
（b）按各年价格…………………………………………………………	7.1	17.1	64.9	241.0

（2）流动资本：

（a）按 1926～1927 价格…………………………………………………	0.93	4.27	15.0	459.0
（b）按各年价格…………………………………………………………	0.94	3.57	13.8	380.0

Ⅳ. 国民所得（十万万卢布，净生产）：

（a）按 1926～1927 价格…………………………………………………	24.4	49.7	186.6	203.0
（b）按各年价格…………………………………………………………	24.7	43.3	175.1	175.0

Ⅴ. 电气化：

（1）各年终之基本资本（十万万卢布按 1926～1927 价格；工厂动力站在外）…	0.93	4.87	……	524.0
其中，中央的区站……………………………………………………	0.71	3.66	……	516.0

（2）投资（十万万卢布；工厂动力站在外）：

（a）按 1926～1927 价格…………………………………………………	0.31	1.44	4.47	465.0
（b）按各年价格…………………………………………………………	0.284	0.861	3.059	303.0

　其中，中央的区站：

（a）按 1926～1927 价格…………………………………………………	0.25	1.02	3.36	408.0
（b）按各年价格…………………………………………………………	0.23	0.605	2.302	263.0

（3）动力容量共计（1000 瓩）…………………………………………	1,700.0	5,500.0	……	324.0
工厂动力站除外……………………………………………………	880.0	3,750.0	……	426.0
中央的区站…………………………………………………………	520.0	3,100.0	……	596.0
（4）点动力产额（十万万瓩－时）……………………………………	5.1	22.0	65.0	431.0
工厂动力站除外……………………………………………………	2.4	15.5	……	646.0
中央的区站…………………………………………………………	1.9	14.0	……	737.0

Ⅵ. 工业：

（1）各年终之基本资本（十万万卢布按 1926～1927 价格），工业房屋建筑在外…	9.6	30.7	……	320.0
同上，将区域的及市用的电力厂除外……………………………	8.6	25.8	……	300.0
其中，国民最高经济议会计划中的工业所占者…………………	6.8	20.7	……	304.0

（2）投资（十万万卢布），工业房屋建筑除外：

（a）按 1926～1927 价格…………………………………………………	1.9	7.4	24.9	390.0
同上，区域的与市用的电力厂除外……………………………	1.6	6.0	20.4	375.0
其中在计划内工业中……………………………………………	1.3	4.9	16.4	377.0
（b）按各年价格…………………………………………………………	1.8	4.6	18.0	256.0
同上，区域的与市用的电力厂除外……………………………	1.5	3.8	14.9	23.0
其中在计划内工业中……………………………………………	1.2	3.0	12.1	250.0
（3）注册工业[①] 中工人数目支薪雇佣者除外（单位：千）…………	2,750.0	3,631.0	……	132.0
其中在计划内工业中者…………………………………………	2,103.0	2,806.0	……	133.0

（4）总生产（十万万卢布）：

　A. 一切工业：

---

① 见附录Ⅲ。

（a）按 1926～1927 价格………………………………………………………	18.3	43.2	154.6	236.0
（b）按各年价格………………………………………………………………	18.0	32.7	131.8	182.0
包括：				
A 组（生产者用货物）				
（a）按 1926～1927 价格………………………………………………………	6.0	18.1	60.1	302.0
（b）按各年价格………………………………………………………………	5.8	12.4	47.0	214.0
B 组（消费者用货物）				
（a）按 1926～1927 价格………………………………………………………	12.3	25.1	94.5	204.0
（b）按各年价格………………………………………………………………	12.2	20.3	84.8	166.0
B. 注册工业：				
共计：				
（a）按 1926～1927 价格………………………………………………………	13.9	36.6	126.6	263.0
（b）按各年价格………………………………………………………………	13.5	27.1	105.8	201.0
A 组				
（a）按 1926～1927 价格………………………………………………………	5.6	17.4	57.3	311.0
（b）按各年价格………………………………………………………………	5.4	11.8	44.6	219.0
B 组				
（a）按 1926～1927 价格………………………………………………………	8.3	19.2	69.3	231.0
（b）按各年价格………………………………………………………………	8.1	15.3	61.2	189.0
C. 国民最高经济会议计划中的工业：				
共计：				
（a）按 1926～1927 价格………………………………………………………	10.9	30.4	103.8	279.0
（b）按各年价格………………………………………………………………	10.4	22.0	85.0	212.0
A 组				
（a）按 1926～1927 价格………………………………………………………	4.4	14.5	47.2	330.0
（b）按各年价格………………………………………………………………	4.2	9.8	36.4	233.0
B 组				
（a）按 1926～1927 价格………………………………………………………	6.5	15.9	56.6	245.0
（b）按各年价格………………………………………………………………	6.2	12.2	48.6	197.0
D. 小工业（包括面粉厂）：				
共计：				
（a）按 1926～1927 价格………………………………………………………	4.4	6.5	28.0	150.0
（b）按各年价格………………………………………………………………	4.5	5.6	26.0	124.0
A 组				
（a）按 1926～1927 价格………………………………………………………	0.4	0.7	2.8	175.0
（b）按各年价格………………………………………………………………	0.4	0.6	2.4	150.0
B 组				
（a）按 1926～1927 价格………………………………………………………	4.0	5.9	25.2	148.0
（b）按各年价格………………………………………………………………	4.1	5.0	23.6	122.0
（5）净生产（十万万卢布）：				
（a）按 1926～1927 价格………………………………………………………	6.6	16.3	57.7	248.0
（b）按各年价格………………………………………………………………	6.4	12.7	49.7	197.0
同上，包括国产税	7.8	14.8	59.0	190.0
（6）总生产，贸易部分（十万万卢布）：				
共计：				
（a）按 1926～1927 价格………………………………………………………	15.8	38.2	135.1	242.0
（b）按各年价格………………………………………………………………	15.5	29.0	115.3	187.0
其中计划内的工业………………………………………………………	8.4	18.8	70.8	244.0
A 组				
（a）按 1926～1927 价格………………………………………………………	5.2	16.5	53.6	317.0

（b）按各年价格……………………………………………………………	5.0	11.3	41.9	226.0
其中计划内的工业………………………………………………………	3.5	8.8	31.8	251.0
B 组				
（a）按 1926～1927 价格………………………………………………	10.6	21.7	81.5	205.0
（b）按各年价格………………………………………………………	10.5	17.7	73.4	169.0
其中计划内的工业…………………………………………………	4.9	10.0	39.0	204.0

Ⅶ. 农业（十万万卢布）：

（1）各年终之基本资本（投于农业本部者）渔，猎，林等业者在外：				
按 1926～1927 价格…………………………………………………	28.7	38.9	……	136.0
其中机械与农具………………………………………………………	3.3	6.4	……	194.0
（2）投资（在农业本部中）：				
（a）按 1926～1927 价格………………………………………………	3.1	4.9	20.6	158.0
同上，建筑除外………………………………………………………	1.7	3.3	12.9	194.0
（b）按各年价格………………………………………………………	3.0	4.3	19.0	143.0
同上，建筑除外………………………………………………………	1.7	3.0	12.3	177.0
（3）总生产（按农业年度）[①]：				
（a）按 1926～1927 价格………………………………………………	16.7	25.8	105.7	155.0
（b）按各年价格………………………………………………………	17.4	26.1	111.1	150.0
其中属农业本部，包括饲养着的动物：				
（a）按 1926～1927 价格………………………………………………	14.5	22.6	92.0	156.0
同上，饲养着的动物除外……………………………………………	14.0	21.6	87.9	154.0
A. 收获共计………………………………………………………	9.2	14.5	58.7	158.0
其中之谷类………………………………………………………	3.7	5.6	23.3	151.0
其中之工业原料…………………………………………………	0.91	1.85	6.9	203.0
B. 动物产品………………………………………………………	5.3	8.1	33.3	153.0
同上，饲养着的动物除外……………………………………………	4.8	7.1	29.2	150.0
（b）按各年价格………………………………………………………	15.4	23.2	99.1	151.0
同上，饲养着的动物除外……………………………………………	14.9	22.2	95.0	149.0
A. 收获共计………………………………………………………	10.0	15.3	65.6	153.0
其中之谷类………………………………………………………	4.0	6.1	26.9	153.0
其中之工业原料…………………………………………………	0.97	1.81	7.4	87.0
B. 动物产品………………………………………………………	5.4	7.9	33.5	146.0
同上，饲养着的动物除外……………………………………………	4.9	6.9	29.4	141.0
（4）净生产（按农业年度）：				
（a）按 1926～1927 价格………………………………………………	10.8	16.7	68.4	155.0
（b）按各年之价格……………………………………………………	11.3	16.7	71.8	148.0
其中属于农业本部者：				
（a）按 1926～1927 价格………………………………………………	8.9	13.8	56.1	156.0
（b）按各年之价格……………………………………………………	9.5	14.2	60.6	150.0
（5）总生产，贸易部分（按农业年度）：				
A. 农民购买者除外：				
（a）按 1926～1927 价格………………………………………………	3.8	7.9	28.5	208.0
（b）按各年之价格……………………………………………………	3.9	7.5	28.6	192.0
其中属于农业本部者：				
（a）按 1926～1927 价格………………………………………………	2.9	6.4	22.0	221.0
（1）收获共计………………………………………………………	1.43	3.47	11.7	243.0
其中之谷类………………………………………………………	0.45	1.14	3.7	253.0

---

① 见附录Ⅲ。

其中之工业原料……	0.60	1.56	5.3	260.0
（2）动物产品……	1.47	2.87	10.3	197.0
（b）按各年之价格……	3.0	6.2	22.8	207.0
（1）收获总值……	1.55	3.54	12.7	228.0
其中之谷类……	0.48	1.23	4.2	256.0
其中之工业原料……	0.64	1.49	5.6	233.0
（2）动物产品……	1.47	2.69	10.1	183.0
B.农民所购买者:				
（a）按 1926~1927 价格……	2.8	4.5	17.8	161.0
（b）按各年之价格……	2.9	4.4	18.5	152.0
C.农业生产贸易部分共计:				
（a）按 1926~1927 价格……	6.6	12.4	46.3	188.0
（b）按各年之价格……	6.8	11.9	47.1	175.0
Ⅷ.运输:				
（1）基本资本（十万万卢布，按 1926~1927 价格）……	12.3	23.3	……	189.0
其中属于铁道者……	10.8	18.2	……	169.0
（2）投资（十万万卢布）:				
（a）按 1926~1927 价格……	0.95	4.65	13.64	489.0
（b）按各年之价格……	0.90	3.11	10.00	346.0
（3）其中投入于铁道者:				
（a）按 1926~1927 价格……	0.76	3.08	9.52	405.0
（b）按各年之价格……	0.71	1.90	6.71	266.0
（4）铁道货运（十万万吨－公里）[①]……	88.1	162.7	……	185.0
（5）铁道总收入（十万万卢布）……	1.6	3.1	12.1	194.0
Ⅸ.建筑:				
（1）房屋与构造，农场建筑除外（十万万卢布）:				
（a）按 1926~1927 价格……	2.6	12.5	38.7	481.0
（b）按各年之价格……	2.5	7.4	26.5	296.0
（2）同上，农场建筑在内:				
（a）按 1926~1927 价格……	3.9	13.7	45.0	351.0
（b）按各年之价格……	3.8	8.6	32.7	226.0
Ⅹ.预算与通货流通（十万万卢布）:				
（1）中央预算，总计……	6.8	14.1	53.9	207.0
（2）中央预算，实计……	4.2	9.6	35.9	220.0
（3）地方预算……	1.7	4.1	15.1	341.0
（4）实额共计……	5.9	13.7	51.0	233.0
（5）流通的货币（在年终）……	1.97	3.22	……	163.0
Ⅺ.由苏联财政制度中，国民经济及社会公益与文化机关的集资（十万万卢布）:				
共计……	9.46	23.07	86.01	244.0
包括:				
（1）普通行政与国防……	1.64	2.31	9.98	141.0
（2）社会公益与文化机关……	2.40	5.88	21.40	245.0
（3）国民费济……	5.42	14.88	54.63	275.0
工业……	1.91	4.47	17.83	234.0
农业本部……	0.70	1.87	6.75	268.0
运输……	0.86	2.79	9.47	324.0

① "吨－公里"为一个单位之名，就是以"一吨重的货运输一公里"为单位。如 25 吨货运输 40 公里，即为 25×40=1000 吨－公里。（译注）

XII. 物价指数：

（1）生产者的价格（1926～1927 年 =1，000）：

（a）工业价格之一般指数（国营工业之售价）………………	961.0	731.0	……	76.1
A 组（生产者用货物）………………	966.0	977.0	……	70.1
B 组（消费者用货物）………………	957.0	782.0	……	81.7
（b）农业物价之一般指数（国民征集机关之购价）………………	1，047.0	991.0	……	94.6
谷类………………	1，071.0	1，122.0	……	104.8
工业原料………………	1，070.0	967.0	……	90.4
动物生产………………	1，014.0	937.0	……	92.4
（2）中央统计局之批发物价指数（1913 年 =1，000）………………	1，782.0	1，469.0	……	82.4
（1）农业物价………………	1，565.0	1，502.0	……	96.0
（2）工业物价………………	1，877.0	1，445.0	……	77.0
（3）中央统计局之零售物价指数（1913 年 =1，000）………………	2，070.0	1，610.0	……	77.8
（1）农业物价………………	2，090.0	1，660.0	……	79.4
（2）工业物价………………	2，050.0	1，580.0	……	77.1
（4）中央劳动统计局之生活费指数（1913 年 =1，000）：				
一切物品………………	2，050.0	1，760.0	……	85.9
购买或租赁之物品………………	2，173.0	1，782.0	……	82.0
（5）建设费指数，算入合理化之消耗（1926～1927 年 =1，000）：				
一切建设………………	961.0	564.0	……	58.7
（a）工业建设………………	957.0	506.0	……	52.9
（b）铁路建设………………	972.0	641.0	……	65.9
（c）房屋建设………………	943.0	536.0	……	56.8

第 二 表

五年计划下苏联国民经济之构造

	1927～ 1928	1932～ 1933	1932～1933 与 1927～1928 之 百分比
I. 动力：			
A. 人力：			
（1）每百人口中劳动年龄的人数………………	54.2	54.1	99.8
（2）每百劳动年龄人口中之雇佣劳动者人数………………	13.8	17.2	124.6
（3）同上，在城市社会中………………	38.7	42.3	109.3
（4）在城市社会中每百人口中之不从事劳动人口的人数………………	6.4	2.4	37.5
（5）诸部门中所占人数，在雇佣劳动者总数的每百人口中（农业工人在外）：			
（a）工业………………	37.7	35.7	94.7
其中之大规模工业………………	33.3	31.6	94.9
（b）运输………………	15.3	12.0	78.4
其中之铁道运输………………	10.8	7.8	72.2
（c）建筑………………	6.8	14.6	214.7
（d）社会公益与文化事业………………	12.1	12.0	99.2
（6）在国民最高经济议会计划中的工业内，每百个工业劳动者中下列各项所占的数目：			
（a）熟练劳动者………………	41.3	62.0	150.1
（b）技术员………………	0.6	1.6	266.7
（c）工程师………………	0.6	1.3	216.7
（7）劳动时间指数（战前之百分数）………………	77.0	70.5	91.6
（8）每 100，000 乡村人口中之地方农学家………………	4.5	9.3	206.7

B. 机械与电器原动力设备（"瓩－时"，每一"人－时"）[①]：

（9）在工业中	1.24	2.61	210.5
（10）在运输中	2.05	3.11	151.7

C. 动力与燃料消费：

（11）按动力性质之动力消费分配（共额之百分数）：

（a）机械动力，包括电力	42.0	61.9	147.4
其中之电力	15.4	37.4	242.8
动物力	58.0	38.1	65.7

（12）按燃料性质之燃料消费分配（共额之百分数，按标准燃料单位估计）：

（a）固体矿物燃料	59.4	65.3	109.9
（b）石油产品	18.2	16.2	89.0
（c）泥煤	4.8	7.1	147.9
（d）木料	17.6	11.4	64.8
（13）在燃料总消费中电力生产所占之份（共额之百分数）	9.5	21.0	211.1

Ⅱ. 人民之公益与文化情况：

A. 实质所得（价格之低减已算在内），每人一年之卢布数：

（1）非农业人民：

（a）共计	313.8	537.8	171.4
（b）雇佣劳动者	366.4	647.7	176.8

（2）农业人民：

（a）共计	116.8	195.5	167.4
（b）私人农场人数	116.6	188.7	161.8
（c）集团农场人数	132.7	243.2	183.2
（3）工业中劳动者实质工资指数（1913年＝100）	122.5	28.9	170.5

B. 文化情况与一般生活状况：

（1）识字：

A. 识字人数，在每百人口中，自八岁及八岁以上者算起：

（a）城市	78.5	86.7	110.4
（b）乡村	48.3	74.6	154.5
（c）总人口	53.9	77.0	142.9

B. 入学校之儿童数，在每百入学年龄的儿童中：

（a）在城市社会中	100.0	100.0	100.0
（b）在乡村社会中	79.3	92.4	116.5

（2）公共卫生，医院病床数，每10,000人口中：

（a）在城市社会中	49.0	51.0	104.1
（b）在乡村社会中	5.0	6.0	120.0

（3）城市人民之居屋情形：每人之居住面积，按平方公尺计：

（a）S.C.N.E.[②]计划下工业之工人	5.60	7.30	130.4
（b）国民经济中社会化部分之一切工人	5.90	7.00	118.6
（c）国民经济中私人部分之工人	5.55	5.70	102.7
（d）全部城市人口	5.70	6.30	110.5

（4）食物消费：

A. 城市社会中每人每年消费：

（a）面包（百公斤）	1.79	1.79	100.0

---

① 就是说：每人在一小时内消用了多少"瓩－时"的动力，"瓩－时"为电能及其他动能之单位，其意义见第二章第一注。（注译）

② 最高国民经济议会之简称。（译著）

（b）肉（公斤）…………………………………	49.1	62.7	127.7
（c）蛋（个）……………………………………	90.7	155.0	170.0
（d）乳类产品（公斤）………………………	218.0	339.3	155.6
B. 乡村社会中每人每年消费：			
（a）面包（百公斤）………………………	2.21	2.34	105.9
（b）肉（公斤）…………………………	22.6	26.4	116.8
（c）蛋（个）……………………………	49.6	72.0	145.2
（d）乳类产品（公斤）………………	183.0	228.0	124.6
（5）工人家庭预算，支出之分配（预算共计之百分数）：			
（a）工业产品………………………	34.2	32.5	95.0
（b）农业产品………………………	43.2	39.0	90.3
（c）居住…………………………………	8.7	9.5	109.2
（d）社会与文化需要………………	5.3	8.2	154.7
（e）其他支出……………………………	3.6	4.8	133.3
（f）储蓄………………………………	5.0	6.0	120.0
Ⅲ. 社会化与合作事业：			
（1）社会化部分总生产与农业工业生产总额（按固定价格）之百分比	45.9	66.5	144.9
（2）社会化部分谷类总生产与谷类生产总额之百分比…………	2.1	15.8	752.4
其中集团农场所占之百分数………………………………	1.0	11.3	1,130.0
（3）小工业合作事业生产与小工业生产总额之百分比…………	19.4	53.8	277.3
（4）合作零售商业之卖出与零售商业总额之比……………………	60.2	78.9	131.1
（5）国民经济社会化部分基本投资之比例（按固定价格），百分数	52.7	68.9	130.7
（6）投资流入国民经济社会部分之比例（按固定价格），百分数	57.7	83.7	145.1
（7）属于合作社之农户与全体农户之比例，百分数…………	37.5	85.0	226.7
（8）消费合作社社员与全体人口之比例，百分数：			
（a）在城市社会中………………………………	45.3	70.0	154.5
（b）在乡村社会中………………………………	19.1	40.0	209.4
Ⅳ. 工业化：			
（1）国民所得按来源的分布（按各年价格），所得总额之百分数：			
（a）工业……………………………………	31.6	34.2	108.2
（b）建筑……………………………………	6.4	9.5	148.4
（c）农业……………………………………	45.8	38.7	84.5
（d）运输与交通…………………………	5.1	6.1	119.6
（e）贸易……………………………………	11.1	11.5	103.6
（2）各年终基本资本之分布，总额之百分数：			
（a）工业……………………………………	14.0	22.9	163.6
（b）农业……………………………………	41.0	30.4	74.1
（c）电气化…………………………………	1.4	4.3	307.1
（d）运输……………………………………	16.6	17.2	103.6
（e）建筑（工业建筑除外）……………	17.2	11.9	69.2
（f）其他……………………………………	9.8	13.3	135.7
（3）投资之分布，总额之百分数：			
（a）工业（包括工业建设）……………	23.7	26.2	110.5
（b）农业……………………………………	43.4	32.2	74.2
（c）电气化…………………………………	4.0	5.4	135.0
（d）运输……………………………………	12.7	19.4	152.8
（e）建筑（城市的，工业建筑在外）……	7.2	6.7	98.1
（f）其他……………………………………	9.0	10.1	112.2

（4）S.C.N.E. 计划下工业总生产之分配，总额之百分数：

A. 生产者用货物之生产	40.3	47.8	118.6
其中：			
燃料	8.5	6.9	81.2
金属	17.1	19.0	111.1
化学产品	2.3	4.3	187.0
B. 消费者用货物之生产	59.7	52.2	87.4
其中：纺织品	32.3	25.7	79.6
（5）国民生产贸易部分之分配，百分数：			
（a）工业	69.5	70.8	101.9
（b）农业	30.5	29.2	95.7

V. 技术的改造与合理化：

（1）工业：

A. 燃料消费，吨：			
在煤炭工业中，每生产 100 吨	7.8	6.6	84.6
在石油工业中，每生产 100 吨	7.5	5.6	74.7
在金属工业中，每生产 1000 单位的生产，标准燃料单位	6.2	4.4	71.0
在棉织工业中，每生产 1000 件货物	10.69	7.96	74.5
设备之效率：			
铣铁之出产，每一鼓风炉，千吨	85.0	123.0	144.7
钢之出产，每一"开炉"①，千吨	25.7	31.4	122.2
纺织工业之织维出产：			
（a）棉织物：			
每千锭在八工作小时中所产棉纱之公斤数	2300.0	2576.0	112.0
每一机在八工作小时中所织布（未漂白者）之公尺数	25.6	27.0	105.5
（b）麻织物：			
每千锭在八工作小时中所产麻之公斤数	5740.0	7450.0	129.8
每一机在八工作小时中所织	35.9	38.0	105.8
B. 一般指数：			
（1）下列之消费率：			
（a）原料，工业的	100.0	72.0	72.0
（b）原料，农业的	100.0	82.0	82.0
（c）燃料	100.0	70.0	70.0
（2）工人生产力之指数	100.0	210.0	210.0
（3）生产费	100.0	65.0	65.0
（2）农业：			
A. 耕种面积之百分数：			
（a）其中在五年期末地界划分完了者	……	80.6	……
（b）在五年期末用化学肥料者	……	10.3	……
其中：			
耕种谷类之面积	……	6.5	……
耕种工业原料之面积	……	89.0	……
（c）用选择过的种子者	3.9	57.6	1476.9
B. 每公顷之出产（百公斤）：			
（a）谷类	7.6	9.5	125.0
（b）棉花	9.3	12.5	134.4

---

① "开炉"（open-hearth）为由铣铁炼钢最进步之一法［他一方为柏塞麦法（Bessemer process）］，系西门氏（Sir William Siemens）于 1861 年以后不久所发明。现在除次等铜及高等合金铜外一切钢料几全用"开炉"炼制。（译著）

（c）麻………………………………………………………………………	2.3	3.6	156.5

（3）铁路运输：

（a）工人生产力：每雇员之千"吨–公里"数……………………	115.2	201.1	174.6
（b）每1 000 000 "吨–公里"货物之机车—公里数 [①] ………	4200.0	3292.0	78.4
（c）运输费，每"吨–公里"之哥贝（钱币名，等于分百之一卢布）数	1.21	0.96	79.3

Ⅵ. 分配：

（1）国民所得之分配，共计之百分数：

（a）非农业人口……………………………………………………	42.7	42.7	100.0
其中之无产者的…………………………………………………	32.1	37.0	115.3
（b）农业人口………………………………………………………	49.8	42.5	85.3
其中之集团农场的………………………………………………	0.5	5.3	1060.0
（c）国民经济中社会化部分………………………………………	7.5	14.8	197.3

（2）预算共计，中央与地方，净数，按收入支出普通分类法的分配，百分数（按逐年之价格计）：

A. 收入（共计之百分数）：

（a）税入……………………………………………………………	59.0	53.0	90.5
其中之直接税……………………………………………………	30.0	31.5	105.0
其中之间接税……………………………………………………	29.0	21.9	75.5
（b）税外之收入……………………………………………………	15.7	17.4	110.8
（c）借款……………………………………………………………	11.8	12.4	105.1
（d）其他一切………………………………………………………	13.5	16.8	124.4

B. 支出，共计之百分数：

（a）社会公益与文化事业…………………………………………	21.1	21.9	103.8
（b）国民经济的经费………………………………………………	41.1	51.1	124.3
（c）其他一切………………………………………………………	37.8	27.0	71.4

（3）一般财政计划；收入与支出按普通分类法之分配（共计之百分数）：

A. 收入：

（a）政府预算………………………………………………………	55.9	50.6	90.5
其中之中央预算…………………………………………………	37.1	32.7	88.1
（b）信用制度………………………………………………………	9.1	7.9	86.8
（c）社会保险………………………………………………………	11.0	10.9	99.1
（d）来自经济组织中者……………………………………………	17.8	22.5	126.4
（e）来自外方者……………………………………………………	6.2	8.1	130.6

B. 支出：

（a）经济行为………………………………………………………	57.3	64.5	112.6
其中：			
农业……………………………………………………………	7.4	8.1	109.5
工业……………………………………………………………	20.2	19.4	96.0
电气事业………………………………………………………	2.9	3.6	124.1
运输事业………………………………………………………	9.1	12.1	133.0
房屋建筑………………………………………………………	4.2	5.2	123.8
其他……………………………………………………………	13.5	16.1	119.3
（b）社会公益与文化事业…………………………………………	25.4	25.5	100.4
（c）普通行政与国防………………………………………………	17.3	10.0	57.8

---

①　运输每1 000,000 吨 - 公里（见第一表末之第三注）的货物，所需要的机车数与每机车行里数相乘之积。（注译）

第 三 表

国民经济五年计划与 1919 年以及前一五年时期相比较之基本指数

	1913	1922~1923	1927~1928	1932~1933	五年共计		与1913之百分比		
					1923~1924 至 1927~1928	1928~1929 至 1932~1933	1922~1923	1927~1928	1932~1933
I.人口:									
（a）共计之数（百万）	139.7	133.3	151.3	169.2	143.8	162.0	95.4	108.3	121.1
包括:									
城市	25.7	21.9	27.9	34.2	25.3	31.5	85.2	108.6	133.1
乡村	114.0	111.4	123.4	135.0	118.5	130.5	97.7	108.2	118.4
（b）雇佣劳动者人数共计（千）	11,200.0	6,803.0	11,350.0	15,764.0	9,740.0	13,794.0	60.7	101.3	140.8
其中在注册工业中者	2,900.0	1,706.0	3,072.0	4,080.0	2,550.0	3,626.0	58.8	105.9	140.7
II.电气化:									
1.制造工厂中主力电动机容量（千瓩）	960.0	……	2,550.0	6,200.0	……	……	……	265.5	645.8
2.公用站之主力电动机容量（千瓩）	96.0	……	880.0	3,750.0	……	……	……	916.7	3,906.3
3.电力之生产（百万瓩一时）	1,956.0	1,095.0	5,050.0	22,000.0	16,000.0	65,000.0	56.3	259.6	1,131.1
III.农业:									
1.耕种面积（百万公顷）	116.7	80.0	115.6	142.0	105.0	129.0	70.4	101.7	124.9
其中种植谷类者	102.7	70.0	97.2	112.0	84.0	104.0	68.2	94.8	109.2
其中种植工业原料者	5.5	4.0	7.3	12.0	6.0	10.0	72.7	132.7	218.1
2.牲畜：牛或其相等者（百万头）	85.0	65.0	85.0	114.0	77.0	……	76.8	100.0	134.1
其中:									
（a）载重动物（百万头）	36.0	22.0	31.0	48.0	27.0	……	61.8	86.1	133.3
（b）饲养动物（百万头）	49.0	43.0	54.0	66.0	50.0	……	87.8	110.2	134.7
3.生产（实质数量）:									
（a）谷类（百万吨）	81.2	61.0	73.7	106.0	335.0	445.0	75.1	89.5	130.5
（b）棉花（千吨）	744.0	28.0	719.0	1,907.0	2,369.0	6,857.0	3.7	96.6	256.4
（c）麻（千吨）	454.0	306.0	292.0	621.0	1,501.0	2,210.0	67.4	63.8	136.8
（d）甜菜（百万吨）	10.9	2.0	10.1	20.0	31.0	74.0	18.3	92.7	183.5
（e）榨油种子（千吨）	2,554.0	2,098.0	3,401.0	6,721.0	14,257.0	25,275.0	82.1	133.2	263.2
4.生产按战前价格计（十万万卢布）	10.5	7.8	11.0	17.0	49.6	……	74.3	104.3	165.9
5.谷类生产之贸易部分（百万吨）	20.4	……	8.0	19.6	44.0	65.0	……	39.2	96.1
IV.工业:									
1.生产（实质数量）:									
A.生产者用货物:									
（a）煤（百万吨）	28.9	11.0	35.4	75.0	125.0	279.0	30.1	122.5	259.5
（b）石油（百万吨）	9.3	5.0	11.6	22.0	44.0	86.0	53.8	124.7	236.6
（c）泥煤（百万吨）	1.6	3.0	6.9	16.0	24.0	57.0	187.5	431.3	1,000.0
（d）铁矿沙（百万吨）	9.2	……	5.7	19.0	17.0	64.0	4.3	62.0	206.5
（e）铣铁（百万吨）	4.2	……	3.3	10.0	10.0	33.0	7.1	78.6	238.1
（f）钢锭，开心炉产（百万吨）	4.2	……	4.0	10.4	13.0	35.0	11.9	95.2	247.6
（g）多形钢（百万吨）	3.5	0.5	3.2	8.0	10.0	27.0	14.3	91.4	228.6
（h）农业机（百万卢布按战前价格）	67.0	14.0	125.0	498.0	286.0	……	20.9	186.6	743.3
（i）水泥（百万桶）	12.3	1.0	11.9	41.0	37.0	135.0	8.1	96.7	333.3
（j）砖（百万块）	2,144.0	213.0	1,785.0	9,300.0	5,178.0	29,750.0	9.9	83.3	433.8
（k）过磷酸盐（千吨）	55.0	5.0	150.0	3,400.0	379.0	7,291.0	9.1	272.7	6,181.8
（l）硫酸（千吨）	150.0	35.0	208.0	1,450.0	674.0	3,801.0	23.3	138.7	966.7
B.消费者用货物:									
（a）棉纱（千吨）	271.0	75.0	328.0	620.0	1,148.0	2,367.0	27.7	121.0	228.8

（b）毛织物（百万公尺）………	95.0	22.0	97.0	270.0	328.0	849.0	23.0	102.1	284.2
（c）麻织物（百万平方公尺）………	……	93.0	165.0	500.0	728.0	1,537.0	……	……	……
（d）车糖（千吨）………	1,290.0	211.0	1,340.0	2,600.0	4,124.0	9,640.0	16.4	103.9	201.6
（e）盐（千吨）………	1,978.0	950.0	2,300.0	3,250.0	8,269.0	14,473.0	48.0	116.3	164.3
（f）橡胶鞋（百万双）………	28.0	10.0	37.0	75.0	113.0	274.0	35.7	132.1	267.9
2.注册工业，按战前价格 （十万万卢布）………	6.4	2.0	8.1	21.0	……	……	31.3	126.6	328.1
3.工业工人之实质工资，包括房租及其他 市政设施（1913之百分数）………	100.0	54.2	122.5	208.9			54.2	122.5	208.9
Ⅴ.运输：									
1.通车里数（千公里）………	59.0	71.0	77.0	90.0	75.0	82.0	120.3	130.5	152.5
2.货运（百万吨）………	132.0	58.0	151.0	281.0	111.0	217.0	44.3	114.4	212.9
其中之谷数	18.0	9.0	14.0	25.0	13.0	19.0	50.0	77.8	138.9
其中之煤	26.0	8.0	30.0	58.0	21.0	45.0	30.8	115.4	223.1
Ⅵ.国民所得（十万万卢布）：									
按战前价格………	14.0	7.0	15.0	30.0	63.0	115.0	50.0	107.1	214.3
按各年之价格………	……	7.0	25.0	43.0	……	175.0	……	……	……

此数为1914年之生产数。（原注）

（附注）第六、七两列（即在"五年共计"标题下者）中关于人口、耕种面积、牲畜数目与运输为五年之平均数。（原注）

第　四　表

社会化之进展

国民经济中社会化部分与私有部分之比例（共计之百分数）

	社会化部分			私有部分
	国营	合作	共计	
1.服务人数：				
1927～1928………	15.1	3.2	18.3	81.7
1932～1933………	16.3	14.4	30.7	69.3
2.雇佣劳动者人数：				
1927～1928………	70.5	9.4	79.9	20.1
1932～1933………	70.7	13.2	83.9	16.1
其中：				
（a）工业：				
1927～1928………	85.7	5.7	91.4	8.6
1932～1933………	8.69	6.5	93.4	6.6
（b）农业：				
1927～1928………	28.6	4.7	33.3	67.7
1932～1933………	34.5	6.9	41.4	58.6
3.投资：				
1927～1928………	53.9	3.8	57.7	42.3
1932～1933………	74.4	9.3	83.7	16.3
其中：				
（a）工业：				
1927～1928………	94.4	1.8	96.2	3.8
1932～1933………	96.2	2.5	98.7	1.3
（b）农业：				
1927～1928………	2.6	5.2	7.8	92.2
1932～1933………	7.0	24.4	31.4	68.6

4.年终之资本：

　A.基本资本：

1927～1928…………………………………………	51.0	1.7	52.7	47.3
1932～1933…………………………………………	63.6	5.3	68.9	31.1

其中：

 （a）工业：

1927～1928…………………………………………	89.2	3.0	92.2	7.8
1932～1933…………………………………………	94.5	2.3	96.8	3.2

 （b）农业：

1927～1928…………………………………………	2.7	2.2	4.9	95.1
1932～1933…………………………………………	4.9	9.4	14.3	85.7

B. 流动资本：

1927～1928…………………………………………	41.5	14.9	56.4	43.6
1932～1933…………………………………………	39.5	28.8	63.3	31.7

其中：

 （a）工业：

1927～1928…………………………………………	87.3	11.9	99.2	0.8
1932～1933…………………………………………	74.3	25.4	99.7	0.3

 （b）农业：

1927～1928…………………………………………	2.7	1.5	4.2	95.8
1932～1933…………………………………………	5.1	15.9	21.0	79.0

5. 生产总额：

1927～1928…………………………………………	39.8	6.1	54.9	54.1
1932～1933…………………………………………	52.7	13.8	66.5	33.5

A. 工业：

 （a）注册工业：

1927～1928…………………………………………	90.9	7.4	98.3	1.7
1932～1933…………………………………………	91.1	7.9	99.0	1.0

 （b）小规模工业：

1927～1928…………………………………………	1.3	19.4	20.7	79.3
1932～1933…………………………………………	1.8	53.8	55.6	44.4

 （c）一切工业：

1927～1928…………………………………………	69.2	10.3	79.5	20.5
1932～1933…………………………………………	77.5	14.9	92.4	7.6

B. 农业：

1927～1928…………………………………………	1.2	0.6	1.8	98.2
1932～1933…………………………………………	3.2	11.5	14.7	85.3

6. 生产之贸易部分：

1927～1928…………………………………………	56.4	9.7	66.1	33.9
1932～1933…………………………………………	65.3	16.0	81.8	18.2

A. 工业：

 （a）注册工业：

1927～1928…………………………………………	89.7	8.4	98.1	1.9
1932～1933…………………………………………	90.3	8.6	98.9	1.1

 （b）小规模工业：

1927～1928…………………………………………	1.4	19.3	20.7	79.3
1932～1933…………………………………………	1.8	53.8	55.6	44.4

 （c）其他工业：

1927～1928…………………………………………	66.1	11.3	77.4	22.6
1932～1933…………………………………………	75.8	16.0`	91.8	8.2

B. 农业：

1927～1928…………………………………………	3.6	0.8	4.4	95.6

1932～1933……………………………………………	8.6	16.7	25.3	74.7

7. 贸易额：

1927～1928……………………………………………	37.6	48.5	86.1	13.9
1932～1933……………………………………………	36.9	59.9	96.3	6.2

其中之零售商业：

1927～1928……………………………………………	14.8	60.2	75.0	25.0
1932～1933……………………………………………	12.2	78.9	91.1	8.9

8. 国民所得：

1927～1928……………………………………………	42.8	9.9	52.7	47.3
1932～1933……………………………………………	48.4	17.9	66.3	33.7

A. 工业：

1927～1928……………………………………………	78.7	8.4	87.1	12.9
1932～1933……………………………………………	83.5	11.4	94.9	5.1

B. 农业：

1927～1928……………………………………………	1.2	0.7	1.9	98.1
1932～1933……………………………………………	3.1	11.8	14.9	85.1

第 五 表

合作组织之进展

	1927～1928	1932～1933	1932～1933 与 1927～1928 之百分比
1. 股东数目（千）：			
（a）企业合作社[①]……………………………	9,500	23,530	248
其中属于集团农场者[②]……………………	400	3,580	895
（b）手艺工人会……………………………………	870	3,686	395
（c）消费社：			
城市中…………………………………………	8,705	10,450	189
乡村中…………………………………………	13,876	31,800	239
（d）房屋建筑社…………………………………	247	875	354
（e）租房会………………………………………	963	……	……
2. 合作组织之相对势力[③]：			
（a）农业合作社…………………………………	37.5	85.0	227.0
（b）手艺工人会…………………………………	21.0	56.0	267.0
（c）消费社：			
城市中…………………………………………	45.3	70.0	155.0
乡村中…………………………………………	19.1	40.0	209.0
3. 股额总计（百万卢布）……………………………	334.6	2590.0	774.0
（a）农业合作社…………………………………	65.0	583.0	897.0
（b）手艺工人会…………………………………	43.0	366.0	851.0
（c）消费社：			
城市中…………………………………………	90.6	658.0	726.0
乡村中…………………………………………	103.0	795.0	772.0
（d）房屋建筑社…………………………………	30.0	188.0	627.0
（e）租房会………………………………………	3.0	31.0	1,033.0
4. 股份之平均价值（卢布）：			
（a）农业合作社…………………………………	6.85	24.70	361.0

①②　加入合作组织之户口按千计。（原注）

③　合作组织之相对势力，在企业合作社中以总户口之百分数计；在消费合作社中，按城市与乡村成年人口之百分数分别计之；在手艺工人会中，按手艺工人总额之百分数计。（原注）

	1927~1928	1932~1933		
（b）手艺工人会…………………………	49.40	99.10	201.0	
（c）消费社：				
城市中………………………………	10.40	40.00	385.0	
乡村中………………………………	7.42	25.00	337.0	
（d）房屋建筑社………………………	121.00	……	……	
（e）租房费……………………………	5.20	……	……	

第 六 表

苏联国民经济的基本资本中之投资

（按各年之价格计）

	按百万卢布计			1932~1933 与 1927~1928 之 百分比	总额之百分数		
	1927~1928	1932~1933	五年共计		1927~1928	1932~1933	五年共计
Ⅰ.工业（包括工业房屋）………………	1,672	4,170	16,353	249.4	23.7	26.2	27.1
其中在管理下的工业…………………	1,318	3,465	13,500	262.9	18.7	21.7	22.3
A组（生产者用货物）………………	938	2,396	9,788	255.4	13.3	15.0	16.2
B组（消费者用货物）………………	365	734	2,860	201.1	5.2	4.6	4.7
Ⅱ.农业（土地开垦）：							
（a）包括土地编制与其他公共政策的方法…	3,034	5,516	23,152	178.8	43.4	32.3	35.8
（b）土地编制与其他公共政策的方法在外…	3,022	4,341	18,998	143.6	2.8	27.3	31.4
其中之机械与农具…………………	550	1,196	4,507	217.5	7.8	7.5	7.5
Ⅲ.森林……………………………………	12	64	299	533.3	0.2	0.4	0.4
Ⅳ.电气事业：							
（a）工厂动力站在外…………………	284	861	3,059	303.2	4.0	5.4	5.1
（b）包括工厂动力站…………………	349	1,061	3,844	304.0	5.0	6.6	6.4
其中之中央的区厂…………………	230	605	2,302	263.0	3.3	3.8	3.8
Ⅴ.运输……………………………………	896	3,105	10,002	346.5	12.7	19.4	16.5
其中之铁路运输……………………	714	1,898	6,713	265.8	10.1	11.9	11.1
Ⅵ.邮政、电报、电话与无线电…………	35	65	307	185.7	0.5	0.4	0.5
Ⅶ.商业与货栈……………………………	176	605	2,164	343.8	2.5	3.8	3.6
Ⅷ.公共教育………………………………	114	645	2,017	565.8	1.6	4.0	3.3
Ⅸ.卫生事务………………………………	89	227	778	255.1	1.3	1.4	1.3
Ⅹ.普通行政………………………………	67	91	413	135.8	1.0	0.6	0.7
Ⅺ.市政事业………………………………	174	725	2,233	416.7	2.5	4.5	3.7
Ⅻ.城市社会中之房屋建筑：							
（a）包括工业、运输，以及电气事业所需要之房屋………………………	711	1,647	5,885	231.6	10.1	10.3	9.7
（b）上项房屋在外…………………	509	1,063	3,895	209.8	7.2	6.7	6.4
共计：							
（a）包括农业中土地编制与公共政策的其他方法之投资……………	7,112	17,142	64,601	241.0	……	……	……
（b）农业中公共政策的方法在外…………	7,050	15,967	60,447	226.5	100.0	100.0	100.0
按社会化与私有部分而分配：							
国营…………………………………	3,613	10,472	37,473	289.8	51.2	65.6	62.0
合作…………………………………	385	2,097	6,725	544.7	5.5	13.1	11.1
私有…………………………………	3,052	3,398	16,259	111.3	43.3	21.3	24.9

管理下之工业即指在最高国民经济议会所管理下的工业（评注）

第 七 表

苏联国民经济之基本资本与投资

	按百万卢布计（按 1925~1926 价格）				1933 年 10 月 1 日与 1928 年 10 月 1 日基本资本之百分比	基本资本之分配（总额之百分数）	
	1928 年 10 月 1 日之基本资本	五年中之折旧	五年中之投资	1933 年 10 月 1 日之基本资本		1928 年 10 月 1 日	1933 年 10 月 1 日
Ⅰ. 工业：包括工业房屋…………	9,813	3,444	22,746	29,115	296.7	14.0	22.9
其中管理下的工业…………………	7,940	2,762	18,808	23,986	302.1	11.3	8.8
A 组工业………………………	4,550	1,745	13,589	16,394	360.3	6.5	12.8
B 组工业………………………	3,298	992	3,986	6,292	190.8	4.7	4.9
Ⅱ. 业农本部………………………	28,741	10,571	20,717	38,887	135.3	41.0	30.4
其中农具与机械………………	3,280	1,933	5,060	6,407	195.3	4.7	5.0
Ⅲ. 电气事业：制造工厂动力站在外…………	1,011	576	4,874	5,309	525.1	1.4	4.3
其中在中央的区域厂者……	769	446	3,667	3,990	518.9	1.1	3.1
Ⅳ. 运输………………………	11,653	2,546	12,905	2,212	188.9	16.6	17.2
其中铁路运输………………	10,131	2,066	8,899	16,964	167.4	14.4	13.3
Ⅴ. 邮政、电报、电话及无线电……	286	101	416	601	21.01	0.4	0.5
Ⅵ. 商业与货栈………………	701	379	3,195	3,517	501.7	1.0	2.7
Ⅶ. 公共教育………………	1,974	214	3,184	4,944	250.5	2.8	3.9
Ⅷ. 卫生事务………………	1,074	114	1,271	2,231	207.7	1.5	1.7
Ⅸ. 普通行政………………	656	116	657	1,197	182.5	0.9	0.9
Ⅹ. 市政事业………………	2,274	606	3,047	4,715	207.3	3.2	3.7
Ⅺ. 城市中心之房屋建筑：							
包括工业房屋………………	13,136	2,301	7,684	18,519	141.0	18.7	14.5
工业房屋在外………………	11,971	2,062	5,342	15,251	127.4	17.2	11.9
共计………………………	70,154	20,729	78,354	127,779	182.2	100.0	100.0
按社会化与私有部分的分配：							
国营………………………	35,786	8,922	54,347	81,211	226.9	51.0	63.6
合作………………………	1,198	869	6,449	6,778	565.8	1.7	5.3
私有………………………	33,170	10,939	17,559	39,790	120.0	47.3	31.1
按经济作用的分配：							
生产………………………	27,567	11,734	41,068	56,901	206.4	39.3	44.5
分配………………………	12,640	3,025	16,516	26,131	206.7	18.0	20.5
消费………………………	29,947	5,969	20,769	44,747	149.4	42.7	35.0

　　附注：在上表中关于基本资本的一切数字皆按 1925~1926 价格计算，以便与以前诸年之数字相比较；因为要与前几年做比较，农业与运输资本采用了更精确的数字。（原注）

第 八 表

苏联的国民所得

（净生产）

	按百万卢布计			1932~1933 与 1927~1928 之百分比	总额之百分数		
	1927~1928	1932~1933	五年		1927~1928	1932~1933	五年
A. 按各年之价格：							
1. 农业………………………	11,285	16,742	71,836	148.4	45.8	33.7	41.0
农业、渔猎与森林业在外………	9,466	14,159	60,558	149.6	38.4	32.7	34.6
2. 工业，包括国产税…………	7,809	14,815	58,990	189.7	31.6	34.2	33.7
工业，国税在外………………	6,449	12,725	49,680	197.3	26.1	29.4	28.4

	1926～1927价格						
其中大规模工业（国产税在外）…………	5,214	11,072	42,120	212.3	21.1	25.6	24.1
3. 建筑………	1,588	4,096	15,007	257.9	6.4	9.5	8.6
4. 运输与交通………	1,261	2,620	9,630	207.8	5.1	6.1	5.5
其中铁路运输………	1,061	2,294	8,302	216.2	4.3	5.3	4.7
商业………	2,738	4,997	19,654	182.5	11.1	11.5	11.2
共计………	24,681	43,270	175,117	175.3	100.0	100.0	100.0
B. 按1926～1927价格：							
1. 农业………	19,783	16,681	68,448	154.7	44.1	33.6	36.7
农业，渔猎与森林业在外………	8,868	13,827	56,091	155.9	36.3	27.8	30.1
2. 工业，包括国产税………	7,978	18,983	68,392	237.9	32.7	38.2	36.7
工业，国产税在外………	6,582	16,314	57,694	247.9	26.9	32.8	30.9
其中大规模工业（国产税在外）………	5,349	14,328	49,495	267.9	21.9	28.8	26.5
3. 建筑………	1,667	5,877	19,483	352.5	6.8	11.8	10.4
4. 运输与交通………	1,176	2,191	8,293	186.3	4.8	4.4	4.4
其中铁路运输………	982	1,907	7,091	194.2	4.0	3.8	3.8
5. 商业………	2,825	5,958	21,960	210.9	11.6	12.0	11.8
共计………	24,429	49,690	186,576	203.4	100.0	100.0	100.0

第 九 表

苏联国民经济之财政计划

	按百万卢布计			1932～1933与 1927～1928之 百分比	总额之百分数		
	1927～1928	1932～1933	五年		1927～1928	1932～1933	五年
A. 支出方面：							
1. 经济行为………………	5,422	14,881	54,629	274.5	57.3	64.5	63.5
其中：							
（a）工业………	1,909	4,468	17,830	231.0	20.2	19.4	20.7
（b）农业………	698	1,873	6,746	268.3	7.4	8.1	7.8
（c）农气发展………	276	837	2,960	303.3	2.9	3.6	3.4
（d）运输………	861	2,790	9,471	324.0	9.1	12.1	11.0
（e）房屋建筑………	400	1,190	4,028	297.5	4.2	5.2	4.7
2. 社会公益与文化事业………	2,400	5,884	21,396	245.2	25.4	25.5	24.9
其中：							
公共教育………	1,029	2,995	10,385	291.1	10.9	13.0	12.1
3. 普通行政与国防………	1,642	2,308	9,980	149.6	17.3	10.0	11.6
共计………	9,464	23,073	86,005	243.8	100.0	100.0	100.0
B. 收入方面：							
1. 政府预算………	5,293	11,674	44,709	220.6	55.9	50.6	52.0
其中之中央预算………	3,514	7,547	29,639	214.8	37.1	32.7	34.5
2. 信用制度………	861	1,822	6,628	211.6	9.1	7.9	7.7
3. 社会保险………	1,039	2,524	9,180	242.9	11.0	10.9	10.7
4. 经济机关中之财源………	1,680	5,201	18,961	309.6	17.8	22.5	22.0
5. 外方来源………	591	1,852	6,527	313.4	6.2	8.1	7.6
共计………	9,464	23,073	86,005	243.8	100.0	100.0	100.0

第 十 表

五年计划下之每年发展

	按百万卢布计							每年与其前一年百分比					
	1927~1928	1928~1929	1929~1930	1930~1931	1931~1932	1932~1933	五年	1928~1929 与 1927~1928	1929~1930 与 1928~1929	1930~1931 与 1929~1930	1931~1932 与 1930~1931	1932~1933 与 1931~1932	1932~1933 与 1927~1928 之比
I. 工业之总生产：													
（按1926~1927价格）…………	18,312	21,164	25,009	29,643	35,584	43,196	154,596	115.6	118.2	118.5	120.0	121.4	236.0
其中属于最高国民经济会议会计划中之工业者…	10,909	13,247	16,090	19,649	24,320	30,447	103,753	121.4	121.5	122.1	123.8	125.2	279.0
II. 农业之总生产（按1926~1927价格） ………	16,659	17,369	18,845	20,804	22,897	25,806	105,719	104.2	108.5	110.4	110.1	112.7	155.0
其中属于农业本部者………	14,526	15,038	16,304	18,054	19,935	22,630	91,961	103.5	108.4	110.7	110.4	113.5	155.8
III. 国民所得（净生产）：													
（a）按1926~1927价格………	24,429	27,149	31,289	36,294	42,154	49,690	186,576	111.1	115.2	116.0	116.1	117.9	203.4
（b）按各年之价格………	24,681	27,385	30,884	34,829	38,749	43,270	175,117	111.0	112.8	112.8	111.3	111.7	175.3
IV. 投资（按各年之价格） ………	8,052	10,192	13,080	16,061	18,354	20,717	78,404	126.6	128.3	122.8	114.3	112.9	257.3
其中：													
（a）基本资本………	7,112	8,612	10,836	13,115	14,896	17,142	64,601	121.1	125.8	121.0	113.6	115.1	241.0
包括：													
1. 工业（工业房屋在内）………	1,672	2,091	2,845	3,451	3,796	4,170	16,353	125.1	136.1	121.3	110.0	109.9	249.4
其中在最高国民经济会议管理下的工业…	1,318	1,659	2,331	2,880	3,165	3,465	13,500	125.9	140.5	123.6	109.9	109.5	262.0
2. 电器事业（工厂动力厂在外）…	284	332	453	656	757	861	3,059	116.9	136.4	144.8	115.4	113.7	303.2
3. 农业………	3,084	3,664	4,173	4,720	5,079	5,516	23,152	118.8	113.9	113.1	107.6	108.6	178.8
4. 运输………	896	1,128	1,497	1,878	2,394	3,105	10,002	125.9	132.7	125.5	127.5	129.7	346.5
（b）流动资本………	940	1,580	2,244	2,946	3,458	3,575	13,803	168.1	142.0	131.3	117.4	103.4	380.3
V. 政府预算，中央与地方的净支出 …	5,879	7,123	8,633	10,120	11,810	13,669	51,355	121.3	121.2	117.2	116.7	115.7	232.5
其中：													
（a）普通行政与国防………	1,751	1,878	1,991	2,195	2,406	2,716	11,186	167.1	106.0	110.2	109.6	112.9	155.1
（b）社会公益与文化事业………	1,238	1,450	1,769	2,167	2,566	2,994	10,946	117.1	122.0	122.5	118.4	116.7	241.8
（c）国民经济事项之集资………	2,424	3,284	4,204	5,058	6,081	6,981	25,608	136.0	128.0	120.3	120.2	114.8	288.0
（d）其他一切………	464	511	669	700	757	978	3,615	110.1	130.9	104.6	108.1	129.2	269.9
收入方面：													
1. 政府预算………	5,293					11,674	44,709			55.9	50.6	52.0	220.6
其中之中央预算………	3,514					7,547	29,639			37.1	32.7	34.5	214.8
2. 信用制度………	861					1,822	6,628			9.1	7.9	7.7	211.6

3. 社会保险	1039	2524	9180	242.9	11.0	10.9	10.7
4. 经济机关中之财源	1680	5201	18,961	309.6	17.8	22.5	22.0
5. 外方来源	591	1852	6527	313.4	6.2	8.1	7.6
共计	9464	23,073	86,005	243.8	100.0	100.0	100.0

1927~1928 至 1929~1930 的国民经济指数

（原计划及实际的结果）

项目	1927~1929 实际	1928~1929 五年计划	1928~1929 实际	1929~1930 五年计划	1929~1930 实际	前一年之百分数 1928~1929 五年计划	前一年之百分数 1929 实际	前一年之百分数 1929~1930 五年计划	前一年之百分数 1929~1930 修订计划
I. 工人、雇佣劳动者之平均人数，从事于手工农者在内（以千人为单位）	11,456	11,901	12,750	13,293	13,293	140.9	106.1	107.5	100.4
II. 国民所得（以百万卢布为单位）：									
1. 按每年之价格	24,081	27,469	29,220	30,864	53,079	111.3	118.4	112.4	113.2
2. 按1926~1927价格	24,429	27,031	27,458	31,299	33,000	110.7	112.4	115.8	120.4
III. 国民经济社会化部分基本资本之投资（以百万卢布为单位，按每年价格计）	4,042	5,270	5,560	7414	10,008	……	137.6	140.7	130.0
IV. 电器事业									
1. 年终之容量，工业电力厂在外（以千瓩为单位） 区域的公用电厂	868	1,000	1,000	……	1,631	114.0	122.1	……	153.9
区域的公用电厂	528	606	602	……	1,100	116.0	125.4	……	175.2
2. 特力生产，工业电力厂在外（以百万瓩一时为单位）	2,603	3,248	3,225	……	4,603	135.0	128.8	……	145.5
区动力厂（以百万一时为单位）	1,814	2,415	2,400	……	3,706	129.1	132.3	……	154.4
3. 投资，工业动力厂在外（以百万卢布为单位，按各年之价格计）	969	332	369	453	614	116.9	137.2	136.4	166.4
V. 工业									
A. 一切工业									
1. 出产总额（以百万卢布为单位，按1926~1927价格计）	19,091	21,164	2,292	25,009	28,050	115.6	116.8	118.2	125.8
注册工业	14,131	16,439	7,115	19,885	22,497	118.4	121.1	121.0	131.4
小规模工业，包括磨粉厂	4,952	4,725	5,177	5,124	5,553	106.7	104.3	108.4	107.3
2. 出产总种（以百万卢布为单位，按各年价格计）	18,314	20,358	1,401	23,081	26,406	113.4	116.9	113.4	123.4
注册工业	13,566	……	6,416	18,097	21,108	115.7	121.0	115.7	128.6
小规模工业		13,246		4,984	5,298	106.4	105.0	105.8	
B. 最高国民经济议会所管理下的工业：									
1. 生产总额（以百万卢布为单位，按1926~1927价格计）	11,067	13,246	3,693	16,091	18,092	121.4	123.7	121.5	132.1
生产者用货物的工业	4,663	5,516	6,052	6,960	8,782	125.6	129.8	126.2	115.1
消费者用货物的工业	6,404	7,730	7,611	9,131	9,310	118.6	119.3	118.1	121.9
2. 工人数目（单位：卢布）	2,132	2,194	2,298	2,280	2,430	104.3	107.8	104.1	105.7
3. 每工人每年生产的价值（单位：卢布，按1926~1927价格计）	5,190	6,037	5,957	7,046	7,446	116.4	114.8	117.0	125.0

4. 生产费（1927～1928=100）	89.0	92.5	95.0	93.0	84.5	86.0	95.0	93	100.0
5. 投资（单位：百万卢布，按每年价格计）	194.6	140.5	126.7	125.9	3,267	2,331	1,679	1,659	1,825
生产者用货物的工业	200.9	142.0	130.4	130.5	2,489	1,738	1,239	1,224	950
消费者用货物的工业	130.0	132.8	99.5	99.5	472	482	363	363	365
杂项工业	397.0	154.0	770.0	……	306	111	77	72	10
VI. 农业：									
1. 生产总额（单位：百万卢布，按 1926～1927 价格）	102.7	108.4	101.8	103.5	15,186	16,303	14,787	15,037	14,526
2. 所供给的机械（单位：百万卢布）	184.5	138.2	147.7	147.7	406	304	220	220	149
3. 所供给的曳重车（单位：千部 10 马力车）	422.7	258.8	290.1	290.1	41.0	25.0	9.7	9.7	3.3
4. 矿物肥料的消费（单位：千吨，石灰与豆饼除外）	248.8	318.3	198.1	215.4	1,066	1,776	428	559	216
5. 社会化部分的投资（单位：百万卢布，按每年价格）	246.4	171.7	273.2	……	1,636	1,049	661	611	243
VII. 运输：									
1. 铁路货运（单位：百万吨一公里）	119.0	112.1	121.0	110.1	127.0	108.7	106.7	97.0	88.2
2. 铁路收入（单位：百万卢布）	120.4	114.5	117.1	112.4	2,439	2,095	2,025	1,830	1,730
3. 投资（单位：百万卢布，按每年价格计）	152.7	129.9	127.8	124.3	1,840	1,430	1,205	1,101	943
铁路投资	141.7	128.8	124.4	119.2	1,335	1,087	942	844	757
VIII. 预算（单位：百万卢布）：									
1. 联邦收入	139.0	118.4	118.5	115.4	11,261	9,178	8,103	7,752	6,836
2. 联邦预算之财政分配	171.3	122.4	143.3	139.2	4,813	3,310	2,809	2,700	1,959
工业	181.4	115.3	149.6	145.1	1,780	1,090	986	945	659
电气事业	177.1	122.3	129.6	135.9	310	225	175	184	135
运输	161.6	139.1	143.9	131.4	1,244	1,018	770	732	545
农业（农业人民委员部预算中之支出在外）	176.6	105.4	217.4	210.7	618	353	350	335	161
灌溉	282.1	162.6	109.9	109.3	110	65	39	40	35.5
杂项	152.0	119.0	115.0	……	742	559	489	460	423.5
IX. 指数（1913=100）：									
1. 生产者之价格（工业产品）	97.5	95.6	99.7	98.6	180.2	174.7	184.8	182	185.3
2. 市场经理者所付之价格（农业产品）	97.5	99.5	117.2	105.5	178.8	164.2	183.3	163	156.4
食粮	94.9	99.2	141.5	116.3	180.6	115.4	190.4	159	134.6
工业原料	100.1	100.0	104.4	103.4	146.2	144.6	146.0	144	139.8
牲畜产品	100.6	99.8	108.7	109.9	198.7	183.0	197.6	183	181.3
3. 生活费指数	97.5	97.5	104.9	102.8	204.5	200.4	209.7	205	199.9

* 系指 1927、1928、1929，各年之收成

+ 所供给的曳重车已达 54 000 部

附注：1. 本表内至数字异以前所举者有点出人（尤其是国民与农业生产），因为要互相比较，数字是按照五年计划的方法估计的。这些方法已经多少更改了一点。

2. 百分数是根据精确的数字计算到的，并非由表中所整数计算出来的。

附录三　注　释

度量衡：

公斤（＝千克）·······································2.2046 磅
Centnev（德国衡量单位之一种）·····················220.46 磅
公吨（＝千公斤）·······································2204.6 磅
公尺（米突）·······································39.37 英寸
公里（＝千公尺）·······································0.621 英里
平方公尺·······································10.764 平方英尺
公顷（100 公亩 ＝10000 平方公尺）·····················2.741 英亩
卢布·······································51½ 分（美金）
最高国民经济议会（S.C.N.E.）·····················管理国营工业之中央政府的一机关
注册工业·······································雇用 15（或以上）工人并用机械动力，或 30 以上工人而无机械动力设备之工业组织
苏维埃经济年度·······································十月一日至九月三十日
苏维埃农业年度·······································七月一日至六月三十日

附录四　苏联地名中英对照表

三画

乃司塔夫　Nesvetacv

山准司克　Shadrimsk

四画

中央工业区　Central Industrial Region

及色尔 – 顿　Gisel-Don

中倭尔加　Middle Volga

太尔木　Terms

内德丁司克　Nadejdinsk

五画

尼尼 – 纳葛罗　Nizhni-Novgorod

尼尼 – 泰即尔　Nizhni-Tagil

卡朱　Chardzhui

以那乌 – 乌甚克　Ivanovo-Voznesensk

他则利　Tkvarcheli

白海　White Sea

克里米亚　Crimea

外高加索　Transcancasia

中亚细亚　Central Asia

卡希拉　Kashira

卡雷 – 巴葛司　Kara-Bugas

卡雷海　Kara Sa

尼喀埠　Nikopol

皮提劳夫　Putilov

尼普罗夫司克　Dneprovsk

司维德劳夫　Sverdlov

瓦德　Vody

皮辍司克　Petrovsk

六画

列宁格勒　Leningrad

早夫海　Azov Sea

西北区　North West Region

西比利亚　Siberia

托司夫克　Toshkovo

考司尼次　Kusnets

考皮司克　Khopersk

色威尔河　Svir River

色马勒　Samara

色特罗夫克　Shterovka

色尔母斯克　Suramsk

早勒　Dzora

米罗渥　Millerovo

七画

克夫　Kiev

克雷渥　Krivoy

克日尔　Kizel

克瓦　Khiva

克然　Khiva

克司拉夫　Kiselov

克里米亚　Crimea

克则克　Kazak

克宾司克　Khibinsk

克雷那达　Krasnodor

克雷马特　Kramatov

克雷森　Krasny

八画

咀也瓦　Znyevo

坡木　Perm

阿可比司克　Aktubinsk

阿剌培司克　Alapayevsk

阿门克　Armiansk

阿一夏尔克　Ust-Sysolsk

阿林克　Akmolinsk

阿则本仁　Azerbaijan

剌陶司提　Zlatoust

九画

威他克　Viatka

威拉克司　Sverdlovsk

柏克森　Baksan

柏拉克内　Balakhna

依葛雷夫　Egoriev

亚路司来夫　Yaroslavl

十画

乌拉耳　Ural

乌梁尼克　Voronezk

乌发　Ufa

柴米克夫　Cherenkov

柴来比司克　Cheliabinsk

特威尔　Tver

特宝克　Aktubinsk

十一画

都山必　Dushanbe

排乔勒　Pechora

十二画

塔夫丁司克　Tavdinsk

塔感剌　Tagaurog

喀克夫　Kharkov

喀拉司　Kotlas

李派克　Lipetzk

沙克塔　Shakhta

沙利克司克　Solikamsk

延西　Yenisei

安巴　Emba

那司木克　Novosibrisk

狄尼普罗司辍　Dnieprostroy

狄尼普罗皮辍司克　Dniepropetrovsk

波布雷可夫　Bobrjkov

波葛马拉夫　Bogomolov

波雷尼考夫　Bereznikov

剎喀　Soroka

剎球勒　Shatura

刻耳赤　Kerch

彼路司辍　Parostory

其尔其克　Chirchik

革命威葛特　Dvigatal Revolutsil

拜剌夏夫　Baloshov

则泡罗日　Zaporozhie

待海屯　Dazhestan

俄罗斯共和国　Russian Republic

高加索　Cancasus

莫斯科　Moscow

泰卫波　Telbes

马芦波尔　Mariupol

恩伯　Emba

伦　Rion

倭尔加　Volga

莫尔满司克　Murmansk

凯米维乌　Kemerovo

凯勒里　Karelia

凯尔僧　Kherson

劳葛　Rog

喀拉—隆克尔　Kara-Sakhal

喀劳那　Kolomna

喀尔司克　Kursk

喀尔干　Kurgan

十三画

奥母司克　Omsk

爱尼弗　Azneft

十四画

远东　Far East

十五画

顿尼次　Donetz

辍克　Troitzk

十六画

鲍瓦　Borovoye

欧司克　Orsk

十七画

赛丁司克　Saldinsk

赛冒旦　Shemordan

十八画

萨毛瓦　Sormovo

十九画

矿尼　Minerainige

浦产克雷森　Krasny Proletary

琉干司克　Lugansk

乔调雷　Chiaturi

堪及尔　Kanagir

新考　Sinarskoyo

撒陶夫　Saratov

欧伦堡　Orenburg

迈尼那亚　Magnitnaya

迈尼塔格克司克　Magnitoyorsk

罗司特夫　Rostov

（说明：附录四按原著未做任何改动）

市镇计划纲领

赵 序

　　道地的市镇计划在目前的中国还是新的学问和新的事业。但在此中华人民共和国诞生之初，城乡互助和内外交流成为国家经济建设重要政策的一部分的时候，市镇建设当然要与乡村建设配合起来积极地前进。其第一步工作更必然的要从事于整修、恢复以及调查研究与计划。市镇计划理论的介绍之需要，在今天是无疑义的。

　　市镇计划的对象是市镇内人民的"居住""工作""游乐"和"行旅"（to live、to work、to play、to move）四种基本生活。市镇计划的目标是在将此四种功能，在自然的配备上，得到合理的布置与发展，使市民物质生活的水准得以改善提高，同时还照顾到此种物质的建设，能与市镇经济的、文化的、社会的、政治的发展相配合，而且相互间发生作用。市镇计划的功效之深而且大，是不可以想象的。

　　市镇计划要能够不仅成为书面的、虚拟的、"纸上谈兵"的、"画饼充饥"的，它的最大关键，除了经费之外，在乎土地政策。我们曾经主张过，一个市镇应当至少有百分之二十的土地在政府手里，一个大都市，倘若要开辟港口。拓宽道路，建筑近代的铁路车站，建设平民住宅区等等，到处需要征用土地。非得有一部分土地在掌握之中，事情是不宜举办的。所以，如果土地问题不先得到合理而适当的解决办法，比较理想合乎人民大众需要的市政计划，怎能会实现？

　　中国市政工程学会理事谭炳训兄最近翻译了国际现代建筑学会出版的《市镇计划纲领》，送经学会理事会会议通过，作为学会专刊之一，委托中华书局出版。内容虽不广博，但很扼要。其中所提出的若干问题及其解决方法，和我们这几年来所经历的以及我上述的几点解释或意见，可说大体上是相同的。这本纲领的原本问世已久，在欧美各国市镇计划的学理上，大概已树立了相当基础，转而影响到我国市镇计划工作者。于此我们可以认识这本纲领的价值。

　　我很惭愧对于苏俄的市政计划的学理、政策和方法，都一无所知，正在想开始学习。是以对于这本纲领的介绍，在推荐之余，我希望国内专家，倘在其中发现有不合新民主主义之处，予以恳切的批评，谭炳训兄和学会同仁都极愿接受而感激的。假如有介绍苏俄市镇计划的书籍，翻译或著作，交到学会，我们尤为欢迎，而乐于推荐刊行，以公同好。社会主义领导下之市镇计划的理论与实施，我确信没有一人不渴望学习的。

　　谭炳训兄数次要我写序文，于是不辞简陋，在工作冗忙之中，匆匆写了这些。希望读者和译者及学会同仁不客气地指正。

赵祖康

----------- 中国市政工程学会常务理事 -----------

一九四九年十月五日上海

译 者 序

　　《市镇计划纲领》（town-planning chart）是一部集体的创作，是国际现代建筑学会第四次大会全体出席会员专题讨论的结晶。关于这个学会的历史和纲领的起草经过，在本书的第一部分"市镇计划与国际现代建筑学会"中详为介绍。

　　《市镇计划纲领》和该会成立时发表的《沙雷宣言》（见本书附录），在建筑学及都市计划学上具有革命性的意义，是从学院派的形式主义与唯美主义束缚中解放出来的新生宣言，不仅理论的根据和出发点是崭新的，理论本身的组织和分类也是独创的。他们勇敢的面对现实，而高呼"我们一切建筑工作必须从当前的现实中发生出来"，他们认识到经济是社会的物质基础，而主张"建筑的现象与一般经济的现象结合起来，就构成现代建筑学的基本观念"。他们从"功用"与"机能"的观点下手分析研究现代的都市，再把"人的需要"和"人的尺度"来估量都市的各种功能，建设都市的新秩序。

　　脱离学院派束缚的新建筑学与新都市计划学，恢复它本来的面目，即经济的、社会的面目，也恢复了它为人民大众服务的功能。

　　向工业化迈进中的新中国，大的都市、小的城镇，将如雨后春笋一样的滋生起来，如果能把握住《市镇计划纲领》的新观念和新方法，我们至少在消极方面可以避免建设都市的新障碍，避免走向与合理化相反的道路。有消极工作的准备，然后才能进一步从积极方面发展都市城镇的新秩序。

　　纲领分为八章共八十八节，原文没有分节，全是译者添注的，章的顺序是照《沙雷宣言》中所列都市功能的次序，即居住、工作、游息及运输；纲领原文则是以居住、游息、工作及运输为序。

　　承本会常务理事赵祖康先生赐以序文，又承清华大学建筑系以油印译稿见赐，使译者得到很多启示，谨在此致谢。

译者　一九四九年八月十三日

《市镇计划纲领》和国际现代建筑学会简介

（1）

　　国际现代建筑学会（Congrès Internationauxd' Architecture Moderne，简称 C.I.A.M.）第四次会议，以讨论"功能的都市"（Funtional City）为主题，于 1933 年在风平浪静的地中海上，乘着邮船派垂士第二（Patris Ⅱ）而举行的。从法国的马赛起航，到希腊的雅典登陆，在雅典的阿帖黎山旁的大学广场上举行讨论会，而且在演讲厅里展览了三十三个都市的计划图，世界大都会如伦敦、柏林、巴黎及底特律等，小城市如斯德哥尔摩、楚利克及雅典等皆包括在内。在从雅典返马赛的航程中及到达马赛以后，大会中协议了对都市计划的共同观点，写成《雅典纲领》（Chart of Athens），亦称《市镇计划纲领》（Town-planning Chart）。本书所译的八章八十八节，就是这个纲领的全文。

（2）

　　该会又从 1934 年在伦敦集会，瑞士代表建议出版一本《功能的都市》专刊。1936 年更在瑞士沙雷集会，荷兰代表提出柏林市分析工作的巨构，并主张一切都市皆可用同样的方式加以分析。自 1936 年 9 月，法国与西班牙代表，接受了瑞士与荷兰代表的建议和已搜集的资料，在巴黎继续工作。直到 1938 年欧洲形势恶化的时候，该会决定将未完成的工作全部交给舍·尔特（J. L. Sert）先生负责整理和完成。后来完成的著作就是 1942 年由哈佛大学出版的《我们都市的新生》（Can Our Cities Survive?）。这本巨著有三百幅图表，将市镇计划纲领的八十八条，依次逐条加以说明和辩证（注）。

（3）

国际现代建筑学会是由瑞士曼卓夫人（Mme Helenede Mandrot）发起的。1928 年 6 月曼卓夫人在日内瓦湖北岸的沙雷堡垒中，敦请欧洲各国知名的建筑师（以后参加的共有 18 个国家的建筑师），在中立而中心的地点集会，共同讨论对于计划与建筑的不同观点。这样就产生了《沙雷宣言》（Manifestode La Sarraz）和国际现代建筑学会的组织。

1924 年在德国法兰克福举行第二次会议，讨论主题为 "平民住宅"（low-costhouse）。1930 年在布鲁塞尔举行第三次大会，讨论主题为 "合理的地段区域"（rational lot division）。1933 年在希腊的雅典举行第四次大会，讨论主题为 "功能的都市"。1937 年在巴黎举行第五次大会，讨论主题为 "住宅与闲暇"（housing and leisure），副题为 "乡区计划——乡村都市化"（the planning of rural areas—rural urbanism）。

（4）

以上是《市镇计划纲领》产生的经过和国际现代建筑学会的简史。第一次大会的重要文献——《沙雷宣言》，节译于本书附录《国际现代建筑学会的目的和组织》内。

（注）《我们都市的新生》1942 年哈佛大学印书馆出版，1947 年三版，全书 270 页，插图 300 幅，价 7.50 元。现由清华大学建筑系译。

第一章　定义和引言

1. 市镇和乡村互相渗合融会，组成一种所谓 "区域单位"（Regionalunit）。
2. 每一都市皆是地理的、经济的、社会的、文化的以及政治的，整体组织（区域）之一部分，各都市的发展就仰赖于其所依附的整体组织。
3. 所以市镇或都市不能离开它所依附区域而单独研究，因为区域构成市镇或都市的自然界址和环境。
4. 这些 "区域整体组织" 的发展根据以下三点：
（甲）地理的和地形的特点——气候、土地和水源，区内和区外的天然交通；
（乙）经济的潜力——天然资源（土壤和下层土、原料，动力来源、植物和动物）；工艺资源（工业和农业的生产）；经济制度和财富的分布；
（丙）政治和社会的情势——居民的社会结构、政体和行政制度。
5. 从历史上看，都市的性质决定于特殊环境，例如有关于军事的防御、科学的发明、行政制度、生产方法和运转（Locomotion）方法的发展。
6. 由此可知，影响都市发展的基本因素，是常在继续不断地演变中。
7. 因为机械时代（Machine age）放任和无秩序的发展，才造成我们现在都市的混乱状态。
8. 任何区域的科学设计，其唯一的真实根据，要通盘权衡一切主要因素，才能构成。这些因素是：
（甲）相互依附，彼此呼应；
（乙）经常的波动，乃因科学的进步，或因社会政治经济的变化。这种波动，是进步还是退步，从人类的观点上看，决定于人类对于改善其物质和精神的幸福，自己希望要达到哪一种程度而定。

第二章　都市的四大功能

9. 下述的都市实际生活状况和应行纠正的缺点，皆有关于都市的四大功能：居住（Dwelling）、游息（Recreation）、工作（Work）和运输（Transportation）。
10. 这四种功能组成现代市镇计划，问题研究的基本分类。

第三章 居 住

首要的都市功能

都市房屋的现状:

11. 人口密度在市中心区太大,超过每英亩 400 居民(即每公顷 1000 人)^①的市区到处皆是。

12. 过挤不仅发现于都市的中心区。近世纪工业发展的结果,就是在广大的住宅区里,也发生这种过度拥挤的情形。

13. 在过度拥挤的区内,生活情况是不卫生的。因为地面的建筑也很拥挤,没有空旷的地方,而这些建筑物本身又在颓败和不清洁的情形中。

14. 这些区内居民经济能力的薄弱,使生活情况愈为严重。

15. 以前环绕都市住宅区的空旷绿地,因市区逐渐扩展而消灭。这样就剥夺了许多人所享受的"旷野为邻"的幸福。

16. 集体住宅(Dwelling blocks)和单幢住宅,常处于最劣的地区。就住宅的功能上讲,或是就舒适住宅应有的卫生条件上讲,这些地区皆不适于居住。

17. 人口最密集的地方往往是最不适于居住的地方,如山坡地的北面、淹没在雾中的洼地、靠近工业区为声响震动和烟尘所侵扰的地方。

18. 但是人口稀疏区则已在最优越的地位上发展起来,在气候和地形上皆合乎理想,交通方便而不受工厂的烦扰。

19. 住宅区选定的不合理,在今日仍为现行法令所许可,而不顾及卫生和健康方面所遭受的危机。分区计划(Zoning plans),和实施此项计划的分区法规仍然没有。现行法规在实际上好像有意忽视以下情事的严重后果:居民过于拥挤,缺少空地,住所的颓败,没有社会服务的设备。他们也忽视了这一事实,即应用现代设计和现代技术,没有不能改造的都市。

20. 交通繁重区靠街和路口拐角附近的建筑,皆不适于居住,因为经常受声响、灰尘、和有害气体的侵扰。

21. 在住宅区街道两旁的建筑物,门面隔街对立,其承受日光的各种情况,常为人所忽视。一般的说,如果街这边可以得到所需要的阳光,那末对面的情形恰好相反,因为一定在缺乏日光的恶劣情形中。

22. 现代都市的四邻,发展得很快,多半没有计划,没有管理。结果使以后四邻和都市中心的联系(铁路、道路,或他种交通)遇到严重的阻碍。如果四邻的发展认为是区域发展计划中的一部分,这种阻碍就可以免除。

23. 都市四邻在完全发展为独立单位时,才有准许纳入市政管辖范围内的可能。

24. 都市四邻在这样无管制状态下滋长和衰落,渐成棚房杂列的地方,举凡一切想象到的废料,都拿来用作棚房的建筑材料。不顾这一切恶果,这种形式的四邻,在很多大都会中仍然公开允许其依旧存在。

25. 对于社会服务性质的建筑物,分布得很武断而疏忽。尤以学校的分布为更甚,往往位于最拥挤的大街上,且距学生的住所很远。

根据以上的情形,将住宅应具备的条件分述于下:

26. 住宅区域占用最优的地址。指定为住宅用的地区,必须考虑其气候与地形的情况,而且要有可以作游息用的现成空地。住宅区的邻近,将来有无辟作工商业区的可能也要顾到。

---

① 每公顷一千人之密度,相当于每公亩(100 平方公尺)10 人,或每市亩 66.6 人。

这些区内的住宅需能组成"邻居社会"（Neighborhood Unit）^①。

27. 不论地点和等级如何，住宅建筑皆须顾到日照量的最低限度。

28. 根据各区内影响生活情况的因素，各种不同的人口密度限制，必须分别在各种不同的住宅区内加以规定。

29. 现代建筑技术在建造高而间隔大的集体住宅时应加采用。解决人口过密区的居民问题，惟有建造公寓式的集体住宅。因为只有加高建筑，才能留出空地为游息场所之用，社会服务之用，以及停车场之用；同时也可满足居室对光线，日照量，空气和风景等条件的要求。

30. 沿交通频繁的通衢大道，禁止建筑居住房舍。暴露在声响灰尘和车辆煤气中的居室能损害居民的康健。

第四章　工　　作

在工商业区工作问题的概述：

31. 工作地点（工业的，商业的，政府机关的）没有依照其功用，而有计划的安排在市机构之内。

32. 工作地和居住地欠缺有计划的配合，使二者间的旅行距离加长。

33. 因为无秩序的交通系统，使每日在繁忙时间（Rush hour，即上下班时间）内的行车发生过度拥挤。

34. 因为地价高，租税重，交通挤，以及都市在迅速而无管制的状态下扩展，工业常被逼而迁往市外，再加上现代技术方面的便利和促进，结果就实现了"分散"（Decentralization）。

35. 商业区要扩展，只有用高价收买地皮和拆用附近住宅的地基。

解决以上这些问题所能采用的方法如下：

36. 在都市及其影响所及的市区中选定若干工业专用区，依照工业的性质和工业的需要，将工业加以分类，再依类别分布到这些特定的工业区内，在勘定工业区的地址时，各种不同工业间的关系，工业区和非工业各区间的关系，皆应面面顾到。

37. 住所和工作场所之间必须有最短时间可以直达的通路。

38. 工业区和住宅区应该用绿色地带或中立地带（Neutral Zone）使之隔离（其实，和其他各区也应如此）。

39. 有些小工业与市民生活有密切关系，而对居民无任何妨碍或不方便之处，可留在市区之内，以为各住宅区服务。

40. 重要工业区应靠近铁路、河道和码头以及其他主要交通路线。

41. 商业区应与住宅区及工业区间，设立最方便的交通联系。

第五章　游　　息

游息问题的概述：

42. 旷场（Open Space）在今日都市中皆感缺少。

---

① Neighborhood unit 可译作"邻里单位"，这里译作"邻居社会"简称"邻社"，意即比邻而居的各户能为有组织的配合，而成为一个有机性的小社会原体。这种有组织的配合是预先设计好的，大概由居民二千多人到两三万人组成这样一个市内的社会原体，内有小学一所、托儿所一所、幼稚园一所、公共图书分馆和市内外的游息娱乐场所，此外如日用品商店，医疗所以及小电影院也设立在适当处所。居民日常活动，如上学购物、看电影、游公园、搭公共汽车，在路上步行所用的时间，不超过五分钟到十分钟。

43. 旷场地点如不适中，即不易为多数市民所享用。

44. 因为旷场多半设在偏远的近郊区，对于最不合乎卫生条件的中心区居民，没有什么利益。

45. 现存的少数游戏和运动场所，多已指定为建筑用地，地价一高，旷场就消失了，逼使游乐场所迁往新址。每迁一次，距离市中心就更远一段。

游息方面的改进如下：

46. 贫民窟和其他建筑的铲除，可以改善入口过密区的一般卫生状况，清理后的地基应指定专作游息场所之用。

47. 靠近幼稚园和游息地的旷场应用作托儿所，公园内的某些地基应作社会服务之用，其中包括公共图书的分馆，小型地方性的博物馆或公众会堂。

48. 现代都市的混乱发展，残酷的消减了市区内许多可以用作周末游息（Weekend Recreation）的基地。

49. 自然环境中适宜于游息之土地（如河流、海滩、森林、湖沼）必须尽量设法保留而利用之。

第六章　运　输

交通和街道问题的概述：

50. 今日多数都市及其四郊的街道系统皆为旧时代之所遗留（许多欧洲都市皆是中世纪的，美国则较晚），当时是为行人及马车之用而设计的。因此无论怎样不断的改善，也不能适合现在车辆（汽车，公共汽车，运货车）和现代运输量的需要。

51. 街道宽度不足，使车辆行人极度拥塞。

52. 街道上缺少空间（Lack of Space）和交叉路口过多（Frequency of Crossings），使机动运输的新功能完全丧失。

53. 交通拥塞实为造成千百件交通不幸事件的主因，且日渐增加其对每一市民的危险性。

54. 我们现在的街道完全不按其可能有之"功用"而加以区分（differentiation），因之不能发现现代都市交通问题的症结所在。

55. 现行的改良方法（展宽街道，限制车辆，及其他方法）还不能解决这个困难，只有经过最新都市计划的方法，才能根本解决这些问题。

56. "学院派"（academic）的都市计划，只从一种"大场面"（Grandmanner）的姿态中发出来，在布置建筑物，街道，和广场时，只注意到收取纪念性的效果，而忽视了各部分的个别功用，结果使交通情况更加混乱和复杂。

57. 铁路常为市区发展的障碍，为铁路圈占的地区，往往被逼使与其他市区隔离，而不能直接来往交通。

解决严重交通问题所应有的改革：

58. 汽车运输的普遍化，几年前不为人注意的速度，剧烈的激动了全部都市的结构，基本上影响了市民的生活状况，所以适应现代运输方式的新街道系统极为需要。

59. 使新街道系统适应现代运输要求，正确的统计是决定街道容量的合理方法。

60. 每一街道的行车速度，应根据各街的功用及其所通行的车辆种类而定。所以行车速度也是街道分类的标准，决定那些干路为快速运输之用，那些干路为载重车及其他慢速运输之用，并且将干路与支路或二等街道加以区分。

61. 在限制车辆种类及行车速度的新道路网中，应设置步道（Pedestrain Lanes），专为行人之用。这种步道不必一定沿着车行路线的。

62. 街道应按其功用而分类，如住宅区街道，商业区街道，工业区街道等。

63. 各种建筑物，尤其是住宅区，应以绿色地带与繁重交通路线隔离。

64. 这些困难接触之后，新街道网可收净化之效，有效的交通组织和市区各部分的适当配合，运输量可因之而减，并且能够集中到大干路之内。

第七章　古　　迹

65. 过去文化所遗留下的建筑物必须保存：

甲．如果这些建筑真能代表这时代的艺术，则可供一般观赏和教育大众之用。

乙．如果这些建筑物的存在，不影响该区居民的卫生状况。

丙．如果保存这些古迹名胜区，而不致使计划的干衢发生交通拥塞的现象，也不致影响都市的有机性发展。

66. 所有新辟市区去勉强配合这些古迹的计划，没有不失败的（常借口保存地方特点而出此）。这种古迹现代化的企图，在任何情况下皆不应容许。

67. 古迹附近多半是贫民窟，如果有计划的清除了这些贫民区，就可以改善附近住宅区的生活状况，保障改区居民的康健。

第八章　总　　结

以上各章的说明和总结：

68. 根据以上各章所述，可为"都市功能"的分析做一总结，即今日多数都市内的生活情况，绝不适合市民大众最基本的生理和心理上的需要。

69. 自机械时代开始以来，这种恶劣情况就是私人利益无限发展的结果。

70. 从匠人的手工业变为庞大的现代工业，机械的应用扩大，都市也跟着而发展生长。

71. 在多数都市中，经济资源和都市行政的和社会的责任问题中间，很显然的发生了足以造成灾祸的裂痕。

72. 虽然都市还在不断的变化，但就一般事实来看，因为没有管制，没有应用现代都市计划所公认的法则，这些变化皆非预料所能及，所以发展也会带来了灾害。

73. 一方面是都市急需改造的艰巨工作，另一方面是市区土地的一再超过限度地分割，这可以代表两个尖锐而对立的现象。

这种尖锐的对立现象造成了我们这一时代最严重的问题。

74. 现时急切要建立都市土地新政策，既应满足大众的希望与幸福，也要顾到个人的要求。

75. 如果二者之间有冲突之处，应以公众利益为先，私人利益为后。

76. 都市应就其势力圈（区域）内的经济概况而加以研究。一个经济单位的计划，即以"都市—区域"作为一个整体组织，应代替今日之单个的、孤立的都市计划。

77. 如何规定计划的界限以符合都市经济的势力圈，须注意以下三点。

甲．使住宅、工作、游息等区，在地址与面积上，皆有一种平衡的布置，并在各区间建立交通网。

乙．建立计划来指导各种市区依照它的需要及其有机定律而发展。

丙．都市计划者在建立居住、工作、与游息等地区间的关系上，务使各区日常生活的循环活动，能以最经济的时间完成，这也是地球环绕其轴心而运行的永恒原则。

78. 在建立各种"都市功能"的关系上，都市计划者应把握着"居住"这一功能的基本性而列为首要。

79. 市的整体组织应在其各部门内皆能为有机性的发展。而发展的各方面，在所有各项相当的功能中，皆应维持一种平衡的状态。

80. 因此精神方面和物质方面，个人自由和集体利益，皆要顾到。

81. 从事都市计划的工作者，应牢记着：人的需要，拿人的尺度（Human Scale）^①来评价，是建设作品成功的关键。

82. 一切都市计划的出发点，应为一个简单住宅所代表的细胞，及若干同样细胞所组成的大小适中的"邻居社会"。以此细胞为出发点，居室、工作场所及游息基地，在最大可能的理想的适宜关系下，分布到全市区去。

83. 要解决这一艰巨问题，应利用现代技术所赐予我们的方法，也要获取专家们的合作。

84. 一切都市计划工作所采的方法，将基本上受当时政治的、社会的以及经济的诸因素所影响，而现代建筑学的原理则并不起什么作用。

85. 有功用的都市，其组成的各部分，是以人的尺度和人生需要为标准而估量。

86. 都市计划是一种根据于长宽高三向度量（Three Dimensions）的科学，而不是二向的^②。注意了三向度量中的"高度"这一因素，才能有效地准备交通量的需要，才能切实筹设旷场，以为游息和其他需要之用。

87. 各都市皆急应拟就本市的都市计划实施程序并与区域计划和国土计划的实施程序统筹而使之互相配合。国土计划、区域计划及都市计划的实施程序，应由法定手续来保障其逐步实现。

88. 都市计划的实施程序皆须根据专家精确的考察和研究。都市发展在时间和空间上的各种阶段，皆要能够预测到。更须配合在各种情况下所存在之自然、社会的、经济的以及文化的诸因素。

---

① 所谓"人的尺度"者，如以人的步行时间，人的视线，人的视觉，人体的大小和各种立体的关系等，都是"人的尺度"的因素（见清华大学建筑系译本注）。

② 三向度量包括长、宽、高，即立体之意。二向度量仅有长和宽，这是平面的。

附录　"国际现代建筑学会"的目的和组织

（一）沙雷宣言节录

（甲）关于建筑学的

"……我们特别重视这一事实：建筑是人类的基本活动，密切关联着人类生活的进化和发展……。"

"我们一切建筑工作必须从当前的现实中发生出来……。"

"我们集合的目的，就是要对于现存的各种因素获得一致的认识——了解现实所不可缺少的认识。如何获得这种认识一致的和谐呢？就是恢复建筑学的本来面目，即经济的和社会的面目。所以建筑学应该从学院派的和陈旧公式的束缚中解放出来………。"

"为这种信心所鼓励，我们团结，互助到底，可以保证我们的理想一定可以实现。"

"我们另一个重要意见，就是对于一般的经济的观点，因为经济是我们社会的物质基础之一……。"

"建筑的现象和一般经济的现象结合起来，就构成现代建筑学的基本概念……。"

"最有效用的作品是从合理化和标准化中产生出来的。合理化和标准化直接影响工作方法，无论是现代建筑学（代表观念的）的工作方法，或是建筑工业（代表成果的）的工作方法，同样受到直接的影响。"

（乙）关于市镇计划的

"市镇计划就是集体生活中各种功能（function）的组织化，它适用于市区，也适用于乡区。"

"市镇计划不能限制在一种既成美学原理的小范围内：它的本质是属于功能的性质。"

"市镇计划包含的功能共计有四：

1. 居住
2. 工作
3. 游息
4. 运输（是以上三项功能的互相联系者）"

"市区土地一再零乱的分割，是地产投机的结果，这种积弊必须铲除。"

"现有的技术方法，日新月异，是市镇设计之所赖。旧日法制应完全改革，以适应这些新技术方法：且须随技术的进步而时时革新。"

（二）学会的目的

——录自 1929 的十月在法兰克福大会通过的附则——

我们集会的目的是：

1. 提出现时建筑学上的问题。
2. 重建现代建筑学的理想。
3. 传播这种理想到当前生活中的技术的、经济的以及社会的各阶层去。
4. 对于建筑学上各种问题的解决要加以警觉。

（三）学会的组织

——录自 1929 年十月在法兰克福大会通过的附则——

1. 大会（The Congress）为本会会员的总集合。
2. 当代建筑学问题研究国际委员会（The International Commttee for the Study of Comtemporary

Architectural Problems，简称为 C.I.R.P.A.C），其委员由大会推选。

3. 工作组（working groups），因为本会研究范围之广，从"平民住宅"到"功能都市"，所以要成立工作组，在每次大会未开会前，先做种种的预备工作。这种工作不仅要由许多建筑师来做集体研究，还需要其他部门的专家来合作，如经济学家、社会学家、卫生学家以及其他专家。工作组在发展现代建筑学中的功用是提高设计的标准，协助其他部门专家在集体工作中能够密切合作。

主 编

北平市都市计划设计资料第一集

前　　言

都市计划为关于城市物质设施之综合计划。现代城市之物质设施，项目綦繁，互有关系。建设之初，不可各不相谋，必须统筹兼顾，因地制宜，始足以适应现代城市生活之需要。故都市计划已成为城市建设之基本方案。

都市计划之制作，必须根据事实。举凡当地之历史、地理、政制、文化、经济、社会、建设等状况，均为其重要因素。非先有精密详尽之调查，不能从事于研究与设计。故都市计划之调查准备工作，至为重要，而费时较久。

北平为唯一足以代表中国文化之古都，前朝文物，近代建设，兼存并备，壮丽伟大，独具风格。创建之初，虽无都市计划之名，然已具都市计划之实。尤堪称道者，此建于十三世纪前之古城，原有规制竟与近代都市计划之理想多所吻合。第一，市区园林化，第二，建筑富于创造艺术，第三，住宅合于分区制与邻居单位之原则。此三者乃六百余年来文物精华所形成、建设演变之结果，亦即北平市之主要优点，不可任令磨灭，而应发扬光大者也。

兹篇所辑，乃市工务局一年余来调查搜集所得资料，汇编为《北平市都市计划设计资料第一集》，分十四节，举凡北平市之沿革、市区之自然状况、既有之设施、东西郊新市区之概况、内外城干线系统、与夫北平市都市设计基本纲领之研究、北平都市计划大纲之旧案、北平新市界计划草案、都市计划调查项目草案及都市计划委员会组织规程等，悉已赅备。所谓都市计划旧案者，分为第一案及第二案。前者系敌伪时期所编拟，后者乃胜利后留用日技术人员所改订，虽原则上已不合于现势，姑存供参考。

北平市都市计划委员会，已于本年五月成立，工作正在展开，仅以本篇贡献，俾作研讨计划之初步依据。所需资料，当不止此，今后自应陆续搜集，以期有助于北平市都市计划之完成；并以供研究北平市建设史实，及其他都市建设计划者之参考。

中华民国三十六年七月编者谨识

一、总　　述

自三十四年九月，北平光复市府复员以来，本局对于北平市都市计划之准备工作，即已开始进行。首就接收敌伪时期有关文件书图，加以整理，同时调查其既成设施状况，复多方设法搜集关于本市历史文献，统计本市概略基本数字，调查市内各种重要设施现况，勘察市区交通系统分布情形，以凭研究本市都市计划重要问题。更因事实之需要，先行草拟本市新市界计划，本市街道干线系统计划，并会同铁路局组建本市新车站设计委员会，协商前门总车站迁移问题。惟本市都市计划之编拟工作，至为繁重，非设专门机构，不足以完成其任务。乃于三十五年九月，遵照中央颁布通则，拟具北平市都市计划委员会组织规程，经市政府市政会议通过，呈奉中央核准，其委员人选，业经聘定，于三十六年五月二十九日正式成立。爰将一年余来本局搜集所得资料，汇编为《北平市都市计划设计资料第一集》，向委员会提出，以供编拟本市都市计划时参考。兹说明如次：

都市计划，为关于城市之交通、建筑、卫生、经济及防卫等重要物质设施之总计划。其目的在于增进公共之福利，维持公共之安宁，使全体市民得以安居乐业。质言之，乃各种市政设施之综合计划，又为都市建设之百年大计。北平为我国现代大都市之一：溯其历史植基于三千年前，建都亦将千年，民初创办市政，迄今已三十余年，然从未定有适合近代都市需要之都市计划。

北平之为都邑，肇基于周朝，建都于辽代，现城规制，则创于元，而成于明。当时实为一有建设计划之城市，故虽历时五六百年，而体制宛然。其城垣建筑之布置，与近代都市计划所谓"城市乡村化，乡村城市化"之理想，正相吻合。且富有建筑艺术之价值，为世界都市计划学者及建筑家所推崇。

北平市之平面为矩形，整齐谨严，计划甚优。无论在机构上之配置，地面与水面之分布，宫阙殿宇之建筑，及城垣道路之排列，均能与天然形势相调和而合乎尺度。其综合之优点，有一事实足以证明，即经过六百余年长时间之变迁及历代战火之既毁复建，然对于原来规制，并无重大改变，始终保持其基本造意。盖中国为思想明敏，重视古典，而又富有强烈创造力之民族，旧北平城市计划之伟大悠久，即为全民族创造力之总表现。试观此矩形之直线式之外形内，包罗曲线式变化无穷之若干单位，组成完美之整体。结构上表现良好之有机体系，造意上发挥东方艺术之精华，建筑上留传乔皇富丽之典型。宫殿巍峨，楼阁玲珑，邃院广衢，碧瓦朱垣，掩映于水光潋滟，林木葱茏之景致中，构成色调和谐之图画。

北平城市之规划，虽有伟大之艺术价值，光荣之悠久历史。然以建筑年代遥远，今古异宜，已不能完全适应近代都市之需要，乃渐呈没落之象。民初创办市政，虽曾开放宫殿苑囿，辟为公园。拆通城墙，开拓道路，以利交通。奈以事属创举，局部建设，未尝有整个都市计划之眼光。当北京政府时代，军阀专横，北京成为政争之中心，破坏多而建设少，遑论百年大计。民十七年北伐成功，首都南迁以后，北平失去政治中心，市面萧条，市政废弛。迨民二十二年袁良来长平市，锐意革新市政，积极建设：首倡北平市游览区建设计划，创办故都文物整理工程，订定北平市沟渠建设计划、北平市河道整理计划及北平市自来水整顿计划。于是市政重要设施，始具端倪，实开北平市都市计划之先河。嗣以中日外交紧急，华北局势骤变，袁良去职，各种建设大计，遂未全部实现。

民国二十六年，日寇侵占华北，以北平为伪临时政府所在地，且作为敌军后方"兵站基地"，乃制定建设北平之都市计划，以作其军事、政治、经济侵略之张本。由伪建设总署颁布"北京都市计划大纲"，并制有极秘密之"北京都市计划要图"（该图现由北平市政府工务局接收），一切建筑道路重要设施，均以该图为基础。考世界各国旧城市之都市计划，多包括两主要部分，一为旧市区之改良，一为新市区之发展，两者并重。但日敌则以北平旧城区，中国人占绝对多数，不欲为中国人而建设，且有重重之顾虑与障碍，故其计划方针，对旧城区完全不顾，纯注重于建设租借性质之郊外新区域。以西郊为居住区，以东郊为工业区，并以旧城区之东西长安街为东西新市区之联络干路，而贯通两端之新辟城门。依此计划建设完成后，北平市之繁荣中心，即将完全转移于日人掌握之新街市，使北平旧城区沦为死市。故日人侵略下之所谓"北平都市计划"，实乃侵略计划，而非建设计划，应有根本改订之必要。

抗战胜利，北平光复，建设工作，万绪千端，而当务之急，厥惟先定都市计划，一切建设始有依据。兹就工程建设、经济建设及社会建设三方面，说明都市计划之急要。

首就工程建设言：北平市旧有设施，虽颇具规模，然近代化之建设，究尚缺乏。近代以来，全市人口已曾至一百六十余万，市政建设，殊不足适应此庞大人口之生活需要，尤以交通之发展、卫生之改善、公共事业之扩充、市民住宅之增建、分区制之实行，最为迫切。建设必自此入手，而先决条件，则在都市计划之奠其基础。

次就经济建设言：北平市经济之兴衰，向视政局之变迁为转移。大部市民之生计，均直接间接寄托于政治文化事业之活动范围，尚无完备之工商业，赖以自给自足，因市民消费者多，生产者少，以至生活日渐萎缩，市财政异常拮据。其实北平市为一得天独厚之城市，近代都市存在所必需之物质条件，均已具备，今日之所以衰落，实因人谋之不臧。今欲矫正之而使北平市经济趋于繁荣，必须建设农园，开发矿产，提倡特有手工业及轻工业，并建设游览区，以吸收外人观光之资金，发展文化教育区，以招徕全国文人学子。北平市都市计划，应以实现此种经济计划为最大目标。

再就社会建设言，北平社会风俗良好，人心淳朴，文物荟萃，洵足代表吾国固有之文化，表现中华民族之美德。惟几经变乱，固有文化风俗，已日趋衰落，八年沦陷，更饱受摧残，今欲恢复发扬北平社会固有之优点，必须使都市计划与社会计划紧密联系。确立农工业政策，以解决市民生计。改善居室环境卫生，推广市民教育与游憩设备，以健全市民之身心。清除贫民窟，以免对社会发生不良影响。充实儿童保育事业，以培养第二代之市民。例如，整理故都文物，保存名胜古迹，提高文化水准，增进审美观念。以使北平成为一和平、优美、自由、康乐之文化城，胥属北平市都市计划中不可或缺之要件，亦即其终极之目标。

二、北平市之沿革

北平之名起于明初，而其地则为周代之蓟，创建迄今，已历三千余年。古代为藩属州府之地，辽时始定为国都，历辽、金、元、明、清及民国，均为国都所在地。迨民国十七年首都南迁，始改为院辖市，计其定都时间，自辽至民十七，凡九百九十年。如按中国历史正统计算，应自元世祖至元四年起，亦有六百六十年。

北平城市之位置，隋唐以前，已无佐征，其后城垣方位，亦几经变迁，现城实建于明初，已有五百七十九年之历史。

北平市之名称，自古迄今变迁不下十一次，其主要者，周曰蓟、唐曰幽州、辽曰燕京、金曰中都、元曰大都，明、清、民国三代，均称北京，至民国十七年，改称北平，循明初之旧府名也。

北平为我国千年故都，历代政治文化发现之中心。民国八年，中国新文化运动发祥于北平，民国二十六年，卢沟桥七七事变，亦发生于北平，是北平诚不愧为历史名城，中国文化之缩影。益以富有宫殿苑囿名胜古迹，文化荟萃甲于全国，诚足代表东方艺术之特色，成为世界游览中心之一，其地位之重要，迥非普通城市可比，实为具有全国性及世界性之都市。兹将其历代变迁之沿革，分述如次。

（一）周蓟城

北平市之创建，其有史迹可考者，始于周朝（约公元前1134年）。据《史记》所载，周封召公奭于燕，按燕定都于蓟，即在今北平城北德胜门外之蓟邱，北平燕京八景之一的"蓟门烟树"，即指其地。

据《春秋后语》所载，在春秋时（约公元前312年），燕昭王作黄金台，以召天下贤士，该台即在幽州燕故都中，即今北平之地。

史载幽州城为三国后晋朝（330年）赵石勒所置，历慕容儁、慕容垂（349～384年）俱都于此。相传垂称燕王，得名马，特范铜为像，立通衢，名其地曰铜马坊，或谓该坊在彰仪门内，亦有谓在崇文门内者，其说不一。

（二）唐幽州

唐开元二十一年（733年），北平为幽州城，属范阳节度使所统之经略军辖地，及唐至德年间，（756年）设置幽州节度使。据唐书载，安禄山反，（755年）称帝于范阳。考《旧唐书·地理志》，幽州辖蓟、范阳、良乡峰八县、范阳本幽州之一县，唐大历四年（766年），于范阳置涿州，辖幽州之范阳、归义、固安三县属之。

唐末五代时，（911年）刘守光曾僭称帝号于幽州，国号大燕。按守光之父任恭，自称燕王，于西山麓筑大安宫，穷极侈丽，今西山迤北尚有大安山，及大安村，属宛平县境，当即此处。

（三）辽燕京

唐末五代，晋石敬塘辖幽州与辽。辽太宗会同元年（937年），建都幽州城，改称南京，置幽都府，按时巡幸，是为定都之始。当时辽统治中国北方，原都于辽东，故名新都曰南京。

辽圣宗开泰元年（983 年）改称燕京，更幽都府为析津府。就幽州旧城加以整理，建辽城，周三十六里，高三丈，广一丈五尺，每方各二门共八门，其地在今外城西偏及郊外地。

据考证，辽城东城墙，约在今琉璃厂稍西，按《顺天府志》所载辽之地理，琉璃尚有墓碑所志之"海王府"，即在古燕京之东门外。

辽之宫城，在燕京城内西南部，作长方形，绕以双墙。

（四）金中都

宋宣和四年（1122 年），金克辽燕京，五年归宋，改燕山府，七年又入于金，仍名燕京。至金熙宗贞元元年（1135 年）改为圣都，今忠献王粘罕筑内城，周二十七里，系就辽宫城加以整理，为金新宫城，并于四隅筑四子城，每城各三里，前后各一门，内设仓库，各穿复道与内城通，金末蒙古兵曾数度攻之，辄退保四子城。屡攻不克。

金主亮天德三年（1151 年），改圣都为中都，今张养浩等扩筑外城，是为金城。周七十五里，共有十三门，其位置于现城偏西南及西南郊之地，现西便门外之白云观、天宁寺、土地庙等，均在金城以内，据载筑城墙所用之土，系由涿州运来，其法系自涿至燕，每人一筐，左右手排立传递，实筐而来，空筐而出，不日成之。

金末，（1210 年）蒙古兵来侵中都，击退之，次年又来攻，但未克城，次二年金急上书求和，得保都城，此时金帝乃不复为北方之主，迁居汴梁城，或称南京，即宋之故都，时宋主已至杭州，金主离中都后，蒙兵第三次来攻，（1215 年）城克，纵火焚宫殿，燃烧匝月，官民死亡枕藉，城垣大部被毁，但宫阙主要遗迹，元时尚存，明初亦可见，至嘉靖年建今之外城时，始行消灭。

（五）元大都

蒙古成吉思汗元太祖十年，取燕，以燕京为燕京路，总管大兴府，原来国都系在蒙古之哈喇和林，四传至元世祖忽必烈中统二年，修理燕京旧城，至元世祖至元四年（1267 年），始定鼎中都，于金旧城之东北建新城而迁都，九年废中都名，改称大都，当时金之旧城曰南城，新城曰北城。

元世祖忽必烈，当时为中国北方之统治者，疆土广大，遍及欧东，原都和林，已不适宜，以中国文化进步，富源丰足，世界帝国之中心，舍中国莫属，乃自和林迁都于此。

元都城周六十里又二百四十步，分十一门，其位置视现内城缩其南而伸其北，南城墙约在今东西长安街南，传当时城基定线，正通过庆寿寺海云可庵二师塔，敕令远三十步许，环而筑之，庆寿寺即今之双塔寺，二塔岿然尚在，屹立于长安街之北。又据载，今之观象台、泡子河，俱在东南城外，至于北城墙则在今安定德胜门外约五里，今北有土城关，即系元北城遗迹。

元之宫城，在今紫禁城北部，景山地安门一带。《马可波罗行记》云，鼓楼在城之中央，当指大都全城而言，宫城包围太液池、琼岛、广寒宫均在禁内。

（六）明北京

明洪武初年，（1368 年）大将军徐达，既率师入燕，诏改大都路为北平府。至永乐元年，成祖即位定都，（1403 年）改北平府为顺天府，以北平为北京。

内城北平现城，实建于明代。今之内城，创于明洪武元年，废元城，缩其北五里余，整理元故都，建筑新城，周长四十余里，由大将军徐达命指挥华云龙经理其事。永乐四年（1406 年），修建皇城、禁城、宫殿，并加修内城，系由姚广孝等策划，十八年遣工部侍郎蔡信重修，益形宏壮。正统元年（1436 年）令内臣阮安筑九门城楼，四年修缮城壕桥闸。现内城各门名称，均定于明代，清初因之，入民国后仍旧。

各城门上均有门楼，箭楼，及瓮城，以正阳门规制最宏。庚子拳乱（1900 年），正阳门毁于烽火，旧日环绕瓮城之荷包巷，及前面建楼，均毁，乱后，尚书陈璧修复之，但仍留瓮城，民国三年，以瓮城包围正阳门，交通不便，乃于正阳门左右各辟二门，又拆去瓮城，改造箭楼，工程壮丽，紫江朱启铃实董其事。内城四隅，均有角楼，西北角楼，毁于庚子年；东北、西南两角楼，继复失修坍倒，均经拆去，现仅存者，惟东南角楼，庚子联军入城，曾为炮火毁坏，于民国二十五年，由故都文物整理委员会修复之，同时并将西直门箭楼，修缮一新。民国十六年后复将宣武门及朝阳门箭楼，宣武门瓮城，次第拆去。

外城，今之外城，建于明嘉靖三十二年（1553年），虽于明初，由徐达命叶国珍设计，并未修筑，永乐间加修内城，亦未遑计及，至嘉靖三十二年，始修筑外城。原计划筑罗城，包围内城四周，后以财力不裕，由严嵩、陈圭等策划，先筑南面，将东西两端转北，包接内城东西角，即今城也，城长二十八里，高二丈，有七门。

旧皇城内城之中，有旧皇城，周围长为二十里。正南面为中华门，清时为大清门，明为大明门，前有棋盘街，石栏环互，绿荫低垂。东有东长安门，西为西长安门，两门在民元即已拆去，仅留门洞，今俗称东西三座门，清时均为禁地，不准车马行人来往，民国始开放。

皇城有四门，正南曰天安门，为皇城正门，北曰地安门，东曰东安门，西曰西安门，除东安门已于民国十三年拆去外，余均存。皇城西墙，于民国六年拆去，东北皇城墙，民国十四至十六年间拆除，今所存者，只天安门左右数十丈，中华门内左右各百余丈耳。皇城墙平面，西南缺一角，传闻系因避让该处原有之大慈恩寺，（双塔庆寿寺）等古迹云。

禁城皇城之中，有禁城，旧名紫禁城，皇宫均在其中。城制正方形，周长七里。南曰午门，北曰神武，东曰东华，西曰西华，四隅皆建角楼，构造精巧。清制凡官吏非奉宣召，不得入禁城，王公大臣，非奉特旨，不得骑马乘舆。午门为南面正门，最壮丽，三阙上覆金明廊，翼以两观，杰阁四耸，俗称五凤楼。

（七）清北京

清顺治元年（1644年），建都北京，内外城仍明之旧。分内外城为中、东、西、南、北五城，划为八坊，五城各设正副指挥，以巡城御史统之，而皇城禁城均不在内，又内城兼属于步军统领。清朝入关，于内城九门，设九门提督，以管门禁，分别满、蒙、汉军，八旗方位，分驻各门内，各设都统，属于参领、佐领管辖。至清末警厅成立，前制悉废，警厅下划分若干区。

光绪二十六年（1900年），庚子拳匪之乱，划正阳迤东，崇文迤西，东长安街迤南区，为八国使馆界。该地区原为清政府各部衙署之地，外人辟为使馆后，于正阳门东水关间辟一门，以便来往。民国十五年间，于正阳、宣武门间复辟一门，初名兴华门，十七年改称和平门。民国二十八年间，日寇侵占北平期内，于正阳、和平门间，又辟一新门洞，以便火车货运。并于东西长安街东西两端城墙，新开两门，原名长安、启明，今改称复兴、建国门。共计内城增辟五门，连原有共为十四门。

外城一仍前明之旧，惟自光绪庚子，京奉火车自永定门之东辟新缺口，其后京汉火车于西便门辟新缺口，北京通县火车于东便门开新缺口，于是外城计增三缺口，连原有七门，共为十门。

（八）民国北京及北平

民国成立，初都南京，及国父卸任临时大总统，袁世凯继任时，建都北京。民十七年北伐成功，首都南迁，改称北平。民国以来，于城垣规制，无特殊改建，而于市区域及市组织行政，则多有建树。

北平市区域，民三市政公所成立之初，仅限于局部，施行整理，计包括内二区东南部，及内一区西部，民六推广于内六、外一、外二、外五各区全部，内一、内二、内三、内四及外四各一部分，至民国七年三月，乃达于内外城各区全部，至十四年九月，始推广于四郊各区全部。现行市界，系于民国十七年暂以前京都市政公所及警察总监旧辖城郊面积为界限，正式市界，迄未划定。原划分内城为六区，外城为五区及四个郊区，胜利后，使馆界收回，增设内七区，郊区将原四个区改划为八个区，每郊两区，按东南西北次序，分成郊一、郊二至郊八区。

至于市组织及行政之沿革，可分为四个时期：① 自民初至民十七北伐成功，为京都市政公所时期，可称创建时期。② 民十七至二十六年七七事变，为北平市政府时期，可称建设时期。③ 民国二十六日寇占平至民三十四年日寇投降，为沦陷时期，可称黑暗时期。④ 民三十四我国抗战胜利至今，为复员时期。兹分述如下。

1. 京都市政公所时期

北平市政，创始于民国三年六月，设督办京都市政公所，由内务总长朱启钤任督办，实为北平市政之创始者。成立之初，市政草创，措施极简，惟于开放旧京公园为公园游览之区，兴建道路，修整城垣等，不顾当时物议，毅然为之，且于规定市经费来源，测绘市区，改良卫生，提倡产业等，均有所倡导，当时市政公所职员，多为兼职制。

民国七年一月，正式定名"京都市"，改制设宫，始具市府之雏型，职员专任、兼任并用，民国十年，设评议会，延聘士绅三十人为评议员。至民国十七年，市政公所改为市政府，在此十四年中内部机构改组凡七次。

2. 北平市政府时期

民国十七年六月，北平特别市政府正式成立，以何其巩为第一任市长，市府下设财政、土地、社会、公安、卫生、教育、工务、公用八局，将旧有京师警察厅、京师学务局，均予取消，市行政始告完整。市政成立之初，形同重新开辟，各局虽依法设立，正在厘订章则，市政进行，尚未顺利，又以市长屡次易人，经历张荫梧、胡若愚、周大文、王韬等任，故市政范围，并无发展可纪。适值首都南迁之后，市面萧条，中央补助经费减少，财政颇感困难，至民二十一年时，原有八局，已历次归并或裁撤，市政只有社会、公安、工务三局，各局组织，尤属紧缩。

二十二年六月，袁良任市长，因鉴于财政困难，及机构简陋，不足以促进市政，乃锐意改革，健全组织，市府规制，重行扩张，首恢复财政、卫生两局，连原有社会、公安、工务局，共为五局，教育、公用、地政，均不设局，而以教育、公用并入社会局，地政并入财政局。旋又成立市参议会，后期满取消，于二十三年成立自治事务监理处。自二十二年六月至二十四年十月袁市长任内，为北平市政中兴时期，各项设施，渐入正轨，财政较前充裕，债务渐次偿还，民生设施，职员考核，大见进步，尤以创办公共汽车，实施文物整理工程，修建道路，力倡卫生事业，最足称道，实为北平市政建设之黄金时代。

民国二十四年，日寇益形猖獗，华北政局，渐见不稳，北方成半独立状态之局面，袁良为国罢官，秦德纯继任市长。当局苦于支撑残局，在市政方面，完全萧规曹随，无为而治：幸袁任内创办之事业，如市行政制度之奠定，市财政收入之增加，道路、建筑、卫生之建设等，已大见功效，继任者坐享其成。此外，秦任内足资纪述者，为二十五年间创设市银行，二十六年改公安局为警察局，并建设先农坛公共体育场。

3. 沦陷时期

民国二十六年，卢沟桥七七事变突发，八月国军撤收，北平沦入日敌之手，易帜改制，僭号窃据。初由江朝宗组织伪临时维持会，改北平为北京，组织北京市公署，江兼任伪市长。二十七年一月，伪北京临时政府成立，改称北京特别市公署，由余晋龢任伪市长，即将市政府组织，予以改变，除社会、财政、工务、卫生、警察五局外，另增教育及公用管理总局，而为七局，过去之自治监理处，则改称区务监理处。三十二年二月，由刘玉书接任伪职，至三十四年改由许修直继任，对于市府组织，无大变更，惟于三十四年添设经济局。

伪市府时期，于市府及各局，均设日顾问及辅佐官，受日军特务机关之派遣，主持行政，掌握财政，支配人事。伪警察局专设特务科，利用日浪人及中国奸小，逮捕爱国志士，施以虐刑或杀害，以压制中国人爱国举动。又于市府设宣传处，为敌伪宣传情报机关，统制言论，奴化思想，利用公用局经济局，包办公用事业，侵夺中国物资。

伪市府时代，对于战前原来市府规制，破坏无遗，市政废弛，财政紊乱，道路沟渠，破损不堪，市内垃圾堆积如山，环境卫生极为恶劣，偶有设施，亦纯以敌人政策为依归，鲜能福利于市民，如所辟之西郊新街市，及东郊工业区，即专以便利敌人侵略为目的，不顾其他，成就有限，至于旧城区之改善，则完全不问，所修街道，亦以敌军事机关附近，及敌侨集居之地区为限。

4. 胜利后时期

三十四年九月，日寇无条件投降后，中央命熊斌为胜利后首任市长，于是年十月莅任，成立北平市政府，设社会、财政、工务、卫生、教育、公用、警察、地政八局，市长以外设副市长一人，市府设秘书、总务、人事、会计、外事五处、参事、技术、专员、统计、会计、视察、编审七室，组织庞大，行政费用增加，以北平沦陷八年之久，百废待举之切固宜有此，惟承凋敝之余，市财政极度短绌，开源乏术，成为市政建设之最大致命伤。

三十五年十一月改任何思源为市长，乃调整组织，裁汰冗员，紧缩财政，同时于三十六年二月增设民政局，连原有共为九局。

总之，胜利以来，市府规制，迄未确立，市财政尚无办法，故各种市政设施，只限于整理过去，维持现状之工作。至于如何革新市政，确立合理之市组织，以推进各种行政，及北平建设大计，使此历史悠久、壮丽伟大之文化古都，成为自由康乐之近代都市，则有待于今后之努力也。

三、北平市之概略

（一）区域与面积

1. 中心位置

东经 116°19′45″
北纬 39°56′16″
海拔高度 43.714 公尺（正阳门将军石标点高出大沽水平）。

2. 现辖市界四极点

东至黄庄，西至三家店，南至西红门，北至立水桥。

3. 纵横长度：东西 38 公里，南北 30 公里。

4. 总面积：706.93 平方公里，（城区约占百分之十，郊区百分之九十）。

（1）城区：面积 61.95 平方公里。
内城：36.57 平方公里，东西长 5.48 公里，南北长 6.69 公里。
外城：25.38 平方公里，东西长 7.99 公里，南北长 3.13 公里。
（2）郊区：面积 644.98 平方公里。
东郊区：140.85 平方公里（包括东郊新市区）。
西郊区：261.21 平方公里（包括西郊新市区之一部）。
南郊区：121.54 平方公里。
北郊区：121.38 平方公里。

（二）人口与密度

1. 人口数目（三十五年十二月人口统计）

全市人口 1,684,789 人。

城区人口 1,239,676 人（合总数 73.6%）。

效区人口 445,113 人（合总数 26.4%）。

2. 人口密度（三十五年十二月份人口统计）

全市平均每公顷 24 人，（每公顷合一万平方公尺）。

城区平均每公顷 200 人。

郊区平均每公顷 7 人。

最大密度每公顷 462 人（城区之外一区）。

城区人口，如将内外城公园、水面、宫殿、坛庙等面积除去，则其平均密度，当大于每公顷 200 人，至其限制数目，北平市沟渠建设计划内预定，商业区每公顷 600 人，居住区每公顷 300 人，一部分专家意见，则建议商业区每公顷 400 人，居住区每公顷 150 人。

3. 人口出生死亡率（民国三十五年度）

出生率每千人 9 人。

死亡率每千人 9.9 人。

4. 外侨人数（三十五年十二月份）

总数 2420 人，共 786 户。

国籍共 30 国，其中日本人最多，有 893 人；德国人次之，286 人；再次为法、苏、美三国，各超过百人以上。

以上各种人口统计数目，见表一～表七。

表一　各区户口及人口密度表

（民国三十五年十二月）

项目	面积（平方公里）	户数	人口			性比例（每百女子中之男子数）	每户平均人口数	密度（每平方公里人口数）
			共计	男	女			
总计	705,940	319,547	1,684,789	989,162	695,627	142	6	2,380
内一区	5,278	24,168	138,889	86,290	50,597	170	5	25,900
内二区	3,933	13,333	105,860	83,784	42,076	151	8	26,900
内三区	6,197	24,160	157,591	95,238	62,353	153	6	25,400
内四区	5,556	22,962	132,742	73,508	59,234	124	6	23,800
内五区	4,888	17,247	98,776	53,655	45,121	118	8	20,200
内六区	7,597	12,564	66,484	35,575	30,829	115	5	8,800
内七区	3,124	10,309	33,907	18,353	15,554	118	3	10,800
外一区	1,569	12,165	72,484	52,083	20,351	258	8	46,200
外二区	2,274	17,532	99,424	64,618	34,856	185	8	43,600
外三区	8,719	21,745	111,176	69,930	41,246	169	5	15,400
外四区	7,238	23,584	112,170	84,042	48,128	133	5	15,500
外五区	7,680	24,781	112,255	68,834	43,421	158	4	14,800
东郊	140,850	27,203	121,036	84,183	58,853	113	4	860
南郊	121,540	25,426	128,698	70,481	58,237	120	5	1,060

续表

项目	面积（平方公里）	户数	人口			性比例（每百女子中之男子数）	每户平均人口数	密度（每平方公里人口数）
			共计	男	女			
西郊	281,210	26,918	121,713	88,062	53,651	127	4	468
北郊	121,390	15,490	73,666	40,546	33,120	122	5	608

表二　人口出生率与死亡率

（民国二十六年至三十五年）

年别	出生数			出生	死产数			死亡数			死亡
	计	男	女		计	男	女	计	男	女	
总计	173,199	91,425	81,774	—	1,723	928	795	271,173	148,321	122,852	—
民国二十六年	22,929	12,069	10,860	14.5	219	104	115	27,085	14,515	12,570	17.7
民国二十七年	24,657	13,042	11,815	15.4	278	148	130	28,373	15,246	13,127	17.7
民国二十八年	23,253	12,278	10,975	14.0	258	134	124	29,472	15,740	13,732	17.8
民国二十九年	11,132	5,882	5,250	8.4	123	79	44	28,583	15,716	12,867	16.5
民国三十年	20,152	10,557	9,595	11.4	286	151	135	24,028	13,039	10,989	13.6
民国三十一年	20,444	10,704	9,740	11.3	249	146	103	29,278	15,585	13,693	16.2
民国三十二年	15,498	8,290	7,208	9.0	120	82	58	37,226	22,198	15,028	21.0
民国三十三年	8,966	4,717	4,249	5.5	59	31	28	24,580	14,137	10,423	15.0
民国三十四年	10,989	5,821	5,168	8.7	51	29	22	25,934	13,595	12,339	15.7
民国三十五年	15,181	8,085	7,118	9.0	80	44	36	16,634	8,550	8,084	9.9

表三　自民国元年以来户口统计表

年别	户数	人口		
		计	男	女
民国元年	139,099	725,135	468,789	256,346
民国二年	144,111	668,403	414,728	253,675
民国三年	152,371	769,317	497,527	271,790
民国四年	154,093	789,123	507,156	281,967
民国五年	160,602	801,136	515,588	285,568
民国六年	166,522	811,556	515,535	296,021
民国七年	160,632	799,395	506,753	292,842
民国八年	164,870	826,531	523,561	302,970
民国九年	168,949	849,554	531,060	318,494
民国一〇年	170,152	863,209	541,063	322,146
民国一一年	169,380	841,945	530,242	311,703
民国一二年	173,188	847,107	544,944	302,163
民国一三年	174,107	872,576	550,895	321,681
民国一四年	260,574	1,266,148	775,118	491,032
民国一五年	260,673	1,224,414	738,095	486,319
民国一六年	265,484	1,326,683	799,449	527,214
民国一七年	270,110	1,356,370	825,711	530,659
民国一八年	270,242	1,375,452	842,852	532,600
民国一九年	270,487	1,378,916	844,165	534,751
民国二〇年	281,564	1,435,488	883,311	552,177
民国二一年	294,425	1,492,122	921,469	570,653
民国二二年	299,648	1,516,378	997,931	578,447
民国二三年	307,554	1,570,643	972,224	598,419
民国二四年	303,769	1,584,869	963,115	601,754

续表

年别	户数	人口		
		计	男	女
民国二五年	296,243	1,550,561	854,614	595,847
民国二六年	292,653	1,504,616	908,895	595,721
民国二七年	308,513	1,604,011	972,079	631,932
民国二八年	320,259	1,704,000	1,035,019	668,981
民国二九年	324,422	1,745,436	1,062,608	682,628
民国三〇年	330,667	1,794,449	1,095,978	698,471
民国三一年	336,812	1,792,861	1,087,896	704,965
民国三二年	302,864	1,541,751	879,940	661,811
民国三三年	303,729	1,639,098	970,929	668,169
民国三四年	310,839	1,650,695	971,573	679,122
民国三五年	319,547	1,684,789	989,162	695,627

表四　自民国十七年以来外侨户口统计表

年别	户数	人口		
		计	男	女
民国一七年	—	2,541	1,492	1,049
民国一八年	—	2,118	1,243	875
民国一九年	—	2,440	1,406	1,034
民国二〇年	—	2,639	1,515	1,124
民国二一年	—	3,044	1,684	1,360
民国二二年	—	3,306	1,886	1,420
民国二三年	—	3,651	2,032	1,619
民国二四年	—	4,081	2,269	1,812
民国二五年	1,438	4,914	2,737	2,177
民国二六年	1,693	5,387	3,081	2.306
民国二七年	5,524	19,462	11,143	8,319
民国二八年	8,796	31,231	17,637	13,594
民国二九年	10,098	36,664	20,838	16,028
民国三〇年	10,856	39,127	22,036	17,091
民国三一年	11,986	42,734	24,031	18,653
民国三二年	11,987	42,113	23,916	18,197
民国三三年	11,562	41,392	23,269	18,123
民国三四年	8,228	30,085	15,811	14,474
民国三五年	788	2,420	1,309	1,111

表五　外侨户口统计
（三十五年十二月）

国别	户数	人口		
		计	男	女
总计	786	2,420	1,309	1,111
英国	28	76	45	31
爱耳国	1	4	2	2
印度	1	5	5	—
美国	52	120	75	45
俄国	92	277	158	119
法国	52	143	82	61

国别	户数	人口		
		计	男	女
荷兰	6	58	29	29
意大利	26	68	41	27
比利时	5	56	30	26
苏联	51	135	62	73
奥地利	13	32	18	14
捷克	4	10	7	3
瑞士	3	3	3	—
挪威	4	12	3	9
希腊	4	11	7	4
瑞典	5	14	6	8
丹麦	2	5	2	3
西班牙	2	6	5	1
葡萄牙	2	5	3	2
犹太	5	11	6	5
波兰	7	17	4	13
芬兰	1	3	1	2
匈牙利	5	14	9	6
爱沙多尼亚	2	5	4	1
日本	272	893	488	405
朝鲜	42	145	71	74
立陶宛	1	1	—	1
德国	97	256	142	114
古巴	1	1	1	—
巴西	—	1	—	1

表六 北平市近年温度表 单位：摄氏度（℃）

		民国二十九年	民国三十年	民国三十一年	民国三十二年	民国三十三年	民国三十四年	民国三十五年
一月	平均	—6.3	—4.1	—4.4	—6.1	—3.1	—5.9	—3.4
	最高	6.1	8.0	9.2	8.6	10.3	6.8	14.2
	最低	—18.5	—17.9	18,8	—17.7	—12.7	—17.1	—14.8
二月	平均	—1.7	—2.5	—3.4	—0.7	—1.5	—4.2	0.1
	最高	13.3	14.1	14.0	17.2	18.5	8.7	17.2
	最低	—17.6	—15.3	—16,2	—12,2	—14.2	—6.2	—15.6
三月	平均	6.6	6.2	7.6	6.9	5.4	4.2	2.8
	最高	24.3	28.1	22.8	20.1	20.3	22.5	19.8
	最低	—6.6	—11.0	—8.5	—6.1	—7.2	—10.4	—9.2
四月	平均	14.3	1.28	14.4	13.8	13.3	16.8	14.6
	最高	32.6	27.4	31.5	32.1	31.0	36.1	28.0
	最低	1.2	—1.4	1.1	—1.7	—3.0	—3.3	1.2
五月	平均	21.0	20.6	18.9	20.9	19.4	19.8	19.1
	最高	36.2	34.0	33.2	33.9	33.2	36.7	32.4
	最低	6.0	8.2	7.3	9.7	3.4	4.6	4.9
六月	平均	23.5	23.6	27.3	26.7	25.6	25.4	28.7
	最高	37.4	37.3	42.6	38.9	39.4	36.5	41.0
	最低	12.1	14.3	12.4	11.3	12.9	14.2	13.2

续表

		民国二十九年	民国三十年	民国三十一年	民国三十二年	民国三十三年	民国三十四年	民国三十五年
七月	平均	26.6	26.3	27.1	27.7	27.5	27.1	26.8
	最高	38.4	37.2	40.5	40.5	38.9	40,0	37.0
	最低	17.1	17.7	17.5	18.4	19.8	19,0	19.3
八月	平均	22.5	25.0	25.0	25.6	24,7	26.1	25.4
	最高	33.0	35.8	34.5	34.8	37.5	37.7	34.6
	最低	13.4	13.7	11.3	14.9	13.3	16.5	15.3
九月	平均	20.1	21.1	20.8	19.3	20.8	20.5	20.3
	最高	30.0	32.0	33.4	30.9	33.6	32.9	31.2
	最低	7.4	9.5	7.4	7.2	7.6	12.1	7.4
十月	平均	13.7	12.9	12.7	14.3	13.2	13.6	14.0
	最高	28.5	31.1	29,2	26.4	26.7	25.8	27.0
	最低	—3.8	—4.2	—5.0	—1.4	—1.1	2.4	0.0
十月	平均	4.0	5.0	5.4	4.3	3.8	17.0	5.8
	最高	22.9	19.3	22.3	20.5	18.0	2J.1	19.7
	最低	—7.9	—10.1	—7.2	—8.5	—9.3	—4.7	—8.7
十一月	平均	—1.8	—2.0	—2.1	—0.1	—6.1	—1.6	—4.5
	最高	10.0	12.8	10.2	11.3	5.0	12.1	3.8
	最低	—14.2	—17.4	—14.6	—13.4	16.4	—14.7	—14.2

表七　北平市民国二十九年至三十五年降水量与降水日数　　　单位：公厘（mm）

		民国二十九年	民国三十年	民国三十一年	民国三十二年	民国三十三年	民国三十四年	民国三十五年
全年总计	降水量	571.6	354.6	477.6	498.6	476.0	512.9	388.4
	日数	77	63	59	70	62	73	84
一月	降水量	1.0	3.1	0.1	3.8	0.2	0.4	2.8
	日数	3	5	1	3	1	1	1
二月	降水量	0.3	5.6	2.7	0.1	1.4	2.9	T
	日数	2	5	1	1	3	3	—
三月	降水量	0.1	1.4	1.7	1.1	4.1	6.4	38.3
	日数	1	2	1	3	1	4	11
四月	降水量	13.0	0.8	25.6	16.2	27.3	22.1	40.6
	日数	3	1	2	7	9	1	5
五月	降水量	25.4	6.9	9.4	62.2	30.7	34.2	13.7
	日数	4	5	6	3	5	6	5
六月	降水量	74.1	114.9	30.3	10.7	59.3	24.7	24.2
	日数	14	13	5	4	7	8	6
七月	降水量	177.1	56.4	247.9	47.9	230.8	62.8	38.73
	日数	18	11	16	10	17	9	19
八月	降水量	117.7	88.9	123.0	182.1	69.9	259.8	117.4
	日数	18	6	13	15	8	16	13
九月	降水量	45.7	58.9	17.3	126.6	42.3	82.0	61.1
	日数	13	5	7	7	7	15	7
十月	降水量	0.2	5.5	11.3	1.5	1.2	1.0	34.4
	日数	2	3	5	3	2	2	8
十一月	降水量	113.2	8.9	8.3	40.5	8.8	14.6	18.6
	日数	4	3	2	5	2	6	8
十二月	降水量	4.8	5.3	T	6.0	—	2.0	0.6
	日数	1	4	—	3	—	2	1

附注：降水量微小不及 0.1 公厘者以"T"表示之。

（三）气象与地理

1. 温度（详附二九年至三五年温度统计表）

最高温度 42.6℃（三十一年六月）。

最低温度 −17.9℃（三十年一月）。

水冻线约地面下 1 公尺。

2. 降水量（详附二十九年至三十五年降水量统计表）

平均年量 468 公厘。

最大年量 572 公厘（民国二十九年）。

最大月量 260 公厘（三十四年八月）。

最大月量平均 136 公厘（合平均年量百分之二十九）。

次大月量 247.9 公厘（三十一年七月）。

次大月量平均 123 公厘（合平均年量百分之二十六）。

总之，北平市全年平均雨量，约半数以上，降于七八两月份内。

3. 降水日数（详附二九年至三五年统计表）

全年平均 70 日，全年最大 84 日（民国三十五年）。

降水日数最多之月份，为七八两月，平均两个月内，有二十六天为降雨日。

4. 地理

北平市内外城及近郊地层，位于直隶平原之北角，称为北京湾，系极不规则之黄土，黏土、沙、石子间杂层所构成，指示近代洪水平原河流淤积之特征。

北平城区，地势平坦，西北高于东南，据北平市水平石标所记标高，约相差 13.6 公尺。又城西北角河底，高出东便门河底 4.3 公尺，西便门河底，高于东便门河底 5.2 公尺。郊区西北郊多山，高在 500 公尺与 800 公尺，500 公尺以下者，大都皆山坡矣。

北平市城内地下水位，视地势高低而定，约在地面下 4 公尺至 10 公尺不等。南城永定门内天桥附近，地下水约在地面下 2 公尺。西北郊及南郊一带近水田之地，地水水位较高，地面下 1 公尺左右，即可见水。

城郊各处地下水颇旺，凿井甚易，城区土井深 4 公尺至 10 公尺，即可见水，惟味咸涩，不适饮用，故称苦水井。普通饮水井系深井，或称洋井，凿深 60 公尺，即可得甘泉，故又称甜水井，井水可自行上升至离地面下约六公尺之处，但不能自行流出地面。西北郊一带，如颐和园海淀等处，凿井深四十公尺左右，即可得自流井，水自行涌出地面。南郊南苑等处泉水甚多。西郊玉泉山出泉水，以天下第一泉着闻于世，水量涌旺，水质良好，为颐和园、昆明湖及城内三海水道主要之水源。

（四）道路

北平市城区街道系统，为整齐之矩形式。早年各干路极为宽广，后因对于市民临街建筑缺乏管理，不免侵占官街，道旁空地，亦多被处分，变成民产，致多数道路反而较原来狭窄。自本市严格实行房基线规则以后，街道与建筑，始划清界限。

现在全市已修道路，总长 687 公里（东西郊新市区不在内）。城区共有街道、胡同三〇六五条，其中已铺修者八七一段，长三三〇公里，面积 2,120,115 平方公尺，其中沥青路占 32%，石碴路占 22%，土路占 42%。郊区道路，共九五段长 346 公里，面积约 2,200,000 平方公尺，其中沥青路有 10%，石碴路 13%，余多为土路。城区街道，已修铺步道者十九段，共长 9.7 公里，面积 43,457 平方公尺，全市城郊桥梁 183 座，石桥占 70%。

本市城区街道干线系统，业经规定，分为三等：头等干线宽度 40～60 公尺，二等干线宽度 30～40 公尺，三等干线宽度 20～30 公尺。各干线之房基线，即可按此计划加以调整，其余各胡同房基线，亦须同时加以整理。

北平市街道路面，主要者多为石碴路、沥清泼油路及沥青炒油路三种，去年新修水泥混凝土路数条。石碴路不耐久，沥青路所用沥青，多系外国货，故近年来渐有改修水泥混凝土路之趋势。此种路面，坚固耐久，造价不高，且材料为无完全国货，颇有提倡价值，但修筑技术尚待研究改善，并须采用新式筑路机械，以期完美。水泥混凝土路路面刨掘不易，故计划之沟渠管线位置，不宜在此种路面之下。在交通较轻之街道，可修筑水泥灌浆路，或水泥土路，造价较省。又最近曾使用筑路机修筑胡同土路，快捷省费，成绩良好。

道路排水问题，最为重要，市内多数道路毁坏原因，多系排水不良之结果。每届春暖开冻，路面翻浆，损坏者颇多，须讲求对策。此外，市内铁轮载重大车实为各种道路之致命伤，虽订有规章，实施取缔，然收效甚微，应限期改用胶皮轮胎大车，以保路面。

北平市郊区道路，自各城门起向各方取放射式，通达近郊名胜古迹、主要村镇及邻县城市，惟各郊路缺少环路，以资联络。敌伪时期四郊辟筑所谓“警备道路”甚多，全为土路，系统凌乱，去年曾派员踏勘调查，绘成郊路系统现状图，以作计划整理建设郊路之基础。

北平市城郊道路系统，大体虽尚完整，然其缺陷之处仍多，诚不足以应将来时代化新北平之需要。道路建设之最主要者计包括城区主要干路之改善与打通，外城南部干路之新闻，城区各胡同房基线之调整，城郊环路，沿岸路及联络名胜古迹公园道路之辟建，东西长安街及永定门大街至天安门林荫大道之建设，市郊铁路沿线，及将来近郊电车路两旁之美观化等亦须注意。城区主要干路之改善，有四处最为重要：① 东城沙滩干路，须打通直达猪市大街西口；② 北海前金鳌玉蝀桥附近，建筑堤路，以改善该桥交通之困难；③ 西单商场至东安市场间，直达干路之开辟；④ 前三门出城干路，被火车道切断，在前门车站迁移前，须建筑高架栈桥，以利交通。

全市道路，均应逐一实测详细平面图及横断面图，并标示街道下之建造物。各路交通管理设施，须早日举办，干路交叉路口，亦应妥为设计，布置路口广场，并统制路角建筑及外观形态。

（五）沟渠

表八　北平市现有各种道路

（民国三十五年十二月）

道路类别	共计			内外城			郊区		
	段数	长度（公里）	面积（平方公尺）	段数	长度（公里）	面积（平方公尺）	段数	长度（公里）	面积（平方公尺）
总计	966	687.213	4,324,112	871	330.362	2,120,115	95	346.851	2,203,997
沥青路	155	101.857	881,054	149	71.084	688.955	8	30.773	172,063
水泥混凝土路	13	19.004	109,923	7	4.710	29,475	6	14.294	80,448
石碴路	202	129.721	763,548	188	74.550	466,096	14	55.171	297,452
土路	534	430.452	2,541,604	468	174.179	889,218	66	256.273	1,652,388
缸砖道	1	0.266	1,542	1	0.266	1,542	—	—	—
石版道	61	5.913	46,442	58	5.573	44,799	3	0.340	1,643
备注	一、东西郊新市区道路不在内。 二、内外城共有街道胡同 3065 段。除已铺筑 871 段外，尚有 2194 段不在内。								

表九　北平市现有步道统计

道路类别	共计			内外城			郊区		
	段数	长度（公里）	面积（平方公尺）	段数	长度（公里）	面积（平方公尺）	段数	长度（公里）	面积（平方公尺）
总计	19	9.704	43,457	19	9.704	43,467	—	—	—

道路类别	共计			内外城			郊区		
	段数	长度（公里）	面积（平方公尺）	段数	长度（公里）	面积（平方公尺）	段数	长度（公里）	面积（平方公尺）
缸砖步道	7	3.116	15,973	7	3.116	15,973	—	—	—
洋灰砖步道	3	1.283	5,746	3	1.283	5,745	—	—	—
洋灰频道	9	5.305	21.738	9	5.305	21,738	—	—	—

表一〇　北平市现有桥梁统计

名称	共计	内外城	郊区
总计	183	81	102
石桥	130	50	80
木桥	29	17	12
洋灰桥	14	5	9
砖桥	10	9	1

北平市旧有沟渠系统，颇具规模，相传起源于元代，今鼓楼大街北大石桥胡同之东口路面石料，似系其遗迹。明初建筑城垣之际，即开始修建沟渠。明正统四年（1439年），北平城修筑完成，是年修缮城壕桥闸，并疏浚城内沟渠，足见本市沟渠工程，实始于该时期，距今已六百余年。迨清乾隆时代，已完成大规模之沟渠纲，及今已有一百余年之历史。在清朝时，每年二三月间，实行大规模掏沟一次，故能保养完好，最近数十年来，已逐渐损毁，沟线位置，有已无法寻觅者，沟身内部，亦多已坍塌淤塞（表一一）。

表一一　北平市现有沟渠统计

项别		共计	城区	郊区
沟渠总计（公尺）		248,800	248,800	—
暗沟	通顺	140,300	140,300	—
	淤塞	29,500	29,500	—
	断积不通	15,000	15,000	—
	残废	24,000	24,000	—
明沟		12,000	12,000	—
缸管沟		28,000	28,000	—

北平市现有沟渠，共长249公里，中有明沟12公里，管缸暗沟28公里，其余均系旧式暗沟，砖墙石版盖，宽高各1公尺左右，约有27%，已经残废或淤塞。

北平旧沟，原系专供宣泄雨水之用。后来一部分住户装设新式卫生设备及缸管，接通旧沟，其未接管者，污水赖秽水夫用秽水车收集，运至各街巷道傍专设秽水池，倾倒泄入旧沟，住户临街倒泼秽水者，亦不在少数。住家粪便，则多赖粪夫用粪车收集，运至近郊粪厂，晒干作为肥料。每日清晨，大街小巷，粪车粪桶，纷扰过市，臭气熏天，为文化城最大之污点。

北平市旧沟，只可作宣泄雨水之用，不宜用以排泄污水，其理由有五：

① 旧沟坡度过于平坦，流速缓慢，易生沉积。② 一部分沟线宛延曲折，且有被压于民房之下者，③ 流泄方向不定，甚有倒流者。④ 旧沟渗漏性甚大，无人孔及冲洗井等新式设备。⑤ 旧沟横剖面系方形，且内壁粗糙，沟底凹凸不平，石版盖不坚实，水力性欠佳。所以北平市沟渠建设方针，为整理旧沟，宣泄雨水，建设新沟，排泄污水。

北平市沟渠建设初步工作，应从速实行沟渠测量调查。须将旧沟位置、坡度、衔接、流量、污水性质及降水量等调查清楚，同时须勘定新沟干线系统，及污水厂之位置，以作设计之基础。此种初步工作，需要相当时间，若待兴工建设时，始行办理，恐将失时机，贻误工程。

在新沟建设完成以前，最迫切之沟渠整理工程，有下列数项：① 市内各街道及较低地区，每逢雨季，即积水为患，如东城南小街迤西一带、西城太平湖附近、南城天桥一带，最为严重，必须设法补救。② 前外龙须沟，现系明沟，污浊不堪，两旁平民杂居，环境卫生状况，极为恶劣，急需改善。③ 各处明沟河道，坍塌淤积，多成藏垢纳污之地，须疏浚清理。

总之，沟渠建设，为城市卫生工程之首要，必须决定全部永久计划，不应枝枝节节举办。旧沟整理工程，亦应按期实施，贯彻始终，不然此道彼塞，无济于事。

（六）河道

北平市城郊河道，系统完备，脉络贯通。远在公元 937 年辽金时代，即已疏凿川泉，开导引河。金时已有玉泉山至金离宫之导水河，今之内城三海，原系金人因地势而开浚者，惟当时甫开端倪，效力未彰。至元世祖中统二十九年，都水监郭守敬为水利专家，始开通惠河，引白浮（昌平）瓮川（颐和园）诸泉为源，并就玉泉至金离宫之金水河道，一并修复之，分布城内外，规模具备。自明及清，益见完整，灌溉农田，宣泄积潦，通行漕运，点缀风景，功效至宏。元世祖时金水河"濯手有禁"悬为明令。清代玉泉山，亦为皇室所独专，宫中所用，则取玉泉山水，民间不敢汲用，管理之严格，概可想见。清末以来，各河道历时过久，疏浚渐弛，淤积日甚。昔日城郊湖泊至多，赖以蓄水，宣积潦，泄积污，近年十废七八。一部分市民，贪图近利，增辟水田，水源消竭，旱潦为患。城郊宫阙苑囿，名胜古迹，向时水系四达，赖以点缀风景者，今亦埋废阻塞，识者指为北平文化之灾，良有以也。

北平市河道系统，可分为城区河道、近郊河道、外郊河道、河道整理概要、市郊河道湖泊公园统计五点分别说明之。

1. 城内河道

北平市城内河道水源，均引自玉泉山，在城西北十六公里。山内有八泉，泉水流出后东南行入昆明湖，经长河入德胜门西之松林闸，水入城后，先灌注于积水潭，南流分东西两路：① 东路，东灌什刹海荷塘，更出地安桥，经东不压桥为御河，至东华门望恩桥改暗沟，出东交民巷水关，入前三门护城河。② 西路，南行经李广桥乡闸，过西不压桥，入北海，复分为两支，一支经天坛东，沿景山西墙外入西筒子河，分注东筒子河，禁城内御带河，及中山公园。另一支经北海闸入北海，过御河桥入中南海，出日知阁下闸门，入中山公园，与筒子河来水相汇，出园经天安门前，更与东筒子河穿太庙之水汇，为菖蒲河，下接望恩桥南来暗沟，入前三门护城河。

护城河共分两路：① 北路为北护城河，至德胜门西，又分二支，一支由松林闸入城，为城内水道之总入口；另一支沿城东行，过安定门绕城，过东直门，朝阳门至东便门外，合前三门护城河，及外城护城河东流，为通惠河。② 西路沿城南行，经西直门、阜成门，至西便门外，与望海楼钓鱼台西来之泉水，西山南旱河五孔桥大雨后之山洪，石景山金沟河灌溉之余水，相汇后，复分为两支：一支经西便门铁棂闸入城，为前三门护城河，过宣武、正阳、崇文至东便门外，与东护城河合。另一支沿外城外南行，过广安门，合西北方连花池之泉水，绕外城，经永定、左安、广渠诸门，至东便门外，并入通惠河。

北平内城有极洼下之处，古所谓四水镇者，曰太平湖、泡子河、积水潭、什刹海。积水潭、什刹海（分后海前海），在地安门外，元、明时称为海子。元时通惠河舟艘直入积水潭，帆樯林立，至明代改建城垣，遂隔绝。清时仍以海呼之，有长堤自北而南，沿堤植柳，绿荫低垂，夏季荷花极盛，堤上遍设茶肆，为绝好天然风景之平民化公园。

2. 近郊河道

（1）玉泉山。玉泉山在万寿山之西，金章宗（公元 1190 年）于山麓建泉水苑行宫，元世祖建昭化寺，明英宗建上下华严寺，上有玉峰塔，清康熙十九年改澄心园，三十一年改名静明园，乾隆增建馆阁多处，五十七年，重加修葺。山内有八泉，最大者曰趵突泉，亦称天下第一泉，各泉流量，共约为每秒二立方公尺。

西山香山碧云诸寺，皆有名泉，以数十计，惜未能引导利用，故市郊水源，仍仰赖玉泉一脉。

（2）昆明湖。昆明湖元曰瓮山泊，又称七里泊；明曰西湖，土名大泊湖；清乾隆十五年重加疏浚，始用今名。瓮山昔时有泉，曰一亩泉，在山下，明时已塞，山下又有玉龙、双龙、青龙等泉，汇而为瓮山泊。各泉明时皆尚通流，今已淹没。现昆明湖水源，发于玉泉山，自东北洋船坞附近进水闸入园，南由绣绮桥总出口入长河。此外，尚有进出水口多处，分流圆明园、清华园、西苑等处。

（3）长河。自昆明湖至西直门外高亮桥一段水道，曰长河，又称玉河。长河为玉泉山昆明湖之水流入城区之水道，旧为清慈禧后往颐和园御船行经水路，两岸密植杨柳，夏日浓荫如盖。自民国以来，河身淤积，已不能通航。水源自玉泉起东流入昆明湖，另一支入高水湖，出而经金河，在外火器营北永兴桥，与昆明湖来水合流为长河，又东流至西直门外高亮闸及护城河，分流入城内及环城护城河，西郊养水湖、西苑、六郎庄、巴沟、海淀一带之水田，均受长河、金河之水灌溉。西郊海淀，古有南淀、北淀，北淀在米万钟圆内，今燕京大学即其遗址。南淀邻近娄勾河，今已无考。又有丹棱沜，在清华园内，昔为明李伟别墅，今清华大学即其遗址。又有巴沟，自万泉庄注入畅春园内，昔有泉三十八，今已无存。

长河广源闸附近南岸紫竹院，有泉水流出，汇入长河，惟水量不大。广源闸在长河之中，昔慈禧后赴颐和园，于此换舟。

高亮桥在西直门外约七百公尺，辽时耶律沙与宋兵战于高亮门，即此。上为长河，下达护城河，昔为慈禧后往颐和园登舟处。

（4）通惠河。自北平东便门总出水口至通县一段河道，曰通惠河，明曰大通河，即昔日北运河上游自通至平之运粮河。元初置大都于北平，以陆运官粮不便，于元世祖至元二十八年（公元1292年）都水监郭守敬，奉诏兴举水利，建议疏凿通州至北平之大运粮河，引昌平之白浮村神山泉，西折南转，经瓮山泊，东行自西水门入城，贯积水潭，复东折入旧运粮河，首事于至元二十九年之春，告成于三十年之秋，赐名曰通惠。

通惠河现为北平城区水道下游之总汇，内外城泄水之尾闾，通通县北运河之孔道。久未疏浚，河水淤积，现已不通舟楫矣。通惠河东便门外，有大通闸，下游黄木厂附近有二闸又名庆丰闸，两闸相距约2.7公里。旧时转运南漕，直抵朝阳门，漕运废后，河水渐淤。早年每逢夏日梅雨时降，芦牙丛生，故都人士，荡轻舟徜徉中流，自别饶乐趣，今则游艇亦已绝迹矣。

（5）萧家河。萧家河在颐和园之北，即下清河之上流。自青龙桥起，上承香山泄水河东来之出洪，北行过萧家河村及前河沿桥，与圆明园北墙外之水会合后，复东北流，经平绥铁路下，再会自圆明园及清华园之来水，东流入下清河。

（6）旱河。香山卧佛寺一带山洪泄水道有二：一为北部泄水河，自卧佛寺香山东行绕至玉泉山后至青龙桥，入萧家河。一为南旱河，自香山北辛村起，东南行经西郊小屯村，南下过平门铁路，及八里庄西五孔桥，至罗道庄农学院，与钓鱼台之泉水相接。

（7）钓鱼台泉水。钓鱼台在阜成门外迤西4公里。钓鱼台前有泉涌出，昔为金主游幸处，元时谓之玉渊潭，清乾隆三十八年（公元1773年）命浚治成湖，以受香山麓南旱河之山洪。钓鱼台旧名望海楼，地名花园村，北京大学农学院林场即在其地。湖水合南旱河水南行，至会城门村，东折经白云观后身，抵西便门，入护城河。又自望海楼东行，经六道口三里河，达阜成门外护城河，有泄水故道，现为大车道。

（8）莲花池。莲花池在西便门外3公里跑马场附近，有泉水涌出成池。泉水沿平汉铁路南，东南流经三义庙、白石桥、大红庙，至大泡子河附近，分为两支：一东行汇入外城西南角护城河，经右安门、永定门东行，是为主流。另一支南行东折，在右安门外三官庙附近，与凤凰嘴泉水相合。

（9）石芦水渠及金沟河。石芦水渠，系以石景山至卢沟桥为起迄点故名。起点在宛平县界永定河东岸石景山西南麓，渠道经古城、八角庄、张遗村至卢沟桥附近，仍入永定门。另有一支渠，由古城村、八角庄之间折入金沟河，经老山迤北，田村迤南，至定慧村南，入南旱河。

石芦水渠，系华洋义赈会所开凿，设有石芦水利公会，于民国十八年春开始放水。自放水以来，支渠余水泄入南旱河，钓鱼台以下之水道因被其浊流经过，河身逐渐淤高，西便门外一段，数年之间竟淤高数尺。旋于二十三年冬在八角村东老山麓村之间，横断金沟河故渎，筑挡水土坝三座，阻渠水东流，得免余水流入市郊水道。

金沟河即刘瑾河故渎，相传为明刘瑾所凿，现系旱河，起于石景山东麓，东行至定慧寺南，入南旱河。

（10）东北郊泄水道。北平四郊泄水道颇多，现多成大车道。共较重要者，北郊离城 3 公里处，有土城（即元北城墙遗址），自土城西端芒牛桥起，有泄水沟一道，沿土城东行至小关折面向北，至大屯村复东行，沿市界至东坝附近入内河。

东郊离城 1 公里处，有自北而南之泄水道一条，由东直门外水塔起，往南经东大桥、三块板、豫王坟、大板桥、桃园、东南行过龙王庙、老君堂，东行至西直河村，出市界，经马家湾、田家府至张家湾入凉水新河。

3. 外郊河道

（1）凉水河。凉水河发源于北平外城右安门西南凤凰嘴附近之凤泉，东流经万泉寺，分为两支：一自南经草桥曲折东注，一自北广恩寺曲折东注至马家堡、永胜桥，复汇为一。东南流，循南苑土墙东行，至小红门西入苑墙，东南流经沙底桥折而南，历头闸至二闸，来自南苑营市街西一亩泉之水自西来汇之，再东南行至鹿圈村，南苑三海子以上之水自西南来注之，复东南流至五孔桥，出苑墙，经马驹桥，东行至张家湾，入凉水新河。

（2）南海子及凤河。南海子为南苑之旧称，在北平永定门外 8 公里，志称缭垣。正北为大红门，正东曰东红门，正西曰西红门，正南曰南红门。内有海子（即水泊）五，故名南海子，元时为下马飞放泊，有晾鹰台。南海子有泉多处，北有一亩泉，南有团河，而潴水则有五海。一亩泉有二十三泉，在缭垣西北角，自新宫之北东行，经营市街北五里店至旧宫，由二闸入凉水河。团河有泉九十四，在缭垣西南角黄村之西，东南流，经晾鹰台南，过南红门，五海子之水自北注之，又东流至回城出缭垣东南角，是为凤河。至天津之双口，与永定河相汇。

五海子之水，与凉水河团河，时相灌输，然正流各仍判别。至玉泉山泉水经长河，穿北平城，出而东南流入通惠河，则与南海子、一亩泉、团河各不相涉，总之，通惠河在北于通州入运河，最近：凉水河源，居中入运河，次近：凤河源在南入运河，最远：源委秩然不紊。

（3）永定河。永定河又称浑河又曰无定河，或曰卢沟河，在北平迤西二十公里。发源于山西马邑县北之雷山金龙池，名曰桑干河。至涿鹿（保安旧城）与洋河、沩河诸水合，下流为浑河，浑河者言其浊也。东南流至官厅入长城河北境，至青白口有清河自西南入注，清水河发源于河北西界蔚州之小五台，其水清，故名清水。浑河下流为卢沟河，以其流经西山八大处翠微山后之卢师山之西，自是水名卢沟，或谓卢者言其黑也。永定河在平西一段，经门头沟、石景山及宛平县之卢沟桥。桥系金代所建，名曰广利，昔为北来各省孔道，工程伟大，风景绝佳，北平燕京八景之一的"卢沟晓月"，即指其地。永定河上游官厅等处蓄水库完成后，北平市自永定河引水计划，当属可能，惟河水浑浊，易生淤积，是须慎重考虑之点。

永定河西良乡县境内，尚有小清河、琉璃河，会为拒马河，是为大清河之上游。

（4）清河。清河距平北十公里，发源于青龙桥之萧家河，东行经圆明后身，越平绥铁路至清河镇，是为清河。再东行过北苑外立水桥，至沙子营，入温榆河。

（5）沙河。沙河在北平西北二十五公里，水源分三支：北支发源于昌平县迤东：中支自黄岗山麓东流：南支起于温泉东流至沙河镇，汇合为沙河。再东流至大柳树，大小汤山迤东诸水，自北来汇，至沙子营与清河合，过孙河镇为温榆河，（即孙河）经吴角庄折而南行为内河，至通县入运。孙河镇在北平东北十四公里，为北平自来水河水源地。

4. 河道整理概要

本市河道整理工作，对于农田水利、市容卫生、泄潦排秽及游艇航运均属必需，最重要者，为开发泉源，整理水田，实行废田还湖，疏浚河道，掏挖湖沼，建筑新式水闸，设立水文站，统一水闸管理权，开通运河，恢复游艇水路，开辟沿岸路，栽植树林，城区泄水河渠按时冲刷，严禁倾倒垃圾秽物入河，城市秽水须经处理无碍卫生后始可泄入河内。关于引用永定河水源问题，须能防止其挟过量泥沙淤积市区水道系统为先决条件。

5. 市郊河道湖沼公园统计

前述水道系统虽有一部分不在现市区以内，而计划市界则包括之，将来整理时全部流域均须顾及。兹就现市区统计城郊河道十四条，共长93.50公里，面积（旱河水田苇地不计）1.70平方公里。湖沼十五处，面积3.28平方公里。城区重要公园10处，总面积5.963平方公里（占城区总面积9.5%）。总计城郊水面积4.98平方公里，详细数目请参阅表一二、表一三。

表一二 北平市河道湖沼一览表

		(一) 河道		
		(甲) 郊区		
名称	长度（公里）	平均宽度（米）	面积（平方公里）	备注
萧家河	6.00	25	0.1500	青龙桥起至清河镇止
清河	7.00	25	0.1750	清河镇起至立水桥止
金河	2.50	15	0.0375	高水湖起至长河止
长河	8.00	15	0.1200	昆明湖起至高亮桥止
惠河	9.50	15	0.1425	东便门起至通县界止
凉水河	12.00	20	0.2400	水头庄起至九空闸止
环城护城河	31.00	15	0.4650	
合计	76.00		1.3300	
		(乙) 城区		
筒子河	4.00	50	0.2000	
御河	2.80	10	0.0280	地安桥起至东安门大街止
菖蒲河	0.95	10	0.0095	中山公园桥外起至南河沿止
前三门护城河	7.00	15	0.1050	西便门水关起至东便门止
前后海水道	1.40	8	0.0122	德胜桥起至三座桥东前海西河沿止
织女桥水道	0.75	10	0.0075	中南海起至中山公园止
泡子河	0.60	6	0.0036	
合计	17.50		0.3658	
河道总计	93.50		1.6958	
		(二) 湖沼		
		(甲) 郊区		
名称	长度（公里）	平均宽度（米）	面积（平方公里）	备注
昆明湖			1.1500	
静明园			0.0750	
高水湖			0.4800	
莲花池			0.0900	
钓鱼台			0.1000	
紫竹院			0.0220	
合计			1.9170	
		(乙) 城区		
太平湖			0.0048	

金鱼池		0.0440	
放生池		0.0078	
中山公园		0.0250	
北海公园		0.3740	
中南海公园		0.4900	
什刹前海		0.1250	
什刹后海		0.2050	
积水潭		0.0860	
合计		1.3612	
湖沼总计		3.2786	
总水面积		4.9744	平方公里

表一三　北平市城区公园及湖沼一览表

名称	耗地面积（平方公里）	水面面积（平方公里）	总面积（平方公里）
中山公园	0.173	0.025	0.198
太府	0.164		0.164
景山	0.216		0.216
天坛	2.778		2.778
先农坛	0.621		0.621
北海公园	0.276	0.374	0.650
中南海公园	0.430	0.490	0.920
什刹前海		0.125	0.125
什刹后海		0.205	0.205
积水潭		0.086	0.086
总计	4.658	1.305	5.963

（七）垃圾处理

1. 沿革

本市所产垃圾，初由自治区坊负责收集运除，嗣因处理未能尽善，爰于廿二年十一月成立卫生处，从事计划改善，以为准备工作，翌年七月改由卫生局正式接管，对于垃圾运除，力图改进。其办法为先用人夫自各街巷以手车收集，运至待运场集中，再用载重汽车运往四郊消纳，与现在所采方法大致相同。根据廿三年纪录，本市城区及关厢计有二十一万八千六百卅四户，共享清洁目夫二千一百七十名，平均每清洁夫一名负责收集一百户之垃圾，运秽汽车陆续增至廿四辆，概系新购，平均每日出车十七辆，当时人力物力均颇充裕，故成绩斐然可观，惜以旧存数量过多，未能彻底清除。廿六年夏事变勃发，本市沦陷，迄卅四年胜利之日八年期间，以敌伪对市政漠不关心，一切因循敷衍，垃圾日积月累，遂成严重问题，除待运场堆积如山外，各街巷及住宅，院内亦随处成邱，交通为之阻塞，且凌乱污秽，关系市容及卫生尤巨。卅四年十月本市接收后，卫生局即致全力谋解决此问题。其实施步骤计分三项，一清扫干路，二清巷运动，三运除旧存垃圾。组设环境卫生总队及各区清洁队，负责街巷清扫及垃圾收集，并以载重汽车手车及空车出城协运秽土办法，积极运送城外清纳。终以积存数量过巨，未能廓清。嗣与善后救济分署合作以工代账，发动劳工清除，另敷设轻便铁轨，用轮槽车运往城外。后更与善救分署订立合同，组设垃圾运除委员会，于卅五年五月一日开始工作。按原定计划于一年内完全清除，不意于同年七月十一日因故停顿。据垃圾运除委员会调查报告：垃圾旧存总量为 1,627,500 吨。该会自五月一日至七月十一日运除 324,495 吨。尚余 1,303,005 吨。十月十八日本市公共工程委员会奉。市政府令办理运除旧存垃圾计划事宜，乃派员实地调查测量旧存垃圾数量，勘测内外城消纳场所，并计划清除办法，以为实施之根据。

2. 垃圾成分之分析

兹将北平市卫生局第一卫生区事务所（清华大学、协和医科大学及卫生局三方面合作组织而成，办理环境卫生事宜），廿五年一月至六月所作垃圾成分分析之结果，摘要列表如左：以供参考，表中所列百分数系按体积计（表一四）。

表一四　北平市新产垃圾成分实测报告表

垃圾成分	商业区（%）	住宅区（%）	工厂区（%）	学校区（%）	平均（%）	备考
炉灰渣	28.9	25.6	25.6	28.1	27.05	
细灰	50.6	52.6	52.7	55.5	52.85	
厨房废物	8.9	8.5	8.9	3.9	7.55	
树叶、竹头、木屑、纸张等	9.5	8.9	8.9	10.3	9.4	
钱片、瓦磁器等	2.1	4.4	3.9	2.2	3.1	
合计	100	100	100	100	100	

由表一四可知：各种区域所产垃圾之成分，无大差异，均以炉灰二项为大宗，约占全体积80%。该二项系炊事用之煤球炉，及多日取暖用之火炉所产生。其未能完全燃烧部分，并由附近贫民捡出再烧，致可燃部分已经燃烧殆尽，故近代焚毁炉处置垃圾办法，不适用于本市。至垃圾成分中炉灰渣及细灰特多之原因，为本市民炊事及一部贫民取暖，多用煤球。煤球为三成黄土七成煤末混合做成，黄土仅具结合作用而不能燃烧，全变为炉灰渣及细灰。现城外取黄土遗留之坑随处皆有，而城内垃圾堆集如山，实为必然结果。

3. 垃圾密度

公共工程委员会于三十五年十二月四日，派员赴各区实地测量新旧垃圾之密度，以为设计之参考。兹将所获结果列表（表一五）。

表一五　平市旧存垃圾密度实测报告表

地点	积存时间	挖取垃圾原体积（公方）	垃圾挖松后体积（公方）	原体积与松体积之比例	挖取垃圾重量（公斤）	旧存垃圾密度（公斤每公方）	挖松垃圾密度（公斤每公方）	备考
内一区履中牌楼	一年	0.0788	0.101	1：1.28	76	964	752	自垃圾堆顶部采取计长0.50公尺，宽0.45公尺，深0.35公尺，体积0.788公方
内六区骑河楼	一年	0.2940	0.344	1：1.17	287	975	834	自垃圾堆顶部采取计长0.70公尺，宽0.60公尺，深0.35公尺，体积0.788公方
内二区和内顺城街	四年	0.4500	0.548	1：1.22	529	1,175	965	于垃圾堆顶部挖去厚1公尺一层后，采取计长1.00公尺，宽0.90公尺，深0.50公尺，体积0.45公方
平均				1：1.22		1,035	850	

4. 新垃圾产址及运输情形

本市新垃圾产量，根据北平市卫生局第一卫生区事务所廿四年七月至廿五年六月一年调查结果，以十二月份最高，每人每日3.94磅合1.79公斤，六月份最低，每人每日2.49磅合1.14公斤，全年平均每人每日3.26磅合1.48公斤。本市内外城人口，据卅五年八月份调查为1,234,269人，平均每日总产量为1,827吨。惟外三外四两区洼地较多，垃圾可就地消纳，无须再行处置。该二区人口总数为224,973人，故需要处置之垃圾数量约以人口一百万计为 1,480 吨。兹据卫生局十一月报告，有垃圾手车 1,030 辆，每日收集一千二百吨，自各户运往待运场。自待运场运往城外消纳，则用该局垃圾汽车及商民空车出城协运办法，每日共运除 458 吨，故每日仍积存市内 1,022 吨。现卫生局又办理征雇汽车，增强能力颇多，合计每日运除约一千吨，仍不能与产量相埒。惟征雇汽车，系临时办法，不能持久。必须增强本身经常运输力量，始能逐日清除，不使积存。新产垃圾密度小，体积疏松，每车仅能装三吨。每车每日往返七次，可运除二十一吨。如能每日出车五十辆，可运除 1,050 吨，不足之 430 吨，再以空车（包括汽车及大车）出城协运秽土，及奖励空车进城取秽土做肥料等办法，当不难全数清除也。

表一六　北平市新产垃圾密度实测报告

地点	体积（公方）	重量（公斤）	密度（公斤每公方）	备考
内一区履中牌楼	0.043	25	581	
内六区临河楼	0.043	28	651	平均密度每公方 616 公斤

兹将以上二表结果归纳如下：

①旧存垃圾挖松后体积增涨 1/4；

②旧存垃圾与新产垃圾密度之比例为 1.68 : 1；

③各种垃圾密度如下。旧存者每公方 1035 公斤。挖松者每公方 850 公斤，新产生者每公方 616 公斤。据北平市卫生局第一卫生区事务所调查，新产垃圾密度平均值为每立方尺 3875 磅。合每公方 620 公斤，与此次实测结果近似。

5. 旧有垃圾积存现状及处理计划

现内外城居住区城所有空地，几全为垃圾占据，市民不啻置身垃圾堆内，设不尽速运除，疫病发生，势所必至，实为本市市政中最重要之问题。公共工程委员会自卅五年九月下旬起，派员实地调查测量，城内旧存垃圾场，及城内外消纳场，迄十二月上旬，始全部竣事，所获结果如下。

（1）旧存垃圾场 253 处，数量共计 626,859 公方。

（上项数量为垃圾挖松后之体积，填垫低洼处时，体积压缩约 1/4）

（2）选定内外城消纳场 13 处，容积共计 545,469 公方。

（3）旧存垃圾处理需款 2,435,570,090 元。至宅巷内积存之垃圾。为数亦不下数十万公方，因限于时间未能详细调查故未计在内。

垃圾处理办法分两项：① 运往城内外低洼处所消纳；② 改造环境使无碍市容。前者需清除之积存场所 251 处、垃圾数量 546,153 公方。后者系改造环境，选定外五区先农坛东及天坛西两处，其数量达 80,706 公方之巨，清除需款极多，因附近无适当场所可资消纳，且以积存年代久远，有机物大部氧化，无碍卫生，堆集地点尚不妨碍交通，拟整平后利用园林布置，使之绿化，以为附近居民游息之所，以节经费，而资应用，其细部计划，尚需于实施时，详加研讨，俾可适合环境。兹将垃圾装卸及运输各项单价，详列于后，以为估计用费之根据（以三十五年十二月物价为准）（表一七）。

表一七　北平市垃圾消纳场一览表

编号	地点	经过城门	处置办法	容积（公方）	计费消纳数量		备考
					松方（公方）	实方（公方）	
1	三佛寺至月河寺一带	朝阳门及建国门	一部分填垫洼地，一部分平垫道路	95,500	57,212	45,769	由朝阳门至消纳场 1 公里由建国门至消纳场 0.4 公里
2	北后街	东直门	一部分填垫洼地，一部分平垫道路	42,600	48,437	38,766	由东直门至消纳场平均 0.5 公里
3	上龙大院（三角地）	安定门	填垫洼地	16,850	20,104	16,084	由安定门至消纳场 1 公里

续表

编号	地点	经过城门	处置办法	容积（公方）	计费消纳数量		备考
					松方（公方）	实方（公方）	
4	北后街及教场口	德胜门	填垫洼地	42,700	50,461	40,369	由德胜门至北后街 0.9 公里，至教场口 1.7 公里；北后街容积 7,700 公方，教场口容积 35,000 公方
5	娘娘庙西胡同及礼士路	西直门	一部分填垫洼地，一部分平垫道路	50,680	51,158	40,925	由西直门至娘娘庙西胡同 1.2 公里至礼士路 0.6 公里
6	杜家坑	阜成门	填垫洼地	85,338	90,777	72,621	由阜成门至消纳场 1.5 公里
7	西便门至白云观	西便门	平垫道路	8,280	9,696	7,757	由西便门至消纳场 1.0 公里
8	南横街大石桥一带	城外段经右安门	平垫道路	41,000	51,135	40,908	该路南北两段长约 4100 公尺，宽 10 公尺，垫高 1 公尺
9	桃园	永定门	填垫洼地	3,000	1,199	959	由永定门至桃园 0.3 公里
10	东单练兵场	城内	填垫洼地	149,421	161,183	128,947	工务局测有纵断面图计算容积为 149,421 公方
11	德胜门西城根一带	城内	填垫洼地	7,500	4,771	3,817	该地长约 1.5 公里宽约 5 米填垫高平均 1 米
12	左安门至法塔寺	城内	平垫道路	6,100			左安门内一段长 300 米宽 10 米垫高 0.2 米至法塔寺一段长 1,100 米宽 5 米垫高 1 米
13	广渠门内	城内	平垫道路	2,000			长度 0.4 公里宽 5 米高 1 米
	合计			545,469	546,153	436,922	

附注：① 表列松方是垃圾掘松后之体积。该项垃圾倾倒于消纳场后，体积当压缩为实方，二者比例为 1.25：1

② 各消纳场位置详见各平面图

堆集场垃圾掘松，装车，整平，清扫及消纳场御车，平垫，每工约可作 4 公方。小工工资 4,500 元故每公方需 1,125 元，加监工及事务费 75 元合计每公方需 1200 元。

垃圾运输方法，主要为下列三种 ① 载重汽车，② 大车，③ 轮槽车及轻便铁轨。兹将各项运输单价分述之。载重汽车每次装 4 公方，垃圾堆集处距消纳场 4 千米时，可运送七次，即每日可运垃圾 28 公方，至 4 千米之地点。汽车每日用费为汽油七加仑、14,000 元，机油 0.8 加仑，6,400 元，司机及助手各一人工资共 12,000 元，修理及折旧费 70,000 元，合计 102,400 元，故垃圾一公方运输一公里需 914 元。加监工及事务费 86 元。则每公方每公里共需 1000 元。

大车每次装 1.25 公方，垃圾堆集处距消纳场 4 公里时可运送三次，即每日可运垃圾 3.75 公方至 4 公里之地点。大车每日运费为牲畜饲料九千元，车辆修理及折旧费一万五千元，（此外尚有车夫工资六千元，因该车夫可负责垃圾装卸，现装御费在外故未计在内），合计二万四千元，故垃圾一公方运输一公里需一千六百元，加监工及事务费一百六十元，则每公方每公里共需一千七百六十元。铺设轻便铁轨用轮槽车运输适用于大型垃圾场，今假设数量为一万公方距消纳场四公里，估计其运输费用。轻便铁轨及轮槽车可分别由工务局及卫生局洽借，添配零件及修理后即可应用，故该二项成本不计在内。铁轨运输及购置费如枕木、道钉、鱼尾板、螺丝等每公尺约需一千元，修理道钉及拆除约需一千五百元，每公方每公里需二百七十五元。垃圾堆积数量再多时，上项费用当可按反比例减低，轮槽车每次装 0.8 公方，每日运送五次即每日可运送垃圾 4 公方至 4 公里之地点。轮槽车每日运费为小工一名（轮槽车每辆需小工二名装卸在内，今装卸除外故以小工一名计四千五百元，修理及折旧费一千五百元，监工事务费六百元合计六千六百元，故每公方每公里合 412.5 元，连同铁轨铺设及拆除费 275 元，合计每公方每公里 687.5 元）。

综观以上各项运输方法，以轮槽车用费最省，惟只适用于大型垃圾场，且大街上铺设铁轨，对于交通市容均有妨碍，尤以通过城门时为甚。因受种种限制，故不能普遍应用。

6. 结论

本市垃圾对策，可分治标治本两项。以上所述，均系治标办法，即旧存垃圾分别运除及改造环境，新产垃圾全数运往城外消纳，即以此治标办法中，旧存垃圾处置一项而论，需款已达二十四亿元以上，该项垃圾如堆积一处体积相当景山 2/3。工作既如是艰巨，断非依靠中央或其他方面补助所能济事，必须发动全市人力、物力，由市当局予以合理指导运用。以最经济方法，求最高效率，尽力以赴，不避艰辛，同时再请中央政府拨发专款，本市各机关拨借车辆，善救分署补助面粉，则众志成城，共襄盛举，始可底于成。新产垃圾之运往城外消纳，则有待于卫生局增强经常运输力量，务期每日出产，每日运除，不使稍有积存。

本市城内及各城门附近低洼处所，经历年垃圾压垫，已逐渐减少。此次测量消纳场，即感觉选择适宜地点极为困难，如以后每年新出产垃圾，再继续堆积，则数年以内，各城门外尽成垃圾山，届时问题之严重，当十百倍于现在，设不未雨绸缪，妥筹治本办法，则临渴掘井噬脐莫及矣。

考世界各国垃圾处置，有用焚毁炉减少垃圾中可燃部分者，有将新式绞碎机，将厨房废物绞碎，泄入沟渠排于河中者。本市所产垃圾，炉灰占80%，不能燃烧，故可燃部分极少，且沟渠淤塞，上述二项办法均不适用，最根本办法为，于郊外建设煤气厂，输煤气入城，以代煤球，再以廉价电热补煤气之不足。在此法未能成功以前，可先设法改良煤球，减少黄土成分。若因黏着力不足，致人工不能制造时，则需研究改用机器，加压力以制造之。此外，四郊农民制造肥料，需要垃圾中细灰极多，可设法奖励予以便利，当能消纳巨大数量，帮助极多也。

（八）故都文物整理事业

1. 故都文整事业之沿革

北平为历代故都，文物建筑，精华荟萃，不特可以代表我国艺术文化，且可以为东方之世界观光中心。民国二十三年市当局鉴于市内文物建筑，实有修缮保养之必要，并为实现建设北平市游览区计划，特呈准中央，组织旧都文物整理委员会。下设文物实施事务处，筹拨专款，编拟计划，分期实施各项修缮工程。截至民国二十六年七七事变止，三年间，完成工程有：天坛、香山碧云寺、西直门箭楼、东南角楼、妙应寺等数十处工程。西直门至颐和园沥青路，亦系利用此项专款修筑。不幸此种事业基础甫经奠立，故都即告沦陷。在敌伪时期，无显著成绩。民国三十四年北平光复以后，市府为继续抗战前文整事业，呈准中央明令恢复文物整理委员会，设立文物整理工程处。三十五年度内，由中央拨到经费八亿元，修理工程四十余处，其最主要者有天安门、永定门、智化寺、北海大西天小西天、碧云寺等处，又内有故宫博物院、古物陈列所、天坛、孔庙、国子监等处保养工程，计占四分之一。

2. 故都文整事业之需要

北平文整事业，与市政建设事业有何关系？市政建设事业，在目的上必须有社会与经济之意义，在原则上须适合个别城市之特色，无疑的为一文化城，北平无重大之工商业，需要发展教育文化，并利用文物建筑，招徕游览，繁荣世面。故整理文物建筑，实为北平市政建设之中心工作。兹分为三点，说明此种事业之需要。

（1）就保存古迹，宣扬文化而言。北平为辽、金、元、明、清及民国六代千年故都，所有宫阙殿宇，苑囿坛庙，菁华所萃，甲于全国，乃帝王时代耗费全国人力、物力所造成，不当视为专制帝王个人之遗物，相反应视为我国全民族之遗产。其雄伟壮丽，代表中国之民族精神，表现艺术之特点，吾人应加予珍视保护。各国民族对其具有历史价值之文物建筑，无不特别重视。北平现存文物建筑，为东方特有艺术作品，亦为世界稀有之古迹，在历史上、文化上、艺术上实均具有极大之价值。吾辈后代国民，岂可任其日就荒芜圮毁，当然更应特别加意保护，常保完整，以垂久远。

（2）就研究建筑学术而言。中国建筑，在世界建筑史中自有其特殊之独立系统。然而，经历千年之悠久时间，其发展程序，受政治经济之变迁，地理气候之限制，制度风尚之转换，工匠技艺之巧拙，以及宗教思想之影响等，在结构上与外观上均随时代而改变，于是每一时代有每一时代之特征。就研究学术之观点而言，凡富有文化价值之文物建筑，尤其是年代悠久远者，均需切实保存，以作研究参考之资料。同时在整理工作中，可以逐渐发现各时代建筑风格之演变，优点劣点之比较。更从研究工作中，而能创造出近代化之中国建筑作风，使我国民族艺术，得以继续发扬光大。

（3）就推广游览事业而言。北平向以古迹名胜，驰名世界，凡外人来华，必到此观光，为一绝好之国际游览区。察欧美国家，对于游览事业，莫不锐意经营，以吸引国际旅客。例如法国每年所得于外人旅行消费，战前相当于输出贸易总额百分之二十八。又如瑞士，号称"世界花园"，每年得外邦游客，而增加收入。吾人如将北平城郊各处文物建筑于名胜古迹，一一加以整理，永保原来美观，诱致外人游览，一方面既可宣扬我国文化，一方面又可吸收外汇，对于国家经济平衡汇兑上，有相当补益，因此文物整理事业之重要，实具有更深长之意义。

3. 实行文整事业之方针

执行文整事业之方针：第一修缮工程之外，应注意长期保养工作。第二需注意建筑骨干结构之加强，保留固有苍老之色泽，新油饰彩画，实为次要。第三尊重固有建筑之风格，利用近代建筑材料与技术。第四修缮工程，应分先后缓急，其有下列情形者，须提前修理：① 在历史上艺术上有重要价值者。② 损坏过甚，情形严重，急需修缮者。③ 对于风景名胜有关，或为市容观瞻所系者。

此外，北平市名胜古迹，处数甚多，管理机构过于复杂，在整理保管上，不易有良好之成绩，本市应筹设统一管理名胜古迹之机构，以统筹发展游览事业。

四、北平市东西郊新市区概况

（一）东西郊新街市状况提要

（1）西郊新街市距城约4公里，由敌伪于民国廿八年开始建设，大体均照计划大纲实施，频年经营，雏形粗具。第一期计划面积14.7平方公里，放租土地约六平方公里，已成建筑五百八十一幢，用地八十六万二千零四十二平方公尺，建筑面积六万七千零八十三平方公尺，已成土路六万七千九百公尺，占全区计划路长度70%，沥青洋灰道路二条长八千七百公尺，沥青石渣路三条长三千六百公尺。主要经纬干路二条，贯通全区，东西线长四千七百公尺，总宽八十公尺，北侧石渣路，南侧沥青混凝土，各宽六公尺，中央绿地带，现更名为复兴大街。南北线长二千八百公尺，宽一百公尺，卵石路面，宽四公尺，曰中央大路。卫生设备有深三十至四十公尺之自流井三口、净水厂三处，每日供水量二千三百吨，所敷水管长二万余公尺，沟渠污水管一万四千公尺。其他设施有医院、运动场、公园各一处，苗圃三处。

（2）东郊新街市在广渠门外，距城约二公里，主要为工业区。第一期计划面积2.67平方公里，3/4的土地已放租，已建工厂九家，余均空地，尚少其他设施。仅有道路干线三条，一自新辟城门（现正名曰建国门）东行，长三千七百公尺，仅成路形，称东长安街。两线平行，一自广渠门外护城河起，迤东长三千一百公尺，称广渠街。两线平行，连贯其东端者曰西大望路，长三千六百公尺，北端与平通公路衔接，均石渣铺装。综计区内土路共长二万二千二百公尺，其中已铺碎石者一万八千公尺。

（二）北平市西郊新市区概况（民国三十五年春调查）

1. 开办时间，及主办机关

（1）伪建设总署北京市西郊新市街建设办事处。该处自民国廿八年七月成立，至廿九年一月止，办理西郊新街市之初步事业。

（2）伪建设总署北京建设工程局（西郊施工所）。该局自民国廿九年二月成立，至卅年十二月末止，继北平市西郊新市街建设办事处，办理西郊新市街事业。

（3）伪工务总署北京工程局西郊工所（后并入北京施工所附设西郊督工所）。该局自民国三十一年一月至三十四年八月止，继北京市建设工程局办理西郊新街市之事业。

2. 新市区土地疆界及面积

西郊新市区之第一期计划，面积约二万二千余亩（合 14.7 平方公里）。计市境一万五千余亩（合十平方公里），及宛平县七千余亩。

其疆界如左：

东至：圆明路（旧公主坟）

南至：西郊铁路自丰台路与永定路之间至泰安南街（蒋家坟村）

西至：玉泉路（田村、石槽）

北至：阜成街（定惠南村）

全部计划面积为四十平方公里。

3. 已征收土地面积及户数

已征收土地面积为二万二千余亩（合 14.7 平方公里）。有契纸二千五百三十七件，计三千九百八十六户。已发价者：市境一万零七百六十三亩，宛平县境六千八百二十三亩。未发价者：市境四千二百六十七亩，宛平县境四百八十二亩。

4. 已放领土地面积及户数

已放领土地面积为九千余亩（合六平方公里），约一千四百余户，日人租户占百分之九十（朝鲜人在内）。

（此项放领土地权，定为三十年）

5. 道路状况

西郊已成道路总长 90, 800 公尺，其中沥青混凝土路二条长 8, 700 公尺，沥青碎石路三条长 3, 600 公尺、碎石路 8, 700 公尺、卵石路 1, 900 公尺、土路 67, 900 公尺，占全区计划路长百分之七十，路名及铺装等详见表一八。

6. 建筑状况

全区已成建筑 518 栋，建筑面积 67, 083 平方公尺，用地面积 862, 042.13 平方公尺，详阅表一九。

7. 上下水道状况

西郊新市区之上水道，全区内共有净水场（水源井）三处，目前使用者，为第一净水场（三十马力抽水机），第二净水场（7.5 马力抽水机），三处水厂最高供水量，每日共计二千三百立方公尺左右，以前日俘集中西郊一万五千人，第一、二水场能供水约一千立方公尺，仅够维持之用，但全部集中五万人后，即极感不足，故进行第三净水场设备，并将第二净水场改换大抽水机，以资补救。配水管已敷设者总长 20, 739 公尺计：口径 100 公厘者，8745 公尺；口径 150 公厘者，2817 公尺；口径 75 公厘者，6507 公尺；30 公厘者，2670 公尺。均分布于复兴大街、万寿路、永定路及翠微路附近。下水道则鲜有敷设，仅于永定路旁住宅及万寿路住宅，埋设一部，共一万四千余公尺，下水管用洋灰混凝土制成。该管敷设不良，接口漏水甚多，是故排水口所出污水甚少，中途多渗入地内。

8. 西郊土地租种面积户数及收租数目

西郊原来租种面积三千余亩（约合二平方公里），计五十九户，约计收粮十万余斤（系按租额全数计算）附租额表（表二〇）。

9. 苗圃

路树原设苗圃三处，现完整者一处，面积一百六十市亩，育苗百余万株。路树已植者有柏、千松、大叶杨、中槐等四万余株，此外尚设有医院、运动场、公园、邮局各一处。

10. 继续建设西郊新市区之理由

（1）疏散城区人口密度。本市人口，现有一百六十余万人，城区占75%。城区人口密度最大已至每公顷四百六十二人，郊区每公顷仅七人，大如伦敦市人口密度，最高不过一千零八十人，而此次战后改造计划，规定每公顷二百五十人至五百人。南京市人口密度，亦曾经规定为一百二十人至三百五十人。故本市人口，城区过密，除一面分布于城内较疏散之地区外，同时必须向郊区发展。

（2）促进本市游览区建设本市名胜古迹，多余西郊，与西郊新市区颇为接近。新市区交通系统及住宅、卫生等设施完成后，可以成为各名胜古迹之中心地，促进游览区之建设。

（3）利用旧有设施，解决市民居住问题。西郊新市区已有之道路、房屋及上下水道，均尚可利用。将来建设市民住宅，以供应市民居住之需要，对于目前城区住房缺乏之困苦，实为根本解决之办法。

表一八　西郊新市区道路现状表

铺装种别	路名	计算路宽	已完成			备注
			宽度（公尺）	长度（公尺）	面积（平方公尺）	
沥青混凝土	复兴大街	80公尺	6	8,700	52,200	由复兴门至玉泉路（本街南侧），一公寸五厚碎石路基上铺混凝土一公寸厚，表面铺沥青油砂三公分
总计				8,700	52,200	
沥青碎石	万寿路	45	4	1,400	5,600	自复兴北二街至万寿路车站，碎石路基厚一公寸上铺沥青油一层
	永定路	45	4	1,400	5,600	自复兴北二街至永定路车站做法同前
	玉泉路	45	4	800	3,200	自复兴大街至太平街（做法同前）
总计				3,600	14,400	
碎石铺装	复兴大街	80	6	8,700	52,200	由复兴门至玉泉路（本街北侧），碎石辗压一公寸厚
总计				8,700	52,200	
卵石铺装	中央大路	100	4	1,900	7,600	自北缘南街至太平街散铺卵石子一公寸厚未辗压
总计				1,900	7,600	
土路盘	翠微路	30		1,000		
	翠微西路	15		800		
	万寿东二路	20		1,000		
	万寿西二路	20		17,000		
	万寿路	45		2,000		
	万寿东路	15		600		
	万寿西路	15		1,600		
	东翠路	30		1,600		
	东翠二路	15		1,000		
	丰台路	60		2,800		
	丰台东路	15		1,200		
	丰台东二路	15		1,000		
	东线路	30		1,400		
	中央大路	100		2,200		

铺装种别	路名	计算路宽	已完成			备注
			宽度（公尺）	长度（公尺）	面积（平方公尺）	
土路盘	中央东路	25		1,000		
	中央西路	25		1,500		
	西缘路	30		1,500		
	永定路	45		2,800		
	永定东路	1200		600		
	永定西路	15		1,400		
	西翠路	30		2,000		
	西翠西路	15		1,000		
	玉泉路	45		2,300		
	玉泉东路	15		400		
	北缘南街	20		1,500		
	平安北街	20		2,000		
	平安街	40		3,500		
	平安南街	20		3,500		
	复兴北二街	35		4,000		
	复兴北街	25		3,000		
	复兴南街	25		4,000		
	南缘街	30		4,000		
	太平北街	20		3,000		
	太平街	35		3,500		
	泰安南街	20		1,500		
总计				67,900		

附注：总计已修道路长度 90,8000 公尺。

此外，尚设有铁路支线一条自前门西站直达西郊新市区之南部现已将轨道拆去。

表一九　西郊新市区建筑现状表

土地号数	接管机关	伪组织户名	房屋种类	用地面积（平方公尺）	建筑面积（平方公尺）	现状调查
〃 39	北平市政府工务局	大林组	洋式二层楼二栋、瓦房四栋，有围墙	10,150.00	400	建筑物大致完整，门窗装修稍有破坏
〃 57	交通部邮政总局北平办事处	西郊邮政局	洋式瓦房二栋，有围墙	17,737.30	330	建筑物完整，现由邮政局接收看管
〃 49	资源委员会冀北电力有限公司北平分公司西效变电站	华北电业	洋式瓦房三栋、附属瓦房一小间	10,750.00	150	建筑物尚完整
〃 101	陆军第 109 师工兵营第三连连部	北京居留民国日本小学校	洋式瓦房二栋	35,497.93	1,500	门窗玻璃内部装修拆毁甚多
〃 103	交通部北平电信局西郊营业处	华北电信电话	洋式瓦房三栋	10,451.20	150	建筑物尚完整
〃 103	交通部平津区铁路部	华北交通公司	洋式瓦房六栋计十二户	4,312.50	180	门窗玻璃门墙均有破坏，现无人居住
〃 113	资源委员会冀北电力有限公司北平分公司西郊农场	华北电业农场	中式灰房一栋十二间、马棚一栋四间	10,412.50	200	建筑物尚完整
〃 128	交通部平津区铁路管理局西郊站员宿舍	化北交通公司	洋式瓦房二栋计十二户，附属瓦房六栋十二间	5,049.40	200	门窗玻璃均破坏，现无人看管
〃 130	交通部平津区铁路管理局西郊站员宿舍	华北交通公司	洋式瓦房二栋计十二户，附属瓦房六栋十二间	4,836.92	200	门窗玻璃均破坏，现无人看管

土地号数	接管机关	伪组织户名	房屋种类	用地面积（平方公尺）	建筑面积（平方公尺）	现状调查
〃132	交通部平津区铁路管理局西郊站员宿舍	华北交通公司	洋式瓦房十二栋计二十四户，有围墙	17,179.30	900	门窗玻璃均破坏，现无人看管
〃133	交通部平津区铁路管理局西郊站员宿舍	华北交通公司	洋式瓦房十六栋计三十二户	9,673.90	1,000	门窗玻璃均破坏，现无人看管
〃134	邮政总局局员住宅	邮政总局	洋式瓦房十二栋计二十四户，有围墙	9,673.90	1,680	建筑物尚完整，现有该局职员住宅
〃146	交通部平津区铁路局总务组福利科	华北交通公司	洋式瓦房八栋，计二百户，有围墙	18,000.00	1,000	门窗装修稍有残缺，现有该部专人看管，暂做存放家具库房
〃148	交能平津区铁路局	华北交通公司北部副华洋行私人租地	洋式瓦房二栋计十二户，附属瓦房六栋	6,400.00	200	隔墙门窗玻璃大部破坏
〃149	交通部平津区铁路局	华北交通公司	洋式瓦房六栋计二十四户，附瓦房十二栋二十四间，无围墙	10,800.00	1,500	门窗玻璃大部破坏
〃150	交通部平津区铁路局	华北交通公司	洋式瓦房四栋计二四户，附属瓦房十二栋二十四间	10,687.37	400	自隔墙门窗装修大部破坏
151 153	交通部平津区管理局警务处铁路警察训练所	华北交通公司	洋式二层楼房一栋附属洋式平房四栋，内一栋房顶坍塌，有外墙	25,100.00	14,000	全部建筑物大致完整
〃152	交通部平津区铁路局	华北交通公司	洋式瓦房四栋计二四户，有围墙	10,428.70	800	门窗装修，外墙均被拆毁
〃154	交通部平津区铁路局	华北交通公司	洋式瓦房六栋，计十二户	7,916.80	450	门窗装修，外墙均被拆毁
〃155	铁路学院	华北交通公司	洋式瓦房十一栋计三一户，附瓦房一栋，有外围墙	18,500.00	1,200	门窗玻璃多数残缺，现无人看管
〃156	交通部平津区铁路局	华北交通公司	洋式瓦房四栋计八户，有围墙	4,448.90	800	门窗玻璃多数残缺，现无人看管
A157	中央信托局北平分局	华北交通公司	洋式瓦房十四栋计二十八户，有围墙		1,050	门窗玻璃多数残缺，现无人看管
B157	警察局郊西警察六段	日本警察署	洋式平房一栋，附平房一小间	9,250.00	230	门窗装修稍有破坏
160	中央警官学校	南部新民会用地北部日人私宅	石板顶洋式房二栋，有围墙，计四户	68,000.00	100	门窗装修围墙均被拆毁，现无人看管
174	无	日人建筑	中式西平灰房三间	424.00	30	门窗残毁，现由村民莫长林居住
195	无	日本居留民团配给所	灰平房三间一栋	7,000.00	48	门窗装修尚完整，现有人看管
A196	交通部平津区铁路局	华北交通公司庆林部	二层平顶楼房一栋接连平房一栋		300	门窗装修尚完整，现有人看管
B196	交通部平津区铁路局	日本居留民团配给所	洋式瓦房二栋	7,700.00	260	建筑物尚完整，现有保安警察第七中队借用
205	无	日本房产公司	洋式瓦房六栋计十二户，附瓦房一栋已坍塌	19,800.00	450	门窗围墙均拆毁，现无人看管
206	无	日本北京居留民团	洋式瓦房三十六栋计八十八户、木室一栋	18,000.00	1,700	围墙门窗均被拆毁，现无人接管
207	无	电报局	洋式瓦房一栋	9,000.00	75	围墙门窗均补拆毁，现无人接管
208	中央警官学校	日本北京居留民团	洋式瓦房二十二栋计四十四房，有围墙	9,000.00	650	围墙门窗均被拆毁，现无人接管

续表

土地号数	接管机关	伪组织户名	房屋种类	用地面积（平方公尺）	建筑面积（平方公尺）	现状调查
209	中央广播事业管理处北平电台职员宿舍	华北广播协会	洋式瓦房八栋计十六户	16, 200.00	600	围寺门窗稍有破坏，现由电台接管
210	中央警官学校第五分校校舍	华北石崇株式会社	洋式瓦房十四栋计二十四户，另守卫室一间	16, 200.00	840	围墙门窗等均有破坏，现由中央警官学校接管
A231	候补	日人	中式瓦房一栋五间，平房一间		70	
B231	无	伊藤组	洋式瓦房三栋一户	14, 300.00	100	门窗装修多处破坏，现无人看管
C231	装甲兵教导总处炮兵营	日人岩黄私宅	洋式瓦房二栋一户		400	该营四月十二日接管
232	装甲兵教导总处炮兵团本部	华北石炭贩卖会社	洋式瓦房十栋计二十户，外一栋一户，附守卫室二间	10, 372.49	1, 800	门窗、装修、围墙均破坏残缺
233	无	日本北京居留民团医院	洋式瓦房三十二栋六十四户	12, 803.02	2, 400	围墙拆去，门窗、装修残缺不整
236	装甲兵教道总队炮兵营本部	士屋利熊	洋式瓦顶房大小三栋计一户	6, 925.00	160	围墙拆去，门窗、装修残缺不整
237	装甲兵教道总队炮兵营本部	华北运输公司宿舍	洋式瓦房十四栋计二十八户，有围墙	7, 425.00	1, 050	围墙拆去，门窗、装修残缺不整
239	装甲兵教道总队炮兵营本部	华北运输公司宿舍	洋式瓦房十四栋计二十八户，有围墙	1, 050.00	1, 050	围墙拆去，门窗、装修残缺不整
240	装甲兵教道总队炮兵营本部	华北运输公司宿舍	洋式二层楼房一栋	10, 200.00	800	建筑物尚完整，中央警官区学校接管，现军队暂借住
241	中央警官学校	华北石炭株式会社	洋式二层楼房一栋	12, 150.00	800	建筑尚完整
公共用地	马归起住用	农园	洋式平房一栋三间	21, 866.80	27	门窗缺少，现有村民马归起住用
西 18	无	华北电业	洋式瓦房一栋计二间	163.75	28	建筑物破坏甚多
〃 35	北平市政务工务局	工务局总署西郊东官舍	洋式瓦房十六栋计三十二户、汽车房一间	1, 588.75	1, 500	门窗装修多被拆毁，现驻医院
〃 38	第六十兵站医院	华北电业	洋式瓦房四十栋计八十户，有围墙	34, 800.00	3, 300	建筑物尚完整，现由兵站医院接管
〃 57	北平市政府工务局	公务总署西郊中官舍	洋式瓦房六栋计十二户，有围墙	15, 128.95	450	门窗玻璃等多被拆毁，现驻军队
西 A55	查源委员会冀北电力有限公司西郊营东站十六军 109 师总公处	华北房产市场	洋式二层楼房一栋计分十六处计上下各一间			建筑物大致完整
西 B55	北平市政府工务局西郊工程处	公务总署西郊施工所	洋式瓦房五栋、平房二栋	1, 866.40	500	建筑物大致完整
56	无	日本警油装造所	洋式瓦房栋间、平房一间	19, 866.40	50	门窗均残缺，现无人看管
60	北平市政府工务局	钱高组	洋式瓦房三栋计六户，附西灰房二间坍塌	3, 381.55	600	门窗均缺残，现无人看管
71	北平市政府工务局	公务总署西郊西官舍	洋式瓦房二十栋计四十户，有围墙	21, 587.50	1, 500	门窗装饰均有损坏，现由该处接管
72 73 74	后方勤务总司令部第六十兵站医院	日本兵营	洋式瓦房九栋、铅铁顶房二栋	87, 706.30	3, 600	门窗装修有损坏
91 92	第十一战区长官部	日本兵营	瓦房二栋、铅棚一栋、灰房一栋			

土地号数	接管机关	伪组织户名	房屋种类	用地面积（平方公尺）	建筑面积（平方公尺）	现状调查
142	北平市政府工务局西郊工程处	大同制管社	建筑物共计九栋，瓦顶三栋、灰房四栋、铅顶二栋	9,262.50	1,600	全部建筑极为破损，大部分灰房及铅顶房形将坍塌
143	后方勤务司令部第六十兵站医院	同仁会永定医院中华航空	洋式瓦房一栋，有围墙	9,262.50	180	全部建筑装修尚完整，现由兵站医院接收
A 144	兵站医院	私人建筑	南部铅铁顶房一栋计四，北部平房一栋	15,212.50	140	南部铅顶房由兵站医院接收，北部灰平房无人接管
B 144	后方勤务总司令第六十兵站医院	中华航空	洋式瓦房十六栋计三十间二户，有围墙	15,212.50	1,500	门窗装修破坏
″147	后方勤务总司令第六十兵站医院	清水组	平房一间	8,262.50	15	稍有破坏
″152	后方勤务总司令第六十兵站医院	中华航空	洋式瓦房十六栋计二十八户，守卫室一间，有外墙	9,675.00	1,200	建筑物尚完整
″153	后方勤务总司令第六十兵站医院	中华航空	洋式瓦房十栋计二十户，守卫室一间	15,896.50	800	建筑物破坏甚多
″154	后方勤务总司令第六十兵站医院	华北电业	洋式三层楼房五栋、二大三小瓦房十六栋计四十二户，有围墙	16,784.50	2,500	门窗装修尚完整
″155	军事委员会战地服务团平津区区部执行部	华北开发	洋式瓦房二十五栋计五十户，有围墙，洋式瓦房一栋	10,750.00	2,000	东部十九栋、西部六栋，门窗装修破坏甚巨，由资源委员会接收，交战地服务团使用
″156	第十一招待所	华北开发		10,120.50	90	
″163	无	野球场	砖看台一座，铁线网一面	22,237.50	300	建筑物尚完整
″174	后方勤务总司令第六十兵站医院	华北电业	洋式二层楼房一栋、瓦房二栋、瓦平房一栋，有外墙	7,275.00	2,000	门窗装修尚完整
			五八一栋	862,042.13	67,083	

附注：全区已成建筑581栋，建筑面积67,083平方公尺，用地面积925,000平方公尺。

表二〇　租粮定额表（以每亩计）旧表　　　　　　　　单位：斤／亩

种类	上地	中地	下地	种类	上地	中地	下地
春麦	60	45	30	小豆	55	40	25
秋麦	60	45	30	花生	70	50	35
玉蜀黍	65	50	35	白薯	400	250	200
高粱	65	45	30	糜子	90	70	40
小米	50	35	25	黍子	90	70	40
黄豆	55	40	25	其他			
黑豆	60	45	30				

附注：① 本表粮额以市斤为单位。

② 小米一项仅指谷子去皮由佃农将收获谷子磨成小米后缴纳。

③ 花生应缴斤两仅指已晒干之花生而言。

（三）北平市东郊工业区概况（民国三十五年春调查）

（1）东郊工业区面积（第一、二期）约四千市亩（合2.67平方公里）皆为本市辖境，其疆界如左：东至西大望路（旧大交亭村），南至沙板街（旧沙板庄），西至九龙西二路（旧岳家镇），北至广渠北街（二门）。

（2）已征收土地面积及户数为四千余市亩（合2.67平方公里），有契纸七百二十六件，计九百余户，已发价者三千五百余亩，未发价者五百余亩。

（3）已放领地亩，约三千余市亩（合 2.2 平方公里），计二十余户，均系日人。

（4）道路状况有干路三条，一自新辟城门（现正名曰建国门）东行，长三千七百公尺，称东长安街。一自广渠门外护城河起迤东，长三千一百公尺，称广渠街。两线平行，连贯其东端者曰西大望路，长三千六百公尺，北端与平通公路衔接，均石渣铺面。总计区内已成土路长二万二千二百四十公尺，合面积六十二万九千八百四十平方公尺，其中已铺碎石者，长一万八千公尺。

（5）建筑状况计二十家，已建厂房者九家，空地十一家（如表二一），已建厂房之房地，归经济部及公用局分别接收，余地一千五百余亩已放种。

表二一　东郊工场建筑状况

（1）北京锻造株式会社	已建筑开业，现住军队
（2）北京麦酒株式会社	已建筑开业，现住军队
（3）北支制药株式会社	空房
（4）大信制纸株式会社	已建筑开业，现住军队
（5）野田酱油株式会社	已建筑开业，已接收
（6）日本电业公司（日本ガイシ电业）	有房屋已接收
（7）东西烟草株式会社	已建筑开业，现住军队
（8）天野工业所	小民房，有破机器二架已合并北京锻造会社
（9）今村制作株式会社	有空房已被警局查封
（10）日清制粉株式会社	空地无房有围墙
（11）樱田机械株式会社	空地
（12）小系铁工厂株式会社	空地
（13）日本デイゼル工业株式会社	空地
（14）东亚三中亚株式会社	空地
（15）日本农业株式会社	空地
（16）吉田俊一	空地
（17）池田笃三郎	空地
（18）川上三一	空地
（19）樱田机械制造株式会社	空地
（20）今村制造株式会社	空地

（四）西郊新市区土地问题节略（民国三十五年调查）

（1）面积计二万二千市亩（合 14.7 平方公里）。

（2）收用时间民国二十九年（伪公务总署）。

（3）发价时间三十年、三十一年，每亩一百元。

（4）未领价者占极少数。

（5）本年六月五日奉主席蒋手谕：北平新市区，应即归北平市政府负责接收管理，但其土地房产，不得擅自出卖。

（6）本年六月二十六日，奉行政院节京二字三〇五八号指令，新市区土地，应准收归公有。

（7）西郊新市区房屋，本年五月十一日，奉北平行营总副字（卅五）第一二六五号代电分配，丰台路以东，划归警官学校使用，兴亚路即中央路以西，划归兵站医院使用。

（8）西郊新市区事务，以前系由北平市政府工务局西郊新市区工程处办理，现已经市政会议决议，土地划归地政局管理，自来水厂归公用局自来水管理处管理，房屋划归警察局管理，工程之设计及实施，由工务局西郊新市区工程处办理，现已分别移交。

（9）租佃土地约三千三百亩，系敌伪时期放租。

（10）组织新市区建设委员会，于三十五年七月二十六日市府通过组织章程，九月十二日正式成立，现已取消。

五、北平市都市计划之研究

北平市为吾国千年故都，文化名城，中国北方重要城市，又为世界东方游览都市。旧有设施，颇具规模，惜近代化设备，尚未完全。现在全市人口，已达一百六十余万人，市政建设诸待进行，急须决定都市计划，以为各种设施之准绳。其所包括之问题甚多，最主要者计有八项：① 北平都市计划之基本方针。② 北平都市计划之纲领。③ 北平市之计划市界。④ 交通设施。⑤ 分区制计划。⑥ 公用卫生设施。⑦ 游憩设备。⑧ 住宅建筑。兹就以上项目，归纳各方面意见，分别述其梗概。至于各问题之结论，则须待北平都市计划委员会经过调查分析研究及设计后，始能决定。

（一）北平都市计划之基本方针

北平市究应建设成为何种性格之都市，实为首应研究之问题，其最普遍之见解有两种：① 以北平为中国之首都。② 以北平为文化城。中国首都，就市政工程之观点而言，自以北平为上选，然就其他观点考虑，则问题颇为复杂，实为国家政策之一，应由中央政府决定，但吾人需有以下之认识：① 不必以定都问题为北平都市计划之先决问题。② 北平非必须为国都始能繁荣，其社会经济发展之途径尚多。③ 北平都市计划须具有弹性，以备建都时发展之余地。④ 以北平为文化城，同时仍可建都，二者可以并立。基于以上之认识，试列举北平都市计划之基本方针如下。

（1）完成市内各种物质设施，使成为近代化之都市，以适应其社会经济之需要。
（2）整理所有名胜古迹、历史文物，建设游览区，使成为游览都市。
（3）发展文化教育区，提高文化水平，使其成为文化城。
（4）建设新市区，发展近郊村镇为卫星市，开发产业，建筑住宅，使北平成为自给自足之都市。

（二）北平都市计划之纲领

计包括四项：① 旧城区之改造。② 新市区之发展。③ 游览区之建设。④ 卫星市之建设。

1. 旧城区之改造

（1）建设外城东南部（即外三区）为手工业区，以疏散崇文门外及前门外间之拥挤状态。
（2）建设外城西南部（即外四区）为平民居住区，以改善天桥一带之平民窟。
（3）利用城墙内外之空地为绿地带，配置公园、学校，改良近邻住宅环境。
（4）划旧东郊民巷及西郊民巷以北为市行政中心区。以东西长安街为东西林荫大道，天安门至永定门为南北林荫大道。保留东单练兵场空地，建筑体育场、市民广场及音乐堂。
（5）改良前门外商业区，展宽道路，疏散建筑，设置广场绿地，发展琉璃厂一带为文化街。
（6）划城内各居住区为细胞式近邻住宅单位，设置近邻公园，儿童体育场、学校、图书馆、商店、诊疗所、托儿所等建筑，根本调整各胡同房基线。
（7）划城区各处宫殿、坛庙、公园等名胜古迹为名胜区，绕以园林道路，统制附近建筑高度及外观。
（8）永远保留积水潭、什刹海、北海、中南海及前三门护城河等处河道、湖沼，加以疏浚整理，通行游艇，沿岸开辟园林道路，建设天然公园。

2. 新市区之发展

（1）建设西郊新市区为一能自立之近郊市，利用已有建筑道路设施，疏散城区人口，解决市民居住问题。于其北部为文化教育区，南郊丰台附近设小工业区。新市区周围绕以绿带，与城区隔离，设备高速铁路，紧密联系之。保留空地以备将来之发展，改原来方格形道路系统为圆形辐射式。
（2）利用东郊工业区原有土地建筑，作屠宰场、积水处理场、易燃物品仓库等之需，视轻工业发展情形，考虑东郊工业区之建设。

3. 游览区之建设

（1）北平游览区包括城区宫殿、坛庙、公园及四郊名胜古迹，如颐和园、玉泉山、香山、八大处、温泉、大小汤山等，并设置电车或汽车路线以联络之，完成游览区系统。

（2）建设卢沟桥一带为民族复兴纪念公园，设置纪念建筑及忠烈祠，并布置伟大之广场及园林，成为游览区单位之一。

（3）在本市游览区系统内之长城、八达岭、明陵、妙峰山、檀柘寺等处名胜，亦应统筹建设。

（4）恢复颐和园至北平之游览河道，并开通城内水路及下游通惠河，使舟艇能由西郊穿行城内或护城河以通达通县。

（5）游览河道两岸，辟筑园林道路，在一定宽度距离内，禁止建筑。

（6）各游览区单位内，视其环境情形，设置旅馆、食堂、别墅、疗养院、野餐草地、游泳池及其他游憩设施。

（7）于城区或西郊新市区内，建设大规模之故都剧院、故都饭店及故都商场，以供应中外游览人士之需。

4. 卫星市之建设

下列各处均建设为大北平市之卫星市。

（1）丰台为铁路总货战区。

（2）海淀为大学教育区。

（3）门头沟、石景山为工矿区。

（4）香山、八大处为别墅区。

（5）沙河、清河、孙河为卫星市。

（6）通县为重工业区。

（7）南苑、北苑、西苑为防卫区。

各卫星市四周均绕以绿带或农耕地带，并以北平为中心，设备放射式之高速交通道路联络之。

（三）北平市之计划市界

（1）为实现本市都市计划，需划定新市界。新市界包括自正阳门中心，以高速车辆四十分钟之行程（约三十公里）为半径，划圆周所包含之地域，但得视地形之便利与事实之需要，酌予延长或缩短之。

（2）与本市交通经济建设等计划不可分开关系之重要市镇，如孙河、大小汤山、温泉、石景山、门头沟、长辛店、卢沟桥、丰台、南苑、北苑等处，必须划入新市界内，包括与本市都市计划之范围。

（四）交通设施

1. 城区街道系统

（1）规定内外城干线系统计划，厘订各种干线最少宽度，其最主要之干路，可计划宽八十公尺至一百公尺以上之林荫大道。

（2）根据干线系统计划，打通或开辟干道路线，重新订定本市各主要街道房基线，完成本市法定街道路线图，各胡同基线，应按照建设细胞式居住区近邻单位计划，根本加以调整。

（3）河道、湖沼之沿岸，名胜古迹四周之园林路及铁路两旁用地范围，均布置为风景路或绿带。

（4）城内各公园名胜古迹，建筑园林路联络之，并与郊外游览路相衔接。

2. 道路

（1）城内干路，以直达各城门为目标，自各城门向四郊卫星市及各名胜古迹，建设放射路，再引长至接邻县市。

（2）城外周围，建设园林式之环路，至少两环，以联络各放射路。

（3）城墙内外辟作绿带，建筑园林路，并隔相当距离，开辟墙洞，以利交通。

（4）郊区干线道路两旁，一律限制建筑，以免妨碍风景及将来高速交通之建设。

（5）铁路客货总站，须设干线与城区及西郊新市区紧密联络。

（6）拆除内外城间之城墙，辟筑道路。

3. 铁路

（1）铁路客运总车站，设于西郊阜成复兴两门之间，距城墙外约2公里，为南北形之穿行式，总客车场在总站以北，西直、阜成两门之间。

（2）以丰台为货运总站，包括总货车场，原有环城各站为装卸站，前门西站及西便门站取消，将来视货运发展程度，再计划开辟南丰台站。

（3）新客车总站建设完成前过渡期间，前门东站仍保留为客运辅助站。

（4）永定门至东便门原有一段铁路，完全移出城墙之外。

4. 高速铁路

（1）北平天津间建设高速铁路。

（2）北平通县间设置高速铁路。

（3）西郊新市区与城区间，建设地下铁路，自新市区起，经复兴路入城，通过东西长安街，并设支线由西单向北展至西直门，另一支线有天安门展至前门，至其他城内路线，视发展情形逐渐扩充之。地下铁路须与地面铁路取得联络。

5. 电车

（1）城区街市电车，逐渐改为无轨电车，并发展城郊公共汽车路线网。

（2）建设郊外电车游览路线，首先完成西直门、海淀、颐和园、玉泉山、香山、八大处、西郊新市区、经总车站附近，入复兴门，至西单路线、至于通温泉、大小汤山、石景山等支线，逐步扩充之。

6. 运河

恢复平津运河通航，先开通北平通县段。由通县起经通惠河至东便门，分行两支路：一穿行前三门护城河，一南行绕外城，经左安门至马家堡，再西行至丰台之北，期与铁路总货站联通，并北行接通西便门外护城河。

运河水源，暂利用玉泉山泉水，并开道钓鱼台、莲花池、马家堡等处泉源，将来永定河官厅等处水库完成后，再考虑引用永定河河水。

运河河道，与本市城郊游览河道接通。

7. 飞机场

除现有西郊飞机场及南苑飞机场外，拟于北苑及东郊适当地点，增建飞机场各一处。

（五）分区制计划

为增进市区内居住之安宁与卫生，商业之便利，工业之发展及土地利用之效率，全市实施分区制，订定分区制法规，实行建筑统制。

（1）城区土地，根据实际状况及将来发展之趋势，分成居住区、商业区、混合区（即手工业区）及风景区等。

（2）工业区设于通县、石景山、西郊新市区南部、城内外三区、制作手工业区。

（3）绿地区系以保存农耕地、森林、山陵、原野、牧场、河床等地，不使成为市区化为目的，拟设于城墙周围。绿地区内，以建设公园、农田、菜园、花圃等为主，可采用市民自给农园、合作农场等经营方式。

（4）风景区，城内设于景山、故宫、什刹海、北海、中南海、中央公园、天坛、先农坛及其他重要名胜古迹之周围，城外以颐和园、圆明园及香山、八大处一带，以保持及增进原用之风景为主旨。

（5）美观区，以统制区内建筑之外观，增进都市之美观为目的，城内如永定门至天安门及东西长安街林荫大道两侧，崇内大街、王府井大街等处，西郊指定总车站附近及干线道路之主要部分，各城门关厢及门洞内外均划为美观区。

（六）游憩设备

1. 公园绿地

（1）城郊现有各大公园，永远保持为公园性质，不得改变其他用途。

（2）恢复先农坛北旧城南游艺园，天坛、先农坛间开辟为公园地带。

（3）西便门内护城河迤南一带坟地及义园，改建为公园。

（4）城内每一居住区内，辟建近邻公园。

（5）城墙内外缘地带，配置小公园。

（6）郊区新市区及卫星市周围，居住区工业区间绿带，辟建公园。

（7）各处游览名胜古迹，设计为天然公园。

（8）禁城墙外周围筒子河沿岸辟建公园式散步路。

2. 运动场

（1）完成先农坛体育场设备。

（2）东单练兵场建设体育场。

（3）各公园绿地内，附设儿童游乐场。

（4）海淀大学教育区，西郊新市区教育文化区内，建设大规模体育场。

（5）西郊八宝山一带，辟作哥尔夫球场。

3. 广场

（1）城区钟鼓楼间、各城门关厢、东单练兵场、天安门前、前门西站旧址、前门五牌楼附近及西郊新总车站等处，均辟建广场。

（2）西郊新市区及各卫星市内，设广场一处或数处。

（3）各交通干路交叉路口，视实地情形，展辟交通广场。

4. 公墓

（1）四郊绿带内，各设公墓至少一处。

（2）城内义园坟地，迁城外或改辟公园。

（3）四郊私人坟地，应加限制，以令其集中于公墓，并利用坟地种植生产为原则。

（七）公用卫生设施

1. 自来水

（1）发展城区自来水设备，恢复孙河水源，渐改井水为备用水源。

（2）扩充西郊新市区水厂，建设海淀及香山新水厂，其他各卫星市内逐渐建设自来水。

2. 沟渠

（1）整理旧沟为雨水沟。
（2）建设新沟为污水沟。
（3）建设污水处理厂及粪干肥料厂。

3. 其他设施

（1）根本解决本市垃圾处理问题，减少垃圾产量，加强运除能力，考虑消纳方法。
（2）建设煤气厂，扩充电热力。
（3）电话全部改为自动式。
（4）各种架空式电线改为地下式。

（八）住宅建筑

1. 住宅

（1）城区各居住区单位内，建设公园绿地，调整道路，迁移或限制有碍居住安宁卫生之工厂等。
（2）外城西南部设平民居住区，外城东南部手工业区以北地带建设平民住宅，城区内各处平民集聚地点建设新式平民住宅。
（3）西郊新市区内建筑大规模新式住宅。

2. 市场

（1）改良市内现有市场，如东安市场、西单商场等建筑及设备。
（2）整理各处庙会为露天市场。
（3）建设各居住区内近邻商店。
（4）改良西单、东单菜市，新建西四、东四、钟楼、广安门内四大菜市，每一居住区单位内至少应设一菜市。

3. 屠宰场

（1）移先农坛北屠宰场于东郊屠宰场。
（2）西郊新市区内建设一屠宰场。

4. 公用建筑

（1）城区天坛附近及西郊新市区绿地内，建筑完备之广播电台。
（2）城区内指定地址，为建筑各公用事业公司厂房之用。

六、北平都市设计大纲旧案之一

（一）方针

（1）北京市为政治军事中心地，更因城内文物建筑林立，郊外名胜古迹甚多，可使成为特殊之观光城市。现在政府机关主题，虽均设于城内，将来拟于西郊添辟新街市，以容纳一部政府机关及将来新设或扩充之军事交通产业建设各机关，暨职员住宅等。同时并为适应市民居住，商店开设，妥定计划，俾城内人口不致有过密之嫌，而免交通、卫生、保安上之不便。在新旧两街市间需有紧密连络之交通设施，使成一气，以充分发挥其机能。

（2）本市更可视作商业都市，以斟酌设施。对于工业拟于东南郊外一定区域内准许设立，限定性质之工厂，其大规模及特殊之工厂，拟均设于通县方面。

（3）本市之都市计划，拟包括通县设计，现在本市人口一百五十万，二十年后可期达到二百五十万人。

（二）要领

1. 都市计划土地范围

都市计划土地范围，经参酌北京市及其近郊并邻近地理交通等关系，拟以正阳门为中心，东西北三面各约三十公里，南约二十公里。即东至通州以东五公里，南至南苑土垒之南界，西南之良乡附近，西至永定河以西六公里，西北之沙河镇，北至汤山，东北包括孙河镇。

2. 街市计划区域及新街市计划

（1）街市计划土地范围为内城、外城、城墙四周至城外绿地带中间之土地，西郊计划中之新街市，东郊计划中之工业地，并通县及其南面新设之工业地。

（2）新街市计划拟于西郊，树立宏大计划，俾可容纳枢要机关，及与此相适应之住宅商店。更于城外东南面地区及通县之西部，以工厂为主而计划之。对于城内向城外之发展，拟于城之四周距城墙一公里至三公里处，设置绿地带，在绿地带及城墙之间，计划住宅地，并于一部分设置商业地。至其他发展，拟使郊外成为卫星都市而计划之。

（3）西郊新街市东距城墙约四公里，西至八宝山，南至现在京汉线附近，北至西郊飞机场。全部面积约合六十五平方公里，其中主要计划面积约占三十平方公里，余为周围绿地带。本街市对于城内之交通，除由西直、阜成、广安三门起各设干线道路外，并于西长安街西面添辟城洞，计划主要道路，俾可益臻圆滑。在本街市门头沟铁路以北，以充作军事机关用地为主。南接特别大广场，由此至正南铁路新站，布置公园道路及广场，并于两旁指定商店建筑地，俾于交通便利以外，兼可顾及风景及美观。居住地以在商店地背后为主，并于新站附近设置普通商店街。铁路线迤南定为特别商业地，将娱乐风纪有关之营业集中设立。此外，拟将特别大广场南面现有水路加以改修，使两岸成为公园。又本街市东绿地带拟酌配官署，及其他公共建筑地基，布置公园运动场等，用以增进风景。至八宝山附近为建筑神社忠灵塔大运动场预定基地，并将八宝山全部划为公园，至高尔夫球场则拟设于八宝山西。本街市南面至丰台间拟作为菜园地保存之。西北部之西山之间及颐和园、西山一带，虽均可视为郊外别墅地，但在限定地区以外拟不使之街市化。

（4）东郊新街市在外城广渠门以东，由一·五公里至三公里之间设置工厂地，并于东面添辟铁路新站线，路旁拟计划一般街市，东为工厂地。

本街市之南拟于面临计划运河之处，设置码头，预定仓库地及货物集中囤积地。

（5）通县工业地在通县街市之南计划之。

3. 分区制

分区制为街市之保安、卫生、居住安宁、商业便利及增进工业能率计，应尊重旧街市之状况，并考察将来都市发展之倾向，在街市计划地域内，就专用居住、商业、混合、工业各用途实施分区制。

（1）专用居住区为高级纯粹住宅地，其要领如下：在城内为 ① 东四北大街、朝阳门大街、东直门大街所包围之区域，但沿途商业地域除外；② 东四北大街、东四南大街、崇文门大街之西方至王府井大街一带之区域，但沿路商业区除外；③ 交道口东街、鼓楼东大街南方区域；④ 西直门大街、西四大街、阜成门大街所包围之区域，但沿路商业地域及沿城墙居住区除外；⑤ 西单北大街、丰盛胡同、旧刑部街所包围之区域，但沿路商业区及沿城墙居住区除外；⑥ 西四北大街、西单北大街之东方至府右街、皇城根一带之区域，但沿路商业区除外；⑦ 石虎胡同南方区域在西郊新街市为：a. 中央商街背后之一部；b. 接近东郊绿地带部分；c. 与沿水路公园及西郊公园运动场接近部分。

（2）居住区在城内为 ① 内城南西北三面与城墙接近地区；② 外城以南方、西北方、东北方各地区为主；③ 城之周围发展地。在西郊新街市为 ① 新站东西沿铁路地区；② 东部南北路线商业地之背后地在东郊新街市，以长安街延长线两方为主，在通县城内一仍现状，城外指定城之周围及铁路南方。

（3）商业区系以商业为主，并得与居住混合者。其要领如左：在城内为 ① 朝阳门大街、崇文门大街、西观音寺胡同所包围之区域；② 羊市大街、阜成门大街、南方至丰盛胡同一带之区域；③ 正阳门大街、东珠市口、柳树井大街、北羊市口所包围之区域；④ 正阳门大街、西河沿东口、魏染胡同、粉房琉璃街、先农坛所包围之区域等为集团商业区，其他沿主要道路为路线商业区，对于城之周围街市地，于沿主要道路设商业区。

在西郊新街市为新站北方南方、站前道路两侧之集团地，并沿主要道路各段。

在东郊新街市为至通县之新站，及广渠门外旧站附近。在通县城内一仍现状，城外指定车站之南方。

（4）混合区系小工业仓库与居住商业混合之地区，城内为外城东南部，并于城之周围沿铁路线酌设数处。在西郊新街市为新站附近线路两侧，及东北部铁路沿线。在东郊新街市及通县均设于铁路沿线。

（5）工业区于东郊及通县计划之在东郊拟准设立以本市为消费市场之制造工厂及其他特加限定者。在通县指定设立大规模及有妨害或具危险性工厂区域。

4. 地区制

地区分为绿地区、风景地区及美观地区，视土地状况及将来情况适宜配置之。

（1）绿地区系规定都市保安卫生区域，使农耕地、森林山地、原野、牧场河岸地等永不街市化而保存之。在城外拟指定城墙周围环状路线两侧，西郊新街市周围、西山一带、颐和园附近及颐和园城墙之间，此外拟沿城北汤山环周道路计划之。

（2）风景地区为故宫名胜古迹等所在地及其他山明水秀之地。又将来因植树及其他设施可以促进幽美之地区亦属之。

在城内拟以故宫为中心，包括北海及中南海及景山东北西三面，由各皇城根包围中间之区域。又各城门并著名庙宇之周围亦指定为本地区。在城外为颐和园、西山八大处等及其附近并设有林荫道路之地区。

（3）美观地区为该地区内建筑物及其他设施应严加统制用以增进美观之地区。在城内拟以正阳门至天安门间之两旁，长安街、崇文门、王府井大街、东安门大街、西单北大街、宣武门大街、西安门大街及正阳门大街沿路指定为本地区。在新街市拟就主要街路广场等。

5. 交通设施

（1）道路。城内者拟以联络各城门之东西或南北方向街路为主要干线，参酌现状而计划之。至区划街路拟以此为标准而改良其一部。

城外者拟由内城朝阳、东直、安定、西直、阜成各门，以及外城广渠、左安、永定、右安、广安各门计划放射干线，通过各要地。又城内东西长安街贯通城墙后，拟更向城外东西延长之。至城之四周拟设三系统之环状线路。并于城墙最近者之两旁广置绿地，使成为宽大林荫道路。

西郊新街市者拟以铁路新站往北之公园道路为中心，于东面设置二条，西面设置三条。南北向干线至由西直、阜成、广安三门往西计划线路，及长安街往西延长线路均为本街市东西向干线。东郊新街市者拟以上述环状线路，及长安街往东延长线路，广渠门往东计划线路，为南北或东西主要干线，此东西干线同时亦为通县主要干线，至区划街路各街市均以各干线为基准而计划之。

上述以外之通天津高速车道路，在城外东南隅与计划干线衔接，以达新旧街市。至于西山、万寿山、玉泉山方面拟设观光道路，并联络新旧街市。又计划区域内主要村落拟计划联络道路以利交通。

至干线街路之宽度，在街市及其附近者，除特殊处所外，拟定为三十五公尺以上。长安街西面及东面延长线拟各以八十公尺及六十公尺为标准。城之四周拟以两旁布置绿地带之环状道路为林荫道路，其宽为一百四十公尺。通天津之高速车道路拟计划五十公尺。又区划街路除特殊处所拟定为十五公尺至二十五公尺。

（2）铁路。铁路务以利用现状为原则，但其一部拟照左列办法改筑或增设。

京汉线拟将外城外跑马场附近往西南曲折之一段废止，改于正西方面设置高架式新线，并于新街市中心线设新中央站，由此南折至卢沟桥站，更使丰台与卢沟桥站衔接（是否确用高架式尚待研究，下同）。

北宁与京汉线沿前三门城墙部分均改为高架式，并于前门互相衔接。

沿内城东面北面城墙部分亦均改为高架式。

自东便门站经外城东南及永定门站至丰台之现在线全部移于城外，并于永定门东南设调车场。丰台站定为旅客列车编成站。

京津线旅客列车自东便门站经通县铁路，东行用过工厂地，南折曲向廊坊、杨村经现在路线以达天津。又货物列车由新调车场东行经上述旅客列车线路以达天津。

此外，更计划自津沽线至新京津旅客列车线之联络线，及由门头沟至丰台之联络线，以供货物列车之行驶，并于各处设置短路线构成南北二组之环状线，以便高速电车之行驶。

为街市货物出入便利起见，拟于永定门外、东便门外、广安门外、西直门外及门头沟线之八里庄，暨新中央站等处附近设置货场。

至运转方法旅客列车在丰台编成开往天津、通州（或唐山）、古北口、张家口者以新中央站为起点，经前门站向各方行驶，回程则反之，开往汉口者以前门站为起点站经中央站南进。

货物列车不经新中央站及前门站，由上述各站径向调车场附近出入。

（3）运河。京津间货物之运输拟以运河为主体而计划之。以将来能拖带五百吨以上之货船二艘为度。因白河之西面必须开掘新河，拟即利用此项土方建设京津间高速车道路。于通县及北京南面往西开掘，使与永定门之运河衔接。又本河流经过通县及北京东郊之处拟添设支流，以利运转。卸货场则拟于通县、北京东南部及丰台东南部设置三处。关于运河水源之供给，在丰台碇泊所拟由永定河引入，在北京东南部碇泊拟由城北清河引入，在通县碇泊所拟由白河引入。

（4）飞机场。飞机场拟由南苑及西苑现有者之外，另有北苑计划四公里见方之大飞机场，并于东郊预定一处。

6. 上下水道

（1）上水道。各新设街市之上水道拟议深井为水源。于各新街市附近开凿深井，并设置唧水所。一切设施均埋置地下以便防空防毒。至贮水池务以设于山上岩石地盘内，或平地下为原则。如因不得已必须建筑水塔时，须计划万一塔身被炸，立时仍可自动由唧筒直接送水。

（2）下水道拟采用合流制，于每引致低洼之处各设雨水疏放口，其尾闾暂泄于通县运河，将来拟使向东南方下流另行设法处分之。

7. 其他公共设施

（1）公园运动场。公园拟就城内旧有者加以整理，并于名胜古迹所在地及其附近设置古代式公园以保存国家固有风范。西郊新街市拟就军事机构用地南面大广场之一部，及其前面南方，并与此相连东西水路两岸至城西新设之绿地带，暨本街市西面神社忠灵塔建筑预定地，及八宝山附近均设置大公园。更于街市内各处设置小公园。万寿山附近，及西山亦随宜计划之。运动场拟于西郊新街市与城墙之间设相当规模大众运动场。西郊新街市西南设置综合运动场。更于街市内各处计划中小规模之大众运动场。

（2）广场。广场拟于道路交叉处设置外，更于道路之一部施以公园之设备。其配置及设计拟一面考虑都市防护，一面兼可作为平时民众集合场及休息场。

（3）墓地。墓地拟尊重旧有习惯，务期于集团中能取得各人广大墓地，于郊外各方面配置之。

（4）跑马场。跑马场经考虑观众及经营之便利，预定于西直门外，设置面积约一百万平方公尺。

（5）中央卸卖市场屠宰场。中央卸卖市场经考虑新旧两街市之便利，预定设于广安门外。

屠宰场拟于永定门外、东便门外、西直门外及西郊新街市南部各预定一处。

8. 都市防护设施

本设施拟分公共用及私人用统制计划之，俾防空及其他防卫阵得以完成。

9. 保留地

现在设施虽未确定，预料将来必须之左列土地均作为保留地。

（1）西郊新街市北部面积约 10 平方公里，其南方计划广场约 1.8 平方公里，广场西面 1.6 平方公里，包含现有高尔夫球场 0.5 平方公里，又其南面至西面 11.4 平方公里之土地。

（2）圆明园旧址及其西面、北面面积约 25 平方公里之土地并西苑兵营。

（3）北苑及其周围面积约 6.6 平方公里之土地，暨其东面飞机场预定地面积约 16 平方公里。

（4）大汤山、小汤山及其周围面积约 20 平方公里之土地。

（5）东郊通县道路北方面积约 5.5 平方公里之土地。

（6）通县南面沿计划运河面积约 13.5 平方公里，其西面约 9.5 平方公里之土地。

（7）面临计划运河包括计划铁路调车场面积约 18 平方公里之土地。

（8）南苑飞机场及其周围面积约 30 平方里之土地。

七、北平都市计划大纲旧案之二（民国三十五年征用日人改订）

（一）序

北平都市计划大纲，系于民国二十七年由伪建设总署都市计划局订定，今以该原案为第一案，并对交通关系中之中央车站位置，再加检讨，而草成此第二案。

交通运输中心，因本市发展之缓急，新旧市区之相互关系等原因，不可使之立即置于最后地点，应采取分步办法，使之逐渐发展，迁至理想地点。

本案中之中央车站位置，即系将来新市区发展后理想地点之一。

本案系属大北平市都市计划之纲要，至城内、西郊以及其他新市区之详细计划，另行草拟之。

本案拟定者，为北平市工务局征用日人（即前伪工务总署都市计划局计划负责人员）。

（二）北平都市计划实施要项

都市计划实施时，如依照大纲草案立即实行，则困难殊多，必须适应重要性之先后，渐次推进建设之。现在本市需要紧急实施者，厥属交通问题，兹列举大要如后。

（1）按照以西郊新市区为行政中心区之标准完成之。

（2）整顿城内与新市区间之交通县联络设施。

①完成西单牌楼至西郊新市区之西长安街之延长线。

②东单牌楼至西郊新市区之中心铺设地下高速铁路，本项如实施困难时，可自西单牌楼起开通路面电车，直达西郊。

（3）收买中央车站预定地附近一带之土地，以作将来地价昂贵时之财源。

（4）整顿城内交通设施。

①改良现有路面电车轨道，使其轨间合于标准，并增加通行区域。

②铺装干线马路及重要街巷。

（5）修复文物名胜以保存故都面目。

（6）整顿通达颐和园及西山各处之游览环游道路。

（三）北平都市计划大纲草案

1. 方针

（1）本市计划为将来中国之首都。

（2）保存城内古都面目，并整顿为独有之观光城市。

（3）政府各机构及其成员住宅以及商店等，均计划设于西郊新市区，并使新旧市区间交通密切联络，使之发挥一整个都市之机能。

（4）工业方面以日用必需品、精巧制品、美术品等中小工业为主要，于东郊计划一工业新市区。

（5）颐和园、西山、温泉一带计划为市民厚生用地，圆明园遗址划为学园街。

（6）本市都市计划包括通州，现在人口一百八十万，预计将来可达三百万人。

2. 要领

（1）都市计划区域

以正阳门为中心，半径约为 20～30 千米以内之区域。

（2）新市区计划

① 西郊新市区。西郊新市区计划，设于城西郊外，距城墙 4～8 公里，面积为 30 平方公里，周围环以绿地。中央设政府各机关用地，其南段国民大广场，东西各部适宜配置住宅及商店。本市区与城内之交通，则以先正建设中之西长安街延长线以及西直门、阜成门、广安门三大街为主。本市区北方之绿地内设广播电台及其他公共建筑物，并配置植物园、运动场以增进风景。西方八宝山附近天然动物园、高尔夫球场，南方预定为国际运动场。本市区与丰台之间保存为菜园区，西北方颐和园及西山一带划为郊外别墅区，在限定区域以外禁止市区化。

② 东郊新市区。广渠门东方约 1.5～7 公里，面积约 10 平方公里处，计划为工厂区，改修北方之运河，设置码头，预定为仓库及货物集中用地。

（3）地域（zone）

为增进市区内之保安、卫生、住宅之安宁，商业之便利，工业之效能计，按照住宅、商业、混合、工业绿地等用途，实施分区制。

住宅及商业区，拟考察现状及将来发展适当配置之。混合区，系以小工业及仓库等为主，并可混入住宅、商店之地域，城内设于外城之东南部，城之周围设于铁路沿线数处，西郊新市区内设于东南部，东郊通州设于铁路及运河两旁，丰台设于铁路迤南。

工业区设于东郊通州及石景山附近。

绿地区，系以保存耕地、森林、山丘、原野、牧场、河床等地，不使其市区化为目的，拟设于城墙周围、西郊新市区周围以及飞机场周围各地。

（4）地区（quartet）

考察土地现状及将来情况，拟配置风景及美观两地区。风景区，城内设于故宫及其他重要名胜古迹之周围，城外指定颐和园、圆明园及香山、西山一带，以期维持并开发风景区。

美观区，城内指定于正阳门、天安门之两侧，长安街、崇文门大街至王府井大街等处，西郊指定于中央车站附近及干线道路之主要部分，对于各该地点之建筑物及其他建筑物，均需加以统制，以增进都市美观。

（5）交通设施

1）道路

城内应以联络各城门干线马路为中心，实施各区段街巷之整顿。正阳门大街等热闹所在，实行马路展宽开辟广场等计划，以期疏散。至于与新市区联络道路，拟延长东西长安街至新城门，宽度 50 公尺。

城外自各城门引出放射道路，在北城外约三公里处有元代城墙遗址，拟沿此旧址，计划公园式之环状道路，既可保存古迹，复可用为交通要路，以联络其他都市。西郊新市区内，以西直门外大街、阜成门外大街、广安门外大街三路，以及西长安街向西之延长线为区内东西干线，并计划西郊西山温泉方面之观光道路。

城外干线道路两旁，一律限制建筑，以免妨碍将来高速交通。

2）铁路

中央车站设于阜成门、复兴门（即新城门）之西方约一公里处，一切客车完全以此处为总站，并取消现在之前门东车站。自中央车站向南至黄村附近，铺设新轨，与现在北宁路连接。自中央车站之北方，向西连接铁路，直达门头沟。客车调车场设于中央车站之北方，兹将各计划分述如后：

① 平汉路自中央车站南下经广安门、丰台、长辛店至石门。

② 平绥路自中央车站北上达南口，但张家口以西之急行直通车，则经过门头沟路，利用旧同塘铁路修筑之。

③ 平古路及通州路，自中央车站北上，利用现有之环城铁路，东便门至通州。平古路则自通州西方北上至古北口。

④ 门头沟铁路，自中央车站西行，经过石景山至门头沟。

⑤ 货车调车场，设于丰台与黄土坡间，现北宁路之西侧，各路货物完全集中于此，以便城内所设各货站物品之集散，门头沟及平绥路张家口等处之货车，则利用旧同塘铁路之货车调车场。

⑥ 自西直门北方至广安门南方，设高架式铁路。

3）高速铁路

将来北平天津间，如需高速电车时，拟计划之路线如下：自西郊新市区中央之地下东行，经过正阳门至东郊，露出地面，由通州附近南折，在廊坊或杨村附近归入现在之北宁路。

城内与近郊联络之高速铁路计划原则，为自城内及西郊新市区二大市中心至各市区及住宅区间，需要之交通时间连同步行在内，最大为一小时，兹分述之：

（甲）东西线：此线东西穿过北平市，自通州至东郊，自东郊改行地下，经东单、西单由西郊新市区露出地面，西行至石景山。

（乙）南北线：此线南北穿过北平市，自南苑北行至永定门，改为地下，经正阳门、天安门、西单、新街口、西直门露出地面，直达圆明园、颐和园、玉泉山、香山等处。

4）路面电车

城内拟按照各要冲所在之相互交通，及高速铁路之辅助交通计划之。西郊、东郊及其他市区之交通，除高速铁路外，以公共汽车为主。城内拟将现在之电车改为标准轨间，以应市民之需要，其路线依照下列各点延长之。

① 自永定门经正阳门、天安门、御河桥、东皇城根、地安门、鼓楼、德胜门至新街口。

② 自北新桥经东西牌楼、崇文门至磁器口。

③ 自西直门经新街口、西四、西单、宣武门至菜市口。

④ 自东单至西单。

⑤ 自广安门外至广渠门外。

⑥ 自东直门至北新桥交道口至鼓楼。

⑦ 自朝阳门经东四至东皇城根。

⑧ 地安门至太平仓。

⑨ 自西四至阜成门。

5）郊外电车

郊外电车为高速铁路之培养线，并可促进郊外之发展，路线网配置如下：

① 自丰台站附近，经西郊新市区至玉泉山。

② 自石景山经西山山麓至香山。

③ 自颐和园附近至小汤山。

④ 自小汤山线支路至温泉。

6）河道

运河拟按平津间之辅助交通计划之，将苏庄破坏甚巨之闸门改修，自箭杆河及北运河通水，并将通州东便门间之旧运河展宽至40～60公尺，通州及东郊工厂区之两岸为道路及码头用地，各计划展宽至一百公尺以上。

7）飞机场

在现有之南苑及西郊飞机场以外，于东郊计划一大飞机场，为备将来应用计，另行在北苑预定一处。

（6）上下水道

① 上水道。北平地区之地下水位甚高，拟于新旧市区选定深井水源数处。

② 下水道。城内拟将旧有下水道整顿扩充，使之流入护城河内。将来拟于外城东部设一下水处理场，使之放流于东面运河内。

西郊新市区，拟于南部设下水处理厂，使之流向南方。

（7）公园运动场

① 公园绿地城内应一面维持古雅之公园绿地，一面考虑社会卫生教育之需要拟于各分区单位，适当配置中心公园数处，并将紫禁城之周围，内城之城墙上端，以及东河沿等处，加以整理，开辟公园道路。

西郊新市区，拟于周围之绿地带内，设大公园，并于市区内配置中小公园。香山、西山、温泉等处作为市民之厚生设施。自昆明湖至什刹海之水路，拟加修理使其沿岸公园化。计划一直达颐和园之郊外散步道路。

② 运动场城内，在先农坛运动场之外，于东单练兵场、城外、东郊及西郊新市区与城墙间，各设综合运动场一处。并于西郊新市区之西南方，预定一国际运动场用地。高尔夫球场用地拟设于西郊八宝山之西方。

（8）其他公共设施

① 广场。拟于道路之交叉点，热闹市区，以及其他居民纷纭各处，设置广场，他如道路各部及市民休养用各处，亦适当配置之。

西郊中央机构区之南部，设国民大广场一处。

② 公墓。根据古来之习惯，在郊外各处适当设置之。

③ 马场。为谋观众及经营之方便起见，拟于西直门外设置之。

④ 市场。批发市场，为谋新旧市区之便利，拟于广安门外及东郊运河地带，各设一处普通市场，考虑其应用距离，拟于新旧市区内适当配置之。

⑤ 屠宰场。拟于永定、东直、西直各门外，以及西郊新市区之南部，各设屠宰场一处。

（9）郊外厚生设施用地

圆明园遗址划为学园街、西山、颐和园一带划为郊外别墅区，设备各种厚生设施，以作市民娱乐保健地带之用，并于其北方之温泉及小汤山计划休养地。

（10）保留地

保留地以军用地及防卫设施为目的，拟于北苑、南苑、西郊北方各面积较大之土地划定之。

八、北平市新市界草案（卅五年二月廿八日由北平市政府函送河北省政府）

（一）原则

（1）新市界划界原则有六条如下：

① 土地之天然形势。

② 行政管理之便利。

③ 工商业状况。

④ 户数与人口。

⑤ 交通状况。

⑥ 建设计划。

⑦ 历史名胜关系。

（2）新市界之范围

自正阳门为中心，以高速车辆四十分钟之行程（约 30 公里）为半径，划圆周所包括之地域，但得视地形之便利，与事实之需要，酌予延长或缩短。

（二）界限（参阅附图）

（1）东界北段自枯柳树起，循大兴、顺义县界，顺义、通县县界，继沿白河东岸南下，包括通县县城以东，南至马驹桥西。

（2）南界自马驹桥至大回城，沿土城包括南苑全部，经南大红门、黄村至葫芦垡。

（3）西界自葫芦垡往北，沿宛平、良乡县界至岗洼，继沿宛平房山联界，经戒台寺往北，包括门头沟及温泉全部。

（4）北界自温泉北面往东，包括沙河镇、大小汤山及孙河镇至枯柳树止。

以上新市界划入之重要市镇，计有通县、南苑、丰台、卢沟桥、长辛店、门头沟、石景山、温泉、大小汤山及孙河镇十处。

新市界界线，应按实测之经纬度规定之。

（三）理由

（1）现在北平都市建设正在积极进行，一面整理旧有文物名胜，同时计划建设为近代化之都市。查都市之存在与发展之条件，必须具有各种区域应用之土地，如工业区、交通区、居住游览区等，均为近代都市所不可缺少者，现在本市人口已达一百六十余万人，预测二十年后，可达二百五十万人。城区人口密度最高者已达每公顷四百余人，超过新式都市规定之最大密度限度，势非速筹建设新市区，将无以应事实之需要。然本市现在市界，系定于民国十七年，当时人口不过 130 万，以市区尚未划定，暂以前北平市政公所及警察总监辖区为界限，并未考虑都市存在发展所必需之土地。故预定为工业区之通县、交通区之丰台、矿山区之门头沟、游览区之温泉汤山，均在市界以外。甚至石景山电源地、孙河镇水源地，亦不属市辖。如此不完整不合理之市界，而欲进行近代都市之建设，实为不可能之事。故目前本市建设之先决问题，厥为划定新市区，否则本市之经济、警察、教育、财政、工务等事业均无法统筹规划。如县镇区域之一部，依本方案划入之后，则可与北平市同时发展，日趋繁荣，造福地方，有益民生，否则市已不易发展，县亦无法自存。此就建设计划言，划定新市界之理由一也。

（2）新市界东部，包括通县之一部及东郊全部，预定为北平市之工业区。通县县城位置重要，交通便利，将成为工业区之中心，与北平市有不可分之关系，应划入新市界，与现有之东郊工业设施，作通盘之计划。此就工商业状况言，划定新市界之理由二也。

（3）新市界南部之南苑，现为飞机场重地，有公路与市内联络，凡养路、警卫、市容及各种交通设施，关系极为重大，应即归市统筹管理。又丰台为各铁路之集中点，预定为本市之交通区，设置铁路之大调车场，所有客货运输之配备，公路铁路及运河道之联络，均应由市综合计划，方能收统一经营之效。此就交通状况言，划定新市界之理由三也。

（4）新市界西郊之卢沟桥，为平保公路之咽喉，长辛店为平汉铁路之要站，为本市军事防卫之要地，且其位置界于丰台交通区与门头沟矿山区之间，将来该处土地人口必趋繁盛，所有与市有关系之各种设施，须归市统一管理。又石景山为本市发电厂所在地，门头沟煤矿为本市燃料取给所，北部之孙河镇为本市自来水源地，均系本市最重要之公用设施，势非划入市区统一管理，不易收效。此就行政管理言，划定新市界之理由四也。

（5）新市区北部之大汤山、小汤山，为北平名胜，与平西园林天然形势，实为一体，温泉泉水著名，建筑崇宏，道路直达，中外游览人士，络绎于途。以上各地，预定为本市游览名胜区，及别墅温泉地带，关系中外观光，及市民之保养，应划入本市管辖，作有系统之整理。此就天然形势与历史名胜之关系言，划定新市界之理由五也。

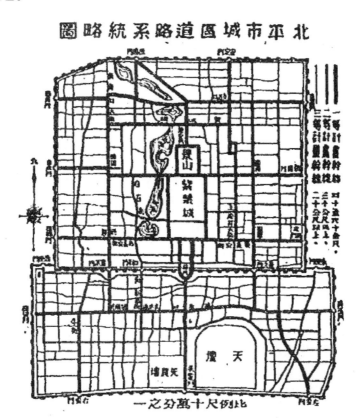

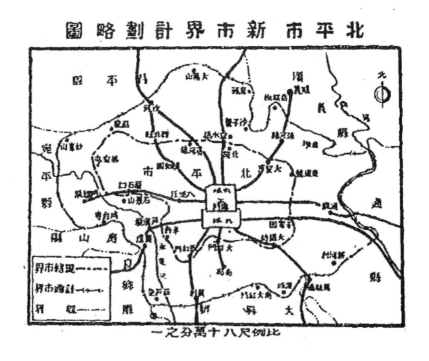

九、北平市内外城干线系统说明

（1）本市交通日繁，而街道大都狭窄曲折，至交通窒碍，时肇事端。查以前会有房基线之规定，旨在展宽街道便利交通，取缔不整齐房屋整顿市容。惟因缺乏全盘计划。过于迁就现状，致行之多年，未见成效，兹当建国之始，百废待兴，爰重新规定城内干线系统，加宽路幅，为规定房基线之准绳，以资取缔建筑而利交通。

（2）城内干线道路分下列三种：① 一等干线；② 二等干线；③ 三等街路。

（3）一等干线系市内主要交通干线，或连贯公路系统之主要干线，宽度40～60公尺，遇特殊情形不得窄于30公尺。

（4）二等干线系联络城内各地带之主要干线。宽度30公尺以上，遇特殊情形不得窄于25公尺。

（5）三等街路系联络各地区局部交通之主要街道。宽度20公尺以上，遇特殊情形不得窄于12公尺。

十、北平市都市计划调查项目草案

（1）本市历史沿革

（2）地理及气象调查

（3）土地利用现状调查

1）新旧市区疆界调查

2）土地利用面积及分布

① 公共用地

② 工业用地

③ 商业用地

④ 住宅用地

⑤ 混合用地

⑥ 绿地及水面

⑦ 农业用地

⑧ 街道面积

⑨ 空地面积

⑩ 荒地面积

3）土地时价调查

4）风景名胜区调查

（4）人口调查

1）人口总数

2）人口密度

3）职业别人口数

4）出生及死亡率（并须调查特殊环境对于死亡率之影响以上并须调查历年变迁）

（5）交通调查

1）铁路路线及车站分布情形，客货运输量，输出输入货物种类。

2）内外城干线网现状

3）郊区干线现状

4）各主要路口交通设施及交通量调查

5）水路调查

6）飞机场调查

（6）经济调查

1）工业调查

①工厂调查

②劳动力调查

③动力资源调查

④原料调查

⑤制品调查

⑥手工业调查

2）农业调查

3）矿业调查

4）商业调查

5）工程材料调查

（7）卫生及公用设施调查

1）上水道调查

2）地下水位调查

3）医院调查

4）发电厂调查

5）通讯机构调查

6）其他卫生公用设施调查

（8）建筑调查

1）建筑物用途现状调查

2）名胜古迹建筑调查

3）特殊建筑物调查

（9）公园及运动场调查

公园运动场之分布面积设备及交通情形

（10）学校调查

1）学校分布情形

2）学校面积及设备

3）学生人数

4）教职员人数

5）科别及其他

（11）东西郊新市区现状调查

（12）其他

1）一般市容调查

2）防卫设施调查

3）其他有关都市设施调查

十一、北平市都市计划委员会组织规程（三十五年九月十三日市政会议通过）

第一条　本规程依照内政部公布都市计划委员会组织规程第一条之规定订定之。

第二条　本会定名为北平市都市计划委员会（以下简称本会），受北平市政府之指挥，办理北平市都市计划之设计及编拟事项。

第三条　本会设委员 20～26 人，由市政府就下列人员分别指派聘任及呈请指派。

一、社会财政教育公务警察公用卫生地政民政各局局长。

二、北平市党部参议会商会代表各一人。

三、市政府一人。

四、中国市政工程学会代表一人。

五、本市具有市政工程学学识之专门人员及富有声望与热心公益人士六至十人。

六、平津区铁路局代表一人。

七、公路总局第八区公路局代表一人。

八、行政院及内政部指派人员。

第四条　本会置主任委员一人综理会务由市长兼任。副主任委员一人襄理会务由工务局长兼任。

第五条　本会设下列各室。

一、秘书室。掌文书、记录总务及不属于计划室事项。

二、计划室。掌都市计划之调查、设计及编拟事项。

第六条　本会秘书室设秘书一人，荐任干事二人；委任计划室设主任一人，技正一人，均荐任技士二人，荐委各一，技佐一人委任。

前项秘书及主任二人由主任委员就市政府及各局调用。

第七条　本会因事实上必要，得聘用专门委员三人。

第八条　本会因缮写文件得酌用雇员二人。

第九条　本会每半月开会一次由主任委员召集，必要时得召开临时会议。

第十条　本会委员均为名誉职。

第十一条　本会委员不敷分配时，由主任委员就市政府及各局随时调用之。

第十二条　本会会议规则及办事细则另定之。

第十三条　本规程自公布之日施行，并咨内政部备案。

北平市都市计划委员会委员名单（民国三十六年五月二十九日成立）

职别	姓名	现职
主任委员	何思源	市长
副主任委员	谭炳训	工务局长
委员	陶葆楷	清华大学教授
	张镈	基秦公司工程师
	黄觉非	市政府法律顾问
	杜衡北	平市党部代表
	王云程	市参议会参议员
	罗英	公路总局第八区公路局长
	钟森	中国市政工程学会代表
	许鉴	平津区铁路局工务处长
	常文照	市商会理事长
	邓继禹	市政府秘书长
	马汉三	民政局长
	韩云峰	卫生局长
	傅正舜	财务局长
	张道纯	地政局长
	王季高	教育局长
	张鸿渐	公用局长

职别	姓名	现职
委员	汤永贤	警察局长
	温崇信	社会局长

十二、北平市公共工程委员会组织规程

第一条　北平市政府为统筹规划，本市上下水道以及道路、电力、煤气等项公共工程，得设北平市公共工程委员会（以下简称本会），隶属于市政府。

第二条　本会置委员 9～13 人由下列各项人员组织之。

　　一、市公务公用卫生三局局长三人。

　　二、市公务公用卫生三局高级技术人员三人。

　　三、由市长聘任富有有关学识声望之专家 3～7 人。

第三条　本会置主任委员一人由市长就委员中指定之。

第四条　本会之任务如下：

　　一、关于市内各项公共工程计划预算之配合联系。

　　二、关于中央或市政府交办有关公共工程设计事项。

　　三、关于地方有关公共工程建议之审议事项。

　　四、关于市公共工程实施技术上之监督指导事项。

第五条　本会开会由主任委员召集之。

第六条　本会委员均为名誉职。

第七条　本会需用技术及办事人员由市政府就有关各局调派兼任之。

第八条　本市遇有重大建设得呈请市政府转请中央主管机构调派高级工程人员协力，必要时并得请调外籍专家。

第九条　本会议决事项送市政府执行之。

第十条　本规程自公布之日施行。

北平市公共工程委员会委员名单

职别	主任委员	委员						
姓名	谭炳训	韩云峰	张鸿渐	王平洋	张鸿诰	李琇纲	李颂琛	韩若适
现职	工务局局长	卫生局局长	公用局局长	冀北电力公司电务处处长	电车公司总工程师	市政府技正	工务局技正	卫生局股长

十三、北平市公共工程委员会座谈会记录

时间：三十五年十一月十一日下午三时半

地点：市政府西花厅

出席人：何市长、张副市长、邓秘书长、哈司长雄文（内政部）、柏德扬（内政部荷籍专家）、赵法礼（内政部澳籍专家）、谷锺秀、马衡（卢实代）、温崇信（杨伯明代）、谭炳训（李映元代）、张鸿渐、傅正舜（冯杰宸代）、王树芳（徐慨民代）、李琇纲、李颂琛、卢实、高在田、张鸿浩、谭葆宪。

主席：张副市长　　记录：林治远

一、主席致词

内政部哈司长及二外籍专家，此次来平视察，对于本市市政建设，定有极大贡献，至为欣慰。近代

科学进步，以都市建设而论，地上地下各种建设重心，应置于何处，均须有科学根据。今日得哈司长、二外籍专家及有关各方面诸位贤达莅会，发挥卓见，俾作南箴，不但本市市政府即全北平市民亦均衷心表示欢迎。兹就哈司长、二外籍专家及工务局方面所想到各问题，希望大家尽量发挥意见，详加讨论。市长适已到会，因公忙临时命敝人代理主席，并以附告。

二、哈司长致词

此次鄙人偕二外籍专家来平视察，目的有二：① 将本市实际建设情形，报告中央。② 本市沦陷八年余，百废待举，以后建设大政方针，究应采何种途径，拟建议中央，以为参考。此一星期来，城内外各处，均经亲往察看，并与久居北平诸贤达晤面，交换意见。兹将本人见到数点，提出讨论，虽不具体，亦可作诸位之参考。

市政建设政策，为市政建设之基本，建设政策之决定，应注意其历史沿革及现状。北平市为旧老之文化中心，且为政治中心，假设此前提为正确，则应向此途径前进，决定政策，本此政策而作之计划，即所谓都市计划。都市计划关系一市建设至为重要，必须活用，而不可呆板，并须瞻前顾后，始能适宜。盖都市计划与市政工程不同，计划是活的，带艺术的，综合性的；工程是死的，纯科学的，专一性的。此古老都市，数百年前即有计划，行至今日，尚无大窒碍。惟一般市民对市内都市计划，尚不甚关切，故须注意急需之市政工程，期收实效，且易得市民拥护。关于市政工程，可分下列三项讨论。

1. 卫生工程

欲提高人民生活水准，使能安居乐业，必须注重卫生工程。本市卫生工程，以垃圾处理为最严重问题。本市垃圾八年来积存至今，据卫生局报告，已达一百六十万吨，且每日垃圾不能全数运至城外，冬日产量尤大，更难消纳，逐日积存，数年后势必成为垃圾城。现在一部分道路已为所掩，情况甚恶，应倾注本市全力处理，并可向中央请求协助，因与国际观瞻亦有关系也。

2. 沟渠工程

本市下水道为雨水沟，在明朝时代，即有完善计划，至今数百年，仍有能使用者，殊为难得。八年沦陷至今，坍塌破坏者颇多，以致到处淤塞，臭气四溢，实为前所未有现象，应如何整理扩充改善，实当深切注意。

3. 自来水工程

据自来水管理处报告，沦陷前本市十人中仅有一人用自来水，现在 3.5 人中有一人用自来水，殊为可喜现象。惟现在沟渠失修，离地面较近之地下水，玷污必极严重，饮用旧式浅井井水，殊属危险，希望本市自来水厂积极扩充，使每人均能饮用自来水。日前往自来水厂参观，一般设备尚称完善，较小铁管已能自己制作，惟一部仍须国外供给。

以上三问题，从前均有计划及办法，现在应研究如何整理改善，使之时代化，以免影响人民健康。

本市有扩充新市区计划，本人极为赞成，惟须注意城区与郊区之密切关系。城区无论如何完善，若无良好郊区相辅，亦不圆满，反之亦然。故城区应有领导性及引诱性，与郊区配合各种用地，亦应早日决定。例如，何处应为工业用地，何处当作农业用地等，否则一般建设，不知何所适从。譬如现在有人欲经营一农场，必不知以何处适宜，即为一例。又城内空地面积不平均，亦系因此发生。现在本市应设法利用郊区，以扶持城区，在此原则下西北郊、西南郊应谋积极发展，东郊工业区之发展应加以考虑。关于西郊，日本人在此已有计划及建设，吾人应利用之使走入另一新途径，应以有计划方式接收之，使适合吾人需要。现在欲使之成为郊区似不适宜，欲作成卫星市，又恐非财力所许，究应如何决定，始能使该郊区治理负责人有所遵循，实为切要问题。关于铁路方面，亦以集中西郊为宜，总货站设西南方，并于附近开辟工业区。按本市工业非重工业，乃民需工业，成品皆系民生所必需者，故工业区应以经营轻工业为主。工业区以外，应取缔工厂建筑，虽小型者亦在取缔之列。以前日本有区域计划，保定、天津、北平均包括在内，以保定为工业区，天津为商业区，北平为政治区，各处均息息相关。故北平都市计划，必须顾及天津，否则一切计划，均不能成功，如铁路扩充，则须各处一致。

都市计划委员会之机构，各大市均经设置，本市至今尚未成立，希望与公共工程委员会、文物整理委员会及本市热心士绅联络，速行成立，以策进行。

上海都市计划委员会，有二千万元经费，但办事人员只有十人，人数虽少而效率极大，因有关地政方面事宜，即交地政局办理，有关工务方面事宜，交工务局办理，其他有关各局亦同，委员人选包括各方面，如地政、工务、社会、教育有关人员及当地有地位人士，每月开会二次。

各种市政建设，要走入正确途径，必须先成立都市计划委员会，然后种种问题，均可在内研究，得到适当结论，不但工务公用之问题可在会内讨论，即交通经济金融诸问题，亦可研究。

本市工业所以不能发达，因天津为水陆码头，近在咫尺，工商业之条件已占先着，故北平只能作政治、文化、教育中心，既有工业，亦无非供给消费所用之小规模工业。

关于敌伪收用之东、西郊土地，时有发还与不发还之争执，余认为除非与土地政策有抵触者外，概以不发还为原则，因如此少数土地市当局尚不能把握运用，则市政必不能有所发展。办市政当从地方自给自足，绝不能全靠中央补助，应在此等处所设法开源，譬如抬高一部地价，压低一部地价以运用之，其利甚大。就我所见，青岛市运用土地成绩极好，又从前重庆市欲建大桥，计划完成后即将桥头土地收归公有，桥筑成后再以合理之较高价格售出，对于工程极有帮助，两事均可取作参考。至于如何因时因地制宜，设法在经费困难情形下亦能充分推进市政，而得人民爱戴，必须出以政治手腕。都市计划在一般民众，并不感觉兴趣，而对于市政工程，则极注意，故现在必须先有几个切实目标，宣诸口号，博得市民同情，如造成文化中心、清除垃圾等，设能得到市民拥护，一切自易推进。至于处理本市垃圾问题，经费方面或可得中央一部分补助，但非永久性，如每日产生新垃圾尚不能运除，则政府何能长此援助，最好发动市民力量，由警察指导保甲长办理，必能收效，现在重要关键在于卫生局，必须设法清除每日新产之垃圾。

三、伯德扬博士致词

今日敝人要就本市总计划，略谈一谈，现在简单分为四点来说。

（一）关于东郊与西郊

日本人原来计划为同时发展，如此则距离增加，且使城区内交通困难。当初日本人在东郊设工业区，足证北平附近有工业区之需要。依现代计划原则言，工业区应与住宅区邻近，故以将东郊工业区移于西郊为宜，果如此办理，则西郊现在计划，须加以改变。关于改变方法与原则，今晨谒何市长曾谈及，市长意见：表面要北平化，内部要现代化，敝人对此完全同意。不过北平市系帝王时代都城，其平面为方格形，而现代都市多为圆形辐射式。北平市为几百年前所计划，彼时无电车、汽车等交通工具，无现代交通、居住、工程上种种困难，情形不似现在之复杂。故依敝人意见，希望西郊之发展计划，不取方格形而改为辐射式，就工程方面言，方格形不适于上下水道及交通，而在圆形辐射式中，保持东方美仍属可能。

（二）关于建筑问题

留待赵法礼先生发表意见，敝人不再赘述。

（三）关于交通方面

现在西郊新市区主要干路与铁路有六个交叉点，阻碍极大，若仔细研究将方格式改用辐射式，则减为两个交叉点当属可能。在现代高速度交通情形下，多用立体交叉，今改六个为两个，能减少一大笔开支。将来西郊不能离开母城，交通必极繁重，交通工具依现在言，以采用电车为宜，道路计划以采用辐射式为宜。

（四）关于设计方式

希望行政教育商业各区域，可保持方格形，各区域间多加空地，宜用不规则形。

在此一星期时间甚短，不能作详细报告，希望以后能有机会再来此多多研究。

四、赵法礼先生致词

关于北平之居住问题，略说几句话。此次短期视察本市，颇觉多处房屋不合标准。欲提高人民生活水平，固然各项工程如上下水道及垃圾处理均极重要，但房屋改善，亦不可忽视，应同时解决。在清除贫民窟之措施中，最要紧事项为改善小学校，学生为将来主人翁，必须特予注意。此种重大工作，虽非旦夕可致，然必期于数年后使有成就。关于整理改善，首须注意增设绿地带，使与小学校布置相配合。视察时发现城墙内外尚有许多空地，未经利用，极适于布置绿地，其次可利用公地或征购私地，作成近邻公园，使市民均有机会，得以游憩。惟此一点以限于经费，恐不易做到，但计划中则必须注意及之。希望能以最少经费，尽最大努力，从事建设。似此美丽都市，政府亦应协助，尤其对清除贫民窟，改善居住一事，本市可编制计划及预算，送请政府协助，本人向内政部报告，亦已提到。关于改善居住问题，现在世界各处均在着手实行，此实一普遍现象，应加切实研究。当然平民住宅不能离开都市计划，而都市计划又为国土计划之一部，息息相关，希望主其事者能通盘筹划。扫除贫民窟，建设新住宅区，是为当务之急，在中央方面亦应有整个扫除贫民窟计划，成立全国性机构，负责办理，并且须有全权推进改良事宜，并办理贷款，由地方政府参加。建筑方面应由省市办理，可官商合办，或与市民银行共同筹办。省市应成立建设机构，而由中央监督办理土地使用限制及土地分区征用。关于土地对市民之放领征租，则归地方政府办理，市民亦必须协助始能成功。

五、主席致答词

哈司长及两专家对于市政极有研究，此次以科学眼光、客观地位，对本市所提诸点，均极有价值，可供吾人借镜，希望大家对所提各点，尽量供给材料及意见，以供哈司长及两专家之参考。

六、讨论

谷钟秀（市参会议长）：三位所提各点，条理分明，极为钦佩。

韩云峰（卫生局局长）：现在将垃圾问题简单报告，并请哈司长协助本局。接收时大街小巷、门内门外均有垃圾堆积，为一严重问题。当时曾发动清巷运动，三千余小巷均清除干净，至本年四月底又开始清除垃圾堆集场，计大堆20余堆，小堆135堆，已经清除40余堆。现在手车收集街巷垃圾至街运场之能力，尚无问题，仅卡车自待运场运至城外之能力不足，如再有40辆卡车，即敷应用。抗战前本市人口120万，有清洁夫2500人，接收时人口170万，仅有清洁夫1417人，手车亦仅有430辆，且大部残破不能应用，现在手车已新制900辆，运输能力增强不少。本人此次至南京出席卫生会议，曾报告此一问题，唯卫生署方面恐不能有所帮助，后又赴上海至善救分署接洽要卡车4000辆，需款1104万元，限于经费，无法购买，倘中央能设法帮助购到，则垃圾问题当可解决。

哈司长：购买卡车确属需要，可编造预算项目呈请，该项预算到部时当尽力帮助。

副市长：本市建设之初，街道极为宽阔，以后被市民侵占，逐渐狭窄，亟需取缔。

哈司长：此一问题应在都市计划中通盘筹划。先作计划总图（master plan），根据此图规定街道线或建筑线（即北平市房基线），据以取缔建筑，久之自有功效。北平地势宽阔，建筑较少，尚非十分严重。都市计划须分组工作，其中应有一组作计划总图，此实都市计划中最重要之工作，对于各方面均有关系，即教育政策、社会政策亦均与之有关也。

李颂琛（工务局技正）：对于东郊工业区移于西郊，甚表同意，但东郊前经敌伪收买一部分土地，是否应予发还，抑另作处置。

伯德扬博士：此乃极困难的问题，必须通盘详加研究，始能决定，但总以放弃为宜，能出租亦属良好办法。

哈司长：此问题不能随便答复，欲得合理答案，必须先有两张图：① 土地使用现况图。② 人口分布图，并须调查人口性质。以此二图为根据，始能计划各区域是否应予扶助或限制。关于本市人口方面，尚不太繁杂，城内发展平均，崇外前外卫生状况不良，应设法疏散。人口性质与分区亦有关系，一部应就其现状，一部应用由政府引导使之合理化。

以上述二图为根据，可作成多种计划图，如小学校配置图、中学校配置图、大学校配置图、轻工业区域图、重工业区域图等。总之，计划不能成于仓促，应以大部分时间作调查，小部分时间计划。

李颂琛：北平将来是否作为国都，此与本市都市计划有关，曾呈请行政院指示，迄未奉到指令，拟请哈司长对此问题发表高见。

哈司长：建设首都为国家政策，非本人所能答复，但可报告一个消息，现在国府对南京极为重视，明故宫政治区之计划，亦交营建司研究中，并有美国专家即日来京协助办理，至首都计划与一般政治性都市，并无巨大差别，本市当然为政治性都市，本此原则计划后，若将来建都于此，不过增加若干机关与人口而已，且都市计划应有伸缩性，非硬性不能变通者。

十四、北平西郊新市区计划之检讨

本篇为内政部都市计划专家柏德扬博士（J.C.L.B.Pet）于三十五年十一月九日来平考察时之演讲辞。柏氏为荷兰国市政工程专家，曾为该国已被炸毁之鹿特丹城（Rotterdam）草成复兴建设计划，此次与内政部哈司长雄文同来故都视察市政建设，对于西郊新市区之建设，有独到之意见。（编者）

凡研究城市设计者，其最先问题，厥惟该项计划，究竟根据何种原则。查北平西郊之原计划，类似一种房屋集中地，其广袤几与北平全城相等。由旧城城墙至该集中地之东界，距离约 4 公里，又旧城之中心，距离该集团之中心，约为 8 公里。

我个人意见，认为此种特质之房屋集中地，不能名之曰郊区（suburb）。所谓郊区者，其原意则为区域或地区，附属于主要之城市，而与之成为一体是也。郊区之特点，在乎与主要城市，并不分离，居民易于来往。今观西郊之情形，乃与旧城显然分离，两者边界之相距，约为 4 公里，中心之相距约 8 公里。此种郊区，实不能谓为北平之一区，或其一部：简言之，不得谓之曰郊区，在现代城市计划术语中，只可称之为附属市或卫星市（satellite town）。

或问此种区别之意义何在？若将此项房屋集中地，名之曰郊区，或名之曰附属市，在文字上虽有不同，然在事实上有何分别？我愿说明，此种分别，决非毫无意义者。为明了起见，业将该项计划加以研究。见此所谓郊区者，几全为居住区域，附以设置学校及游憩之隙地，仅一小部分系备作军事及行政之用者。又另一小部分，则备仓库及商业之用。

此种附属市（卫星市），依其广袤及其与旧城距离而言，应具有自立之性质。而今之设计者，则以之为郊区，为居住区域，附属于旧城，且完全赖以生存，鄙见认为在设计时，根本应加区别，即该市之设计系为三四十万居民专用作居住区域，是以无自力生存可言；有之，则完全寄生于其母市北平。然试观此项集团房屋之多，对居住此中数十万人民之生计所恃又不免令人怀疑。从此可知，渠等之必须就业自不得不远至距离 8 公里之旧城中，或甚至相距 12～16 公里之现所计划的东郊区工厂。本人对于中国情形，固不甚熟悉，然确知在敝国内绝无一工人，愿意住在一个远隔工厂的地方，每日早晚往返必须旅行 8～16 公里之远。至于此种旅行，与北平交通关系之推论，我不欲谈，因其不在本题之内。惟可断言者，此事亦为应加适当研究之问题。

今欲解决此项困难，其唯一方法即计划西郊不视之为郊区，而作为卫星市，赋以自力生存之方。必如是，此一部分之社会民生始有真正繁荣之望。所谓自力生存之城市，必须备具四种市民生活之要素：即设计应取之途径，须使人民能居住、能工作、能憩游，又必令此种集中地各部分间之交通，保能畅利是也，是以应设计一居住区或数居住区、一工作区或数工作区、一处或多数之憩游设备，以及良好之交通系统。再将工作区域，分为工业区、商业区与行政区。因此，一个自力生存之城市，至少须包含五个分区：居住、工业、商业、行政、憩游。此外再需完备之道路系统，使各分区互相联络。至于上述各分区之再分为小部分，譬如居住区内须有公园设备一节，因不在本文范围，不及详谈。然尚有不能已于言者，则所谓行政区，例应包括该房屋集中地之市中心，故须设于该集中地之中心。其他分区，则宜环绕此行政中心，并依现有之交通状况、风力方向及泥土质量等而分别择地设置。今观西郊现状，东西两端之居住区域皆已完成，留之并无碍于该市之合理发展，市中心区可在此两居住区域之中间计划之，商业与工业区于可能情势中宜向南北发展，至憩游部分可在其他区域之内外设置，因其空地足敷应用也。

依照上项发展方案之推断，吾侪应放弃原计划所规定之矩形街路制，较为有利。鄙意矩形制之计划，绝非解决都市问题之良策，诸君对此，或将以城市计划著名于世之北平紫禁城亦属矩形对称制而发生疑问。我可率直答曰，诚然，惟诸君须知北平禁城之问题，殊非现代所谓之都市计划问题。因其对于交通困难，对于贫民居住，对于工业以至憩游等诸问题，悉未按照此一名词之现代意义而有所作为也。

如为现代新型城市及附属市设计，而亦采用矩形对称式之道路系统，绝难得到满意结果，我认为北平市内之缺少斜角形街道，对交通上、上下水道上，已呈显著之困难。

今如改变西郊计划案中之矩形计划而为不对称计划，则其利益必先显著。试观现有计划图各主要干线与横贯东西的铁路之交叉点，竟不下六处之多。果能采取斜角式街道计划，则此交叉点即可减少其数。虽横过铁道之车辆数量依旧，未必即能改善交通困难，然而交叉点既经减少，则交通畅利自有可能，盖将来如铁路与市区干路之交通俱臻发达，有建设地下道之必要时，则在铁路下所建地道之数亦必能尽量减少。允宜预留余地以备此项建设所需，此又设计者所应注意者也。

公文

北平工务局局长任上之呈文

北平市工务局为送沙滩至猪市大街干线打通计划各种
图表及方案的公函（稿）

（1946年3月23日）
工二字第五八七号

查沙滩至猪市大街干线打通计画一案，前经本局拟具实施办法，于市政府第三十六次会报提请公决，经讨论决议交贵局核签。纪录在卷。相应检同有关该项计画各种图表及方案，备函送请核查。关于应行收用之房地价款，并请按照计画详图先予勘测评估，以昭正确。及希查照办理间复为荷。此致
　　地政局
　　附送沙滩至猪市大街干线打通计画总图一副、沙滩至汉花园干线打通计划详图一幅、汉花园至猪市大街干线打通计划详图一幅、沙滩至猪市大街干线断面图一幅、沙滩至猪市大街干线打通工料预估单一份、沙滩至猪市大街干线打通实施方案一份（缺）。

局长谭〇〇

兼北海公园委员会委员谭炳训为报告本园整顿情形给市政府的呈文（稿）

（1946年4月1日）
光字第一一一号

案查前奉钧府二字第二九二号训令略开：派谭〇〇为北海公园委员会委员，仰即遵照前往，会同切实整顿，具报候夺。等因。奉此，〇〇遵于一月六日到园视事，并经委员会定为副主席兼会计股委员，曾经呈报鉴核。并俟整理就绪，再行详报各在案。查〇〇自到园以来，对于管理与工程方面，均切实整顿，大致就绪。除仍赓续积极进行外，理合先将最近工作概况编造报告备文呈送，仰祈鉴核备案。谨呈
市长熊。
　　附报告一份（略）。

兼北海公园委员会委员谭〇〇谨呈

北平市工务局为仍将玉泉山、昆明湖各闸及其他各处水洞交由本局接管
致市政府呈

（1946年4月16日）
北平市工务局呈工字第七九二号

事由：为遵核管理颐和园事务所所呈拟管理各水闸意见一案，拟请转饬该所仍遵前令将玉泉山、昆明湖各闸及其他各处水洞一并交由本局接管由。

奉交下管理颐和园事务所所呈一件，为呈拟管理玉泉山、昆明湖各闸意见请核示由，饬该办，等因。奉此，经核该所原呈所述理由概括言之，为昆明湖须维持水平位及城内缺水并非五孔桥、绣漪桥两闸所致，又绣漪桥位处园内，由其他机关管理殊多不便各节。查玉泉山为本市河道湖池唯一水源，昆明湖居最上游，本市西郊及城内各处用水，全恃该两处水闸之调剂，设一失宜，则下游各处用水，立受极大影响。是该两处水闸与下游各水闸应统一管理，毫无疑义。且近来玉泉山出水量逐渐减低，更非认真节用，免除旁泄不能维持水利。而玉泉山及昆明湖出口，又不仅五孔及绣漪桥两闸，尚有其他各处水洞，亦能大量分泄，设各水洞泄量过多，则虽非抗旱之时，而绣漪桥以下亦将感受水荒。故一切水洞亦应与各水闸统一管理，以免消耗水量。又查玉泉山东侧原有高水、养水两湖，为上游蓄泄总汇，自颐和园放垦后，养水湖虽淤塞甚高，但高水湖尚有相当蓄水能力。今则高水湖殆已填平，致该两湖全失储水效用。现玉泉山水，仅有昆明湖为一储水之地，在此旧日水利规模破坏之后，势非活用昆明湖之储水力，藉资调剂各湖池之水量不可，各闸如统归本局管理后，当然顾及昆明湖之相当水位，俾维园景及水产。况本局与该所同隶钧府，非其他机关可比，遇事自当商洽，当无不便之处。综上各点，是原呈理由似属未看［见］允当。窃以整理西郊水田一案即经市政会议决议，本局正在积极遵办，而整理方针实以改善管理一节最为重要，拟请钧府转饬该所仍遵前令，迅将玉泉山、昆明湖各闸及其附属各处水洞，一并交由本局接管，以资事权统一，而利进行。是否有当，理合具文呈请鉴核示遵。谨呈。

市长熊

副市长张

附缴原呈一件（略）。

北平市工务局局长　谭炳训

中华民国三十五年四月十六日

北平市工务局致管理颐和园事务所公函

（1946 年 5 月 2 日）
北平市政府工务局函工三字第九三六号

事由：遵令派员前往洽商接管玉泉山及颐和园闸洞办法请查照由。

查本局呈请仍将玉泉山、昆明湖各闸及其他水洞交由本局接管一案，兹奉市政府指令开：玉泉山及颐和园闸洞准由该局接管，但昆明湖须常年保持一定水位。除令管理颐和园事务所外，仰迳与该所会拟接管办法及标准水位，呈复核夺。等因。奉此，兹派本局技正杨曾□、河渠股主任马泽春持函前赴贵所洽商。相应函达，即希查照为荷。此致

局长　谭炳训

中华民国三十五年五月二日

［批示：商办情形会报呈核。阅。卅五、五、十三、线双龄印］

北平市工务局为挪移电灯杆、电线杆分致冀北电力公司北平分公司、北平电车公司函（稿）

（1946 年 5 月 27 日）
工三字第一一六〇号

查前门五牌楼整理交通设施工程已于廿五日开工，惟该处有贵公司电灯、线杆三、四棵，妨碍工程

计画，兹绘具简明图随函附送，拟请派员来局接洽，勘定挪移地点，迅予派工移置，以利施工。相应函达，即希查照为荷。此致

资源委员会冀北电力公司北平分公司

北平电车公司

附图纸一张（略）。

局长谭〇〇

北平市工务局致管理颐和园事务所公函

（1946 年 6 月 29 日）
公函工三字一三九六号

事由：为本局派康启祥兼静明、颐和两园各闸洞管理员函请查照惠予协助由。

案查本局奉令接管静明、颐和两园各闸洞一案，业经本局派员与贵所商定管理办法，并分别交接清楚，会同呈报在案，兹本局派康启祥兼静明、颐和两园各闸洞管理员，率闸目丁等常川驻守管理。相应函达查照，并希惠予协助，至为公感。此致

管理颐和园事务所
局长 谭炳训
中华民国卅五年六月廿九日

北平市工务局为修筑东西黄城根道路需用砂石料招商开标事的签呈（稿）

（1946 年 7 月 18 日）
一字第一五一九号

查本局修筑地安门外东西黄城根道路工程，所需大小河光石、砂子材料业经招商承办，遵章呈报公告投标在案。兹定于七月十九日上午十时在本局举行开标手续。理合检同投标须知、说明书及估价单等件，签请鉴赐派员莅局监视，实为公便。

谨呈

市长熊

副市长张

附呈投标须知、估价单、说明书各一份（略）。

北平市政府工务局局长谭〇〇

北平市工务局为挪移妨碍施工之架线杆致北平电车公司函（稿）

（1946 年 7 月 20 日）
三字第一五三七号

查改善前门五牌楼间交通设施工程内拆除栏杆及步道并移安石偏沟道牙等工程，本局现已修做完竣，即应拆除一部分石板道，改修沥青油泼路面。惟查正阳桥面中间之洋灰架线杆四根，于交通工作均由妨

碍，应请贵公司移置于桥之南北端东西两侧步道上，并希于本局施工期间，将电车停车站及倒车地点设法予以挪移，俾利进行。除函冀北电力公司北平分公司及警察局外，相应检图函请查照办理间复为荷。此致

　　北平电车股份有限公司
　　附图纸一张（略）。

局长谭〇〇

北平市工务局为请在施工期间协力维持交通致警察局函（稿）

（1946 年 7 月 20 日）
三字一五三八号

　　查改善前门五牌楼间交通设施工程内拆除栏杆及步道并移安石偏沟道牙等工程，本局现已修做完竣，即应拆除一部分石板道，改修沥青油泼路面。惟查正阳桥交通频繁，行人往来络绎不绝，又以电车公司之电车往返均在该处转车及倒车，对于施工颇感不便。除函电车公司暂予变通倒车地点及挪移正阳桥面中间之洋灰架线杆外，相应函请查照，转饬该管警段，希于工作期间协力维持交通，以策安全而利工作，至纫公宜。此致

北平市警察局
局长谭〇〇

北平市工务局为将附设于电车公司架线杆上之电灯撤除致冀北电力公司北平分公司函（稿）

（1946 年 7 月 20 日）
三字第一五三九号

　　查改善前门五牌楼间交通设施工程内拆除栏杆及步道并移安石偏沟道牙等工程，本局现已修做完竣，即应拆除一部分石板道，改修沥青油泼路面。惟查正阳桥面中间之洋灰架线杆四根，每根上附电灯四盏。应请贵公司派工将该线杆电灯撤除，俟电车公司将架线杆挪移完竣，即请另装吊灯四盏（每盏以三百烛光者为宜），俾资照明。除函电车公司挪移架线杆及警察局维持交通外，相应函请查照办理见复为荷。此致

冀北电力公司北平分公司
局长谭〇〇

北平市政府工务局公函（稿）

（1946 年 7 月 23 日）
工三字第一五五四号

　　查东长安街存有贵局用余砂石，日久累积，有碍市容。适本局正在需用此材料，曾派本局第二科王

科长孝□与贵局工务处徐处长接洽，业承允予拨给，至所纫载。兹特备函派员持往洽运，即希转饬存料地方看守人知照，以便运回应用为荷。此致

交通部平津区铁路局
局长谭○○

北平市工务局为拆除平安里东西墙垣工程被十一战区军事顾问横加阻拦的签呈

（1946 年 8 月 16 日）

查打通黄城根至新街口南大街道路工程案内关于拆除平安里东西两面墙垣一节，前于一月十七日及二月八日先后经钧府电请第十一战区长官部署协助办理在案。迨七月间长官部高级将领眷属迁移，始于是月二十七日洽准动工，先拆西面隔墙。讵二十八日即有寓居该处西首大楼之十一战区军事顾问出面干涉，强令停工。当经派员向其解释，以此项工程关系市政，为中央拨款饬办之案，乃伊竟面提条件三项：（一）路面不可过宽，仅须自南墙起，筑路与太平仓有路宽相等；（二）沿计划路面北缘须筑大墙，高过电车顶五尺，与东西隔墙连接；（三）该路筑成后不准铺设电车道。等语。经核此项条件，与原计划相距过远，碍难接受，遂改为先拆东面隔墙，藉免工作迟滞。不意八月四日上午，该顾问随从五六人持枪前来，强迫停工，且声称如工人再行动工，即开枪射击，责任由杜顾问一人负之，并将工具铁镐六把扣留。正拟呈报间，复于本月六日市政会议席次，奉钧座面谕：此项工程已与孙长官洽妥，仍应积极进行。等因。自应遵办。惟为审慎起见，经派本局第三科科长仇方城等先赴长官部副官处连络，承允转知驻平安里特务三营协助后，于十日赓续派工前往拆除。至工地时，特务三营当将临时岗位撤退，甫经工作，突有该顾问之随从及卫队十数人持枪吓阻，本局监工仍饬工强拆，讵伊等立即实弹射击状，其势汹汹，工人等见势危险，纷纷逃避，又被乘机强行扣留手车一辆、铁镐九把、铁锹五把、抬筐四个。虽未肇生意外事端，但工具横被扣留，实已无法施工。且工人等以执行公务，屡冒危险，设无适当保障，势将裹足不前。似此情形，该路打通工程殊难推进，拟请钧府再电第十一战区长官部严饬该顾问不得再行横加干涉，并将扣留工具悉数交还，一面令饬警察局遣派武装警队，或请宪兵团派兵随同保护，俾利工作。是否可行，理合抄同本局监工员日记一份及府稿一件呈请鉴核。谨呈

市长熊
副市长张
附呈照抄本局监工员日记一份（略），府稿一件（缺）。

北平市政府工务局局长谭炳训
三十五年八月十六日

北平市工务局为请挪移电灯杆以利施工的函（稿）

（1946 年 8 月 20 日）
工三字第一八○三号

查本局改修东皇城根道路工程即将开工，惟宽街西口有第二二号洋灰电灯杆一根，妨碍工作，拟请贵公司迅予派工挪移，以利施工。相应函达，即希查照为荷。此致

资源委员会冀北电力公司北平分公司

局长谭○○

北平市政府工务局签呈（稿）

（1946 年 8 月 26 日）
二字第一八五三号

　　奉钧府七月廿四日交下技术室技正李琇纲签呈一件，为拟具本市急需改进计画五点，奉批"所陈颇有可采，交工务局就可能酌办。"等因。附发意见书一份、草图二份下局。奉此，查所拟五点洵为切要，本局均已分别拟有方案，或正在施行，或正在办理实施手续。如第一点改善交通设施，前门五牌楼已在施工，东西长安街快慢车道及冲要道口交通改善计画，即将发包施工；第二点本局正拟将东西长安街改为园林大道，天安门广场已包括在内；第三点东单练兵场本局已举办测量，拟利用卫生局搬运积土垫坑凹，并拟建筑音乐台、广播台、游泳池、体育场等，以为本市公共娱乐之总汇，现正征求市政工程学会设计图案；第四点皇城根西口至新街口南大街打通计画，业已编列本局卅五年度第一期道路沟渠工程事业费概算案内，现正与第十一战区长官部联络早日准予拆通中；第五点沙滩至猪市大街干线打通计画亦经拟妥，现正会同地政局签报转呈行政院核准，以便施行。理合检同上列五项改善计画签复鉴核，发交技术室参考。

　　谨呈

　　市长熊

　　副市长张

　　附呈前门五牌"楼"交通设施改善计画、东西长安街快慢车道及交通设施改善计画、东单练兵场平垫计画、皇城根西口至新街口南大街道路打通计画、沙滩至猪市大街干线打通计画（略）。

工务局长谭○○

北平市工务局为修筑东黄城根水泥混凝土道路暨改善东西长安街交通设施工程开标事的签呈（稿）

（1946 年 9 月 3 日）
一字一九四三号

　　查本局修筑地安门外东黄城根水泥混凝土道路工程暨改善东西长安街交通设施工程均经遵章呈报，招商经办，兹定于九月五日上午九时将在本局举行开标手续，理合检同投标须知、说明书及估价单等件签请鉴核，届时派员莅局视察，实为公便。谨呈

　　市长熊

　　副市长张

　　附呈投标须知、说明书、估价单各二份（缺）。

北平市工务局局长谭○○

北平市工务局为征用房地须先呈请行政院核准致市政府签呈

（1946 年 9 月 24 日）
工二字第二〇九二号

查沙滩至猪市大街干线打通工程一案，前经会签钧府核示。经技术室签注：改正路口连接线，并添设避车台；秘书处签注：拟先编具全部工程暨收用房地补偿费预算。奉批：如拟。等因。奉此，查征用房地，依《土地法》第三三八条之规定，须先呈行政院核准，为本案之先决条件。至采用征收工程受益费送请参议会通过及其他手续，乃为行政院核准后第二步程序。本局前签所拟办法，系胪陈本案办理原则，提请采择，俟钧府核准后，如何呈院及函商市参议会，当再依法定手续办理。奉批前因，理合再行陈明，敬请鉴核，仍照原签核示当否，以便遵办。实为公便。谨呈

市长熊

副市长张

附呈原卷一宗（略）。

北平市工务局局长谭炳训

三十五年九月廿四日

北平市工务局为报送东交民巷一带平垫拆除修建计划的签呈（稿）

（1946 年 10 月 9 日）
二字第二二三八号

奉钧府九月十二日府秘二字第一〇六四八号训令，以"准北平市临时参议会函，据市民陈召青呈送建议整肃东交民巷市容一案，请参考转行。等因。令仰酌办具报凭转"等因。附抄发原建议案及审查意见各一件下局。奉此，查东交民巷一带本局已有平垫东单练兵场暨拆除该处东界围墙木房、修建导水明沟而及探井等计画。奉令前因，除检具计画及预算分别函请公共委员会及体育协进会办理外，理合检同工程说明书、图等件报请鉴核转复，实为公便。谨呈

市长熊

副市长张

附呈东单练兵场平垫计划说明书一份、东单练兵场拆除围墙木房及排水工程说明书一份（略）。

工务局长谭〇〇

北平市工务局为请派警察局保安队驻守平安里协助拆墙工作的签呈（稿）

（1946 年 10 月 9 日）

查平安里拆墙打通工作因住该处之十一战区长官部杜顾问一再阻挠，迄未能顺利进行。前奉钧府交下十一战区长官部代电，经派员持赴交涉，亦无效果。现地安门西黄城根修路即将完成，该平安里亟须打通以利通行。该项打通工作既不能顺利办理，拟请钧府令饬警察局即派保安队五十名驻守该处十日，

协助强制执行，以利工作，并令与宪兵队取得联络，派宪兵监临保护，尤属必要。所拟是否可行，签请鉴核。谨呈

　　市长熊
　　副市长张

　　　　　　　　　　　　　　　　　　　　　　　　　　　　　　　全衔局长谭〇〇

北平市政府工务局批（稿）

（1946 年 10 月 9 日）
工三字第二二七二号

　　批崇华营造厂呈一件，为承做东黄城根水泥混凝土路面工程倘不能如期完工时请予延展由。

　　呈悉。查该商承包此项工程业据呈报于九月廿四日开工在案。按照合同规定，应于四十日内完工。据本局监工员报告：现时尚未铺筑之路面约四千七百余平方公尺，按近日工作实况每日工人百名、铺筑三百平方公尺计算，十八日内即可完竣，尽能于限内交工，并无延期之虞，所请碍难照准。该商务即保持每日工人百名赶速工作，俾得如期竣工为要。此批。

　　　　　　　　　　　　　　　　　　　　　　　　　　　　　　　　　局长谭〇〇

北平市工务局为报验收平安里西首墙外运除渣土及路基余土工程致市政府呈（稿）

（1946 年 10 月 18 日）
工三字第二三一二号

　　查黄城根西口至新街口南大街道路打通工程内其平安里西首墙外运除渣土及路基余土工作，前经招商比价结果，由义顺兴承做一案，业于九月十六日呈报在案。兹据该商呈报：此项工程于九月九日开工，按合同规定应于九月廿八日完工，惟在工作期间因天雨及中秋节停工二日，至九月卅日如期交工。当经派员查验，所有自新街口南大街至平安里西首墙根一段之积土业已清除，并造成宽二十公尺之土路型及两旁各宽五公尺之步道，与图说规定尚属相符。其渣土及路基余土亦经实地视察，并已按照规定地点运至德胜门迤西积水潭附近城根一带，平填土道。除俟打信道路全部工程完竣后再行汇案呈请派员验收外，理合现将平安里西首墙外渣土运除工竣情形呈报鉴核备案。谨呈

　　市长熊
　　副市长张

　　　　　　　　　　　　　　　　　　　　　　　　　　　　　北平市工务局局长谭〇〇

北平市工务局为勿移动新修东西黄城根道路障碍物径自通行的公函（稿）

（1946 年 10 月 18 日）
工三字第二三一八号

　　查地安门外东西黄城根道路本局现正修筑水泥混凝土路面，在水泥未凝结坚固以前，所有车辆均须

绕越行走，避免轧毁。拟请贵司令部迅予转饬所属汽车驾驶士兵幸勿强迫工人，或自行移动遮拦之障碍物，径自通行，以维新修路面。相应函达，即希查照见复为荷。此致
　　空军第二军区司令部

局长谭〇〇

北平市政府工务局指令（稿）

（1946 年 10 月 18 日）
工二字第二三一七号

令工程队：
　　十月一日签呈一件为派工整理前门建楼前交通设施工程竣工情形报请派员验收由。
　　签呈已悉，经派员往验，尚无不合，准予验收。此令。

局长谭〇〇

北平市工务局为改善前门五牌楼交通设施竣工请派员验收致市政府呈（稿）

（1946 年 10 月 26 日拟稿）

　　案查本年第一期道路沟渠工程中之改善前门五牌楼交通设施工程前经实地查勘，积极施工，该项工程范围计分添修广场、拆除及翻修石版［板］道、补修炒油路、补修混凝土路、拆除及添做混凝土栏杆、移安石道牙、整理轨道石、补铺缸砖步道、添做照明灯、修筑沟井及缸管暗沟、杂项工程等十一项，系由本局自做，计需工款二千七百廿九万五千元，已于九月十三日全部工竣。除由本局先行派员查验相符外，理合检同施工说明书、预估单等件备文呈请钧府鉴核备案，并请派员验收，以资结束。谨呈
　　市长熊
　　副市长张
　　附说明书、估单各二份（略）。

全衔局长谭〇〇

北平市工务局为报查明招商清除平安里西首墙外渣土情形致市政府呈（稿）

工三字第二五二五号

　　案查打通西黄城根至新街口南大街道路先招商清除平安里西首墙外碴土一案，前经呈奉钧府府会字一一六三九号指令：分别核示，饬再详查具报。等因。奉此，遵经按照核示各节，依据事实逐项陈述如下：（一）此项工程未事先呈报，招标比价时亦未呈请派员监视一节。查本工程系本年度第一期道路沟渠工程事业预算分配表内新建工程第一项：黄城根西口至新街口南大街道路打通工程之一部，分配表前经呈准有案。奉准后，遵即着手计画筑路，在未筑路以前，必须先请清除积存碴土，预作路基。而该平安里初以住有十一战区长官部高级长官眷属未允施工，嗣复有寄住该处之战区顾问杜冰坡横加阻止，

以致屡作屡辍，迄未能顺利进行。迫不得已，乃拟先将该里西墙外碴土清除，并修筑路基，藉示决心。此项除土工作为全部打通工程之一部，因预估不逾二千万元，且为适应机宜计，故即招商比价办理。（二）未附送断面图无法勘核一节。查本工程土方数量系根据平面图及纵横断面图核算而得，前呈漏将该项图件附送，兹谨补送备核。（三）该项碴土大部分运至平安里附近，与揽单规定消纳地点不符一节。查本工程碴土规定运至德胜门内迤西积水潭附近平垫，惟查包商在运土时，曾被石碑胡同十一战区战犯审判处强令将一部碴土卸至该胡同东口内，填垫低洼路口；又内四分局张警长要求包商运一部碴土，填垫报子胡同东口内四分局门前一段土路，事先均未据包商报告，经本局监工员发觉后，当即勒令停止。调查该两处共卸垫碴土二十余车。因事出被动，除对包商严予申诫外，并饬其派工将路面清理平顺，以利交通。钧令所示大部碴土运往平安里附近，或即指此。其余碴土确均运往积水潭一带填垫。惟因该处面积比较大，坑坎过甚，仅以平安里西口外碴土填垫，实难显示全部平整，加以填垫后适逢两次降雨，新垫碴土遂已坚实，不易辨视。（四）此项碴土运费较卫生局运除秽土每公方单价为高一节。查本工程所运土方，一部分系拆房碴土，一部系亭座基础及修筑路基余土，堆存日久，土质坚硬沉重，须经刨掘方可装运，工竣时复须按照水平清理平顺，事实上较拉运秽土耗工费时，且每车载量亦较秽土为少，由平安里运至积水潭每日每车往返不过五次，每次运土○.八公方，计每日每车运土四公方，如以市价雇佣大车，每日以二万元计算，则每公方运费为五千元，与揽单所定单价似尚吻合。（五）该承包厂商系一花厂，有无大车、能否承运亦属疑问二节。查本市营造厂商有自备大车者百不选一，遇有拉运工作多外觅车头办理，本工程实系一土方工作，且须兼治路基，承揽人自以有经办土石方经验之厂商为宜。此次招商比价，共有四商竞比，义顺兴虽系花厂，但亦兼营土方工作，其余三家则为砂石厂，当以义顺兴开价最低，故即交予承办。奉令前因，理合缕析呈复鉴核。再，此案业于十月十八日呈报工竣验收情形，并奉廿三日府秘二字第一二一二九号指令准予办理。合并声明。谨呈

市政何
副市长张
附图二纸（略）。

北平市工务局局长谭○○

北平市工务局为打通道路使用平安里敌产土地致河北平津区敌伪产业处理局公函（稿）

（1946年10月26日）
工三字第二三九九号

查本市地安门外东西黄城根道路为北城重要交通干线，乃该路西端向须绕道太平仓，始能与新街口南大街衔接，滞碍交通莫此为甚。抗战前本局即有打通平安里之拟议，惜以事变猝起，未果进行。迨沦陷其间，伪工务局亦鉴及此，经即设计实施，确定线路。彼时平安里房地已由业主李姓售与日人，遂由伪工务、财政两局会同将有碍路基之房地收用，并已拆除房舍，仅余东西墙垣未及拆除，即值胜利。本局接收后，爰复拟具筑路计画，呈准中央拨款施工，并一再与当时接管使用该项敌产之第十一战区长官部洽妥，现已将墙垣拆除，正在清理新路基余土，准备修筑路面中。惟此项敌产当贵局处理，闻前业主李姓现正呈请发还，所有筑路使用之土地关系市政交通，既已收归公用，自不在处理之列。相应检同道路计画平面图一纸，函请查照，惠予注意，以免引起纠纷，至为公感。此致
河北平津区敌伪产业处理局
附平面图一纸（略）。

局长谭○○

北平市政府工务局公函（稿）

（1946 年 11 月 2 日）
工三字第二四四四号

　　西黄城根西口至新街口南大街打通道路工程，本局业将平安里东西首墙垣拆除完竣，现正饬工将该平安里西口道牙拆除，并即招商修筑里内一段路基及运除路基余土，俟全部工竣即开放通行。相应函达，即希查照，惠予转饬该里驻守官兵勿加阻止，至为公感。此致
　　第十一战区司令长官司令部副官处

局长谭

北平市工务局为请验收东西黄城根水泥混凝土道路工程致市政府呈（稿）

（1946 年 11 月 21 日）
工三字第二六四四号

　　案查修筑地安门外东西黄城根水泥混凝土道路工程一案，关于东黄城根一段工程，交由次低标崇华营造厂承做，已于十月四日将合同等件呈送钧府核备在案。该工程于九月廿四日开工，现已铺修完成之路面计五四六○平方公尺，仅余移修道牙一九○尺及东不压桥两端路面约八五五平方公尺尚未完成。惟因东不压桥旁现正修筑涵洞，该涵洞未完成前未便施修路面，拟暂予缓修。并对该包商现行结算，将缓做部分工款于其应得工款总额内核算扣除。一俟涵洞修竣后，即由本局工程总队派工修补完成。其西黄城根一段工程，系交本局工程总队承办，于九月廿八日开工，至十月廿三日完竣。该工程内，一部为自行派公办理，计铺修路面一四七·七平方公尺；一部为点工承修，计铺修路面七一八二·三平方公尺，合计七三三○平方公尺。以上两项工程，计东黄城根已铺修完成之路面五四六○平方公尺，西黄城根铺竣之路面七三三○平方公尺，均经本局分别派员查验，尚无不合。理合并案呈请钧府派员验收，实为公便。再，本工程内尚有东不压桥涵洞工程，应俟工后另案呈请验收。合并声明。谨呈
　　市长何
　　副市长张

北平市工务局局长谭○○

北平市工务局为按时完成前门五牌楼修筑安全岛照明灯工程的训令（稿）

（1946 年 12 月 14 日）
工三字第二八四五号

令车辗厂
　　案查前门外五牌楼修筑广场工程，其中安全岛安装照明灯三处应由该厂负责办理。嗣据造送工料预估单到局。经核单内所列黑皮电线、铅管及灯柱等三项，应准由库存项下或接收材料内分别领用，其筑打基础及埋线工作由工程队办理，均免予计价。至所需一部工料费乙百三十九万二千元，仰即来局具领，

逐行备料施工，切勿延缓，仍将办理情形俱报备查为要。此令。

　　附估单一份（略）。

局长谭〇〇

北平市工务局为改善前门五牌楼交通设施工程竣工呈请备案致市政府呈（稿）

（1947 年 3 月 15 日）

会字第四九〇号

　　案查上年第一期道路沟渠工程中之改善前门五牌楼交通设施工程经实施查勘，积极分别施工，业已报竣。该项工程范围计分：（一）添修广场；（二）补修泼油路（包括拆除一部石版［板］道）；（三）拆除及修做混凝土栏杆；（四）拆除及移安石道牙；（五）补铺缸砖步道；（六）修筑沟井及缸管暗沟；（七）添作照明灯等七项，系由本局自做，预算分配数为一六三三〇〇六二元，前经随同第一期道路沟渠工程预算分配表呈奉钧府核定有案。本工程已于本年一月十四日全部竣工，计实需工款一六二一五八六·一一元，业经本局派员查验相符，理合检同工程计划书、工事结算表等件，备文呈请鉴核备案，以资结束。谨呈

　　市长何

　　副市长张

　　附呈工程计划书、工事结算表各壹份（略）。

全衔局长谭〇〇

北平市工务局为沙滩汉花园沥青石渣路工程竣工验收致市政府呈（稿）

（1947 年 9 月 18 日）

工三字第一九六七号

　　案查沙滩花园道路变更计画改修沥青石碴路工程前经招商比价，交开价最低之建平营造厂承做，检送揽单等件，呈奉九月八日钧府 36 府会字第九三一九号指令开：准予备案，惟完工后应报府派员查验。等因。奉此，兹此项工程于八月十一日开工，已于九月八日完竣，并未逾揽单规定三十日期限。该路面积原估为二九二〇平方公尺，工作时因转弯处及北京大学门前须予加宽，较原估增修二二〇平方公尺，计实修面积共为三一四〇平方公尺。本局现拟于九月二十日上午十时验收，理合呈请鉴核，派员届时莅局前往查验。实为公便。谨呈

　　市长何

　　副市长张

北平市政府工务局局长谭〇〇

北平市工务局关于电信局在天坛建筑机房有碍市容请饬查收的呈文

　　案据交通部北平电信局申报在天坛内坛西南角空地原有西式平房七栋接建一栋、新建一栋工程。查

天坛为本市最重要之风景名胜区，其内建筑物如祈年殿、圜丘坛、皇穹宇等为东方建筑艺术代表作，自明永乐十八年创建以来，坛宇园林保持原制，迄今已五百余年。抗战前经文整会修缮整理，焕然一新。本市都市计划亦（已）经划为风景名胜区，应永远保持为园林绿地带，不宜任意建房，改作他用。今在内坛建筑电讯台机房，并栽立高架电杆多处，与东方唯一伟大建筑遥对，原来风景规模破坏无疑，除将该项工程本局不予发给执照外，拟请钧府整饬坛庙事务所查明电信局接收该处房地经过并交涉将房地收回，是否有当，理合备文呈请鉴合。谨呈

市长何，副市长张。

北平市政府工务局局长谭炳训

社会局调查情况：

案奉

钧府 37 府秘二字第一二七四号训令，略开据工务局呈以北平电信局在天坛内建筑机房有碍风景，请转饬查明经过并将房地收回等情，除指复外，仰转饬坛庙事务所查复报夺等因，奉此，遵即饬，据管理坛庙事务所报称："当经饬由本所保管股员徐海山、天坛管理员胡博爱调查据称：奉饬查交通部北平市电信局申请在天坛内建筑房屋妨碍名胜风景一节，遵查：三十五年春季，北平市成立军事调处执行部，当时因保持军事机密妥，在天坛三座门外建筑临时电台，后军调执行部撤退，即将该电台移交交通部北平市电信局，并未与本所连络，即将一部让与华北物资供应局储存破旧汽车。伏以军调执行部在天坛内建筑电台本系临时性质，为一时权宜之计，无法顾及妨害名胜风景。移交电信局系利用军调执行部原有建筑，已属不宜，岂可再行增建？以致名胜之区化为机关场所。该电信局让与华北物资供应局之一部储满破旧汽车，实于观瞻有碍，且该供应局因修理试车，往返频繁，将坛内坛道尽行轧毁，每届风季，飞沙扬尘，游人辟易，影响坛内整理，国际观瞻，殊非浅显。奉饬前因，理合签请鉴核等情。"据此，伏查该处原本为本所农场耕地，于民国三十五年四月，经军事调处执行部占用，设立电台建筑房舍，竖立电杆，本系临时形制，本所当于是年四月三十日将该军调部占地情形具文呈报钧局有案，嗣军调部结束后将该处房屋并未通知本所，即遂行交与电信局接收，该电信局又将一部转让与物资供应局终日以修理车辆，往来驰逐，坛道尽毁。是以不惟不宜再行建筑房屋、电杆，且该电信局暨物资供应局所占房屋，似应交涉收回，庶可保持古代名迹之完整，奉令前因，理合据情陈请核转"等情，前来除令该所通知该局不准再行建筑房屋，并将原建筑房屋力与交涉还回外，理合具报，敬祈鉴核。

谨呈市长何

社会局局长温崇信

附录一　谭炳训自传

一、家　　庭

我家在济南居住有十余代之久，最初是经商，后来变为书香之家。我的父亲是前清最末一榜的秀才，民国以后，进了法政专门学校，毕业后就在法院当书记，以后又改业律师，因为他承办案件的原则是调解和息讼，所以业务虽忙，可是收入很少。在"七七事变"的第二年，他在日寇占领下的济南忧愤去世了。

我弟兄二人，长兄炳诚学医，已经从事医务工作三十多年了，没参加过政治活动。现在我们分居，经济各自独立，在济南千佛山麓共有坟地约二十亩，因在市区以内，且划为公墓区，不在土改之列，所以土改对我家全无影响，因此家人对土改的认识不深，现在我只负担我小家庭七人（妻子及子女五人）的生活费用，生活主要来源是薪给（约面粉十三袋），著作版税的收入对生活也有一些补助。家中其他人无作政治活动者（远族人的情况不详），全家皆无宗教信仰。

二、教　　育

七岁时接受小学教育，除了学校的功课以外，晚间还在家里请一位老先生读四书五经。中学在济南育英中学读书，四年毕业后，于1924年夏入私立青岛大学土木工程系的预科，翌年夏又改进天津北洋大学土木工程科，经预科、正科共六年，于1931年夏毕业。我大学的学费主要是靠亲友资助的，因为父亲工作所得的报酬有限，家中生活很艰苦，房产（同住）和土地（茔地）事实是没有任何收入的。

三、服　务　经　过

我自1931年（25岁）大学毕业到1948年（42岁），其间共有17年皆是在国民党反动政权下服务的。

1931年7月由学校介绍到青岛市工务局任技佐，1932年升为技士。这两年中，有时设计绘图，有时监修上下水道，大部分的时间则是在自来水厂的水源地监修新的水井和水厂。利用在荒僻的水源地工作的机会，从事翻译和著作。这种工作对于我以后的政治生活有决定性的影响，在下节中详述。

1933年6月，长城战役之后，南京政府在北平设立行政院驻平政务整理委员会，以黄郛为委员长，辖华北五省三市。黄电青岛市政府调我往北平，先派在市政府任技正，当时的市长是袁良。次年（1934年）九月调我任北平工务局局长。1935年又兼任"北平故都文物整理实施事务处"的副处长。这一年的十一月，半傀儡的冀察政务委员会成立，日寇指使宋哲元以反日分子之名，将我逐出北平。当时南京反动政府为伪装爱国，对于从北方逃到南京来的人员，还殷勤招待，并答应派遣工作。

三个月之后，在1936年的三四月间，我被派到江西省政府所属的庐山管理局担任局长。庐山牯岭有一个非正式的法国租界正在进行收回，这个管理局是负责办理庐山市政建设和收回租界工作的。那时江西省政府的主席是熊式辉。

我在庐山一年之后，就发生了"七七事变"，庐山正举行所谓全国智识动员的"谈话会"。又过了半年（1938年2月），江西省政府调任我担任江西公路处的处长。那时南京已经沦陷，江浙京沪撤往后方去的皆要经过江西，江西公路处成了前后方联络的枢纽，而江西公路的基础太坏，不能担负这个任务，因为在事关民族存亡的抗战时期，对于这个艰巨的工作，我不能推辞。可是到了南昌不到三个月，赣北大战就开始了，除了办理公路经常运输和工程业务外，为配合军事要求，组织了公路军事工程队七个以上的中队，随着吴奇伟将军等的部队，参加赣北和赣西北的各次战役，有时要破坏公路和桥梁，有时又要抢修公路和桥梁，无论破坏和抢修都是要在部队撤走或者是未到的真空时间内工作，所以常常和敌人遭遇。1938年、1939两年全是过的抗战最前方的军事生活，这是我全部历史中最兴奋、最愉快的两年。

1940年起，大江以南的抗战军事重心移到湖南，江西公路处迁至赣州，得以全力开展公路业务，在联络鹰潭和衡阳这两个铁路终点的客运上，在修养路面和交通管理上，稍稍表现了一点成绩，重庆政府的交通部打算拿江西作示范，统一东南五省的公路管理，大约在1941年底，派我兼任"东南公路管理处"的处长。经过一个时期的筹备，由于各省地方上封建割据势力的存在，这个计划未能实现。

1942年滇缅公路遭受封锁，中印公路还未修通，国内汽油发生困难，要争取国外物资，除了空运以外，就要靠人力、畜力和木船等运输了。重庆的交通部为加强全国驿运工作，调我到重庆担任"驿运总管理处"的处长。这是1942年底的事。当时的交通部长是张嘉璈，以后是曾养甫。

我到驿运总处之后还不够一个月，就派了一个紧急任务，为加强西北的驿运，从四川的广元起，每30公里修一个驿站，一直修到新疆的哈密，共计八十余座，要在半年之内修齐。为实现这个计划，在兰州成立了"西北驿站工程处"，派我兼任处长，因此1943年我有一大部分时间是在兰州和新疆。经过艰苦奋斗，在戈壁沙漠凿井而修建的驿站，总算告成了。对于苏联易货物资的运输，起了一些促进的作用。以后又派人勘察由南疆到印度卡蚩的驿运路线，因为沿途建站和攀越喀喇昆仑山的困难，这条路线没有开辟成功。

1944年底，中印公路通车，俞飞鹏当了交通部长，驿运并入公路总局之内，我也脱离了交通部，专任中央设计局的设计委员，兼公共工程组召集人。在这一年中我在设计局中主要的工作是：① 编拟一部"战后全国公共工程建设五年计划"；② 因为我有些关于苏联经建的著述，所以派我代表设计局与苏联驻重庆大使馆联络，搜集苏联经济建设的资料。当时潘友新大使派的是齐赫文秘书负责联系的，齐秘书曾将他所存的有关苏联经建的英文书籍借给设计局用，因此，我同齐秘书常常来往。

我在重庆的时候，还在金陵大学的公路专修科兼课。

1945年抗战胜利后，反动政府派熊斌为北平市长，他向中央设计局要一位对北平市政熟习的人，由沈鸣烈（他在设计局担任东北复原研究主任）征求我的同意后，就于这年的十月重回北平，担任1935年我曾担任过的工务局局长职务。十年前后，同一岗位的工作，情况迥然不同了，十年前是建设工作办不完，建设经费花不完，要日夜地赶工；十年后是建设工作很少，建设经费更少，整天没有事做，这是反动政府的市政制度、财政政策和发动反人民的内战所造成的。在北平三年我有时间先后在北洋大学北平部和北京大学工学院兼课，自己从事许多种的研究工作，编辑出版了许多市政工程的书刊。

在北平随着内战的发展，国民党政府的错误和反动日甚一日，我陷入苦闷的状态，虽然我常收听邯郸广播电台的广播，对中国共产党的政策作风仍然是没有认识，我的政治水平是停留在《观察》周刊的程度上。我充满了"退休心理"，想逃避现实，屡次想脱离反动政府的职务，去专心教书去，都没有成功，一直拖延到1948年的十一月，傅作义催北平市政府火速修竣城防工事，而向南京请款的北平财政局长，以请不到款而不敢回来，于是瑶章（伪市长）就把筹款和修建城防工事的两重责任加在我的身上。商会拿不出来，而要求我派宪兵和警察到每一个同业公会去坐催，不为期缴款者就抓人。我断然推绝了这个建议，可是傅列的双层压迫怎么应付呢？正在万分为难的时候，傅又派了他"剿总"的工事处处长（大概姓范），命令我秘密地筹备修建城内的飞机场（指定在东单、天坛和永定门内三个地方），我派一位王技正到这三个地方踏勘，他报告我东单长度不够，要拆民房；天坛长度够，可是也要伐很多的古树。

向人民逼钱，拆人民的房子，砍伐数百年的古树，这三件对不住北平市民的事，我绝对不能去执行。要不去执行这些反人民的命令，就必须离开北平，要离开北平可不是容易的，辞职不会准，不辞而别在蒋管区以内都可以促回去。另外一条路就是到解放区去，新华电台也广播过欢迎工程师和医师去，解放军进军的67条标语我也收听记录并且研究过，里面的政治主张都是正确的和实事求是的。我曾计划津浦路到沧州再转往石家庄，可是这个计划没有能够实行，主要由以下两种思想所牵制：第一种是消极退休的思想，过去十七年有三年是负一部分工作的领导责任，同时我又不丢下书本和研究工作，从工程到自然科学，社会科学以及外国语文和宗教哲学，结果呢，领导和研究这两种不容易调和的工作，都没有做好；因为要匀出时间作研究，使领导工作犯了粗枝大叶、急躁荒废和脱离群众的毛病；因为要负责领导，使研究工作没有能够有计划地深入和推广。十三年的经验使我有了这点自知之明：我做研究工作比我去领导一部分建设事业，可能贡献多一些。十三年的政治生活，使我对于开会、讲话、批阅公文、应付人事、交际宴会感到十二万分的厌倦。因此只作消极的打算，要退休下来，反动政权垮台正是最好的退休机会，以便潜心研究工作。第二种是小资产阶级的虚荣感，怕人说我是投机，不早去而现在去解放区一定叫人指为投机。由于这两种思想的作祟，阻止了我去参加人民解放事业。时机很迫促，不容我犹豫，一个月前中央信托局局长程远帆邀我去任副局长，帮他解决内部人事上的困难，当时我拒绝了，现在我又答应了他，要他来电报调我去上海，这样我才能辞去职务。我到了上海以后不但副局长没有干，改聘我作顾问也没有接受。我自行开业作了代人设计绘图的建筑师，一直到 1949 年 5 月上海解放。

在上海任建筑师时，我翻译的《市镇计划纲领》，编为市政工程学会专刊的第一种，于 1949 年底，由中华书局出版。

四、参 加 党 团

1925 年孙中山先生在北京逝世，这对北方青年的政治觉悟起了极大的作用。当时张作霖统治北方，对革命采取高压恐怖政策，这样更促使北方青年大量参加革命。1926 年，我在天津北洋大学参加了国民党，介绍人是同学马方晟。那时校内的党务最初是一位李某领导，后来他大概是到广州去了，就由马来负责，一直到 1926 年傅作义的北伐军开到天津。在秘密时期，校内的国民党可以按期召开小组会议，等公开了，一些党员参加了学联会、反日会，又有些党员休学参加了反动党部的工作，在校内反倒不能按时开会了。不久，北方的国民党就闹派系问题，领导人常换，天津的学生党员很快地就由积极变为消极，大部分的人不参加活动了。到了 1930 年，阎冯蒋在中原大战，国民党的学校党务全部停顿。1930 年底张学良入关，天津反动党部由南京派来了陈石泉、刘不同等来整理，重新登记审查有无反蒋嫌疑。北洋大学的党员无人去登记，我从这时起失去了国民党党籍。

我当时不去登记，不是认识到蒋介石和南京政府的反动本质，而是为以下的几种思想所支配：

（1）纯技术观点。因为离毕业已不到一年，技术已经学成，马上就可以当工程师了，非党员一样可有找到职业。

（2）因为国民党内部派系之争日甚，军阀混战不已，青年入党，不过是充当党棍和政客的工具。

（3）北平"扩大会议"，阎、冯、汪所宣传的"反独裁"也有一定影响。

从 1930～1940 年十年间，我一直没有恢复国民党党籍。这十年中，我在反动政府向上爬得很快，工作也积极，所以未要求恢复党籍者，除受了黄郛的政治上的极端个人自由主义的影响（详后）外，也因为环境上没有必要。我在青岛、北平服务时，机关内皆无反动党的组织，有时当地党政还是对立的。庐山是一夏天才有人的避暑地，从来没有反动党的组织。

1940 年底（或 1941 年初），江西公路处迁到赣州办公以后，正是国民党在全国范围内举行集体入党的时期，江西省的国民党省党部派一位姓潘的到江西公路处筹设公路党部，办理科长以上人员的集体入党。我那时的工作已得到统治阶级的称许，没有经过集体入党的手续，而是以登记恢复党籍的方式，又参加了反党党的组织。我当时的思想情况，与十年前在天津不参加登记时是大大不同的：

（1）在反动派内已经爬得相当高，必须是党员，才能爬得更高。

（2）因为我存在着个人自由主义，对于集体入党的办法，颇有反感，但是我可以用恢复党籍的办法再行入党，那又何乐不为呢？

（3）在抗日民族统一战线下，各党各派都拥护抗战建国纲领，已看不到政治主张不同的分歧。陈绍禹在汉口对于抗日胜利后国民党前途的右倾错误估计，正是我当时的看法。

因为有这几种思想，重入国民党，在我简直就没有经过什么考虑，只警惕到入党后不要担任职务，自区分部执委到中央委员，以免"卷入党潮中"。

1942年底我离开江西到重庆去的时候，江西公路党部未能正式成立，我记得好像有些部门刚刚成立（的）区分部或小组，我在路上指导业务的时间多，没有参加过区分部或小组的会议。

我到了重庆驿运总处，就向那里的机关党部报到。重庆是反动党的大本营，机关党部的基层组织是能够经常开会的，驿运总处内的区分部或小组会议我曾参加过一两次，我大部分时间在兰州主持"西北驿站工程处"，那个机关则没有国民党的组织。

1944年夏季，交通部派我到"中央训练团"，受训参加的"党政训练班"第33期，是最末的一期。受训的人以自费留学生为主。受训期是四个星期，训练内容有四项：① 军事管理；② 大班听讲，做笔记写日记；③ 小组讨论；④ 写自传。受过训练的人，很少满意这种训练的。我个人觉得，第一是法西斯形式；第二由"抬起头来""顶天立地"等标语看是以个人英雄主义制造统治人民的工具。

1946年我在北平时，国民党那次全国范围内的总登记，我几乎记不起来了，因为北平市政府范围内的党员经过调查以后就算是集体登记了。后来成立了北平市政府内的区党部，由张道纯（那时的地政局长）领导。在工务局内也成立了一个区分部（或小组），约有十个以内的党员，最后的书记是唐乃堃。有一两次通知我开会，因为事情忙没有出席过。

1948年我离开北平到上海以后，没有再参加反动党的组织和活动。

1949年十月来到山大，十一月填本校教员登记表时，已将参加国民党的经过报告了。以后青岛市反动党团登记时也在本校的登记处登记了。人民政府宣布登记时和反动党团决心断绝关系的表示，我对于政府这样帮助参加反动党团分子，洗去过去的污点的贤明政策，衷心拥护。

五、学 术 团 体

在旧社会中，以研究学术相标榜的"学会"，都有或多或少的政治性，也有明明是个政治团体而伪装上一个学会外衣的。我过去参加过的学术团体，分述如下。

（一）新中国建设学会

这个学会是九一八以后，江浙大资产阶级和学者名流智识分子所组织的，以研究"广义的国防建设"和"团结党（国民党）外人士，共赴国难"相号召。领导人是该会理事长黄郛，会员有丁文江、翁文灏、黄炎培、江问渔、俞寰澄、钱新之（？）、陈光甫（？）、张嘉璈、黄伯樵、沈怡等一百多人。成立期约在1931年底或1932年初，会址设于上海。

1931年九一八事变时，我初到青岛服务，见到青岛的日本侨民兴高采烈地支持日本军阀侵略我国，受到很大的刺激。当时全国人士热血沸腾，救国情殷，但表现在舆论上的多是血气之勇的主张，没有实事求是的救亡图存的根本远大计划。当时我正在翻译苏联国家建设委员会所编的《苏联五年经济建设计划》一书，苏联第一个五年计划事实上就是国防重工业建设计划，我由这本书的启示，经过二个月的搜集资料，就拟了一篇《初步国防工业建设计划大纲》，内分九章：（一）、导言；（二）、设计原则；（三）、设计概说；（四）、国防区之划分；（五）、中央国防区之工业建设；（六）、其他国防区之工业建设；（七）、国防交通建设；（八）怎样集资；（九）、赘言。

在"导言"中有以下几段：

"现在是全国总动员的时候，不仅到火线上去杀敌御寇，并要立刻开始长期抗斗的一切准备。"

"现在虽然已经不是高谈建设的时候，但是要争取民族的生存，必须先完成军备供给的独立。要完成军备供给的独立，则今日民族存亡的战斗开始时，初步国防工业建设就是决定最后胜负的根本力量。"

在"赘言"中有以下几段：

"……所以今日反对现政府的人，仅高唱空头的形式的宪政，得不到民众的拥护，这种主张，不过随时代的巨流席卷以去，而当政的人，为不能积极的领导起全国大众，事民族的生存，不能完成国防建设，从事于长期决死抗斗，而仅注意到维护政权的消极动作，也是自取灭亡。"

"……惟有民族生存所关的斗争中，培植起民族大众政治意识，以民族大众的政治意识为基础，才能建树真正的民权……"

这个计划大纲于 1932 年 5 月发表于天津《大公报》，连载了一周。黄郛在莫干山看到最后一天登了的第九章"赘言"，写信表示同情我对国难和政治的看法，并索阅计划的全文。我将全文寄去之后，回信邀我参加他所组织的"新中国建设学会"。当时我完全不知道黄郛是一个什么人 [打听了很多人才知道他是 1924 年孙中山、冯玉祥、张作霖三角同盟（打倒直系军阀）的中心人物，在段祺瑞未当"执政"以前，曾摄行内阁总理的职务，驱逐溥仪出宫，改为故宫博物院，后来又当过南京国民党政府的外交部长]，对于这个邀请没有答应，我回信要学会的章程和会员录，很快的就都给我寄来了。会章很简单，除了会的宗旨、设理事会、评议会等项外，会员分组研究，有外交、工业、交通、经济、教育等组。

理事长是黄郛，会员第一名就是丁文江。我那时对于学者名流崇拜得很，看到这个学会里有这样多的知名之士，所以就应允了。

同年秋天，我到上海去接洽《苏联五年计划》出版的事，并会见黄郛，而后谈话五次，归纳起来，黄的意见如下：

青年要报国必须有高度的修养。

青年不可卷入党潮中（指的是国民党，黄是同盟会会员，可是曾三次拒绝加入国民党）。

国民党内无人才，要想建国救国必须团结党外的人才，新中国建设学会的目的就在此。

在政治上要能独来独往，不受任何牵制。

国家需要时，见危受命，赴汤蹈火，皆所不辞；事过之后，就让贤求去（取？），避免与人事争权夺利。

关于国防工业建设，他说"政府决定积极筹办"。这就是指的不久在南京三元巷成立的不挂牌子的"国防设计委员会"，以翁文灏为秘书长，钱昌照为副秘书长，翁是新中国建设学会的会员，钱是黄的联襟。国防设计委员会就是资源委员会的前身。

我以将近一年功夫所译出的《苏联五年计划》一书于 1934 年由这个学会出版，初版很快被销售一空，因为这个学会后来解体，没有能够再版。1935 年，我译的《苏联第一第二五年计划分析》单行本也于同年由这个学会印出。

黄郛于 1936 年冬西安事变时，病殁于上海，新中国建设学会也跟着归于消灭。当然有一部分会员企图另找领导人主持会务，但未成功。

现在分析起来，黄的政治思想是极端的个人自由主义，他代表的是当时的江浙大资产阶级。他在联合大资产阶级以及其智识分子帮助国民党这个工作中，起过很大的作用。1935 年底，汪精卫在南京被刺，国民政府改组，以翁文灏为行政院秘书长，吴达铨（实业部）、张嘉璈（铁道部）、张群（外交部）等任部长，黄的大资产阶级与国民党联合的计划，差不多算是实现了。

（二）中国工程师学会

这个学会已有约四十年的历史，是詹天佑等所创立的。我是 1939 年加入，会员必须有八年以上的工程经历，至抗战胜利时约有会员一万七千余人。在抗战时期，这个学会曾为陈立夫、曾养甫所把持，但在抗战胜利后的几次年会选举中，这些分子已为微有政治觉悟的工程师大众所摒弃。最后一次年会是在 1948 年秋季在台北举行的，我未去参加，但被选为 1948～1951 年任期的七董事之一（董事共二十一人，每年改选 1/3）。解放后没举行过年会，各地分会皆在改组中，总会可能归并于科联全国总会。现任代理事长为赵祖康。

（三）中国市政工程学会

此会是 1943 年秋季在重庆成立的，我是发起人之一，曾担任过常务理事、总干事，现仍为该会最后一届的理事兼编审委员会主任委员。我曾主编过《市政工程》年刊两期，《市政与工程》半月刊（天津《大公报》副刊）一年多。现任代理理事长是赵祖康，以前两任理事长是凌鸿勋和沈怡。

（四）中国经济建设协会

此会成立期大概是在抗战以后，我是 1941 年在香港由黄伯樵介绍参加的，黄当时为资源委员会钱昌照之驻港代表。会员多为资委会经建各部门的专家及其他交通金融界人士。出版有经建资料若干种及《经济建设季刊》（刊行了八九年之久，一直到抗战胜利后），我著的《苏联第一五年计划之研究》及《公共工程之范畴、任务与政策》皆发表于该会季刊，也同时印有单行本。解放后此会无活动。

（五）中国计划学会

此会是 1945 年抗战胜利前后，由重庆中央设计局内所有参加设计工作的人员所组成，只开过一个成立会，以后无任何工作。我因曾任该局的设计委员，所以也被列为会员。

（六）市民促进会

此会是 1947 年由北大、清华、南开三大学校长和教授以及天津、北平的实业界人士李烛尘、朱继圣、孙冰为等发起组织。会员有一百余人，皆是无党无派的人，只有五个国民党员的教授被邀参加。理事长（或常务理事）是胡适，监事长（或常务监事）是张伯苓或李烛尘。我也被选为理事（或常务理事），分在研究组，大概还有调查组，也或者还有一出版组。

在成立宣言中宣布会旨是专门从事调查研究工作以促进都市人民的民主自治和市行政的改进，并声明不作实际政治活动，不是政党的准备团体。这个会在 1947 年到 1948 年夏天一年的活动中，一共发表了五个文件：① 成立宣言；② 试拟市自治通则草案；③ 对于市自治的意见；④ 改进选举技术的意见；⑤ 北平市选举调查报告（是揭发各种伪选举的舞弊等黑暗情形的）。

此会组成分子的政治立场极为复杂，所以将工作一限于都市，二限于调查研究。虽然这样，在成立一年之后，仍是无疾而终。从这个会中看出民族资产阶级的脆弱性和他们必须接受无产阶级的领导。

李烛尘后来当了反动政权的立法委员，解放后始接受人民政府的争取，其他会员为天津朱继圣、北平的刘一峰等皆参加了民主建国会，并在工商联中负领导责任，证明他们在无产阶级政党领导下，是可以发挥民族资产阶级的一定的作用的。

六、解放前十七年的总结

自 1931 年大学毕业到 1948 年离开北平，我一共在反动政权服务了十七年，其中七年（1938～1944年）是参加的与抗战直接相关的工作，可以用工程技术，协助打击日寇，为破坏公路、桥梁，阻击敌人，为炮兵搭桥开路，进击敌人；其他各运输军用物资和羊毛茶砖（运往苏联交换物资的），也是增强抗战力量的。

此外的十一年所做的工作则完全是为统治阶级和资产阶级服务。如 1935 年我在北平修筑了通颐和园的柏油路和城内的许多（柏）油路，修葺了天坛和其他一些文物建筑，这是我很自豪的事，但是当时的颐和园和天坛，工农大众无权利去游览欣赏，只有统治阶级和资产阶级才能享受。我在庐山时建造了一个发电厂，装设了自来水，筑起了一些风景建筑物，还向德国订了一套上山电车的器材，预备建造上山电车，这一些工作更是最明显的直接为统治阶级和避暑的帝国主义者们服务。1945 年，我重回北平之后，第一件事就是筹款翻修天安门，修竣后金碧辉煌的天安门，对于现在的人民广场是必要的点缀，但是我当时修缮天安门的动机，绝不是为了人民，相反地却是为反动政府粉饰胜利，为满足个人的英雄主义（因为这是 1935 年我要修而未如愿以偿的一个建筑物）。

存在决定意识，小资产阶级的出身，决定我这十七年来的思想和行动。小资产阶级的一切劣根性，我都应有尽有，特别是小资产阶级爬向资产阶级这一点上，表现的更为明显。

除了小资产阶级的一般的毛病而外，我还有一些特殊的性格和作风，这些虽然也是我的缺点，但在旧社会中对我可能有些好处，在新社会中则差不多都成了包袱。

小资产阶级的片面性、妥协性和犹豫性，使我想在反动阵营中划一个小圈子来自守，逃避自己当时所认为是反人民的行为，以达到明哲保身的目的。为拒绝签署历次反动教授的反共文告（我那时在北洋兼课），拒绝我所领导的工程队去保卫北大充当打手，不接受向北平市民勒索捐款修筑城防工事的任务，逃脱了砍伐天坛古树修筑机场的责任。拒绝去"活动"所谓"国大代表"，因为我当时就意识到参加投票选举伪总统，就对那个新反动政府要负责任了。因为有了这些幼稚的想法，所以一直停留在反动壁垒中陶醉、苦闷和动摇。

早在 1948 年 2 月我在《市政论坛》（北平《平明日报》副刊）上就痛斥当时反动政权下的市政是"猪型市政"，只会吸允人民的膏血而不为人民服务；到了同年的 5 月，我又在《市政与工程》半月刊（天津《大公报》副刊）第十四期《市政病态》一文中说，工程师对于这个"政府"已经到了"使人由失望而变为绝望"；对于反动政权既然已经看的这样清楚，为什么还恋栈其中呢？都是受了小资产阶级的妥协性、犹豫性的限制，不可能有断然决然的革命行动。同时，虽然是在反动阵营内划地自守，也是不符合反动统治阶级的要求的——无条件服从的奴才，所以这也说明了我在反动阵营的后十四年中，不可能再向上爬一步（1934 年到十四年后的 1948 年我在同一地点担任同一职务——北平工务局长）。

（1）自由主义的思想。自由主义的思想不同于自由主义的作风，毛主席在《反对自由主义》一文所指的十一种自由主义作风我也犯一些，还不太多。我的自由主义的思想，主要是指的对政治过度开明而无立场的看法，如认为政治是一种责任而不是权利（梁漱溟在 1948 年底曾发表过这样看法的一个致中共书）。我这种倾向是受黄郭和抗战时期潘光旦在昆明发表的许多反对"党治"的文章的影响。经过解放后两年来的学习和观察体会，已经克服了不少，还有若干残余，需要加强和深入学习后，才能肃清。在反动政府统治下，这种自由主义的思想，使我对于凡有法西斯气味的东西皆深恶痛绝，这也算是得到的一点好处。

（2）不出风头的个人英雄主义和严重的脱离群众。我极不喜欢出个人的风头，也不愿参加大规模的群众活动。我愿意作学术性的讲演和辩论，而在群众大会上说八股喊口号就觉得空虚。凡是个人出风头的，我能逃避了的就逃避。虽然我是要做个无名英雄，但是仍然充满了个人英雄主义。例如，必须是他人干不了的工作，才可以轮到我做；每担负一个任务，总以为要有一鸣惊人的成绩，才算是满意成功。

（3）技术观点。我坚持工程技术部的学习和实践，使我十七年来没有脱离过工程岗位。我从工程向前发展到经济建设，再升高到计划经济的研究，就自以为了不起了。可是我把我自己限定在计划经济的纯技术性的研究中，而看不到计划经济的实施要有一定的政治条件——无产阶级政党的领导。我在 1939 年曾向反动政府建议：① 仿效苏联国家设计委员会之例，设立全国经济建设最高的参谋本部；② 派遣考察团到苏联去研究计划经济的设计方法。关于第一个建议，其结果就是后来在重庆成立的"中央设计局"，五年的功夫，毫无成绩，当时我仍然认识不到这是政权性质所决定的，而归咎于官僚主义作风的结果。关于第二个建议，我是太天真了，只看当时苏联顾问来帮助我们抗战，没有看出反动政府之向苏联学习是假的。

（4）研究之癖。我对于工程、经济以及其他社会科学和自然科学，都有兴趣去研究；而对于一个问题开始研究之后，就想一面深入，一面推广。因此我对问题的看法，也就与人有所不同，这可能引起某种误会。例如，学习《土地法》，一般的学习法是熟读文件，听报告，再根据土改前所见到听到的情况，经过一两（次）的讨论，就可做出总结结束了。在我就认为这样学习的收获有限，在解放前我对中外各种土地政策和解决土地的方案，就有所涉猎，因为研究市政的关系，对于都市土地问题更有兴趣。解放后，我所读过的毛主席著作，认为湖南、江西两省的农村调查报告是极重要的文献，不读这两本书，研究《土地法》是没有根底的。而大学教授水平的人学习《土地法》，不能以得到"认识与了解《土地法》，拥护政府土改政策"就算完事，最好是从《土地法》在农村中理论和实践的进展过程中所总结出来的经验，能帮助确立今后都市土地改革的政策。这种看法和做法不大容易为人所了解。因此，这个研究之癖对我成了一个很重要的包袱，好像事事自己有意见，不能与人苟同。我最钦佩毛主席的一句名言，就是"没有调查研究，就没有发言权。"没有看到这句名言之前，我就是谨守着这种原则来行事。以前，我对于共产主义，对于老解放区没有调查和认识，固然不能赞美老解放区，也没有根据去诅咒老解放区。因为我有这种实事求是的研究精神，不苟同他人的主张和看法，所以才能拒不签署一些反动教授的反共宣言。今后我这个研究癖好，如果不走错方向，是可以帮助我的政治和业务学习的。如何将这个包袱变为一个有利的工具，是我今后要时刻警惕的。

七、学习党史的收获

学习党史的收获是和解放两年来的学习体会分不开的。在总结学习党史的收获之前，先说一说两年来所学习所体会到的是哪些。

上海是 1949 年 5 月底解放的，在迎接解放的热潮中，在 6 月里我就参加了"工程工作者新民主主义学习会"，会员多交大、复旦、同济的教授，由公用局叶进明局长和华东工业处孙处长领导。在会中学习了《中国革命与中国共产党》《新民主主义论》两本小册子。又听了若干次马列主义的讲演和人民解放军英勇奋战的故事，使我初步认识了革命理论和革命实践。有一次陈毅市长对各学术团体负责人说："谁不满意我们的政策作风，而要去台湾的，可以送他路费。"我很为这种开明的政治风度所感动。不久毛主席的"七一文告"宣布了，使我更进一步地认识中国共产党的远大抱负、正确的政策和实事求是的精神。

在上海解放前，我就与许继曾先生通信商谈来山大教书的事，解放以后又旧事重提，八九月的时候，许先生一再催我早来青岛，我的内兄王正（他是共产党员，那时在上海华东区军事电讯方面的工作，现在北京重工业部领导的某机要部门任处长）也鼓励我来青岛服务，他向我解释人民政府对待技术人员的政策，是争取团结改造，对于过去历史和政治活动要绝对坦白、彻底揭露。这样就使我决定了参加人民的教育事业，同时也可以配合个人的研究工作。

1949 年 10 月我到了青岛，1950 年初寒假时我应莱阳建设委员会之邀，赴莱研究建市问题。我在莱亲眼看到成千成万的农民挖河的集体劳动场面，使我认识了农民群众在土改翻身以后的伟大力量，是新中国建设的主要动力之系。1950 年上半年中央大力稳定了物价，制止了多年来的通货膨胀，调整了公私关系，使奄奄一息的工商业得到复苏，进而走向发展和繁荣。1950 年下半年的抗美援朝运动，青年参军的热烈踊跃，使我认识到新爱国主义与国际主义的结合，与旧的狭隘爱国主义有本质上的不同。1951 年上半年在镇压反革命控诉大会中，我听到反革命分子的血腥罪行，看到群众的愤怒，才懂得了什么是阶级仇恨。最后，经过这次党史学习，把过去两年来的政治学习和亲身体会到的，融会贯通起来，而产生了以下的几种收获：

克服了对共产党认识的片面性。过去若干智识分子皆为王明、博古的左倾机会主义的"都认为是最危险的敌人"这种说法所吓倒，并且恶意地推测现在争取智识分子是一时的手段，将来仍是更打入最危险的敌人中去的。我虽然和他们的看法不尽相同，但是对于左倾机会主义的思想根源及其克服这种思想的斗争经过，是完全无知的。学习党史之后，我才知道毛泽东思想是从根本上铲除了左倾机会主义和教条主义，只有学习毛泽东思想，才能认清共产党现在和将来的基本政策。这样就克服了我对共产党认识的片面性，并且使我对新中国革命发展的规律、理论与实践结合的过程，有了更明确的了解。

认清了技术观点和小资产阶级各种缺点的错误。技术观点使自己停留在工程技术和经济建设的小天地中，不可能再提高到政治和革命的境界。小资产阶级的各种劣根性使我苦闷，由于在自己所划的一个极可怜的小圈子内来明哲保身。学习了党史，看出了在翻天覆地的人民革命事业的浪涛中，正确的革命理论——毛泽东思想像灯塔一样，照耀着胜利的方向，革命的战士如同钢铁一样坚强，克服一切艰苦困难，这一切都是无产阶级的阶级性所决定的。无产阶级是最进步的，是推动社会历史向前发展的革命领导阶级，还有丝毫的疑问吗？

　　由三十年党史的革命斗争中，也就是从马列主义和毛泽东思想的具体应用中，使我理解了阶级分析方法的科学性和基本性，用阶级分析这个方法去观察事物，才认清了社会经济发展变化的真实内容，才能进一步站稳立场、分清敌我，全心全意为人民服务。

谭炳训　撰
一九五一年九月

　　（说明：以上内容据谭炳训手稿所整理，个别字词用法与现在有异，为真实呈现原稿面貌，皆照原稿录入，未做任何改动。）

附录二　谭炳训传略

谭炳训，字巽之，1907年11月5日生于济南市冉家巷5号。他的家庭属于济南市一个大家庭，据家谱记载这个家庭至少有十几代人生活在那里。谭炳训的父亲是清朝最末一榜的秀才，民国以后就读了一所法政专门学校，毕业后在法院当书记，后来改业律师，虽然业务很忙但收入不多。七七事变后的第二年，他在日寇占领下的济南忧愤去世了。

谭炳训的母亲在他孩提时代就去世了。他是由姑母一手带大的，所以后来他把姑母当作母亲一样去孝敬。

谭炳训七岁时开始接受小学教育，除了上学之外，晚间还请了一位老先生在家教四书五经，十三岁进入济南育英中学（四年制）。毕业后，1924年进入私立青岛大学土木工程系预科，第二年，十七岁的他又入北洋大学土木工程科，经预科、正科共六年，于1931年毕业。他为什么要学这个专业，后来谭炳训在回忆自己的童年时曾写道："我为什么立志学工程呢？因为我的家乡在山东济南，那里有胶济、津浦两条铁路经过，交通非常便利。幼年时常到车站去玩，看见那满装客货的列车，风驰电掣的开来开去，以及那密如蛛网的路轨，无形中使我发生了极大的兴趣。心里想这伟大的运输力量，是火车的机器发出的，而火车的行驶，又全靠铁路来承重，假如我学会了建筑铁路的话，那是一件如何快慰的事啊！由于这童年的一念驱使，居然就决定了我进工科大学研究土木工程的志向……"①

在1926年到1931年六年的大学生涯中，谭炳训不但学习专业知识，而且血气方刚，心中充满了爱国热情，关心思考国家的前途和发展道路。他阅读各种政治、社会书籍，从三民主义到共产主义、无政府主义以及其他学派的社会主义、如季尔特、工团主义、费边主义等。读过的书包括《唯物史观》《共产主义ABC》《资本论》（英文本）、《共产主义宣言》（英文本）、《马克思传》《互助论》《面包略取》《克鲁泡特金传》等。他思考着，探索着，最后他认为自己确定了社会主义思想，不过这是广泛意义上的社会主义，包容着各种学派。他憧憬着一个理想中的大同世界，但这不过只是一个模糊的乌托邦式的美好远景而已。

1931年7月大学毕业后，谭炳训由学校介绍到青岛市工务局任技佐，1932年9月升为技士。在毕业后的两年中，他的主要工作是设计绘图、监修上下水道、在自来水厂的水源地监修新的水源水井。在荒僻的水源地工作期间，谭炳训有更多的时间搞研究和翻译。当时苏联的第一个五年计划正进行得如火如荼，引起了世人的注目。苏联社会主义建设的成功，使人们认为的乌托邦成为了现实，这使谭炳训看到了希望。因此，他决定全力研究苏联的经济制度和建设计划。谭炳训在1931~1932年一年的时间里将苏联国家设计委员会出版的《苏联五年计划》译成中文，这本书在上海出版后，很快就销售一空。这是中国最早介绍苏联计划经济的译著。此后他更加强了对苏联的研究，由第一个五年计划到第二、第三个五年计划，对于苏联的设计机构、设计方法、利用外资、利用外国技术问题尤其注意。在此期间谭炳训还译成了《苏联第一、第二五年计划之技术分析》一书。这时谭炳训由研究各种社会主义集中到研究苏联的社会主义建设，同时也把他对他的专业土木工程的研究扩大到研究一般性质的建设，也就是经济建设。

1931年九一八事变之后，谭炳训对日本的侵略无比愤怒，尤其是当他见到青岛的日本侨民兴奋地支持日本军阀侵略中国，使他受到很大的刺激。他曾写道："当时全国人士沸腾，救国情殷，但表现在舆论上的多是血气之勇的主张，没有的是图存的根本远大计划。"于是他受到苏联第一个五年计划（实际上就是国防重工业建设计划）的启示，经过两个月的搜集资料，写成了一篇《初步国防工业建设大纲》。文

---

① 选自谭炳训著：《战时交通员工之精神训练》，古籍网，编号222179。

章共分九章：一、导言；二、设计原则；三、设计概说；四、国防区之划分；五、中央国防区之工业建设；六、其他国防区之工业建设；七、国防交通建设；八、怎样集资；九、赘言。谭炳训在文章中说："现在是全国总动员的时候，不仅要到火线上去杀敌，还要立刻开始长期抗斗的一切准备。""现在虽然已经不是高谈建设的时候，但是要争取民族的生存，必须先完成军备供给的独立。要完成军备供给的独立，则今日民族存亡的战斗开始时，初步国防工业建设就是决定最后胜负的根本力量。"文章不但说明了建立国防工业的必要性，而且提出了具体设想和做法。文章 1932 年 5 月发表于天津《大公报》（连载）。文章发表后产生了较大的社会影响，受到各界人士的欢迎，后来青岛市属中学曾把这篇文章列为阅读教材。

这篇文章发表的时候黄郛正在莫干山，他看到最后一天登载的第九章《赘言》后，便写信询问谭炳训对国难和政治的看法，并索阅文章的全文。谭炳训把全文寄去之后，黄郛回信邀请他参加"新中国建设学会"。在索要了章程和会员名单之后，谭炳训看到有那么多他所仰慕的学者名流，就毅然决然地参加了。"新中国建设学会"是九一八事变以后江浙一带大资本家、学者名流、知识分子以黄郛为首共同组织的，宗旨是"研究广义的国防建设，团结党（国民党）外人士，共赴国难"。会员有丁文江、翁文灏、黄炎培等。

1932 年秋，谭炳训到上海联系《苏联五年计划》出版，见到了黄郛。他们先后有五次谈话。这些谈话对谭炳训的一生都产生了极大的影响。他把黄郛的一些话奉为信条，也为他以后崇奉西方政治理论铺下道路。黄郛的主要观点有：政治上要独来独往，不可卷入党潮之中；国民党内没有人才，要想建国救国必须靠党外人士；青年人要报国必须有高度的修养，在国家需要时，临危受命，赴汤蹈火，在所不辞。

1932 年谭炳训被提升为青岛市自来水厂厂长。在此任上，他扩大了自来水水源，并对水厂净化装置作了改进，使水质、水量都有了提高。

1933 年 6 月，长城战役之后，国民政府成立了北平政务委员会，以黄郛为委员长，统管华北五省三市。黄郛致电青岛市调谭炳训到北平，因此，1933 年 6 月谭炳训被调到北平市工务局任技正，主要工作是搞规划、勘探、设计。1934 年 9 月谭炳训被提升为工务局局长。

谭炳训在北平市工务局任职期间，对北平旧城区进行了规划和改造，新修了许多道路，从国外购置了压路机等筑路机械，特别是引进了德国柏油路的施工工艺，培训了较现代化的筑路施工队伍，修筑了许多主干路和近郊公路。不到两年的时间所修的柏油马路等于过去十年所修的总长度。1935 年还修筑了通往颐和园的柏油马路。另外，他还规划了北平城区的上下水道系统，对北平自来水厂的扩建进行了设计，并施工了不少下水道。

1934 年北平市拟定了文物整理计划。经行政院核定，1935 年 1 月成立了"旧都文物整理委员会"，并设立了"北平文物整理实施事务处"由谭炳训兼任副处长，具体负责古都文物整理及修缮古建筑工作。谭炳训主持了全面大修天坛各大殿工程，特别是整修天坛公园中最南端古时皇帝祭天的圜丘，把破败不堪的圜丘表面都换成汉白玉砌面，并依照旧制排成几何图形，以象征"九极天阳"之数。今日坛面平整如镜，每块石板形状各异，接缝严密，就是当年大修的成果。天坛周围的树木也是那时栽的。谭炳训还将当年大修天坛的始末写成纪文，刻在天坛金顶下面的木头上，并有谭炳训的签名。

当时旧都文物整理处还大修了明十三陵中最主要的长陵大殿，并大修了北平市内各处牌楼以及颐和园中的一些牌楼，如正阳门外五牌楼、东西四牌楼、颐和园宫门外牌楼等共 16 座。这些牌楼年久失修，柱子糟朽下陷，额术亦多断折，均经全部拆卸，照原样次第修复。为保存永久计，所有各牌楼柱子及大小额枋，均改用钢筋水泥筑成，并照原样油饰，全线大点金彩画。另外，还整修了角楼及箭楼，如内城箭楼经添配木料和砖瓦，照原有制度，修理整齐，并将内外檐上架门窗，一律油饰彩画见新。又如西直门箭楼，也因年久失修，残缺不全，均经分别添换材料，修缮完整，并油饰彩画见新。再如皇城角楼，建造精巧系重檐歇山式。汉白石须弥座，年久失修。经将所有瓦顶、槛墙、台阶、角石等一律修理完善，并油饰彩画见新。此外，还修缮了北平各门，主要是西安门、地安门、祈华门。该三门地当冲要，有关市容，乃将瓦顶、门窗、台阶、地面、墙身等损坏之外，一律修缮完整，油饰见新，以壮观瞻。另外，他们还搞了颐和园界湖等修缮工程。

谭炳训在后来的回忆中写道："北平六百年所建的宫殿庙宇、牌楼，自前清末季，即未修葺，日渐损坏，本席兼理古都文物整理处理务，负责修整，由中央拨发工程费三百万元，使殿宇名胜焕然一新，因此在北平人心里上发生了良好的影响。"[①]

在北平期间谭炳训的生活也发生了很大的变化，他与他所爱慕的女子王淑琴（字志宏）结婚了。他们是在青岛相识的，王淑琴年轻美貌，当时正在读美术专业，还是青岛女子篮球队的成员。1934年他们在北平举行了西式婚礼，婚后谭炳训的生活更加安定充实了。1935年他们有了第一个孩子，谭炳训撷取《易经》中的"天行健，君子以自强不息"一句之中的词语，为她取名为"天健"，希望她永远自强不息。

1932年东北沦陷之后，北平的局势日趋紧张。到1935年日伪组织在北平的活动已很猖獗，爱国人士在北平很难有立足之地。1935年11月，半傀儡的"冀察政务委员会"成立。由于谭炳训一直积极主张抗日救国，便受到了亲日派的排挤，后来日寇甚至指使亲日分子提出将谭炳训逐出北平。这时庐山正急需建设，于是谭炳训被调到了庐山，1936年4月就任江西省庐山管理局局长，一直到1938年才离开庐山。吴宗慈著《庐山续志稿》这样记载："江西省政府以全山建设工作亟待推进，特派工程专家前北平市工程局长谭炳训接充庐山管理局局长。谭炳训任职后，即聘请工程及卫生专门人员多名，分别进行各项新建设与修葺名胜、培植树木、点缀风景，而于卫生方面，尤为注意。"

谭炳训到庐山后首要的工作是回收外国的租借地。当时庐山牯岭区有一个英国租界，他主持了向英国收回庐山牯岭区租界的工作。回收之后全部庐山从此成为了中国人自己的旅游胜地。

在谭炳训的主持下，庐山管理局建立了自己的工程队，进行各项基本建设工程，如翻修河东路、河西路、大林路等各干道，管理局前新添暗沟并新砌砖石路面，图书馆前克里夫西段加修踏步，修建全山各登山步行石阶路及各处公产房屋、管理局、警察署、凉亭、风景亭、公厕等设施，以及修复名胜古迹。其中的一项重要工程是1936年重修御碑亭，新建石栏，重墁台面，平治道路，竣工后，谭炳训亲笔题记刻于石栏板上。另一项重要工程是修建石桥，将庐山主干道上的木桥均改为石拱桥。谭炳训还将1937年在石门涧上新建的石桥，特别命名为"明耻桥"，以述其抗日救国雪耻之志，并命工匠将其手书题字刻于桥心拱石之上。2005年庐山管理局在博物馆举办的庐山抗战图片资料陈列展将"明耻桥"题词石刻列为"庐山抗战遗迹"，是"抗日爱国将领及爱国志士"的十件石刻之一。后来又被公布为第二批庐山风景名胜区管理局文物保护单位。

谭炳训回顾在庐山第一年的工作时曾写道："嗣于二十五年长庐山管理局，仍本一贯之精神，从事国际避暑地之建设，在春夏两季先将卫生办好，同时整理道路，修筑排水沟，再点缀亭台，修理名胜，遂使庐山在一年之间顿改面目。"[②]

谭炳训还主持建设了庐山自来水全山供水系统，添建天然蓄水池；建设了庐山第一个柴油机发电厂；完成了登山公路汽车道的规划设计并进行了地形测量和实地放线工作；规划设计了庐山登山缆车道的建设项目（此项目后因抗日战争未能实施）；为戒备火灾，在牯牛背新建一瞭望台；为庐山小学新建校舍；修建运动场、游泳池及网球场。在整理地籍方面，改用科学方法进行测量，绘制地图，由于庐山地域很不规则，谭炳训引进当时最先进的德国蔡司经纬仪及瑞士求职仪测得各户准确面积。此外，还进行了评议地价，换发永租地契等工作。

这一时期，谭炳训还完成了一项重要规划：拟建庐山为中国第一个国家森林公园，并将此规划呈报国民政府行政院。他是第一个提出这一设想并做出详细规划的人。后来他又参与了拟定全山造林计划及组织造林委员会。

庐山三大建筑——庐山图书室、庐山练习学舍及庐山大礼堂，也在此期间陆续建成。谭炳训作为土木建筑工程专家，经常亲自前往工地，检查施工质量及进度直至竣工。

---

① 谭炳训著：《战时交通员工之精神训练》，古籍网，编号222179。

② 同上。

谭炳训任职期间的另一项重要工作是按照中英关于收回庐山英租界协定，庐山管理局建立了咨询委员会，中方委员五人：宋美龄、程顺元、沈长赓、王信孚、谭炳训；外方委员三人：吴禄贵（美）、甘约翰（英）、司美司（美）。咨询委员会由庐山管理局局长谭炳训任主席，每年举行九次会议，由谭炳训主席报告庐山建设、卫生、政务等重大事项。每次开会都有记录并存档备案。此外，为了吸纳民意辅助行政，1936年庐山管理局还设立了参事会。

谭炳训任职期间，对庐山图书馆的发展不遗余力，贡献卓著。庐山图书馆成立于1935年。当时图书匮乏，经费有限，组织也简单。1936年7月，谭炳训奉江西省主席熊式辉之命，改变庐山图书馆的组织，成立庐山图书馆管理委员会，籍群策群力，发展馆务。9月27日，图书管理委员会于牯岭正式成立，并召开第一次委员会议，委员共五人：欧阳祖经（教育厅的代表）、谭炳训（管理局长）、罗霄华、曾大军（省政府的代表）及励志社的代表（未派定）。

此外，为充实庐山图书馆藏书，还专门成立了征集图书委员会，由陈布雷、程时奎、谭炳训、陈任中、袁同礼、沈祖荣、陈三立、欧阳祖经等人担任委员，负责图书征集工作。征集图书委员会成立后立即开展了征书工作，并征集到了大量珍贵图书，如：陈布雷向江苏铜山徐道陵征得其父徐又铮在北平遗书数千卷，计百余箱，由图书馆派员赴北平起运；蔡元培将故宫博物院赠彼个人之选印《宛委别藏》丛书全部转赠；吴宗慈将修《庐山志》时所搜集关于庐山历代文献及其他书籍，托陈任中从刘成禹山寓中捡出捐赠等。经过一年多的努力，庐山图书馆已是古今图书琳琅满目，蔚成巨观。

1935年至1938年庐山进入了沦陷前最繁华的时期（1937年8月庐山商店已多达260余家），当时的庐山被称为蒋介石的"夏都"，国民党军政高官频繁上山。也是在此期间，谭炳训结交了一些国民党上层人物，蒋介石这时也经常往来于南京与庐山。每次来时谭炳训也是必接必送，还要陪同参观。

这期间也召开了不少重要会议，如1937年6月5日周恩来在庐山与蒋介石谈判国共合作抗日；1937年7月17日蒋介石在庐山谈话会上发表了全国进入全面抗战的演说。作为地方长官的谭炳训频繁迎送上山的重要官员。1936年8月2日冯玉祥自南京抵庐山时，蒋介石令江西省主席熊式辉、庐山管理局局长谭炳训等前往小天池迎接。

1936年10月，为庆祝蒋介石五十寿辰，庐山各界在庐山图书馆举行庆典，公推谭炳训为庆典主席，到会中外名流300余人。会后谭炳训主持茶会，招待中外人士，答谢盛意。

1937年谭炳训的家庭迎来了第二个孩子，为了纪念他的出生地，谭炳训为他取名"天庐"。

1938年2月国民政府调谭炳训任江西公路处处长。那时南京已经很吃紧，江浙京沪撤往后方去的都要经过江西，江西公路成了前后方联络的枢纽，而江西的公路基础太坏，不能承担这个任务。因此，江西公路处的工作十分繁重，任务紧迫，条件艰苦，危险性大，但谭炳训勇敢地接受了这个任务。他说："因为在争民族存亡的抗战时期，我寻求这个工作不能推辞。"

当时江西公路处在江西省会南昌市，谭炳训到了南昌后立即紧张地投入了工作。他在上任时的就职演说中说："我们自从发动全面抗战以来，已七个月，土地失了好几个省，人民将士死了数十万。我们可以看到沦陷区，国家主权丧失之后，马上受到敌人的摧残，任意地蹂躏。我们现在站在自由的国土上，拥有伟大的人力、物力，人人都应该在这个时候激动爱国精神，来从事救国家救民族的工作。"在演讲中谭炳训还讲到了他的"任事原则"："第一就是要做人所不能做和不敢做的事，以前在北平主办旧都文物整理工程，和在庐山之整理交通工作，如筹建登山电车，设立庐山电厂，无论如何困难，总是认定目标向前迈进，不避艰苦，这是大家都想得到的，看得见的。第二是对上负责任。第三是对下公正严明。"同时他也要求员工"用战时精神来过战时生活，以求得战时效率。"他又提出要爱惜物力，他引用福煦将军的话说"在战时一滴汽油比一滴血，更为可贵"，并提出三句口号：① 汽油是公路的血，也是国家的血。② 汽车是公路的命，也是国家的命。③ 备件是汽车病院的救命仙丹。[①]

---

① 谭炳训著：《战时交通员工之精神训练》，古籍网，编号222179。

谭炳训上任后，一方面他积极开展各项业务，不辞劳苦，频繁穿梭于各县区之间，了解情况解决问题，另一方面他狠抓整顿，建立各种制度、纪律，举办训练所、训练班、励进会，培训人才，提高员工的业务能力。在训练技能的同时，特别注重精神动员，精神训练。谭炳训经常到这些训练班演说，他鼓励青年要"立志"，"要有学问、有修养"。他说："学问的修养是一切修养的基础。"，"思想和学问极有关系，思想是否崇高，全看所受的教育是否优良。普通人所见到的不过是自己的家庭和社会现象，其思想当然不出此范围。倘是学问渊博的人，可以见到国家的兴衰、世界的变迁、宇宙的运转，其思想自然就伟大了。思想伟大，则行为必不致落俗，凡有损人格的事情，决不肯去做，其前途的成就也是不可限量的。"他又说过："人要有自尊和人格"，"人格就是做人的资格"，"要爱人格，不要专爱金钱，人格是人的第二生命，比什么都要紧，生死事小，人格事大"。[①]谭炳训又在多次演说中提出："人生以服务为目的。""服务要有利他精神"，"假如一个人不能服务社会，那个人便失去了人生的真意义！"他号召大家"以救国救世的热诚，振起为大众服务的精神"。[②]

谭炳训后来是这样总结"精神训练"方面的工作的："惟两年来与我诸同仁共勉者，有一根本精神，即以精神力量，克服物资上的困难：以'确实迅速'与'负责任守纪律'之军事化精神，增进战时交通效率，以达服务社会尽忠国家之目的。此一指导原则，为本人向诸同仁所反复讲述：'本处能以崭新的英勇姿态，完成其在抗战大时代中的艰巨任务，实发源于此军事化精神之训练，亦即本处所赖以应付两年来遭遇之种种非常事变者也。'"[③]

谭炳训到了南昌不到三个月，赣北战役就开始了。除了办理公路运输和工程业务外，还按军事的要求，组织了公路军事工程队七个以上，跟随着吴奇伟将军等的部队，参加赣北和赣西北的战役。这些工程队按军事要求，在部队撤离后要破坏公路和桥梁，对有关路段实施爆破，在部队将到来时又要抢修公路和桥梁。无论是破坏还是抢修都是在部队撤走或是未到时间内工作，所以常常和敌人遭遇。另外，他们还承担抗战物资的武装押运，那更是险象万千。

为了安全起见，谭炳训把家眷安排在贵阳一个亲戚家暂住，这样他就可以没有牵挂地工作了。

1939 年 3 月江西公路处开始从南昌撤退至吉安。关于这一次撤退，谭炳训在一次报告中说："此次（三月下旬）南昌撤退，当紧急时，本处调派大批车辆前往维持交通，装运各界人士及公私物料，均能不失机宜，达到任务，各界颇多好评。而本人与本处员工公物，直至二十五日夜间，距离敌人占据瓜山之前数小时，方始撤退。撤退之时，亦极有秩序，所有车辆以及一切器材，除军工队当时在安义奉新一带工作，因被敌人包围，冒死逃出，致有损失外，南昌方面，全部运出，可说毫无损失。关于这一点，不独外界多所奖赞，我们也可稍稍自慰。"[④]

在这一次撤退中谭炳训是最后撤离的，他在报告中是这样说的："本人至最后始撤退，一切撤退布置，均经本人亲自计划、主持，并都督饬员工分别办理，故能有条不紊。当时本人并未奉令须最后撤退，如果本人轻信谣言，畏惧胆怯，尽可早日跑出危险地带，何必待敌人将占瓜山时始行撤退，无非为维持交通，与计划主持撤退，换言之，不外为责任心所驱策而已。本人撤退之先，第一步系撤至广福墟，即在该处督饬军事工程队及民众加紧破坏公路。及广福墟以南公路将挖断时，方退至樟树，又在该方面督饬军工队及民众破坏公路。樟树至新淦一段实施动土破坏之后，仍在樟树计划督促约旬日之久。俟工程完竣，方始回处。这是三月廿五日本人由南昌撤退后，在前方主持督促破坏公路之经过。"[⑤]

谭炳训后来回忆这段生活时曾这样写道："1938、1939 两年过的是抗战最前方的军事生活，这是我全部历史中最兴奋、最痛快的两年。"

①　谭炳训著：《战时交通员工之精神训练》。
②　同上。
③　同上。
④　同上。
⑤　同上。

　　1940年起，大江以南的抗战重心移到湖南，江西公路处迁至赣州，得以全力开展公路业务。这段时间谭炳训规划修建了多条公路，特别是九江经南昌至赣州的主干公路，江西至湖南及江西至广东的主干公路。这些公路在抗日战争中为运送军队、补给军需发挥了重要作用。另外，他还修建了不少公路桥梁，赣江上的南昌、吉安两座公路大桥都是谭炳训亲自设计的。南昌公路大桥是当时国内跨度最大的钢木结构大桥。另外，在联络鹰潭和衡阳这两个铁路终点的客运上，在休养路面和交通管理方面都取得了不错的成绩。国民政府的交通部打算拿江西作示范，统一东南五省的公路管理。后来成立了"东南公路管理处"，任命谭炳训兼任处长。虽然经过一段时间的努力，由于各省地方上封建割据势力的存在，这个计划最终没能实现。

　　在这战火纷飞的年代，谭炳训仍然念念不忘战后的国家建设，他认为现在就应该做好准备，打下基础。因此，在赣州期间谭炳训主持完成了《公路工程标准图》与《数据手册》，并着手编辑《养路手册》《施工手册》《养车手册》《车务管理手册》等。他在序言中写道："本处自民十六成立以来，已十有四年，至今始有公路标准图及应用数值手册之编印，执笔为序，深感汗颜。往者已矣，即就最近三年而论，适逢抗战大时代之降临，二十七年赣北大战与二十八年南昌撤退，本处员工大半在飞机上炮下抢军工办军运。训虽在枪林弹雨之中，固未尝日或忘本处所负之建国使命：至二十九年东战场局势稳定，始得指定人员，从事手册与标准图之编制，并先后于同年复印出书。标准图与手册合而用之，即公路之工程技术宪法，为测量设计施工及一切工程计算之所依据。""再本处在计划及编辑中者，公路工程方面有《养路手册》及《施工手册》，机务及车务方面有《养车手册》及《车务管理手册》等。盖公路交通在抗战时期为我国交通主脉，抗战胜利后必更有突飞之发展，若不于今日为公路交通之技术及管理上确定轨道，打下根基，树立制度，则将来仍必陷入今日蛮干乱动之悲惨情况。"

　　谭炳训在序言中最后说："训恒以'慎始''务本''是实''求精'四原则以求知，本'决断''敏捷''勇毅''勤苦'四原则以为行，而归纳为'敏实精勤'，以为治事之四大要旨，定为本处处训，所以勉我同仁，并以自勉，以期蔚成一种风气，树立建国模式。三年来谨守此项原则，埋首于本处业务基本上之更新与改造，不为浮夸宣传，不作表面工作，此手册与标准图之刊布，即求知之'慎始''务本''是实''求精'四项原则的初步实践：其完成，有待于更艰苦之努力，更有待于全国公路交通专门人员与中下级干部之通力合作，以实际工作之经验，写出心血结晶，使现代化之交通事业——公路与汽车，能在最合理、最经济的情形下，担负其时代使命，为我中华民族服役，以促成国民经济建设之完成，而达整个国家现代化之目的。"[①]

　　这段时间由于军事局面稳定下来，谭炳训又开始搞些研究，发表了不少文章，如《十年来江西之公路》《战时的金融、经济与交通》等。同时他又开始了研究苏联经济，1944年他发表了《苏联第一五年计划之研究》。过了这么多年，谭炳训为什么又来研究苏联第一个五年计划呢？他在文章中是这样说的："第一五年计划，为国防工业建设计划，为苏联人民节衣缩食忍痛吃苦而奋斗出来的成绩，为我国建国所必经的阶段，其成功之处，故要效法，其失败之点，吾人尤应充分注意，以免蹈其覆辙，此为特别提出苏联第一五年计划来研究之原因。"在文章中谭炳训不但分析了五年计划的方方面面，而且对比了中国的经济，更重要的是分析了存在的问题和危机以及其产生的原因。谭炳训认为：苏联第一个五年计划部分的提前完成，赢得一片赞扬和举国欢庆，以致决策者头脑发热，"把审慎撇在脑后"，完全忽视了原本可以预见的一些困难。在第七节"五年计划所遭遇的困难与障碍"中，谭炳训写道："一个建设计划的实行，譬如登山，愈近山顶，愈感吃力，走的步伐也就越慢。在开始就飞跑的人，多半不能达到绝巅。苏联在最初显现成功的希望时，在狂热的浪潮中，将真实达到建设成功的必要条件，完全忘记了。"这是后来产生困难的重要原因。另外，当时不重视技术专家实施计划的合理步骤，与各部门进度的适当配合，浪费人力、物力，效率低，质量差等，也都是造成困难和障碍的原因。

---

　　① 谭炳训著：《战时交通员工之精神训练》。

1940 年谭炳训参加了中国工程师学会，1948 年被选为董事。

这一时期，蒋经国在赣州任专员。他刚从苏联回国，正雄心勃勃，想大干一番事业。由于工作关系，谭炳训经常和他接触，他们年龄相仿，志趣相合，很谈得来。他们都主张坚决抗日，都希望科学救国。由于观点一致，他们往来频繁，成了亲密的朋友。

1940 年谭炳训一家又迎来了第三个孩子，取名为"天驹"。这时他的全部家眷也由贵阳来到了赣州，同时他的岳母也由青岛来到了赣州，谭炳训一家顿时热闹起来了。1942 年第四个孩子出生了，谭炳训为她取名"天俊"。

1942 年滇缅公路遭受封锁，国内汽油发生困难，要争取国外物资援助，除了空运，只有靠人力、畜力和木船等运输了。国民政府的交通部为了完成这项工作，调谭炳训到重庆担任交通部驿运总管理处处长。谭炳训 1942 年 11 月到任，到任后不到一个月就接到任务：为了加强西北的驿运，从四川的广元起，每隔 30 公里修一个驿站，一直修到新疆的哈密，共计 80 多个驿站，要在半年之内修完。为了实现这个计划，在兰州成立了"西北驿站工程处"，派谭炳训兼任处长。因此，1943 年谭炳训大部分时间都在甘肃和新疆。经过奋斗，在戈壁沙漠上建起了一座座驿站，终于建成了一个驿运通道，用大批骡马大车一站一站地转运军需物资，使苏联支持抗战的物资得以运送到需要的地方。当时苏联志愿航空队的炸弹、飞机配件都是经驿运送入内地的。抗战急需的药品也是通过这条路线输送的。后来又派人勘察经由南疆的驿运路线，但因沿途建站和攀越喀喇昆仑山的困难，这条路线没有开辟成功。这段时间还筹划修建了重庆至康定的战时通道，又先后四次前往西藏谈判，最终在美国史迪威将军及英国驻西藏领事的劝说下，得到西藏当局的同意，才达成了开辟自印度经拉萨到康定秘密通道的协议。

谭炳训来到重庆后不久就把家安顿在重庆郊区一个叫作"山洞"的地方。这个地方远离城市，生活相对安定，同时也有一个学校——圣光学校，他的子女可以在那里读书。他们一家人在山洞过着相对稳定的生活，而谭炳训自己却四处奔波，只有节假日才能回家团聚。

在重庆时，谭炳训看到一些社会现象，使他感觉到失望和气愤。他说："前方将士们浴血奋战，大后方那些大官们却贪污享受，真是天理不容。"他在报上发表文章批评抗日战争时期的贪污腐败现象，他甚至在文章中抨击交通部长腐败无能。这就激怒了某些人，后来有人就借故对谭炳训进行打击报复，取消了他赴英美的考察，并称他有通"匪"之嫌。这件事对谭炳训打击很大，有一段时间他感到极度失望和消沉。后来经过江西省主席熊式辉的调解，这件事总算很快平息下来。

随着苏联援华和抗日统一战线的形成，中苏间的文化交流也发展起来了，重庆新华书店开始代售莫斯科外文书籍出版局的中英文书籍。这为研究工作提供了便利和条件。谭炳训这段时间搜罗到各种苏联出版的书籍，他不但读了许多经济建设方面的著作，也读了不少列宁、斯大林的著作。他向国民政府建议：① 派考察团到苏联学习建国经验；② 仿照苏联，成立国家经济建设高计最高机构。第二个建议被采纳了，在重庆成立了中央设计局。1943～1945 年，谭炳训也被邀参加中央设计局的工作，担任设计委员兼公共工程组的组长，并派为与苏联大使馆联络的联络员，向他们搜集参考资料。

1944 年底，中印公路通车了。驿运总处也完成了战争中的历史使命，交通部撤销了驿运总处，驿运工作纳入公路总局之内。1944 年 12 月谭炳训离开了交通部，专任中央设计局设计委员。

驿运在中国抗日战争史上留下了浓重的一笔。它用最原始的工具和方法，做抗日救国的大事，为抗战的胜利立下了功勋。驿运是时代的创举，是中华民族不屈精神的体现。谭炳训对驿运有不少论述，他在文章中说：

"抗战是革命的战争。

驿运是革命战争中的革命运输。

革命精神可以克服一切困难，可以战胜顽强敌人。

……

革命精神是什么？就是'知其不可为而为之'的硬干精神，是'杀身成仁''舍身成义'的牺牲精神，是从主义信仰与坚强意志而生的伟大力量。这就是北伐之所赖以成功，抗战之所恃以胜利。"[①]

谭炳训论述驿运的著作有《驿运与复原》《总裁的驿运观》《全国驿运工作之展望》《一年来之驿政》等。

在重庆期间谭炳训积极参加中国工程师学会的工作，1943 年又发起成立了中国市政工程学会，创刊了《市政工程年刊》。这时他特别关注战后城市的发展和公共工程的建设，发表了不少这方面的论文与著作。主要著作有：《论城市复原与建设》（1944 年）、《建都之工程观》（1943 年）、《公共工程与战后建设》（1945 年）、《公共工程的范畴任务及政策》（1945 年）。

谭炳训在 1944 年发表的论文《论城市复原与建设》中，提出"要确立对城市的新观念"，提出在战后的复原中"最重要的一点就是勿为一时权宜之计，便易行事，为建设工作造下许多新的障碍，最好能将建设上的旧障碍，在复原工作中为之肃清。"他提出一定要"未雨绸缪，用远见来指导城市有计划之发展。"，并呼吁要有"城市计划之立法与实行"。谭炳训在文章中还提出不但要有城市规划，而且要逐渐扩大，要有"区域规划（regionalplan）"。文章对战后的建筑风格也提出了一些建议，提出"要树立崭新的现代化的风格"，反对"半中半西和不中不西的建筑风格"，称"这些非驴非马的建筑，代表文明的低落。"

谭炳训在之后不久发表的《北平之市政工程》一文中，也提出了类似的问题，谭炳训指出"北平为国际之旅游名都，亦国防之重慎，文化之中心。战后建设，自应向郊区发展，作有计划的疏散布置，使各项建设，均能切合各方面之实际需要，及新时代之各种要求，借以增高国际地位，维持名都永久令誉。"接着谭炳训又提出未来新北平市建设计划须注意研究的五个重点问题：

（1）北平既为国防重镇，将来新北平计划，国防工程应如何筹设？空防工程应如何建设？

（2）北平市历代建都，名贵艺术，壮丽建筑，钟会一地，盛极一时，值此新旧交替之际，既不宜违反时代，墨守成规，使一切新建筑，概行仿古，又不应东施效颦，尽仿西制，将来新北平市建筑，风格应如何改作？法式应如何规定？

（3）北平既为游览城市，游览区域所需各项建设，游览旅客所需各种设备，均应力求完善，以壮观瞻而臻便利。此项国际游览建设计划，应如何设计？

（4）战后北平建设，既以向四郊发展为原则，所有一切公私建筑，使用土地必广，将来对于使用土地办法，应如何规定，以期公私两便，不碍计划执行，四郊发展之分区计划，田园农林地带之新理想如何配置而实现？

（5）建设经费之来源，应预为筹划，如创设计市政银行，吸收战后游资，举办土地抵押，发行建设公债，以及征收筑路费、沟渠费、土地增益税等。将来究以采用何种方法，最为适当无弊？

这一时期谭炳训还将他过去已在各种报纸杂志上发表的和未发表的论作编集为《建设论集》第一、二、三辑，在江西出版。同时谭炳训又在金陵大学兼任讲师，讲授市政建设方面的课程。

1945 年抗战胜利后，熊斌被任命为北平市市长，他向中央设计局要一位对北平市政熟悉的人，征得同意之后，谭炳训于 1945 年 10 月重返北平，担任 1935 年曾担任过的工务局局长职务。他曾写道："十年前后，同一岗位的工作，却截然不同了。十年前是建设工作办不完，建设经费花不完，日夜地赶工；十年后是建设工作很少，建设经费更少……。"

在此任上，谭炳训对曾被日本侵略者蹂躏的北平市进行了重建规划，对主干道马路进行了整修，为下水道的子管配换了更大直径的母管。1945 年，北平市政府为继续抗战前文物整理事业，呈准中央明令恢复文物整理委员会，设立文物整理工程处。谭炳训任文物整理委员会委员，并兼任文物整理工程处处长。1946 年度内，文物整理工程处修理工程四大余处，主要有天安门、永定门、智化寺与北海大西天小西天、碧云寺等处，又内有故宫博物院、古物陈列所、天坛、孔庙、国子监等处保养工程，计占 1/4。尤其引人注目的是对天安门的翻修。谭炳训曾写道："1945 年我重回北平之后，第一件事就是筹款翻修天安

门，修竣后金碧辉煌的天安门对广场是必要的点缀。"谭炳训对此感到特别自豪与欣慰。他写道："因为这是 1935 年我要修而未如愿以偿的一个建筑物。"另外，谭炳训又对北平的文物古迹建立了比较正规的管理制度，也对北平周围的古迹（如香山卧佛寺、卢沟桥等）进行了调查，制定了修缮计划。

1945 年谭炳训及其家人在北平住定以后，谭炳训就把他的姑母从济南接到北平，希望能为她养老。1947 年谭家又迎来了第五个孩子，为了纪念天安门修缮成功，谭炳训为他取名"天安"。

谭炳训与蒋经国一直保持着联系与友谊，他们在重庆时也经常往来，1946 年蒋经国视察北平时没有住宾馆，而直接从机场就到谭炳训家住下，他和他的夫人在谭家住了达半月之久，当时成为报纸上的一则新闻。

在北平谭炳训有时间可以安定下来搞些研究和写作。他在北洋大学和北京大学都兼任了教授，讲授课程，这对他的研究工作也起了促进作用。谭炳训当时关注的重点是城市规划的问题。他认为随着战后经济的发展，这是一个不可回避而必须引起充分重视的问题。他在文章中多次指出：发展和建设一个城市，必须首先要有优良的城市规划，他在文章中写道："都市计划是科学和艺术的综合体，用以指导都市的发展，使与市民生活及社会需要相结合。城市自由发展的结果，不免发生矛盾和障碍。故必须为之谋厘定都市发展的百年大计"。[①]谭炳训认为要制定优良的都市计划必须首先要进行周密、详细的调查研究，在此基础上才能进行设计，才能搞出针对当地情况又能突出当地特色的都市计划。

实际上 1945 年抗日战争胜利后，北平市工务局在进行接收的时候，就开始了北平市都市计划的准备工作。谭炳训在文章中写道："抗战胜利，北平光复，建设工作，万绪千端，而当务之急，厥惟先定都市计划，一切建设始有依据。"[②]当时北平市工务局的准备工作：首先接收有关文件图书，加以整理；其次调查既成设施状况，勘查市区交通系统分布情况，同时多方面设法搜罗北平市有关历史文献，统计北平市概略基本数字等。因深感编拟北平市都市计划任务繁重，需设立专门机构，才能更好完成这个任务，因此，1946 年 9 月拟定了北平市都市计划委员会组织规程，报中央批准之后，于 1947 年 5 月 29 日北平市都市计划委员会正式成立。1947 年 8 月北平市工务局即把准备多年的资料编印出版了《北平市都市计划设计资料第一集》，同时还着手编辑第二集，准备不久出版。

《北平市都市计划设计资料第一集》调查搜集的基础资料十分详细。全书共分 14 节，88 页，约近 9 万字，基本情况统计表有 22 个，图纸 3 幅，包括北京辽金元明都城变迁图，北平市城区道路系统略图，北平市新市界计划略图。《北平市都市计划设计资料第一集》的主要内容有：前言、总述、北平市之沿革、北平市之概略、北平市东西郊新市区概况、北平市都市计划之研究、北平市都市计划大纲旧案、北平市新市界草案、北平市内外城干线系统说明、北平市都市计划调查项目草案等。

谭炳训在《前言》中简要地说明了都市计划的目的与原则："都市计划为关于城市物质设施之综合计划。现代城市之物质设施，项目綦繁，互有关系。建设之初，不可各不相谋，必须统筹兼顾，因地制宜，始足以适应现代城市生活之需要。故都市计划已成为城市建设之基本方案。都市计划之制作，必须根据事实。举凡当地之历史、地理、政制、文化、经济、社会、建设等状况，均为其重要因素。非先有精密详尽之调查，不能从事于研究与设计。故都市计划之调查准备工作，至为重要，而费时较久。"

"北平为唯一足以代表中国文化之古都，前朝文物，近代建设，兼存并备，壮丽伟大，独具风格。始建之初，虽无都市计划之名，然已具都市计划之实。尤堪称道者，此建于十三世纪前之古城，原有规制竟与近代都市计划之理想多所吻合。第一市区园林化，第二建筑富于创造艺术，第三住宅合于分区制与邻居单位之原则。此三者乃六百余年来文物精华所形成，建设演变之结果，亦即北平市之主要优点，不可任令磨灭，而应发扬光大者也。"

在《总述》中，编者对北平市历史上的城市规划给予了极高的评价：

---

① 选自谭炳训著：《北平市建设的根本问题》，《市政评论》1948 年 10 卷 1 期。
② 选自谭炳训主编：《北平市都市计划设计资料》第一集，北平市工务局编印，1947 年 8 月。

"北平之为都邑，肇基于周朝，建都于辽代，现城规制，则始于元，而成于明。当时实为一有建设计划之城市，故虽历时五六百年，而体制宛然。其城垣建筑之布置，与近代都市计划所谓'城市乡村化，乡村城市化'之理想，正相吻合。且富有建筑艺术之价值，为世界都市计划学者及建筑家所推崇。"

"北平城之平面为矩形，整齐谨严，计划甚优。无论在机构上之配置，地面与水面之分布，宫阙殿宇之建筑，及城垣道路之排列，均能与天然形势相调和而合乎尺度。其综合之优点，有一事实足以证明，即经过六百余年长时期之变迁及历代战火之既毁复建，然对于原来规制，并无重大改变，始终保持其基本造意。盖中国为思想明敏，重视古典，而又富有强烈创造力之民族，旧北平城市计划之伟大悠久，即为全民族创造力之总表现。试观此矩形直线之外形内，包罗曲线式变化无穷之若干单位，组成完美之整体。结构上表现良好之有机体系，造意上发挥东方艺术之菁华，建筑上流传乔皇富丽之典型。宫殿巍峨，楼阁玲珑，邃院广衢，碧瓦朱垣，掩映于水光潋滟、林木葱茏之景致中，构成色调和谐之图画。"

编者认为历史上的规划，虽然伟大，但已不能适应近代都市的需要，而且近代的动乱，敌人的入侵，也对北平市造成了极大的破坏，民国建国三十余年来也没有适合近代都市需要的都市计划。因此，现在制定北平市都市计划的当务之急。

第五部分《北平市都市规划之研究》提出了北平市未来的初步规划，内容丰富，规划具体细致，主要内容有：北平市都市计划之基本方针、北平市都市计划之纲领、北平市之计划市界、交通设施、分区制计划、游憩设备、公用卫生设施、住宅建筑。规划的终极目标是使北平成为一和平、优美、自由、康乐之文化城。

这一部分有几点特别引人瞩目：① 编者认为：就市政工程之观点言，以北平为中国首都为上选。② 建设新市区，疏散城区人口，如建设西郊新市区、东郊工业区、南郊小工业区，与此同时发展近郊村镇为卫星城。③ 整顿旧城区，整理旧有名胜古迹，历史文物，划城区各宫殿、坛庙、公园等名胜古迹为名胜区，绕以园林道路，统制附近建筑高度及外观。④ 分区制计划：全市分成居住区、商业区、工业区、绿地区、风景区、名胜区等。居住区又划为细胞式近邻住宅单位。⑤ 交通设施的规划也极具前瞻性，当时已考虑了高速铁路及地铁的规划，如北平天津间建高铁、北平通县间建高铁、西郊新市区与城区建地铁等。

在此期间，为了更好地制定北平市的都市建设规划，谭炳训还发函盛情邀请留英博士生、杰出的城市规划设计学者陈占祥归国来北平参与工作。陈占祥回国后，因国民政府另有安排，终未能前来北平。

与此同时谭炳训也致力于市政管理的研究。他积极参加中国市政工程学会的活动，1946～1948 年任该会北平分会理事长，创办并负责编辑《市政与工程》半月刊、《市政工程年刊》、《市政革新专刊》、《市政论坛》，提出了"科学与民主"和"为人民服务"的口号。1948 年 4、5 月间，谭炳训在《市政论坛》上发表了一篇文章，题为《猪型市政与牛型市政》，文章说："专吸人民膏血不为人民服务的是猪市政，将为人民所屠宰；为人民服务的市政是牛型市政，将受到人民的拥护。"这篇文章触怒了北平当局，他们施加压力迫使这个刊物停刊。

1947 年北平成立了"市民治促进会"。这个组织是以胡适、梅贻琦、张伯苓为领导人，平津各大学教授和工商人士为会员，谭炳训也是主要发起人之一。宣言上称这个团体专事调查研究而不做实际政治活动。谭炳训对参加这个团体的活动特别热情，因为他已看到科学救国的道路是行不通的，要救国只有走民主政治的道路，而宣扬民主政治，启迪国人的民主意识正是为之铺路。在这些活动中谭炳训受到胡适的影响很深，他自己总结他对胡适的以下观点特别信服："政治上不要任何主义，一有主义，便有成见和偏见；民主政治之精神在容忍，容忍反对派和接受反对意见；政治是否民主要以反对派或个人有无言论出版和集会结社的自由为权衡。"谭炳训把这些理论"奉之为人类政治上最崇高的理想，是永恒的真理。"

然而，现实却屡屡使谭炳训感到失望，1947 年 9 月北平市举行国大代表选举，谭炳训很兴奋，他认为这是民主的曙光。他带着天庐高兴地亲自去投票，但他看到的却是国民党很多人在拉票贿选，有的候选人甚至把妓女用车运来为他们凑票，他感觉非常失望。

1948 年 11 月，傅作义催北平市政府火速修竣城防工事。财政局因请不到款，市上就把筹款和修建的任务压在工务局的身上。商会拿不出钱来，就要求谭炳训派宪兵和同业工会的人去催，如不如期缴款就抓人。同时傅作义又派了"剿总"的工事处命令谭炳训秘密地筹备修建城内的飞机场（天坛和永定门内三个地方），谭炳训派一位王技正去踏勘，他报告说东单长度不够，要拆民房，天坛也要伐很多古树。谭炳训在回忆的文章中写到当时的想法："向人民逼钱，拆人民的房子，砍伐数百年的古树，对不住北平市民的事，我绝对不能去做。而不执行这些命令，就必须离开北平。"谭炳训当即毅然辞职，很快离开了北平。

1948年11月谭炳训到了上海。在上海他开了一个工程事务所名叫"上海天行工程事务所"，1949年1月开始营业，一直到他离开上海。

上海解放前夕，蒋经国在上海与谭炳训见面，约他去台湾任中央信托局局长，蒋经国说可以和他同去并免去谭炳训及其家人路费。经过慎重的考虑，谭炳就感到去台湾也不会有什么前途，同时他看到国民党中的腐败现象，感到很失望，所以他认为这不是最好的选择。谭炳训当时的确很想去美国，那里有他的几个同学和朋友，而且去美国是最机动的，以后可以去台湾也可以回大陆。但关键是去美国需要一笔不少的钱。当时谭家已是一大家人，孩子就有五个。谭炳训说他手头的钱已经不充裕了，即使到了美国，如果没有了钱，那怎么办呢？留在大陆他也犹豫过，但是他很注意研究共产党的政策，他每天夜里都收听解放区的广播，广播里经常强调建设新中国特别需要科学技术人才，并向国民党军政人员喊话，说只要他们诚心为新中国服务，一切都可既往不咎。谭炳训认为他是技术官员，也没有做过对不起共产党的事而他的知识和技术是建设所需要的，他愿意为新中国服务，按政策共产党会有他的。所以他考虑再三，最后决定留下来。

1949年5月，上海解放了。解放后谭炳训为新中国做的第一件事就是翻译并出版了《市镇计划纲领》。他深信国家即将迎来建设的大发展，他衷心希望新中国城镇的发展和建设是科学的、有规划的，建设者一定要有长远的眼光，在开始时就能预见到发展后可能出现的问题和弊端，从而加以避免，至少可以少走弯路。

谭炳训认为：《市镇计划纲领》在世界建筑史上有划时代的意义，它使都市计划学脱离了学院派的束缚，确立了为大众服务的功能，这一理论对新中国的城镇建设意义巨大。谭炳训在这本书的《序言》中说："向工业化迈进的新中国，大的都市，小的城镇，将如雨后春笋一样的滋生起来，如果能把握住《市镇计划纲领》的新观念和新方法，我们至少在消极方面可以避免建设都市的新障碍，避免走向与合理化相反的道路，有消极工作的准备，然后才能进一步从积极方面发展都市城镇的新秩序。"

《市镇计划纲领》被编为工程学会专刊的第一种，于1949年11月由中华书局出版。书中除了本文之外，还编有关于"市镇计划纲领和国际现代建筑学会"的介绍，以及附录中对"国际现代建设学会"的目的和组织的介绍，其中包括《沙雷宣言》节录。

谭炳训还专门邀请中国市政工程学会常务理事赵祖康先生为本书作序。赵先生在序文中说："地道的市镇计划在目前的中国还是新的学问和新的事业。但在此中华人民共和国诞生之初，城乡互助和内外交流成为国家经济建设重要政策的一部分的时候，市镇建设当然要与乡村建设配合起来积极地前进。其第一步工作更必然的要从事于整修恢复以及调查研究与计划。市镇计划理论底介绍之需要，在今天是无疑义的。""中国市政工程学会理事会理事谭炳训兄最近翻译了国际现代建筑学会出版的《市镇计划纲领》，送经学会理事会会议通过，作为学会专刊之一，委托中华书局出版。内容虽不广博，但很扼要。其中所提出的若干问题及其解决方法，和我们这几年来所经历的以及我上述的几点解释或意见，可说大体上是相同的。这本纲领的原本问世已久，在欧美各国市镇计划的学理上，大概已经树立了相当基础，转而影响到我国的市镇计划工作者。于此，我们可以认识到这本纲领的价值。"

1949年10月，经许继曾教授介绍，谭炳训应聘担任了山东大学土木系教授。他所以选择去高等学校教书，是因为他认为这个职业比较稳定，而且可以远离政治。

当时山东大学在青岛市，谭炳训到了青岛心情很不错。青岛是他过去读书和工作过的地方，也可以算他的第二故乡，现在回来了，他感到十分亲切。其次多年来他深感当官和研究工作往往互相矛盾。他写道："因为要负责领导，使研究没能够有计划的深入和推广。13 年的经验使我有这点体会：我做研究工作比我去领导一部门可能贡献多一些。"现在有机会潜心学术和研究工作，谭炳训很高兴。

这一年寒假，谭炳训应莱阳建设委员会的邀请，赴莱阳参加建市的准备工作。他亲自看到了壮观的群众集体劳动场面，很受感染。谭炳训感到共产党有能力发动群众，新中国的建设是很有希望的。

1952 年，经院系调整，山东大学土木系并入了青岛工学院，谭炳训也就成了青岛工学院的教授，后来又兼任建筑材料实验室主任。

在青岛期间，谭炳训工作十分勤奋，他经常熬夜编写教材、写论文。在教学方面，他讲授了"工程材料学""卫生工程学""都市计划学""工程水力""水力学""工程制图"等课程。这些课程内容丰富，实例多，因而形象生动，深受学生欢迎。学生说："虽然是理论课，但不枯燥，我们有兴趣。"

这期间谭炳训的科研成果有：

（1）《砂的平均粒径与细度模数之比较研究》，这是一篇关于混凝土集料研究的论文，发表于 1955 年 3 月《土木工程学报》第二卷第一期中。这篇论文创造性地提出了相关的数学模式，既可以节约水泥的用量，又能提高混凝土的强度，因而引起了建筑工程学界的重视，后来还被译成英文、俄文，并发送到英国、美国、苏联科学院保存。

（2）《水泥与混凝土》，1955 年上海大东书局出版，该书既吸收了国外的先进经验，也包含了国内资料的收集和研究，是理论与实践相结合之作。此书一出版即引起学界的热烈反响，先后收到了 200 多封读者来信，表示赞扬。后来这本著作成为了 20 世纪 50～70 年代国内建筑工程界广泛使用的一本重要技术专著。1957 年，由上海科学技术出版社出版了《水泥与混凝土》一书的修订版。

（3）《实用金属材料学》，1957 年 9 月出版。

（4）《石灰与沙浆》，本书为《水泥与混凝土》的姊妹篇，已完稿，但没有出版。

中华人民共和国成立后谭炳训在思想上还是不能顺应形势的发展，不能与党的宣传和舆论导向保持一致。他仍然坚持自己"独立思考"的习惯，用他自己的话说就是"好事是有自己的意见，不能与人苟同。"谭炳训自己说他有"研究之癖"，他对什么都有兴趣，什么都想研究，而深入研究之后"要形成自己的看法，也就是与人有所不同的看法"。例如，学习《土地法》时，一般就是熟读文件，座谈体会，表示拥护。谭炳训却认为"这样的学习收获很有限"，他认为应去调查，从理论和实践的进展过程中，总结出经验，提出意见。又如谭炳训认为"许多年高德劭的民主人士参加人民政府，他们没有什么独立政见，也不代表那些党派或群众，是没有什么政治意义的，不过是点缀门面而已。地方上的政治协商会议和各界人民代表会议的代表多半是指派的，没有什么民主可言，执政党应给在野党以言论出版的自由，才是民主。所以政府不要将所有的民主党派都拉到政府里去，最好留个作在野党以便善尽。"他说："BBC 每周有一次英国各周报的评论介绍，从最左到最右评论都有，这样才能比较出公正而客观的舆论来。"正是由于他的这些思想和言论使他多次受到批判。他所以成为每次政治运动的批斗对象，这也是原因之一。

1952 年开始全国高等院校陆续开展了各种政治运动。首先是 1952 年开展的思想改造运动，在这一运动中谭炳训受到了批判。接着高校和社会上一样也开展了三反五反运动，谭炳训又是批斗对象。1955 年 5 月 13 日，人民日报发表了《关于胡风反革命集团的第一批材料》，接着又发表了第二批和第三批材料，并发表了《必须从胡风事件吸取教训》的社论。这样，就在全国范围内开展了批判和清查胡风反革命集团的斗争，后来又扩展为肃反运动。全国各高等院校也开展了这一运动。谭炳训在运动中被戴上了历史反革命分子的帽子。1955 年秋，在一次全院大会上，谭炳训被正式逮捕了。他在青岛监狱关了一年，家属不允许探视。后经青岛市公安局审查，做出了"不以反革命论处，免于起诉"和"仍由原单位分配工作"的结论。1956 年秋，谭炳训被释放了。

谭炳训又回到了原单位青岛工学院。那时正值院系调整，青岛工学院的土木系调整到西安建筑工程学院（后陆续改名为西安冶金学院、西安冶金建筑学院、西安建筑科技大学）。于是 1956 年秋谭炳训及其家人都迁到了西安。这一年谭炳训有了一段比较平静的生活。

1957 年 2 月 27 日，毛主席在最高国务会议第十一次扩大会议上发表了重要讲话。4 月 27 日中共中央发出《关于整风运动的指示》，提出实行开门整风，不但听取党内同志的意见，还要广泛听取党外人士及广大群众的意见，实行"知无不言、言无不尽、言者无罪、闻者足戒"。5月初，全国规模的开门整风运动全面开始了，大鸣、大放、大字报使学校也热闹起来，党的干部动员群众在各种大小会议上发言。他们动员谭炳训在"民主讲坛"上发言，开始谭炳训不同意，他有顾虑。后来经过反复动员，又认真学习了毛主席的讲话，他同意了。

谭炳训在此期间的主要言论有：① 中国的法制不健全，司法应该独立。② 肃反运动有副作用，使得人情淡薄。③ 高等院校应设立一个学术委员会主持学校的一些业务工作。④ 农民生活太困难。谭炳训还拿出了他的调查资料，说明他的看法。

1957年5月，形势开始发生了变化。5月15日毛主席写了《事情正在起变化》一文，指出"资产阶级右派分子正在进攻"。6月8日，中共中央发出了《关于组织力量准备反击右派分子进攻的指示》，全国性的大规模的反右派斗争开始了。在运动中谭炳训被划为右派分子，后来又被定为极右分子。

1958年6月。谭炳训在批判大会上被逮捕。头几个月他被关在西安市的一个监狱里，和政治犯关在一起。这一次允许家人探视，家人去探视过三次，在探视时谭炳训主要关心家人的情况，一一询问子女的现状，而对他自己的情况却很少提及。

1958年秋，谭炳训被送往陕西省铜川崔家沟煤矿劳动教养。在那里可以和家人通信，家人还可以定时给他寄报纸阅读。

1959年3月16日，谭炳训在崔家沟煤矿去世。

谭炳训的遗体被埋藏在煤矿附近的一个坡地上，后来应家人要求，把坟迁到山上一个较为平坦的地方。多年过去了，直到20世纪80年代末，谭炳训的家人去寻找他的坟墓，希望把他的遗骨迁回西安与他的妻子合葬，但是多次寻找却一直没有找到。

党的十一届三中全会以后，中共西安冶金建筑学院党委会根据中共中央1957年关于《划分右派分子的标准》和1978年中共中央有关文件的精神，对谭炳训的右派问题进行复查后，于1979年3月2日做出结论，认为谭炳训教授不应定为反党反社会主义的右派分子，因此决定撤销1958年2月6日学院党委会把他划为极右分子的决定，恢复谭炳训教授的政治名誉，对谭教授的去世，按照职工正常死亡发给抚恤费，并消除其家属子女亲友因此而造成的政治影响。《结论》还建议请省公安局按照中央有关文件及有关《补充说明》的规定，对公安机关1958年6月7日以反革命罪将谭炳训逮捕及判处劳动教养的问题进行复查。

1979年7月3日，陕西省公安局批发了《关于撤销对谭炳训逮捕、劳动教养的批复》，文中说"谭炳训一九五七年反右派斗争中的言论，不应定为极右分子，业已改正。至于历史问题，一九五五年经青岛市公安局逮捕审查，做了'不以反革命论处'的结论，以后再未发现新的问题，应维持原结论。据此，撤销原陕西省公安厅一九五八年六月七日对谭炳训的逮捕和劳动教养的决定。"

谭天健　撰

2012 年 4 月 26 日

附录三　谭炳训年谱

1921 年至 1924 年，济南育英中学。

1924 年 9 月至 1925 年 6 月，私立青岛大学。

1925 年 9 月至 1931 年 6 月，天津北洋大学土木工程科，1928 年撰写《三民主义的物质建设》。

1931 年 7 月至 1932 年 9 月，青岛工务局技佐，测量、设计、监工，翻译苏联五年计划，编拟《初步国防工业建设计划大纲》。

1932 年 9 月至 1933 年 6 月，青岛工务局技士，该时期研究苏联经济建设。

1933 年 6 月至 1934 年 9 月，北平市政府技正，从事规划、勘查、设计工作，翻译了《苏联第一、第二个五年计划之技术分析》。撰写《北平市沟渠建设设计纲要》，获得李耕砚（天津国立北洋工学院院长）、严仲絮（青岛市工务局局长）、陶葆楷（清华大学卫生工程教授）、胡赟予（上海市工务局技正）、卢孝侯（中央大学工学院院长）的覆函及关富权先生（中央大学卫生工程教授）的建议书。

1934 年 9 月至 1935 年 11 月，北平工务局局长，主持市政工程建设及旧都文物整理工作，即修缮建筑之工作。研究中国经济建设并撰论文。

1936 年 4 月至 1938 年 2 月，庐山管理局局长，主持市行政及市建设，编有《香港市政考察记》。

1938 年 2 月至 1942 年 11 月，江西公路处处长（曾短期兼交通部东南公路管理处处长），主持公路工程及运输，抗日军事公路之抢修与破坏。撰拟战时经济及战后经济建设论文若干篇。

1942 年 11 月至 1944 年 12 月，重庆交通部驿运总管理处处长，兼任西北驿站工程处处长，领导全国驿运行政与业务，修建自四川至新疆间之 83 座驿站，研究战后市政建设问题，发起成立中国时政工程学会。1942 年撰《建都之工程观》。

1943 年至 1945 年 10 月，重庆中央设计局设计委员兼公共工程组召集人，战后公共工程建设之规划，完成五年计划之初稿。在金陵大学渝分校兼任讲师。

1945 年 10 月至 1948 年 11 月，北平工务局局长，兼任文物整理委员会委员及工程处处长，主持市政工程建设，都市计划之规划，古建筑物之修缮整理。主编《市政与工程》半月刊，兼任北洋大学、北京大学工学院讲师及教授。

1949 年 1 月至 9 月，上海天行工程事务所主任工程师，工程设计，翻译《市镇计划纲领》，参加中国工程师学会董事会会议。

1949 年 10 月至 1952 年 9 月，山东大学土木系教授兼实验室主任。

1952 年 9 月至 1956 年 9 月，青岛工学院土木系教授。

1956 年 9 月至 1958 年，西安建筑工程学院卫生工程系教授。

1959 年 3 月 16 日，逝世于铜川。

后　记

本书编纂起始于 2012 年，因著作、文章时代距今较远，刊布又较为分散。故在整理、编校过程中不断对新发现的内容进行增补，历时 7 年方成此集，现有内容基本反映了谭炳训教授的学术经历和学术成就。书中共收录谭炳训教授著作、文章等 55 种，计分为著作 10 部、文章 11 篇、译著 2 种、主编 1 种、文件 31 份，其中《北平都市设计资料集》是谭炳训在民国后期任北平工务局局长期间主持编订。另外，本集呈文部分系收录谭炳训批复的与北平规划建设相关的文件内容。编纂期间，编者先后赴北京、上海、济南、青岛等数地相关单位搜集资料，收获颇丰。孟欣、赵彬彬、张瑶、杨毓婧、杨梦琳、葛碧秋、王思思等人参与了本书基础资料的整理、编校工作；谭炳训教授家属、故宫博物院研究馆员王军先生为本书提供了部分原始文献资料，使本书的编纂完成得到了重要支持和帮助；在此一并表示感谢。

当然，限于编者的水平，书中内容难免有错讹之处，因历史原因和搜集渠道问题，部分见于记载的著述尚未得见真容，这些都期待各方提供帮助，以求本书内容的进一步丰富完善。

编　者

2019 年 8 月